Herbert Keppel, Karl Pieber, Josef Weiss

600 alte Apfel- & Birnensorten

stv

Herbert Keppel, Karl Pieber, Josef Weiss

600 alte Apfel- & Birnensorten

neu beschrieben

ÜBER 900 HISTORISCHE BILDER

Leopold Stocker Verlag
Graz – Stuttgart

Umschlaggestaltung:
DSR Werbeagentur Rypka GmbH, 8143 Dobl/Graz, www.rypka.at

Bildnachweis:
Alle Bilder wurden dem Verlag freundlicherweise von den Autoren zur Verfügung gestellt. Siehe auch Bildquellenverzeichnisse auf den Seiten 29 und 135 bzw. Literaturverzeichnis auf der Seite 230.

Bibliografische Information der Deutschen Nationalbibliothek
Die Deutsche Nationalbibliothek verzeichnet diese Publikation in der Deutschen Nationalbibliografie; detaillierte bibliografische Daten sind im Internet unter http://dnb.d-nb.de abrufbar.

Hinweis: Dieses Buch wurde auf chlorfrei gebleichtem Papier gedruckt. Die zum Schutz vor Verschmutzung verwendete Einschweißfolie ist aus Polyethylen chlor- und schwefelfrei hergestellt. Diese umweltfreundliche Folie verhält sich grundwasserneutral, ist voll recyclingfähig und verbrennt in Müllverbrennungsanlagen völlig ungiftig.

Auf Wunsch senden wir Ihnen gerne kostenlos unser Verlagsverzeichnis zu:
Leopold Stocker Verlag GmbH
Hofgasse 5/Postfach 438
A-8011 Graz
Tel.: +43 (0)316/82 16 36
Fax: +43 (0)316/83 56 12
E-Mail: stocker-verlag@stocker-verlag.com
www.stocker-verlag.com

ISBN 978-3-7020-1670-8

Layout und Repro: DSR Werbeagentur Rypka GmbH, 8143 Dobl/Graz
Druck: Finidr, s.r.o., Ceský Těšín

Inhalt

Einführung

Dieses Buch hat die Sortenbeschreibung der Central-Obstbaumschule am ständischen Musterhofe zu Gräz (Graz)* mit den Auflagen aus 1833 und 1844 als Basis. Hierbei wird einerseits eine Sorteneinengung von vielen alten Landsorten (Cultivars) bei gleichzeitiger Empfehlung zur Anpflanzung damals neuer überwiegend ausländischer Sorten gegeben. Die landläufig genannte Anzahl von ungefähr 5.000 ältesten Sorten der damaligen Zeit dürfte überhöht sein. Mit dieser Sortenempfehlung wurde das Sortiment auf 365 Apfelsorten und 258 Birnensorten eingeschränkt. Damit hat man wohl auch über das optimale Sortenziel hinausgegriffen, denn 1899 wurde berichtet, dass diese Sortenanzahl viel zu hoch sei und es wurde eine neuerliche Eingrenzung auf nur wenige Sorten vorgeschlagen.

Die damals beschriebenen Sorten werden hier neu vorgestellt und auf eine heutige Beschreibungssystematik gebracht. Nicht alle damals beschriebenen Eigenschaften werden heute so genannt, einige Ausdrücke können aus dem damaligen Sprachgebrauch nicht ins Heutige übersetzt werden:

(ATTEMS: „... in dieser Zeit ist der Kleinwirtschaft der Obstbauer und aus dem Dilettantismus der herrschaftlichen und geistlichen Obstgärten, wie sie seit Jahrhunderten allerorts bestanden, ein tief in die Volkswirtschaft einschneidender Culturfaktor geworden. Die höchsten Preise bei Obstausstellungen wurden bis in 1870er Jahre dem grössten Sortiment zuerkannt. Hunderte, ja im Laufe der Jahre tausende Sorten wanderten aus Belgien, Frankreich und Deutschland in österreichische Lande. Sie wurden in Versuchs- und Stifts- und Privatgärten aufgestellt und leider möglichst rasch verbreitet. Man wartete gar nicht ab, bis sich die Sorte bewährt und forschte nicht nach dem Verhalten der Sorte in dieser oder jener Lage, auf diesem oder jenem Boden."

„Ende der sechsziger Jahre (1860) begann zunächst in der Steiermark die Umkehr zum Einfachen als Rettungsaction vor dem eingerissenen Sortenchaos."

„Angefangen wurde in der Steiermark mit drei Apfelsorten und ebensowenig Birnsorten."

Danke diesem Vorgange fand man bereits anfangs der siebziger Jahre (1870) in einigen steierischen Obstbaugebieten einzelne dieser Sorten so vorherrschend, dass sie Handelsware wurden und dadurch Steiermarks Obstbau zu Ruf und Ansehen gelangte."
„... und kam der Erfolg dieses einschneidenden Regenerierungssystems zuerst auf der Grazer Landesausstellung 1880 in die Augen springend zum Durchbruch.").

Die Sortenvielfalt wird im 19. Jahrhundert mit einem aus Frankreich stammenden Trend begründet, der eine Qualitätssteigerung des Obstes und Weins durch das Sammeln von vielen (meist neuen) Obst- und Weinsorten vorsah und damit zu einer breiten Sortimentserweiterung führte.

Als Beispiel ist ein Ausblick auf den von der Badener (Baden bei Wien) Obstbaumschule (gegründet vom Melker Benediktinermönch Rupert Helm) verzeichneten Obstartenspiegel genannt, wobei festgehalten wird, dass man sich beim „Ankauf auf die Richtigkeit und Güte (Sortenechtheit und Baumqualität) vollkommen verlassen kann (ROLLET, zitiert in HLAVAC et al.).

1811: 178 Apfel-, 127 Birnen-, 32 Pfirsich-, 8 Marillen-(Aprikosen)-, 26 Pflaumen-, 18 Kirschen-(Süßkirschen-) und Weichsel-(Sauerkirschen-)Sorten
1816: 300 Äpfel-, 280 Birnen-, 60 Kirschen-, 17 Marillen-, 54 Pflaumen-, 65 Pfirsich-, 15 Stachelbeersorten
Zur Schulung der Bevölkerung und als Anschauungsmaterial für die Sortenvielfalt wurden Wachsfruchtsammlungen erstellt. Im Stift Admont (Steiermark) ist jene des Paters Konstatin Keller (1778–1864) aufbewahrt, deren Entstehung über die Jahre 1819–1841 dauerte. Erzherzog Johann hat ebenfalls die Herstellung von Wachsmodellen gefördert. Aus der Werkstatt des Wachsmodellbauers (Bossiers) Stoll wurden bis 1847 40 Früchte und vom Bossier Carl Edler von Lewenau 514 Kern- und Steinobstsorten für den Grazer Musterhof (errichtet 1822) der Steiermärkischen Landwirtschaftsgesellschaft angekauft (HLAVAC).

Über den österreichischen Obstbaupionier der Monarchiezeit, Hofrat Löschnigg (1872–1949), wird berichtet, dass er und seine Geschwister erst dann das Mittagessen einnehmen durften, wenn diese die am Tisch liegenden Obstfrüchte sortenrichtig erkannten.

Anmerkung: * = Der berühmte Orientalist Joseph Freiherr von Hammer-Purgstall setzte 1843 beim 21. Kongress der Naturforscher und Ärzte in Graz die (slawische) Form Graz gegen die von dem Slawisten Schreiner vertretene deutsche Form Gräz durch. „Wiener Sprachblätter, Heft 2, 1948, Seite 48, Druckplatte: „Südost-Tagespost", Graz, 6. 6. 1974. An J. Frh v. Hammer-Purgstall erinnert heute noch das von ihm 1853 ererbte vierflügelige Renaissance-Wasserschloss Hainfeld bei Feldbach. Es gibt in dieser Zeit zeitablaufend drei Schreibweisen der steirischen Landeshauptstadt: Grätz, Gräz und Graz.

Die in der Landschaft vorhandenen Streuobstbäume sind auf ein altes Sortiment aufgebaut, wobei einige dieser älteren Sorten noch unter anderen Namen vorkommen dürften.

Die Sortennamen beruhen teils auf alten ursprünglichen Sortennamen, teils auf

- Besitzerbezeichnungen
- Vulgonamen (Hofbezeichnungen)
- Herkunftsbezeichnungen
- Edelreiser- bzw. Sortennamenvertauschungen
- Sortenbezeichnungen aus unbewusst falschen Sortenidentifizierungen oder auf
- Synonymen bzw. auf
- bewusst anderen Sortenbezeichnungen (Fantasienamen), da der Sortenkenner und Sortenbestimmer die vorliegenden Früchte oft nicht richtig und eindeutig identifizieren konnte, und bewusster Sortenumbenennung, da das Exterieur, die inneren und äußerend Fruchteigenschaften besser zu einer anderen Ordnung oder Klasse passen.

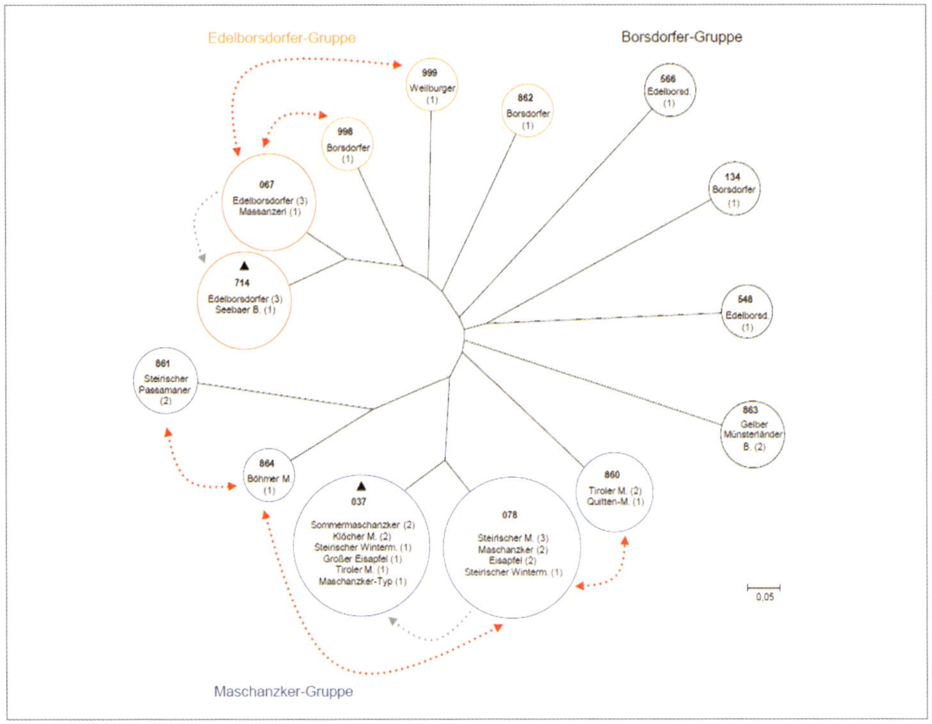

Dendrogramm von 14 Genotypen des 'Maschanzker'/'Borsdorfer'-Sortenkomplexes unter Verwendung von genetischen Distanzen nach Lynch (1990). Jeder Kreis repräsentiert einen Genotyp, der durch die Mikrosatelliten-DNA Analyse an 14 Loci ermittelt wurde, und die Größe des Durchmessers spiegelt die Anzahl der Akzessionen mit diesem Genotyp wider. Für jeden Genotyp sind alle Bezeichnungen der Akzessionen (und in Klammern ihre Häufigkeit) angeben, bei denen dieser Genotyp gefunden wurde. Die Codes der Genoypen in der Datenbank der molekulargenetischen Profile von Apfelsorten des Land- und Forstwirtschaftlichen Versuchszentrums Laimburg sind durch Ziffern in Fettschrift dargestellt. Das Dreieck-Symbol kennzeichnet die beiden triploiden Genotypen. Die roten gestrichelten gebogenen Doppelpfeile deuten auf jene Genotypen-Paare hin, für die eine Maximum-Likelihood-Schätzung der Verwandschaftsverhätnisse mit der Software ML-Relate (Kalinowski et al. 2006) die hächste Wahrscheinlichkeit für eine Eltern-Nachkommenbeziehung gefunden hat. Die grauen gestrichelten gebogenen Pfeile kennzeichnen Genotypen-Paare, bei denen der komplette Allelsatz des diploiden Genotyps im triploiden Genotyp gefunden wurde. [Original: Alberto Storti, Hans-Joachim Bannier, Christian Holler, Bernd Kajtna, Thomas Rühmer, Alois Wilfling, Claudio Soldavini, Josef Dalla Via, Sanja Baric: Molekulargenetische Analyse des „Maschanzker"/"Borsdorfer"-Sortenkomplex, Erwerbs-Obstbau (2013) 55,Seiten 99 -107]

Der vorhandene Sortenpool ist daher oft nicht eindeutig pomologisch zuordenbar. Je verbreiteter die Sorte am europäischen Kontinent ist (war), desto höher ist die Zahl an Synonymen (siehe 'Borsdorfer' – 'Maschanzker').

Eine genaue Sortenidentifikation ist nur über genetische Untersuchungen im Rahmen der Genomidentifizierung möglich. Auch hierbei stellt sich die Frage, wer hat die echten (zu bestimmenden) Sortenoriginale und welche Gencodierung weisen diese auf? Die Fragen der Genmutationen bzw. die Generosion im Rahmen einer langen Standzeit, des genetischen Alters der Sorten, der Herkunft des genetisch zu analysierenden Sortenmaterials und Ähnliches wären dabei zu berücksichtigen.

Die nebenstehende Grafik weist auf die Problematik der Sortenerkennung und Sortenidentifizierung und auf die Bedeutung der Genanalytik zur Sortenbestimmungsunterstützung hin, wobei 38 Apfelbaumakzessionen (bestimmte Herkünfte) aus 17 verschiedenen Sortensammlungen aus Deutschland, England, Frankreich, Italien, Österreich und der Schweiz verglichen wurden.

„Der 'Maschanzker' ist eine der bekanntesten alten Apfelsorten in Österreich, die im 19. Jahrhundert auch eine wichtige Rolle in der Obstproduktion Südtirols (Norditalien) einnahm. Es wird angenommen, dass sich der 'Maschanzker' von einer der ältesten Apfelsorten Deutschlands, dem 'Borsdorfer' ableitet und diese beiden Bezeichnungen sogar Synonyme darstellen. Nachdem der Name 'Maschanzker' für die Benennung von mehr oder minder ähnlichen Sorten verwendet wird, hatte diese Arbeit zum Ziel, die Synonymie und Homonymie sowie die Verwandtschaftsverhältnisse zwischen verschiedenen Akzessionen des 'Maschanzkers', des 'Borsdorfers' und des 'Edelborsdorfers' mit Hilfe der Mikrosatelliten-DNA-Analyse an 14 Loci zu ermitteln. Bei den 38 analysierten Akzessionen aus verschiedenen Sortensammlungen in Europa wurden insgesamt 14 verschiedene molekulargenetische Profile oder Genotypen nachgewiesen, die drei Gruppen zugeordnet werden konnten. Die Daten deuten auf eine Serie von Eltern-Nachkommen-Beziehungen innerhalb der hier definierten Maschanzker-Gruppe und der Edelborsdorfer-Gruppe hin, während keine nähere Verwandtschaft zu und zwischen den Akzessionen der Borsdorfer-Gruppe nachgewiesen werden konnte. Die hier erhobenen molekulargenetischen Daten liefern somit einen wichtigen Grundstein für die pomologische Revision des 'Maschanzker'/'Borsdorfer'-Sortenkomplexes" (A. STORTI et al.).

Als Beispiele werden hier Exemplare der Maschanzkergruppe (aus der Steiermark) angeführt (GRILL et al., Abbildungen aus diesem Buch (LANGETHAL (LA), STOLL (STO)) und aus der Wachsapfelsammlung des Stiftes Admont, Steiermark, (wie diese dort ausgestellt sind)).

Diel berichtet im Generalregister der „Systematischen Beschreibung der vorzüglichsten in Deutschland vorhandenen Kernobstsorten" (Bd. 1–21, Frankfurt/Main, 1799–1821; Bd. 22–27, Stuttgart, 1821–1882) unter „Borsdorfer" von folgenden Borsdorfervarietäten:

- Borsdorfer Reinette
- Edler Winterborsdorfer
- Früher Borsdorfer, Synonym: Herbstborsdorfer
- Gestreifter böhmischer Borsdorfer
- Grüner Borsdorfer
- Grüner Winterborsdorfer
- Herbstborsdorfer
- Rot(h)er Borsdorfer
- Maschanzker (Wien), Synonym: Edler Winterborsdorfer
- Schwarzer Borsdorfer, Synonym: Violetter, schwarzschillernder Borsdorfer
- Sommerborsdorfer
- Süßer Borsdorfer
- Weißer Borsdorfer
- Zwiebelborsdorfer

Weitere Borsdorfersynonyme sind im Synonymverzeichnis angeführt. An anderer Stelle wird noch ein Cludius Borsdorfer genannt, der hier aber nicht beschrieben wird.

'Klöcher Maschanzker' (Quelle: GRILL et al.)

'Steirischer Maschanzker' (Quelle: GRILL et al.)

'Winterborsdofer' ('Edler Borsdorfer') (Quelle: LANGETHAL)

'Gestreifter Böhmischer Borsdorfer' (Quelle: DEUT. OBSTKABINETT)

'Zwiebelborsdorfer' (Quelle: LANGETHAL)

'Quittenmaschanzker' (Quelle: GRILL et al.)

'Steirischer Passamaner' (Quelle: GRILL et al.)

'Gestreifter böhmischer Borsdorfer' (Quelle: LANGETHAL)

'Kleiner Winterborsdorfer' (Quelle: Wachsapfelsammlung Stift Admont)

'Schwarzer Borsdorfer' (Quelle: LANGETHAL)

'Roter Borsdorfer' (Quelle: LANGETHAL)

'Borsdorfer Reinette' (Quelle: LANGETHAL)

'Sommerborsdorfer' (Quelle: PFAU-SCHELLENBERG)

'Hoher Borsdorfer' (Quelle: Wachsapfelsammlung Stift Admont)

'Hoher Borsdorfer' von Eggmayer, 1834 (Quelle: Wachsapfelsammlung Stift Admont)

'Schwarzer Borsdorfer' (Quelle: STOLL)

'Großer Borsdorfer' (Quelle: MAYER)

'Schwarzer Borsdorfer', 'Der schwarze Zigeuner' (Quelle: Wachsapfelsammlung Stift Admont)

'Grüner Maschansker', 'Grüner Borsdorfer' (Quelle: Wachsapfelsammlung Stift Admont)

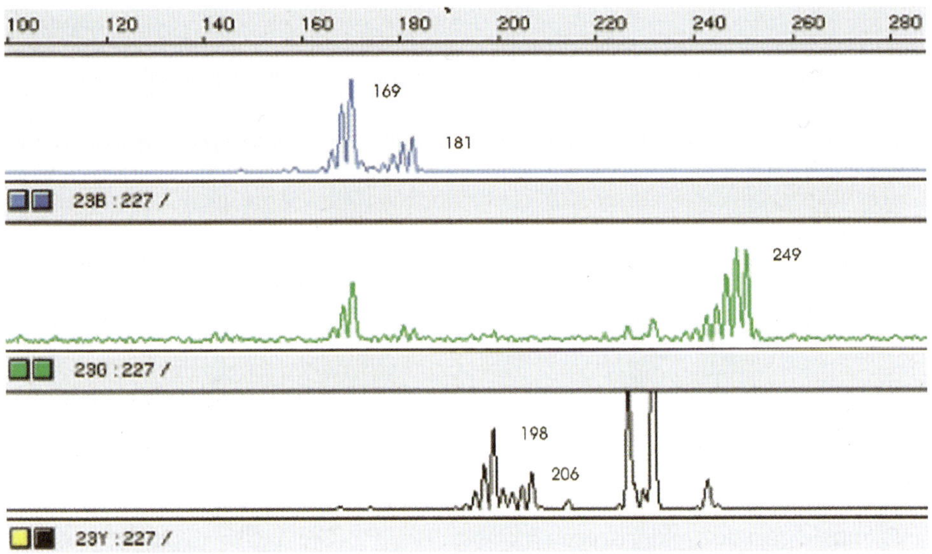

Elektropherogramm mit anfänglich nur 3 Primern (Original: GRILL et al.) zur Erläuterung der genetischen Unterschiedlichkeit der Sorten 'Steirischer Maschanzker' (oben) und der 'Ananasrenette' (unten)

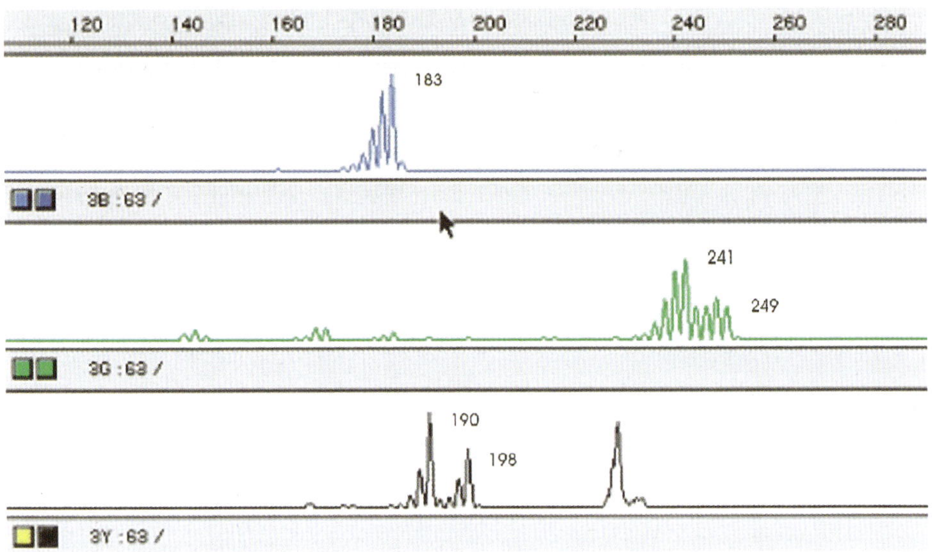

Dieses Buch kann nur als Momentaufnahme des alten Sortiments gelten, da die DNA-Technik weitere genetische Identifikationen und damit genetische Verwandtschaftszusammenhänge erbringen kann sowie Zufalls- und bewusste Kreuzungs- und/oder gentechnische Maßnahmen als auch Mutationen eine Verbreiterung des Sortiments auf Basis alter Sorten ergaben oder ergeben werden. Überraschungen hinsichtlich der genetischen Abstammung und Verwandtschaft der (alten) Sorten sind daher künftig nicht ausgeschlossen (wie beispielsweise bei der Borsdorfer-Gruppe, beim Golden Delicious oder bei der Müller-Thurgau-Rebe).

Das vorliegende Sortenbuch hat einen breiten Sortenspiegel – weit über das heutige (bekannte) alte Sortiment hinaus – und kann helfen, Licht in den Sortennamendschungel zu bringen. Es weist auf ältere Sorten hin und beschreibt auch jene, die heute wahrscheinlich gar nicht mehr bekannt sind, aber in der Landschaft (unerkannt) noch verbreitet sein dürften, und verwendet dazu eine heutige gängige Beschreibungssystematik. Es wird auch auf breite genetische Vielfalt hingewiesen und darauf, dass das Bessere der Feind des Guten ist und damit die Sortenerosion begründet. Der Konsumentengeschmack ändert sich im Ablauf eines Dezenniums und damit ist der Grundstock für das Auslaufen von Sorten gelegt. Waren in den siebziger Jahren des vorigen Jahrhunderts die säuerlichen Sorten bevorzugt, so wurden diese durch ein süß-säuerliches Sortiment abgelöst, welches wiederum durch ein gegenwärtiges (fad) süßes Sortenspektrum substituiert wird. Das Faktum der Sortennostalgie ist daher auch vorwiegend auf ältere Personen bezogen.
Ein weiterer Hinweis ist daraus zu entnehmen – nämlich, welche Produkte aus diesen vorgestellten Sorten gewonnen werden konnten bzw. zu welchem Gebrauch die Sorten empfohlen wurden. Ebenso sind Standortsempfehlungen und besondere Wuchseigenschaften vorgestellt. Auch Anmerkungen zu den spezifischen Pflanzstellen fehlen nicht. Beschrieben werden auch fast zweihundertjährige Charakteristiken zu den damaligen Pflanzempfehlungen, die teilweise noch in der gegenwärtigen Zeit gültig sind.

Die Beschreibung der organoleptischen Eigenschaften (Aussehen, Geruch, Geschmack) erfolgt mit den Terminologien der damaligen Zeit. Während die Aussagen über das Aussehen der Früchte (Größe, Form, Farbe) weitgehend dem heute gebräuchlichen Fachwortschatz entsprechen, werden bei den Merkmalen Geruch und Geschmack Vergleiche mit heute kaum bekannten sensorischen Eindrücken gemacht und sind daher vielfach nur sehr schwierig zu verstehen bzw. nicht nachvollziehbar.

So entspricht zum Beispiel „alantartig“ einem würzig-bitteren und scharfen Geschmack. Zu berücksichtigen ist auch der Umstand, dass die Beliebtheit einzelner Geruchs- und Geschmacksempfindungen sich ständig ändernden Moden unterliegt.

Orleansfärbig bedeutet heute einen orange-rötlichen Farbton, panaschiert erklärt, dass die Fruchtfarbe mit einem – anderen – meist dunkleren Farbton streifenartig bedeckt wird, getuscht drückt eine deckende Deckfarbe aus, Wienerlack einen (glänzenden) rötlichen Farbton, für den Landmann wird heute die Bezeichnung Bauer, für die Öconomie der Obstverkauf genannt.

‚Zwergreinette' (Quelle: AEHRENTHAL)

'Zwergreinette' (Quelle: AEHRENTHAL)

Modell eines Apfeltransportwagens der damaligen Zeit, wo das Obst auch in Fässern verkauft und transportiert wurde – per Schiff bis nach China! Der vollständige Tafeltext: „Alte Sorten erhalten, denn sie gestalten die steirische Landschaft", Obstausstellung der Grazer Herbstmesse 1978 durch die Obstversuchsstation Haidegg; Ausstellungsgestalter: Udo Querch (Quelle: GRILL et al.)

ANMERKUNGEN

Um die Mitte des 19. Jahrhunderts wurde die Verwendung des Obstes als Obstnutzung bezeichnet. Dies bezeichnet den Frischkonsum und die damals üblichen Verarbeitungsverfahren (Obstwein, Essig, Destillation und Dörrobst bzw. Trockenobst. Im kleineren Umfang wurde auch Latwerge (Obstbutter), lokal auch Lattwerg, Lattwersch, Latwäri, Latweje, Latwejsche, Latschmiere, Leckschmiere, Leckmerich, Leckwenisch, Laksem oder Laxem genannt, hergestellt. Dabei werden Saft und Obstmark einer oder mehrerer Obstarten (z. B. Apfel, Birne, Zwetschke, Mirabelle) in einem offenen Kessel erhitzt und unter ständigem Rühren eingedickt. (E. LUCAS, 1856: „*... wird das Kochen unter fortwährendem Rühren mit einer hölzernen Krücke noch so lange fortgesetzt, bis die Masse in größeren Klumpen am Löffel haftet, oder die Konsistenz eines flüssigen Taiges [Teiges] zeigt.*") Zwecks Geschmacksverbesserung erfolgte vielfach ein Zusatz von Zucker und/oder Gewürzen (Zimt, Muskatnuss ...). Ein Produkt dieser Art hat noch immer eine gewisse Bedeutung: Powidl. Dieser wird allerdings heute mit einer stark verbesserten Technologie hergestellt.

In manchen deutschen Regionen wird heute wiederum Latwerge bäuerlich (oft im Rahmen von lokalen Festen) produziert. Im Mittelalter bedeutete Latwerge ein Arzneimittelpulver, welches vor der Aufnahme (Essen) mit Sirup oder Mus verrührt wurde.

Die Synonyme beruhen auf Literaturangaben aus der Ursprungsliteratur, einem Hauptwerk der deutschen Pomologie aus 1859 (LUCAS et al.) und einem englischen Sammelregister aus dem vorigen Jahrhundert (SMITH, 1971: National Apple Register).

Streuobstfrüchte als Erwerb (Quelle: GRILL et al.)

Die hier angeführten Synonyme sind der Literatur entnommen. Widersprüche zwischen der Literatur und den Abbildungen sind möglich, da die Unterlags-(Wurzelkörper-) und die Standortseinflüsse (standortsbedingter Boden, Klima, Unterlage, Erziehungsform, Erntetermin) auf die Sorteneigenschaften damals nicht so gründlich bekannt waren wie heute. So ist z. B. der 'Weiße Wintercalvill' in einer Abbildung mit grüner Fruchtfarbe (wahrscheinlich unreif, geschätzte Herkunft laut Autor aus dem heutigen Tschechien) auf einer anderen sortentypisch ausgereift dargestellt. Beispielsweise gibt es auch unterschiedliche Farbausfärbungen beim 'Bunten Prageräpfel' zwischen den Wachsapfeldarstellungen des Stiftes Admont sowie u. a. bei der Zwergreinette (siehe Abbildungen links). Die Abbildungen sind ausfärbungsgemäß u. a. daher standorts-, reifezustands- und typenabhängig. Die differenten Synonymbezeichnungen für eine Sorte wirken verwirrend, da für eine Sorte oft Synonyme und Sortennamen anderer Sorten angeführt sind. Es zeigt die Verwirrung der Sortennamen in der damaligen (und auch heutigen) Zeit auf. Um dies zu entwirren, wäre es notwendig, sich europaweit auf einen Sortennamen für eine spezifische Sorte zu einigen und eine genaue genetische Identifikation sowie eine exakte einheitliche Deskription (Beschreibung) dieser Sorte festzulegen.

FALLWEISE ANGEFÜHRTE FACHTERMINI

nach LUCAS et al.

Kernhaus

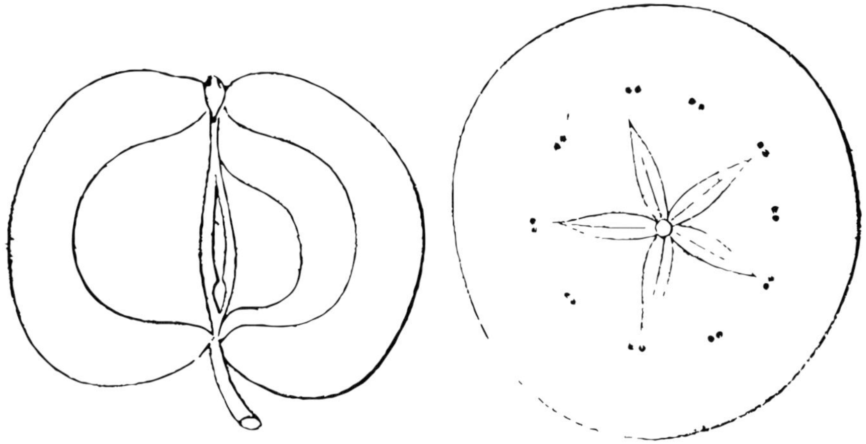

Nach heutiger Terminologie wird statt des Kernhauses der Terminus Kernkammer verwendet, die in einem sichtbaren Abstand und sortencharakteristisch von dem Gefäßbündelkranz umgeben ist.

Kernhausform

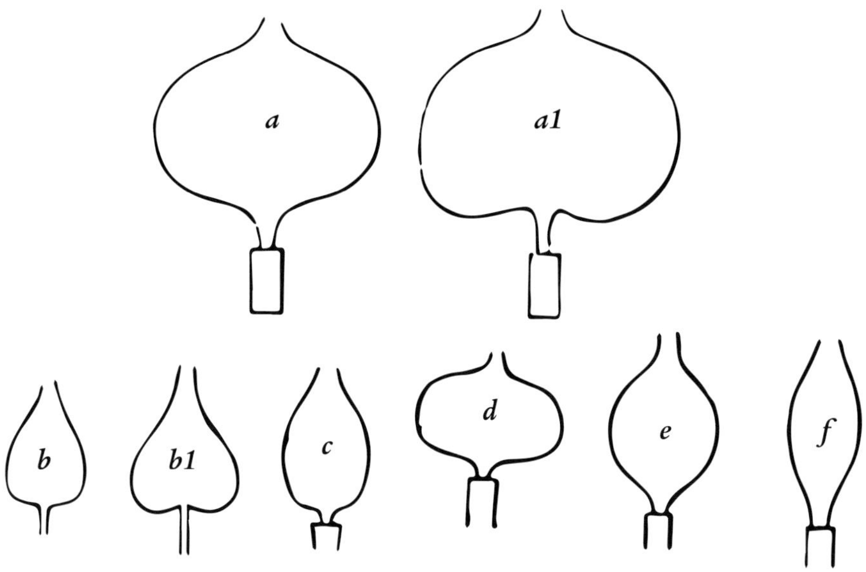

a = zwiebelförmig, a1 = herzförmig

b = feigenförmig, b1 = pickenförmig, c = kreisel- oder eiförmig, d = käselaibförmig,
e = melonen- oder zitronenförmig, f = spindelförmig

Lage des Kernhauses (Kernkammer)

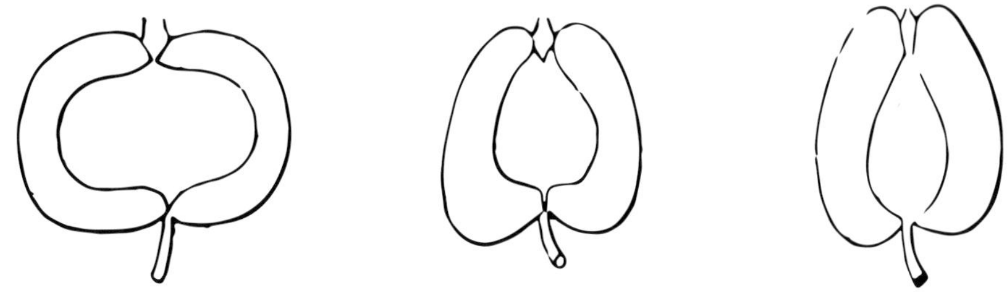

Kernhaus fruchtmittig (links), Kernhaus nach dem Kelch hin verschoben (Mitte),
Kernhaus nach dem Stiel hin verschoben (rechts)

Kelch und Kelchblätter

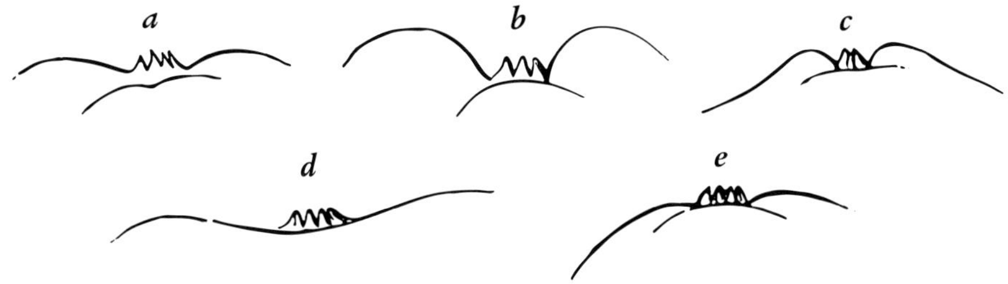

a = oben aufsitzend, b = eingesenkt, c = klein, d = schüsselförmige, breite Kelchbucht, e = aufsitzend

Kelchöffnung (nach BERNKOPF, KEPPEL, NOVAK)

Kelchöffnung geschlossen (links), halboffen (Mitte) und offen (rechts)

Astansatzformen
nach LUCAS et al., geändert KEPPEL

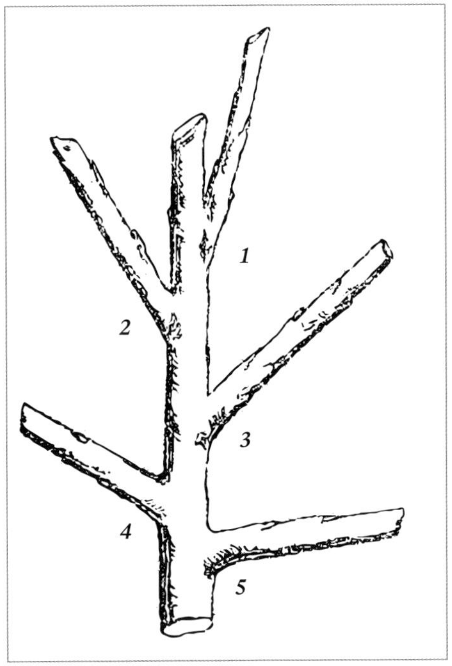

1 = spitzer Astansatz = spitzwinkeliger Astansatz, neigt zum Ausbrechen/Ausreißen

2 = abstehend = schwach spitzwinkelig

3 = stark abstehend = im physiologischen Gleichgewicht = 45°

4 = ausgebreitet = flach

5 = ausgebreitet = sehr flach

Kronenformen
nach LUCAS et al.

a = flachkronig = 'Roter Stettiner'
b = kugelförmig = 'Carmeliterreinette', 'Langtons Sondergleichen', 'Danziger Kantapfel'
c = breitpyramidal = 'Winter-Goldparmäne', 'Großer Bohnapfel', 'Orleansreinette'
d = hochgebaut kugelförmig = 'Edelborsdorfer', 'Gravensteiner'

FRUCHTFARBE

GFbE bedeutet, dass die Grundfarbe der Frucht bei der Ernte nicht vollkommen sortenecht wie zum optimalen Genusszeitpunkt ausgebildet ist (entspricht in etwa dem heutigen Plückreifezeitpunkt).
GF drückt die Grundfarbenausbildung zum Genusszeitpunkt, der (einige Zeit) nach der Pflückreife liegen kann, aus.
DF drückt die sortentypische Deckfarbe aus.

GENUSSREIFE UND HALTBARKEIT

Die Buchstaben **A** geben den Anfang des Pflückmonats (1.–10.), **M** die Monatsmitte (11.–20.) und **E** das Monatsende (21.–30.) an, wobei hier nicht datumsbezogen, sondern zeitraumgemäß gesprochen wird. Der Monat wäre hierbei ungefähr zu dritteln. Die Monatsbezeichnungen sind in römischen Ziffern angeschrieben.

Die zweite Zeile in diesem Parameter gibt die ungefähre Haltbarkeitsdauer in der damaligen Zeit (in der damaligen gebräuchlichen Kellerlagerung oder Gewölbelagerung ohne moderne Lagerverfahren, wie z. B. Kühl- oder CA-Lagerung) an.

Eigenschaften, die in der Basisausgabe von 1833 und 1844 nicht beschrieben wurden, sind hier nicht ergänzt, um die Originalität der Beschreibung nicht zu verändern.

Seitens der hier berichtenden Autoren wird über die Sortenechtheit der Abbildungen keine Gewähr übernommen, da auch die damaligen Autoren schon über die Sortenechtheit uneins waren und Sorten umtauften bzw. anders benannten. Ebenso wenig waren sie sich über die Identität zwischen der Sortenbeschreibung und der Abbildung einig, da auch hier verschiedene Einwirkungen (siehe vorherige Abschnitte) auf die Sortenparameter einwirken. Zutreffender ist daher die schriftliche Sortendeskription.

WEITERE FACHBEZEICHNUNGEN

nach BERNKOPF, KEPPEL, NOVAK

APFEL

Fruchtgröße

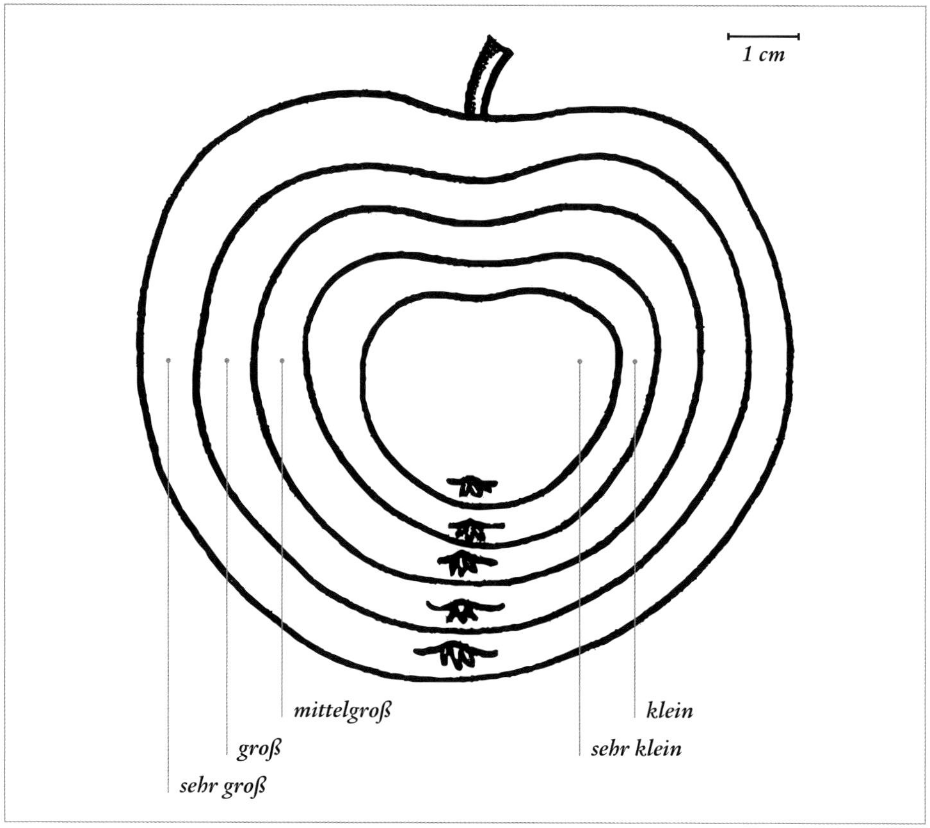

Hauptfruchtformen (Fruchtgestalt) und Stielsitzformen

BIRNE

Fruchtgröße

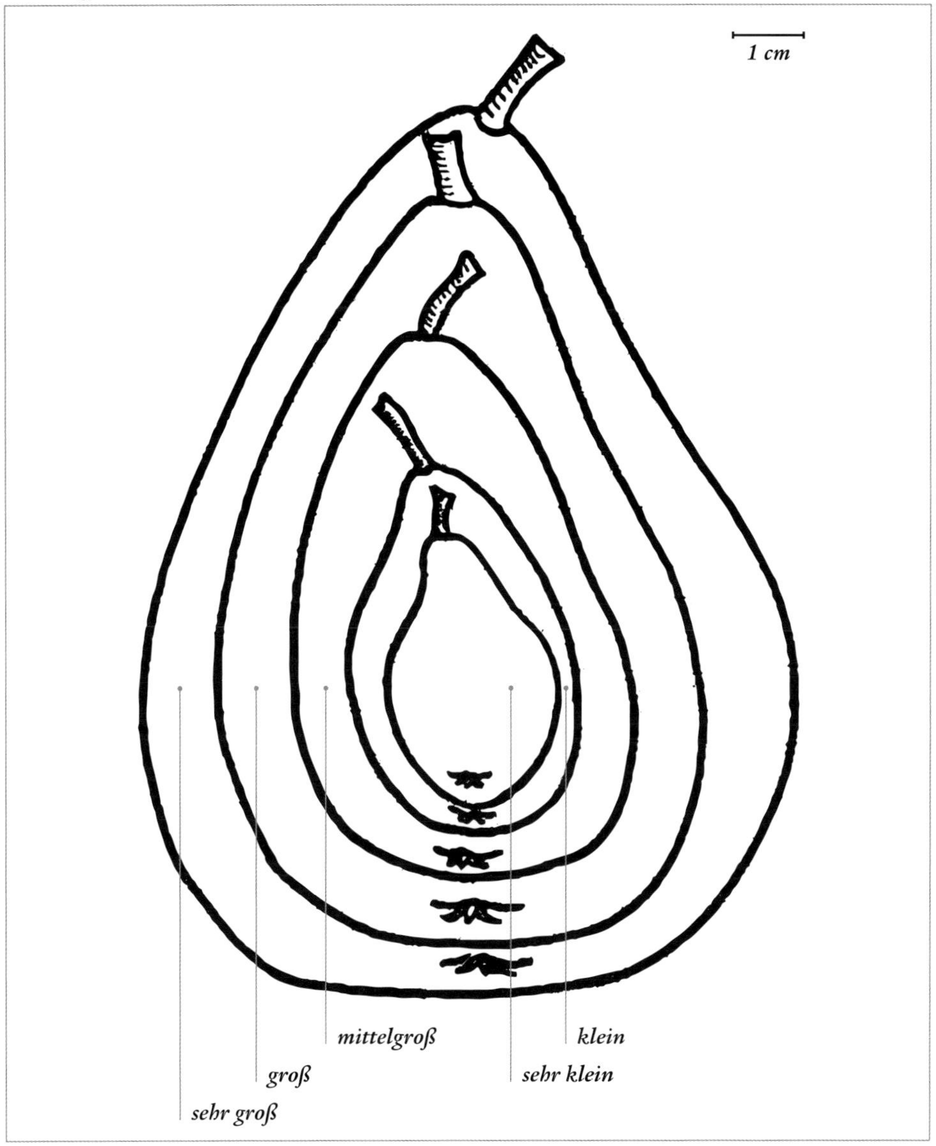

Hauptfruchtformen (Fruchtgestalt) und Stielsitzformen

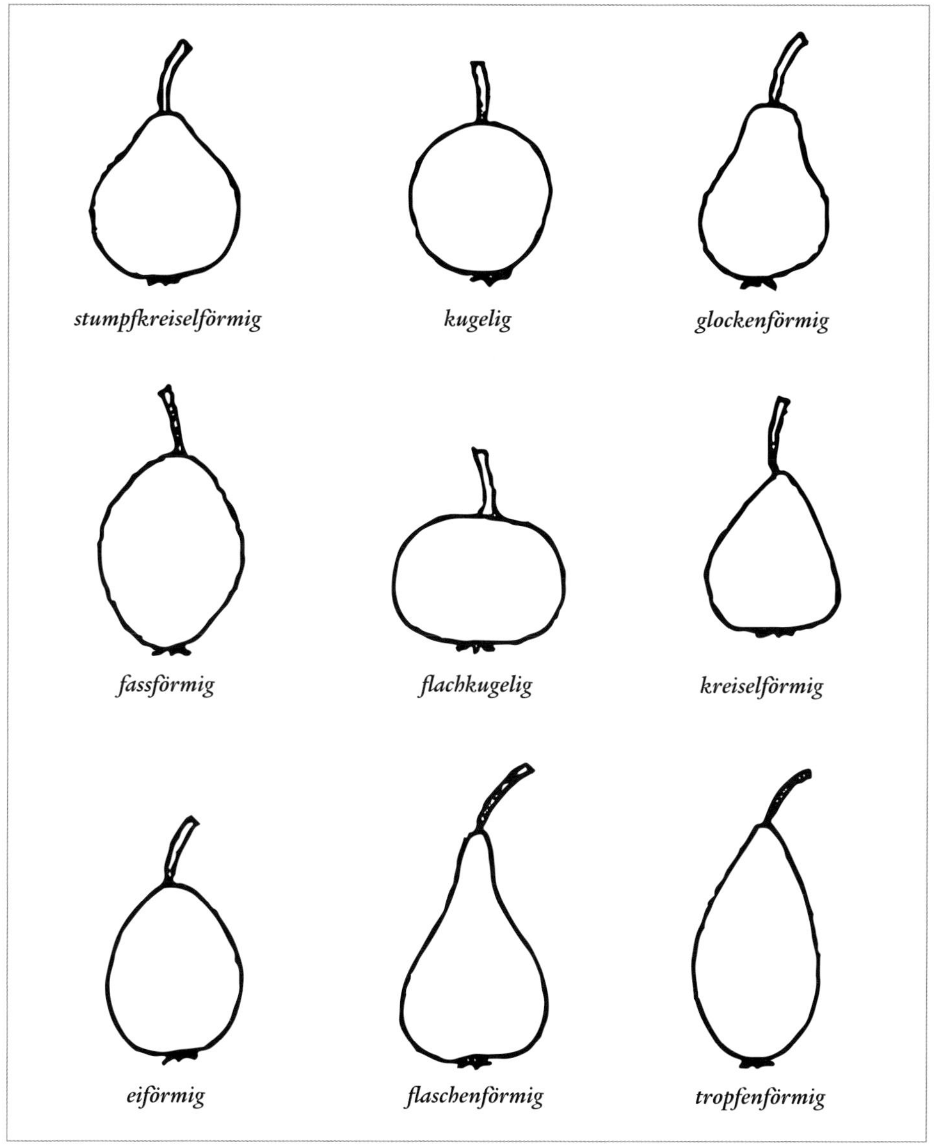

Stielsitzformen

Alte Apfelsorten

Beschreibung der Obstsorten in der Central-Obstbaumschule am ständischen Musterhofe zu Grätz

erste Lieferung: das Kernobst, I. Äpfel, 2. Auflage

Herausgegeben von der k. k. Landwirtschaftsgesellschaft
in Steyermark Grätz, 1833
Druck und Papier von den Andreas Leykam'schen Erben

Vorrede.

Unter den mannigfaltigen Zweigen der Landwirtschaft verdient allerdings auch die Obstbaumzucht eine vorzügliche Stelle. Welch' einen herrlichen, erhebenden, freudigen Anblick gibt schon ein im Frühling mit duftenden Blüten übersehender, im Sommer oder im Herbst mit lachend schönen, lockeren Früchten beladener Obstbaum und wie mannigfaltig und groß ist erst der Nutzen desselben? Einige wenige gut gepflegte, fruchtbare Bäume edler Gattung liefern ihrem Besitzer in nicht ganz ungünstigen Jahren schon seinen Hausbedarf an Obst; sie geben Nahrungsmittel, die der Reiche sowohl als der Arme erquickend, gesund und wohl schmeckend finden, und welcher Grundbesitzer habe nicht den Raum für einige Bäume? Aber größer und in seiner wahren Ausdehnung zeigt sich dieser Nutzen erst dann, wenn die Obstbaumzucht, im weiteren Umfange betrieben, unentbehrliche Vorräte zum Verkauf beliefert, welche, sei es im frischen oder getrockneten Zustande, oder als Most, Branntwein oder Essig, dem Grundeigentümer oft eine reichliche Geldeinnahme geben. Gesegnet ist das Land, wo die Obstbaumzucht blüht, unsichtbar zeigt sich dort ein höherer Fleiß und eine regelrechte Tätigkeit seiner glücklichen Bewohner.

Wir sehen bereits viele Gegenden in unserer durch ihre klimatische Lage für den Obstbau, besonders in ihren Tälern und Hügeln, so sehr begünstigten Steiermark, welche, die nützlichen Folgen ihrer eigenen, unter Bemühungen ihrer Vorräte dankbar erkennend, die Obstbaumzucht im großen mit Eifer und Tätigkeit betrieben; wir sehen Gegenden, welche, aufgemuntert durch das Beispiel ihrer Nachbarn, angeheizt durch den Gewinn, aufgeweckt durch den wohltätigen Einfluss unserer Landwirtschaftsgesellschaft, sich mit

Landschaftsgestaltender großkroniger hochstämmiger Apfelbaum (Foto: KEPPEL)

Auszeichnung bestreben, durch häufige einzelne Pflanzungen, und durch Anlage eigener Baumschulen ihrer Grund und Boden zu einem neuen erhöhten Ertrag zu bringen; es gibt aber leider noch sehr viele Gegenden, in welchen, ungeachtet ihrer sehr geeigneten Lage, Obstbäume seltsame Erscheinungen sind, und welche jeden Obstfreund herzlich bedauern lassen, dass so viele Ebenen, Hügel und Täler unbepflanzt liegen, die doch so leicht, mit wenig Mühe und geringem Kostenaufwand in prächtige fruchtbringende Obsthaine umgewandelt werden können.

Das besondere Augenmerk, das tätigste Bestreben unserer Gesellschaft geht nun unter anderem vorzüglich darin, nicht nur allein auch in diesen Gegenden den Obstbau einzuführen, sondern die Obstbaumzucht dem ganzen möglichst zu heben, und dieselben nach

Landschaftsgestaltender großkroniger hochstämmiger Birnbaum (Foto: KEPPEL)

Die Streuobstwiesen stellen ein landeskulturelles Faktum dar. Zur Blüte- und zur Erntezeit sind sie ein fremdenverkehrsförderndes Attraktionsziel. (Foto: KEPPEL)

Birnbäume auf Sämling veredelt: Als Rutschhangsicherung sichern sie durch das tiefgreifende Pfahlwurzelsystem die einzelnen hangrutschungsgefährdeten, oft staunassen Bodenschichten. (Foto: KEPPEL)

Im Rahmen der Zweinutzungsmöglichkeit der Streuobstflächen als Fruchtnutzung und als Tierweide stellen die Obstbäume neben dem Schattenspenden auch noch zur Erntezeit Früchte zum Naschen für die Tiere bereit. Doch Vorsicht, bei großen Früchten besteht Verschluckungs- und Erstickungsgefahr für die Tiere. Bei Jungbäumen ist ein Stammschutz unbedingt notwendig! (Foto: GRILL et al.)

und nach zu jenem Grad der Vollkommenheit empor zu bringen, welche dem einzelnen Baumpflanzer sowohl, als auf dem ganzen Lande Vorteile verschafft.

Und dieses vorgesteckte schöne Ziel zu erreichen, haben die Herren Stände von Steiermark mit der ihnen eigenen Freigiebigkeit einen geeigneten Grund zu einem Musterhof bei Graz angekauft (heute Gelände Grazer Hauptbahnhofs) und der steiermärkischen Landwirtschaftsgesellschaft zur Benützung übergeben. Sie haben einen großen Teil hiervon mit bedeutendem Kostenaufwand zur Anlegung einer Central-Obstbaumschule herstellten lassen, und der Gnädigste Fürsorge und Großmut seiner kaiserlichen Hoheit (Bruder des damaligen österreichischen Kaisers Franz I.), des durchlauchtigsten Herrn Erzherzogs Johann, Präsident der steiermärkischen Landwirtschaftsgesellschaft, hat es diese neue Anlage zu verdanken, dass sie nun mit Mutterbäumen des bisher bekanntesten vorzüglichsten Obstes des In- und Ausland als besetzt, ihrer Vollendung nahe steht. Bei der Auswahl der Mutterstämme wurde besonders darauf gesehen, nur solche Obstsorten aufzuziehen, welche durch ihre Schönheit und Güte die Tafel zieren, für die Küche köstliche Gerichte liefern und größtenteils zu jedem ökonomischen Gebrauch geeignet sind, zugleich aber auch in die klimatische Lage unserer Steiermark passen, und sich durch ihre Fruchtbarkeit auszeichnen. Nur durch die gültige Unterstützung der größten und berühmtesten Pomologen unserer Zeit, des Herrn Doktor August Friedrich Adrian Diehl, fürstlich nassauischen geheimen Rat zu Diez an der Lahn, und des Freiherrn vom Truchsess zu Bettenburg, welche für ihre freundschaftlichen und gefälligen Mitteilungen der innigste Dank gezollt wird, ist man in den Stand gesetzt worden, für die Central-Obstbaumschule die nutzbare Auswahl zu treffen, und es wird mit der strengsten Aufmerksamkeit darauf gesehen, alle aufgezogenen Obstsorten, ohne Vermengung, in ihrer vollen Echtheit zu erhalten und abzugeben.

Die erste Lieferung enthält die Beschreibung jener bereits geprüften bestimmten Äpfelsorten, welche, nach der systematischen Klassifikation des Herrn geheimen Rats Diel,

Heutige Intensivobstbaufläche mit bodennahen Spindelbäumen in Einzelreihenkultur (Bildmitte) und Streuobstwiese mit aufgelockertem Baumbestand im freien Pflanzverband (am rechten Bildrand). (Foto: KEPPEL)

Oft dien(t)en Streuobstapfelbestände der großflächigen natürlichen Rutschhangsicherung. Durch ihren großen meist flach durchwurzelten (Apfel) Bodenbereich ist der Boden vor dem Abrutschen gesichert. (Foto: GRILL et al.)

in der Central-Obstbaumschule angepflanzt stehen. Die Beschreibung der Birnensorten wird in der zweiten Lieferung, und die des Stein-, Schalen- und Beerenobstes in der dritten Lieferung folgen.

Übrigens werden in der Central-Obstbaumschule fortwährend neue, noch unbeschriebene Obstsorten aufgenommen, in Töpfen gezogen und geprüft. Alle Obstsorten, welche dann der allgemeinen Verbreitung würdig sich bewähren, sollen in von Zeit zu Zeit zu erscheinenden Nachträgen zu dieser Beschreibung bekannt gemacht werden.

Die Zwecke, welche durch die Herausgabe dieser Beschreibung der Obstsorten zu erreichen beabsichtigt werden, sind:

1. Feststellung und Verbreitung bestimmter und veränderlicher Benennungen für jede Obstsorte.
   Jeder Obstfreund weiß, wie äußerst schwer es fällt, sich genau diejenige Obstsorte zu verschaffen, welche man bestimmt zu erhalten wünscht. Hier führt sie diesen, dort jenen Namen, und in der Baumschule eines Handelsgärtners steht sie ganz namenlos da oder fehlt wohl meistens ganz, und es wird bei einer Nachfrage die nächste beste Sorte unter dem Namen der bestimmt verlangten verkauft, um nur diese Geldannahme nicht fahren (verzichten, versäumen) zu lassen. Wie schmerzlich fällt nun jedem Käufer die Täuschung, wenn seine angekauften Bäume, erst nach mehreren Jahren ihrer sorgfältigen Pflege, ganz andere, ja oft sogar solche Früchte liefern, welche kaum des Erziehens wert sind, und Mühe, Zeit und Geld verloren sind? Missmutig lässt man seine Bäume fortwachsen, und statt die Pflanzung zu vergrößern, behält man wiederholt die Täuschungen befürchtend, sein Geld lieber in der Tasche.
2. soll diese Beschreibung denjenigen, welche Obstbäume erziehen, oder kleine oder große Obstgärten anlegen wollen, als Ratgeber dienen, damit sie nur solche Bäume pflanzen, welche, unter den vorhandenen Umständen mit Rücksicht auf Lage und Klima, am vorzüglichsten durch ihre Fruchtbarkeit lohnen. Es ist eine vergebliche Mühe, in rauen Gegenden seines trefflichen Tafelobst, in Gegenden, wo die Winde wehen, Obstsor-

Alter Apfelbaum als Relikt in der Landwirtschaft (Foto: GRILL et al.)

ten von den größten Formen, in Hochländern, welche eine zu kalte Lage haben, solche Sorten erziehen zu wollen, welche in der Blüte vom Frost leiden, oder eine längere Wachstumsperiode am Baum erfordern, um ihre vollkommene Ausbildung und Güte zu erlangen. In solchen Gegenden gehört nur Sommer-, und nach unterschied Herbstobst, mit einer Auswahl von kleineren, und Mittelsorten, welche gegen Frühlingsfröste weniger empfindlich sind. Zudem gibt es schon an und für sich Bäume von manchen Obstsorten, die, ihrer Natur nach, durch ihre selbst in sehr günstigen Jahren geringe Fruchtbarkeit den Boden, auf welchem sie stehen, nie verzinsen, und deren weitere Fortpflanzung nicht die Sache des Ökonomen, sondern höchstens nur des einzelnen Liebhabers sein kann. Es muss also, sollen neue Obstpflanzungen Nutzen und Freude gewähren, die Auswahl der Obstsorten mit Überlegung und Vorsicht geschehen.

3. Endlich sollen dadurch alle Baumpflanzer und Landwirte die große Anzahl vortrefflicher Obstsorten kennenlernen, die bisher größtenteils noch ganz fremd und unbekannt waren, und die doch die allgemeine Fortpflanzung im vorzüglichsten Grade verdienen.

Es soll künftig nur das gute Obst möglichst verbreitet, und das schlechte, gemeine nach und nach verdrängt werden. Nur gutes vortreffliches Obst erfüllt alle Bedingungen der Obstbaumzucht und gibt den größten Nutzen, den höchsten Gewinn beim Verkaufe im rohen, oder getrockneten Zustand oder als Most, Sirup oder Essig.
Es ist Vorurtheil, dass zur Bereitung des Mostes und des Essigs das gemeine Obst den Vorrang behaupte. Der Grund dieses Vorteils liegt einzig nur darin, dass man bisher keinen Überfluss an Edelobst hatte, um solches der Presse zu überliefern, um im Großen bessere Erfahrungen machen zu können. Gibt auf die beste Traube den besten halbbarsten Wein, den besten Essig. Most von Borsdorfern (Marschanskern, Maschansgern), von Goldpeppings, von verschiedener hiezu vortrefflich geeigneten Edelreinetten, welch ein großer Unterschied in der Güte und Haltbarkeit gegen jener von gemeinen, oder wohl gar von Holzäpfeln? Mögen immerhin auch gemeinere Obstsorten ihre häufigen Pflanzungen finden; aber diese Pflanzungen sollen nicht Stellen einnehmen, wo bessere Sorten ihr volles Gedeihen finden. Es kostet dieselbe Mühe, dieselbe Zeit, denselben Platz, oft auch nur dieselbe Geldauslage, ein Edel- oder ein Holzapfelstämmchen zu verpflanzen. Wer wird wohl das Letztere tun, wo nun die Central-Obstbaumschule jedem die schönste Gelegenheit darbietet, die bestmöglichste Auswahl zu treffen?

Außerdem glauben wir dieser Beschreibung noch folgende allgemeine Bemerkungen beifügen zu müssen:

1. die Erstlinge der Früchte (Früchte des Anfangsertrags von jungen Bäumen), haben meistens noch nicht die wahre, naturgemäße Form, und auch nicht jene ihnen eigentümliche Güte, wie die Früchte von älteren Bäumen. Der Baumsaft (Nährstofftransport aus dem Boden bis zu den Früchten und Blättern sowie anderen Baumorganen) ist bei jener noch zu roh, zu wenig geläutert, um die Früchte in ihrer wahren Vollkommenheit und Güte auszubilden.
2. Sind in dieser Beschreibung jene Äpfelsorten, welche in ihrer Größe zu einem schönen, gut ausgewachsenen Winterborsdorfers (Maschanzger) gleichen, als mittelgroß bezeichnet, wonach die Ausdrücke groß, sehr groß, klein zu verstehen sind.
3. Es geht die Bestimmung der Reifezeit und Dauer (Lagerzeit) nur für gewöhnlich gute, angemessene Obstjahre. In sehr günstigen Jahren reift alles Obst früher, hält sich dann aber auch nicht so lange.
4. Wurde die Vegetation der Bäume, ihre Ausbildung in Hinsicht auf Größe und Form, welche sie in Naturstande erhalten, aus dem Grunde beigesetzt, damit, nach diesen Verhältnissen, der für einen Baum bestimmt der Platz ausgebildet, und große Anlagen gehörig geordnet werden können, so, dass in denselben die Riesen nicht unter den Zwergen gemengt stehen, und diese von jener verdrängt werden.
5. Soll das Sommer- und Winterobst seine wahre Güte erlangen: so muss das erste immer einige Tage vor der vollen Zeitigung (Genussreife) gepflückt und abliegen ge-

Weißer Wintercalville (Foto: DUHAN)

'Kaiser Alexander' (Quelle: GRILL et al.)

lassen, das letzte aber so spät als möglich vom Baum weggenommen (Pflückreife) und aufbewahrt werden.

6. Endlich gehören

zum allerersten und ersten Range (+1, 1) alle jene Sorten, welches sich zum Genusse für die Tafel, und nach Verschiedenheit auch zu jedem anderen ökonomischen Gebrauche vorzüglich eigenen;

*(**Anmerkung:** nachstehend angeführt bedeutet **+** vor der Rangbezeichnung vom allerbesten ... Rang; – nach der Rangbezeichnung noch vom ... Rang)*

zum zweiten Range (+2, 2) jene Sorten, welche für die Küche sehr gut taugen, dennoch aber, wenn erstere (+1, 1) fehlen, die Tafel versehen (ergänzen) können, und
zum dritten Range (+3, 3) jene Sorten die sich besonders zur Anpflanzung von mageren, rauen und gebirgigen Gegenden empfehlen, und deren Bewohnern für die Küche, zum Trocknen (Dörren) und zur Verfertigung des Mostes und Essigs immerhin noch wesentliche Vorteile gewähren.

*(**Anmerkung:** die vom dritten Rang werden in der Beschreibung nicht mehr angeführt)*

So beginne den nun eine regere Tätigkeit in diesem schönen Zweige der Landwirtschaft, welcher mit Mut und Eifer sich denselben widmet, wenn sie seine Pflanzung auch nur einige Bäume beschränkt, reichlich belohnen wird.

Die Bedingungen, unter welchen Bestellungen sowohl auf Pfropfreiser (Edelreiser) als auch auf junge Veredlung der Bäume von den in der Central=Obstbaumschule zu Grätz (Graz) fortgepflanzten Obstsorten gemacht werden können, sollen jährlich durch die öffentlichen Blätter (schriftliche Veröffentlichungen) zur allgemeinen Kenntnis gebracht werden.

Grätz, im November 1826.

'Champagnerreinette' (Quelle: GRILL et al.)

'Weißer Winter Taffetapfel' (Quelle: GRILL et al.)

Kernobst
I. Äpfel

Einleitung

Der Apfelbaum gehört bei uns, in Ansehung seiner Nutzbarkeit, zu den vorzüglichsten Fruchtbäumen, und ist daher auch am meisten verbreitet. Er erfordert zu seinem Gedeihen einen etwas feuchten, guten, nahrhaften Boden mit einer Tiefe von wenigstens zwei Schuhen (heute ca. 60 cm), weil seine Wurzeln mehr kriechen (seicht wachsen) als

Eingetopfter Hochstamm vor der Pflanzung (Foto: KEPPEL)

senkrecht in den Boden drängen. Im nassen Lande, auf Sand- und schwerem, unfruchtbaren Tonboden kümmert der Apfelbaum, und kann nicht fort (kümmert im Wuchs). Man behilft sich in solchen Fällen dadurch, dass man auf solche Orte Hügel von guter Erde in angemessener Höhe und Breite aufführt (Hügelpflanzung), selben den Sommer über bis zum nächsten Frühling sich gehörig setzen lässt, um dann erst mit jungen Bäumen bepflanzt, welche Mühe sie durch ihr freudiges Fortwachsen, und durch ihre künftige Fruchtbarkeit reichlich lohnen. In Grundstämmen oder Unterlagen für Apfelbäume als Hochstämme, denen entweder jene Apfelwinzlinge (frei in der Landschaft aufgegangene Zufallssämlinge aus Obstkernen), welche in Wäldern, besonders in Laubwaldungen, Gebüschen, an Hecken und Zäunen gefunden werden, und einen reinen und guten Schaft (Stamm), zugleich aber auch schöne gesunde Wurzeln haben, oder solche Wildstämme, welche selbst aus den Samen erzogen werden. Die besten, gesündesten und tauglichen Wildstämme erhält man, nach der nun allgemeinen Erfahrung der berühmtesten Pomologen, aus den Kernen der reifen Früchte eines gesunden Holzapfelbaumes; sie geben die schönsten und dauerhaftesten Hochstämme. Jene aus den Kernen des Edelobstes wachsen zwar in ihrer Jugend schneller heran, bleiben aber gewöhnlich in der Folge zurück, und teilen den Sorten, welche sie zur Unterlage dienen, sehr oft jene Krankheiten mit, womit ihre Mutterstämme, besonders mancher einzelner edler Sorten, gerne behaftet sind.

Zu Halbhochstämmen und hohen Pyramiden(-kronen), wie auch zu großen Wand-Spalierbäumen wird der holländische Johannisstrauch (schwachwüchsige Unterlage), oder der so genannte Heck-(Splitt-)Apfel-, und zu Zwerg- und Topfbäumen der französische Paradies-Apfelstrauch (schwachwüchsige Unterlagen) genommen.

Die leichtesten Veredlungsarten für den Apfelbaum sind:

Das bekannte Pfropfen im halben Spalt mit einem Reis (Spaltpfropfen mit nur einem gespaltetenen Unterlagskörper), das Pfropfen im ganzen Spalt mit zwei (Edel-)Reisern und die Kopulation. Oder das so genannte Schiften, Anschiften oder Anplacken (Schäften, heute Anschäften), eine der bequemsten und verlässlichsten Veredelungsarten, welche wohl vorzüglich allgemein anempfohlen zu werden verdient, besonders, da sie auch noch das Wesentliche teilhat, dass man zum (Wund-)Verband bloß nur durch Baumwachs durchgezogene Papierstreifen braucht, um dadurch die Mühe des langweiligen Auflösen der Bänder (z. B. Baststreifen, Schnüre, Gummiband usw.) erspart.
Künstlicher und von mehr günstigen Umständen abhängig ist das Äugeln (Okulieren) und daher eigentlich bei Äpfeln nur im Notfall oder in großen Baumschulen anwendbar.

Man veredle nie solche Wildlinge, welche ein mattes, kränkliches Aussehen und schlechte Wurzeln haben, sie erholen sich selten. Und, wenn es sich darum handelt, (Veredelungs-, Edel-)Reiser von solchen edlen Obstsorten aufzusetzen, deren Stämme von Natur aus gerne dem Krebs unterworfen sind: so muss die Veredlung in die Krone geschehen (Kronenveredelung), dass nämlich der Wildling den Schaft (Stamm) des ganzen Baumes gibt, und das aufgesetzte Reis mit seinen drei oder vier Augen unmittelbar die Baumkrone bildet; dadurch bleibt der Schaft gesund, und der Baum gewinnt an Dauerhaftigkeit.
Sollen junge Apfelbäume freudig fortwachsen, so sind als wesentliche Bedingungen nicht außer Acht zu lassen:

1. Man pflanze nur solche Bäumchen, welche im schlechten Grunde und Boden erzogen, mit schönen Wurzeln versehen sind, und bereits ihre Krone gebildet haben. Man gewinnt dadurch Jahre, so wie man entgegengesetzt, durch die Verpflanzung der im fetten Grund und Boden auch geschossenen Schwächlinge in schlechteres Land, um Jahre zurückgesetzt wird.

2. Ist das Versetzen der jungen Bäumchen, wozu nach der Erfahrung immer der Frühling die beste Zeit ist (Verminderung der Gefahr von Mäusefraßschäden an den Wurzeln und des Wildverbisses am Stamm im Winter), ordentlich und mit Achtsamkeit vorzunehmen, und das so wichtige Einschlämmen (der Wurzeln mit aufgeschwemmter Erde, oft auch unter Zugabe von Stallmist) nie zu unterlassen. Es müssen vorzüglich ohne Ausnahme alle Kronenzweige scharf zurückgeschnitten, beschädigte Wurzeln bis auf den gesunden Teil rein abgenommen, und junge Setzlinge nie sogleich, sondern immer erst nach 14 Tagen an ihre (Baum-)Pfähle, welche man ihn schon bei der Versetzung beigibt, angebunden werden. Tausende von Bäumen gehen jährlich zu Grunde, weil man sich bei der Versetzung wesentliche Fehler hat zu Schulden kommen lassen.

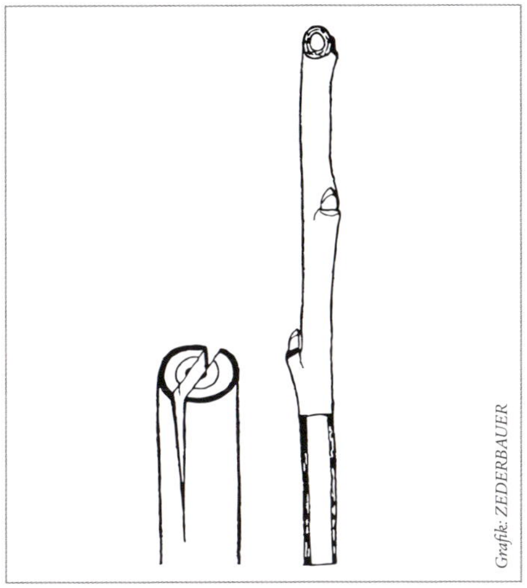

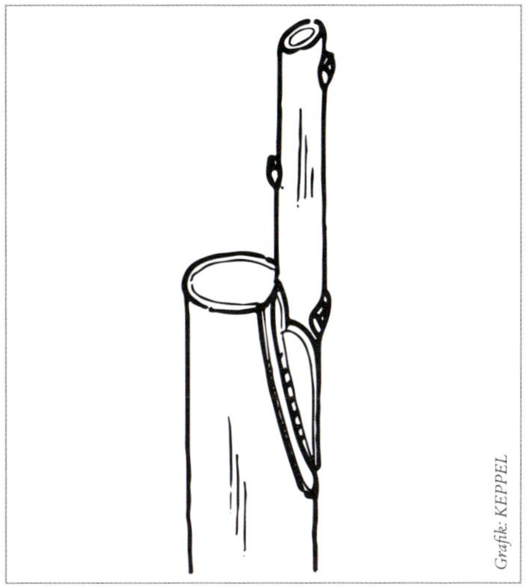

Pfropfen in den Spalt (links) und Anschäften (rechts)

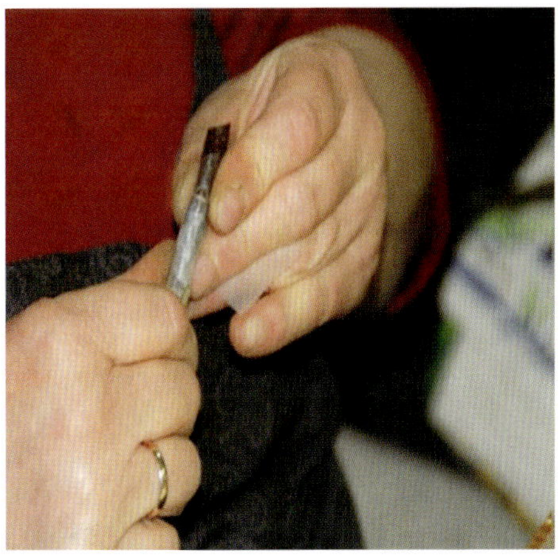

Gegenwärtig: Umwickeln der Veredelungs-(Kopulations-)Stelle (einer Tischveredelung) mit Plastikbändern (früher Papier-, Baststreifen, Schnüren), um ein Austrocknen der Veredelungswunde und eine Sicherung der Veredelungsstelle gegenüber dem Ausbrechen des Edelreises sowie ein Eindringen von Veredelungswachs in die Veredelungswunde zu verhindern. (Foto: KEPPEL)

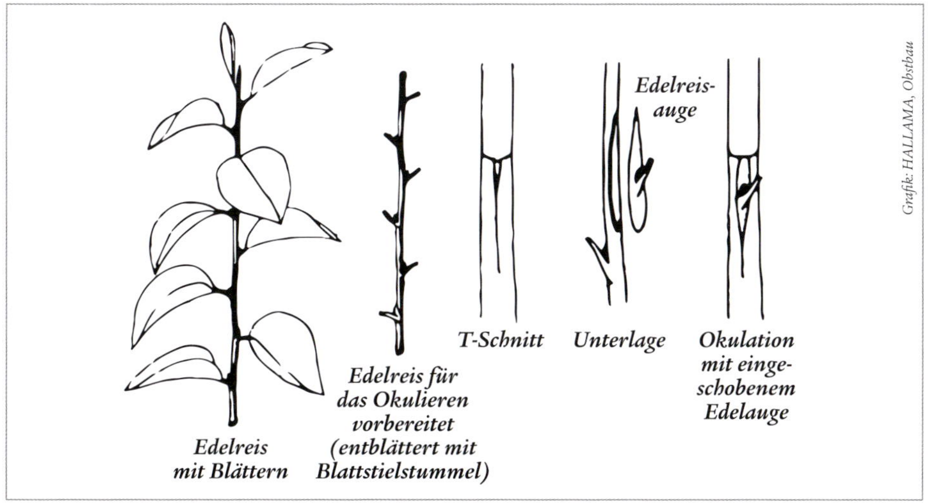

Okulieren

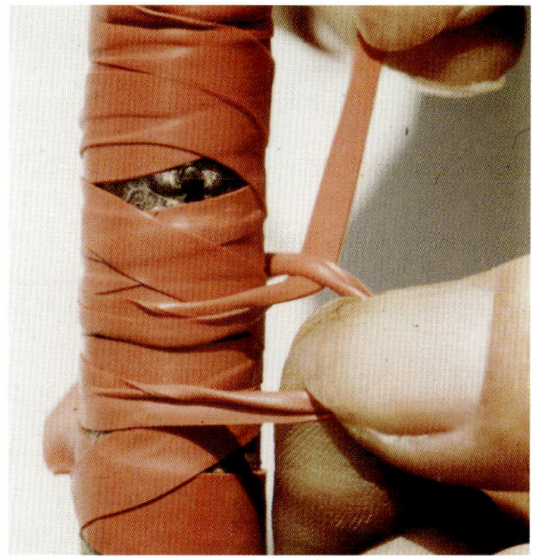

Wundverschluss mittels Gummiband, welches über den Winter hinweg selbstständig verwittert und aufreißt. Das Aufschneiden des Bindematerials entfällt daher, bei Bastverbänden muss der Wundverschluss im Frühjahr oft aufgeschnitten werden (besonders Baststreifen), um ein Einschneiden und Einwachsen zu verhindern. (Foto: DUHAN)

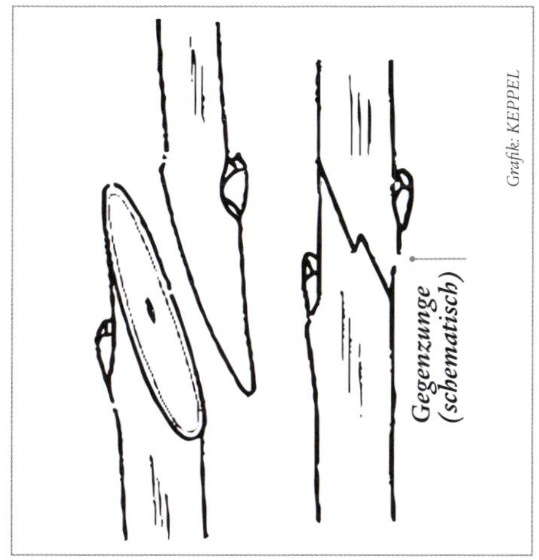

Händisches Kopulieren

Klassifizierungen

Erste Klasse: Kantäpfel

Allgemeine Kennzeichen:
- sehr sichtbare, regelmäßige Rippen am Kelch und anderer Frucht
- ein großes, nicht geschlossenes, oft unregelmäßiges Kernhaus

1. Ordnung: Echte Calville

Kennzeichen der Ordnung:
- zugespitzte Form von der Mitte der Frucht gegen den Kelch
- sind auf der Schale mit Duft überzogen
- bekommen im Liegen (Lagern) eine fettige Schale
- sind nie rein (ausschließlich) gestreift
- haben leichtes, lockeres feines Fleisch, und
- einen erd= oder himbeerähnlichen Geschmack

Anmerkung: Die Calville erreichen im allgemeinen ihre Güte nur durch im gebauten (bearbeiteten) Gartenboden, und taugen schon wegen ihrer anlockenden, meistens vom Baum essbaren Früchte nicht in freie Feldpflanzungen.

2. Ordnung: Schlotteräpfel

Kennzeichen der Ordnung:
- keine fettige, auch nicht duftige Schale
- körnig, lockeres und meistens gröbliches Fleisch
- ohne starken balsamischen Geruch

Anmerkung: Die Schlotteräpfel sind meistens große Früchte, an denen der Landmann gefallen findet. Es gibt kein wahres Tafelobst, sie haben meistens einen weinsauren Geschmack, liefern aber doch keinen haltbaren Most.

3. Ordnung: Gulderlinge oder aus Bastardcalville

Kennzeichen der Ordnung:
- sind nicht balsamisch, wie die echten Calville, sondern gewürzhaft
- haben ein feines, fast reinettenartiges Fleisch
- sind am stärksten um den Kelch gerippt

Anmerkung: Die Gulderlinge gehören zu den vorzüglichsten Obstsorten, und empfehlen sich zu jeder Anpflanzung, sowohl für die Tafel als zur ökonomischen Benutzung.

Zweite Klasse: Rosenäpfel

Kennzeichen der Klasse:
- sind am Baum mit blauem Duft überzogen
- haben kein unverhältnismäßig großes, sondern nur ein regelmäßiges Kernhaus
- riechen angenehm, besonders wenn sie warm gerieben werden
- sind nie fettig
- sind um den Kelch schön, und regelmäßig gerippt
- haben ein weiches, lockeres, und schwammiges Fleisch von feinem Korn, und
- einen Rosen= oder Fenchel=Geschmack

Anmerkung: Die Rosenäpfel, meistens Sommerfrüchte, welche einen guten gebauten Grund (Boden) erfordern, taugen mit einigen Ausnahmen nicht in ökonomische Anlagen.

Äpfel als Genussmittel (Foto: KEPPEL)

1. Ordnung: zugespitzte oder längliche

2. Ordnung: kugelförmige oder platte Rosenäpfel

Dritte Klasse: Rambour=Äpfel

Kennzeichen der Klasse:
- enthalten die größten Apfelformen
- haben zwei ungleiche Hälften, eine Seite niedriger als die andere
- sind am Kelche mit breiterhabenen Rippen und unregelmäßiger Form versehen
- sind stets breiter, als hoch
- haben ein lockeres, grobkörniges Fleisch

Anmerkung: Die Rambour=Äpfel gehören nicht in kleine Privatgärten, so sehr alle durch ihre Größe reizen. Sondern nur in große Obstanlagen, in welchen sie aber einen gesicherten Stand vor Sturmwinden haben müssen.

1. Ordnung: mit weitem calvillartigem Kernhaus

2. Ordnung: Rambour-Äpfel mit engem Kernhaus

3. Ordnung: Nicht aufgenommen

Vierte Klasse: Reinetten

Kennzeichen der Klasse:
- haben ein fein kerniges, kurz abknackendes, festes oder feines, und dabei weiches (mildes) Fleisch
- die regelmäßigen schönsten Apfelformen
- rostige Anflüge, oder Überzüge, oder doch graue Punkte
- sind nur selten etwas fettig anzufühlen
- haben eine erhabene gewürzhafte Zuckersäure (Reinetten-(Renetten)-Geschmack)
- welken leicht
- durch Form, Rost und Geschmack kommen auch die gewürzhaften Süß-Äpfel und die Peppins in diese Klasse

Anmerkung: Die Reinetten enthalten die vorzüglichsten Sorten für Gärten, und müssen einen Hauptteil der Pflanzungen bilden. Nur vermeide man das allzu frühe Abpflücken der Herbst- und Winterreinetten, da die meisten sonst zu sehr welken, und ihre Güte nicht erreichen. Mehrere Sorten liefern einen auserlesenen Obstmost.

Anmerkung: für die Reinetten gibt es zwei Schreibweisen: Reinetten oder Renetten

1. Ordnung: Einfärbige Reinetten

Kennzeichen der Ordnung:
- einfache Grundfarbe vom Grünen bis zum schönsten Goldgelb
- haben keine auffallende Röte, oder sonstige Abzeichen auf der Sonnenseite, höchstens einigen Anflug; und
- nur manches Mal unbedeutende Anflüge von Roststreifen

Bienen im Streuobstbestand (Foto: GRILL et al.)

2. Ordnung: Rote Reinetten

Kennzeichen der Ordnung:
haben alle Eigenschaften der einfärbigen Reinetten; aber eine reine, nicht mit Rost vermischte rote Farbe auf der Sonnenseite ist ihnen eigentümlich.

3. Ordnung: Graue Reinetten

Kennzeichen der Ordnung:
- ihre Grundfarbe ist Grün, bis zum schmutzigen, oder unansehnlichen Gelb
- die Rostüberzüge, oder über den größten Teil der ganzen Frucht verbreitete Rostanflüge sind sehr sichtbar
- die Sonnenseite ist oft schmutzig, bräunlich, oder ockerfärbig rot

4. Ordnung: Gold Reinetten

Kennzeichen der Ordnung:
- sind auf der Sonnenseite schön carmesinrot verwaschen, oder gestreift
- die Grundfarbe wird im Liegen (Lagern) schönes hohes Gelb
- über die Grundfarbe und die Carmesinröte der Sonnenseite verbreiten sich leichte, dünne Anflüge, oder wahre Überzüge von Rost

Fünfte Klasse: Streiflinge

Allgemeine Kennzeichen:
- sind sämtlich, meistens und fast immer abgesetzt gestreift
- diese Streifen können um die ganze Frucht gehen, oder nur sehr unbedeutend auf der Sonnenseite sein
- die Streifen können allein, d. h. rein gestreift sein, oder zwischen diesen Streifen kann die Frucht auf der Sonnenseite noch rot punktiert, getuscht (?) oder rein verwaschen sein, wenn sich nur nach der Schattenseite die Streifen wieder deutlich darstellen
- das Kernhaus ist regelmäßig
- sind vom Geschmack rein süß, bis zum weinsäuerlichen, oder sauer
- sind nie vom Geschmack wie die Rosenäpfel
- welken nicht, oder nur unzeitig (unreif) abgenommen (geerntet), oder, nachdem ihre Zeitigung (Reifung) passiert (vorbei) ist
- machen eine große Klasse im wirtschaftlichen Obst aus

1. Ordnung: Platte Streiflinge

Kennzeichen der Ordnung:
- sind in ihren Wölbungen nach dem Stiel und dem Kelch nicht sehr verschieden, und breit gedrückt
- sind stets wenigstens einen halben Zoll (=1,27 cm) breiter, als hoch

Anmerkung: Die Streiflinge, mit den folgenden zwei Klassen, enthalten das rein öconomische Obst, wovon jedoch auch nicht wenige die Tafel zieren. Sie machen große, gesonderte, und einträgliche Bäume, und erlauben frühes Abpflücken. Sie empfehlen sich, hauptsächlich für den Landmann, zu Anpflanzungen ins freie Feld, an Wegen und Straßen

2. Ordnung: Zugespitzte Streiflinge

Kennzeichen der Ordnung:

- sind ebenfalls breiter, als hoch
- laufen von der Mitte des Apfels gegen den Kelch spitzig zu, so, dass die obere Hälfte des Apfels kegel- oder pyramidenförmig aussieht, und der unteren Hälfte ganz unähnlich ist

3. Ordnung: Längliche oder walzenförmige Streiflinge

Kennzeichen der Ordnung:

- sind an Höhe und Breite wenig verschieden
- laufen von der Stilwölbung abnehmend gegen den Kelch hin, oder
- laufen von der Mitte der Frucht abnehmend sowohl gegen den Stiel, als gegen den Kelch hin

4. Ordnung: Kugelförmige Streiflinge

Kennzeichen der Ordnung:

- die Wölbung der Frucht nach dem Stiele und dem Kelch hin ist sich ähnlich
- die Breite ist von der Höhe keinen, oder höchstens nur einen 1/4 Zoll (= ca. 0,64 cm) verschieden
- in die Hand gelegt, dass Kelch und Stil seitwärts stehen, zeigen sie eine kugelähnliche Form

Sechste Klasse: Spitzäpfel

Allgemeine Kennzeichen:

- haben ein regelmäßiges Kernhaus
- sind nie mit Duft (Reifschicht, Wachsschicht) überzogen
- sind nie gestreift, und entweder einfärbig, oder auf der Sonnenseite rot verwaschen
- laufen gegen den Kelch stets spitzig, verjüngt zu
- sind süß, oder weinsäuerlich bis zum Reinsauren
- welken nicht leicht

1. Ordnung: Längliche, walzenförmige oder konische Spitzäpfel

Kennzeichnen der Ordnung: siehe die Kennzeichen der dritten Ordnung der Streiflinge

2. Ordnung: Zugespitzte Spitzäpfel

Kennzeichen der Ordnung: Siehe die Kennzeichen der zweiten Ordnung der Streiflinge

Siebente Klasse: Plattäpfel

Allgemeine Kennzeichen:

- sind stets breiter, als hoch
- sind nie gestreift
- sind entweder einfärbig, oder auf der Sonnenseite mehr oder weniger rot verwaschen oder etwas getuscht
- haben ein regelmäßiges Kernhaus
- sind nie fettig anzufühlen
- welken nicht leicht
- sind vom Geschmacke rein süß bis zum Reinsauren

1. Ordnung: Reine Plattäpfel

Kennzeichen der Ordnung:

- die Differenz der Höhe und der Breite fällt sichtbar in die Augen
- die Breite mißt stets einen halben Zoll (ca. 1,3 cm) mehr als die Höhe

2. Ordnung: Kugelförmige Plattäpfel

Kennzeichen der Ordnung:

- das Auge entscheidet über die Verschiedenheit der Höhe und Breite nicht leicht
- die Breite ist selten einen Viertelzoll (ca. 0,6 cm) stärker als die Höhe
- die Frucht, quer in der Mitte durchschnitten, macht fast gleiche, oder sehr gleich aussehende Hälften

Anmerkungen

Die Abbildungen der alten Sorten wurden wie vorliegend abgescannt und nicht bearbeitet.
Fehlende Teile in den Grafiken wurden nicht nachgebessert, um den Originalcharakter zu erhalten.
Fehlende Parameterausprägungen in der Sortenbeschreibung fehlen auch in der Originalbeschreibung.
Die Schreibweise der Sorten wurden weitgehend vom Original übernommen und nicht den heutigen geltenden Rechtschreibregeln angepasst.

Bildautorenverzeichnis

AD	= Wachsapfelsammlung Stift Admont
AE	= Aehrenthal
BSP	= Baumschule Pflanzenvielfalt, 26340 Zetel
DU	= Duhan
GOE	= Goethe
GR	= Grill
LA	= Langethal
LE	= BUND Ortsgruppe Lemgo
LU	= Lucas
PF	= Pfau-Schellenberg
STO	= Stoll
TE	= Sven Teschke; Creative Commons BY-SA 3.0 de

1. KLASSE: KANTÄPFEL

1. ORDNUNG: ECHTE CALVILLE

LA

Blumencalville

Fruchtgröße: groß

Gestalt (Fruchtform): platt, stark, sanft schön gerippt, gegen den Kelch hin unbedeutend abnehmend

Fruchtfarbe: GF: goldgelb
DF: undeutlich abgesetzte blassrote Streifen

Lentizellen: nicht sehr häufige, weißlich eingefasst

Fruchtfleisch: gelblich, feinkörnig, weich, locker

Saftgehalt: sehr saftig

Geschmack: rosenartiger Geschmack, sehr starker quittenartiger Geruch

geeignet für: –

Genussreife & Haltbarkeit: M bis E VIII, 3 bis 4 Wochen

Wuchs & Bodenanspruch: in Jugend sehr stark, lange behaarte, wenig belaubte einjährige Triebe

Ertrag: sehr reichlich

Bemerkungen: –

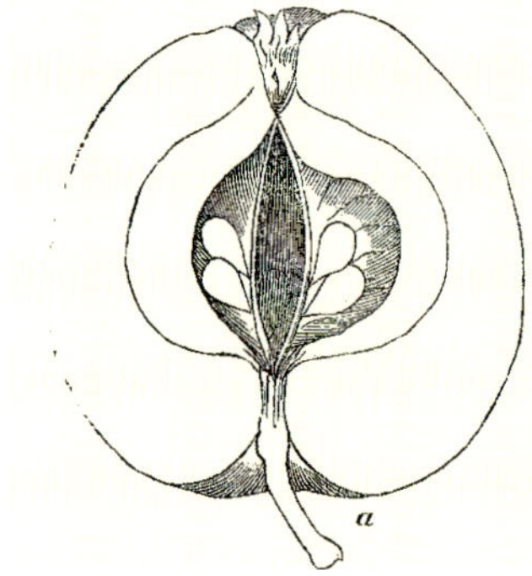

LU

Carin's früher gelber Sommercalville

Fruchtgröße: klein

Gestalt (Fruchtform): zugespitzt, schön calvilleartig gerippt, oft schief

Fruchtfarbe: GF: glänzend strohartig weißgelb
DF: sonnseitig gering schwach rosenfärbig verwaschen

Lentizellen: fehlen, stattdessen wenig kleine karmesinrote Flecken

Fruchtfleisch: sehr weiß, sehr weich

Saftgehalt: saftig

Geschmack: starker und angenehmer Geruch

geeignet für: –

Genussreife & Haltbarkeit: M VIII, wenig haltbar

Wuchs & Bodenanspruch: stark, langtriebig

Ertrag: –

Bemerkungen: zarte, feine, nicht fettige Schale, auf den einjährigen Trieben rundum hellbraunrote auffallende Lentizellen

AE

Carmincalville

Fruchtgröße: sehr groß

Gestalt (Fruchtform): kugelförmig, große Früchte, hochgebaut, sanft oder stark calvilleartig gerippt

Fruchtfarbe: dunkel blutfärbig karmesinrot

Lentizellen: hellrote Punkte, vorwiegend schattseitig

Fruchtfleisch: fein, markig, oft tief hinein rosenrot, mit karmesinfärbiger Ader ums Kernhaus

Saftgehalt: saftig

Geschmack: ausgesucht angenehmer Geschmack, violenartiger Geruch

geeignet für: –

Genussreife & Haltbarkeit: E X, bis in den Winter

Wuchs & Bodenanspruch: stark, kugelförmige Krone, feine Äste, setzt viel Fruchtholz an

Ertrag: spät einsetzender reichlicher Ertrag

Bemerkungen: schwärzliche Rostflecken und Rostfiguren

STO

Danziger Kantapfel

Fruchtgröße: groß

Gestalt (Fruchtform): platt, calvilleartig gerippt

Fruchtfarbe: GF: im Schatten blasshellgrün
DF: blutartig karmesinrot

Lentizellen: bräunlich, voneinander weit abstehend

Fruchtfleisch: –

Saftgehalt: –

Geschmack: gewürzhafter feinsäuerlicher Zuckergeschmack

geeignet für: –

Genussreife & Haltbarkeit: M X bis XII

Wuchs & Bodenanspruch: stark, großkronig, sperrige, verwirrt stehende Äste, gut belaubt

Ertrag: früh und reichtragend

Bemerkungen: schwarzbraune Rostflecken, dünnholziger Stiel in tiefer wulstartiger Stielbucht, braucht guten Boden, gut für Zwergbäume, verdient allgemeine Anpflanzung

STO

Echter rot(h)er Wintercalville

Fruchtgröße: annähernd groß

Gestalt (Fruchtform): länglich bis walzenförmig, sanft, nicht calvilleartig gerippt, seichte, nicht callvilleartige Kelchbucht

Fruchtfarbe: GFbE: grünlich-weiß
GF: goldgelb
DF: schön dunkelkarmesinrot, schattseitig streifenartig hellrot

Lentizellen: in der DF fein gelblich und häufig

Fruchtfleisch: bei alten Bäumen vorzüglich, stark rosenrot

Saftgehalt: –

Geschmack: feinsäuerlicher zuckerartiger Geschmack

geeignet für: Tafel

Genussreife & Haltbarkeit: E XI bis III, späte Ernte verhindert Welken der Frucht

Wuchs & Bodenanspruch: anfangs stark, dann meist flachtriebig, luftige, flache Krone

Ertrag: sparsam

Bemerkungen: kleine schwarze Fleckchen auf jeder Frucht, der Baum verlangt guten Boden und warme Lagen, sparsam tragend, von Krebs befallen

AE

Edelkönig

Fruchtgröße: groß

Gestalt (Fruchtform): platt zugespitzt, stark regelmäßig gerippt

Fruchtfarbe: GF: selten grünlich-gelb durchschielend
DF: glänzend dunkelrot purpurrotfarbig

Lentizellen: kleine weißgraue Fleckchen in der DF

Fruchtfleisch: weiß, um den Kelch rosenrot, besonders bei alten Bäumen

Saftgehalt: sehr saftig

Geschmack: erdbeerartig, versüßte Weinsäure, fein himbeerartiger Geruch bei der Lagerung

geeignet für: Tafel

Genussreife & Haltbarkeit: M IX, bereits nach einigen Tagen Lagerung fett, bald genießbar, bis Weihnachten

Wuchs & Bodenanspruch: sehr lebhaft, lang- und starktriebig, schwach belaubt

Ertrag: –

Bemerkungen: kleine weißgraue Flecken, nicht selten große schwarzbraune Rostflecken, die aufreißen, am Lager rasch sehr fettig

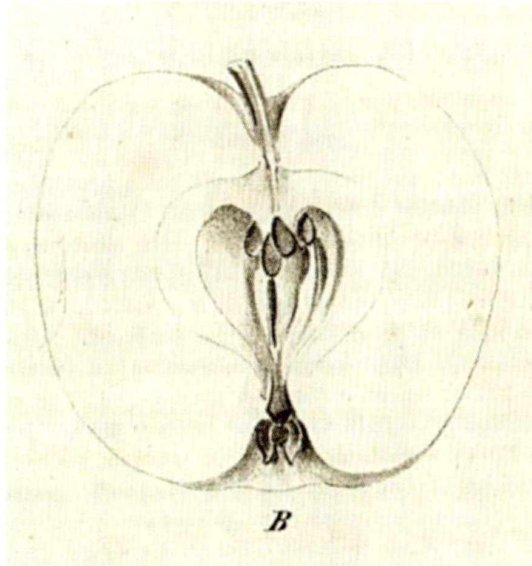

LA

Blumencalville

GOE

Danziger Kantapfel

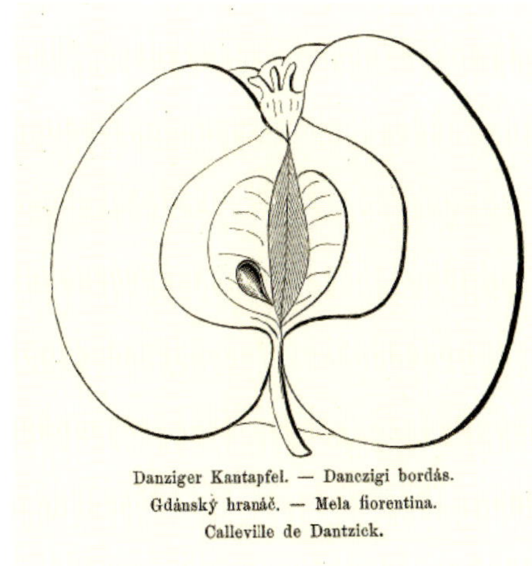

STO

Danziger Kantapfel

LA

Danziger Kantapfel

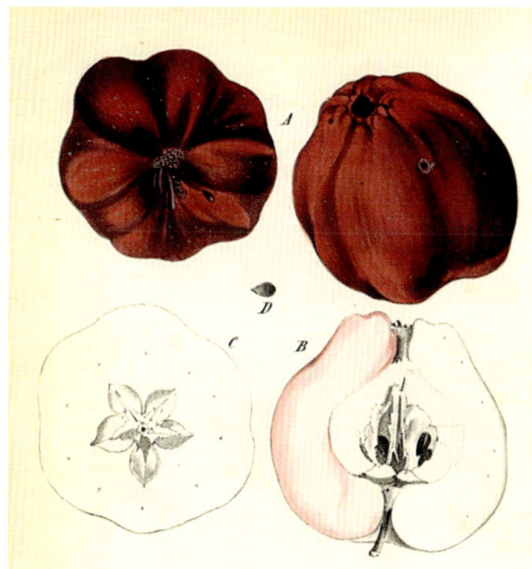

LA

Edelkönig

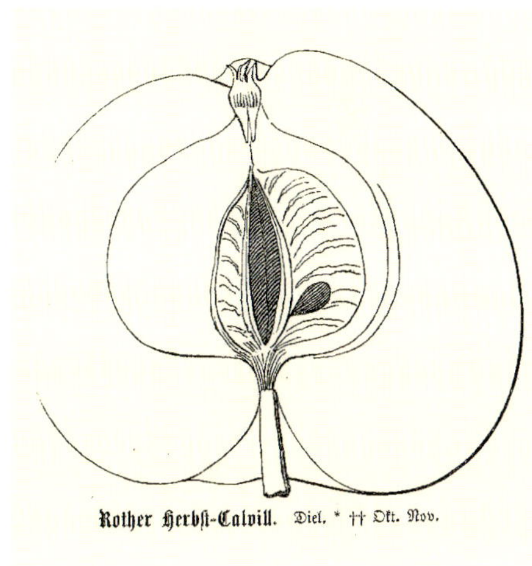

LU

Edelkönig

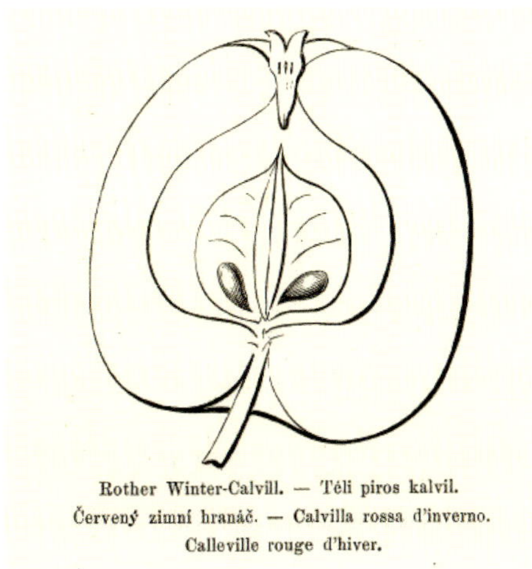

STO

(Echter) Rot(h)er Wintercalville

AD

(Echter) Rot(h)er Wintercalville

1. KLASSE: KANTÄPFEL

1. ORDNUNG: ECHTE CALVILLE

zu dieser Sorte ist leider keine Abbildung vorhanden

Englischer Costardapfel

Fruchtgröße: groß

Gestalt (Fruchtform): mehr plattrund als kugelförmig, unregelmäßig gerippt, vereinzelt braune Warzen

Fruchtfarbe: GF: weißlich-strohgelb, öfters grünlich-weiß
DF: glänzend, blutartig karmesinrot gestreift und getuscht

Lentizellen: –

Fruchtfleisch: –

Saftgehalt: –

Geschmack: –

geeignet für: Tafel, vorzüglich für die Küche

Genussreife & Haltbarkeit: M X, 4 Wochen, danach faulend

Wuchs & Bodenanspruch: stark, mittelgroße flache Kronen, stark abstehende Äste, wenig belaubt

Ertrag: sehr fruchtbar

Bemerkungen: vereinzelt braune Warzen

LA

Englischer Kantapfel

Fruchtgröße: mittelgroß

Gestalt (Fruchtform): breitrund, nach oben stumpf gespitzt, flach gerippt

Fruchtfarbe: GF: wachsartig, strohweiß
DF: rosenrot verwaschen

Lentizellen: –

Fruchtfleisch: –

Saftgehalt: wenig saftig

Geschmack: starker Wohlgeruch, süßer Rosengeschmack

geeignet für: Tafel

Genussreife & Haltbarkeit: M VIII, ist vor der Reife zu ernten, kaum 8 Tage

Wuchs & Bodenanspruch: anfänglich stark, wenig große kugelförmige Krone

Ertrag: früh und jährlich reichlich

Bemerkungen: –

AE

Früher Rosencalville

Fruchtgröße: groß

Gestalt (Fruchtform): plattgedrückt, stark und schön gerippt

Fruchtfarbe: GFbE: blass strohgelb
GF: zitronengelb
DF: weißlich strohgelb, hell karmesinrot gestreift und getuscht

Lentizellen: bräunlich in der DF, hell in der GF

Fruchtfleisch: –

Saftgehalt: –

Geschmack: angenehm rosenartig, starker Violengeruch

geeignet für: –

Genussreife & Haltbarkeit: X, wenig haltbar

Wuchs & Bodenanspruch: stark, vieltriebig, hochgewölbte Krone

Ertrag: früh und reichtragend

Bemerkungen: –

zu dieser Sorte ist leider keine Abbildung vorhanden

Früher Wachscalville

Fruchtgröße: groß

Gestalt (Fruchtform): hochaussehend, calvilleartig, hellgrüner langer, stark breitblättriger Kelch sitzt in tiefer feinfaltiger und feinrippiger Kelchbucht, Stiel in tiefer trichterförmiger Stielbucht

Fruchtfarbe: GF: wachsartig glänzend strohweiß
DF: äußerst selten rosenrot verwaschen

Lentizellen: undeutlich

Fruchtfleisch: weiß, sehr locker, feinkörnig, markig, sehr großes offenes Kernhaus

Saftgehalt: –

Geschmack: fast kein Geruch

geeignet für: –

Genussreife & Haltbarkeit: A XI, fault danach

Wuchs & Bodenanspruch: mittelstark, lange dünne weiß bewollte einjährige Triebe

Ertrag: sehr fruchtbar

Bemerkungen: angesprengelter und streifförmiger Rost

LA

Gestreifter gelber Herbstcalville

Fruchtgröße: mittelgroß

Gestalt (Fruchtform): schön, conisch, sehr stark gerippt

Fruchtfarbe: GF: blassgelb
DF: stark karmesinrot gestreift, dazwischen sanft punktiert

Lentizellen: zwischen den Streifen sanft punktiert

Fruchtfleisch: hie und da rosenrot, sehr großes Kernhaus

Saftgehalt: –

Geschmack: stark riechend, süß-weinsäuerlicher Muskatellergeschmack

geeignet für: Küche

Genussreife & Haltbarkeit: E IX, muss am Baum reifen, um nicht zu welken, 4 Wochen

Wuchs & Bodenanspruch: mittelstark, mittelgroße Krone, wirre hängende Äste

Ertrag: bald tragbar

Bemerkungen: –

LA

Gestreifter Herbstcalville

Fruchtgröße: annähernd groß

Gestalt (Fruchtform): länglich zugespitzt bis kugelförmig, sehr flach gerippt

Fruchtfarbe: DF: dunkelrot geflammt, breit und unordentlich zusammenfließend gestreift

Lentizellen: ganzfruchtig feine weißgraue Punkte

Fruchtfleisch: –

Saftgehalt: saftig

Geschmack: rosenartig

geeignet für: Tafel

Genussreife & Haltbarkeit: XI bis II

Wuchs & Bodenanspruch: nicht groß, schwache schlanke, hängende Äste

Ertrag: nicht voll

Bemerkungen: große gräuliche aufgesprungene Rostflecken auf gelblichem Grund, die oft Gruben bilden, Hochstämme oft befallen von Krebs

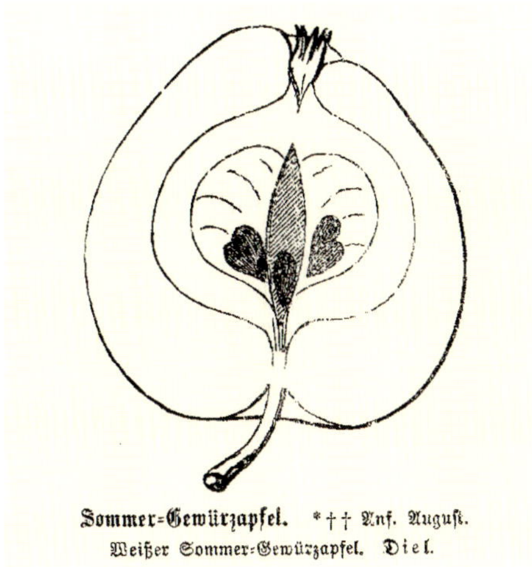

LU

Englischer Kantapfel

LA

Englischer Kantapfel

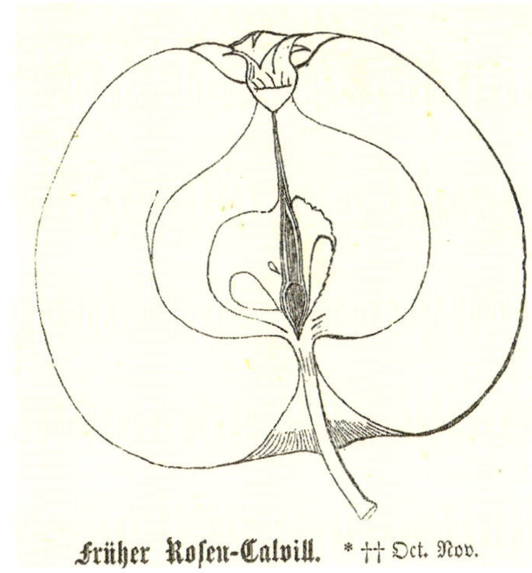

LU

Früher Rosencalville

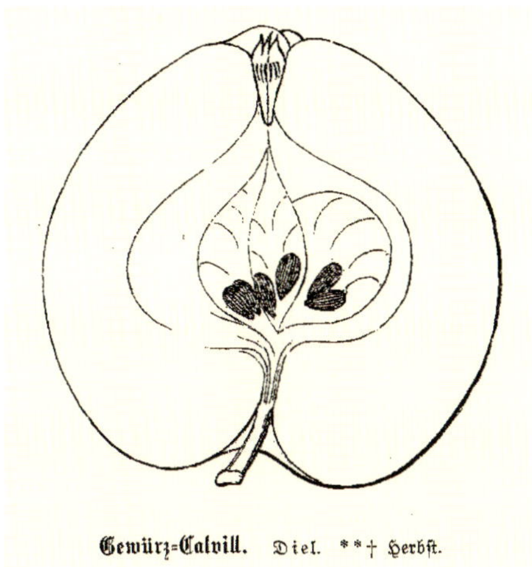

LU

Gestreifter gelber Herbstcalville

LA

Gestreifter Herbstcalville

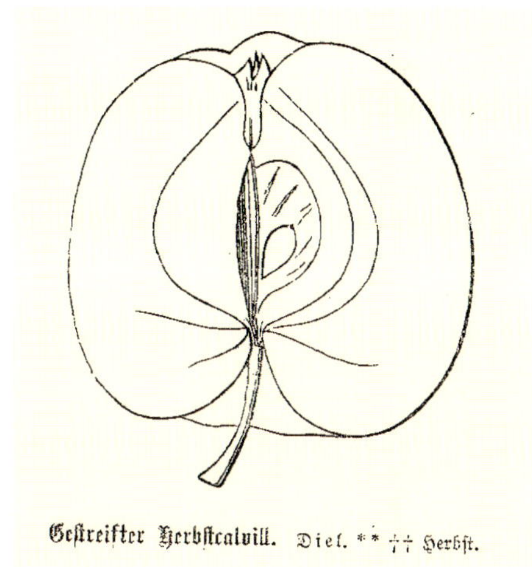

LU

Gestreifter Herbstcalville

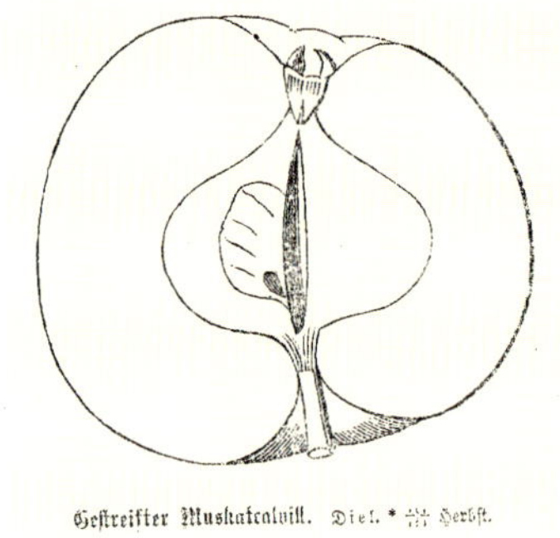

LU

STO

AD

AE

AD

Gestreifter Muscatencalville

Fruchtgröße: groß

Gestalt (Fruchtform): breiter als hoch, starke, unordentlich hervorstehende Rippen, dadurch verschobene Fruchtform

Fruchtfarbe: GF: grünlich-gelb
DF: düsteres Karminrot mit breiten abgesetzten gesprengten Streifen

Lentizellen: –

Fruchtfleisch: –

Saftgehalt: saftig

Geschmack: gewürzhaft, starker Violengeruch

geeignet für: Tafel, sehr gut für die Küche

Genussreife & Haltbarkeit: M–E IX, bis 6 Wochen

Wuchs & Bodenanspruch: stark, große, breitgewölbte Krone

Ertrag: –

Bemerkungen: Rostflecken, fordert warme Lagen und tiefgründigen Boden, in ungünstigen Lagen brandig

Gestreifter rot(h)er Ostercalville

Fruchtgröße: groß

Gestalt (Fruchtform): walzenförmig, stumpf zugespitzt, calvilleartig fein gerippt

Fruchtfarbe: GF: hellgelb
DF: helles blutartiges Rot, oft schwach, kurz gestreift

Lentizellen: nicht bemerkbar

Fruchtfleisch: weiß, fein

Saftgehalt: sehr saftig

Geschmack: schwacher, angenehmer Geruch, gewürzt himbeerartig, süß weinartig

geeignet für: –

Genussreife & Haltbarkeit: ab XII-Johannestag (VI?)

Wuchs & Bodenanspruch: stark, schön glänzende grasgrüne Belaubung, flachkronig gewölbt

Ertrag: früh und reichlich tragend

Bemerkungen: fühlt sich nie fettig an

Gewürzcalville

Fruchtgröße: mittelgroß

Gestalt (Fruchtform): kegelstumpfförmig, oft länglich, 5 starke Rippen, davon eine oder zwei stärker hervortretend

Fruchtfarbe: GF: trüb gelblich-grün
DF: breite, trüb blutrote mit sonnseitig etwas hellerem Rot verwaschene undeutliche Streifen

Lentizellen: wenig oder keine

Fruchtfleisch: –

Saftgehalt: –

Geschmack: gewürzhaft, ohne Säure

geeignet für: Tafel, für jeden ökonomischen Gebrauch

Genussreife & Haltbarkeit: M X, spät ernten, damit sie nicht welken, bis Weihnachten

Wuchs & Bodenanspruch: stark, mittelgroße Krone, stark abstehende hängende Äste

Ertrag: früh und ziemlich viel

Bemerkungen: zähfette Schale, mit rot-bräunlich-schwarz eingefassten Rostflecken, fordert trockenen Boden und warme Lagen

Grafensteiner

Fruchtgröße: groß

Gestalt (Fruchtform): flach bis kugelförmig, unregelmäßig gerippt

Fruchtfarbe: GFbE: hell strohweiß
GF: goldgelb
DF: hochrot gesprenkelt, weniger gestreift

Lentizellen: wenig bis keine

Fruchtfleisch: –

Saftgehalt: –

Geschmack: prachtvoll, stark wohlriechend

geeignet für: Tafel, Wirtschaft

Genussreife & Haltbarkeit: E X, 6 Wochen, danach faulend

Wuchs & Bodenanspruch: stark, groß- und breitkugelförmige Krone

Ertrag: unregelmäßig

Bemerkungen: schwärzliche Rostflecken um den Kelch, auf Holzapfelsämlingen veredelt vollkommenste, herrlichste Früchte, gedeiht auch auf schlechten Böden

Großer rot(h)er Sommer-Himbeerapfel

Fruchtgröße: groß

Gestalt (Fruchtform): platt calvilleartig, 8–10 sanfte, ungleichmäßig starke Rippen

Fruchtfarbe: GF: vermischt trüb gelb-rötlich
DF: bis auf die Schattenseite trüb glänzend purpurrot mit hellroten Streifen

Lentizellen: fein, grau, gleichmäßig verteilt, besonders schattseitig, in der DF gelblich oder hellrötlich schimmernd

Fruchtfleisch: um den Kelch blassrot, sonst weißlich-gelblich

Saftgehalt: saftig

Geschmack: süß-weinsäuerlich und himbeerartig

geeignet für: Tafel, auch für die Küche

Genussreife & Haltbarkeit: A X, 4 (bis 6) Wochen

Wuchs & Bodenanspruch: stark, großkronig, breite flache Krone, stark belaubt, abstehende Äste

Ertrag: sehr fruchtbar

Bemerkungen: fordert fruchtbaren Boden, verdient häufig angepflanzt zu werden

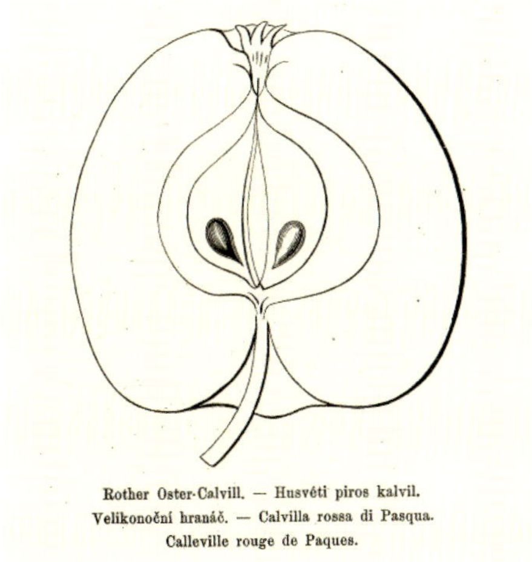

STO

Rother Ostercalville

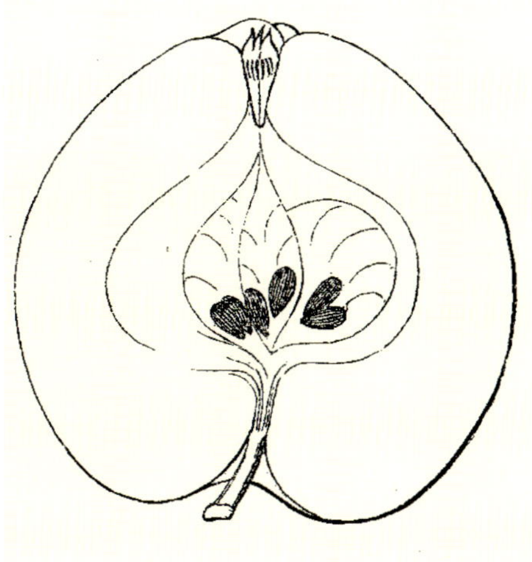

LU

Gewürzcalville

GR

Grafensteiner

AE

Gewürzcalville

GR

Grafensteiner

GR

Grafensteiner

LU

Grafensteiner

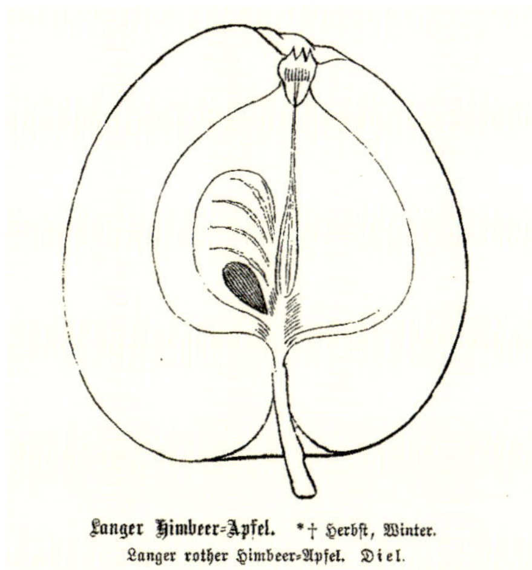

LU

Großer rot(h)er Sommer-Himbeerapfel

1. KLASSE: KANTÄPFEL

1. ORDNUNG: ECHTE CALVILLE

AD

Langer rot(h)er Himbeerapfel

Fruchtgröße: groß

Gestalt (Fruchtform): breit kegelstumpfförmig, stumpf zugespitzt walzenförmig

Fruchtfarbe: GFbE: trüb grasgrün
GF: gegen Lagerende zitronengelb, wenig schattseitig durchschimmernd
DF: sonnseitig schön glänzende Purpurröte, auch blass gestreift, schattseitig blasstrübe Streifen

Lentizellen: undeutlich gelbe Punkte, häufig

Fruchtfleisch: –

Saftgehalt: –

Geschmack: –

geeignet für: Tafel, vorzüglich für die Wirtschaft, besonders zum Schnitzen

Genussreife & Haltbarkeit: A X
bis in den Winter

Wuchs & Bodenanspruch: in der Jugend lebhaft, bleibt aber kleinkronig, keine schöne Kronen, unordentlich stehende und hängende Äste

Ertrag: jährlich, sehr fruchtbar

Bemerkungen: fordert guten Boden und warme Lagen

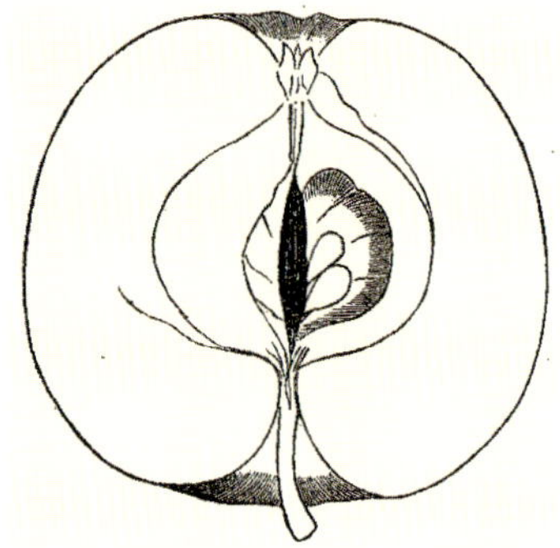

LU

Rot(h)er Harlemer Himbeerapfel

Fruchtgröße: groß

Gestalt (Fruchtform): abgeplattet, kugelförmig

Fruchtfarbe: fast allseitig trüb, düster, karmesinrot verwaschen, sonnseitig dunkel, viele breite unregelmäßige Streifen

Lentizellen: viele feine, nur im Rot sichtbare gelbliche

Fruchtfleisch: weiß-grünlich, fein, weich, locker, markig

Saftgehalt: saftig

Geschmack: Rosengeschmack, violenartiger Geruch

geeignet für: Tafel, Dämpfen

Genussreife & Haltbarkeit: M XI,
bis in den Winter, eintrocknend

Wuchs & Bodenanspruch: unordentliche Kronen, nicht schön aussehend, hängende flache Krone

Ertrag: frühzeitig, sehr fruchtbar

Bemerkungen: früher und regelmäßig reichlicher Ertrag, gut auf fruchtbaren, besonnten Böden

zu dieser Sorte ist leider keine Abbildung vorhanden

Rot(h)er Herbst-Aniscalville

Fruchtgröße: groß

Gestalt (Fruchtform): uneinheitlich kugelförmig oder platt, sehr flach gerippt, unansehnlich

Fruchtfarbe: GF: trüb gelb
DF: unansehnlich dunkelkarmesinrot, sonnseitig fast schwärzlich, wenig sichtbare dunkelkarmesinrote lange, breite Streifen

Lentizellen: –

Fruchtfleisch: –

Saftgehalt: –

Geschmack: süß-säuerlicher Violengeschmack

geeignet für: Tafel

Genussreife & Haltbarkeit: M bis E IX,
im ganzen Winter

Wuchs & Bodenanspruch: langsam und schwach wüchsig, als Zwergbaum geeignet, Äste abstehend

Ertrag: –

Bemerkungen: langer, dünner grüner Stiel

STO

Rot(h)er Herbstcalville

Fruchtgröße: groß

Gestalt (Fruchtform): länglich oder kugelförmig, stark regelmäßig gerippt

Fruchtfarbe: DF: dunkelkarmesinrot, sonnseitig fast schwärzlich

Lentizellen: schattseitig gelb-rötlich

Fruchtfleisch: von der Schale bis zum Kerngehäuse rosenrot, dann bis zum Kern weiß

Saftgehalt: sehr saftig

Geschmack: angenehmste Weinsäure

geeignet für: Wirtschaft

Genussreife & Haltbarkeit: A X,
muss am Baum reifen, um nicht stark zu welken, bis Weihnachten

Wuchs & Bodenanspruch: stark, groß, breit- und flachkronig, abstehende Äste

Ertrag: fruchtbar

Bemerkungen: am Lager stark fettig, Rostflecken

zu dieser Sorte ist leider keine Abbildung vorhanden

Rot(h)er Paradiesapfel

Fruchtgröße: annähernd groß

Gestalt (Fruchtform): platt, viel- und feinrippig

Fruchtfarbe: GF: selten gelb-grünlich
DF: dunkelpurpurfärbig, an Schattenstellen karmesinrot

Lentizellen: –

Fruchtfleisch: –

Saftgehalt: saftig

Geschmack: erquickende Weinsäure

geeignet für: Tafel, köstlich für die Küche

Genussreife & Haltbarkeit: A XI,
6 Wochen

Wuchs & Bodenanspruch: mittelgroß, flache Krone

Ertrag: jährlich reichtragend

Bemerkungen: sehr fettig, sehr druckempfindlich, befallen von Krebs

AD

Rot(h)er Sommercalville

Fruchtgröße: mittelgroß

Gestalt (Fruchtform): kegelstumpfförmig, sanft gerippt

Fruchtfarbe: GF: beschattete Früchte weißlich-grüne Stellen
DF: blutrot, sehr glänzend

Lentizellen: viele feine weiße Punkte

Fruchtfleisch: blendend weiß, ums Kernhaus rosenrot

Saftgehalt: saftig

Geschmack: fein erdbeerartig

geeignet für: –

Genussreife & Haltbarkeit: M bis E VIII, baumreif, 14 Tage

Wuchs & Bodenanspruch: mittelgroß, stark abstehende schlanke Äste, breite Krone, stark belaubt, lebhafter Wuchs

Ertrag: früh und ungemein tragbar, büschelweise Früchte

Bemerkungen: für Zwergbäume vorzüglich geeignet

LA

Langer rot(h)er Himbeerapfel

AD

Rot(h)er Herbstcalville

AD

Rot(h)er Herbstcalville

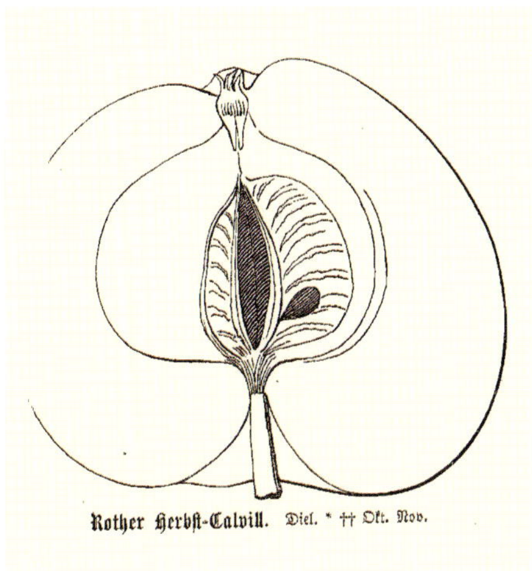

LU

Rother Herbstcalville

GR

Rot(h)er Herbstcalville

LA

Rot(h)er Herbstcalville

GR

Rot(h)er Herbstcalville

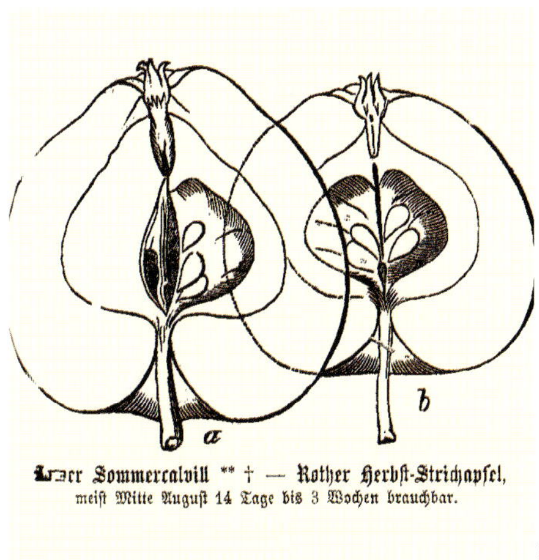

LU

Rot(h)er Herbstcalville

1. KLASSE: KANTÄPFEL
1. ORDNUNG: ECHTE CALVILLE

AD

Wahrer weißer Sommercalville

Fruchtgröße: ähnlich Weißer Wintercalville

Gestalt (Fruchtform): schön gerippt

Fruchtfarbe: GF und DF: auch sonnseitig ohne Röte

Lentizellen: kaum

Fruchtfleisch: weiß, fein, markig

Saftgehalt: –

Geschmack: stark und angenehm

geeignet für: –

Genussreife & Haltbarkeit: VIII, bis 6 Wochen

Wuchs & Bodenanspruch: stark, breite Krone, schlanke hängende Fruchtäste, sehr großes Blatt

Ertrag: reichlich

Bemerkungen: netzförmig berostet, großes Kernhaus, weite und breite Kelchröhre

zu dieser Sorte ist leider keine Abbildung vorhanden

Weißer Augustcalville

Fruchtgröße: groß

Gestalt (Fruchtform): hoch gebaut und stark kantig, abgestumpfte Spitze

Fruchtfarbe: GF: gelblich-strohweiß bis zitronengelb
DF: oft nur auf kleiner Stelle schwach blassrot verwaschen

Lentizellen: nur auf der DF sichtbar

Fruchtfleisch: weiß, sehr locker, markig, sehr großes offenes Kernhaus

Saftgehalt: saftig

Geschmack: stark violenartig riechend

geeignet für: Tafel

Genussreife & Haltbarkeit: M VIII, wenig haltbar

Wuchs & Bodenanspruch: nur in der Jugend starkes Wachstum, Triebe mit vielen länglichen, deutlich sichtbaren Lentizellen

Ertrag: –

Bemerkungen: zarte, nicht fettende Schale, sehr großes ganz offenes Kernhaus

DU

Weißer Wintercalville

Fruchtgröße: groß

Gestalt (Fruchtform): kugelförmig, schönster Kantapfel

Fruchtfarbe: GFbE: blass strohgelb
GF: schön goldgelb
DF: sonnseitig öfters sanft angeflogen hellrot oder karmesinrot verwaschen

Lentizellen: wenige mit zentralem braunen Punkt

Fruchtfleisch: –

Saftgehalt: saftig

Geschmack: muskatellerartiger Zuckergeschmack

geeignet für: Tafel

Genussreife & Haltbarkeit: XII, bei guter Lagerung bis in den Sommer

Wuchs & Bodenanspruch: mittelgroß, flachgewölbte Krone, abstehende Äste

Ertrag: nicht reichlich, nur in ganz günstigen Lagen auf Hochstämmen reichlich und mäßig

Bemerkungen: sehr druckempfindlich!! Spalierbäume behalten selten viele Früchte (besonders im Gebiet um Meran um 1900 angebaut).

1. KLASSE: KANTÄPFEL
2. ORDNUNG: SCHLOTTERÄPFEL

STO

Alantapfel

Fruchtgröße: groß

Gestalt (Fruchtform): hochgebaut, stumpf kegelförmig bis fast walzenförmig, flachrippig

Fruchtfarbe: GFbE: grünlich
GF: zitronengelb
DF: kurz streifenartig geflammt zinnoberrot, wenig besonnte Früchte blassgelb

Lentizellen: sehr wenige, nur schwärzliche Flecken

Fruchtfleisch: locker, grobkörnig

Saftgehalt: wenig saftig

Geschmack: duftet nach Alant, zimtartig, vortrefflich gewürzt, erdbeerartiger oder melonenartiger Geruch

geeignet für: Tafel und Küche

Genussreife & Haltbarkeit: XI, bis März

Wuchs & Bodenanspruch: stark, großkronig, abstehende Äste

Ertrag: früh, jährlich fruchtbar

Bemerkungen: fleischiger, sehr kurzer Stiel

LE

Berliner Schafsnase

Fruchtgröße: mittelgroß

Gestalt (Fruchtform): fast walzenförmig hochgebaut, ähnlich dem Großen Rheinischen Bohnapfel

Fruchtfarbe: GFbE: weißgelb
GF: zitronengelb
DF: nicht viele undeutliche Streifen, dazwischen fein punktiert, GF noch durchscheinend

Lentizellen: fein, kaum bemerkbar

Fruchtfleisch: gewürzt, fein rosenartig

Saftgehalt: saftig

Geschmack: zum rohen Genuss angenehm, gewürzhaft fein rosenartig

geeignet für: Tafel, Wirtschaft

Genussreife & Haltbarkeit: XII, über den ganzen Winter

Wuchs & Bodenanspruch: stark, schlanke einjährige Triebe, große, auffallende weißgrüne Lentizellen, kugelförmige, dicht belaubte Krone

Ertrag: reichlich

Bemerkungen: –

AD

Wahrer weißer Sommercalville

LA

Wahrer weißer Sommercalville

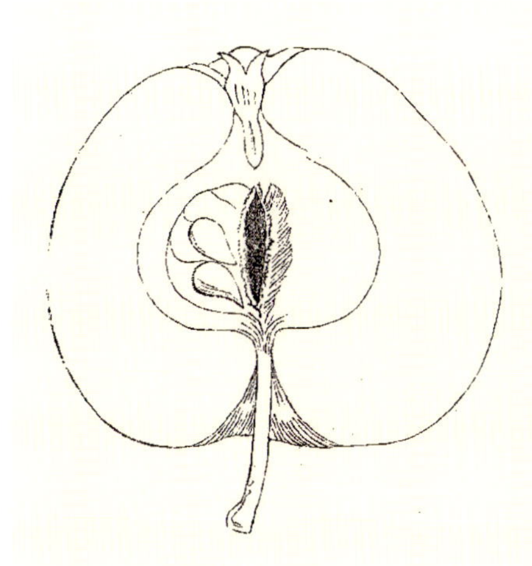
LU

Wahrer weißer Sommercalville

LA

Weißer Wintercalville

GOE

Weißer Wintercalville

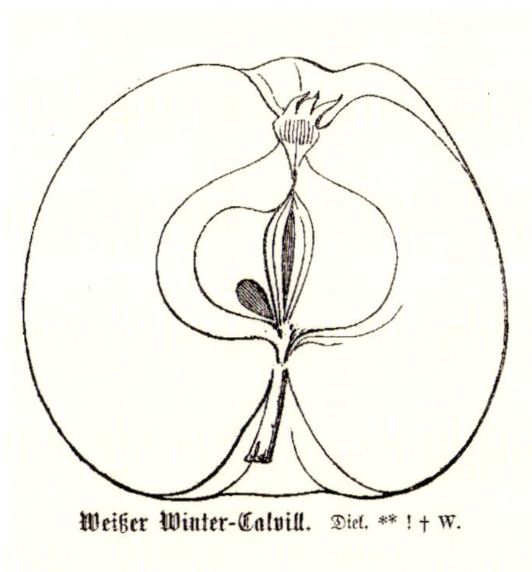

LU

Weißer Wintercalville

GOE

Weißer Wintercalville

LU

Alantapfel

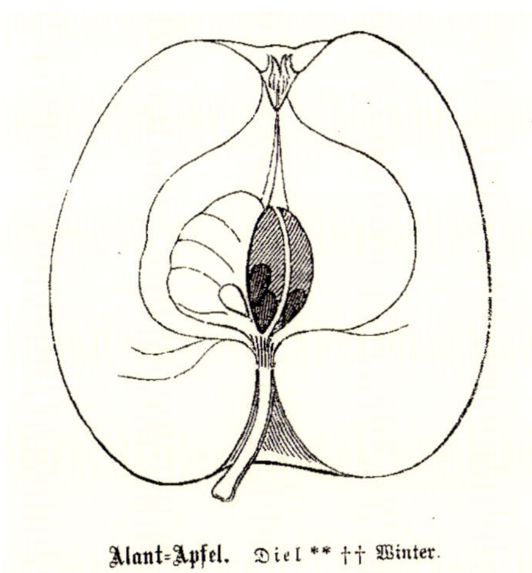

LU

Alantapfel

GOE

Alantapfel

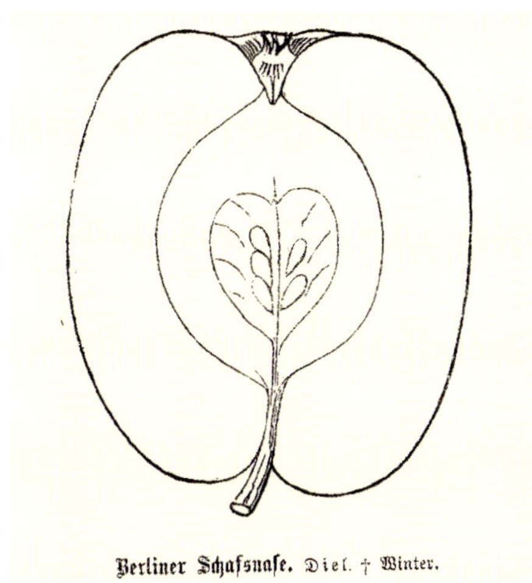

LU

Berliner Schafsnase

zu dieser Sorte ist leider keine Abbildung vorhanden

Bouteillenapfel

Fruchtgröße: groß

Gestalt (Fruchtform): keinem Branntweinbouteilchen ähnlich

Fruchtfarbe: GF: am Lager spät hellgelb, aber noch immer etwas grünlich
DF: rein blutrot verwaschen, nie streifenartig

Lentizellen: –

Fruchtfleisch: weiß, fein, markig, Kernhaus sitzt nahe am Stiel

Saftgehalt: saftig

Geschmack: gewürzhaft

geeignet für: Wirtschaft

Genussreife & Haltbarkeit: XI bis XII, über den Winter

Wuchs & Bodenanspruch: stark, großkronig, dünne, lange einjährige Triebe, viele weißgraue Lentizellen

Ertrag: –

Bemerkungen: fleischiger Stiel seitlich durch Beulen abgedrückt, wenige schlecht ausgebildete Kerne

LE

Bunter Langhanns

Fruchtgröße: sehr groß

Gestalt (Fruchtform): hochgebaut walzenförmig

Fruchtfarbe: GF: blass zitronengelb
DF: streifenartig karminfärbig, auch wie vom einem Pinsel bespritzt, punktiert

Lentizellen: in der GF

Fruchtfleisch: weiß, feinkörnig, fest, um den Kelch blass rosenartig rot

Saftgehalt: –

Geschmack: angenehm gewürzhaft

geeignet für: Wirtschaft

Genussreife & Haltbarkeit: M bis E X, bis Weihnachten

Wuchs & Bodenanspruch: stark, starke einjährige Triebe, schön belaubt

Ertrag: –

Bemerkungen: dünner Stiel und lange, dicke einjährige Triebe, einseitig hellbraun, auf der anderen Seite olivgrün

zu dieser Sorte ist leider keine Abbildung vorhanden

Catalonier

Fruchtgröße: groß

Gestalt (Fruchtform): rundlich, stark, stumpf zugespitzt, calvilleartige, oft starke Rippen

Fruchtfarbe: GFbE: weißgelb
GF: schön zitronengelb
DF: sanfte karmesinrote Streifen, oft nur punktiert angedeutet, sonnseitig zwischen den Streifen rot angespritzt

Lentizellen: –

Fruchtfleisch: weiß, ins Gelbliche schielend, locker

Saftgehalt: sehr saftig

Geschmack: alantartig, süß, weinartig

geeignet für: –

Genussreife & Haltbarkeit: XI, bis in den Winter

Wuchs & Bodenanspruch: stark, schön belaubt

Ertrag: sehr fruchtbar

Bemerkungen: nicht fettende Schale

AE

Crede's großer Wilhelmsapfel

Fruchtgröße: groß

Gestalt (Fruchtform): hochaussehend, calvilleartige Erhebungen, die die Rundung in die Breite verschieben

Fruchtfarbe: GFbE: strohgelb
GF: hoch zitronengelb
DF: stark, klein, karmesinrot gestreift

Lentizellen: fehlen

Fruchtfleisch: –

Saftgehalt: saftig

Geschmack: gewürzt, süß-weinsäuerlich

geeignet für: Tafel

Genussreife & Haltbarkeit: XI bis XII, durch den Winter

Wuchs & Bodenanspruch: stark, stark belaubt, starke Äste, breitgewölbte Krone

Ertrag: sehr fruchtbar

Bemerkungen: für ökonomische Anlagen geeignet

AE

Englischer Königsapfel

Fruchtgröße: groß

Gestalt (Fruchtform): breiter als hoch, gegen den Kelch konisch abnehmend, flachrippig

Fruchtfarbe: GF: hell zitronengelb
DF: sonnseitig zum Stiel hin streifenartig geflammtes Zinnoberrot

Lentizellen: fein grasgrün (verschwinden mit der Zeit) bis bräunlich, die in der DF einen großen gelben Mond aufweisen

Fruchtfleisch: –

Saftgehalt: saftig

Geschmack: weinartig, ohne Gewürz

geeignet für: Wirtschaft, Dämpfen

Genussreife & Haltbarkeit: XII, bis in den Sommer

Wuchs & Bodenanspruch: stark, stark abstehende aufrechte Äste, wenig belaubt

Ertrag: früh, jährlich

Bemerkungen: braucht guten Boden und Sturmschutz

zu dieser Sorte ist leider keine Abbildung vorhanden

Fränkischer Nonnenapfel

Fruchtgröße: groß

Gestalt (Fruchtform): hochgebaut, stumpf, kegelstumpfförmig

Fruchtfarbe: GF: Schattenfrüchte gelblich, am Baum leicht bereift
DF: lang abgesetzt, auch bandförmig über die Frucht, dazwischen auch reichlich punktiert

Lentizellen: viele

Fruchtfleisch: weißlich-gelblich, fein, markig

Saftgehalt: saftig

Geschmack: gewürzhaft

geeignet für: Tafel, Wirtschaft

Genussreife & Haltbarkeit: X, ab XII mehlig

Wuchs & Bodenanspruch: stark

Ertrag: früh fruchtbar

Bemerkungen: schönes Laub

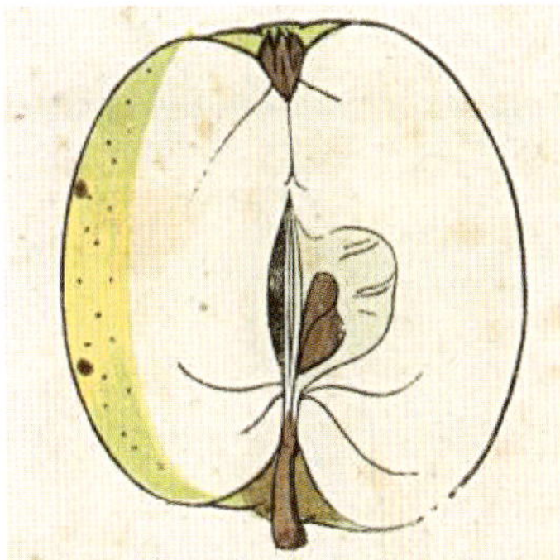

LE

Gelber Pallasapfel

Fruchtgröße: sehr groß

Gestalt (Fruchtform): hochgebaut, lang kegelstumpfförmig, schwach gerippt

Fruchtfarbe: GFbE: hellgrün
GF: zitronengelb
DF: kurze, abgesetzte hellkarmesinrote Streifen, auch noch im Frühling in der Kelch- und Stielhöhle grüne Spuren

Lentizellen: fein, klein, kaum sichtbar

Fruchtfleisch: –

Saftgehalt: –

Geschmack: einschneidender feinsäuerlicher Geschmack, starker Geruch

geeignet für: Wirtschaft

Genussreife & Haltbarkeit: I bis II, bis in den Sommer

Wuchs & Bodenanspruch: breit gewölbte Krone, dicht belaubt

Ertrag: –

Bemerkungen: sonnseitig schwarze Flecken, kaum gänzlich rot gefärbte Früchte

zu dieser Sorte ist leider keine Abbildung vorhanden

Gestreifter Imperial

Fruchtgröße: sehr groß

Gestalt (Fruchtform): hochaussehend, breit abgestumpft kegelförmig, stark kantig, verschoben eckig, Kelch und Stiel stehen sehr tief

Fruchtfarbe: DF: viele sanfte kleine Karmesinstreifen

Lentizellen: fein, gelb, fallen nur im Rot auf, häufig, auf der Schattenseite grün umringelt

Fruchtfleisch: schön weißes Fleisch

Saftgehalt: saftig

Geschmack: angenehmer Geruch, süß, gewürzhaft

geeignet für: Tafel, Wirtschaft

Genussreife & Haltbarkeit: XII, ohne welken bis Sommer

Wuchs & Bodenanspruch: stark, gewölbte Krone, lange, starke einjährige Triebe, weißgrau bewollt

Ertrag: sehr fruchtbar

Bemerkungen: Schale zäh und fett, Kelch und Stiel stehen sehr tief

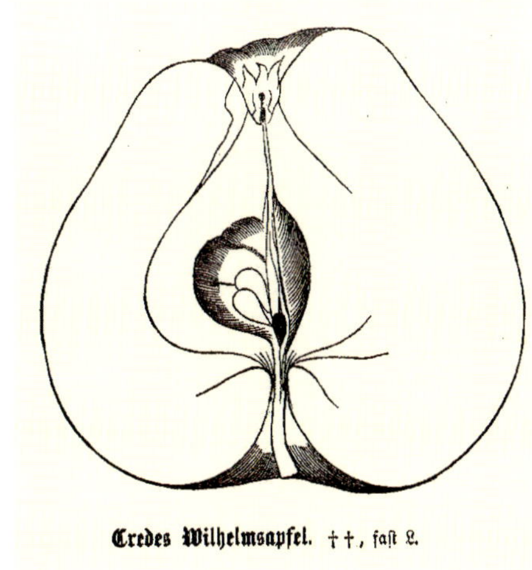

LU

Crede's großer Wilhelmsapfel

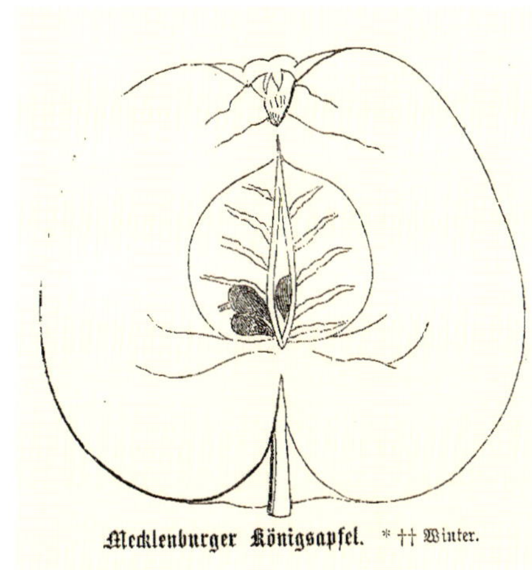

LU

Englischer Königsapfel

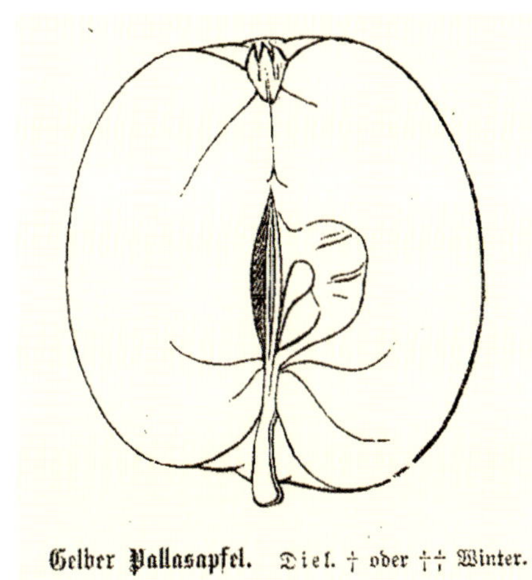

LU

Gelber Pallasapfel

zu dieser Sorte ist leider keine Abbildung vorhanden

Großer rot(h)er Rasselapfel

Fruchtgröße: sehr groß
Gestalt (Fruchtform): länglich und hochgebaut, ähnlich der gelben Schafnase
Fruchtfarbe: GF: schwefelgelb
DF: glänzend rot verwaschen, kurze dunkelrote Streifen
Lentizellen: feine, in der DF gelbliche, in der GF graue
Fruchtfleisch: weiß, lederartig
Saftgehalt: saftig
Geschmack: unbedeutender Geruch
geeignet für: Wirtschaft
Genussreife & Haltbarkeit: XII, über den Winter
Wuchs & Bodenanspruch: stark
Ertrag: sehr fruchtbar
Bemerkungen: sehr großes herzförmiges Kernhaus, fordert fetten gut kultivierten Boden

LA

Herbstglockenapfel

Fruchtgröße: groß
Gestalt (Fruchtform): leicht kantig, konisch walzenförmig
Fruchtfarbe: GF: zitronengelb
DF: kurz und schmal karmesinartig gestreift
Lentizellen: sehr wenige
Fruchtfleisch: sehr weiß, locker, markig
Saftgehalt: –
Geschmack: markig weinsäuerlich, ohne würzhaften Geschmack
geeignet für: –
Genussreife & Haltbarkeit: M bis E IX, hält bis XI
Wuchs & Bodenanspruch: stark, dichte Krone, abstehende Äste, hellgrün, gut belaubt, lange dünne einjährige Triebe, viele sonnseitig braunrote, schattseitig hellgrüne Lentizellen
Ertrag: –
Bemerkungen: leicht berostet, fordert guten Boden, besonders in rauen Lagen

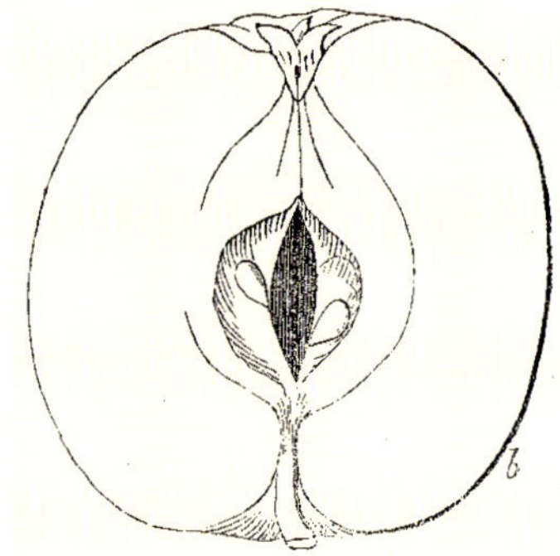

LU

Horset's Schlotterapfel

Fruchtgröße: groß
Gestalt (Fruchtform): fast walzenförmig, kaum gerippt
Fruchtfarbe: GFbE: grünliches Strohgelb
GF: helles zitronengelb
DF: sanft rosenartig gerötet, dunkelrote Karmesinflecken
Lentizellen: eckig, stark verteilt
Fruchtfleisch: beim Kauen feinhülsig und ganz auflösend
Saftgehalt: –
Geschmack: süß-weinsäuerlich gewürzt
geeignet für: Tafel, Wirtschaft
Genussreife & Haltbarkeit: XII bis I, bis in den Sommer
Wuchs & Bodenanspruch: mittel groß, feinholzig, kugelförmige Krone, stark belaubt
Ertrag: reichlich
Bemerkungen: –

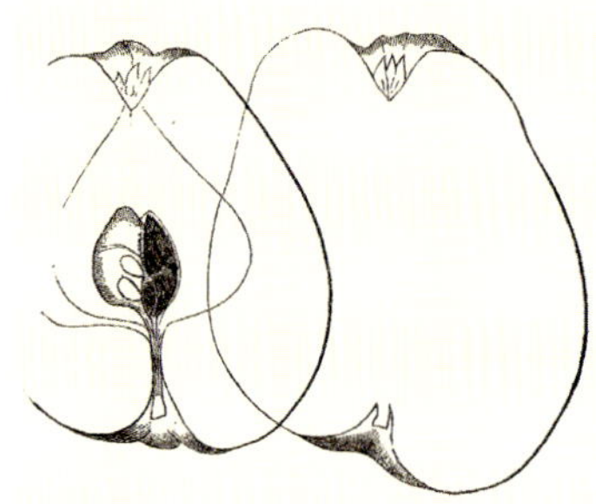

LU

Münchhausen's gestreifter Glockenapfel

Fruchtgröße: sehr groß
Gestalt (Fruchtform): hochaussehend, bald stark abgestumpft, bald eiförmig
Fruchtfarbe: GFbE: hell strohweiß oder grünlich-gelb
GF: zitronengelb
DF: wenig undeutliche karmesinrote Streifen, dazwischen stark punktiert
Lentizellen: in GF markante braune
Fruchtfleisch: markig
Saftgehalt: ziemlich saftig
Geschmack: kraftvoller, angenehmer, feiner himbeerartiger Zuckergeschmack
geeignet für: Tafel, dämpfen sehr gut
Genussreife & Haltbarkeit: E X, kaum 6 Wochen lang lagerbar
Wuchs & Bodenanspruch: stark, hohe flachgewölbte Krone, gut belaubt
Ertrag: ausnehmend fruchtbar
Bemerkungen: –

LA

Papagei(y)apfel

Fruchtgröße: groß
Gestalt (Fruchtform): deutliche feine Rippen, oft eine deutlicher
Fruchtfarbe: GF: blasses Weißgelb, grün gestreift
DF: lang abgesetzt, oft breit rot-, grün- und gelbstreifig
Lentizellen: grün umhöft, dunkelbraun
Fruchtfleisch: schneeweiß
Saftgehalt: saftig
Geschmack: einschneidender erquickender weinsäuerlicher Geschmack
geeignet für: Dämpfen
Genussreife & Haltbarkeit: XI, im XII am besten
Wuchs & Bodenanspruch: sehr stark, aufragend
Ertrag: mittelfrüh und reichlich
Bemerkungen: schwarzbraune Rostflecken

AD

zu dieser Sorte ist leider keine Abbildung vorhanden

Po(h)lnischer gestreifter Weinapfel

Fruchtgröße: groß

Gestalt (Fruchtform): rundlich stumpf zugespitzt, 5 deutliche, bis zum Stielbuchtrand verlaufende Rippen

Fruchtfarbe: GF: zitronengelb
DF: hellblutrote Streifen, die im Sommer darauf verlöschen

Lentizellen: in der GF deutlich, viele

Fruchtfleisch: beim Kauen pelzig, lässt Hülsen zurück

Saftgehalt: –

Geschmack: erst in der Vollreife duftend, gewürzlos

geeignet für: Wirtschaft

Genussreife & Haltbarkeit: im Winter, hält in guten Obstgewölben über ein Jahr

Wuchs & Bodenanspruch: sehr stark, breitkronig

Ertrag: früheinsetzend, jährlich reichlich

Bemerkungen: wegen seiner Haltbarkeit im 2. Rang, lagert in guten Gewölben (Kellern) gut ein Jahr

Rot(h)feder

Fruchtgröße: Gestalt (Fruchtform) hochgebaut calvilleartig, ähnlich dem Rot(h)en Herbstcalville

Fruchtfarbe: GF: strohgelb
DF: gelb-rötlich, fast orleanfärbig dünn überkleidet, sodass GF kaum durchschimmert, zuweilen aber an vielen Stellen durchschimmernd, bildet auch hellere breite Bandstreifen

Lentizellen: wenige, teils rötlich oder hellgrau

Fruchtfleisch: weiß, leicht locker, ziemlich grobkörnig

Saftgehalt: sehr saftig

Geschmack: –

geeignet für: mehr für die Wirtschaft als für die Tafel

Genussreife & Haltbarkeit: X, nicht gerne bis XII

Wuchs & Bodenanspruch: sehr stark, schön geformte Krone

Ertrag: fruchtbar

Bemerkungen: große herzförmige Kernhauskammern, breite Kelchröhre, bischofsmützenähnlich

LA

Herbstglockenapfel

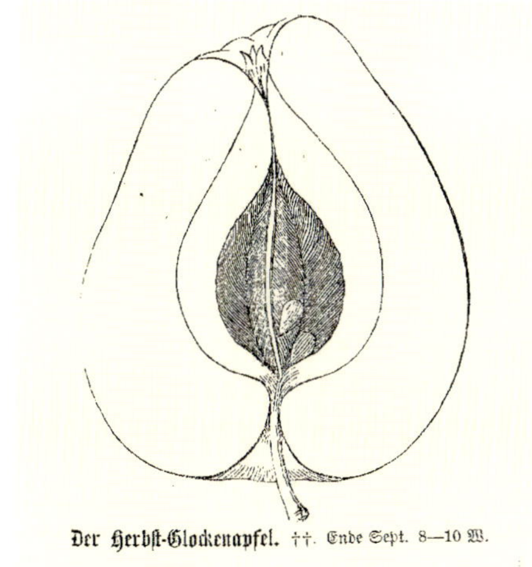

LU

Herbstglockenapfel

LA

Herbstglockenapfel

LA

Papagei(y)apfel

AD

Po(h)lnischer gestreifter Weinapfel

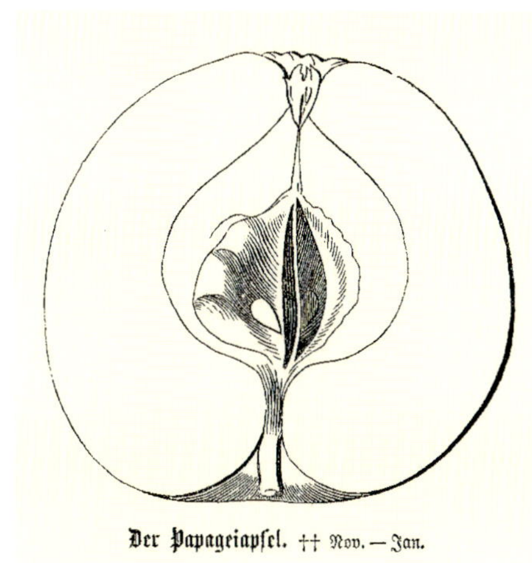

LU

Papagei(y)apfel

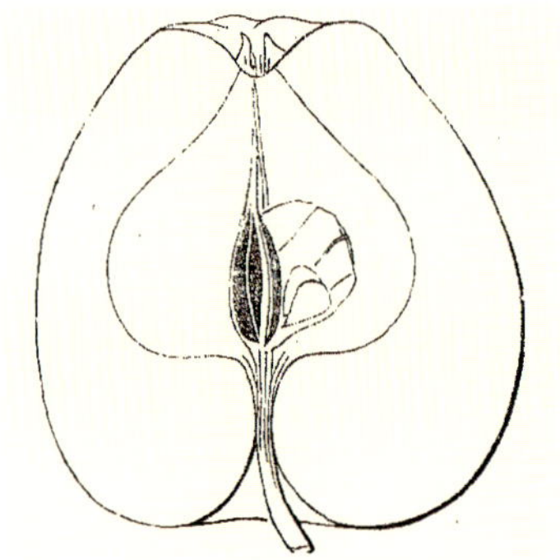

LU

Rußet von Norfolk

Fruchtgröße: mittelgroß bis groß

Gestalt (Fruchtform): stumpf zugespitzt

Fruchtfarbe: GFbE: fast glasartig glänzend
GF: hellgelb
DF: verwaschen, stark geflammt und gestreift

Lentizellen: viele feine

Fruchtfleisch: fein, weiß

Saftgehalt: saftig

Geschmack: himbeerartig süß, äußerst schwacher Geruch

geeignet für: Küche

Genussreife & Haltbarkeit: XII, hält bis ins Frühjahr

Wuchs & Bodenanspruch: stark, viel feines Holz

Ertrag: frühzeitig, fruchtbar

Bemerkungen: –

zu dieser Sorte ist leider keine Abbildung vorhanden

Schlotterapfel van der Flees

Fruchtgröße: groß

Gestalt (Fruchtform): nach unten sitzender erhabener Bauch, breite unförmige Erhabenheiten

Fruchtfarbe: GFbE: hellgrün
GF: schwefelgelb
DF: kurz abgesetzt karmesinrot gestreift

Lentizellen: wenige

Fruchtfleisch: weiß, markig, fein

Saftgehalt: saftig

Geschmack: erhabener Violengeschmack

geeignet für: Wirtschaft, Tafel

Genussreife & Haltbarkeit: A XI, 4 Wochen, muss am Baum zeitig reifen

Wuchs & Bodenanspruch: mittelstark, hängende Äste

Ertrag: sehr fruchtbar

Bemerkungen: verlangt trockenen Boden

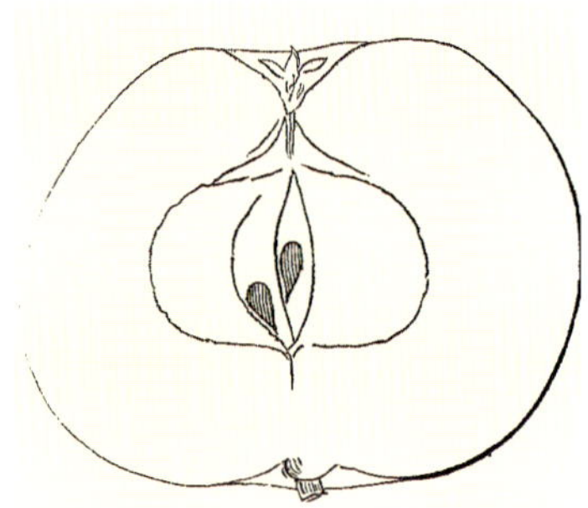

LU

Stanislaus

Fruchtgröße: groß

Gestalt (Fruchtform): kugelförmig, ungleich hohe Hälften

Fruchtfarbe: GF: sonnseitig zitronengelb
DF: viele breite, kurze Streifen, dazwischen punktiert

Lentizellen: schwarzbraun, weit verteilt

Fruchtfleisch: weiß

Saftgehalt: saftig (auch im Frühjahr)

Geschmack: starker Geruch

geeignet für: –

Genussreife & Haltbarkeit: XII, bis in den Sommer

Wuchs & Bodenanspruch: stark, flache Krone, viel Fruchtholz ansetzend

Ertrag: reichlich

Bemerkungen: glatt, nicht fettende Schale, bleibt in der Stielbucht beständig grün

zu dieser Sorte ist leider keine Abbildung vorhanden

Starost

Fruchtgröße: groß

Gestalt (Fruchtform): ähnlich dem rot(h)en Stettiner, kugelförmiger und gegen den Kelch hin stärker abnehmend als dieser

Fruchtfarbe: GFbE: hellgrün
GF: hellgelb
DF: stark blutrot verwaschen, schattseitig flammartig

Lentizellen: undeutlich rotbraun, sternenartig

Fruchtfleisch: grünliches feines, festes, markiges Fleisch

Saftgehalt: –

Geschmack: ohne Geruch

geeignet für: für den Landmann, Tafel

Genussreife & Haltbarkeit: XII bis I, bis in den Sommer

Wuchs & Bodenanspruch: stark, halbrunde Krone

Ertrag: sehr fruchtbar

Bemerkungen: Schale glatt, nicht fett, schwarzbraune Warzen, sehr haltbar

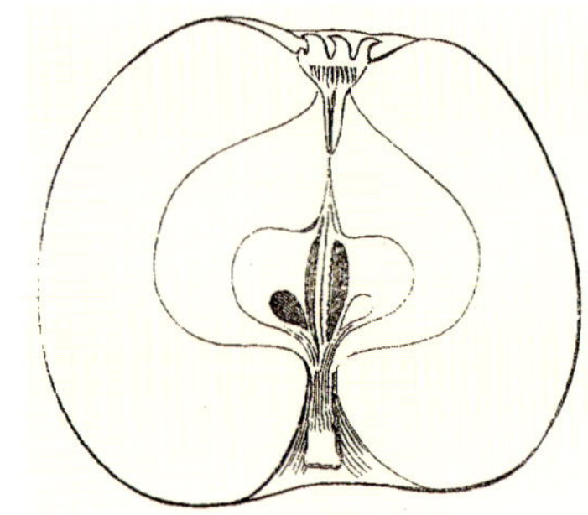

Süßer Königs-Apfel. Diel. * †† Winter.

LU

Süßer Königsapfel

Fruchtgröße: sehr groß

Gestalt (Fruchtform): veränderliche Form, breit erhabene Rippen, Stiel sitzt in ungemein tiefer und weiter Stielbucht

Fruchtfarbe: GF: zitronengelb
DF: leicht rot angelaufen

Lentizellen: fein, braun, weitläufig verteilt, unauffällig

Fruchtfleisch: fein, weiß, markig

Saftgehalt: saftig

Geschmack: angenehmer, fein zimtartiger Zuckergeschmack

geeignet für: für Liebhaber von Süßäpfeln

Genussreife & Haltbarkeit: XII, bis in den Sommer

Wuchs & Bodenanspruch: sehr stark, halbkugelförmige Krone, starke Äste

Ertrag: sehr fruchtbar

Bemerkungen: glatte Schale, nicht fett, Kelchröhre als breiter Kegel bis zur Hälfte nach dem Kernhaus

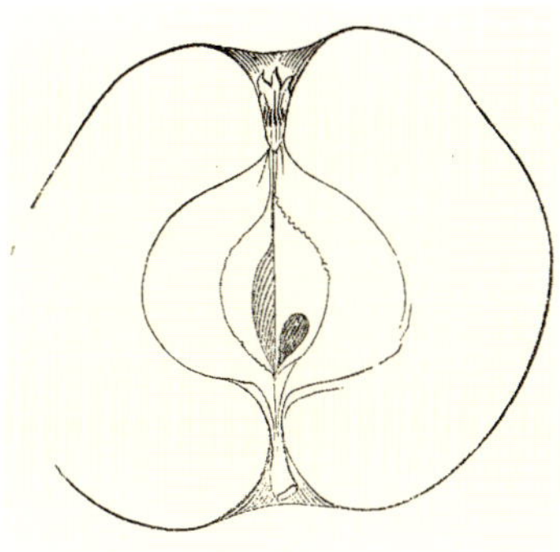

LU

Türken Calville

Fruchtgröße: sehr groß (unter den Calvillen sicher der Größte)
Gestalt (Fruchtform): hochgebaut, stumpf zugespitzt, sanft siebenrippig
Fruchtfarbe: GFbE: blass gelbgrün DF: sonnseitig um den Stiel breite, abgesetzte karmesinrote Streifen
Lentizellen: fein punktiert, regelmäßig verteilt, grau und grün eingefasst
Fruchtfleisch: –
Saftgehalt: sehr saftig
Geschmack: rauer und stark weinsaurer Geschmack
geeignet für: Wirtschaft
Genussreife & Haltbarkeit: XII, bis ins Frühjahr
Wuchs & Bodenanspruch: sehr stark, schön belaubt
Ertrag: fast jährlich
Bemerkungen: gedeiht auch auf schlechtem Boden, alt werdend, gesund

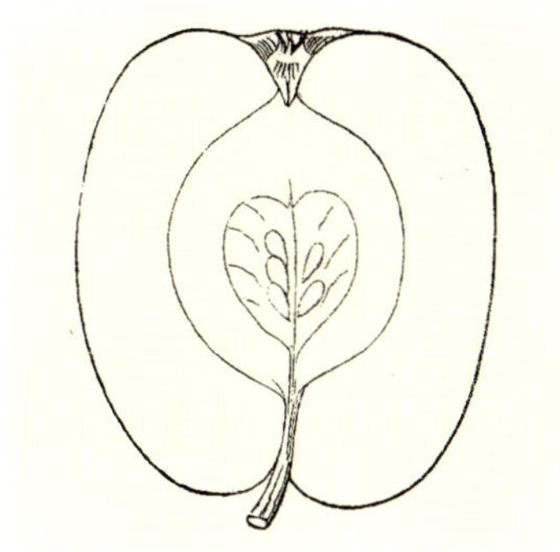

LU

Weiße Sommerschafsnase

Fruchtgröße: groß
Gestalt (Fruchtform): walzenförmig, konisch, länglich, flache breitkantige Rippen
Fruchtfarbe: GF: hell strohweiß DF: kurze karmesinrote Streifen, nur selten rötlich
Lentizellen: keine
Fruchtfleisch: grünlich-weiß, feinkörnig
Saftgehalt: sehr saftig
Geschmack: wenig, aber angenehm
geeignet für: –
Genussreife & Haltbarkeit: A bis M VIII, 4 Wochen
Wuchs & Bodenanspruch: stark, breite Krone
Ertrag: früh und reichlich
Bemerkungen: feine, nicht fettende Schale, Blatt läuft zum Stiel hin zugespitzt zu, schöne Früchte, feine weißliche Tupfen unter der Schale, unbedeutend starker angenehmer Geruch, auch für raue Lagen

LA

Winter-Postoph

Fruchtgröße: sehr groß
Gestalt (Fruchtform): stark gerippt, unregelmäßig plattrund bis hoch
Fruchtfarbe: GFbE: blass hellgrün GF: gelblich DF: düsteres, abgeriebenes, sehr glänzendes erdartiges Blutrot
Lentizellen: wenig, undeutlich, wenige rötlich
Fruchtfleisch: –
Saftgehalt: –
Geschmack: gewürzt, süß-weinsäuerlich
geeignet für: Tafel, Wirtschaft
Genussreife & Haltbarkeit: XII, bis ins Frühjahr
Wuchs & Bodenanspruch: stark
Ertrag: früh, sehr fruchtbar
Bemerkungen: verdient allgemeinen Anbau

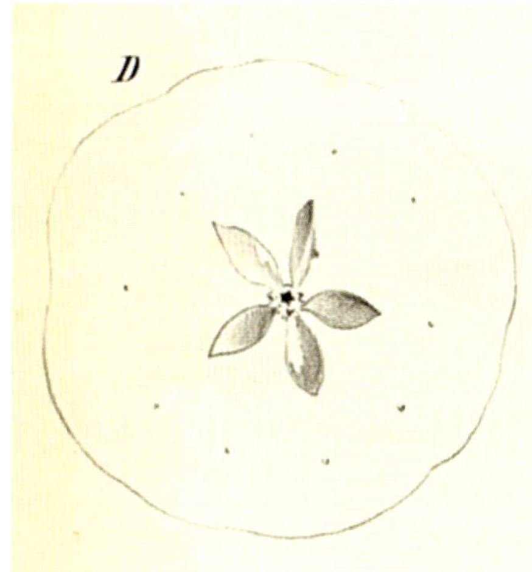

LA

Winter-Postoph

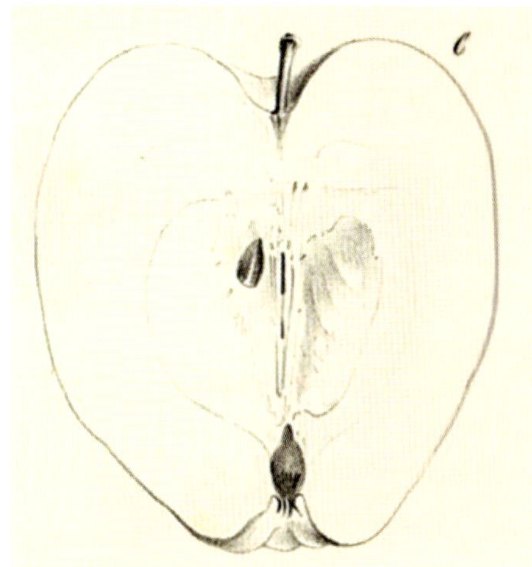

LA

Winter-Postoph

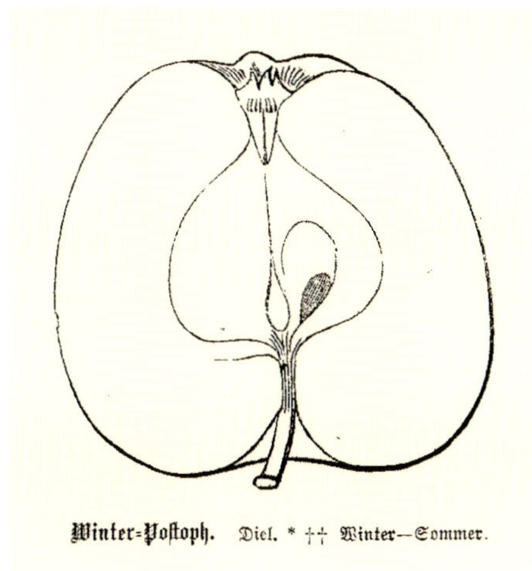

LU

Winter-Postoph

3. ORDNUNG: GULDERLINGE ODER BASTARDCALVILLE

LA

Citronenapfel

Fruchtgröße: mittelgroß

Gestalt (Fruchtform): hochaussehend verschoben, flach gerippt, grüner Stiel 2,5 cm lang

Fruchtfarbe: GF: goldgelb, bei Schattenfrüchten schillert etwas Grün durch das zitronengelb

Lentizellen: zahlreich

Fruchtfleisch: –

Saftgehalt: saftig

Geschmack: süß-weinsäuerlich

geeignet für: Tafel, Küche!

Genussreife & Haltbarkeit: XI, hier am besten, bis in den Winter haltbar

Wuchs & Bodenanspruch: mittel stark, schön belaubt

Ertrag: sehr fruchtbar

Bemerkungen: hellgrüner Stiel

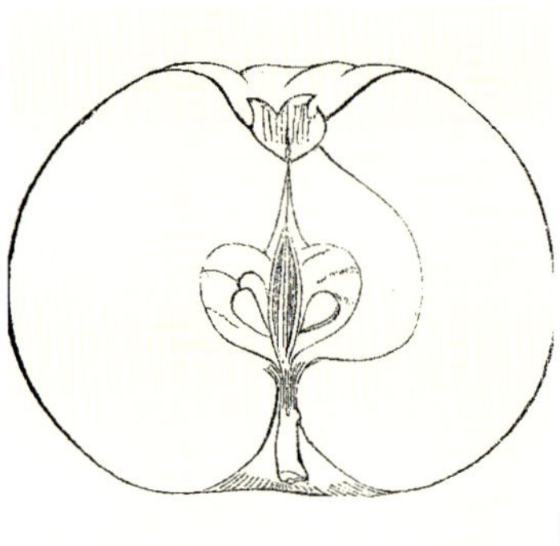

LU

Deutscher Gulderling

Fruchtgröße: groß

Gestalt (Fruchtform): hoch zugespitzt, ziemlich rippig

Fruchtfarbe: GF: zitronengelb, sonnseitig goldartig

Lentizellen: fein

Fruchtfleisch: fein, ins Gelbliche spielend, fest

Saftgehalt: saftig

Geschmack: angenehm würzhaft, etwas fein alantartiger, süßer Weingeschmack

geeignet für: Tafel, Wirtschaft

Genussreife & Haltbarkeit: XII bis I, hält den ganzen Winter

Wuchs & Bodenanspruch: schwach, feines Holz

Ertrag: sehr fruchtbar

Bemerkungen: Früchte welken nicht, verdient häufigere Anpflanzung

AE

Englischer Winterquittenapfel

Fruchtgröße: sehr groß

Gestalt (Fruchtform): öfters mehr hoch als kugelförmig, calvilleartig gerippt, manchmal auch etwas verschoben

Fruchtfarbe: GF: zitronengelb, nur hie und da
DF: nur selten sehr leichter Anflug mit erdartigem Rot

Lentizellen: wenig bemerkbar

Fruchtfleisch: weiß, fein

Saftgehalt: –

Geschmack: vortrefflich, gewürzhaft und erfrischend, süß weinsauer

geeignet für: Tafel

Genussreife & Haltbarkeit: XI bis XII, hält den ganzen Winter hindurch

Wuchs & Bodenanspruch: sehr stark, starke Äste spitz ansetzend, nicht stark belaubt

Ertrag: fruchtbar

Bemerkungen: feiner, zerstreuter hellbrauner Rost, selten auch schwärzliche Rostflecken, Stiel unförmig, fleischig, ohne Stielbucht aufsitzend

LA

Französischer Klapperapfel

Fruchtgröße: mittelgroß

Gestalt (Fruchtform): hoch, fast walzenförmig, durch flache Erhabenheiten manchmal etwas verschoben

Fruchtfarbe: GF: einfärbig, zitronengelb
DF: sonnseitig leicht rot verwaschen mit mehreren Karmesinfleckchen

Lentizellen: fein, nicht ins Auge fallend

Fruchtfleisch: fein

Saftgehalt: saftig

Geschmack: süß, gewürzt

geeignet für: Tafel, Küche

Genussreife & Haltbarkeit: XI, bis ins Frühjahr

Wuchs & Bodenanspruch: stark, mittelgroße Bäume

Ertrag: –

Bemerkungen: –

LA

Gelber, englischer Gulderling

Fruchtgröße: groß

Gestalt (Fruchtform): hoch kegelförmig, mehr abgestumpft konisch, mit 6–7 feinkantigen Rippchen

Fruchtfarbe: GFbE: hellgrün
GF: hell stroh-gelblich
DF: selten rot

Lentizellen: viele, fein weißlich-gräulich, grün eingefasst

Fruchtfleisch: fest schmelzend

Saftgehalt: saftig

Geschmack: sehr delikater Traubengeschmack

geeignet für: Tafel

Genussreife & Haltbarkeit: bis II, mundreif bald nach dem Ernten

Wuchs & Bodenanspruch: in der Jugend stark

Ertrag: –

Bemerkungen: braucht gute warme Standorte, für Zwergobstbäume

AE

Gelber Gulderling

Fruchtgröße: sehr groß

Gestalt (Fruchtform): länglich, bald zugespitzt, bald konisch, bald walzenförmig, scharfkantige Rippen

Fruchtfarbe: GFbE: blassgrün oder gelb
GF: goldgelb
DF: erdartig angeflogen, manchmal warzig

Lentizellen: wenig, grau, fein

Fruchtfleisch: markig

Saftgehalt: saftig

Geschmack: ohne starken Geruch, sehr angenehm süßweinig gewürzhaft

geeignet für: Tafel, Küche

Genussreife & Haltbarkeit: XII, bis Mai und länger

Wuchs & Bodenanspruch: mittel, stark, feines herabhängendes Holz

Ertrag: außerordentlich fruchtbar

Bemerkungen: Kelch wie mit Falten zugeschnürt

LA

Citronenapfel

LA

Citronenapfel

AD

(Großer) Englischer Winterquittenapfel

LA

Französischer Klapperapfel

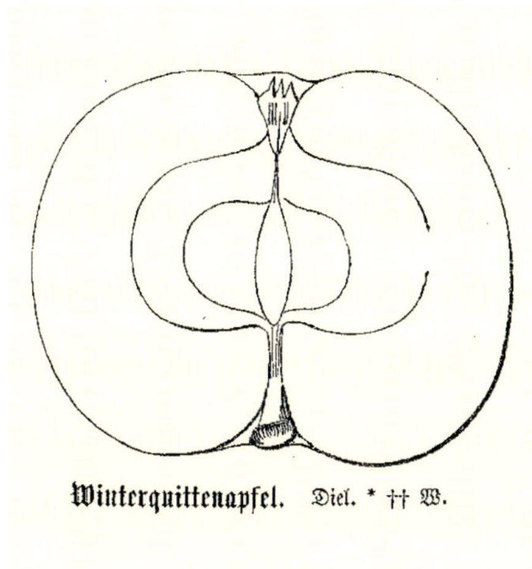

LU

Englischer Winterquittenapfel

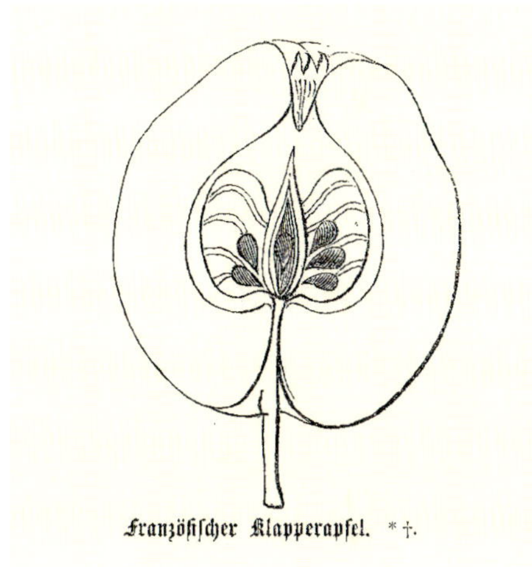

LU

Französischer Klapperapfel

LA

Gelber, englischer Gulderling

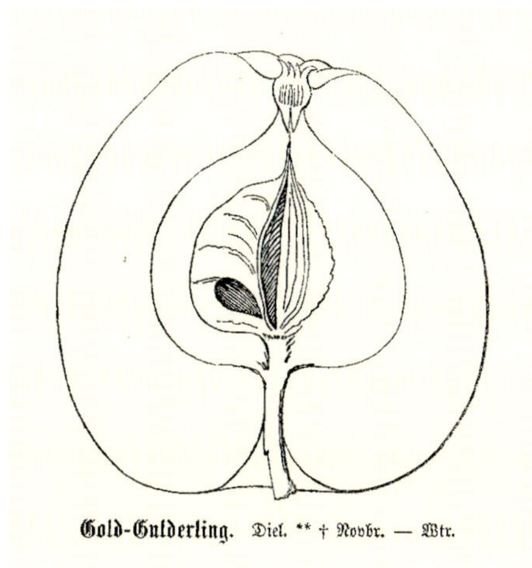

LU

Gelber Gulderling

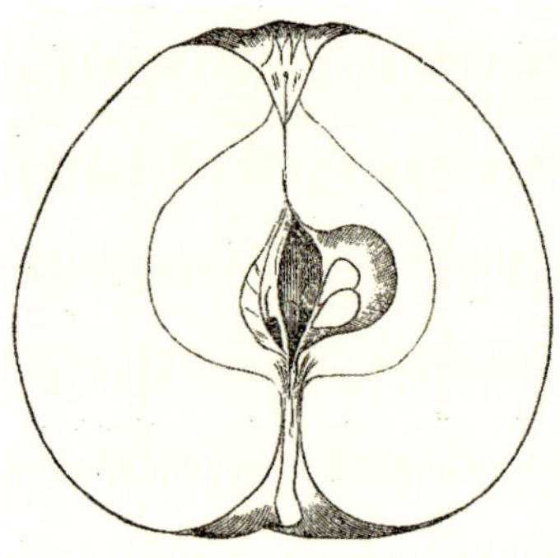

LU

Gelber Wintercarthäuser

Fruchtgröße: –

Gestalt (Fruchtform): fast kugelförmig, von der Mitte gegen den Kelch hin stumpf zugespitzt, selten länglich, meistens 5 feine breitkantige Rippen

Fruchtfarbe: GFbE: hellgrün
GF: nur streifenartig goldgelb werdend, sodass bandartige Fruchtausfärbung bei Vollreife besteht
DF: nur auf einem kleinen Fleck rot angeflogen

Lentizellen: wenig deutlich in dunklen Kreisen

Fruchtfleisch: markig

Saftgehalt: –

Geschmack: feinsäuerlich zuckerartig

geeignet für: Tafel, Wirtschaft

Genussreife & Haltbarkeit: XII, bis ins Frühjahr

Wuchs & Bodenanspruch: stark, großkronig, schön belaubt

Ertrag: fast jährlich, aber nicht überhäuft

Bemerkungen: oft Rostflecken

zu dieser Sorte ist leider keine Abbildung vorhanden

Gestreifter Kressenapfel

Fruchtgröße: mittelgroß

Gestalt (Fruchtform): plattrund, stumpf zugespitzt, calvilleartig gerippt

Fruchtfarbe: GFbE: grüngelb
GF: goldgelb
DF: sonnseitig stark getuscht, viele kurze düsterrote Streifen

Lentizellen: kaum bemerkbar

Fruchtfleisch: mattweiß, hellgrüne Adern, fein, markig

Saftgehalt: sehr saftig

Geschmack: gewürzhaft, einschneidend fein

geeignet für: –

Genussreife & Haltbarkeit: I, bis in den Sommer

Wuchs & Bodenanspruch: stark, dicht belaubt

Ertrag: frühzeitig reichlich

Bemerkungen: –

LA

Großer edler Prinzessinapfel

Fruchtgröße: mittelgroß

Gestalt (Fruchtform): hoch aussehend, manchmal wie abgestumpft kegelstumpfförmig, bald flach, oft auch recht stark calvilleartig gerippt, sodass die Frucht in ihrer Rundung entstellt wird

Fruchtfarbe: GFbE: blass wachsartig, gelbgrün, blau bereift
GF: intensiv zitronengelb
DF: kurze Karmesinstreifen

Lentizellen: fehlen gänzlich

Fruchtfleisch: –

Saftgehalt: sehr saftig

Geschmack: stark riechend, ungemein angenehmer gewürzhafter, stark zimtartiger, weinhafter Zuckergeschmack

geeignet für: Tafel, für die Küche unübertrefflich

Genussreife & Haltbarkeit: XI, hält den ganzen Winter durch

Wuchs & Bodenanspruch: mittelgroß, belaubt sich stark, feine Äste, kugelförmige Krone

Ertrag: bald ungemein fruchtbar

Bemerkungen: verdient angebaut zu werden; Synonym: Edler Prinzessinnenapfel (S. 52)

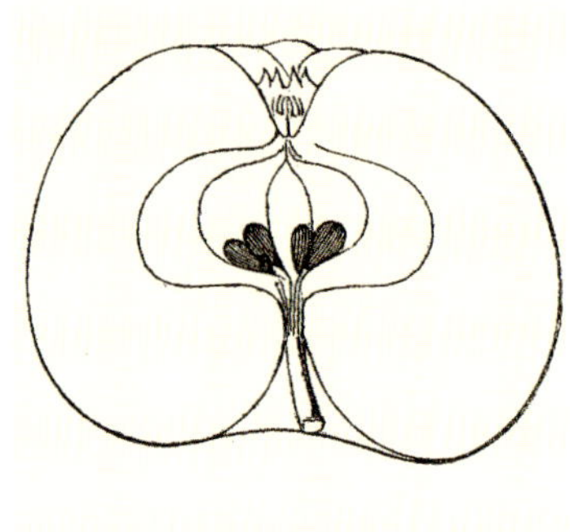

LU

Königsapfel von Jersey

Fruchtgröße: groß

Gestalt (Fruchtform): eher kugelförmig als platt, deutlich feine calvilleartige Rippen, öfters schöne Erhabenheiten über die Frucht

Fruchtfarbe: GFbE: weißlich-gelb
GF: zitronengelb
DF: kaum rot

Lentizellen: fast keine

Fruchtfleisch: fein, markig

Saftgehalt: saftig

Geschmack: gewürzhafter, zimtartiger Zuckergeschmack

geeignet für: Tafel, zu jeder anderen Nutzung vortrefflich geeignet

Genussreife & Haltbarkeit: A IX, bis in den Winter

Wuchs & Bodenanspruch: sehr stark, stark belaubt, feine aufrechte Äste, hohe Krone

Ertrag: bald und reichliche Ernten

Bemerkungen: Rostfiguren, zuweilen netzartig

zu dieser Sorte ist leider keine Abbildung vorhanden

Laffert's gelber Glasapfel

Fruchtgröße: mittelgroß

Gestalt (Fruchtform): kugelförmig und calvilleartig gerippt

Fruchtfarbe: GF: zitronen-gelb, etwas fettig
DF: auf der Sonnenseite gewöhnlich keine Spuren von Röte, bei stark besonnten Früchten viele Karmesinfleckchen

Lentizellen: unbedeutend

Fruchtfleisch: fein, ins Gelbliche spielend

Saftgehalt: saftig

Geschmack: –

geeignet für: Tafel, für jeden anderen Gebrauch

Genussreife & Haltbarkeit: IX, bis in den Winter

Wuchs & Bodenanspruch: sehr stark, ansehnlich großkronig, viele kurze Fruchtspieße

Ertrag: reichlich

Bemerkungen: –

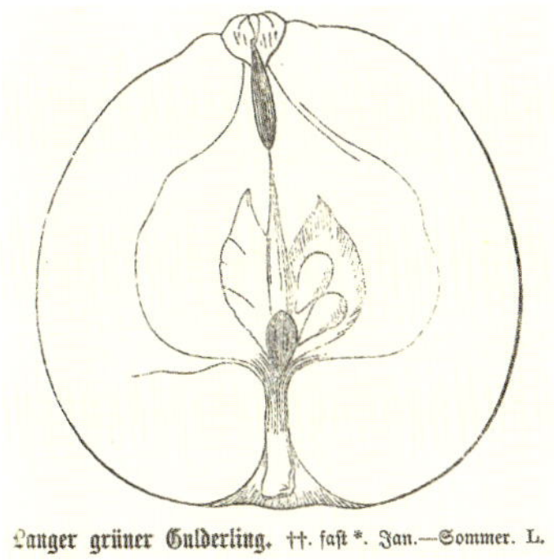

LU

Langer grüner Gulderling

Fruchtgröße: groß

Gestalt (Fruchtform): hochaussehend, nur wenig gerippt, um den Kelch Fleischperlen und feine Falten

Fruchtfarbe: schwach und kurz abgesetzt gestreift

Lentizellen: weitläufig verteilt, fehlen oft

Fruchtfleisch: abknackend

Saftgehalt: saftig

Geschmack: gewürzt, nur schwacher Geruch

geeignet für: –

Genussreife & Haltbarkeit: I, bis in den Sommer

Wuchs & Bodenanspruch: stark, kugelförmige Krone, viel und kurzes Fruchtholz

Ertrag: fängt erst spät an reichlich zu tragen

Bemerkungen: –

zu dieser Sorte ist leider keine Abbildung vorhanden

Martinsapfel

Fruchtgröße: mittelgroß

Gestalt (Fruchtform): plattrund, breit abgestumpft, ziemlich calvilleartig gerippt

Fruchtfarbe: GF: hell gelb, oft fettig DF: nur selten sehr leicht gefärbt

Lentizellen: fein, hellbraun, weitläufig verteilt

Fruchtfleisch: weiß, fein, markig

Saftgehalt: sehr saftig

Geschmack: angenehm fein gewürzt

geeignet für: –

Genussreife & Haltbarkeit: IX, 4 Wochen

Wuchs & Bodenanspruch: stark, dichte Belaubung, flache unregelmäßige Krone, viele Fruchtspieße und Fruchtkuchen

Ertrag: bald und reichliche Ernten

Bemerkungen: öfters schwarzbraune Rostflecken

LU

Rot(h)er Augustiner

Fruchtgröße: groß

Gestalt (Fruchtform): kugelförmig, kantige Rippen über die ganze Frucht, der holzige Stiel sitzt in einer tiefen über den gesamten Stielbuchtrand strahlenförmig berosteten Stielbucht

Fruchtfarbe: GFbE: hell strohweiß
GF: blass hellgelb
DF: sonnseitig blutartig karmesinrot verwaschen, schattseitig blassrot gefleckt bis marmoriert, auch streifig

Lentizellen: –

Fruchtfleisch: –

Saftgehalt: –

Geschmack: angenehm gewürzhaft, zuckerartiger Weingeschmack

geeignet für: Tafel, Küche!

Genussreife & Haltbarkeit: XI, über den Winter

Wuchs & Bodenanspruch: mittelstark, flach gewölbte Krone

Ertrag: fruchtbar

Bemerkungen: verdient angebaut zu werden, holziger Stiel in tiefer Stielbucht, dort strahlenförmiger deckernder Rost

LA

(Großer) Edler Prinzessinapfel

LU

Rot(h)er Augustiner

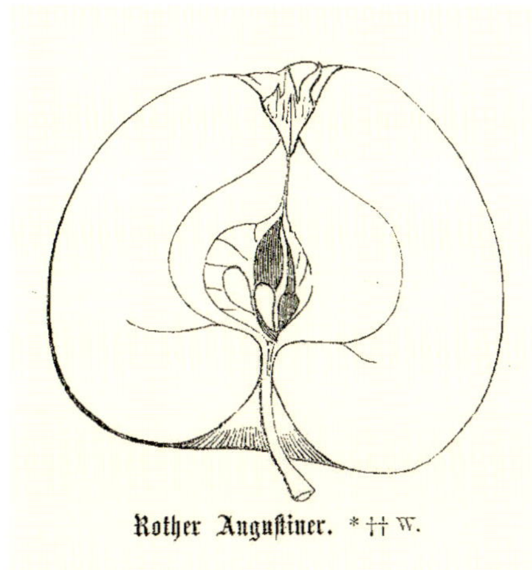

LU

Rot(h)er Augustiner

1. KLASSE: KANTÄPFEL

3. ORDNUNG: GULDERLINGE ODER BASTARDCALVILLE

AE

Rot(h)er gestreifter Anisapfel

Fruchtgröße: mittelgroß

Gestalt (Fruchtform): hoch aussehend, calvilleartig gerippt

Fruchtfarbe: GFbE: hellgrün
GF: zitronengelb
DF: sonnseitig nie rot

Lentizellen: leicht punktiert

Fruchtfleisch: –

Saftgehalt: nicht saftreich

Geschmack: sehr gewürzt und angenehm süß

geeignet für: Tafel, Wirtschaft

Genussreife & Haltbarkeit: XII, bis ins Frühjahr

Wuchs & Bodenanspruch: verworrene, etwas hängende Krone

Ertrag: spät fruchtbar

Bemerkungen: –

AD

Rot(h)er Gulderling

Fruchtgröße: groß

Gestalt (Fruchtform): länglich zugespitzt, stark gerippt, der 2,5 cm lange dünne Stiel steckt in der rostigen mit Fleischfortsätzen (Wülsten) sehr berosteten Stielbucht

Fruchtfarbe: GFbE: dunkelgrün
GF: zitronengelb
DF: verwaschen dunkelbraun glänzendes Rot

Lentizellen: selten

Fruchtfleisch: fein, fest

Saftgehalt: saftig

Geschmack: gewürzhaft süß-säuerlich, ähnelt dem Borsdorfer

geeignet für: Tafel, Küche

Genussreife & Haltbarkeit: I, lange haltbar

Wuchs & Bodenanspruch: dichte Belaubung, gedrängtes (dichtes) Holz, hängende Äste, flachkronig

Ertrag: sehr fruchtbar

Bemerkungen: um das Welken am Lager zu vermeiden, spät ernten, Rostfiguren

AD

Spanischer, gestreifter Gulderling

Fruchtgröße: mittelgroß

Gestalt (Fruchtform): fast plattrund zugespitzt

Fruchtfarbe: GF: zitronengelb
DF: ganzfruchtig meist getuscht, auch manchmal breit gestreift

Lentizellen: groß, schön, sternartig, zahlreich

Fruchtfleisch: weiß, fein

Saftgehalt: saftig

Geschmack: geschmackvoll, rosenartiger süßer Weingeschmack

geeignet für: –

Genussreife & Haltbarkeit: XII, bis ins Frühjahr oder wohl gar bis in den Sommer

Wuchs & Bodenanspruch: stark, gut belaubt

Ertrag: trägt bald Früchte

Bemerkungen: –

LA

Süßer Gulderling

Fruchtgröße: mittelgroß

Gestalt (Fruchtform): konisch, deutlich breite Rippen, Kelchbucht senkt sich bis zum Kernhaus ab

Fruchtfarbe: GF: wird beim Lagern goldgelb
DF: nur kleinflächig erdartig Rot angeflogen

Lentizellen: fein gelblich, nur im Schatten grün eingefasst

Fruchtfleisch: gelblich mit hellgrünen Adern durchzogen

Saftgehalt: nicht sehr saftig

Geschmack: süß

geeignet für: mit der nicht ganz reifen Zwetschke ein sehr schmackhaftes Mus

Genussreife & Haltbarkeit: A X (oft schon IX)
hält sich nicht lange

Wuchs & Bodenanspruch: sehr stark, feines langes Holz, dicht belaubt, flache Krone, setzt frühzeitig Fruchtholz an

Ertrag: sehr fruchtbar

Bemerkungen: berostet

AE

Süßer Holaart

Fruchtgröße: groß

Gestalt (Fruchtform): kugelförmig bis platt, zum Kelch hin stark abnehmend, feine Rippen, wovon mehrere ziemlich erhaben sind

Fruchtfarbe: GF: zitronengelb
DF: leichter Anflug von verwaschener schöner Röte

Lentizellen: fein gräulich, nur sonnseitig

Fruchtfleisch: –

Saftgehalt: saftig

Geschmack: eigene gewürzhafte Süße

geeignet für: –

Genussreife & Haltbarkeit: XI, den ganzen Winter, muss aber spät geerntet werden

Wuchs & Bodenanspruch: ungemein lebhaft (stark), stark belaubt

Ertrag: frühzeitig, reichlich

Bemerkungen: –

AE

Weißer italienischer Wintercalville

Fruchtgröße: mittelgroß

Gestalt (Fruchtform): hoch aussehend, kantig gerippt

Fruchtfarbe: GF: bei Vollreife zitronengelb
DF: sonnseitig sanft rosenrot verwaschen, fehlt bei den beschatteten Früchten

Lentizellen: in GF keine sichtbar, in DF weitläufig verteilt, fein, weiß-gelblich, öfters rötlich eingefasst

Fruchtfleisch: schneeweiß

Saftgehalt: saftig

Geschmack: gewürzhaft, einschneidender feiner Geschmack

geeignet für: Tafel

Genussreife & Haltbarkeit: XII oder I, bis in den Sommer

Wuchs & Bodenanspruch: stark, schön belaubt

Ertrag: –

Bemerkungen: verdient angepflanzt zu werden

2. KLASSE: ROSENÄPFEL

1. ORDNUNG: ZUGESPITZT ODER LÄNGLICH

LA

Bentleber Rosenapfel

Fruchtgröße: mittelgroß

Gestalt (Fruchtform): calvilleartig nach oben stumpf zugespitzt, feinkantig gerippt

Fruchtfarbe: am Baum leicht bereift
GF: schön glänzend wachsartig strohgelb
DF: blasse flammenartige rosenfärbige Röte, verwaschen

Lentizellen: fein gelblich

Fruchtfleisch: –

Saftgehalt: saftig

Geschmack: wohlriechend, angenehmer Geruch, angenehm rosenartiger, vortrefflicher zuckerartiger Weingeschmack

geeignet für: Tafel, Wirtschaft

Genussreife & Haltbarkeit: E XI, den ganzen Winter

Wuchs & Bodenanspruch: stark, dicht belaubt

Ertrag: sehr fruchtbar

Bemerkungen: –

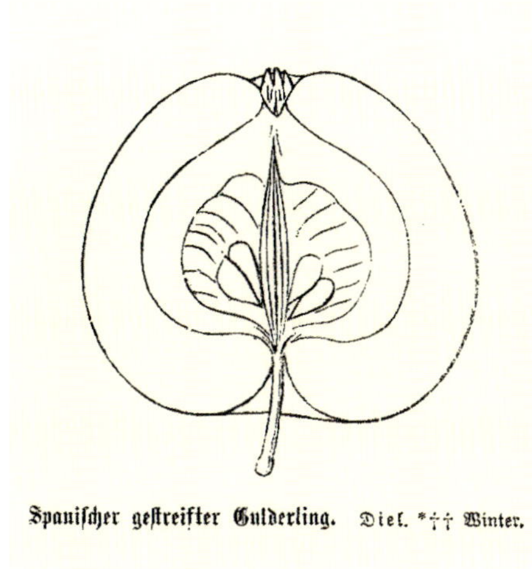

LU

Spanischer gestreifter Gulderling

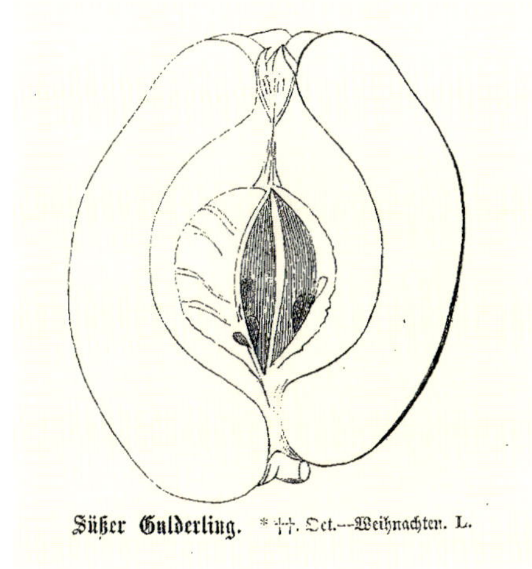

LU

Süßer Gulderling

LA

Süßer Gulderling

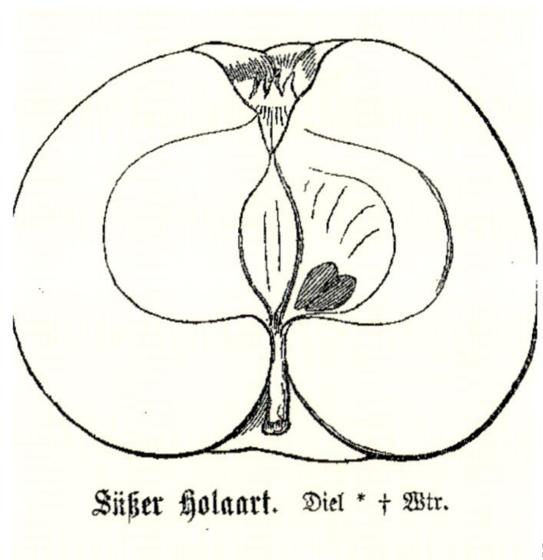

LU

Süßer Holaart

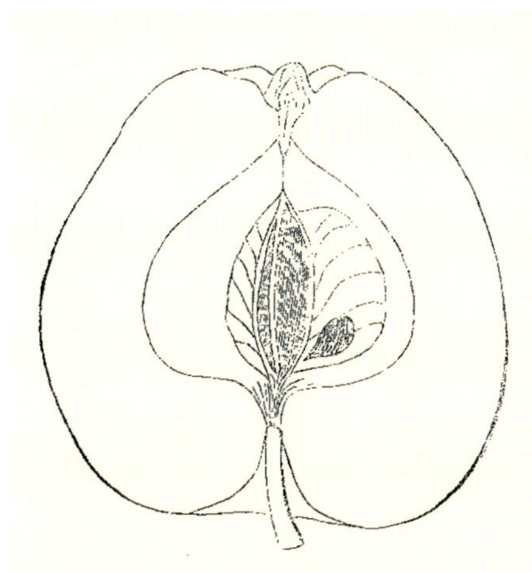

LU

Weißer italienischer Wintercalville

LA

Weißer italienischer Wintercalville

2. KLASSE: ROSENÄPFEL

1. ORDNUNG: ZUGESPITZT ODER LÄNGLICH

LA

Edler Prinzessinnenapfel

Fruchtgröße: mittelgroß

Gestalt (Fruchtform): länglich, fast walzenförmig, einseitige Form

Fruchtfarbe: GFbE: hellgrünlich-gelb
GF: zitronengelb, manchmal hellgrün durchschimmernd
DF: stark und schön dunkel karmesinrot punktiert, kurz abgesetzt gestreift

Lentizellen: manchmal im Roten

Fruchtfleisch: –

Saftgehalt: saftig

Geschmack: fein zuckartig, fast säurefrei, alantartiger Geruch

geeignet für: Tafel

Genussreife & Haltbarkeit: M X, vom Baum weg essbar bis in den Winter

Wuchs & Bodenanspruch: mittelstark, verwirrt abstehende Zweige

Ertrag: bald sehr tragbar

Bemerkungen: ziemlich große schwarzbraune Rostflecken

zu dieser Sorte ist leider keine Abbildung vorhanden

Florentiner

Fruchtgröße: mittelgroß

Gestalt (Fruchtform): hoch aussehend, calvilleartig, oft stumpfkegelförmig, feine Rippen

Fruchtfarbe: GFbE: hellgrüngelb
GF: zitronengelb, hier und da hellgrün durchschimmernd
DF: sonnseitig dunkel karmesinrot verwaschen, schattseitig blasser

Lentizellen: nicht häufig, im Roten gelblich, im Gelben grün

Fruchtfleisch: unter der Schale etwas rötlich, weich, locker, markig

Saftgehalt: saftig

Geschmack: sehr angenehmes zuckerartiges Rosenparfüm

geeignet für: sehr guter Tafelapfel, für die Wirtschaft ausgesucht

Genussreife & Haltbarkeit: E X, hält mehrere Monate

Wuchs & Bodenanspruch: lebhaft

Ertrag: sehr fruchtbar

Bemerkungen: –

AE

Französischer Rosenapfel

Fruchtgröße: mittelgroß

Gestalt (Fruchtform): veränderlich, bald hochgebaut, nicht selten walzenförmig, zuweilen auch plattrund, manchmal calvilleartig gerippt

Fruchtfarbe: GF: hochgelb, wie lackiert glänzend, ziemlich bemerkbar blutrot verwaschen und gestreift

Lentizellen: –

Fruchtfleisch: weiß, ins Gelbliche spielend, brüchig, fest

Saftgehalt: saftig

Geschmack: sehr gut, starker angenehmer Geruch, gewürzhaft

geeignet für: –

Genussreife & Haltbarkeit: IX, bis November

Wuchs & Bodenanspruch: lebhaft, flach großkronig, belaubt sich stark, setzt viel Fruchtholz an

Ertrag: sehr reichlich

Bemerkungen: zähklebrige Schale

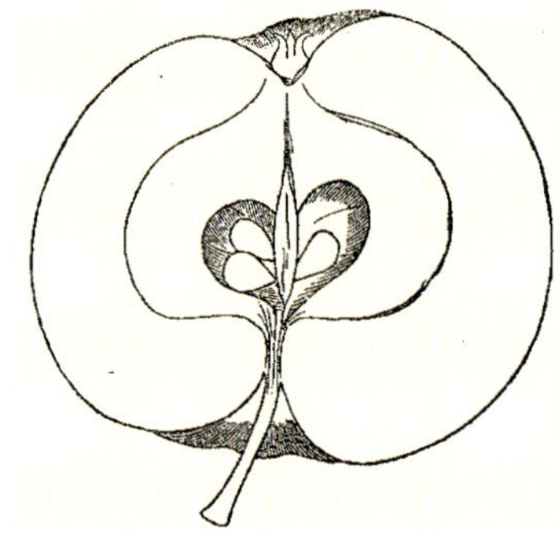

LU

Gelder'scher Kronapfel

Fruchtgröße: klein

Gestalt (Fruchtform): hoch aussehend, durch hervorgedrängte Beulen in die Breite verschoben

Fruchtfarbe: GF: auf der Schattenseite zitronengelb
DF: kurze und lange Streifen, teils verwaschen, teils stark getuscht

Lentizellen: charakteristisch gelbe, sehr häufig und deutlich sichtbar

Fruchtfleisch: weiß, etwas ins Gelbliche spielend, fein, fest, markig

Saftgehalt: sehr saftig

Geschmack: gewürzhaft

geeignet für: Tafel, noch vorzüglicher für die Küche

Genussreife & Haltbarkeit: XI, bis in den Winter

Wuchs & Bodenanspruch: lebhaft, aufrechte Aststellung, belaubt sich gut

Ertrag: sehr fruchtbar

Bemerkungen: zähfette Schale

zu dieser Sorte ist leider keine Abbildung vorhanden

Gestreifter Winteragatapfel

Fruchtgröße: mittelgroß

Gestalt (Fruchtform): hoch aussehend, stumpf zugespitzt, dünner Stiel in tiefer Stielbucht

Fruchtfarbe: GF: zitronengelb, noch etwas durchscheinend
DF: sanft bunt gefärbt, 2/3 matt gestreift, dazwischen sanft getuscht und punktiert

Lentizellen: ohne

Fruchtfleisch: weiß, ins Gelbliche spielend, brüchig, fest und fein

Saftgehalt: saftig

Geschmack: durchdringender, aber angenehmer Geruch, zuckerartig gewürzhaft

geeignet für: –

Genussreife & Haltbarkeit: XI, den ganzen Winter

Wuchs & Bodenanspruch: mittelgroß, breitkronig, viel feines Holz, setzt frühzeitig Fruchtholz an

Ertrag: sehr reichlich

Bemerkungen: Blüten relativ frostunempfindlich

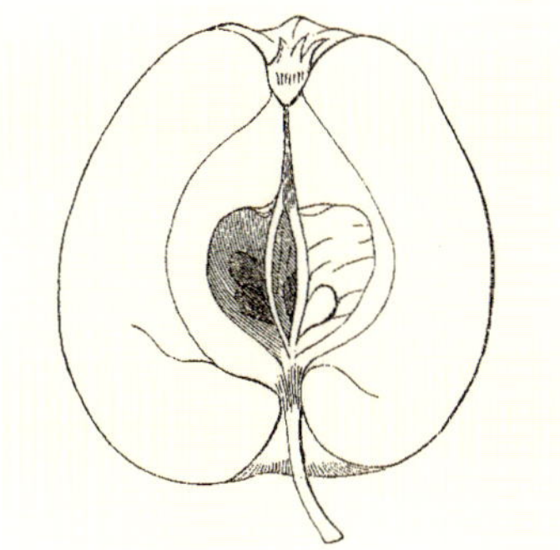

LU

LA

Großer, gestreifter Wintertäubling

Fruchtgröße: sehr groß

Gestalt (Fruchtform): hochaussehend, breit, abgestumpft und kegelförmig, stark regelmäßig gerippt

Fruchtfarbe: GF: zitronengelb, nur schattseitig rein zu sehen, am Baum bereift
DF: sonnseitig fein gestreift und leicht verwaschen, wobei sehr oft ein gelber Bandstreifen in Rot zu sehen ist, welcher von Kelch bis zum Stiel läuft

Lentizellen: unkennbar

Fruchtfleisch: weiß, fein, markig, mit grüner Ader durchzogen

Saftgehalt: saftig

Geschmack: schwacher Geruch

geeignet für: Tafel, lecker zum Dämpfen

Genussreife & Haltbarkeit: XI, bis ins Frühjahr

Wuchs & Bodenanspruch: mittelstark, mittelgroße Krone, wenig Holz, nicht dicht belaubt

Ertrag: bald fruchtbar

Bemerkungen: –

Königlicher Täubling

Fruchtgröße: klein

Gestalt (Fruchtform): hoch aussehend, kegelförmig, oft wegen breiter rippenartiger Erhabenheiten sehr ungleich

Fruchtfarbe: GF: wachsartig reinweiß, mit flüchtigem Rosenrot, oft stark vermengt
DF: mit eigenem blassen Rot leicht verwaschen, kurz abgesetzt gestreift

Lentizellen: sternartig, stark und häufig

Fruchtfleisch: blendend weiß, sehr fein, ziemlich fest

Saftgehalt: –

Geschmack: gewürzthaft zuckerartig, gewürzhafte Weinsäure, dem Borsdorfer ähnlich, aber noch viel erhabener zuckerartiger Geschmack

geeignet für: Tafel, gedämpft besonders köstlich

Genussreife & Haltbarkeit: X, darf früher nicht geerntet werden, hält sich bis März

Wuchs & Bodenanspruch: mittelgroß, stark abstehende fast horizontale Äste

Ertrag: frühzeitig sehr fruchtbar

Bemerkungen: manchmal zieht sich ein brauner Roststreifen vom Kelch bis zum Stiel hin, guter Boden und sonnseitige Lagen erforderlich

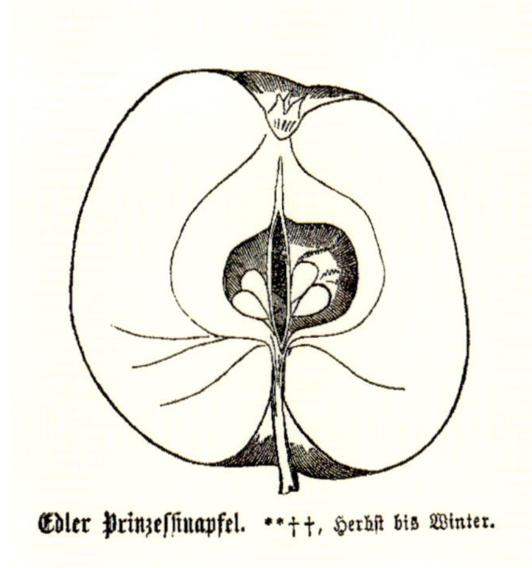

LU

Edler Prinzessinnenapfel

LA

Edler Prinzessinnenapfel

LA

Königlicher Täubling

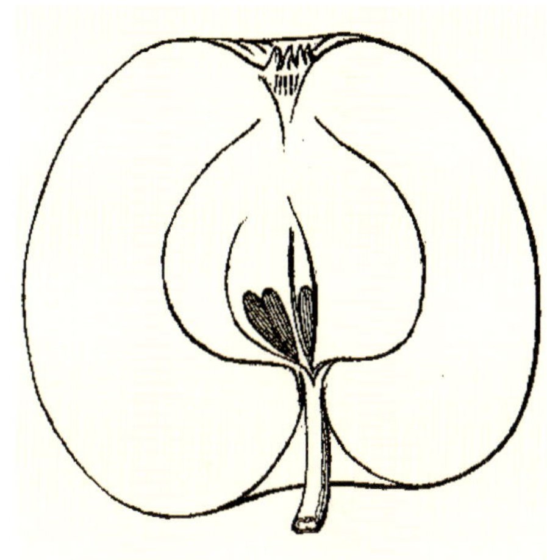

LU

Königlicher Täubling

2. KLASSE: ROSENÄPFEL

1. ORDNUNG: ZUGESPITZT ODER LÄNGLICH

LA

Mayer's weißer Wintertaubenapfel

Fruchtgröße: mittelgroß

Gestalt (Fruchtform): hoch aussehend, kegelförmig, deutliche calvilleartige Rippen

Fruchtfarbe: GFbE: grünlich-hellgelb
GF: zitronengelb
DF: leichter Anflug von sanfter Röte, mit mehr oder weniger kleinen, oft starken Karmesinflecken oder in gelber Farbe feine grünliche Fleckchen

Lentizellen: feine

Fruchtfleisch: –

Saftgehalt: saftig

Geschmack: erfrischender, gewürzhafter, weinartiger Zuckergeschmack, ähnlich dem Weißen Wintercalville

geeignet für: Tafel, Küche

Genussreife & Haltbarkeit: XII, in manchen Jahren bis ins Frühjahr

Wuchs & Bodenanspruch: lebhaft bei nur mittelmäßig großer Krone, feine stark abstehende Äste, flache halbkugelförmige Kronen

Ertrag: bald tragbar, viele Früchte

Bemerkungen: –

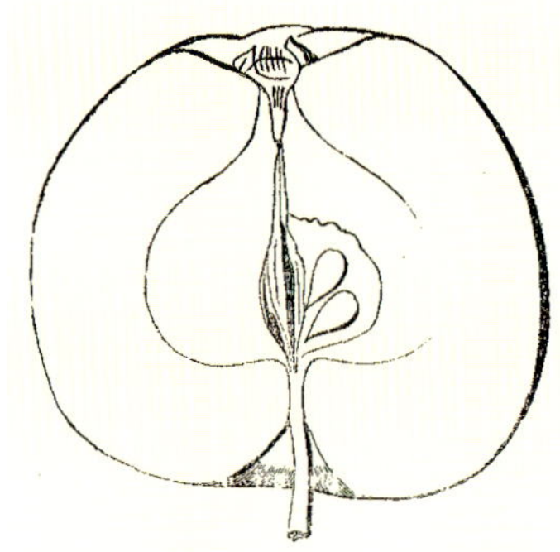

LU

Po(h)lnischer gestreifter Herrenapfel

Fruchtgröße: mittelgroß

Gestalt (Fruchtform): platt, stumpf zugespitzt, breite Erhabenheiten

Fruchtfarbe: GF: zitronengelb
DF: 2/3 hell rosenrot gestreift, leicht getuscht

Lentizellen: nicht bemerkt

Fruchtfleisch: schön weiß, fein, markig

Saftgehalt: saftig

Geschmack: angenehmer, fein kraftvoller Zimtgeschmack, fein angenehmer Geruch

geeignet für: Tafel

Genussreife & Haltbarkeit: IX, gegen 4 Wochen

Wuchs & Bodenanspruch: nicht stark, mittelgroße Krone, aufrecht schlanke, nicht lange einjährige Triebe

Ertrag: zartschalig

Bemerkungen: –

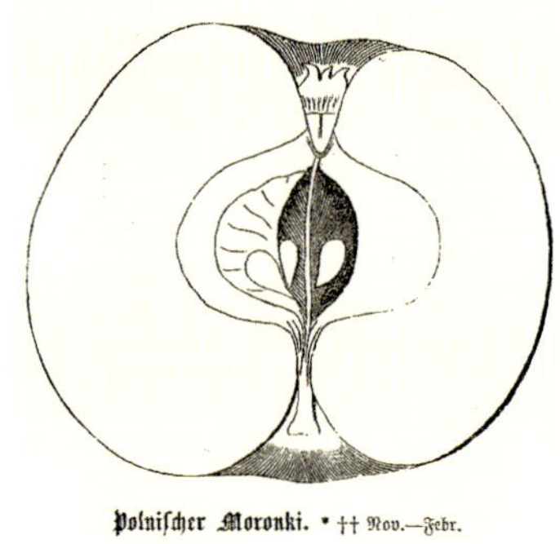

LU

Po(h)lnischer Moronki

Fruchtgröße: groß

Gestalt (Fruchtform): breit aussehend, stumpf zugespitzt bis fast kugelförmig, mehrere Erhabenheiten

Fruchtfarbe: GFbE: gelblich-grün
GF: hoch-gelblich, fehlt bei Sonnenfrüchten
DF: stärker rot gefärbt, kaum bemerkbare karmesinartige undeutliche kurz abgesetzte Streifen

Lentizellen: gelbgrau, viele, markant

Fruchtfleisch: weiß, sehr locker, markig, feinkörnig

Saftgehalt: sehr saftig

Geschmack: angenehm gewürzhaft, erhabener weinartiger Geschmack

geeignet für: Tafel

Genussreife & Haltbarkeit: XI, bis in den Winter, dann saftverlierend

Wuchs & Bodenanspruch: lebhaft, belaubt sich stark, spitzwinkeliger Astansatz, kugelförmige Krone

Ertrag: –

Bemerkungen: –

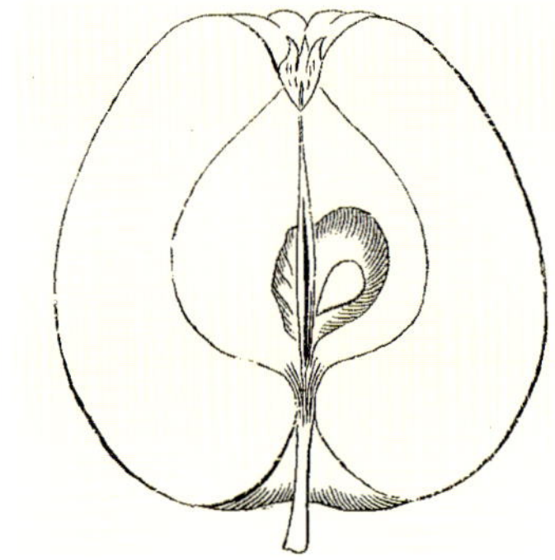

LU

Reynold's König Georgs-Apfel

Fruchtgröße: groß

Gestalt (Fruchtform): hochaussehend, nur schwach gerippt, Kelch in tiefer, weiter, mit schönen Rippen umgebener Bucht, kurzer holziger, dünner Stiel

Fruchtfarbe: GF: hell zitronengelb
DF: schönes glänzendes Rot, verwaschen

Lentizellen: grün

Fruchtfleisch: schön weiß, fest, feinkörnig

Saftgehalt: sehr saftig

Geschmack: etwas rosenartig

geeignet für: Tafel, besser Küche

Genussreife & Haltbarkeit: XI, den ganzen Winter, stippeanfällig

Wuchs & Bodenanspruch: sehr stark, belaubt sich schön und dicht, schöne Krone, viel Fruchtholz

Ertrag: reichlich

Bemerkungen: feine Rostfiguren

zu dieser Sorte ist leider keine Abbildung vorhanden

Rosenfärbiger, gestreifter Herbstcousinot

Fruchtgröße: mittelgroß

Gestalt (Fruchtform): hoch aussehend, mit abgestumpfter Spitze

Fruchtfarbe: leicht bereift, schwach rot gefärbt, überdeckt mit intensivroten kurzen Streifen

Lentizellen: fast ohne

Fruchtfleisch: ins Gelbliche spielend, sehr fein

Saftgehalt: sehr saftig

Geschmack: erhabener zuckerartiger Weingeschmack, fast ohne Geruch

geeignet für: Tafel

Genussreife & Haltbarkeit: E IX, hält bis tief in den Winter

Wuchs & Bodenanspruch: stark, Äste etwas stark ausgebreitet

Ertrag: früh fruchtbar

Bemerkungen: verdient wegen früher Fruchtbarkeit allgemeine Anpflanzung

AE

Rot(h)er Polsterapfel

Fruchtgröße: groß

Gestalt (Fruchtform): walzenförmig hoch, einige Früchte nähern sich der Kegelform, dann sind die rippenartigen Erhabenheiten nicht mehr so deutlich zu sehen, wie bei den länglichen Früchten

Fruchtfarbe: GFbE: hellgrün, leicht bereift
GF: hellgelb
DF: leicht blutrot, um den Stielbuchtrand vielstreifig verwaschen

Lentizellen: undeutlich

Fruchtfleisch: mattweiß, locker, markig, ums Kernhaus blass rosenrot

Saftgehalt: saftig

Geschmack: sehr gut

geeignet für: Tafel, für die Küche ausgesucht

Genussreife & Haltbarkeit: E X, hält bis tief in den Winter

Wuchs & Bodenanspruch: –

Ertrag: frühzeitig reichliche Ernten

Bemerkungen: liebt trockenen und guten Boden, oft schwarze eingesunkene Flecken

LA

Rot(h)er Wiener Sommerapfel

Fruchtgröße: groß bis sehr groß

Gestalt (Fruchtform): hoch aussehend, etwas walzenförmig

Fruchtfarbe: am Baum bereift
GF: grün bis gelb
DG: trübes Rot, oft dunkelrote Streifen

Lentizellen: gelbgrau, häufig, stark

Fruchtfleisch: weiß, sehr locker, markig, feinkörnig

Saftgehalt: saftig

Geschmack: angenehm gewürzhaft

geeignet für: Tafel, Küche

Genussreife & Haltbarkeit: IX bis A X, nicht über 4 Wochen

Wuchs & Bodenanspruch: lebhaft, große halbkugelige Krone

Ertrag: sehr fruchtbar

Bemerkungen: –

LA

Mayer's weißer Wintertaubenapfel

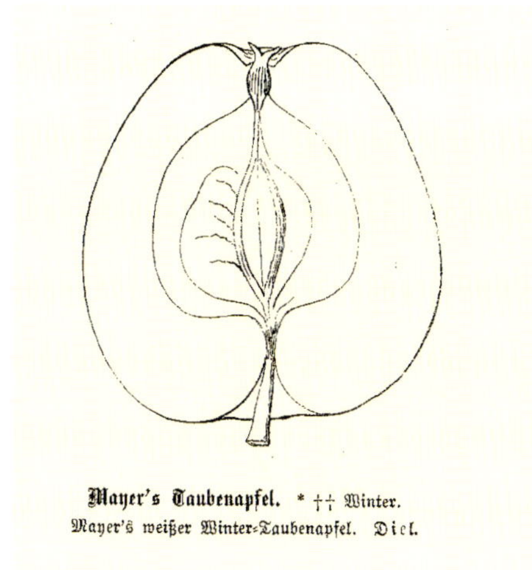

LU

Mayer's weißer Wintertaubenapfel

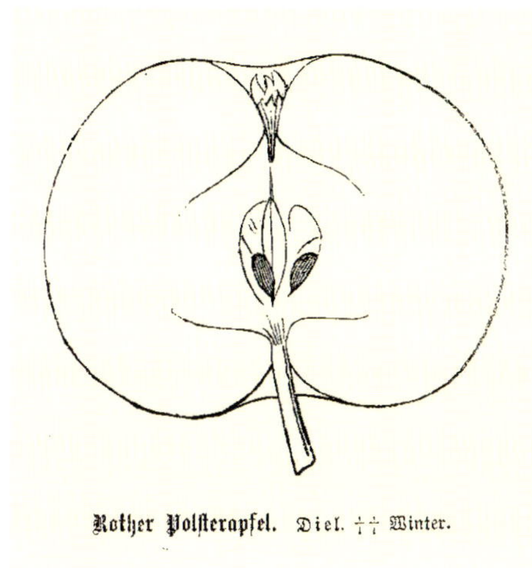

LU

Rot(h)er Polsterapfel

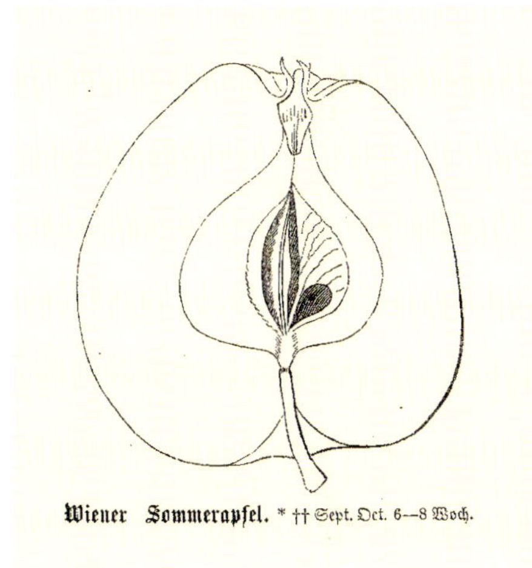

LU

Rot(h)er Polsterapfel

LA

Rot(h)er Wiener Sommerapfel

2. KLASSE: ROSENÄPFEL

1. ORDNUNG: ZUGESPITZT ODER LÄNGLICH

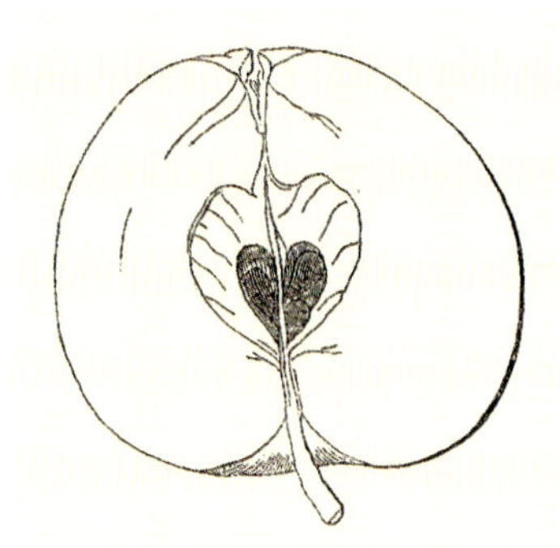

LU

Rot(h)er Winterkronapfel

Fruchtgröße: –

Gestalt (Fruchtform): von der Mitte aus gegen den Kelch hin abnehmend zulaufend, geringer Unterschied in der Höhe und Breite, in der Seite oft stark hervorragende Rippen, dünner hellgrüner Stiel

Fruchtfarbe: GF: strohgelb, gern fettig
DF: intensiv dunkelkarmesinrot punktiert, kurzstreifig, abgerieben glänzend

Lentizellen: nur im Rot sehr feine, gelbe Flecken

Fruchtfleisch: sehr fein, weich, markig, orleansfärbig gelb

Saftgehalt: sehr saftig

Geschmack: gewürzhaft, zuckerartiger Geschmack

geeignet für: Tafel, nach KNOOP (Holländer) für den allerbesten gehalten

Genussreife & Haltbarkeit: XII, im I und II am besten

Wuchs & Bodenanspruch: stark, schönes, feines Holz, nicht dicht belaubt

Ertrag: –

Bemerkungen: um den Kelch nicht selten sehr vereinzelt stehende grünliche, schmutzartige, wahre Rostflecken

AD

Schleswiger Erdbeerapfel

Fruchtgröße: mittelgroß bis fast klein

Gestalt (Fruchtform): hoch aussehend, mehrere feine Rippen, die flach über die Frucht hinlaufen

Fruchtfarbe: GFbE: gelblich-hellgrün
GF: hellgelb mit grünlichem Schimmer vermischt
DF: ganzer Stielbuchtrand mit kurz abgesetzten rosafarbenen Streifen besetzt

Lentizellen: zahlreich, fein und grün umringelt

Fruchtfleisch: grüne Ader um das Kernhaus

Saftgehalt: saftig

Geschmack: kräftig gewürzhaft, fein alantartig, am schmackhaftesten, wenn er noch etwas grünlich ist

geeignet für: Tafel

Genussreife & Haltbarkeit: M I, 6 bis 8 Wochen

Wuchs & Bodenanspruch: groß, geht schön in die Luft, belaubt sich gut

Ertrag: frühzeitig

Bemerkungen: –

zu dieser Sorte ist leider keine Abbildung vorhanden

Sommerfleiner

Fruchtgröße: klein

Gestalt (Fruchtform): hoch aussehend, abgestumpft kegelförmig

Fruchtfarbe: sehr glänzend
GF: strohweiß
DF: an einer kleinen Stelle rosenrot angeflogen

Lentizellen: selten

Fruchtfleisch: schneeweiß, lockermarkig

Saftgehalt: saftig

Geschmack: rosenartiger Geschmack

geeignet für: Tafel

Genussreife & Haltbarkeit: A IX, bis November

Wuchs & Bodenanspruch: ungemein lebhaft, nur feines Holz

Ertrag: spät einsetzend, aber dann reichlich

Bemerkungen: –

STO

Virginischer Sommer-Rosenapfel

Fruchtgröße: mittelgroß

Gestalt (Fruchtform): rund, stumpf zugespitzt, oft stark gerippt

Fruchtfarbe: GF: zitronengelb
DF: schwach rosenfärbige, kurz abgesetzte Streifen, dazwischen leicht punktiert

Lentizellen: –

Fruchtfleisch: weiß, locker, sehr markig

Saftgehalt: saftig

Geschmack: ungemein starker Geruch, sehr angenehm, rosenartiger Geschmack

geeignet für: Tafel, Küche

Genussreife & Haltbarkeit: A IX, nicht über 4 Wochen

Wuchs & Bodenanspruch: hochkronig, Blätter um die Frucht ungemein groß, oft 15 cm und darüber lang und um die Hälfte schmäler

Ertrag: früh fruchtbar

Bemerkungen: –

LA

Weißer, gerippter Herbsttäubling

Fruchtgröße: mittelgroß

Gestalt (Fruchtform): hoch aussehend kegelförmig, ziemlich kantig, rundliche Form, Kelch hat charakteristisch viele Falten, rippig

Fruchtfarbe: GF: am Baum leicht bereift, glänzend wachsartig hell strohgelb
DF: blass rosenfärbig, geflammt rot verwaschen, minder besonnte Früchte nur goldartig, bei beschatteten Früchten fehlend

Lentizellen: –

Fruchtfleisch: schneeweiß, fein, markig

Saftgehalt: saftig

Geschmack: feiner Rosengeschmack

geeignet für: Tafel, Küche

Genussreife & Haltbarkeit: E X, bis in den Winter

Wuchs & Bodenanspruch: stark, viel Fruchtholz, dicht belaubt

Ertrag: reichliche Ernten

Bemerkungen: auf kühlen Standorten kein Rosengeschmack

LA

Weißer, italienischer Rosmarinapfel

Fruchtgröße: mittelgroß auf Hochstämmen, groß auf Zwergbäumen

Gestalt (Fruchtform): wohlgebaut, hoch aussehend, ohne Rippen, häufig breite Erhabenheiten

Fruchtfarbe: GFbE: blass oder weißlich-strohgelb
GF: zitronengelb
DF: flammenartiges blasses Rosenrot

Lentizellen: gelblich-weiß, fein, sichtbar

Fruchtfleisch: fein, markig

Saftgehalt: saftig

Geschmack: angenehmer weinartiger Zuckergeschmack

geeignet für: Tafel, für jeden ökonomischen Zweck

Genussreife & Haltbarkeit: XI, ist im XII am besten, bis Februar

Wuchs & Bodenanspruch: stark, abstehende Äste, schön, aber nicht stark belaubt

Ertrag: liefert bald viele Früchte

Bemerkungen: Zwergbäume dürfen an keiner Südmauer stehen

Schleswiger Erdbeerapfel LA

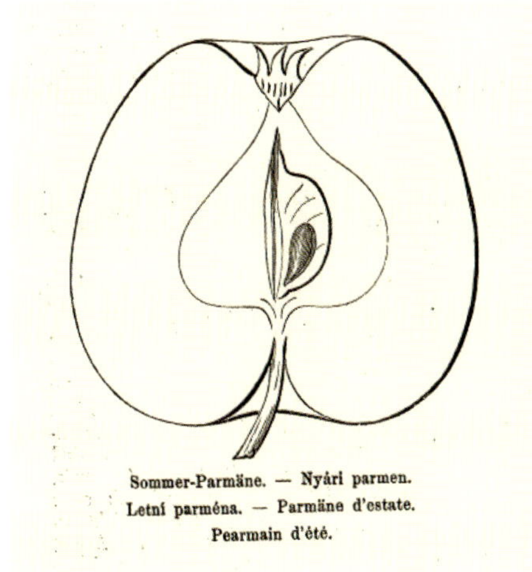

(Gestreifte) Sommerparmäne = Schleswiger Erdbeerapfel STO

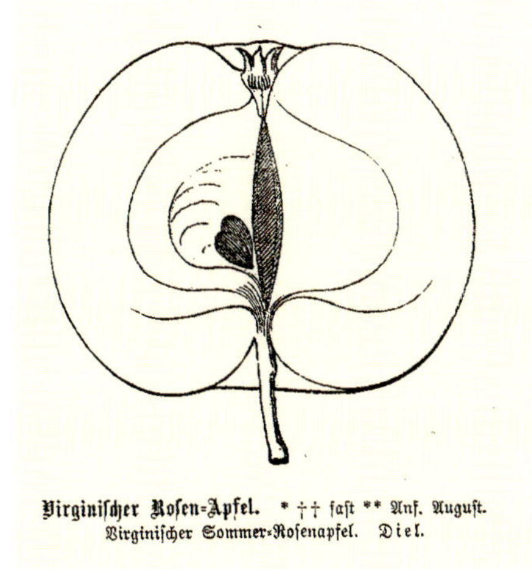

Virginischer Sommer-Rosenapfel LU

Virginischer Sommer-Rosenapfel LA

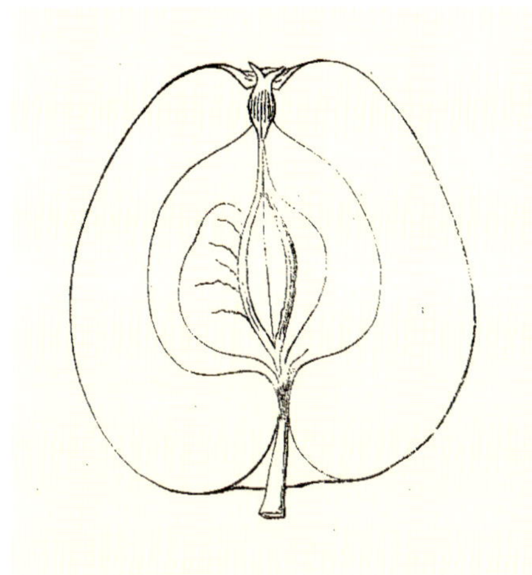

Weißer, gerippter Herbsttäubling LU

Weißer, gerippter Herbsttäubling LA

Weißer, italienischer Rosmarinapfel STO

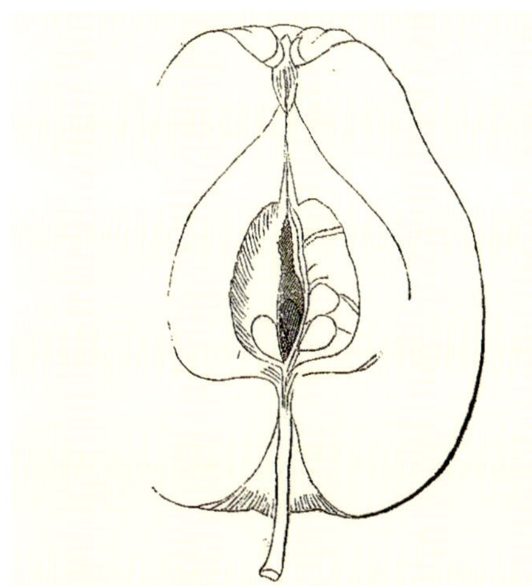

Weißer, italienischer Rosmarinapfel LU

Weißer, italienischer Rosmarinapfel DI

2. KLASSE: ROSENÄPFEL
1. ORDNUNG: ZUGESPITZT ODER LÄNGLICH

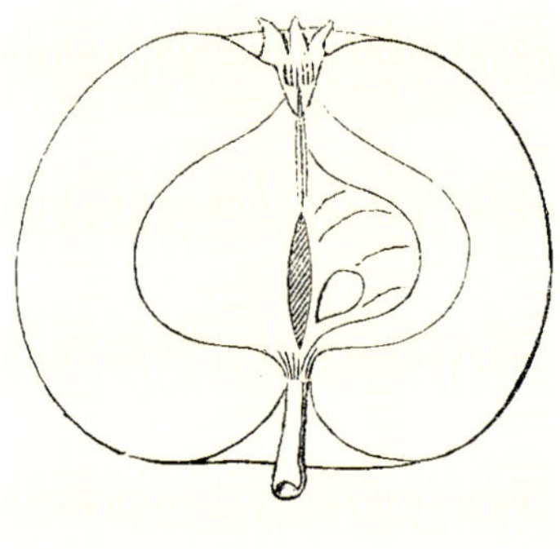

LU

Weißer Sommerstrichapfel

Fruchtgröße: mittelgroß
Gestalt (Fruchtform): plattrund, nach oben stumpf zugespitzt, flach gerippt
Fruchtfarbe: GF: blass strohgelb
DF: leichter Anflug von Rot, mit kleinen, ziemlich vielen roten Fleckenspuren von Streifen
Lentizellen: fein weißgrau, kaum bemerkbar
Fruchtfleisch: mattweiß, nicht ganz fein
Saftgehalt: saftig
Geschmack: wohlriechend, angenehm rosenartiger Geschmack
geeignet für: Tafel
Genussreife & Haltbarkeit: M VIII, nicht lange haltbar
Wuchs & Bodenanspruch: in der Jugend lebhaft, mittelgroß, flatterhafte Äste
Ertrag: ausnehmend fruchtbar
Bemerkungen: –

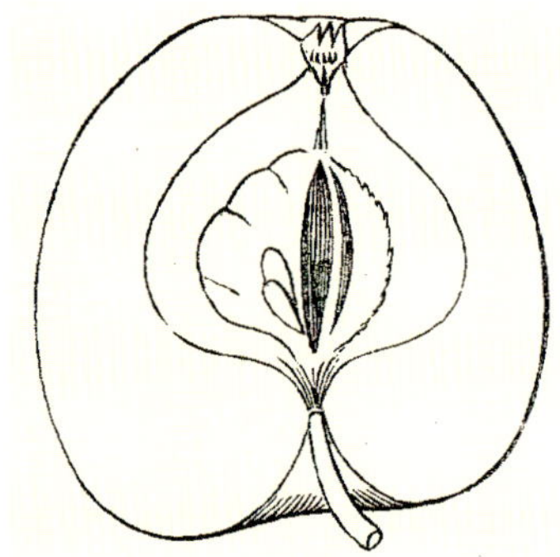

LU

Weißer Wintertäubling

Fruchtgröße: mittelgroß
Gestalt (Fruchtform): hohe Form, Kelch mit 5 Rippen und vielen Fleischwarzen
Fruchtfarbe: GF: zitronengelb
DF: blass karmesinrot punktiert, manchmal auch streifig
Lentizellen: sehr fein, hellgrau, weitläufig verteilt
Fruchtfleisch: gelblich-weiß, feinkörnig, fest
Saftgehalt: –
Geschmack: gewürzhaft, erhabener Geschmack
geeignet für: Tafel, Küche
Genussreife & Haltbarkeit: A XI, hält bis tief in den Winter
Wuchs & Bodenanspruch: holzreiche Krone, viel Fruchtholz
Ertrag: reichliche Ernten
Bemerkungen: fettig-zähe Schale

2. KLASSE: ROSENÄPFEL
2. ORDNUNG: KUGELFÖRMIGE ODER PLATTE ROSENÄPFEL

zu dieser Sorte ist leider keine Abbildung vorhanden

Calvilleartiger Winter-Rosenapfel

Fruchtgröße: mittelgroß bis groß
Gestalt (Fruchtform): das Mittel zwischen platt und kugelförmig, doch mehr platt, deutlich mehrere flache Erhabenheiten
Fruchtfarbe: GFbE: gelblich-weiß
GF: hohes Gelb
DF: besonnte Früchte meist ganz deckfärbig hoch purpurrot verwaschen
Lentizellen: sehr fein gelblich, weit zerstreut
Fruchtfleisch: –
Saftgehalt: saftig
Geschmack: angenehm, gewürzhaft, fein himbeerartiger Zuckergeschmack
geeignet für: Tafel, Most (bei uns stark benützt)
Genussreife & Haltbarkeit: E X bis A XI, bis ins Frühjahr
Wuchs & Bodenanspruch: lebhaft, nur mittelgroß, belaubt sich stark
Ertrag: jährlich reichlich
Bemerkungen: –

GR

Charlamowski

Fruchtgröße: mittelgroß
Gestalt (Fruchtform): feine Erhabenheiten, manchmal calvilleartig
Fruchtfarbe: GF: strohweiß
DF: viele feine, kurz abgesetzte rosenfärbige Streifchen, dazwischen sanft blassrot angelaufen
Lentizellen: –
Fruchtfleisch: –
Saftgehalt: sehr saftig
Geschmack: vortrefflicher Geschmack, fein, weinsüß, himbeerartig, starker Geruch
geeignet für: Tafel
Genussreife & Haltbarkeit: E VIII, nicht über 4 Wochen
Wuchs & Bodenanspruch: stark, feine, schöne große Belaubung, große Blätter
Ertrag: –
Bemerkungen: zarte Schale

LU

Englischer scharlachroter Sommerpepping

Fruchtgröße: mittelgroß
Gestalt (Fruchtform): plattrund, fast käse(laib)förmig, breite flache Erhabenheiten, fast immer ungleiche Hälften
Fruchtfarbe: GF: hellgelb, nur bei Schattenfrüchten sichtbar
DF: ohne Streifen, abgerieben schön glänzend dunkelkarmesinrot
Lentizellen: –
Fruchtfleisch: weiß, um den Stiel und Kelch rosarot, locker
Saftgehalt: saftig
Geschmack: angenehm zuckerartig, rosenartig
geeignet für: Tafel, Küche
Genussreife & Haltbarkeit: M IX, nicht über 3 Wochen
Wuchs & Bodenanspruch: stark, halbkugelförmige Krone, belaubt sich dicht
Ertrag: –
Bemerkungen: zähfette Schale, abgerieben glänzend

zu dieser
Sorte ist leider
keine Abbildung
vorhanden

Früher Muscatnußapfel

Fruchtgröße: mittelgroß
Gestalt (Fruchtform): plattrund
Fruchtfarbe: GF: in der Überreife fettig, hellgelb
DF: leicher Anflug von erdartiger Röte
Lentizellen: in DF sehr feine hellbraune
Fruchtfleisch: schön weiß, sehr markig
Saftgehalt: saftig
Geschmack: stark wohlriechend, angenehm, rosenartig weinig
geeignet für: Tafel
Genussreife & Haltbarkeit: VIII, 3 Wochen
Wuchs & Bodenanspruch: sehr stark, mit feinen Ästen pyramidenförmige Krone, belaubt sich stark
Ertrag: sehr reichlich
Bemerkungen: fette Schale

LA

Charlamowski

GR

Charlamowski

GR

Charlamowski

AE

Charlamowski

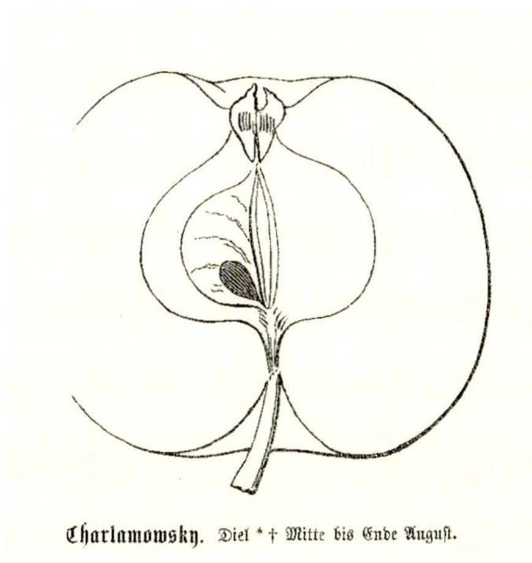

LU

Charlamowski

AE

Englischer scharlachroter Sommerpeppping

2. KLASSE: ROSENÄPFEL

2. ORDNUNG: KUGELFÖRMIGE ODER PLATTE ROSENÄPFEL

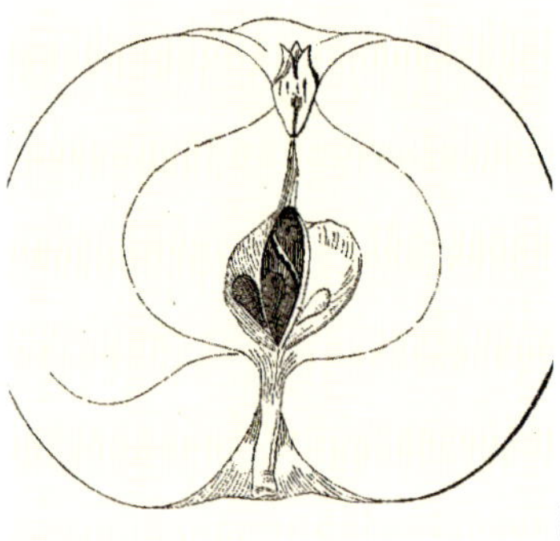

LU

Geflammter früher Sommercousinot(te)

Fruchtgröße: mittelgroß

Gestalt (Fruchtform): meist kugelförmig, manchmal auch platt, ganz flach gerippt

Fruchtfarbe: GF: hell strohgelb
DF: breit geflammt blassrot, dunkelkarmesinrot gestreift, am Stielbuchtrand stark verwaschen

Lentizellen: fallen nur wenig ins Auge

Fruchtfleisch: schön weiß, weich, fein

Saftgehalt: saftig

Geschmack: starker, aber angenehmer Geruch, rosenartiger Geschmack

geeignet für: –

Genussreife & Haltbarkeit: E VIII, nicht über 8 Tage

Wuchs & Bodenanspruch: in der Jugend stark, setzt viel Fruchtholz an

Ertrag: –

Bemerkungen: hier und da Rostflecken, gehört nur in edle Obstanlagen oder wo das Obst auf nahen Obstmärkten schnell Absatz findet

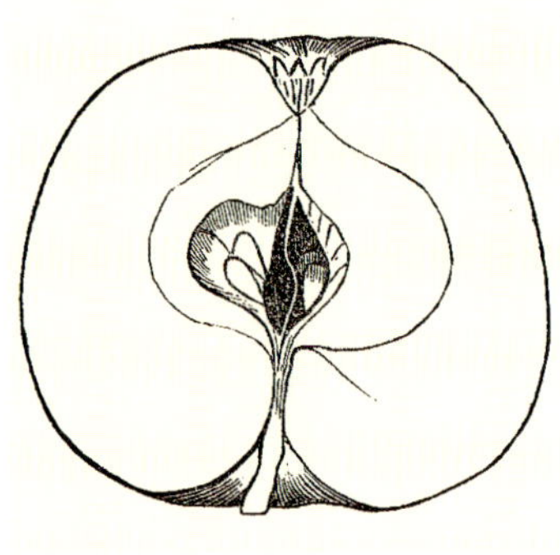

LU

Gestreifter Sommercousinot(te)

Fruchtgröße: groß

Gestalt (Fruchtform): plattrund, calvilleartig gerippt

Fruchtfarbe: GF: gelbgrün
DF: lebhaft schönes Karmesinrot, flammenartig gestreift

Lentizellen: wenig ins Auge stechend

Fruchtfleisch: weiß, ins Gelbliche spielend, fein, locker

Saftgehalt: saftig

Geschmack: vortrefflich, angenehmer Rosengeschmack

geeignet für: Tafel, für jeden ökonomischen Gebrauch

Genussreife & Haltbarkeit: M IX, 4 bis 6 Wochen

Wuchs & Bodenanspruch: in der Jugend lebhaft, meist breite und dichte Krone, schön belaubt

Ertrag: sehr fruchtbar

Bemerkungen: zähe, fette Schale

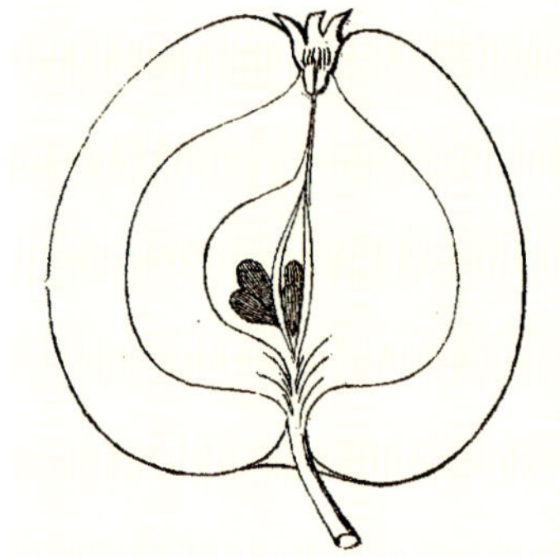

LU

Gestreifter Sommerzim(me)tapfel

Fruchtgröße: klein

Gestalt (Fruchtform): fast kugelförmig, ohne Rippen

Fruchtfarbe: GFbE: hell zitronengelb, am Baum bereift, lachend schön, glänzend
GF: gelblich-grün
DF: abgerieben wie Glas glänzend, bis um die ganze Stielbucht, nicht überhäufte abgesetzte Streifen, zwischen diesen sanft punktiert

Lentizellen: fein, hellgrau, nur auf der GF sichtbar

Fruchtfleisch: fein, locker, markig

Saftgehalt: saftig

Geschmack: vortrefflich, erhabener, gewürzhafter Geruch

geeignet für: köstlich für die Tafel

Genussreife & Haltbarkeit: M VIII, nur 14 Tage

Wuchs & Bodenanspruch: viele schlanke, hängende Äste, Hauptäste gehen gut in die Luft, schöne Belaubung

Ertrag: sehr groß

Bemerkungen: –

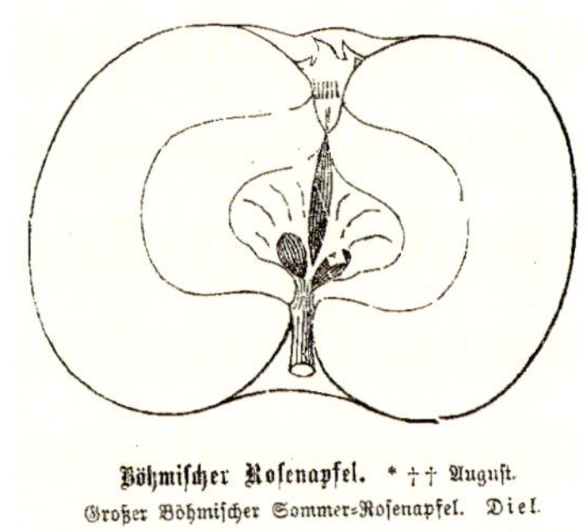

LU

Großer Böhmischer Sommer-Rosenapfel

Fruchtgröße: groß

Gestalt (Fruchtform): plattrund, mehrere flache, breite, nicht rippenartige Erhabenheiten

Fruchtfarbe: GFbE: hellgrün
GF: gelblich-grün, nur bei wenig besonnten Früchten rein zu sehen
DF: flammartige karmesinrote Streifen, dazwischen stark punktiert, sodass die Streifen fast unkenntlich werden

Lentizellen: wenige

Fruchtfleisch: weiß, weich, locker und markig

Saftgehalt: saftig

Geschmack: angenehm, fein, süß-säuerlich, ohne Gewürz

geeignet für: Tafel, Küche, für Kompotte

Genussreife & Haltbarkeit: E VII bis A VIII, nicht über 14 Tage

Wuchs & Bodenanspruch: sehr lebhaft, breite licht belaubte Krone

Ertrag: ausnehmend fruchtbar

Bemerkungen: mehrere Rostflecken

zu dieser Sorte ist leider keine Abbildung vorhanden

Lorenzapfel

Fruchtgröße: groß

Gestalt (Fruchtform): kugelförmig oder plattrund, Kelch sitzt in einer charakteristisch tiefen, oft mit calvilleartigen Rippen gesetzten Einsenkung, Rippen sind auf der Frucht auch sichtbar

Fruchtfarbe: DF: feuerartige Blutröte, rein verwaschen

Lentizellen: häufig, im Rot gelb, in GF braun

Fruchtfleisch: schön weiß, fein, um die Ader des Kernhaus rötlich, markig

Saftgehalt: –

Geschmack: gewürzhaft, weinsäuerlich

geeignet für: Tafel, Küche

Genussreife & Haltbarkeit: X, im XI am schmackhaftesten, bis Weihnachten

Wuchs & Bodenanspruch: schwach, belaubt sich sehr schön, schwache, schlanke einjährige Triebe

Ertrag: –

Bemerkungen: manchmal Rostfiguren

AE

Rot(h)er Apollo

Fruchtgröße: groß

Gestalt (Fruchtform): mehr kugelförmig als plattrund, über die Frucht hin mehrere sanftkantige Erhabenheiten

Fruchtfarbe: GFbE: blass hellgrün
GF: blass hellgelb
DF: schön, hell, abgerieben ungemein glänzendes Blutrot, schattseitig rötliche Streifen

Lentizellen: sehr fein, weitläufig verteilt, gelblich, auf der Schattenseite rötlich

Fruchtfleisch: markig, beim Kauen ganz auflösend, schön weiß, um die große Ader rosenrot

Saftgehalt: sehr saftig

Geschmack: angenehm, süß-weinsäuerlich, rosenartig, sehr schwacher Geruch

geeignet für: Tafel, zum Dämpfen unverbesserlich

Genussreife & Haltbarkeit: XII, hält bis in den Winter

Wuchs & Bodenanspruch: sehr stark, belaubt sich stark

Ertrag: recht fruchtbar

Bemerkungen: will warmen Stand(ort) und guten tiefgehenden (-gründigen) Boden

zu dieser Sorte ist leider keine Abbildung vorhanden

Rot(h)er Herbststrichapfel

Fruchtgröße: mittelgroß

Gestalt (Fruchtform): beinahe kugelrund, nur wenig fein gerippt

Fruchtfarbe: leicht bereift
GF: fast weiß
DF: karmesinrot, kurz abgesetzt gestreift hellrot punktiert, leicht verwaschen

Lentizellen: weißgrau

Fruchtfleisch: sehr weiß, fast wie Schnee glänzend, weich, manches Mal mit einer roten Ader durchzogen

Saftgehalt: saftig

Geschmack: vortrefflich, fein, am Lager wird der Geruch erdbeer- oder melonenartig

geeignet für: Tafel

Genussreife & Haltbarkeit: A IX, nicht lange

Wuchs & Bodenanspruch: in der Jugend stark, belaubt sich schön

Ertrag: sehr fruchtbar

Bemerkungen: fordert einen guten Boden und sonnige Lage

zu dieser Sorte ist leider keine Abbildung vorhanden

Rot(h)er Liebesapfel

Fruchtgröße: groß

Gestalt (Fruchtform): kugelförmig, ganz flach undeutlich gerippt

Fruchtfarbe: GF: gelbgrün, bei beschatteten Früchten rein zu sehen
DF: lebhaft schönes glänzendes, dunkel verwaschenes Karmesinrot

Lentizellen: sehr wenige

Fruchtfleisch: grünlich-gelb, fein, weich, markig

Saftgehalt: saftig

Geschmack: recht angenehm süßwein- bis süßsäuerlich

geeignet für: Tafel, Küche für Kompotte, mit Wein ein wahrer Leckerbissen

Genussreife & Haltbarkeit: A XI, einige Monate

Wuchs & Bodenanspruch: neigt zum Herabbeugen und Hängen der Äste, benötigt Schnitt

Ertrag: frühzeitig und alljährlich

Bemerkungen: welkt nicht, verdient in jeder Tafelobstanpflanzung einen Platz

STO

Gestreifter Sommerzim(me)tapfel

2. KLASSE: ROSENÄPFEL

2. ORDNUNG: KUGELFÖRMIGE ODER PLATTE ROSENÄPFEL

zu dieser Sorte ist leider keine Abbildung vorhanden

Rot(h)er Markapfel

Fruchtgröße: groß

Gestalt (Fruchtform): plattrund, ohne Rippen, in der Höhe ungleichhälftig

Fruchtfarbe: GF: selten rein zu sehen
DF: hell blutrot, stark glänzend, reicht bis in die beschattete Fruchthälfte, verwaschen, auch undeutlich streifenartig

Lentizellen: –

Fruchtfleisch: weich, markig, fast schmelzend

Saftgehalt: –

Geschmack: –

geeignet für: Tafel, Küche

Genussreife & Haltbarkeit: XI, bis Ende des Jahres

Wuchs & Bodenanspruch: groß, belaubt sich schön, breitgewölbte lichte Krone

Ertrag: –

Bemerkungen: –

LA

Sommerkönig

Fruchtgröße: groß

Gestalt (Fruchtform): stark rippig, veränderliche Form, neigt zur Kugelform, sehr großes, unregelmäßiges, weit geöffnetes Kernhaus

Fruchtfarbe: GF: strohgelb mit einigen grünen Stellen
DF: nur bei stark besonnten Früchten leichter Anflug von Kugellack-Röte, auch nur einige rote Flecken

Lentizellen: in DF mittig weißgraue Punkte

Fruchtfleisch: fein, locker, weiß-gelblich, starke grüne Adern

Saftgehalt: sehr saftig

Geschmack: angenehm, erquickend, sehr starker Geruch

geeignet für: delikat für Kompott

Genussreife & Haltbarkeit: E VIII, nur 14 Tage

Wuchs & Bodenanspruch: schön belaubte Krone

Ertrag: setzt frühzeitig Fruchtholz an, bald sehr fruchtbar

Bemerkungen: fordert einen guten Boden

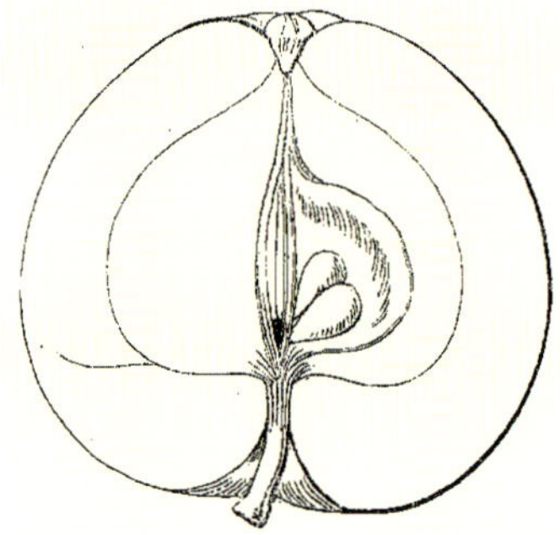

LU

Sommerkronapfel

Fruchtgröße: klein

Gestalt (Fruchtform): kugelförmig

Fruchtfarbe: GF: hellgelblich-hellgrün
DF: kurze oder lange blasse karmesinrote Streifen, sanft punktiert und getuscht, nur bei beschatteten Früchten

Lentizellen: gelbbraun, nur im Rot häufig und deutlich

Fruchtfleisch: schneeweiß, sehr fein

Saftgehalt: saftig

Geschmack: wohlriechend, süßweinig

geeignet für: Tafel, Küche

Genussreife & Haltbarkeit: E IX, 6 Wochen

Wuchs & Bodenanspruch: in der Jugend lebhaft, wird nicht groß, flatternde Krone, Äste stehen verworren

Ertrag: reichlichst

Bemerkungen: fordert warmen, guten Boden

AE

Sophien's süßer Rosenapfel

Fruchtgröße: mittelgroß

Gestalt (Fruchtform): plattrund oder kugelförmig mit sanften Erhabenheiten

Fruchtfarbe: DF: dunkelkarmesinrot breit gestreift, am Stielbuchtrand stark verwaschen

Lentizellen: weißgrau, wenig ins Auge fallend

Fruchtfleisch: weiß, fein, fest

Saftgehalt: saftig

Geschmack: fehlender Geruch, angenehmer wahrer Zuckergeschmack

geeignet für: –

Genussreife & Haltbarkeit: XI, bis ins Frühjahr

Wuchs & Bodenanspruch: stark, aufrechte Krone

Ertrag: sehr fruchtbar

Bemerkungen: –

zu dieser Sorte ist leider keine Abbildung vorhanden

Teichzugsapfel

Fruchtgröße: mittelgroß

Gestalt (Fruchtform): plattrund, etwas rippig

Fruchtfarbe: GF: wachsartig weiß
DF: intensiv karmesinrot und kurzstreifig

Lentizellen: –

Fruchtfleisch: schneeweiß, um den Kelch rötlich, fein

Saftgehalt: saftig

Geschmack: feiner, angenehmer Geruch, rosenartig süßer Weingeschmack

geeignet für: Tafel

Genussreife & Haltbarkeit: X, nicht über 4 Wochen

Wuchs & Bodenanspruch: stark, calvilleartig belaubt, viel Fruchtholz

Ertrag: sehr gut

Bemerkungen: sehr zarte Schale, nicht ident mit Deichzugapfel

AE

Tulpenapfel

Fruchtgröße: groß

Gestalt (Fruchtform): kugelförmig, etwas zugespitzt, einseitig niedriger

Fruchtfarbe: GFbE: hellglänzend strohgelb
GF: in der Reife um den Kelch grünlich vermischt
DF: breite, zerflossene, teils abgesetzte, teils viele unregelmäßige zusammenhängende grellrote und gelbe Streifen, gerade wie panaschierte (gestreifte) Tulpen besetzt, zwischen denen die GF streifig verwaschen rot durchschimmert

Lentizellen: starke grünlich-graue, auf der Schattenseite grünlich

Fruchtfleisch: schneeartig weiß, feinkörnig, weich, locker, markig

Saftgehalt: saftig

Geschmack: rosenartig, angenehmer Geruch

geeignet für: Tafel

Genussreife & Haltbarkeit: E VIII, kaum 14 Tage

Wuchs & Bodenanspruch: lebhaft, große Blätter

Ertrag: früh, fruchtbar

Bemerkungen: manchmal dünne flache Rostflecken, erfordert guten Boden

zu dieser Sorte ist leider keine Abbildung vorhanden

Weißer Borstorfer

Fruchtgröße: mittelgroß

Gestalt (Fruchtform): hoch aussehend, ebenso oft ziemlich kugelförmig, Kelch sitzt in einer charakteristisch tiefen, oft schlüsselförmigen Einsenkung (Bucht), dünner holziger Stiel

Fruchtfarbe: GF: strohweiß
DF: rötliche Fleckchen vorwiegend auf der Sonnenseite, nur ganz freihängende, sehr besonnte Früchte bekommen manchmal eine ganz kleine Rosenbacke

Lentizellen: –

Fruchtfleisch: schön weiß, locker

Saftgehalt: saftig

Geschmack: angenehm, feinwürziger, süßer Weingeschmack

geeignet für: –

Genussreife & Haltbarkeit: XI, bis ins Frühjahr

Wuchs & Bodenanspruch: stark, schön belaubt

Ertrag: sehr fruchtbar

Bemerkungen: –

LA

Weißer englischer Carolin

Fruchtgröße: mittelgroß bis groß

Gestalt (Fruchtform): plattrund

Fruchtfarbe:
GF: zitronengelb
DF: goldgelb, ohne alles Rot

Lentizellen: sehr selten, fast gar nicht kennbar

Fruchtfleisch: sehr fein, markig, weiß

Saftgehalt: saftig

Geschmack: süßer Zuckergeschmack, fast ohne alle Säure

geeignet für: –

Genussreife & Haltbarkeit: X, 6 Wochen

Wuchs & Bodenanspruch: mittel, stark, lichte Belaubung

Ertrag: setzt früh Fruchtholz an

Bemerkungen: –

LA

Sommerkönig

LA

Weißer englischer Carolin

2. KLASSE: ROSENÄPFEL

2. ORDNUNG: KUGELFÖRMIGE ODER PLATTE ROSENÄPFEL

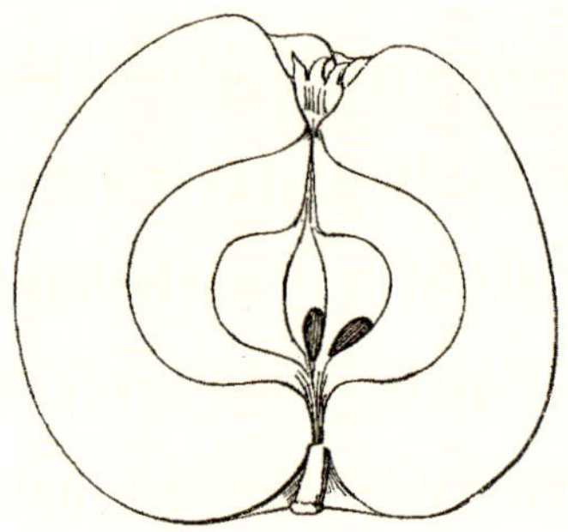

Englischer Gewürz-Apfel. Diel. * † Nov. — Wtr.

LU

zu dieser Sorte ist leider keine Abbildung vorhanden

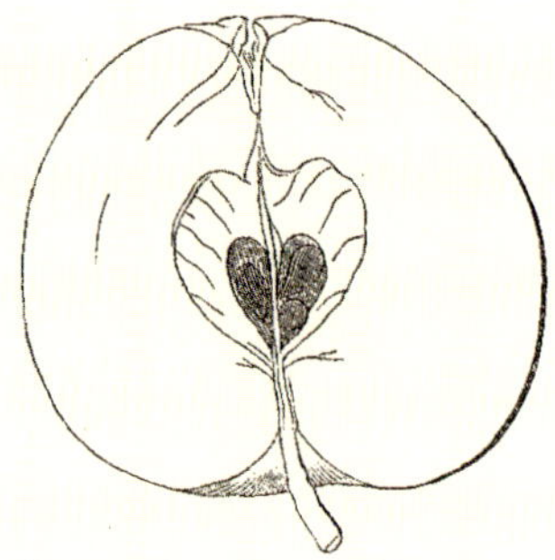

Zimmtartiger Kronenapfel. ** †† W.

LU

Weißer, englischer Gewürzapfel

Fruchtgröße: mittelgroß

Gestalt (Fruchtform): kugelförmig, breite flache Erhabenheiten

Fruchtfarbe: GFbE: weißlich-gelb, oft noch grünlich
GF: schön hoch zitronengelb
DF: leichter Anflug von Röte

Lentizellen: wenig, fein grau

Fruchtfleisch: locker, markig

Saftgehalt: saftig

Geschmack: angenehm süß, rosenartig, fast ohne Weinsäure

geeignet für: Tafel, Küche

Genussreife & Haltbarkeit: XI, bis in den Winter

Wuchs & Bodenanspruch: lebhaft, halbkugelförmige Krone

Ertrag: bald reichlich

Bemerkungen: manchmal feine Anflüge von Rost

Weißer Sommerpfirsich(en)apfel

Fruchtgröße: mittelgroß

Gestalt (Fruchtform): stumpf zugespitzt, kugelförmig, calvilleartig

Fruchtfarbe: GF: strohweiß, schöne abgesetzte karmesinrote Streifen

Lentizellen: sehr feine grünliche Tupfen

Fruchtfleisch: weiß, ins gelbliche spielend, sehr locker, weich

Saftgehalt: sehr saftig

Geschmack: angenehm fein weinsauer

geeignet für: für die Küche fast zu weich und zu saftvoll

Genussreife & Haltbarkeit: 2.VIII-hälfte
nicht über 14 Tage

Wuchs & Bodenanspruch: mittelgroß, calvilleartige Krone, lange nicht starke 1 jährige Triebe

Ertrag: –

Bemerkungen: bei sehr zarter Schale zähfett
büschelweiser Fruchtansatz, dadurch oft verküppelte Früchte

Zimtartiger Winterkronapfel

Fruchtgröße: klein

Gestalt (Fruchtform): kugelförmig, stark gerippt, Frucht dadurch ziemlich verschoben

Fruchtfarbe: GF: zart glänzend zitronengelb
DF: rundum mit vielen kleinen Karmesinstreifchen, dazwischen noch leicht getuscht oder punktiert

Lentizellen: feine gelbliche Punkte, meist sonnseitig, fehlend auf der Schattenseite

Fruchtfleisch: fein, gelblich, markig

Saftgehalt: saftig

Geschmack: recht angenehm, starker alant- oder zimtartiger Zuckergeschmack

geeignet für: Tafel

Genussreife & Haltbarkeit: XII, bis ins Frühjahr

Wuchs & Bodenanspruch: stark, stark belaubte, holzreiche, breit gewölbte Krone

Ertrag: recht fruchtbar

Bemerkungen: –

3. KLASSE: RAMBOURÄPFEL

1. ORDNUNG: MIT WEITEM CALVILLEARTIGEN KERNHAUS

AD

AE

Englischer Prahlrambour

Fruchtgröße: groß

Gestalt (Fruchtform): plattrund, stark hervorgedrängte, die Frucht verschiebende Erhabenheiten

Fruchtfarbe: GF: glänzend zitronengelb
DF: angenehme, dünne erdartige Röte, leicht überziehend oder marmoriert

Lentizellen: nicht auffallend

Fruchtfleisch: –

Saftgehalt: sehr saftig

Geschmack: ungemein stark wohlriechend gewürzhaft

geeignet für: Tafel, Küche

Genussreife & Haltbarkeit: E IX bis A X, vier Wochen

Wuchs & Bodenanspruch: sehr stark, breitgewölbte Krone

Ertrag: frühzeitig, oft schon in der Baumschule

Bemerkungen: glänzende, aber nicht fette Schale

Großer Nassauer

Fruchtgröße: sehr groß

Gestalt (Fruchtform): fast kugelförmig, durch hervorstehende Erhabenheiten öfters verschoben

Fruchtfarbe: GF: blassgelb
DF: leicht blasser Anflug von erdartiger Röte

Lentizellen: stark, häufig, im Rot braun, in der GF grünlich

Fruchtfleisch: schön weiß, markig

Saftgehalt: saftig

Geschmack: erfrischend süß-säuerlich

geeignet für: angenehm für den rohen Genuss, vorzüglich für die Wirtschaft

Genussreife & Haltbarkeit: XI, bis in den Winter

Wuchs & Bodenanspruch: sehr groß, breitgewölbte Krone

Ertrag: sehr fruchtbar

Bemerkungen: –

PF

Großer rot(th)er Herbstfaros

Fruchtgröße: groß

Gestalt (Fruchtform): plattrund, sanft über die ganze Frucht gerippt, um den Stiel gelbgraue Stellen

Fruchtfarbe: DF: rot von eigener Art, trüb, grünlich marmoriert, fleckig durchmischt mit dunklem, gleichsam durch etwas Rauch verdorbenem karmesinartigen Rot, darin kurze, nicht häufige, sehr undeutliche Spuren von Streifen

Lentizellen: nicht häufig, gelbgrau

Fruchtfleisch: –

Saftgehalt: saftig

Geschmack: angenehm süß-säuerlich, violenartig

geeignet für: Tafel, Wirtschaft

Genussreife & Haltbarkeit: A X oder M X, einige Monate

Wuchs & Bodenanspruch: lebhaft, großkronig, belaubt sich schön

Ertrag: –

Bemerkungen: –

zu dieser Sorte ist leider keine Abbildung vorhanden

Grüner Käsapfel

Fruchtgröße: groß

Gestalt (Fruchtform): platt mit beulenartigen Rippen, oft breitkantig über die ganze Frucht, entstellen die Rundung, plattrund, sanft über die ganze Frucht gerippt, kurzer Stiel, sitzt in tiefer, mit rauem Rost bekleideter Stielbucht

Fruchtfarbe: GF: gelblich-grün
DF: mit einem trüben Rot leicht verwaschen, sieht oft nur flammenartig aus, auch einige dunkle Streifen

Lentizellen: hellbraun, stark und schön, nur im Rot sichtbar

Fruchtfleisch: weiß, ins Grünliche spielend, locker, markig

Saftgehalt: –

Geschmack: gewürzhaft und vortrefflich, stark fein zimtartig

geeignet für: für jeden ökonomischen Gebrauch, vom Landmann sehr geschätzt

Genussreife & Haltbarkeit: M X, bis Dezember

Wuchs & Bodenanspruch: groß, alt, dauerhaft

Ertrag: früh und sehr fruchtbar

Bemerkungen: nicht fette Schale

LA

Kaiser Alexander von Rußland

Fruchtgröße: sehr groß

Gestalt (Fruchtform): verschiedene Formen, mehr oder weniger beulenartige Erhabenheiten, bald platt, bald breitstumpf zugespitzt

Fruchtfarbe: GF: blassgelb
DF: sehr viele kurz abgesetzte Streifen von schönster Karmesinfarbe, dabei stark getuscht und punktiert, dass die Streifen undeutlich werden

Lentizellen: kaum bemerkbar

Fruchtfleisch: weiß, locker, markig

Saftgehalt: saftig

Geschmack: vortrefflich gewürzt, angenehmer Himbeergeschmack, stark violenartiger Geruch

geeignet für: –

Genussreife & Haltbarkeit: XI, nicht den Winter hindurch

Wuchs & Bodenanspruch: lebhafter Wuchs, stark belaubt, feine Äste

Ertrag: –

Bemerkungen: zartschalig

STO

Englischer Prahlrambour

GR

Kaiser Alexander von Rußland

GR

Kaiser Alexander von Rußland

3. KLASSE: RAMBOURÄPFEL

1. ORDNUNG: MIT WEITEM CALVILLEARTIGEN KERNHAUS

zu dieser Sorte ist leider keine Abbildung vorhanden

Peter Jansen's Sommerapfel

Fruchtgröße: groß

Gestalt (Fruchtform): plattrund, oft recht stark gerippt

Fruchtfarbe: GF: grüngelb
DF: nur selten eine Spur von Röte

Lentizellen: fein, braun

Fruchtfleisch: weiß, fein, weich

Saftgehalt: saftig

Geschmack: angenehmer Geruch, fein weiniger Rosengeschmack

geeignet für: für Tafel und Küche sehr angenehm, für den Obstmarkt

Genussreife & Haltbarkeit: IX, nicht gerne 4 Wochen

Wuchs & Bodenanspruch: ungemein lebhaft, groß, starkastig, hohe breitgewölbte Krone

Ertrag: setzt viel Fruchtholz an, liefert baldige Ernten

Bemerkungen: schwärzliche Rostflecken

TE

Rheinischer gestreifter Winterrambour

Fruchtgröße: sehr groß

Gestalt (Fruchtform): plattrund, oft starke Erhabenheiten, die die Rundung verderben

Fruchtfarbe: DF: bunt gestreift, stark gefärbt

Lentizellen: weitläufig verteilt, sonnseitig hellrot, auf der entgegengesetzten Seite bräunlich

Fruchtfleisch: weiß, fein

Saftgehalt: saftig

Geschmack: starker angenehmer Geruch, feiner, angenehm weinartiger Zuckergeschmack, ohne Gewürz

geeignet für: –

Genussreife & Haltbarkeit: XII, den ganzen Winter hindurch bis ins Frühjahr

Wuchs & Bodenanspruch: sehr großer Baum, Äste weitläufig ausgebreitet, flachgewölbte, unregelmäßige Krone

Ertrag: erst im gestandenen Alter tragbar

Bemerkungen: –

AE

Rot(h)er Cardinalsapfel

Fruchtgröße: groß

Gestalt (Fruchtform): rein glatt, meistens sehr hervorgetriebene breite Rippen, in der Rundung verschoben

Fruchtfarbe: GFbE: bereift, hell- oder blassgrün
GF: wenig nachgedunkelt
DF: schönes helles Blutrot verwaschen, auch ohne DF

Lentizellen: sehr deutlich in der DF, fein weißlich

Fruchtfleisch: –

Saftgehalt: saftig

Geschmack: zuckerartig, feine Weinsäure, Rosen- oder Violenparfum, zuckerartig

geeignet für: Tafel, Wirtschaft, wird gedämpft zu einem wahren Mark

Genussreife & Haltbarkeit: E X, bis in den Winter

Wuchs & Bodenanspruch: ansehnlich, groß und alt

Ertrag: sehr frühzeitig

Bemerkungen: gelbgraue Rostflecken, fordert guten, kultivierten, fetten Boden

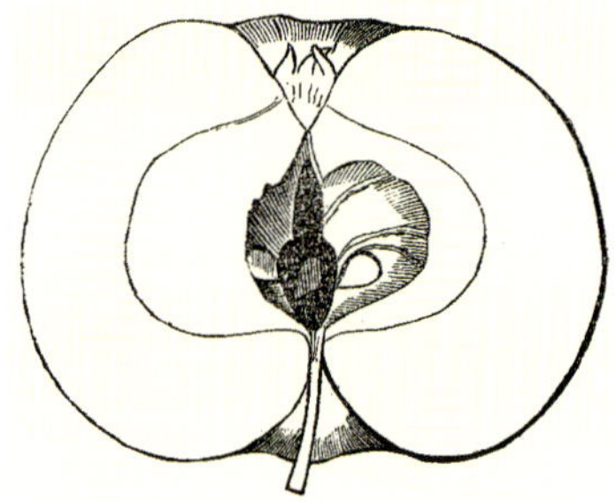

Rother Winter-Rambour, ††, December—Frühjahr. 2.

LU

Rot(h)er Winterrambour

Fruchtgröße: groß

Gestalt (Fruchtform): flach, plattrund, oft durch beulenartige Erhabenheiten verschoben

Fruchtfarbe: GF: selten sichtbar hellgrün
DF: beinahe ganz mit der wie lackiert glänzenden karmesinroten DF verwaschen, manchmal marmoriert, bei beschatteten Früchten auch deutlich gestreift

Lentizellen: gelblich-rot, im Rot sehr sichtbar

Fruchtfleisch: weiß, fein, weich, markig

Saftgehalt: saftig

Geschmack: angenehm weinsäuerlich, etwas rosenartig, ohne Gewürz

geeignet für: vortrefflich für die Küche, vom Landmann zum rohen Genuss sehr beliebt

Genussreife & Haltbarkeit: XII bis I, bis ins Frühjahr

Wuchs & Bodenanspruch: stark belaubt, kugelförmige Krone

Ertrag: sehr fruchtbar

Bemerkungen: ziert tragend jede Obstpflanzung

zu dieser Sorte ist leider keine Abbildung vorhanden

Saurer Winterrambour

Fruchtgröße: sehr groß

Gestalt (Fruchtform): breit platt, oft stark und beulenartig gerippt

Fruchtfarbe: GF: schönes Gelb
DF: schön besonnte Früchte manchmal zu 1/3 schmutzig erdrot überzogen, nie gestreift

Lentizellen: dunkler Mittelpunkt

Fruchtfleisch: weiß-gelblich, etwas grobkörnig

Saftgehalt: saftig

Geschmack: angenehmer Geruch und erquickend, rein weinsauer

geeignet für: Wirtschaft, für Most sehr geschätzt, im Frühjahr zum Dämpfen vortrefflich

Genussreife & Haltbarkeit: XII, bis ins Frühjahr

Wuchs & Bodenanspruch: belaubt sich schön

Ertrag: fast jährlich reichlich

Bemerkungen: große und kleine Rostflecken nicht selten

3. KLASSE: RAMBOURÄPFEL

2. ORDNUNG: MIT ENGEM KERNHAUS

Winterrambour

Fruchtgröße: groß

Gestalt (Fruchtform): platt, vielfach sanft gerippt, ohne rippenartige Erhabenheiten

Fruchtfarbe: GF: zitronengelb
DF: kurz abgesetzt karmesinrot gestreift, dazwischen schön punktiert

Lentizellen: –

Fruchtfleisch: zur Ernte ins Grünliche spielend, bei Genussreife gelblich, fest, grobkörnig

Saftgehalt: –

Geschmack: Geruch kaum bemerkbar, angenehm weinig

geeignet für: Wirtschaft

Genussreife & Haltbarkeit: XII, bis ins Frühjahr

Wuchs & Bodenanspruch: großkronig, belaubt sich schön

Ertrag: fruchtbar

Bemerkungen: geschmeidige, nicht fette Schale, fordert guten Boden

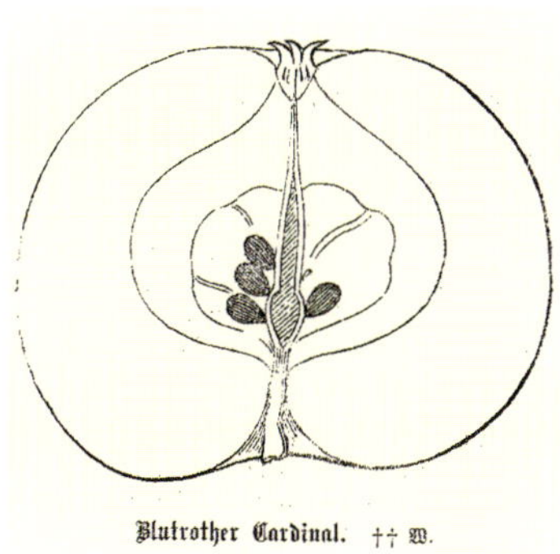

Blutrot(h)er Wintercardinal

Fruchtgröße: groß bis sehr groß

Gestalt (Fruchtform): plattrund, stark gerippt

Fruchtfarbe: GF: blassgelb, bei Abrieb stark glänzend, nur bei sehr beschatteten Früchten etwas sichtbar
DF: blutrotes, dunkles, schönes Karmesinrot, verwaschen, manchmal flammenartig gestreift

Lentizellen: weißgrau, fein, nur im dunklen Rot recht deutlich

Fruchtfleisch: weiß, fein, markig

Saftgehalt: saftig

Geschmack: fein weinsäuerlich

geeignet für: zu jedem Gebrauch, für den Haushalt vortrefflich

Genussreife & Haltbarkeit: XII, bis Ende Februar

Wuchs & Bodenanspruch: frech, geht mit den Ästen hoch in die Luft, weit gewölbte Krone

Ertrag: frühzeitig und reichlich

Bemerkungen: welkt nicht

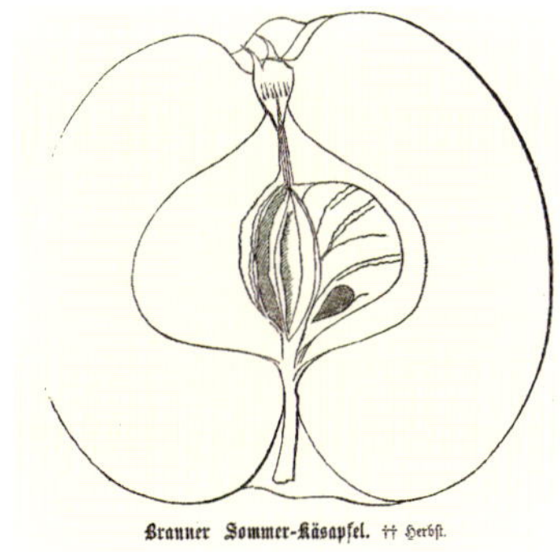

Brauner Sommer-Käsapfel

Fruchtgröße: sehr groß

Gestalt (Fruchtform): flach und uneben

Fruchtfarbe: am Baum bereift
DF: trüb rot verwaschen, kurze undeutliche Streifen

Lentizellen: gelb, nicht häufig

Fruchtfleisch: schön, weiß, grob

Saftgehalt: –

Geschmack: sehr angenehm, süß-weinsäuerlich

geeignet für: Tafel, Küche

Genussreife & Haltbarkeit: A IX, 6 Wochen

Wuchs & Bodenanspruch: ausgebreitete Krone

Ertrag: auch bei ungünstiger Witterung jährlich reichliche Ernten

Bemerkungen: verdient in jede Baumschule aufgenommen zu werden

Rot(h)er Winterrambur

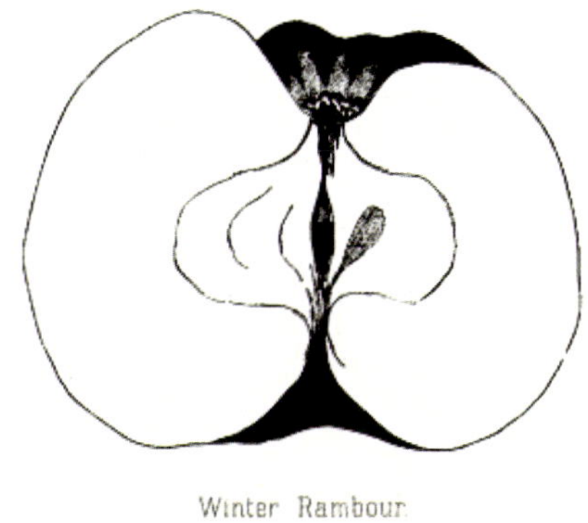

Winterrambur

3. KLASSE: RAMBOURÄPFEL

2. ORDNUNG: MIT ENGEM KERNHAUS

zu dieser Sorte ist leider keine Abbildung vorhanden

Bunter Prager

Fruchtgröße: groß

Gestalt (Fruchtform): plattrund mit flachen, aber deutlichen Rippen

Fruchtfarbe: GF: strohweiß
DF: sehr bunt gestreift, viele kurz abgesetzte Karmesinstreifen, die die GF fast verdecken

Lentizellen: –

Fruchtfleisch: fast weich, schön weiß

Saftgehalt: saftig

Geschmack: stark riechend, weinartig süß

geeignet für: Tafel, Küche

Genussreife & Haltbarkeit: X, bis in den Winter

Wuchs & Bodenanspruch: kein großer Baum, flache breite Krone

Ertrag: erst in späteren Jahren reichliche Ernten

Bemerkungen: –

zu dieser Sorte ist leider keine Abbildung vorhanden

Carlsapfel

Fruchtgröße: sehr groß

Gestalt (Fruchtform): stumpf zugespitzt, flache breite Kanten

Fruchtfarbe: GF: hoch zitronengelb
DF: bis halbe Fruchthöhe mit leichtem hellen Rot leicht verwaschen, feuerartig geflammt

Lentizellen: in der DF starke feine

Fruchtfleisch: weiß, ziemlich fein

Saftgehalt: sehr saftig

Geschmack: angenehm weinsäuerlich

geeignet für: für die Ökonomie ganz vorzüglich geeignet

Genussreife & Haltbarkeit: XII, den ganzen Winter

Wuchs & Bodenanspruch: stark, ausgebreitete Krone, langlebig

Ertrag: reichliche Ernten

Bemerkungen: verdient für den Landmann vorzüglich aufgenommen zu werden, auch bei ungünstiger Frühlingswitterung jährliche, reichliche Ernten

STO

Geflammter weißer Cardinalsapfel

Fruchtgröße: groß

Gestalt (Fruchtform): platt, gegen den Kelch hin abnehmend, in der Rundung verschoben

Fruchtfarbe: GF: hoch zitronengelb
DF: bis zur halben Fruchtlänge etwas hell feuerartig rot geflammt

Lentizellen: anstelle dieser treten mehrmals größere und kleinere Rostflecken und etwaig feine Rostfiguren

Fruchtfleisch: weiß, ins Grünliche spielend, feinkörnig, etwas locker

Saftgehalt: sehr saftig

Geschmack: stark riechend

geeignet für: für den Landmann geschmacksvoll, für die Wirtschaft gut

Genussreife & Haltbarkeit: A XI, bis tief in den Winter

Wuchs & Bodenanspruch: stark abstehende, schön belaubte Krone

Ertrag: frühzeitig sehr fruchtbar

Bemerkungen: fein fettige Schale, liebt guten, fetten Boden

zu dieser Sorte ist leider keine Abbildung vorhanden

Gestreifter, holländischer Weinapfel

Fruchtgröße: groß

Gestalt (Fruchtform): mehr kugelig als platt, oft hervordrängende Rippen, selten verschoben

Fruchtfarbe: GF: zitronengelb, wird zähfett
DF: sonnseitig einige kurz abgesetzte Karmesinstreifen, gegen den Stiel noch ziemlich stark getuscht

Lentizellen: auch manchmal schattseitig, markante feine

Fruchtfleisch: weiß, unter der Schale ins Gelbliche spielend, fein, markig

Saftgehalt: saftig

Geschmack: gewürzhaft süßer Weingeschmack

geeignet für: für die Tafel annehmbar, für die Küche ausgesucht gut

Genussreife & Haltbarkeit: X bis XI, bis in den Winter

Wuchs & Bodenanspruch: lebhaft, abstehende Äste, flach gewölbte Krone

Ertrag: viel kurzes Fruchtholz, mit der Zeit reichlich tragend

Bemerkungen: –

zu dieser Sorte ist leider keine Abbildung vorhanden

Goldhärchen

Fruchtgröße: groß

Gestalt (Fruchtform): stumpf zugespitzt, in die Breite verschoben

Fruchtfarbe: GF: gelblich
DF: dunkelrot, schattseitig auch geflammt

Lentizellen: viele ins Auge stechende Punkte

Fruchtfleisch: weiß, etwas ins Gelbliche spielend, fein, ziemlich fest, volles Mark

Saftgehalt: nicht saftig

Geschmack: angenehm feinsäuerlich

geeignet für: zum rohen Genuss angenehm, für die Wirtschaft ganz vortrefflich

Genussreife & Haltbarkeit: XI, im Winter verliert sich der Saft

Wuchs & Bodenanspruch: sehr stark, spitzwinkeliger Astansatz, kurzes Fruchtholz

Ertrag: fruchtbar

Bemerkungen: –

AE

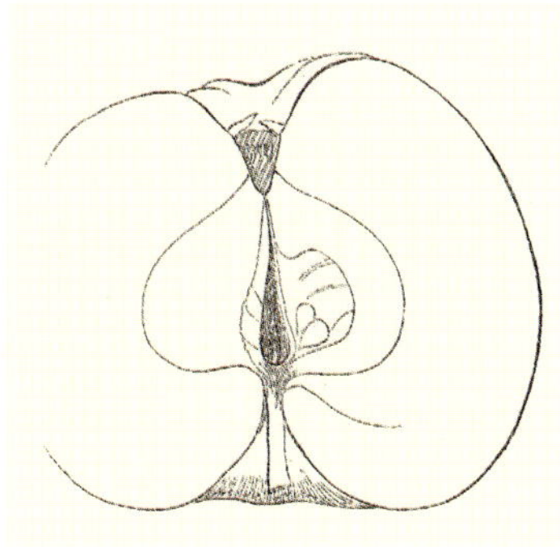

LU

Großer Mogol

Fruchtgröße: groß

Gestalt (Fruchtform): kugelförmig, meist verschoben

Fruchtfarbe: GF: zitronengelb, bei beschatteten Früchten rein gelb
DF: verlaufend abgesetzte Streifen, stark getuscht, beschattete Früchte stellenweise rot mit undeutlichen Streifen

Lentizellen: im Rot kleine, feine gelbe Punkte, in der GF hellbraun weitläufig verbreitet

Fruchtfleisch: gelblich, fein, fest

Saftgehalt: sehr saftig

Geschmack: gewürzhaft weinig

geeignet für: –

Genussreife & Haltbarkeit: I bis II, bis ins Frühjahr

Wuchs & Bodenanspruch: groß, wenige, aber starke flache Äste

Ertrag: setzt bald und viel Fruchtholz an, reichliche Ernten

Bemerkungen: –

Großer Rambour

Fruchtgröße: sehr groß

Gestalt (Fruchtform): kleinere Früchte platt und zugespitzt, starke breite gewölbte Rippen

Fruchtfarbe: GFbE: grüngelb
GF: goldgelb
DF: nur bei freihängenden Früchten stellenweise leichter Anflug von blassem Rot mit roten Sternchen

Lentizellen: hellgrau

Fruchtfleisch: ins Gelbliche spielend, locker, grobkrönig

Saftgehalt: sehr saftig

Geschmack: angenehm süßweinig

geeignet für: Wirtschaft

Genussreife & Haltbarkeit: XI, einige Monate

Wuchs & Bodenanspruch: prachtvolle gewölbte Krone, sehr großer Baum

Ertrag: fruchtbar

Bemerkungen: zählt zu den größten Äpfeln, schwärzliche flache Rostflecken

LA

Großer Mogol

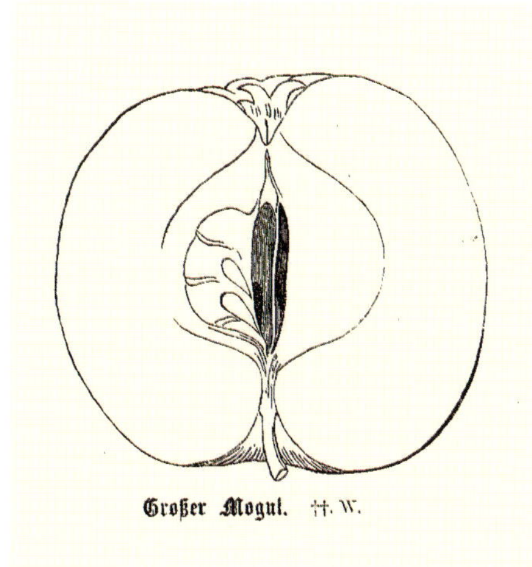

LU

Großer Mogol

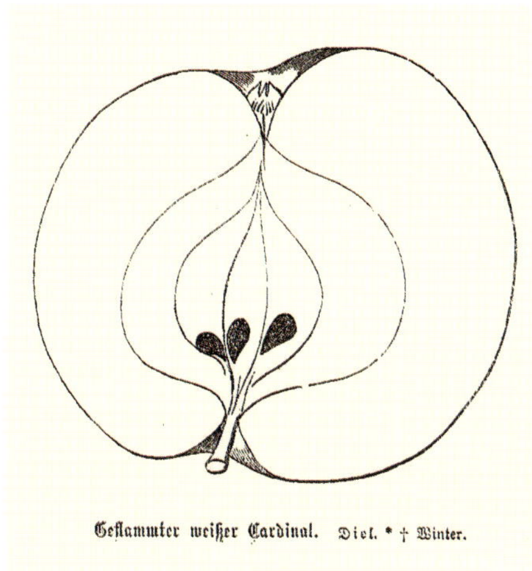

LU

Geflammter weißer Cardinalsapfel

LA

Geflammter weißer Cardinalsapfel

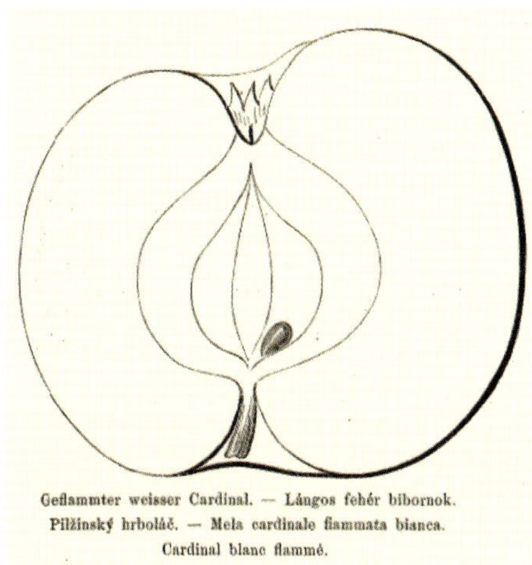

STO

Geflammter weißer Cardinalsapfel

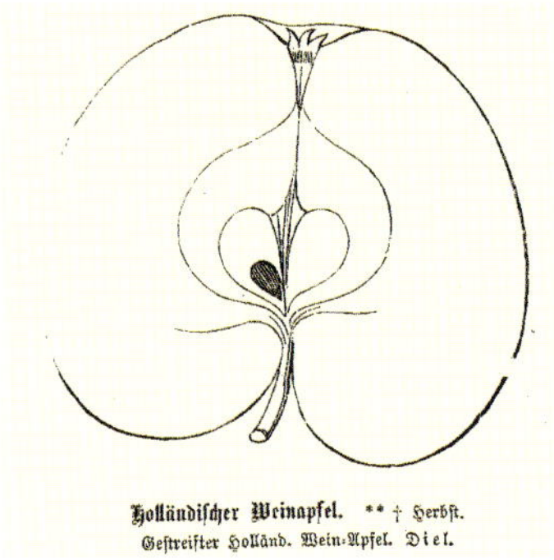

LU

Großer rot(h)er Weinapfel

Fruchtgröße: groß

Gestalt (Fruchtform): platt, verschoben, dicker fleischiger Stiel, viele hellgrüne Rippchen, die wie Punkte aussehen

Fruchtfarbe: DF: vom Stiel bis zur halben Frucht stark rot streifenartig getuscht

Lentizellen: selten

Fruchtfleisch: grünlich-weiß, locker

Saftgehalt: –

Geschmack: ohne Geruch, herbsauer

geeignet für: Wirtschaft

Genussreife & Haltbarkeit: E XI bis A XII, bis Weihnachten

Wuchs & Bodenanspruch: hohlgewölbte Krone, schön belaubt, starkwüchsig

Ertrag: fruchtbar

Bemerkungen: –

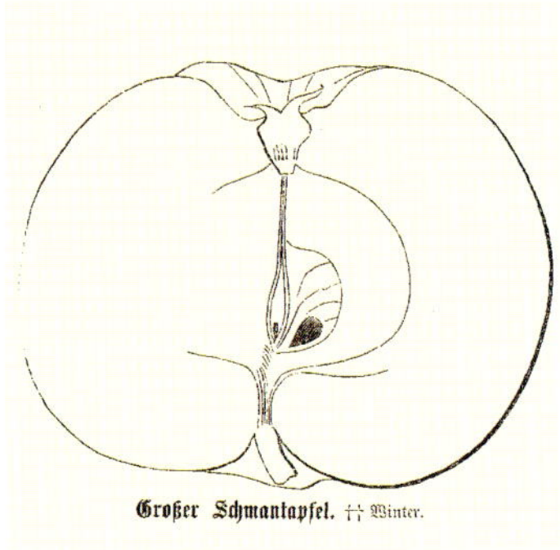

LU

Großer Schmantapfel

Fruchtgröße: sehr groß

Gestalt (Fruchtform): platt, in der Rundung oft verschoben

Fruchtfarbe: GF: nie schön zitronengelb
DF: um die Stielbucht mit schönen Streifen besetzt, freihängende Früchte dazwischen stark getuscht

Lentizellen: sehr wenige, oft keine

Fruchtfleisch: schön weiß

Saftgehalt: –

Geschmack: gewürzhaft feinsäuerlich

geeignet für: zu jedem Gebrauch

Genussreife & Haltbarkeit: XII, den ganzen Winter hindurch

Wuchs & Bodenanspruch: ansehnlich groß, breitgewölbte Krone, belaubt sich schön, lange dünne einjährige Triebe

Ertrag: –

Bemerkungen: feinfette Schale, verdient in jeder ökonomischen Obstanlage einen Platz

LA

Lang dauernder, rot(h)er Hartapfel

Fruchtgröße: sehr groß

Gestalt (Fruchtform): platt, oft verschobene Form

Fruchtfarbe: DF: vom Stiel weg streifenlos blutrot, um den Bauch zum Kelch hin abnehmend ins Gelb-rötliche abweichend

Lentizellen: viele weißgraue, rund, oft stark

Fruchtfleisch: –

Saftgehalt: wenig saftig

Geschmack: ohne Geruch und Gewürz, fad süß, ohne Säure

geeignet für: vortrefflich für Wirtschaft

Genussreife & Haltbarkeit: I, wohlverwahrt beinahe 2 Jahre

Wuchs & Bodenanspruch: groß, sehr alt

Ertrag: sehr tragbar, ertragssicher

Bemerkungen: Blüten vertragen raue Witterung, lang haltbar, manchmal feine gelbgraue Rostflecken

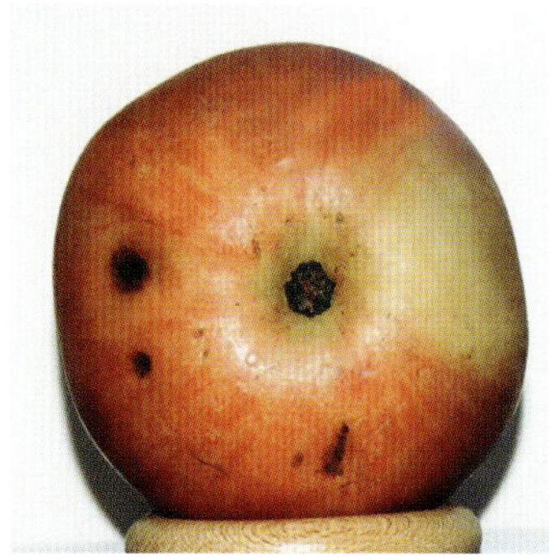

AD

Lothringer Rambour

Fruchtgröße: groß

Gestalt (Fruchtform): platt, ungleichhälftig, oft sehr stark rippig

Fruchtfarbe: GFbE: hellstrohgelb
GF: hellgelb
DF: schönste Karmesinfarbe sonnseitig und um den Stiel, oft bis zum Kelch breitgestreift, dazwischen blass rötlich geflammt und punktiert

Lentizellen: –

Fruchtfleisch: –

Saftgehalt: –

Geschmack: angenehme Weinsäure

geeignet für: Wirtschaft, zum Kochen vortrefflich

Genussreife & Haltbarkeit: A IX, 3 bis 4 Wochen

Wuchs & Bodenanspruch: schnell und stark, abwärtsstehende Äste

Ertrag: –

Bemerkungen: erfordert guten Boden

LA

Rot(h)er Sommerrambour

Fruchtgröße: sehr groß

Gestalt (Fruchtform): neigt zur länglichen Form doch immer platt, große Früchte ungleichhälftig, breitkantige Rippen über die Frucht

Fruchtfarbe: am Baum bereift
GF: beschattete Früchte unansehnlich grüngelb
DF: dunkel, schön Karmesinrot wellenförmig bis streifenförmig verwaschen, sonnseitig durch durchscheinende GF marmoriert

Lentizellen: schön verteilt, stark, im Rot sichtbar

Fruchtfleisch: locker, markig

Saftgehalt: saftig

Geschmack: angenehm süß-weinsäuerlich, etwas rosen- oder violenartig

geeignet für: Tafel, schätzbar für die Küche

Genussreife & Haltbarkeit: IX, fast vom Baum weg essbar, 6 bis 8 Wochen

Wuchs & Bodenanspruch: stark, hängende Zweige

Ertrag: –

Bemerkungen: bläulich bereift

AD

zu dieser Sorte ist leider keine Abbildung vorhanden

Tulpencardinal

Fruchtgröße: groß

Gestalt (Fruchtform): plattrund und verschoben

Fruchtfarbe: GF: grün, bereift
DF: abgerieben sehr glänzend, ganzfruchtig gefärbt, nur bei der Stielbucht GF durchscheinend

Lentizellen: weißgrau, häufig

Fruchtfleisch: –

Saftgehalt: –

Geschmack: stark riechend

geeignet für: für den rohen Genuss angenehm, für die Küche ausgesucht

Genussreife & Haltbarkeit: X, hält sich nicht lange

Wuchs & Bodenanspruch: mittelgroß, keine starken Äste

Ertrag: frühzeitige reichliche Ernten

Bemerkungen: graue und schwarze Rostflecken, gut für Zwergformen

Türkischer Bund

Fruchtgröße: sehr groß

Gestalt (Fruchtform): hoch aussehend, stumpf zugespitzt, breite beulenartige Rippen

Fruchtfarbe: GF: hell glänzend zitronengelb
DF: rosenrot überzogen, sonnseitig karmesinrot, kaum streifig

Lentizellen: keine

Fruchtfleisch: schön weiß, grob

Saftgehalt: sehr saftig

Geschmack: gewürzhaft, mehr süß als säuerlich, die Früchte sind für die Tafel nicht sehr empfehlenswert

geeignet für: für die Ökonomie schätzbar

Genussreife & Haltbarkeit: XII, den ganzen Winter

Wuchs & Bodenanspruch: schön belaubt, in der Jugend sehr lebhaft

Ertrag: frühzeitig sehr reichlich

Bemerkungen: Schale wird nie fett, verdient wegen der schönen, haltbaren großen Früchte nur in großen Anlagen Platz

LA

Lang dauernder, rot(h)er Hartapfel

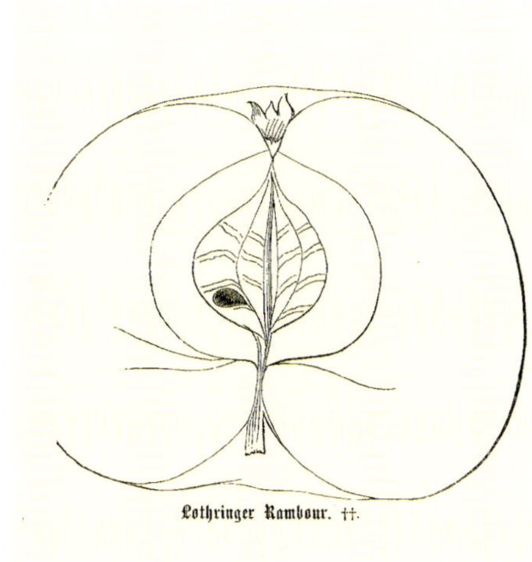

LU

Lothringer Rambour

LA

Lothringer Rambour

STO

Lothringer Rambour

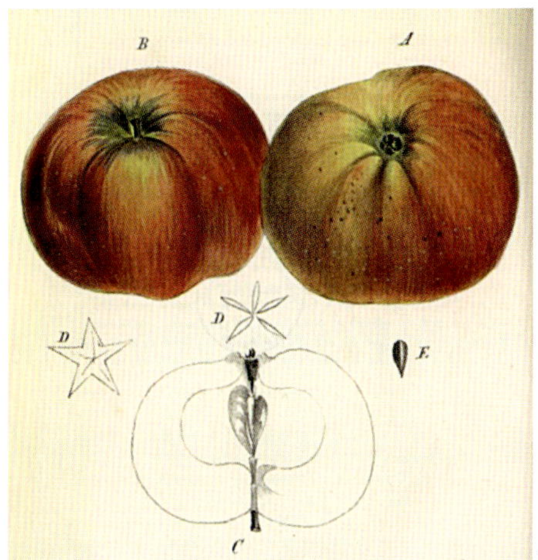

LA

Rot(h)er Sommerrambour

LA

Tulpencardinal

3. KLASSE: RAMBOURÄPFEL

2. ORDNUNG: MIT ENGEM KERNHAUS

zu dieser Sorte ist leider keine Abbildung vorhanden

Ulmer Apfel

Fruchtgröße: sehr groß

Gestalt (Fruchtform): sehr platt, gegen den Kelch hin abnehmend, in der Rundung verschoben

Fruchtfarbe: DF: sehr stark breit abgesetzt gestreift, dazwischen mit eigenem schwärzlichen Rot fein verwaschen

Lentizellen: gelblich, häufig nur im Rot sichtbar

Fruchtfleisch: weiß, ins Grünliche spielend, locker

Saftgehalt: sehr saftig

Geschmack: schwach violenartiger Geruch, angenehmer zuckerartiger Erdbeergeschmack

geeignet für: Tafel, Küche

Genussreife & Haltbarkeit: A X, bis Dezember

Wuchs & Bodenanspruch: ungemein lebhaft, flache, schön belaubte Krone

Ertrag: sehr fruchtbar

Bemerkungen: besonders glänzende Schale, fordert guten, trockenen Boden

zu dieser Sorte ist leider keine Abbildung vorhanden

Violetter Cardinalsapfel

Fruchtgröße: groß

Gestalt (Fruchtform): plattrund, sanft gerippt

Fruchtfarbe: GF: hellblassgelb, bei freihängenden Früchten kaum sichtbar, bereift
DF: eigenes, nach Wienerlack ähnliches und ins Violette schielendes Rot, verwaschen

Lentizellen: schattseitig hellrote Flecken und Tupfen

Fruchtfleisch: weiß

Saftgehalt: saftig

Geschmack: stark violenartiger Geruch, ungemein angenehmer, erhabener Zuckergeschmack

geeignet für: Tafel, für jeden Gebrauch

Genussreife & Haltbarkeit: XI, 6 Wochen

Wuchs & Bodenanspruch: mittelgroß

Ertrag: frühzeitig und jährlich fruchtbar

Bemerkungen: fast gänzlich bereift

zu dieser Sorte ist leider keine Abbildung vorhanden

Weißer, gestreifter Sommer-Käsapfel

Fruchtgröße: mittelgroß bis groß

Gestalt (Fruchtform): sehr platt, durch hervordrängende Beulen oft stark verschoben

Fruchtfarbe: GF: strohweiß
DF: fast ganz, jedoch nicht überhäuft mit größeren und kleineren Streifen, dazwischen leicht punktiert

Lentizellen: –

Fruchtfleisch: ungemein markig, weich wie schmelzend

Saftgehalt: saftig

Geschmack: süß, gewürzhaft, himbeerartig, starker violenartiger Geruch

geeignet für: für jeden Gebrauch beliebt

Genussreife & Haltbarkeit: E X, bis Dezember

Wuchs & Bodenanspruch: feines, vom Stamm abstehendes Holz, hängende, unansehnliche, flache Krone

Ertrag: früh, aber selten reichlich

Bemerkungen: hellbraune Warzen

4. KLASSE: REINETTEN

1. ORDNUNG: EINFÄRBIGE REINETTEN

AE

Bischofsreinette

Fruchtgröße: mittelgroß

Gestalt (Fruchtform): hoch aussehend, oft fast walzenförmig, calvilleartige Erhabenheiten

Fruchtfarbe: einfärbig

Lentizellen: weitläufig verteilt, fein, undeutlich braun

Fruchtfleisch: sehr fein, weiß, ins Gelbliche spielend, fest, knackend

Saftgehalt: saftig

Geschmack: gewürzhafter, weinartiger, erhabener Zuckergeschmack

geeignet für: Tafel

Genussreife & Haltbarkeit: XI, den ganzen Winter

Wuchs & Bodenanspruch: lebhaft und stark, lange, starke einjährige Triebe mit auffallenden länglichen, weißgrauen Lentizellen

Ertrag: sehr fruchtbar

Bemerkungen: feine zimtfärbige, glatte Rostanflüge, auch flächig

LA

Calvilleartige Reinette

Fruchtgröße: mittelgroß

Gestalt (Fruchtform): zugespitzt ziemlich länglich gerippt

Fruchtfarbe: GF: fein glänzend goldgelb
DF: 3–4 Linien gleichsam verwischter Streifen von rötelsteinartiger Farbe

Lentizellen: grobe, fleckähnliche, grau und braun

Fruchtfleisch: gelblich, sehr fein, weich, starker angenehmer Geruch

Saftgehalt: saftig

Geschmack: gewürzhaft, köstlich, ohne Säure, angenehmer Geruch

geeignet für: –

Genussreife & Haltbarkeit: E XI, nicht über 4 Monate, muss spät gepflückt und kühl aufbewahrt werden

Wuchs & Bodenanspruch: mittelgroß, schlankes, sehr feines Holz

Ertrag: Fruchtholz bald tragend

Bemerkungen: um den Stielbuchtrand graue Roststreifen

AE

LA

Champagnerreinette

Fruchtgröße: mittelgroß bis groß

Gestalt (Fruchtform): regelmäßig, Plattapfel, die schöne Rundung wird durch Rippen manchmal entstellt

Fruchtfarbe: GF: leicht bereift, hell strohgelb
DF: sehr kleiner heller, rosenroter Farbanflug, auch blassrote Punkte

Lentizellen: viele feine grüne oder gelbliche Fleckchen

Fruchtfleisch: schön weiß, fein, markig, hellgrüne Ader umgibt das Kernhaus

Saftgehalt: saftig

Geschmack: feinste Weinsäure vermischt mit Zuckergeschmack, fein rosenartig

geeignet für: Tafel

Genussreife & Haltbarkeit: XI oder XII, bis ins Frühjahr ohne welken

Wuchs & Bodenanspruch: schwach, feines lebhaftes Holz, weit ausgebreitete Krone

Ertrag: büschelartig, viele Früchte

Bemerkungen: Stielbucht strahlenartig berostet, welkt bei rechtzeitiger Ernte nicht, erfordert guten Boden und sonnige Lage

Charakterreinette

Fruchtgröße: groß

Gestalt (Fruchtform): plattrund, fein gerippt

Fruchtfarbe: GF: abgeriebene Schale glänzend, hellzitronengelb
DF: goldgelb, kaum merkbarer Anflug von Röte

Lentizellen: –

Fruchtfleisch: weiß, sehr fein

Saftgehalt: saftig

Geschmack: angenehm fein weinsäuerlich

geeignet für: Tafel

Genussreife & Haltbarkeit: X, bis in den Winter

Wuchs & Bodenanspruch: sehr lebhaft, wird groß, feine Äste, hängendes Fruchtholz, dichte flachgewölbte Krone

Ertrag: ungemein fruchtbar

Bemerkungen: feine gelbgraue, zusammenhängende, netzartige Rostfiguren, fordert warmen Stand

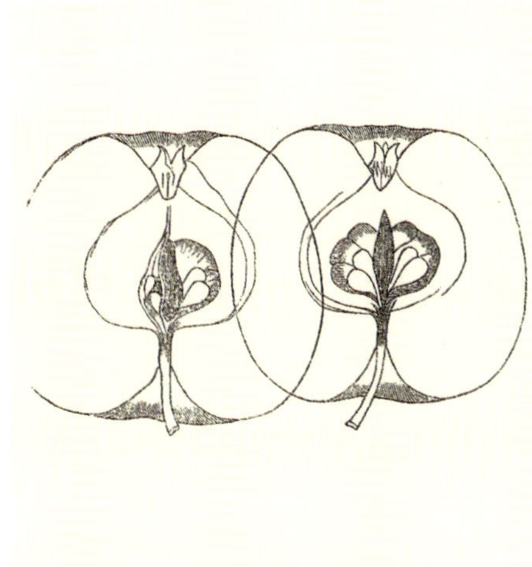

LU

Bischofsreinette

LA

Calvilleartige Reinette

LA

Champagnerreinette

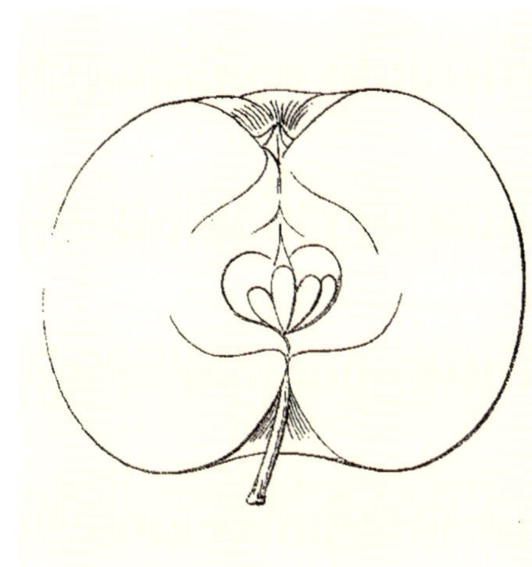

LU

Champagnerreinette

GR

Champagnerreinette

LA

Charakterreinette

4. KLASSE: REINETTEN

1. ORDNUNG: EINFÄRBIGE REINETTEN

LA

Citronenreinette

Fruchtgröße: groß

Gestalt (Fruchtform): hoch aussehend, ähnlich dem Taubenapfel zugespitzt, fein berippt

Fruchtfarbe: GF: rein goldgelb
DF: blass rosenrot, bei schwachem DF-Ansatz weißgraurot umfasste Punkte

Lentizellen: weißgraue mit roten Kreisen eingefasste Punkte, auch ohne zentrale Punkte

Fruchtfleisch: sehr weiß, etwas locker, feinkörnig

Saftgehalt: saftig

Geschmack: violenartiger Geruch, erquickend angenehm weinig, zuckerartig

geeignet für: Tafel

Genussreife & Haltbarkeit: XII, ohne welken bis ins Frühjahr, manchmal bis in den Sommer

Wuchs & Bodenanspruch: wird nicht groß, wächst schön, nicht stark abstehende Äste

Ertrag: jährlich

Bemerkungen: fordert guten Boden und warme Lage

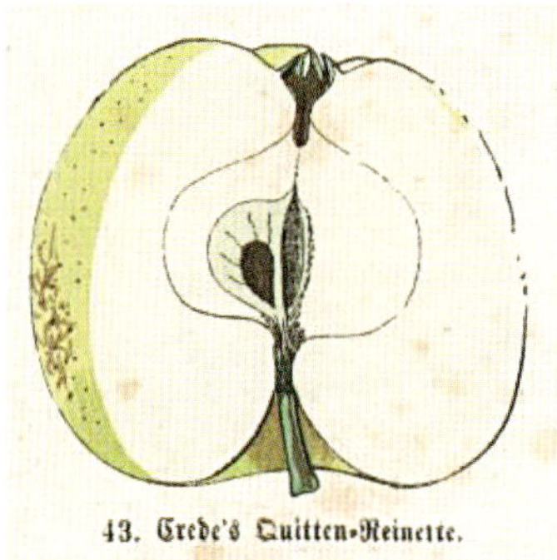

LE

Crede's Quittenreinette

Fruchtgröße: klein

Gestalt (Fruchtform): kugelförmig

Fruchtfarbe: GF: quittengelb einfärbig

Lentizellen: deutlich fein und braun, auf der Sonnenseite als rote Sternchen

Fruchtfleisch: schön weiß, ungemein fein, fest

Saftgehalt: sehr saftig

Geschmack: starker Geruch, quittenähnlich, angenehm, weinhafter Zuckergeschmack

geeignet für: –

Genussreife & Haltbarkeit: XII, bis ins Frühjahr

Wuchs & Bodenanspruch: ähnlich dem Borsdorfer, licht belaubt, nicht großwüchsig, breitgewölbte Krone

Ertrag: reichlich

Bemerkungen: –

LA

Diel's Reinette

Fruchtgröße: mittelgroß

Gestalt (Fruchtform): plattrund

Fruchtfarbe: GF: einfärbig
DF: sonnseitig kleine karmesinrote Fleckchen

Lentizellen: schattseitig weitläufig verteilt, ziemlich stark

Fruchtfleisch: sehr weiß

Saftgehalt: sehr saftig

Geschmack: angenehmer Geruch, sehr erhabener, zimtartiger, weiniger Zuckergeschmack

geeignet für: Tafel

Genussreife & Haltbarkeit: XII, den ganzen Winter hindurch

Wuchs & Bodenanspruch: sehr stark, lange einjährige Triebe mit vielen runden, weißgrauen Lentizellen

Ertrag: bald ungemein fruchtbar

Bemerkungen: –

AE

Englische grüne Nordreinette

Fruchtgröße: mittelgroß

Gestalt (Fruchtform): ähnelt der Französischen Edelreinette, in der Kelchbucht ganz feine Falten, deutliche Erhabenheiten laufen über die Frucht

Fruchtfarbe: GFbE: hellgrün oder strohgelb
GF: hoch zitronengelb, die Stielbucht aber oft noch grün und rostig
DF: nicht vorhanden

Lentizellen: –

Fruchtfleisch: –

Saftgehalt: –

Geschmack: gewürzhaft, angenehm süß

geeignet für: Tafel, für jeden Zweck

Genussreife & Haltbarkeit: XI, den ganzen Winter

Wuchs & Bodenanspruch: lebhaft, stark belaubt, kugelförmige Krone

Ertrag: sehr reichlich

Bemerkungen: besonders festes Holz

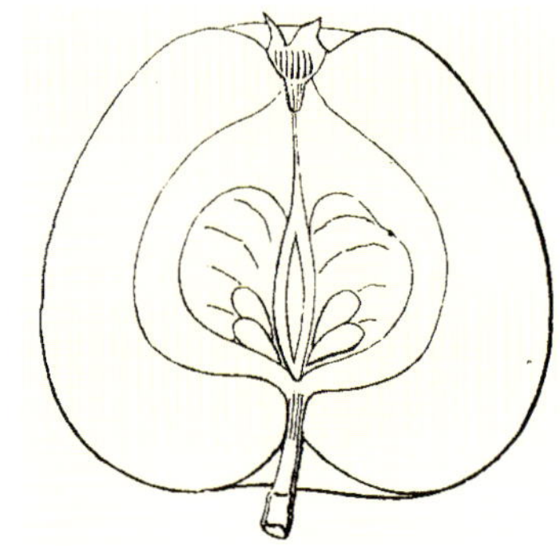
LU

Feyerabend's Tafelapfel

Fruchtgröße: klein

Gestalt (Fruchtform): kugelförmig

Fruchtfarbe: GF: einfärbig ohne Röte, sonnseitig manchmal goldartig gelb

Lentizellen: ziemlich zahlreich, stark, braun, oft sternartig, sonnseitig rötlich

Fruchtfleisch: schön weiß, ungemein fein, markig

Saftgehalt: saftig

Geschmack: angenehmer Weingeschmack

geeignet für: Tafel

Genussreife & Haltbarkeit: M IX, 3 Wochen

Wuchs & Bodenanspruch: groß, stark belaubt, dicke lange einjährige Triebe

Ertrag: –

Bemerkungen: –

AE

Franklin's Goldpepping

Fruchtgröße: klein

Gestalt (Fruchtform): fast hoch aussehend, Kelchbucht häufig mit feinen Falten

Fruchtfarbe: GFbE: grünlich-hellgelb
GF: zitronengelb
DF: dunkler, aber ohne Rot

Lentizellen: zahlreich, sehr feine bräunliche, lange etwas grün umschielende Punkte, auf der Sonnenseite oft rötliche

Fruchtfleisch: sehr fein, sonnseitig gelb, sonst weiß

Saftgehalt: saftig

Geschmack: ausgesuchter feiner Weingeschmack

geeignet für: Tafel

Genussreife & Haltbarkeit: XII, den Winter hindurch

Wuchs & Bodenanspruch: ungemein lebhaft, kugelförmige Krone, stark belaubt

Ertrag: frühzeitig reichlich

Bemerkungen: verdient häufig angepflanzt zu werden

LA

Citronenreinette

LA

Diel's Reinette

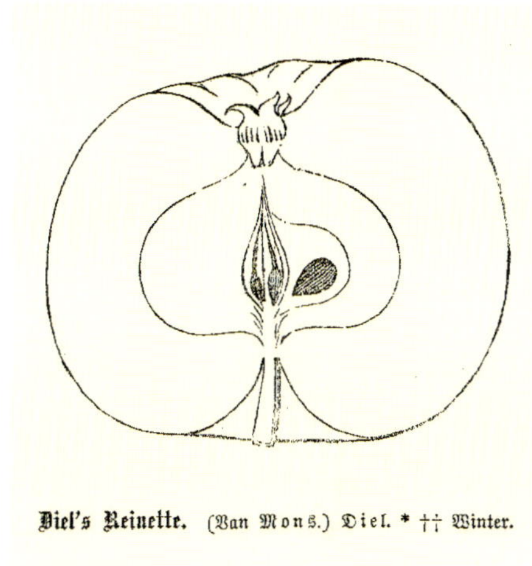

LU

Diel's Reinette

LA

Franklin's Goldpepping

STO

Franklin's Goldpepping

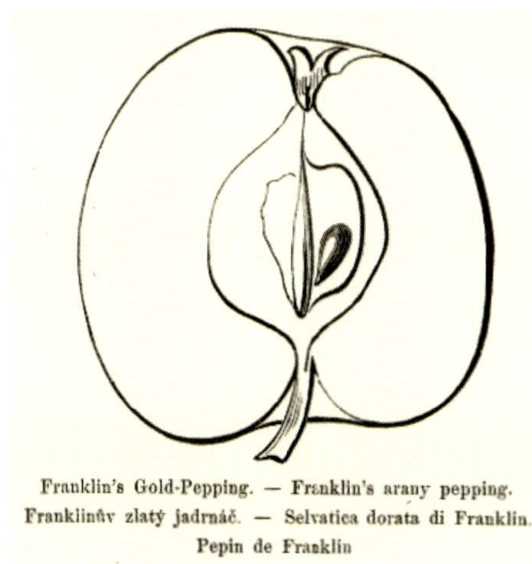

STO

Franklin's Goldpepping

4. KLASSE: REINETTEN

1. ORDNUNG: EINFÄRBIGE REINETTEN

STO

Französische Edelreinette

Fruchtgröße: groß

Gestalt (Fruchtform): kugelförmig, am Kelchbuchtrand erheben sich 4–5 flache breite Rippen über die ganze Frucht

Fruchtfarbe: GFbE: hellgrün
GF: zitronengelb, wenn Früchte runzlig werden
DF: bei besonnten Früchten leichter Anflug von bräunlicher Röte

Lentizellen: grau, rau, häufig schön rund, länglich, dreieckig und sternförmig

Fruchtfleisch: mürbe

Saftgehalt: saftig

Geschmack: angenehm zuckerartig, bei Genussreife fein muskatellersäureartig

geeignet für: bei den Franzosen das Nonplusultra

Genussreife & Haltbarkeit: XII, wird im I und II am delikatesten, nachher immer unschmackhafter und schrumpft

Wuchs & Bodenanspruch: groß, sehr schön belaubt

Ertrag: sehr fruchtbar

Bemerkungen: seltene Rostanflüge oder Rauheit, Frucht wird etwas runzelig, erfordert fruchtbaren, nicht nassen Boden

LA

Französische Quittenreinette

Fruchtgröße: mittelgroß

Gestalt (Fruchtform): bald plattrund, bald kugelförmig, oft hoch aussehend, in der Kelchbucht meistens einige feine Rippen, über die Frucht nicht selten fast calvilleartige Erhabenheiten, die die Frucht in die Breite verschieben, fleischiger Stiel sitzt in enger, tiefer Stielbucht

Fruchtfarbe: GFbE: grünlich-gelb
GF: hoch zitronengelb
DF: sonnseitig keine Spuren von Rot

Lentizellen: selten, weitläufig, fein, hellbraun

Fruchtfleisch: –

Saftgehalt: saftig

Geschmack: kraftvoller, erfrischender, etwas alantartiger Weingeschmack

geeignet für: Tafel

Genussreife & Haltbarkeit: XII, bis ins Frühjahr

Wuchs & Bodenanspruch: lebhaft, schön belaubt

Ertrag: spät tragbar

Bemerkungen: Stielbucht sternförmig berostet

AD

Frühe gelbe Gewürzreinette

Fruchtgröße: mittelgroß

Gestalt (Fruchtform): platt geformt

Fruchtfarbe: DF: bei freihängenden Früchten sonnseitig manchmal schwacher Anflug von Rot, welches gewöhnlich goldfärbig wird

Lentizellen: grau, zahlreich, stark

Fruchtfleisch: schön weiß, sehr feinkörnig, fein, markig

Saftgehalt: saftig

Geschmack: schwacher Geruch, muskatellerartig

geeignet für: Tafel, Küche

Genussreife & Haltbarkeit: M X, einige Monate

Wuchs & Bodenanspruch: mittelgroß, halbkugelförmige Krone

Ertrag: sehr fruchtbar

Bemerkungen: Stielbucht gelbbraun berostet, Rost zieht sich auch stark und strahlenartig über die Frucht, figurenähnliche Rostanflüge nicht selten

AE

Frühe Goldparmäne

Fruchtgröße: mittelgroß

Gestalt (Fruchtform): kugelförmig ohne Erhabenheiten

Fruchtfarbe: GFbE: hell weißgelb
GF: hoch zitronengelb, trüb
DF: gering, leicht verwaschen goldartig rot

Lentizellen: nicht überhäufig, sternförmig, braun, sonnseitig oft karmesinrot eingefasst

Fruchtfleisch: –

Saftgehalt: –

Geschmack: weinig

geeignet für: –

Genussreife & Haltbarkeit: XI, spät geerntet bis XII, welkt aber

Wuchs & Bodenanspruch: in der Jugend lebhaft, schön belaubt, aufrechtstehende Äste, kugelförmige Krone

Ertrag: –

Bemerkungen: viele große, vollkommene Kerne

zu dieser Sorte ist leider keine Abbildung vorhanden

Frühe, rot(h)gestreifte Markreinette

Fruchtgröße: groß

Gestalt (Fruchtform): plattrund, oft verschobene Form, sehr kurzer Stiel

Fruchtfarbe: GF: glänzend, goldgelb
DF: viele schöne fruchtcharakteristische Karmesinflecken

Lentizellen: –

Fruchtfleisch: weißgelb, fein, locker, markig

Saftgehalt: saftig

Geschmack: stark angenehm gewürzhaft, einschneidender Weingeschmack

geeignet für: Tafel, Küche

Genussreife & Haltbarkeit: A X, bis Dezember

Wuchs & Bodenanspruch: mittelgroß, stark abstehende Äste, flache halbkugelförmige Krone

Ertrag: sehr fruchtbar

Bemerkungen: glänzende Schale, starker figurenähnlicher Rost, gedeiht auch auf magerem Schotterboden

STO

Gaesdonker Goldreinette

Fruchtgröße: mittelgroß bis klein

Gestalt (Fruchtform): plattrund, oft in die Breite verschoben, selten um den Kelch feine Falten und kleine Erhabenheiten

Fruchtfarbe: GFbE: strohweiß
GF: goldartig gelb
DF: leicht rot verwaschen, macht die GF goldartig

Lentizellen: braun, weitläufig verteilt, stark und deutlich, weisen bei stark beschatteten Früchten einen rauen, bräunlichen Überzug auf

Fruchtfleisch: –

Saftgehalt: saftig

Geschmack: vortrefflicher gewürzhafter, erhabener, weinartiger Zuckergeschmack

geeignet für: Tafel, für jeden anderen Gebrauch

Genussreife & Haltbarkeit: XII, bis ins Frühjahr

Wuchs & Bodenanspruch: sehr lebhaft, schön belaubt

Ertrag: sehr fruchtbar

Bemerkungen: beschattete Früchte feinrau berostet, Stielbucht sternförmig berostet, sternförmig über den Stielbuchtrand verteilt

AE

Französische Edelreinette

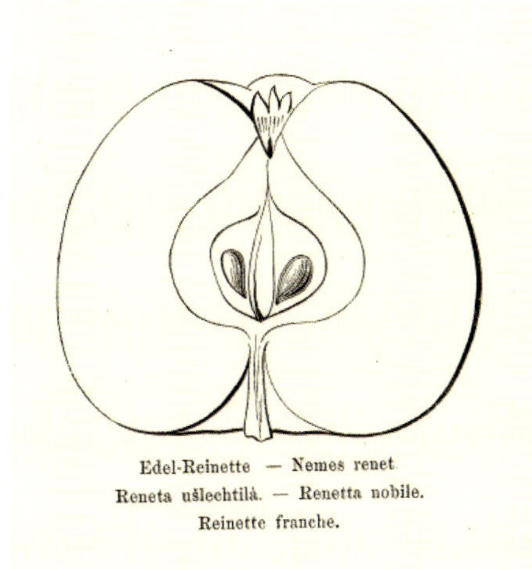

STO

Französische Edelreinette

LA

Französische Edelreinette

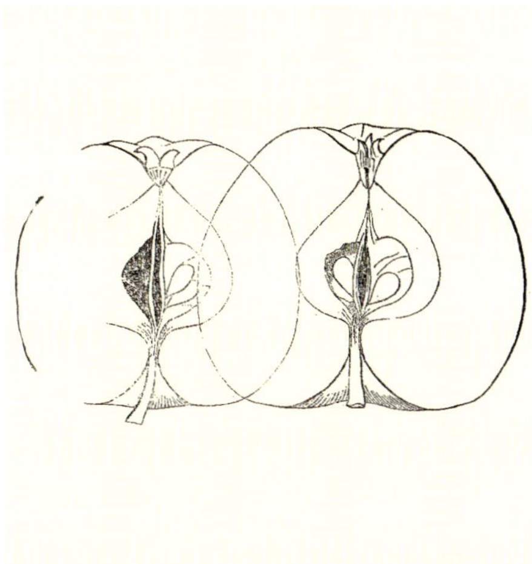

LU

Französische Quittenreinette

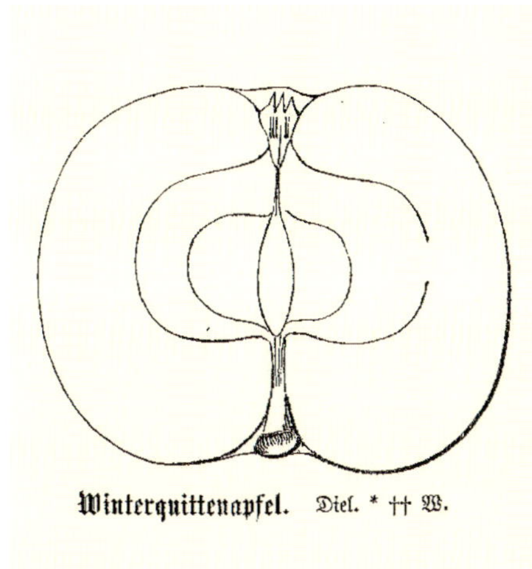

LU

Französische Quittenreinette

LA

Französische Quittenreinette

AE

Gaesdonker Goldreinette

LA

Gaesdonker Goldreinette

AE

Gefleckter Goldapfel

Fruchtgröße: groß

Gestalt (Fruchtform): plattrund, nicht selten verschoben

Fruchtfarbe: DF: sonnseitig mit vielen kleinen Karmesinflecken, sanft rot umhöft, dadurch goldfärbig

Lentizellen: deutlich, stark, braun

Fruchtfleisch: ins Gelbliche spielend, körnig

Saftgehalt: saftig

Geschmack: schwacher Geruch, angenehmer, fein zimtartiger, weiniger Zuckergeschmack

geeignet für: Tafel

Genussreife & Haltbarkeit: A XI, bis Januar

Wuchs & Bodenanspruch: stark, blutrote lange, starke einjährige Triebe, die mit runden und länglichen Lentizellen besetzt sind

Ertrag: wird fruchtbar

Bemerkungen: –

LA

Gelbe Zuckerreinette

Fruchtgröße: mittelgroß bis groß

Gestalt (Fruchtform): kugelförmig, ähnlich der Französischen Reinette, um den Kelch feine, oft undeutliche Rippen, laufen als flache Erhabenheiten über die Frucht, oft erhebt sich eine Rippe beulenartig, die Rundung entstellend

Fruchtfarbe: GFbE: hellgrün
GF: marmoriert gelblich und zitronengelb
DF: goldartig, etwas schielendes Rot beigemischt

Lentizellen: häufig runde, sehr deutliche, starke oder sternförmige

Fruchtfleisch: –

Saftgehalt: –

Geschmack: zuckerartig

geeignet für: Tafel, für den Haushalt unübertrefflich

Genussreife & Haltbarkeit: M XI, den ganzen Winter hindurch

Wuchs & Bodenanspruch: sehr lebhaft, belaubt sich sehr schön und dicht, astarm

Ertrag: reichlich jährlich

Bemerkungen: feiner Anflug von Rost, für Pyramiden(kronen), erfordert warmen, fruchtbaren Boden

zu dieser Sorte ist leider keine Abbildung vorhanden

Gelber Apfel von Sinape

Fruchtgröße: mittelgroß

Gestalt (Fruchtform): plattrund, fast käselaibförmig

Fruchtfarbe: DF: nur freihängende Früchte mit leichtem Anflug von erdartiger Röte

Lentizellen: unbedeutend weitläufig verteilt, sonnseitig oft rot eingefasst

Fruchtfleisch: weiß, fein, weich

Saftgehalt: saftig

Geschmack: kein Geruch, gewürzhafter süßer Weingeschmack

geeignet für: –

Genussreife & Haltbarkeit: XII, bis ins Frühjahr

Wuchs & Bodenanspruch: schwach, lange schlanke einjährige Triebe, viele Nebentriebe

Ertrag: –

Bemerkungen: –

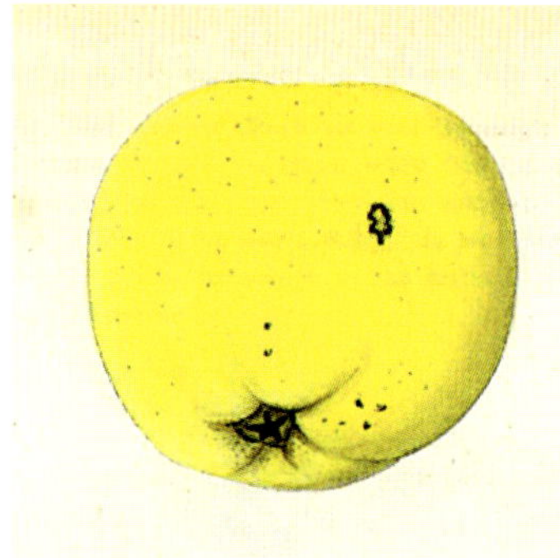

LA

Gelber, englischer Winterpepping

Fruchtgröße: mittelgroß

Gestalt (Fruchtform): dem Edlen Winterborsdorfer ähnlich

Fruchtfarbe: GFbE: hell strohgelb
GF: hoch zitronengelb
DF: nur ganz freihängende Früchte, leicht rot, sanft verwaschen

Lentizellen: weitläufig, auf der Schattenseite deutlich, im Rot zu karmesinroten Fleckchen

Fruchtfleisch: –

Saftgehalt: saftig

Geschmack: gewürzhaft, angenehm weinartig süß

geeignet für: Tafel, Haushalt

Genussreife & Haltbarkeit: XII, bis zum Sommer

Wuchs & Bodenanspruch: lebhaft, mitelgroß, stark und schön belaubt, kugelförmige Krone

Ertrag: bald reichliche Ernten

Bemerkungen: –

Glanz-Reinette. — Fénges renet.
Tyrolské lesklé jablko. — Renetta lucente.
Reinette luisante.

STO

Glanzreinette

Fruchtgröße: mittelgroß

Gestalt (Fruchtform): am Kelch breiter als am Stiel, dadurch bergamottenähnlich, Kelchbucht mit vielen Falten und beulenartigen Erhabenheiten, einige fast rippenartig über die Frucht laufend

Fruchtfarbe: GFbE: strohgelb
GF: zitronengelb
DF: leichter Anflug von rosenartigem Rot, fehlt bei beschatteten Früchten

Lentizellen: weitläufig verteilt, fein braun, in der DF als rote Fleckchen

Fruchtfleisch: schneeweiß

Saftgehalt: saftig

Geschmack: vortrefflich, zuckerartig, erhabener Weingeschmack

geeignet für: Tafel

Genussreife & Haltbarkeit: XII, den ganzen Winter hindurch

Wuchs & Bodenanspruch: stark, kugelförmige, schön belaubte Krone

Ertrag: recht fruchtbar

Bemerkungen: Blüte minderempfindlich

AE

Goldgelbe Sommerreinette

Fruchtgröße: mittelgroß

Gestalt (Fruchtform): mehr plattrund als kugelförmig, Kelcheinbucht mit Fleischwarzen oder Perlen besetzt, feine Rippen laufen über die Frucht

Fruchtfarbe: GF: glänzend, hoch zitronengelb
DF: nur sonnseitig leicht goldartig, dunkelrote Karmesinflecken

Lentizellen: –

Fruchtfleisch: weiß

Saftgehalt: wenig saftig

Geschmack: dem Weißen Wintercalville ähnlich

geeignet für: Tafel, Küche

Genussreife & Haltbarkeit: E IX, vom Baum weg essbar, bis in den Winter

Wuchs & Bodenanspruch: nicht groß, feine hängende Äste, sparrig abstehend

Ertrag: früh ausnehmend fruchtbar

Bemerkungen: verdient in rauen Lagen angepflanzt zu werden

LA

Gelbe Zuckerreinette

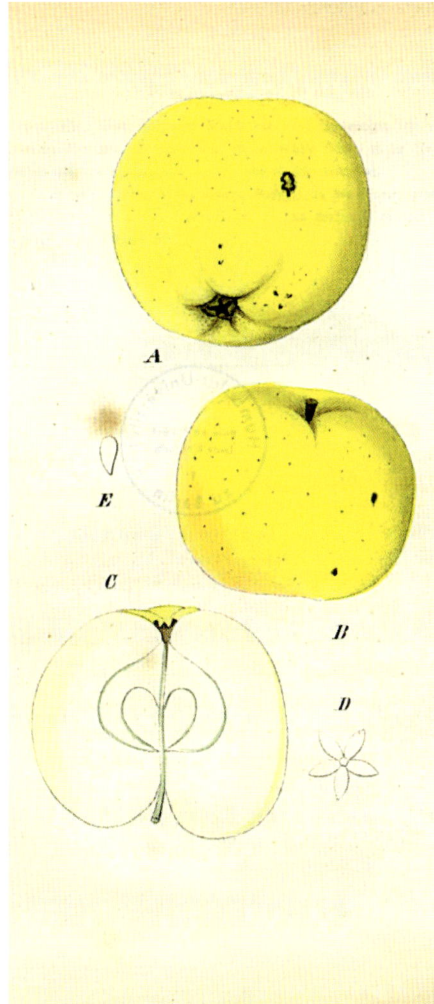

LA

Gelber, englischer Winterpepping

LA

Glanzreinette

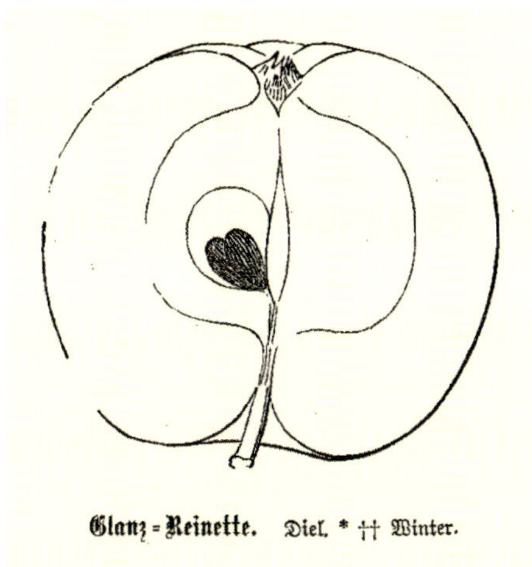

LU

Glanzreinette

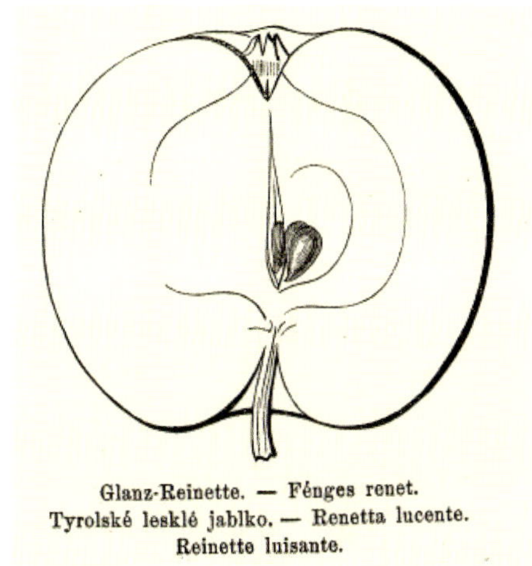

STO

Glanzreinette

STO

Goldgelbe Sommerreinette

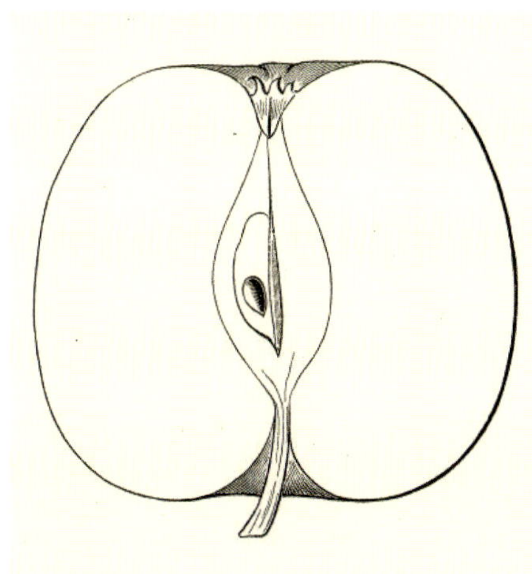

STO

Goldgelbe Sommerreinette

4. KLASSE: REINETTEN

1. ORDNUNG: EINFÄRBIGE REINETTEN

LA

Goldpepping

Fruchtgröße: klein

Gestalt (Fruchtform): hoch, meist niedriger als breit, in der Kelchbucht einige feine Falten

Fruchtfarbe: GFbE: hellgelb oder gelbgrün
GF: goldgelb

Lentizellen: starke, feine und grobe, runde und eckige, gelbbraun, sonnseitig bräunlich-rot

Fruchtfleisch: –

Saftgehalt: –

Geschmack: –

geeignet für: vortrefflicher Tafelapfel, für Most ausgesucht

Genussreife & Haltbarkeit: XI, bis März bei später Ernte

Wuchs & Bodenanspruch: schwach, der reichliche Ertrag bremst den Wuchs, in der Kronenmitte nicht viel auslichten

Ertrag: –

Bemerkungen: feine Anflüge von Rost um den Kelch und Stiel, sollte in der kleinsten Obstanlage nicht fehlen

STO

Goldzeugapfel

Fruchtgröße: groß

Gestalt (Fruchtform): nähert sich der Kugelform, in der Kelchbucht Fleischwärzchen oder Falten, seichte, flache Erhabenheiten über die Frucht hinweg

Fruchtfarbe: GFbE: hellgelb, mehrere hellgrüne Streifen oder Strahlen über die gesamte Frucht hinweg, marmorierte Spuren
GF: bei Genussreife vollgelb, bei Einstichstellen von Apfelwicklermaden schon am Baum goldgelb

Lentizellen: viele feine oder starke

Fruchtfleisch: unter der Schale gelb, locker, markig

Saftgehalt: saftig

Geschmack: angenehmst

geeignet für: Tafel

Genussreife & Haltbarkeit: XI, bis I oder II

Wuchs & Bodenanspruch: stark, belaubt sich nicht stark

Ertrag: frühzeitig und jährlich

Bemerkungen: schwarzbraune Rostflecken, eignet sich vorzüglich für Pyramiden(kronen), am Holzansatz und an der Belaubung sehr kenntlich, erfordert fruchtbaren Boden und warme Standorte

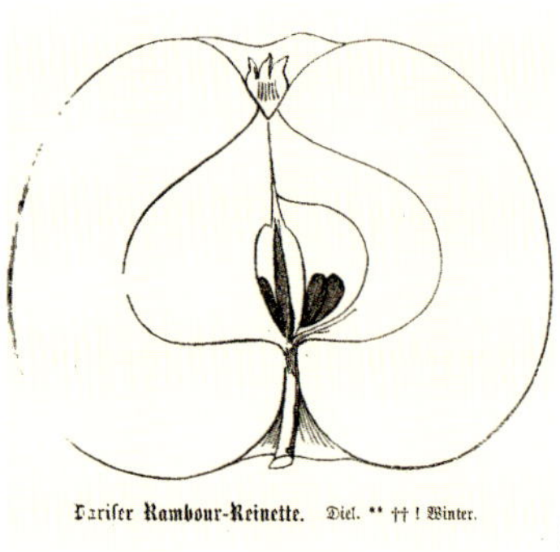

LU

Große, englische Reinette

Fruchtgröße: sehr groß

Gestalt (Fruchtform): Übergang von den Calvillen zu den Reinetten, hoch aussehend, gegen den Kelch zugespitzt, Kelchbuchtrand mit feinen Rippen, die fein sichtbar über den Apfel laufen

Fruchtfarbe: GFbE: hellgrüngelb, selten grün gestreift
GF: blass strohgelb, sonnseitig etwas dunkler
DF: sehr besonnte Früchte, schmutzig rötlicher Anflug oder fein bräunliche Röte

Lentizellen: viele schöne dunkelgraue, äußerst fein

Fruchtfleisch: locker

Saftgehalt: saftig

Geschmack: erquickend weinsäuerlich, ohne Gewürz

geeignet für: –

Genussreife & Haltbarkeit: XII, genießbar bis in den Sommer

Wuchs & Bodenanspruch: sehr stark, sehr große breitgewölbte Krone, dichtbelaubt

Ertrag: frühzeitig, fast jährlich

Bemerkungen: –

zu dieser Sorte ist leider keine Abbildung vorhanden

Grüne Atlasreinette

Fruchtgröße: mittelgroß

Gestalt (Fruchtform): kugelförmig stark gerippt, fast calvilleartig

Fruchtfarbe: GFbE: abgerieben glänzend grasgrün
GF: gelbgrün ohne Spur von Röte, alleinfärbigste Reinette

Lentizellen: nicht häufig, ganz fein hellgrau

Fruchtfleisch: sehr fein, gelblich, fest

Saftgehalt: saftig

Geschmack: starker Geruch, fein einschneidender erhabener Weingeschmack

geeignet für: Tafel, für jeden ökonomischen Gebrauch

Genussreife & Haltbarkeit: E IX, in kühlen Kellern beinahe ein ganzes Jahr

Wuchs & Bodenanspruch: ungemein stark

Ertrag: frühzeitig, jährlich reichlich

Bemerkungen: –

LA

Grüne Reinette

Fruchtgröße: mittelgroß

Gestalt (Fruchtform): regelmäßig plattrund, feine Falten oder Rippchen in der Kelchbucht

Fruchtfarbe: GFbE: hellgrün
GF: gelblich
DF: manchmal rötlicher Schimmer, in warmen Jahren starke Röte

Lentizellen: viele große, graue Punkte und Fleckchen

Fruchtfleisch: –

Saftgehalt: –

Geschmack: auf ungünstigem Standort säuerlich

geeignet für: Tafel, für jeden ökonomischen Gebrauch

Genussreife & Haltbarkeit: XII, bis tief in den Sommer ohne welken

Wuchs & Bodenanspruch: sehr lebhaft, mittelgroßer Baum

Ertrag: frühzeitig reichlich

Bemerkungen: aus der Stielbucht strahlenförmige Rostfiguren, fordert trockenen, warmen Boden, Rost auf der gesamten Frucht möglich

zu dieser Sorte ist leider keine Abbildung vorhanden

Harlemerreinette

Fruchtgröße: groß

Gestalt (Fruchtform): platt, manchmal kugelförmig, nicht selten unregelmäßig, am Kelchbuchtrand oft höckerartige Beulen, die breit und vorragend zur Stielbucht verlaufen, meist ungleichhälftig

Fruchtfarbe: GFbE: hellgrün
GF: hellgelb
DF: stark besonnte Früchte, leicht angeflogene bräunliche Röte

Lentizellen: viele starke, schöne, regelmäßig hellbraune

Fruchtfleisch: –

Saftgehalt: saftig

Geschmack: sehr süß, weinartig

geeignet für: Tafel, Haushalt

Genussreife & Haltbarkeit: XI, bei später Ernte bis ins Frühjahr

Wuchs & Bodenanspruch: groß, stark, gesund, schön belaubt

Ertrag: früh und jährlich

Bemerkungen: Stielbucht berostet, verbreitet sich manchmal, Rostflecken und Rostanflüge vorhanden, auf Hochstämmen sehr gute Früchte

LA

Goldpepping

LA

Goldpepping

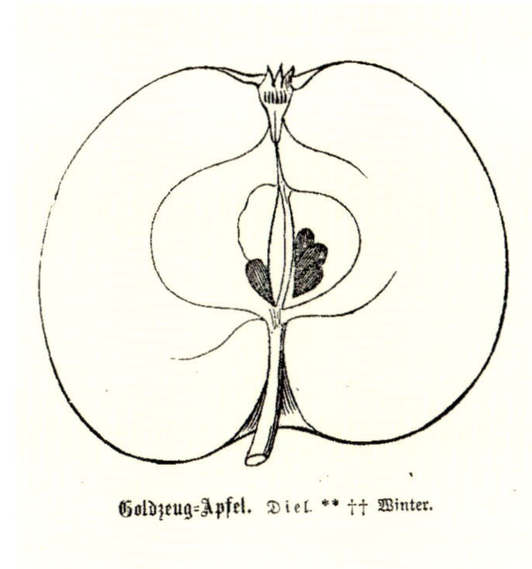

LU

Goldzeugapfel

LA

Goldzeugapfel

AE

Grüne Reinette

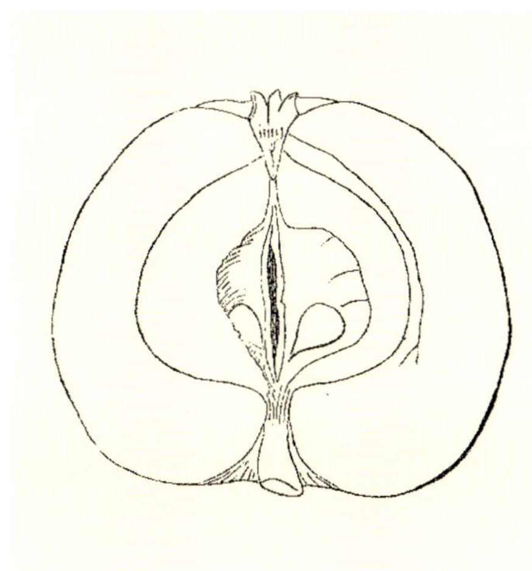

LU

Grüne Reinette

4. KLASSE: REINETTEN

1. ORDNUNG: EINFÄRBIGE REINETTEN

AD

Honigreinette

Fruchtgröße: mittelgroß

Gestalt (Fruchtform): plattrund, nach oben breit abgestumpft, um den Kelch mit feinen Falten, über die Frucht mit mehreren deutlichen Erhabenheiten, wovon manchmal die eine oder die andere vollkommen kantig ist

Fruchtfarbe: GFbE: hell weißlich bis strohgelb
GF: hochzitronengelb
DF: ganz leichter Anflug von sanfter Röte, darin mehrere schöne karmesinrote Flecken

Lentizellen: braun und weitläufig, auf der Sonnenseite zahlreich rot eingefasst

Fruchtfleisch: weiß

Saftgehalt: saftig

Geschmack: vortrefflich gewürzhaft, fein zimtartiger Zuckergeschmack

geeignet für: Tafel

Genussreife & Haltbarkeit: XII, bis ins Frühjahr

Wuchs & Bodenanspruch: stark, groß, kugelförmige, dicht belaubte Krone

Ertrag: ungemein tragbar

Bemerkungen: in der Stielbucht leichter Rost, der sich sternförmig auf den Stielbuchtrand verbreitet

AE

Hughe's neuer Goldpepping

Fruchtgröße: mittelgroß

Gestalt (Fruchtform): platt

Fruchtfarbe: einfärbig, zitronengelb, ohne Rot, manchmal einige kleine Karmesinflecken

Lentizellen: wenig ins Auge fallend

Fruchtfleisch: schön weiß, fast ins Gelbliche spielend, fest, kann ums Kernhaus glasig werden

Saftgehalt: saftig

Geschmack: angenehm, feiner Geruch, erfrischend gewürzhaft erfrischend weinsäuerlich

geeignet für: Tafel

Genussreife & Haltbarkeit: IX, bis tief in den Winter, welkt dann aber stark

Wuchs & Bodenanspruch: schwach, viel und feines Holz

Ertrag: sehr fruchtbar

Bemerkungen: glasig

LA

Königliche Reinette

Fruchtgröße: groß

Gestalt (Fruchtform): platt unregelmäßig, Kelchbuchtrand mit 5 Rippen, mehrere davon laufen über die Frucht (nah verwandt mit der Französischen Edelreinette)

Fruchtfarbe: GFbE: gelblich-grün
GF: hellgelb
DF: sonnseitig goldgelb, manchmal ohne Röte gestreift

Lentizellen: häufig stark, sternförmig oder eckig

Fruchtfleisch: ähnlich der Französischen Edelreinette

Saftgehalt: saftig

Geschmack: angenehm zuckerartig, ohne Säure

geeignet für: –

Genussreife & Haltbarkeit: XII, 1 Jahr

Wuchs & Bodenanspruch: sehr stark, belaubt sich schön, etwas flachastansetzig, aber aufrecht wachsend

Ertrag: sehr fruchtbar

Bemerkungen: bei allen besonnten Früchten gelbbraune, netzförmige, raue Rostanflüge, die sie von der Französischen Edelreinette unterscheiden

LA

Köstlicher von Kew

Fruchtgröße: mittelgroß

Gestalt (Fruchtform): plattrund, flache und breite Kelcheinsenkung mit 5 perlenartigen Rippchen, die einen Stern bilden

Fruchtfarbe: GF: einfärbig goldgelb ohne DF

Lentizellen: nur sonnseitig bemerkbar, braun

Fruchtfleisch: gelblich

Saftgehalt: sehr saftig

Geschmack: geruchlos, gewürzhaft, dem Goldpepping ähnlich

geeignet für: Tafel

Genussreife & Haltbarkeit: XII, bis ins Frühjahr

Wuchs & Bodenanspruch: triebreiche kugelförmige Krone

Ertrag: früh ungemein fruchtbar

Bemerkungen: –

zu dieser Sorte ist leider keine Abbildung vorhanden

Küchenreinette

Fruchtgröße: groß

Gestalt (Fruchtform): stumpf zugespitzt, ziemlich eben, sehr kurzer Stiel, oft nur fleischwulstig, sitzt in tiefer Stielbucht

Fruchtfarbe: GF: gelb
DF: oft mit blutartigem Rot gleichsam marmoriert, meist jedoch einfärbig gelb

Lentizellen: erscheinen in der DF als gelbe Flecken wie kleine Monde

Fruchtfleisch: sehr fein, ins Gelbliche spielend, markig

Saftgehalt: saftig

Geschmack: ungemein angenehm und erhaben

geeignet für: –

Genussreife & Haltbarkeit: E X, 6 Wochen

Wuchs & Bodenanspruch: sehr lebhaft, dicht belaubte Krone, lange, nicht starke, rundherum mit schwarzbraunen und vielen hellgrauen Punkten besetzte einjährige Triebe

Ertrag: sehr fruchtbar

Bemerkungen: kurzer Stiel sitzt in tiefer sternförmiger fein berosteter Stielbucht, nicht selten kleine schwarzbraune Rostflecken

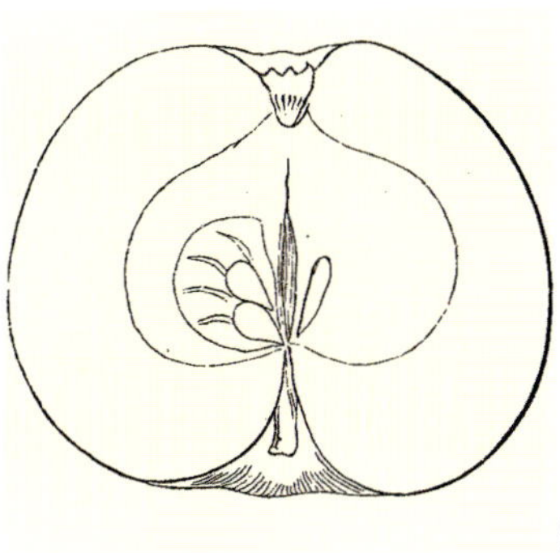

LU

Marzipanreinette

Fruchtgröße: groß

Gestalt (Fruchtform): zuweilen platt oder hoch, bald fein oder stärker gerippt

Fruchtfarbe: GF: zähfette Schale, gelblich-grün oder blassgelb
DF: unansehnlich rot, auf der Sonnseite einige fast violettrote Punkte, die mit einem Mond eingefasst sind, schattseitig grüne Punkte

Lentizellen: –

Fruchtfleisch: weiß, locker, weich, grobkörnig

Saftgehalt: wenig saftig

Geschmack: Geruch charakteristisch angenehm, etwas einer feinen Pomade (Creme) ähnlich, gewürzhaft

geeignet für: Tafel, Küche

Genussreife & Haltbarkeit: X, bis Weihnachten

Wuchs & Bodenanspruch: lebhaft, setzt viel Holz an

Ertrag: ziemlich fruchtbar

Bemerkungen: zähe fette Schale

AD

Maskon's harte gelbe Glasreinette

Fruchtgröße: mittelgroß

Gestalt (Fruchtform): plattrund, auch kugelförmig, einige kleine Falten in der Kelchbucht, die sich bei manchen Früchten calvilleartig gestaltet

Fruchtfarbe: GFbE: glasartig glänzend hell strohgelb
GF: zitronengelb
DF: nur ganz leichter Widerschein von sanftem Rot

Lentizellen: regelmäßig, schön und braun

Fruchtfleisch: spezifisch schwer und hart

Saftgehalt: –

Geschmack: –

geeignet für: Tafel, Küche

Genussreife & Haltbarkeit: XII, den Sommer hindurch, oft bis in den Herbst

Wuchs & Bodenanspruch: groß, breitgewölbte Krone

Ertrag: sehr fruchtbar

Bemerkungen: in der Kelchbucht ganz feine Falten, die sich bei manchen Früchten am Rand etwas calvilleartig erheben, glasartig glänzende Schale

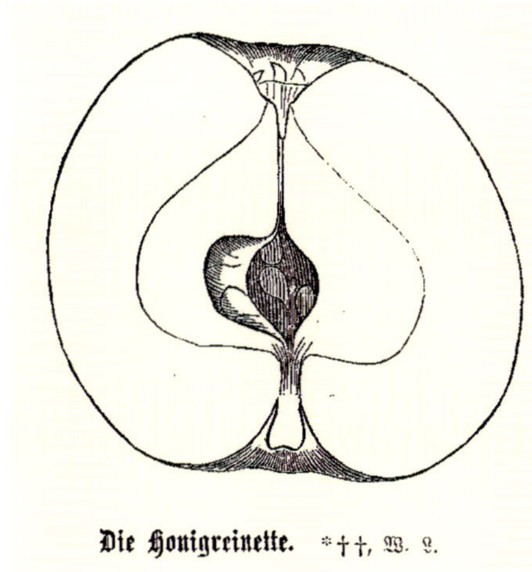

LU

Honigreinette

LA

Hughe's neuer Goldpepping

LA

Königliche Reinette

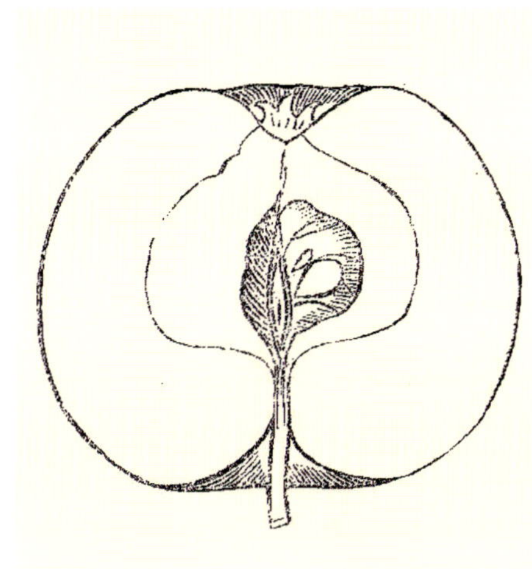

LU

Köstlicher von Kew

LA

Köstlicher von Kew

LA

Maskon's harte gelbe Glasreinette

1. ORDNUNG: EINFÄRBIGE REINETTEN

AE

Neuer großer englischer Nonpareil

Fruchtgröße: mittelgroß
Gestalt (Fruchtform): plattrund
Fruchtfarbe: DF: frei hängende Früchte, manchmal schwacher Anflug von erdartiger Röte, meist nur goldgelb mit vielen stark karmesinroten Fleckchen
Lentizellen: weitläufig verteilt, bräunlich
Fruchtfleisch: weiß, ins Gelbliche spielend, fein, fest
Saftgehalt: saftig
Geschmack: recht kraftvoller gewürzhafter angenehmer Weingeschmack
geeignet für: Tafel
Genussreife & Haltbarkeit: XII, bis ins Frühjahr
Wuchs & Bodenanspruch: ansehnlich groß, aufrechtstehende Äste
Ertrag: früh fruchtbar
Bemerkungen: nicht selten feine Rostanflüge am Kelchbuchtrand

zu dieser Sorte ist leider keine Abbildung vorhanden

Oheim Michel's Reinette

Fruchtgröße: klein
Gestalt (Fruchtform): plattrund, rau anzufühlen
Fruchtfarbe: DF: selten leicht rötlicher Anflug
Lentizellen: zahlreich, schattseitig braun und deutlich, sonnseitig mehrmalig als kleine Karmesinfleckchen
Fruchtfleisch: –
Saftgehalt: –
Geschmack: ähnlich dem Edlen Bordsdofer
geeignet für: Tafel
Genussreife & Haltbarkeit: XI, verliert im Winter den Saft
Wuchs & Bodenanspruch: belaubt sich nicht dicht, geht gut in die Luft
Ertrag: bald trag- und fruchtbar
Bemerkungen: –

LA

Pariser Rambourreinette

Fruchtgröße: sehr groß
Gestalt (Fruchtform): mehr platt als kugelförmig, ab der Kelchbucht flache Ungleichheiten, über die Frucht hin mit starken, breiten Erhabenheiten
Fruchtfarbe: GFbE: gelblich strohweiß
GF: hoch zitronengelb
DF: nur bei besonnten Früchten, versprengter oder angespritzter Anflug von Karmesinröte
Lentizellen: zahlreich, gleichmäßig verteilt, schön, stark, wie gelblichgraue Sternchen
Fruchtfleisch: –
Saftgehalt: saftig
Geschmack: gewürzhafter süßweinsäuerlicher Zuckergeschmack
geeignet für: angenehem zum Rohgenuss, für den Haushalt ganz vortrefflich
Genussreife & Haltbarkeit: XII, bis II
Wuchs & Bodenanspruch: stark, starke flachliegende Äste, breite Krone
Ertrag: sehr fruchtbar
Bemerkungen: feine Rostfiguren, bräunliche Rostflecken

LA

Punctierte Reinette

Fruchtgröße: klein
Gestalt (Fruchtform): oft spitz, oft platt, feine Falten, 4–5 Rippen an der Kelchbucht, kantig über die Frucht
Fruchtfarbe: GFbE: abgerieben sehr glänzende Schale, hellgelblich-grün
GF: weißlich
DF: höchst selten feiner Anflug von Röte
Lentizellen: häufig gleich verteilte, starke, schön hellgrau
Fruchtfleisch: sehr weiß
Saftgehalt: saftig
Geschmack: angenehm, fein säuerlich erquickend
geeignet für: Tafel, Most
Genussreife & Haltbarkeit: XII, im I am besten, bis ins Frühjahr
Wuchs & Bodenanspruch: sehr lebhaft, feine Äste, belaubt sehr schön und stark
Ertrag: ungemein fruchtbar
Bemerkungen: welkt nicht, erfordert guten Boden und warme Lage

STO

Reinette von Breda

Fruchtgröße: mittelgroß
Gestalt (Fruchtform): breitgedrückt, Kelchbuchtrand mit feinen Rippen, wovon sich mehrere über die Frucht verbreiten
Fruchtfarbe: GFbE: hellgelb
GF: goldgelb mit rotfärbigen Flecken, Figuren und Punkten besetzt
DF: sonnseitig starke karmesinrote Punkte, ähnlich den Punkten einer Forelle mit mittigem grauen Punkt, beschattete Früchte ohne
Lentizellen: –
Fruchtfleisch: fein, fest, zart abknackend
Saftgehalt: saftig
Geschmack: dem Goldpepping ähnlich, zuckerhaft, gewürzhaft
geeignet für: Tafel
Genussreife & Haltbarkeit: XII bis I, bis in den März
Wuchs & Bodenanspruch: stark, belaubt sich nicht stark
Ertrag: außerordentlich fruchtbar
Bemerkungen: Rostfiguren auf den beschatteten Früchten, in der Blüte gegen die Witterung nicht empfindlich, erfodert fruchtbaren, nicht nassen Boden

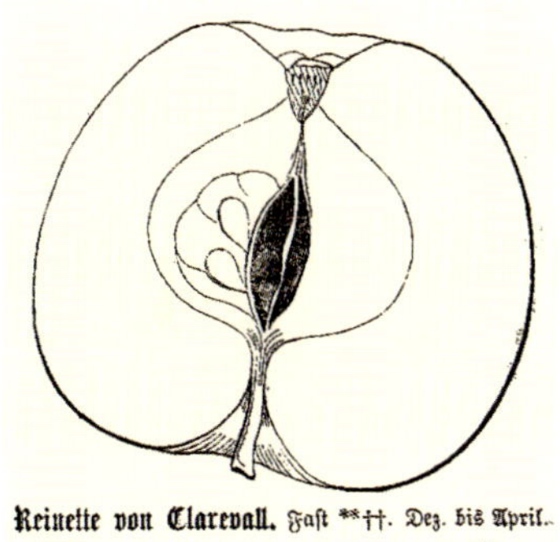

LU

AE

Reinette von Clareval

Fruchtgröße: mittelgroß

Gestalt (Fruchtform): plattrund oder etwas kugelförmig

Fruchtfarbe: nur sehr besonnte Früchte haben kleinen Anteil mit leicht verwaschenem Rot

Lentizellen: sehr fein, weiß, etwas ins Gelbliche spielend, fest, markig

Fruchtfleisch: –

Saftgehalt: saftig

Geschmack: gewürzhaft, weinartig süß

geeignet für: Tafel

Genussreife & Haltbarkeit: XII, bis in den Sommer

Wuchs & Bodenanspruch: groß, stark belaubte, schöne hohe Krone, setzt sehr viel Fruchtholz an

Ertrag: sehr bald ungemein viele Früchte

Bemerkungen: –

Reinette von der Normandie

Fruchtgröße: groß

Gestalt (Fruchtform): der Form nach den Doppelten edlen Borsdorfer übertreffend, schön in Form, fast platt, selten mit feinen Kelchbuchtfältchen

Fruchtfarbe: GF: zitronengelb, dem eines reifen Borsdorfers ähnlich
DF: leichter Anflug von orleansartiger Röte, die oft den Kelchbuchtrand und die Hälfte der Frucht einnimmt, in der Röte ziemlich viele kleine, runde etwas eingesenkte dunkelrote Flecken

Lentizellen: karmesinrote und stark braune, auch gelbliche

Fruchtfleisch: –

Saftgehalt: –

Geschmack: dem Geschmack nach den Doppelten edlen Borsdorfer übertreffend

geeignet für: –

Genussreife & Haltbarkeit: A bis M X, 2 Monate

Wuchs & Bodenanspruch: sehr schön, belaubt stark

Ertrag: in der Jugend nicht sehr fruchtbar

Bemerkungen: kleine Anflüge von Rost, benötigt warme Lagen und sehr guten Boden

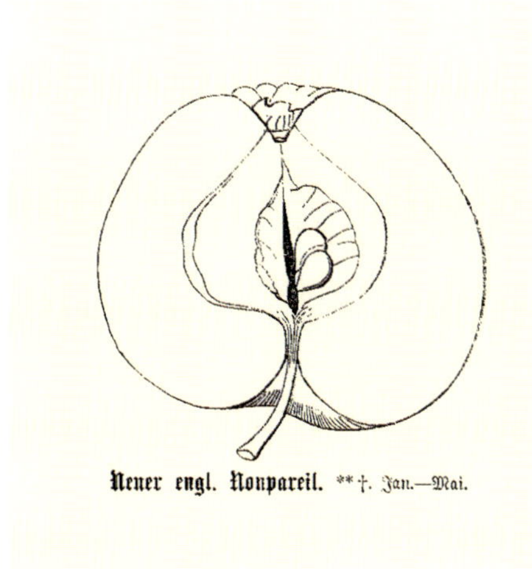

LU

Neuer großer englischer Nonpareil

LA

Pariser Rambourreinette

LA

Punctierte Reinette

LA

Reinette von Breda

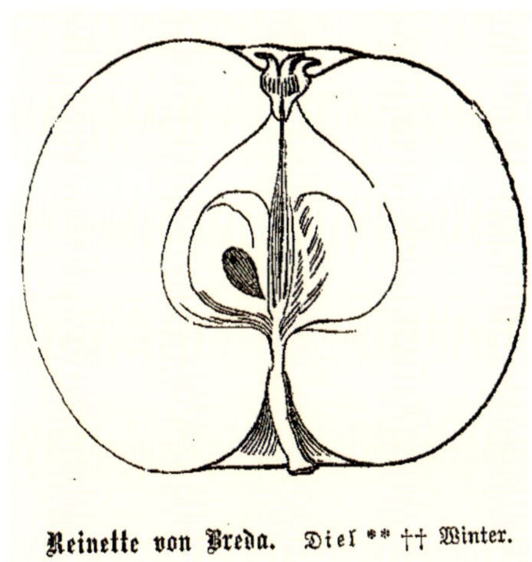

LU

Reinette von Breda

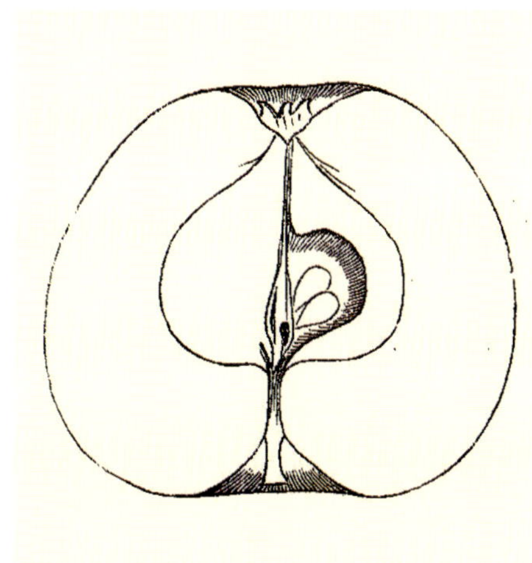
LU

Reinette von der Normandie

LA

Reinette von Lüneville

Fruchtgröße: ähnlich dem Edelborsdorfer

Gestalt (Fruchtform): ähnlich dem Edelborsdorfer, Kelchbucht mit feinen Rippchen

Fruchtfarbe: GFbE: weißlich-grün, mit grünen Streifchen durchsetzt
GF: zitronengelb
DF: trübes, leicht kugellackartig rot verwaschen, wird bei Genussreife hellrot

Lentizellen: fleckenähnliche bräunliche Punkte

Fruchtfleisch: anfänglich hart

Saftgehalt: sehr saftig

Geschmack: gewürzhaft zuckerartig

geeignet für: –

Genussreife & Haltbarkeit: XI,
muss dort geerntet werden, um dem Welken vorzubeugen, genussreif ab dem Sommer, hält bis zu 2 Jahre

Wuchs & Bodenanspruch: sehr lebhaft, aber nur mittelgroße dichte, flache Krone, schön und dicht belaubt, stark abstehende Äste

Ertrag: bald sehr reichliche Ernten

Bemerkungen: strahlenförmiger Rost über den Stielbuchtrand

LA

Reinette von Middelburg

Fruchtgröße: mittelgroß

Gestalt (Fruchtform): bald kugelförmig, bald hoch aussehend, einem breit abgestumpften Kegel ähnlich

Fruchtfarbe: GF: gelblich bis grünlich
DF: nur bei stark besonnten Früchten leichter Anflug von erdartiger Röte, die am Lager abnimmt, färbt die Sonnenseite goldartig

Lentizellen: stark hellbraun, nicht überhäuft

Fruchtfleisch: sehr weiß, ungemein fest, abknackend

Saftgehalt: saftig

Geschmack: gewürzhaft, erhabener weinartiger Zuckergeschmack

geeignet für: Tafel, köstlich für jeden anderen Gebrauch

Genussreife & Haltbarkeit: XI–XII,
bis ins Frühjahr

Wuchs & Bodenanspruch: sehr groß, kugelförmige Krone

Ertrag: sehr fruchtbar

Bemerkungen: Rostanflug und Warzen

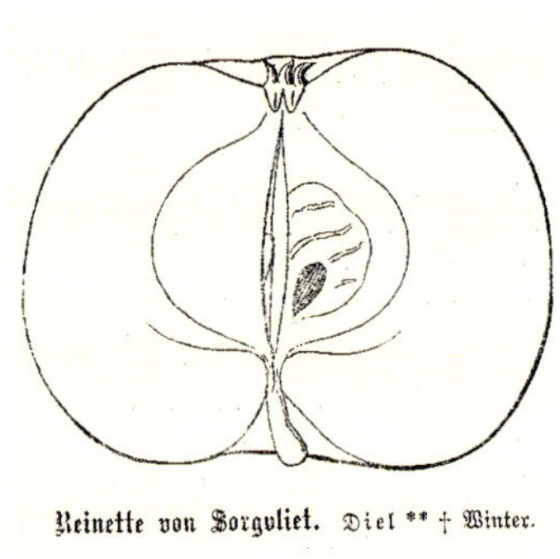

LU

Reinette von Sorgvliet

Fruchtgröße: groß

Gestalt (Fruchtform): platt, oft hochaussehend, Kelchbucht mit feinen Falten oder Rippen, die über die Frucht verlaufen

Fruchtfarbe: GFbE: gelblich-hellgrün
GF: blassgelb, selten schimmert hellgrün durch
DF: selten leichtes Braun oder Rot, fehlt bei Schattenfrüchten, häufig karmesinrote Flecken

Lentizellen: schön und fein

Fruchtfleisch: –

Saftgehalt: sehr saftig

Geschmack: ähnlich dem Weißen Wintercalville, nur nicht so gewürzvoll

geeignet für: Tafel

Genussreife & Haltbarkeit: XII,
bis in den Sommer wenn vor Ende X gepflückt wurde

Wuchs & Bodenanspruch: ansehnlich groß, sehr gesund, schön belaubt, nicht dichtholzig, stark abstehende Äste

Ertrag: frühzeitig und jährlich

Bemerkungen: in der Genussreife entstehen linsengroße eingesenkte Faulstellen, die nicht ins Fleisch reichen

LA

Spencer's Pepping

Fruchtgröße: mittelgroß

Gestalt (Fruchtform): ziemlich kugelförmig, manchmal verschoben

Fruchtfarbe: GFbE: hellgrün
GF: hellgelb
DF: nur selten leichter Anflug von erdartigem Rot, meistens nur goldgelb

Lentizellen: fallen nicht auf

Fruchtfleisch: weiß, fast etwas ins Grünliche spielend, fest

Saftgehalt: sehr saftig

Geschmack: gewürzhaft, ähnlich dem Winterborsdorfer

geeignet für: Tafel, Küche

Genussreife & Haltbarkeit: XII–I,
bis in den Sommer

Wuchs & Bodenanspruch: feiner niedlicher Wuchs, feines Holz, schön belaubt

Ertrag: reichliche Ernten

Bemerkungen: Kelchbuchtrand mit grauem Rost angesprengt oder überzogen

LA

Süßer Nanzhäuser

Fruchtgröße: mittelgroß

Gestalt (Fruchtform): plattrund mit deutlichen Erhabenheiten

Fruchtfarbe: GFbE: grünlich strohweiß
GF: hohes zitronengelb, einfärbig

Lentizellen: undeutlich, fein braun

Fruchtfleisch: fein, fest, markig, gelblich schielend

Saftgehalt: saftig

Geschmack: schmackhaft süß, schwacher Geruch, angenehm stark zimtartiger, erhabener Zuckergeschmack

geeignet für: –

Genussreife & Haltbarkeit: XII,
hält sich oft durch 2 Jahre

Wuchs & Bodenanspruch: eher schwach, ansehnlich große halbkugelförmige Krone, schön belaubt

Ertrag: sehr fruchtbar

Bemerkungen: oft leichte Rostanflüge

AE

Wahre, weiße Herbstreinette

Fruchtgröße: mittelgroß bis groß

Gestalt (Fruchtform): plattrund, Kelchbucht häufig mit feinen Rippen, die fast bis zum Bauch verlaufen, oft kaum bemerkbar

Fruchtfarbe: GFbE: weißgelb (strohgelb)
GF: zitronengelb
DF: nur bei freihängenden Früchten öfters Karmesinstreifen

Lentizellen: fein, nicht häufig, weitläufig verbreitet, bräunlich

Fruchtfleisch: –

Saftgehalt: –

Geschmack: –

geeignet für: Tafel, für jeden ökonomischen Gebrauch

Genussreife & Haltbarkeit: A XI, bis in den Winter

Wuchs & Bodenanspruch: stark, stark abstehende Äste, flachrunde Krone

Ertrag: bald fruchtbar, reichliche Ernten

Bemerkungen: Stielbucht und Stielbuchtrand strahlenartig berostet, verdient Anpflanzung

LA

Reinette von Lüneville

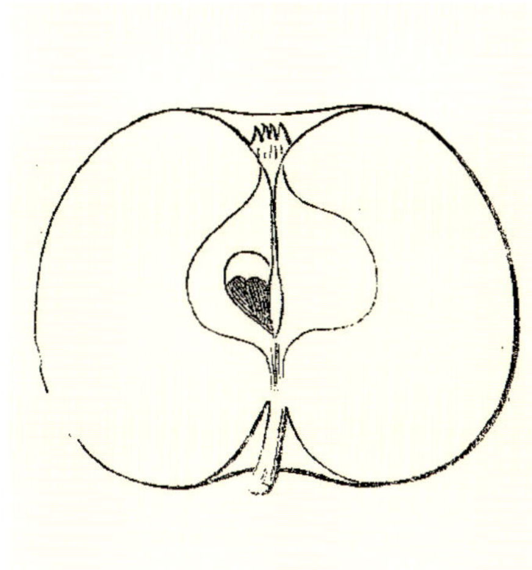

LU

Reinette von Lüneville

LA

Reinette von Middelburg

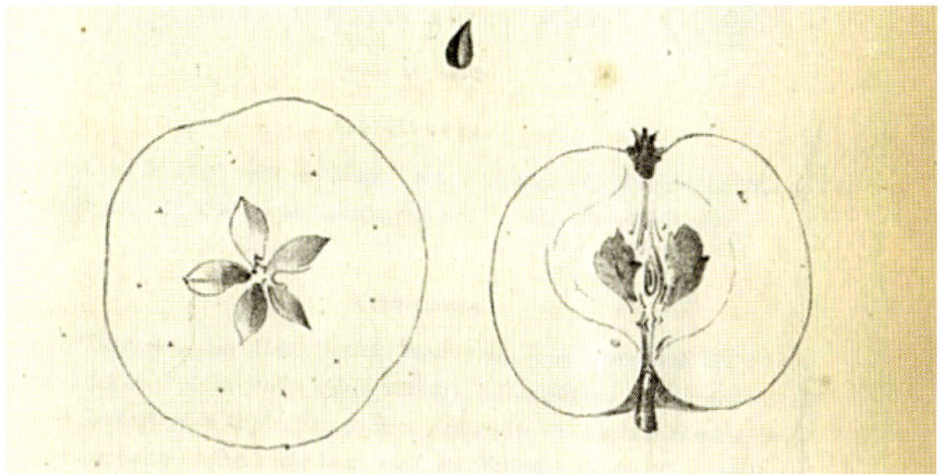

LA

Spencer's Pepping

LA

Süßer Nanzhäuser

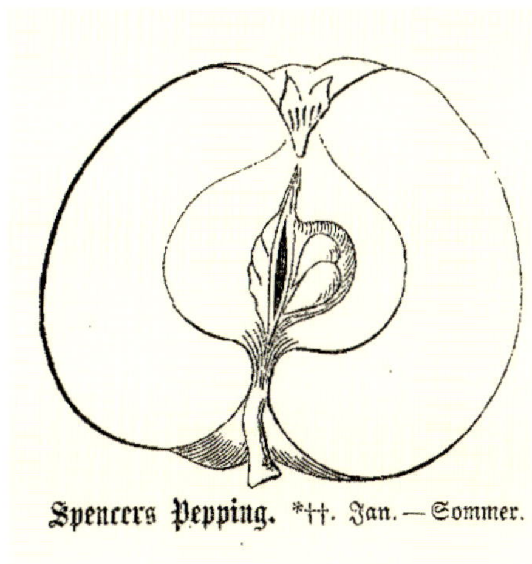

LU

Spencer's Pepping

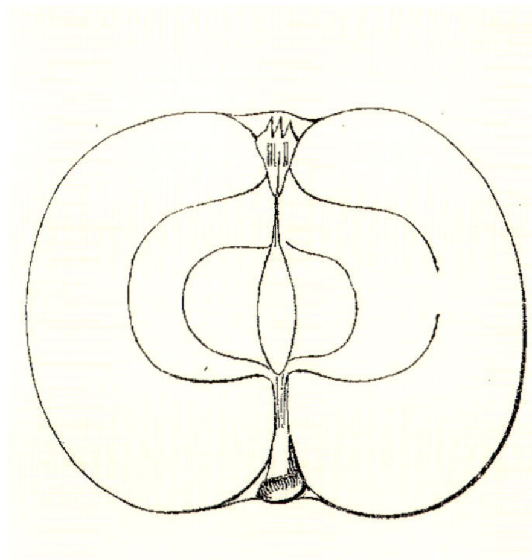

LU

Wahre weiße Herbstreinette

LA

Walliser Limonenpepping

Fruchtgröße: mittelgroß

Gestalt (Fruchtform): hoch, etwas walzenförmig, um den Kelch rippenartige Erhabenheiten, häufig über die gesamte Frucht

Fruchtfarbe: GFbE: blass strohgeld
GF: goldgelb
DF: freihängende Früchte haben leichten Anflug von Rot, einzelne schöne Karmesinstreifen

Lentizellen: sehr fein, braun, weitläufig zerstreut

Fruchtfleisch: fest, besonders schwer

Saftgehalt: –

Geschmack: eigener erhabener weinartiger Zuckergeschmack

geeignet für: Tafel

Genussreife & Haltbarkeit: XII–I, bis ins Frühjahr

Wuchs & Bodenanspruch: ziemlich lebhaft, abstehende Äste

Ertrag: früh ungemein fruchtbar

Bemerkungen: ganze Schale mit hellgelben starken Tupfen

LA

Weiberreinette

Fruchtgröße: groß

Gestalt (Fruchtform): meist platt, häufig unregelmäßig, ungleichhälftig, unebene Rundung, aus der Kelchbucht grobrippig bis über die Frucht

Fruchtfarbe: GFbE: hellgrün oder hellgelb
GF: helles zitronengelb
DF: sonnseitig leichter Anflug mit schmutziger Röte

Lentizellen: viele schöne hellgraue

Fruchtfleisch: –

Saftgehalt: saftig

Geschmack: angenehm süß-weinsäuerlich, ohne Gewürz

geeignet für: –

Genussreife & Haltbarkeit: XII, bis ins Frühjahr bei verlierendem Geschmack

Wuchs & Bodenanspruch: sehr stark, schönes häufiges, regelmäßiges Fruchtholz

Ertrag: bald und reichlich

Bemerkungen: sonnseitig oft linsengroße Leberflecken mit eingesunkener Schale, darunter stippig, große braungelbe Rostflecken, berostete Stielbucht

LA

Weiße antillische Winterreinette

Fruchtgröße: groß

Gestalt (Fruchtform): etwas plattrund, stumpf zugespitzt, dem Weißen Wintercalville ähnlich, Kelchbucht mit feinen Falten, Kelchbuchtrand mit calvilleartigen Rippen, die sanft über die Frucht verlaufen

Fruchtfarbe: GFbE: gelblich-hellgrün oder weißlich-hellgelb
GF: zitronengelb
DF: leichter sanfter Anflug von heller Röte

Lentizellen: häufig, fein und stark braun, wie Sternchen

Fruchtfleisch: –

Saftgehalt: –

Geschmack: ausgesuchter Reinettengeschmack

geeignet für: Tafel

Genussreife & Haltbarkeit: XII, 3 Monate, danach verliert sich der Saft, hält sich aber noch lange danach

Wuchs & Bodenanspruch: lebhaft, ansehnlich groß, flache kugelförmige Krone, sehr stark und schön belaubt

Ertrag: frühzeitig und ungemein fruchtbar

Bemerkungen: selten bräunlich und schwärzliche Rostflecken, verdient allgemein angepflanzt zu werden

LA

Weiße englische Winterreinette

Fruchtgröße: groß bis sehr groß

Gestalt (Fruchtform): kugelförmig, oft etwas kantig, sehr tiefe Kehlbucht

Fruchtfarbe: GFbE: hellgrün
GF: spät am Lager gelb bei durchschimmernder hellgrüne Farbe, ohne DF

Lentizellen: keine ins Auge fallende

Fruchtfleisch: weiß, oft mit grünen Adern durchwebt

Saftgehalt: saftig

Geschmack: fein gewürzhaft, angenehm weinartig süß

geeignet für: Tafel, für jeden anderen Gebrauch

Genussreife & Haltbarkeit: XII, bis ins Frühjahr

Wuchs & Bodenanspruch: breit gewölbte Krone

Ertrag: sehr fruchtbar

Bemerkungen: –

AE

Weiße normännische Weinreinette

Fruchtgröße: mittelgroß

Gestalt (Fruchtform): mehr kugelförmig als plattrund, ähnlich der Gelben Zuckerreinette, auf dem Kelchbuchtrand feine, kaum merkbare Erhabenheiten

Fruchtfarbe: GFbE: hell strohweiß
GF: hellzitronengelb
DF: kaum merkbarer Anflug von Röte, auf ganz besonnten viele zusammengehäufte, feine, starke, schön karmesinrote Fleckchen oder nur rot umschattete Lentizellen

Lentizellen: weitläufig feine braune Punkte

Fruchtfleisch: –

Saftgehalt: –

Geschmack: feine einschneidende Weinsäure, wohlschmeckend

geeignet für: Tafel, Most

Genussreife & Haltbarkeit: IX, bis in den Winter

Wuchs & Bodenanspruch: lebhaft, groß, schön belaubt

Ertrag: ungemein fruchtbar

Bemerkungen: feine Rostfiguren, schmutzig grünliche Flecken

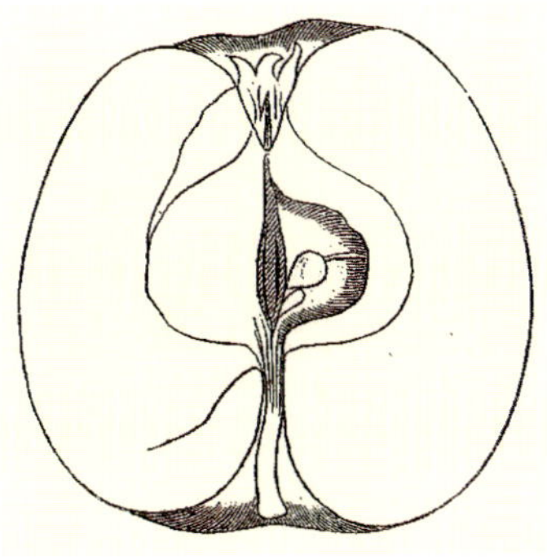

LU

Weiße portugiesische Reinette

Fruchtgröße: mittelgroß

Gestalt (Fruchtform): hoch aussehend, oft walzenförmig, ungleichhälftig, Kelchbucht tief weit und breit, flache Erhabenheiten verschieben den Bauch

Fruchtfarbe: GFbE: hellgrün
GF: hellgelb, behält aber häufig einen grünlichen Schimmer
DF: ganz leicht angenehm rötlich verwaschen, oft nur goldartig

Lentizellen: in der DF nicht häufig, aber stark

Fruchtfleisch: –

Saftgehalt: saftig

Geschmack: ausgesucht gut gewürzhaft, weinartig

geeignet für: –

Genussreife & Haltbarkeit: XII, den Winter hindurch

Wuchs & Bodenanspruch: schön, licht belaubt

Ertrag: recht fruchtbar

Bemerkungen: in der GF erscheinen sehr starke, raue hellbräunliche Roststernchen

LA

Walliser Limonenpepping

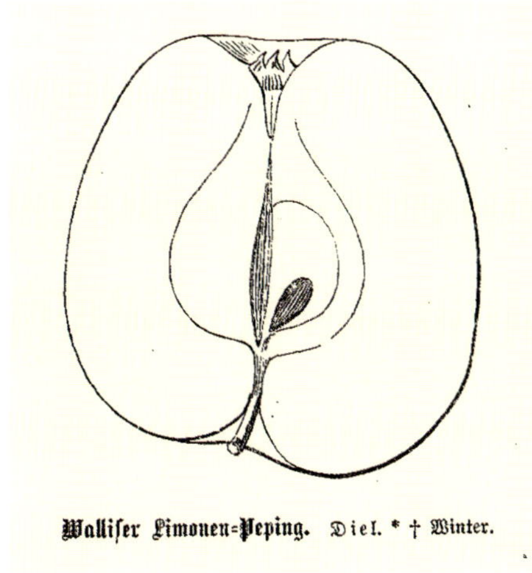

LU

Walliser Limonenpepping

LA

Weiberreinette

LA

Weiße antillische Winterreinette

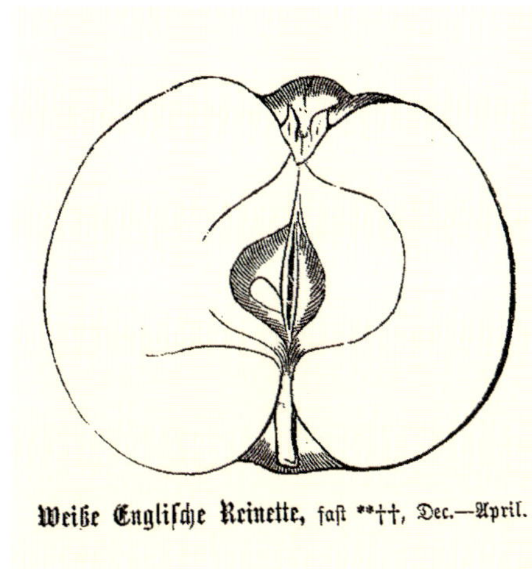

LU

Weiße englische Winterreinette

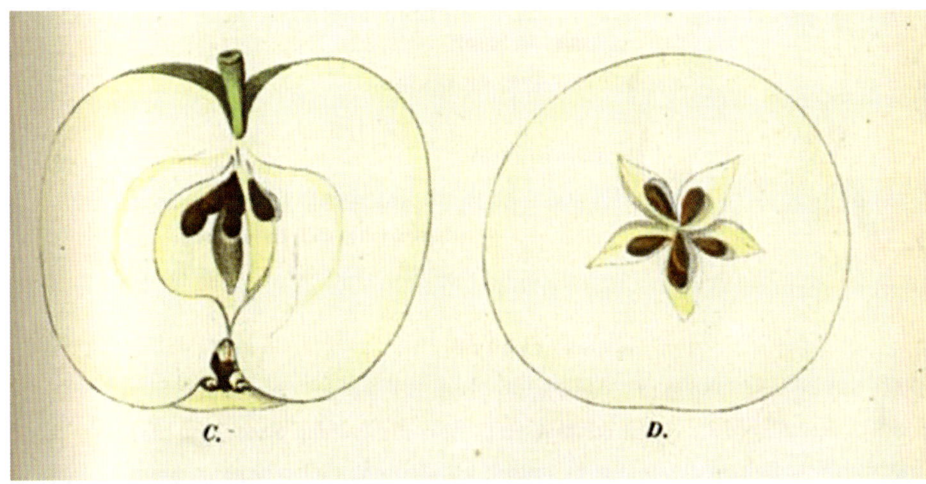

LA

Weiße englische Winterreinette

4. KLASSE: REINETTEN
1. ORDNUNG: EINFÄRBIGE REINETTEN

LA

Weiße Wachsreinette

Fruchtgröße: mittelgroß

Gestalt (Fruchtform): mehr hoch- als breitrund, in der Kelchbucht feine Falten, am Kelchbuchtrand fast immer mehr oder weniger beulenartige Erhabenheiten, die sanft über die Frucht hinweglaufen

Fruchtfarbe: GFbE: blass hellgelb
GF: wachsartig glänzend zitronengelb
DF: leicht hell anmutig, blutrot verwaschen

Lentizellen: in der DF gelbliche Sternchen, häufig auch grün

Fruchtfleisch: schön weiß

Saftgehalt: –

Geschmack: ausnehmend starker Geruch

geeignet für: Tafel, Most

Genussreife & Haltbarkeit: IX, im X am besten

Wuchs & Bodenanspruch: großkronig, abstehende Äste

Ertrag: ausnehmend fruchtbar, trägt auch bei ungünstigem Blühwetter

Bemerkungen: bei Genussreife fette Schale, Warzen

zu dieser Sorte ist leider keine Abbildung vorhanden

Weißer Kentischer Pepping

Fruchtgröße: mittelgroß

Gestalt (Fruchtform): kugelförmig, einige rippenartige Erhabenheiten

Fruchtfarbe: GF: goldgelb, ohne Spur von Röte

Lentizellen: braun, lang grün bleibend, nur schattseitig

Fruchtfleisch: etwas gelblich, fein, markig

Saftgehalt: sehr saftig

Geschmack: gewürzhaft süßer Weingeschmack

geeignet für: Tafel, vortrefflich für die Küche

Genussreife & Haltbarkeit: XII, bis ins Frühjahr

Wuchs & Bodenanspruch: stark, setzt viel Fruchtholz an

Ertrag: frühzeitig reichlich

Bemerkungen: –

LA

Weller's Eckenhagener

Fruchtgröße: groß

Gestalt (Fruchtform): rund und breit zugespitzt

Fruchtfarbe: GF: hoch zitronenfärbig
DF: üblicherweise goldgelb, bei Genussreife kann sich schwacher roter Anflug entwickeln

Lentizellen: braun und weitläufig verteilt

Fruchtfleisch: weiß, markig, fein

Saftgehalt: saftig

Geschmack: gewürzhafter süßer Weingeschmack

geeignet für: Tafel

Genussreife & Haltbarkeit: XI, bis den Feber

Wuchs & Bodenanspruch: lebhaft, lange und starke, dunkel violettartige braunrote Äste, mit vielen grell ins Auge fallenden Lentizellen auf den einjährigen Trieben, verträgt den Schnitt nicht gerne

Ertrag: soll sehr fruchtbar sein

Bemerkungen: tiefe sternförmig berostete Stielbucht

AE

Zwergreinette

Fruchtgröße: mittelgroß bis klein

Gestalt (Fruchtform): hohe, stumpf zugespitzte Form, kantig aussehend

Fruchtfarbe: GF: zitronengelb
DF: kaum rot

Lentizellen: sonnseitig als kleine Karmesinfleckchen

Fruchtfleisch: weiß, ins Gelbliche spielend, fein, fest

Saftgehalt: sehr saftig

Geschmack: gewürzhafter, weiniger Zuckergeschmack

geeignet für: Tafel

Genussreife & Haltbarkeit: I, bis in den Sommer

Wuchs & Bodenanspruch: kurztriebig (spurhaft), auch auf starkwüchsigen Sämlingen nur zwergenhaft

Ertrag: –

Bemerkungen: nur langsam wachsende Blütenknospen

4. KLASSE: REINETTEN
2. ORDNUNG: ROTE REINETTEN

LA

Barceloner Parmäne

Fruchtgröße: mittelgroß

Gestalt (Fruchtform): fast kugelförmig, vom Kelchbuchtrand weg laufen einige flache Erhabenheiten oft breit und ziemlich bauchig über die Frucht

Fruchtfarbe: GFbE: hellgrün
GF: zitronengelb
DF: halbe Sonnenseite verwaschen, erdartig blutrot ohne Streifen, Schattenseite und Kelchbucht frei von Röte

Lentizellen: sehr fein, in der Röte gelblich mit roten Sternen umgeben, in der GF braun

Fruchtfleisch: –

Saftgehalt: –

Geschmack: ähnlich Englischer Goldpepping

geeignet für: Tafel, Wirtschaft

Genussreife & Haltbarkeit: XII oder I, bis zum Sommer

Wuchs & Bodenanspruch: lebhaft, stark belaubt, aufrecht wachsend

Ertrag: recht fruchtbar

Bemerkungen: Kelchbucht oft berostet

AE

Baumann's rot(h)e Winterreinette

Fruchtgröße: mittelgroß

Gestalt (Fruchtform): ziemlich platt, langer feingespitzter geschlossener aufragender Kelch in breiter, sehr tiefer schüsselartiger Kelchbucht

Fruchtfarbe: DF: schönes, stark glänzendes dunkles Karmesinrot, rein verwaschen, gegen den Stiel hin streifenartig

Lentizellen: fein, braun, nur in der DF sichtbar

Fruchtfleisch: fein, abknackend

Saftgehalt: sehr saftig

Geschmack: schwacher Geruch, gewürzhaft vortrefflicher Borsdorfergeschmack

geeignet für: Tafel

Genussreife & Haltbarkeit: XII, bis zum Sommer

Wuchs & Bodenanspruch: viel Holz, stark belaubt

Ertrag: recht fruchtbar

Bemerkungen: –

LA

Weiße Wachsreinette

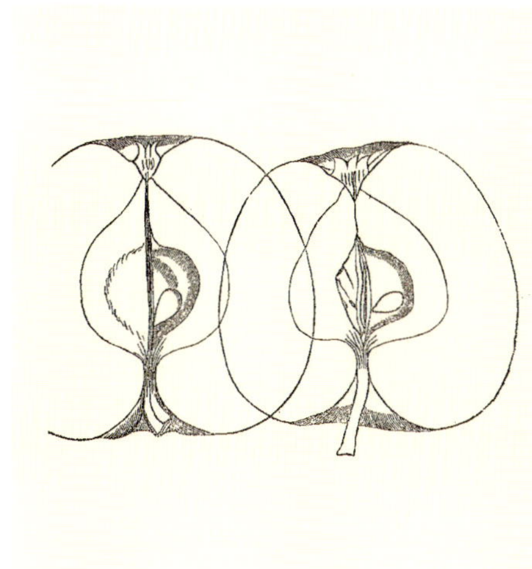

LU

Weiße Wachsreinette

LA

Weller's Eckenhagener

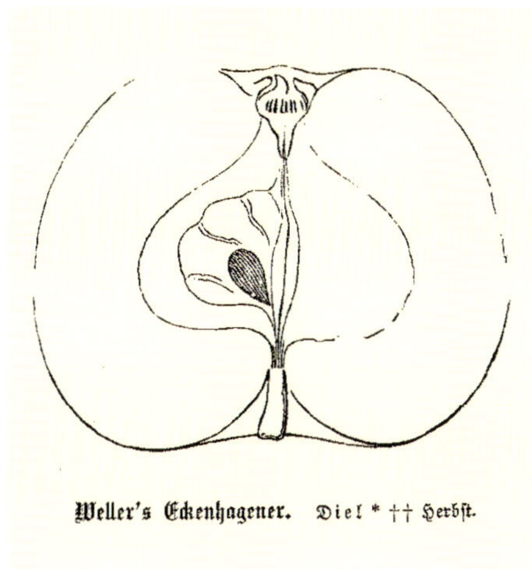

LU

Weller's Eckenhagener

LA

Barceloner Parmäne

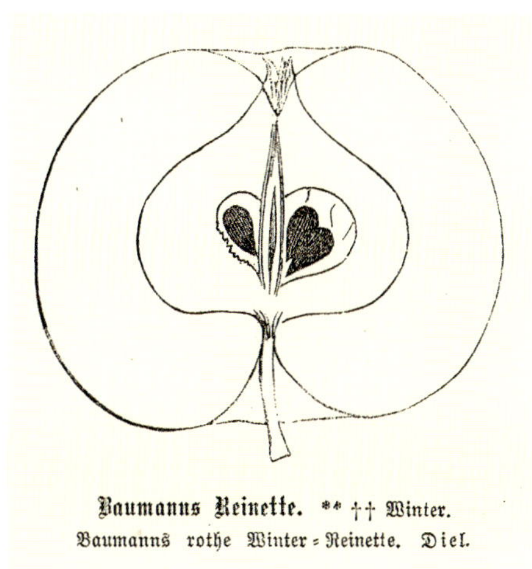

LU

Baumann's rot(h)e Winterreinette

LA

Baumann's rot(h)e Winterreinette

AE

Borsdorferreinette

Fruchtgröße: mittelgroß

Gestalt (Fruchtform): meistens platt, manchmal länglich hoch, Kelchbucht mit vielen feinen Falten, die sich oft rippenartig erheben

Fruchtfarbe: GFbE: gelblich-hellgrün oder blassgelb
GF: zitronengelb
DF: hellrot leicht verwaschen, beschattete Früchte rein gelb, schwach gefärbte Früchte mit weißgrauen Punkten, die mit schönen violettrötlichen Kreisen eingefasst sind

Lentizellen: gelbgrau, viele

Fruchtfleisch: –

Saftgehalt: –

Geschmack: Borsdorfergeschmack

geeignet für: Tafel, Haushalt, Most

Genussreife & Haltbarkeit: XI, bis ins Frühjahr

Wuchs & Bodenanspruch: nicht stark, feines Holz

Ertrag: sehr tragbar

Bemerkungen: Rostanflüge, wirkliche Warzen, erfordert guten Boden

AE

Carmeliterreinette

Fruchtgröße: mittelgroß

Gestalt (Fruchtform): spitzig, hochlaufend, oft auch etwas platt, Kelchbucht mit feinen Falten, die nicht über die Frucht verlaufen

Fruchtfarbe: GFbE: gelbgrün
GF: gelb, in der Stielbucht grünliche Flecken oder Streifen
DF: schön blutrot, dunklere Streifen, gegen die Schattenseite streifig bis schwach punktiert

Lentizellen: feine, nicht fühlbar, weißlich

Fruchtfleisch: krachend

Saftgehalt: saftig

Geschmack: gröblich im Genuss, fein angenehm weinsüß

geeignet für: –

Genussreife & Haltbarkeit: XII, bis ins Frühjahr

Wuchs & Bodenanspruch: lebhaft, schön abstehende Äste

Ertrag: –

Bemerkungen: rostfarbige Flecken oder Warzen auf grünlichem Grund, erfordert guten Boden

AE

Dietzer Mandelreinette

Fruchtgröße: mittelgroß

Gestalt (Fruchtform): kugelförmig, aus der Kelchbucht laufen einige Falten als schwache, aber doch bemerkbare Erhabenheiten über die Frucht

Fruchtfarbe: GFbE: hellgrün
GF: hoch goldgelb
DF: fast ganz angenehm rot, leicht verwaschen, etwas streifenartig

Lentizellen: braun, fein, weitläufig, undeutlich

Fruchtfleisch: –

Saftgehalt: –

Geschmack: ähnlich der Muskatellerreinette

geeignet für: Tafel

Genussreife & Haltbarkeit: XII, bis in den Sommer

Wuchs & Bodenanspruch: lebhaft, ansehnlich groß, flache Krone, schön belaubt

Ertrag: dauerhaft recht fruchtbar

Bemerkungen: schwärzlich-braune Rostflecken

LA

Edler Winterborsdorfer (Stmk: Wintermaschansger; Österreich: Maschansker)

Fruchtgröße: mittelgroß bis klein

Gestalt (Fruchtform): die Kelchbucht hat keine Falten und die Frucht keine Rippen, regelmäßig und rein apfelförmig, erhabene gelbgraue Warzen

Fruchtfarbe: GFbE: glänzend wachsartig weißgelb, beschattet etwas ins Grünliche spielend
GF: schön goldgelb, beschattete Früchte sind weißgelb
DF: oft bis zur Hälfte mit sehr schönem glänzenden Blutrot verwaschen, verliert sich zur Schattenseite, aufliegendes Laub schneidet die Farbe ab

Lentizellen: im Rot gelblich, in der GF zimtfärbig oder braun, nie häufig

Fruchtfleisch/Saftgehalt/Geschmack: –

geeignet für: Tafel, Küche, Most

Genussreife & Haltbarkeit: XI, im XII und I am besten, dann noch lange

Wuchs & Bodenanspruch: einer der allergrößten, langsames Jugendwachstum

Ertrag: erst im Alter reichlich

Bemerkungen: bedauerlich, dass die Anpflanzung in neueren Zeiten vernachlässigt wird – wohl durch die späte Tragbarkeit, taugt vorzüglich in rauen Gegenden, wo er nicht nachdrücklich genug empfohlen wird, Rostanflüge

zu dieser Sorte ist leider keine Abbildung vorhanden

Englische Birnreinette

Fruchtgröße: mittelgroß bis klein

Gestalt (Fruchtform): ähnlich dem Winterborsdorfer, ziemlich zugespitzt, oft mit platten breiten Erhabenheiten über der Frucht

Fruchtfarbe: GFbE: düster, nach dem Abreiben glänzend grün
GF: fleckenweise gelblich
DF: kurz und wenig und schwach trüb karmesinrot gestreift, dazwischen fein getuscht

Lentizellen: schattseitig viele schwarzbraune

Fruchtfleisch: markig

Saftgehalt: saftig

Geschmack: zuckerartig, fein weinsäuerlich

geeignet für: Tafel

Genussreife & Haltbarkeit: X, bestens, einige Monate

Wuchs & Bodenanspruch: langsam, stark abstehende, dann hängende Äste, nicht schön belaubt

Ertrag: –

Bemerkungen: erfordert sehr guten Boden und warmen Standort, als Zwergbaum bestens

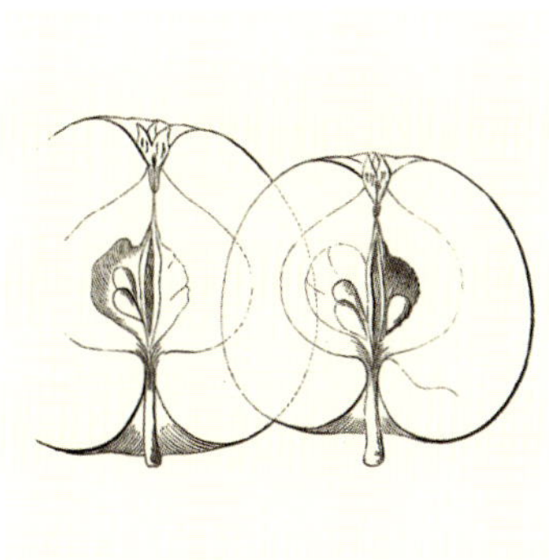

LU

Englische Büschelreinette

Fruchtgröße: groß

Gestalt (Fruchtform): kugelförmig, häufig plattrund, Kelchbucht mit vielen feinen Falten, die sich auf der Frucht flach, fein rippenartig erheben

Fruchtfarbe: GFbE: am Baum leicht bereift
GF: gelblich-grün
DF: stark dunkel blutartig karmesinrot verwaschen, schattseitig breitstreifig, wo die GF als hellrot durchscheint

Lentizellen: fein rötlich-braun

Fruchtfleisch: –

Saftgehalt: –

Geschmack: –

geeignet für: Tafel, Küche

Genussreife & Haltbarkeit: XII, bis ins Frühjahr

Wuchs & Bodenanspruch: nicht stark, schön belaubt, abstehende Äste, breite Krone

Ertrag: ausnehmend fruchtbar

Bemerkungen: figurähnliche, bräunliche Rostfiguren

LA

Borsdorferreinette

LA

Carmeliterreinette

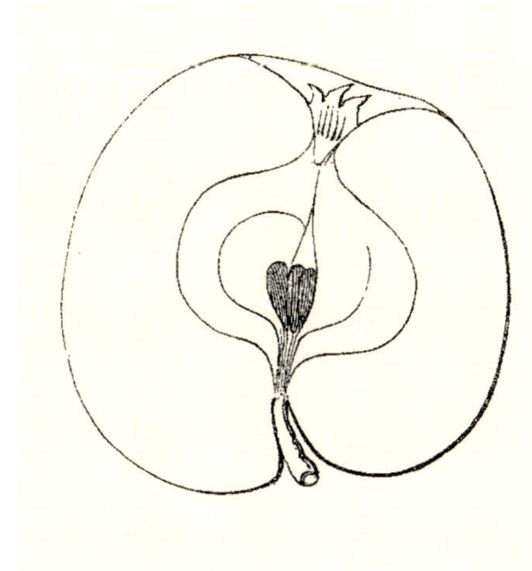

LU

Carmeliterreinette

GR

Carmeliterreinette

GR

Carmeliterreinette

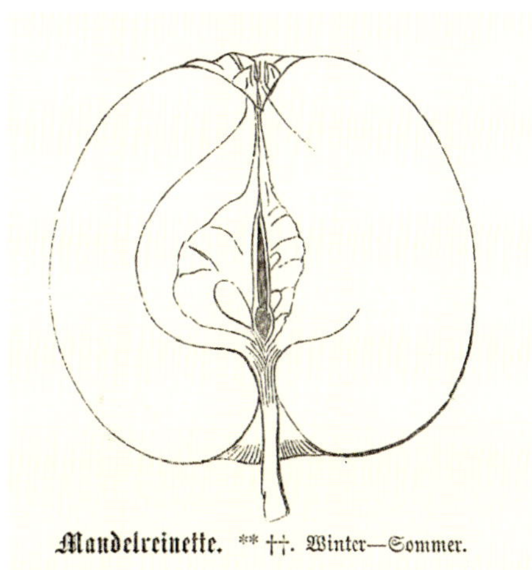

LU

Dietzer Mandelreinette

LA

Edler Winterborsdorfer

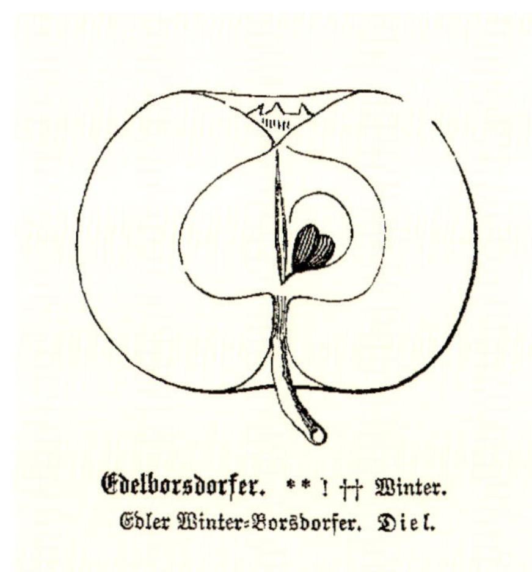

LU

Edler Winterborsdorfer

4. KLASSE: REINETTEN

2. ORDNUNG: ROTE REINETTEN

LA

Englische Königsparmäne

Fruchtgröße: groß

Gestalt (Fruchtform): kugelförmig, auch hoch aussehend, am Kelchbuchtrand einige flache Erhabenheiten, die auch deutlich über die Frucht hinlaufen

Fruchtfarbe: GFbE: düster aussehend, hellgrün
GF: schön gelb, GFbE stellenweise durchschimmernd
DF: nicht viele undeutliche Streifen, dazwischen leicht punktiert

Lentizellen: zahlreich, häufig sternförmig, sonnseitig oft mit starken dunkelkarmesinroten Kreisen umgeben

Fruchtfleisch: –

Saftgehalt: –

Geschmack: erfrischend, etwas einschneidend

geeignet für: Küche

Genussreife & Haltbarkeit: XI und XII, den Winter hindurch

Wuchs & Bodenanspruch: mittelgroß, schlankastig, eiförmige Krone

Ertrag: bald viele Früchte

Bemerkungen: strahlige Berostung über den Stielbuchtrand

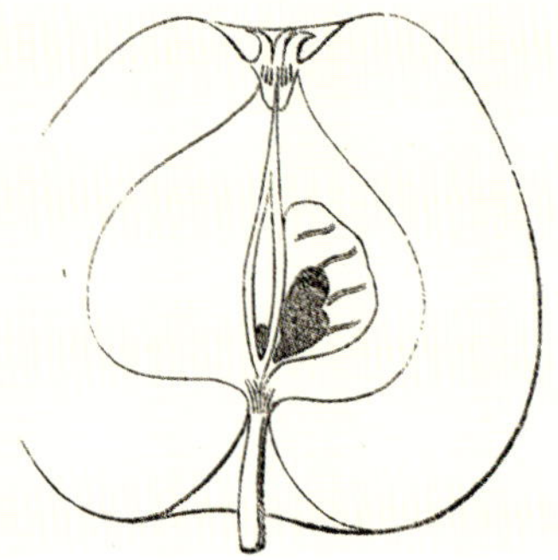

LU

Englische scharlachrote Parmäne

Fruchtgröße: mittelgroß

Gestalt (Fruchtform): hoch aussehend

Fruchtfarbe: GF: blassgelb, bereift, nur auf beschatteten Früchten zu sehen
DF: viele dunkle Karmesinstreifen

Lentizellen: gelblich, häufig nur im Rot sichtbar

Fruchtfleisch: fein, markig

Saftgehalt: saftig

Geschmack: sehr schmackhaft, gewürzhaft, weinhaft süß

geeignet für: Tafel

Genussreife & Haltbarkeit: IX bis X, nicht über 3 Wochen

Wuchs & Bodenanspruch: stark, viel Holz, abstehend, breit gewölbte Krone

Ertrag: frühzeitig reichlich

Bemerkungen: mehrere Früchte auf einem Fruchtkuchen

AE

Englischer gestreifter Kurzstiel

Fruchtgröße: mittelgroß bis groß

Gestalt (Fruchtform): plattrund

Fruchtfarbe: GFbE: strohgelb
GF: hell zitronengelb
DF: leicht getuscht, viele kurzabgesetzte rosenfärbige Streifen, schattseitig nur punktiert

Lentizellen: undeutlich

Fruchtfleisch: fein, etwas ins Gelbliche, locker

Saftgehalt: saftig

Geschmack: sehr schwacher Geruch, kraftvoll süß-säuerlich

geeignet für: Tafel, Küche

Genussreife & Haltbarkeit: X, vom Baum weg genießbar, bis Weihnachten

Wuchs & Bodenanspruch: in der Jugend lebhaft, setzt sehr frühzeitig Fruchtholz an, halbkugelförmige Krone

Ertrag: liefert oft schon im vierten Jahr Früchte

Bemerkungen: sehr zarte und geschmeidige Schale, fast fettig

LA

Englischer kleiner Steinpepping

Fruchtgröße: klein

Gestalt (Fruchtform): hoch, fast walzenförmig, mehrere Erhabenheiten

Fruchtfarbe: GF: grüngelb
DF: trüb rot verwaschen, mit zunehmender Reife unansehnlich

Lentizellen: fein, wenig ins Auge fallend

Fruchtfleisch: mattweiß, fest, abknackend, sehr fein

Saftgehalt: –

Geschmack: kein Geruch, gewürzhafter süßer Weingeschmack

geeignet für: Tafel

Genussreife & Haltbarkeit: I bis II, bis in den Sommer

Wuchs & Bodenanspruch: mittelgroß, viel feines Holz, dicht belaubt

Ertrag: früh fruchtbar

Bemerkungen: dünnholziger Stiel, durch Fleischwulst seitlich abgedrückt

LA

Forellenreinette

Fruchtgröße: klein

Gestalt (Fruchtform): hoch aussehend

Fruchtfarbe: DF: karmesinrot verwaschen, auf der Schattenseite streifig

Lentizellen: in der DF viele große sternartige Punkte oder Flecken

Fruchtfleisch: –

Saftgehalt: –

Geschmack: –

geeignet für: Tafel, wenn die guten Sorten schon verzehrt sind, Wirtschaft

Genussreife & Haltbarkeit: Frühjahr, in guten Gewölben fast 1 Jahr

Wuchs & Bodenanspruch: mittelstark, flach unordentlich angesetztes Holz

Ertrag: außerordentlich reichlich

Bemerkungen: fordert guten Boden

LA

Gestreifte Sommerparmäne

Fruchtgröße: groß

Gestalt (Fruchtform): groß, regelmäßig gebaut, hoch aussehend breit abgestumpft, tiefe Kelch- und Stielbucht

Fruchtfarbe: GF: zitronengelb, ins Grünliche schielend
DF: um den Stielbuchtrand trüb rot, darin kurze Streifchen, fein angespitzt und rot oder grünlich eingefasst

Lentizellen: viele, braun, rau, auch erhaben, rot oder grün umgeben

Fruchtfleisch: weiß, zur Sonnseite gelblich, locker, markig

Saftgehalt: saftig

Geschmack: erhaben rosenartig süß, wohlriechend

geeignet für: –

Genussreife & Haltbarkeit: A IX, nur 14 Tage

Wuchs & Bodenanspruch: lebhaft, feinästig, kleine Blätter

Ertrag: bei gutem Blühwetter ungemein fruchtbar

Bemerkungen: fein und glattschalig

LA

Englische Königsparmäne

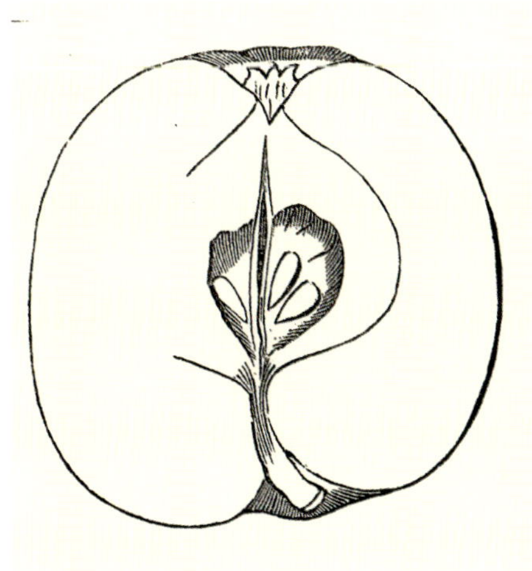

LU

Englische Königsparmäne

LA

Gestreifte Sommerparmäne

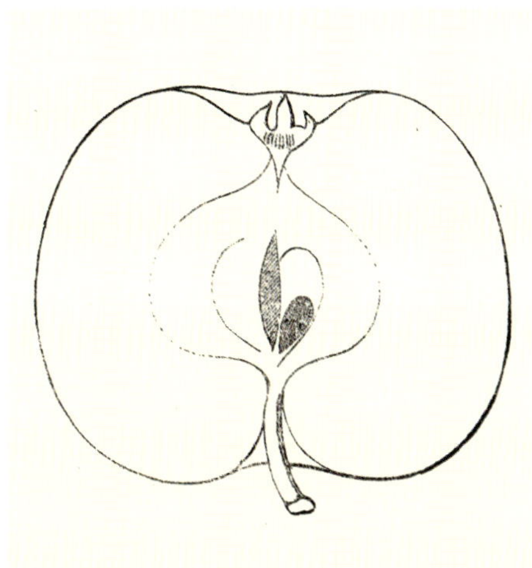

LU

Englischer gestreifter Kurzstiel – Langton's Sondergleichen

LA

Englischer kleiner Steinpepping

LA

Forellenreinette

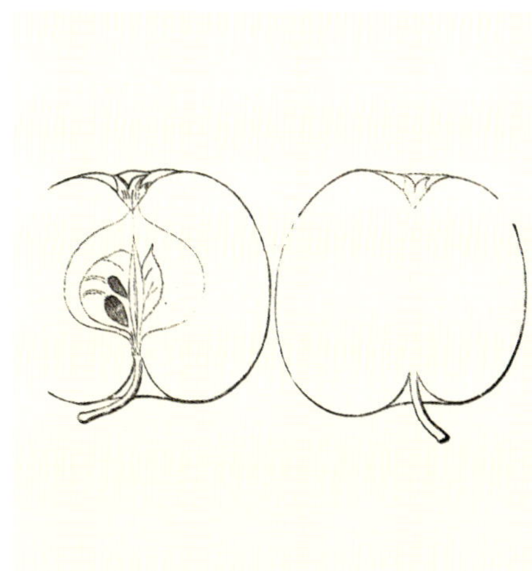

LU

Englischer kleiner Steinpepping

LA

Gestreifter, böhmischer Borsdorfer

Fruchtgröße: mittelgroß

Gestalt (Fruchtform): hoch aussehend, ebene Kelchbucht

Fruchtfarbe: GFbE: blassgrün
GF: blass zitronengelb, schattseitig einzelne Streifen und rot punktiert
DF: viele abgesetzte dunkle Karmesinstreifen, dazwischen helleres Rot getuscht und punktiert

Lentizellen: wenig wahre, feine graue, in der DF mit kleinem gelben Mond umgeben

Fruchtfleisch: –

Saftgehalt: –

Geschmack: dem edlen Winterborsdorfer ähnlich

geeignet für: Tafel, für jeden ökonomischen Gebrauch

Genussreife & Haltbarkeit: XII, bis Juni

Wuchs & Bodenanspruch: mittelgroß, schwache Triebe, bei hohem Ertrag auseinanderfallende Krone, sonst halbkugelförmig

Ertrag: jährlich reichlich

Bemerkungen: kleine Rostflecken, verdient häufig angepflanzt zu werden

AE

Gestreifter Carpendü (Carpentin)

Fruchtgröße: klein

Gestalt (Fruchtform): kugelförmig, kurzblättriger Kelch in sehr tiefer Kelchbucht

Fruchtfarbe: GF: zitronengelb, nur schattseitig, bereift
DF: viele starke, dunkel blutfärbige Streifen, dazwischen punktiert und verwaschen

Lentizellen: braun, manchmal sternförmig

Fruchtfleisch: fest, besonders schwer, ungemein schön weiß

Saftgehalt: sehr saftig

Geschmack: gewürzhaft, mehr süß als säuerlich

geeignet für: Küche

Genussreife & Haltbarkeit: I, bis ins Frühjahr

Wuchs & Bodenanspruch: mittelgroß, stark belaubt

Ertrag: sehr fruchtbar

Bemerkungen: beduftet (bereift) Rostflecken

zu dieser Sorte ist leider keine Abbildung vorhanden

Guckenberger Krachapfel

Fruchtgröße: mittelgroß

Gestalt (Fruchtform): kugelförmig, nimmt mehr gegen den Stiel als zum Kelch hin ab, deutlich fein gerippt

Fruchtfarbe: GF: zitronengelb
DF: vorzüglich, um die Stielbucht angenehm glänzend rot, leicht verwaschen

Lentizellen: gelb-bräunlich, nur in der DF

Fruchtfleisch: ungemein fein, fest

Saftgehalt: saftig

Geschmack: gewürzhaft, zuckerartiger Weingeschmack

geeignet für: zu jedem Gebrauch

Genussreife & Haltbarkeit: I, bis tief in den Winter

Wuchs & Bodenanspruch: mittelstark, dünne hängende Äste, breitgewölbte Krone

Ertrag: –

Bemerkungen: –

zu dieser Sorte ist leider keine Abbildung vorhanden

Herbstborsdorfer (bei uns Sommermaschansger)

Fruchtgröße: mittelgroß bis klein

Gestalt (Fruchtform): –

Fruchtfarbe: ähnlich dem Winterborsdorfer, weniger DF

Lentizellen: ähnlich dem Winterborsdorfer

Fruchtfleisch: –

Saftgehalt: saftig

Geschmack: ähnlich dem Winterborsdorfer

geeignet für: –

Genussreife & Haltbarkeit: A IX, bis zur Genussreife des Winterborsdorfers

Wuchs & Bodenanspruch: –

Ertrag: –

Bemerkungen: früh fruchtbar, als Zwerg auf Johannisstamm viele Früchte

zu dieser Sorte ist leider keine Abbildung vorhanden

Hochzeitsreinette

Fruchtgröße: klein

Gestalt (Fruchtform): platt, ähnlich dem Zwiebelborsdorfer, ungerippt, Kelchbucht mit einigen kleinen Falten oder -Fleischwärzchen

Fruchtfarbe: GF: zitronengelb wie beim echten Winterborsdorfer
DF: leicht hellrosenartig, dünn verwaschen rot, fehlt bei beschatteten Früchten

Lentizellen: fleckenartige, braun, in DF geblich

Fruchtfleisch: –

Saftgehalt: –

Geschmack: –

geeignet für: Tafel

Genussreife & Haltbarkeit: XII, den ganzen Winter

Wuchs & Bodenanspruch: lebhaft und stark, schön belaubt, großkronig

Ertrag: sehr tragbar

Bemerkungen: verdient im Erwerbsanbau gepflanzt zu werden, öfters Warzen

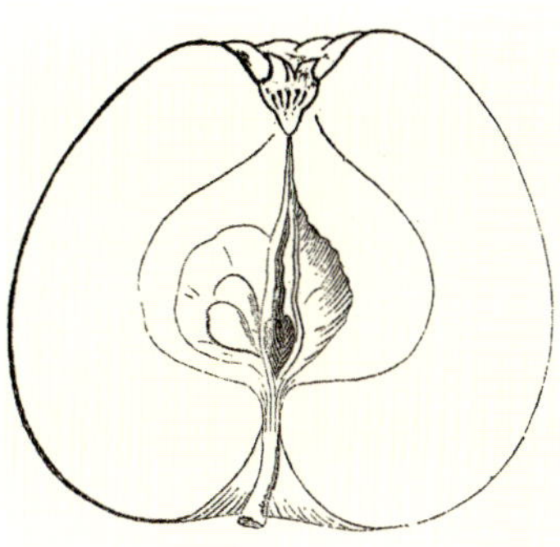

LU

Kleiner Brabanter Bellefleur

Fruchtgröße: klein

Gestalt (Fruchtform): breit und abgestumpft spitzig, oft nur eine breite Erhabenheit, die die Rundung verdirbt, feine Falten oder Rippchen am Kelchbuchtrand

Fruchtfarbe: GFbE: grünlich-gelb
GF: schön hoch zitronengelb
DF: viele kurz abgesetzte, oft nur angedeutete trübrote Streifen

Lentizellen: bräunlich, ziemlich häufig, oft fehlend

Fruchtfleisch: –

Saftgehalt: –

Geschmack: –

geeignet für: Tafel, Küche

Genussreife & Haltbarkeit: XI, den Winter hindurch, wenn Ende X geerntet

Wuchs & Bodenanspruch: in der Jugend lebhaft, wird aber nur mittelgroß, düster belaubt

Ertrag: sehr fruchtbar

Bemerkungen: Stielbuchtrand mehrmals mit bräunlichem Rost bekleidet

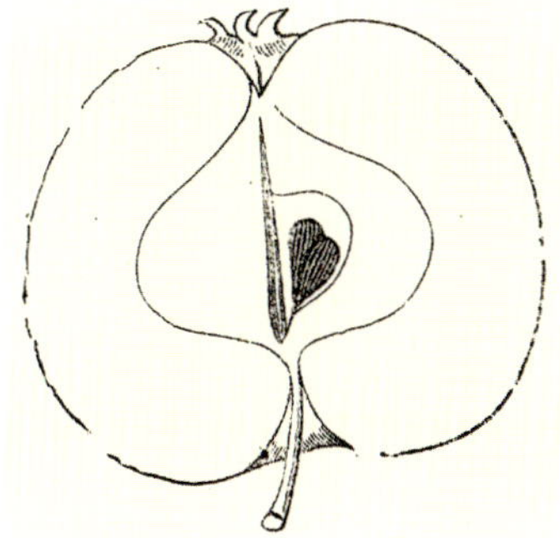

LU

Knight's Pepping

Fruchtgröße: mittelgroß

Gestalt (Fruchtform): plattrund

Fruchtfarbe: GF: grüngelb
DF: um die Stielwölbung viele kurz abgesetzte düstere Karmesinstreifen, dazwischen mehr oder weniger punktiert, stark getuscht

Lentizellen: sehr stark, undeutlich, nur in der DF sichtbar

Fruchtfleisch: sehr weiß, recht fein

Saftgehalt: saftig

Geschmack: gewürzhaft süß, schwacher Geruch

geeignet für: Tafel

Genussreife & Haltbarkeit: XI, nicht den ganzen Winter

Wuchs & Bodenanspruch: langsam, nicht groß, schön belaubt

Ertrag: bald fruchtbar

Bemerkungen: –

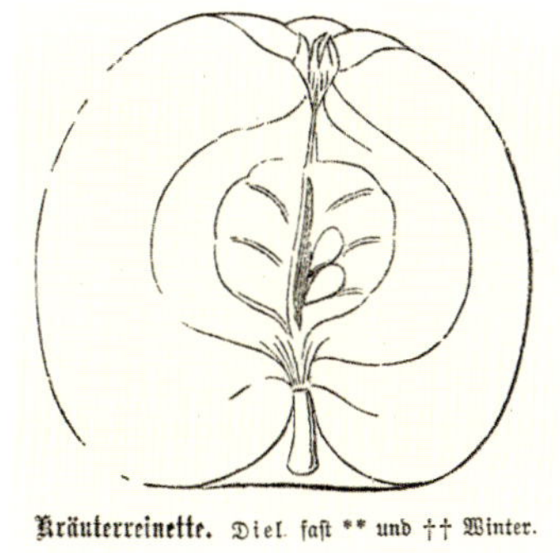

LU

Kräuterreinette

Fruchtgröße: mittelgroß

Gestalt (Fruchtform): etwas kugelförmig, nicht selten auch hoch, fast walzenförmig, Kelchbucht mit vielen feinen Falten, flache bis feine rippenartige Erhabenheiten auf der Frucht

Fruchtfarbe: GFbE: blass hellgrün
GF: hoch zitronengelb, um die Stielbucht grün
DF: sonnseitig leicht blutartig rot, mit zunehmender Reife karmesinartig verwaschen und kurz abgesetzt gestreift, oft ganzfruchtig deckend

Lentizellen: braun, nicht häufig, nur in der GF deutlich, oft rot fleckig

Fruchtfleisch: –

Saftgehalt: –

Geschmack: erhabener Geschmack

geeignet für: Tafel

Genussreife & Haltbarkeit: XII, bis in den Sommer

Wuchs & Bodenanspruch: sehr stark, ansehnlich groß, stark belaubt, feine Äste, kugelförmige Krone

Ertrag: ungemein fruchtbar

Bemerkungen: gut für die Anpflanzung öffentlicher Orte, da düster wirkend, aber gut schmeckend

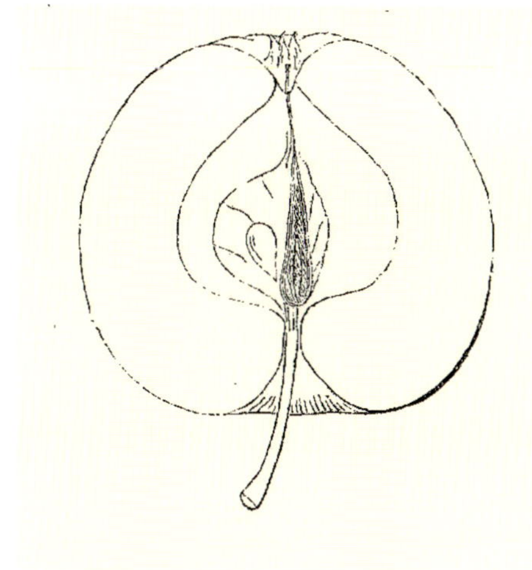

LU

Gestreifter, böhmischer Borsdorfer

LA

Gestreifter, böhmischer Borsdorfer

zu dieser Sorte ist leider keine Abbildung vorhanden

Lange rot(h)gestreifte grüne Reinette

Fruchtgröße: mittelgroß

Gestalt (Fruchtform): hohes, aber ebenes Aussehen, langer Stiel, der durch eine Fleischwulst seitlich gedrückt wird

Fruchtfarbe: GFbE: hellgrün
GF: grünlich-gelb
DF: schmutzig rot, vom Stiel aus streifig geflammt, nie die Kelchregion erreichend

Lentizellen: graue Punkte, die auf der Schattenseite oft grünlich eingefasst sind

Fruchtfleisch: gelblich weiß, sehr markig, ohne Geruch, kraftvoll weinsüß

Saftgehalt: saftig

Geschmack: –

geeignet für: Tafel

Genussreife & Haltbarkeit: XII, bis in den Sommer

Wuchs & Bodenanspruch: ansehnlich groß, viel schlankes Holz von braunroter Farbe und kleinen weißgrauen Lentizellen

Ertrag: –

Bemerkungen: große Rostflecken, fordert guten Boden, unempfindliche Blüte

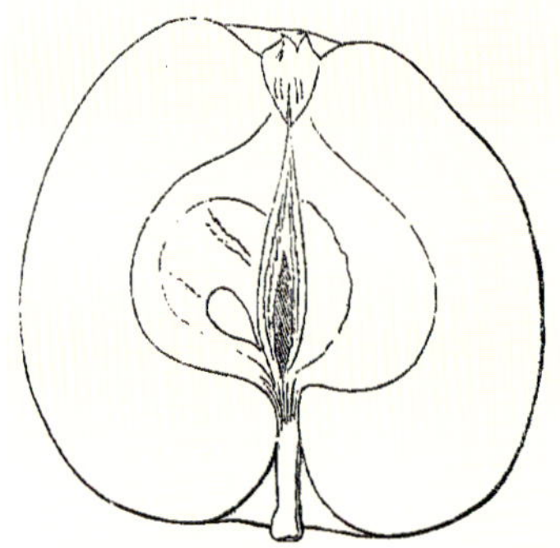

LU

Langer Bellefleur

Fruchtgröße: sehr groß

Gestalt (Fruchtform): länglich, fast walzenförmig, mit starken, oft scharfkantigen Rippen

Fruchtfarbe: GF: goldgelb
DF: geflammt oder gestreift karmesinrot, auch nur marmoriert oder gefleckt, Stiel- und Kelchbucht grün

Lentizellen: groß, braunflockenartig auf der Schattseite

Fruchtfleisch: gelblich, fein

Saftgehalt: wenig saftig

Geschmack: Süßapfel, fein fenchelartiger Geruch, erhaben zuckersüß, zimtartig

geeignet für: Dämpfen

Genussreife & Haltbarkeit: XII, den ganzen Winter

Wuchs & Bodenanspruch: lebhaft, schön abstehende Äste, setzt frühzeitig kurzes Fruchtholz an

Ertrag: sehr fruchtbar

Bemerkungen: Rostflecken

LU

Langton's Sondergleichen

Fruchtgröße: mittelgroß

Gestalt (Fruchtform): plattrund, häufig nicht rund, Kelchbucht mit feinen Falten

Fruchtfarbe: GFbE: blass hellgelb
GF: schön zitronengelb
DF: viele matte oder verblichene, dazwischen leicht getuscht, kurzabgesetzte karmesinartige Streifen

Lentizellen: undeutlich, fehlen oft ganz, in der DF fein gelblich

Fruchtfleisch: –

Saftgehalt: saftig

Geschmack: gewürzhaft angenehm süß-weinsäuerlich

geeignet für: Tafel, Küche

Genussreife & Haltbarkeit: X, hält selten bis XII

Wuchs & Bodenanspruch: lebhaft, schön belaubt, halbkugelförmige Kronen

Ertrag: frühzeitig reichlich

Bemerkungen: –

STO

Leckerbissen

Fruchtgröße: –

Gestalt (Fruchtform): fast eiförmig

Fruchtfarbe: DF: blutrot, schattseitig gestreift

Lentizellen: unbedeutend, rostident gefärbt

Fruchtfleisch: schön weiß, sehr fein, fest

Saftgehalt: saftig

Geschmack: fein zimtartig, erhaben weinhaltig

geeignet für: Tafel

Genussreife & Haltbarkeit: XI, welkt stark nach Weihnachten

Wuchs & Bodenanspruch: lebhaft, licht belaubt, breite Krone

Ertrag: früh sehr fruchtbar

Bemerkungen: zimtfarbener netzartiger Rost, manchmal sonnseitig deckend

AE

Loan's Parmäne

Fruchtgröße: groß

Gestalt (Fruchtform): hoch walzenförmig, manchmal flach gerippt

Fruchtfarbe: GF: rein zitronengelb
DF: sonnseitig halb streifig karmesinrot, dazwischen getuscht

Lentizellen: braun, nur in GF deutlich

Fruchtfleisch: weiß, ins Gelbliche spielend, sehr fein, zart

Saftgehalt: saftig

Geschmack: ungemein angenehm süß

geeignet für: Tafel

Genussreife & Haltbarkeit: XI, einzeln gelegt bis tief in den Winter

Wuchs & Bodenanspruch: stark, schön belaubt, aufrecht

Ertrag: recht fruchtbar

Bemerkungen: –

STO

Multhaupt's Carminreinette

Fruchtgröße: klein

Gestalt (Fruchtform): ziemlich platt

Fruchtfarbe: GFbE: hell strohweiß
GF: schön gelb auf kleiner Stelle
DF: stark, schön verwaschen karmesinrot, ohne Streifen

Lentizellen: häufig, fein, viel, gelblich

Fruchtfleisch: ungemein fein

Saftgehalt: saftig

Geschmack: feiner angenehmer Geruch, erhabener vortrefflicher Geschmack

geeignet für: Tafel

Genussreife & Haltbarkeit: XI, bis in den Winter

Wuchs & Bodenanspruch: nicht stark, licht belaubt, aufrecht

Ertrag: sehr bald viele Früchte

Bemerkungen: welkt gern, verdient sonst in den +1-Rang aufgenommen zu werden

LU

Langton's Sondergleichen

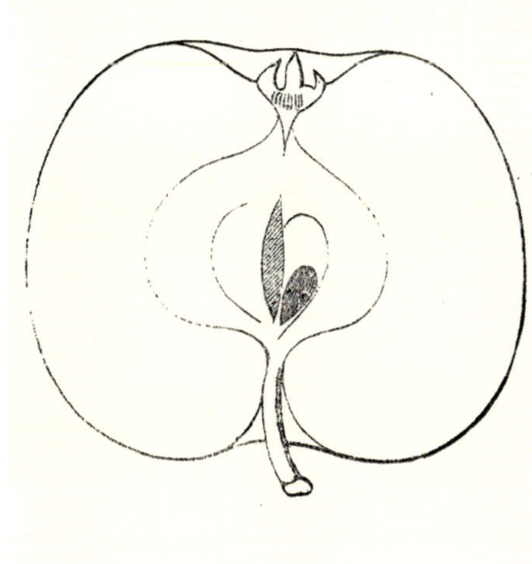

LU

Langton's Sondergleichen

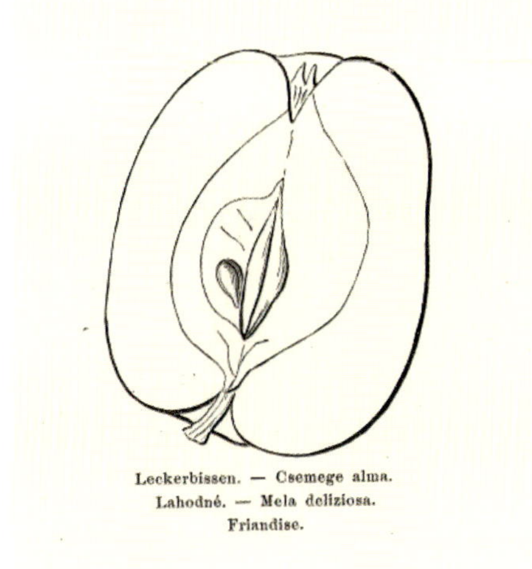

STO

Leckerbissen

LA

Multhaupt's Carminreinette

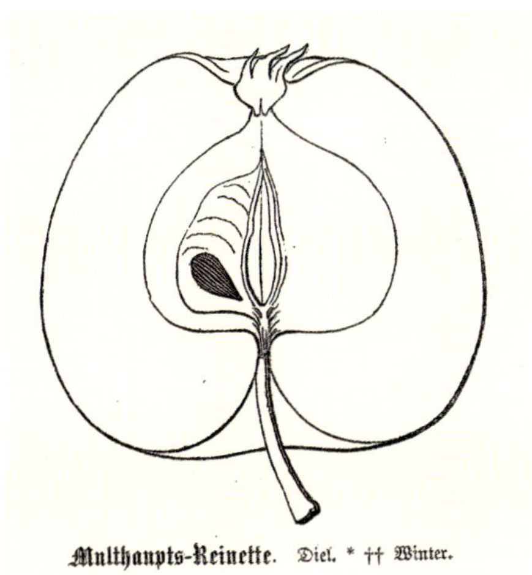

LU

Multhaupt's Carminreinette

LA

Loan's Parmäne

LA

Muskatellerreinette

Fruchtgröße: mittelgroß

Gestalt (Fruchtform): gegen den Kelch hin stumpf zugespitzt, Kelchbucht mit feinen Rippen, manchmal mit 3–5 schönen Fleischwärzchen umgeben, über die Frucht mehrere feine Rippen

Fruchtfarbe: GFbE: hellgrün
GF: trüb oder schön zitronengelb
DF: kurz abgesetzte, dunkle Karmesinstreifen, bei voll besonnten Früchten deckfärbig, was die Streifen überdeckt

Lentizellen: nur im Rot fein gelblich

Fruchtfleisch: –

Saftgehalt: saftig

Geschmack: vorzüglich, angenehm gewürzhaft, zuckerartig, Mischung aus Muskat und Fenchel

geeignet für: Tafel

Genussreife & Haltbarkeit: XI, bei später Ernte bis tief in den Sommer

Wuchs & Bodenanspruch: mittelgroß, flachästig, dicht belaubt

Ertrag: bald jährliche Ernten

Bemerkungen: welkt nicht, kommt auf Hochstamm gut voran, nicht selten Rostflecken, um den Kelch auch Rostanflüge

zu dieser Sorte ist leider keine Abbildung vorhanden

Niemann's rot(h)e Reinette

Fruchtgröße: mittelgroß

Gestalt (Fruchtform): kugelförmig

Fruchtfarbe: GF: zitronengelb
DF: schön glänzend karmesinrot, deutlich viele, kurz abgesetzte Streifen

Lentizellen: hellbraun, besonders in der DF sichtbar

Fruchtfleisch: mattweiß, fest, fein

Saftgehalt: saftig

Geschmack: sehr angenehm fein alantartiger, weinartiger Zuckergeschmack

geeignet für: Tafel

Genussreife & Haltbarkeit: XII, den ganzen Winter

Wuchs & Bodenanspruch: nicht stark, lange, schlanke dunkelblutrote einjährige Triebe mit vielen deutlichen runden Lentizellen

Ertrag: recht fruchtbar

Bemerkungen: lackiert glänzend, warzig

AE

Platte gestreifte Winterreinette

Fruchtgröße: mittelgroß

Gestalt (Fruchtform): plattrund

Fruchtfarbe: GF: grün, meist nur in der Stielbucht
DF: bis auf die Stielbucht blutartig, sehr glänzend karmesinrot, verwaschen, schattseitig gestreift

Lentizellen: fein, braun

Fruchtfleisch: sehr weiß, ungemein fein, fest

Saftgehalt: –

Geschmack: geruchlos, erhaben gewürzhaft

geeignet für: Tafel

Genussreife & Haltbarkeit: XII, den ganzen Winter

Wuchs & Bodenanspruch: mittelgroß, aufrecht, feine Äste

Ertrag: sehr fruchtbar

Bemerkungen: feine Rostanflüge

LA

Pomphelia's rot(h)e Reinette

Fruchtgröße: mittelgroß

Gestalt (Fruchtform): kugelförmig ohne Erhabenheiten, Kelchbucht mit einigen feinen Falten, einige Erhabenheiten

Fruchtfarbe: GFbE: gelblich-hellgrün
GF: hoch zitronengelb, sonnseitig nur wenig sichtbar
DF: auf 2/3 der Frucht ziemlich viele feine kurz abgesetzte dunkelkarmesinrote Streifchen, getuscht

Lentizellen: undeutlich

Fruchtfleisch: –

Saftgehalt: –

Geschmack: gewürzhaft, fein einschneidender weinsäuerlicher Geschmack

geeignet für: Tafel, für jeden ökonomischen Gebrauch

Genussreife & Haltbarkeit: XII, den ganzen Winter

Wuchs & Bodenanspruch: nicht lebhaft, stark belaubt, spitzer Astansatzwinkel, hohe kugelförmige Krone

Ertrag: sehr fruchtbar

Bemerkungen: angesprengte hellbraune Rostflecken

AE

Reinette Fox

Fruchtgröße: klein

Gestalt (Fruchtform): bald länglich, bald kugelig, Kelch sitzt in tiefer, oft mit calvilleartigen Rippen besetzter Kelchbucht, die oft die Frucht verschiebt

Fruchtfarbe: DF: glänzend dunkelrot, schattseitig heller, auch streifenartig

Lentizellen: fehlen

Fruchtfleisch: fein, weiß, mit roten Adern durchwebt

Saftgehalt: –

Geschmack: gewürzhaft süß

geeignet für: Tafel

Genussreife & Haltbarkeit: XI, verliert im Winter den Saft

Wuchs & Bodenanspruch: gewölbte Krone

Ertrag: bald reichliche Ernten

Bemerkungen: –

Muskatellerreinette

LA

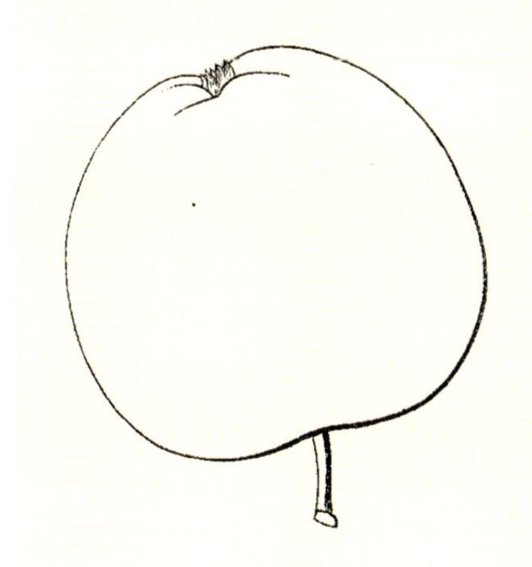

Muskatellerreinette

LU

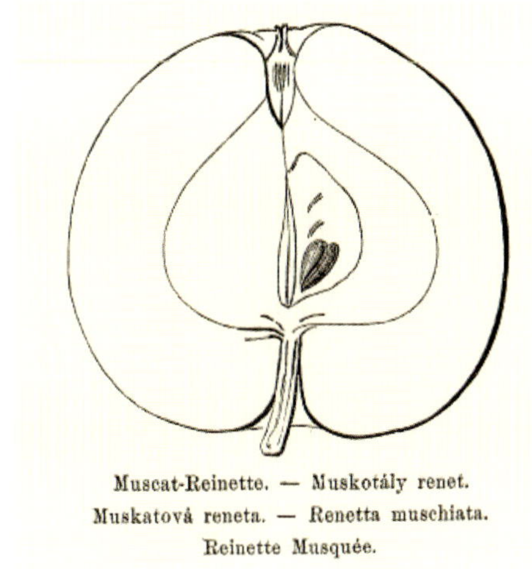

Muskatellerreinette

STO

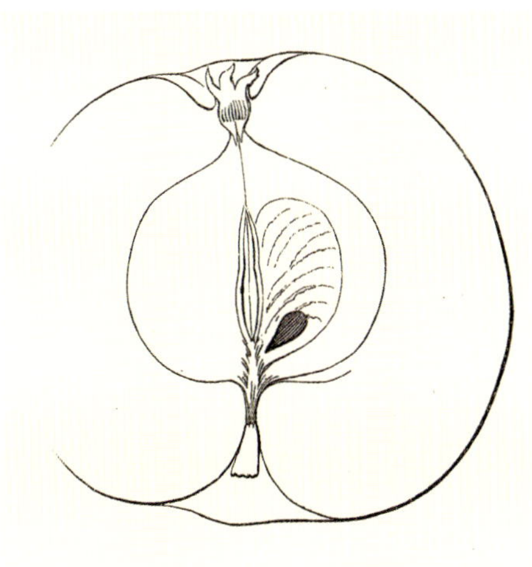

Pomphelia's rote Reinette

LU

Muskatellerreinette

LU

Pomphelia's rot(h)e Reinette

LA

AE

Ribston's Pepping

Fruchtgröße: mittelgroß

Gestalt (Fruchtform): mehr plattrund als kugelförmig

Fruchtfarbe: GFbE: gelbgrün
GF: gelb, nur schattseitig rein
DF: auf 2/3 der Frucht viele feine trübrote Streifen, sonnseitig etwas getuscht

Lentizellen: fehlen

Fruchtfleisch: fein, fest, zart abknackend

Saftgehalt: sehr saftig

Geschmack: schwacher Geruch, ungemein angenehm muskatellerartig

geeignet für: Tafel

Genussreife & Haltbarkeit: A XI, bis in den Winter

Wuchs & Bodenanspruch: stark, viel Holz, breite Krone

Ertrag: frühzeitig sehr fruchtbar

Bemerkungen: fleckenartige Rostanflüge, die die Frucht düster machen

AD

Rosenpepping

Fruchtgröße: klein

Gestalt (Fruchtform): platt, öfters hoch aussehend, leicht mit dem roten Borsdorfer zu verwechseln, Kelchbucht mit vielen feinen Falten oder Rippen, die über die Frucht verlaufen

Fruchtfarbe: GFbE: strohgelb
GF: zitronengelb
DF: viele feine, kurz abgesetzte dunkelkarmesinrote Streifen, oft um die Kelchbuchtwölbung rötlich

Lentizellen: ganz fein, häufig gelblich

Fruchtfleisch: –

Saftgehalt: –

Geschmack: violen- oder rosenartiger Geruch

geeignet für: Tafel, Dörren, Dämpfen

Genussreife & Haltbarkeit: I, bis in den Sommer, vielleicht ein Jahr, muss spät geerntet werden

Wuchs & Bodenanspruch: schön und lebhaft, spitzwinkeliger Astansatz

Ertrag: jährlich viel

Bemerkungen: gesunder Baum, kleine Rostflecken

zu dieser Sorte ist leider keine Abbildung vorhanden

Rosmarinreinette

Fruchtgröße: mittelgroß

Gestalt (Fruchtform): kugelförmige Kelchbucht mit 4 oder 5 hockerartigen Rippen, fleischiger Stiel

Fruchtfarbe: GF: gelbgrün
DF: unsansehnlich rot, um den Stiel abgesetzt gestreift, oft schmutziges Aussehen

Lentizellen: schneeweiß glänzend, fein, weich

Fruchtfleisch: –

Saftgehalt: saftig

Geschmack: angenehmer Geschmack, eigener Geruch

geeignet für: Tafel, Wirtschaft

Genussreife & Haltbarkeit: E XI, bis Weihnachten

Wuchs & Bodenanspruch: keine starken, aber ziemlich abstehende Äste

Ertrag: sehr fruchtbar

Bemerkungen: verlangt guten Boden

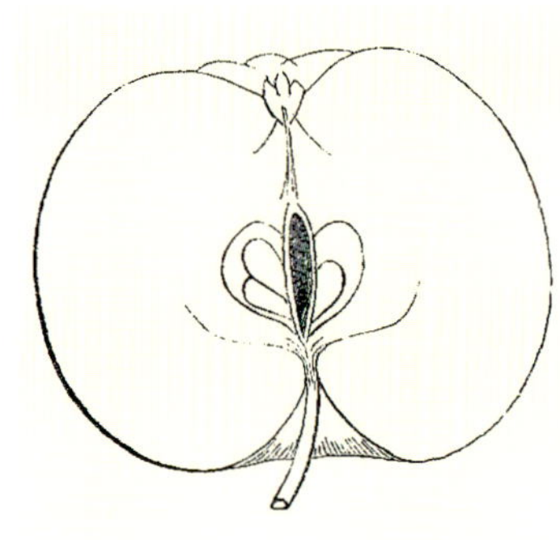

LU

Rot(h)e Bastardreinette

Fruchtgröße: groß

Gestalt (Fruchtform): plattrund, zuweilen etwas kugelförmig, mehrere Erhabenheiten, Kelchbucht mit vielen feinen Rippen oder Falten besetzt

Fruchtfarbe: GFbE: grüngelb
GF: zitronengelb
DF: 2/3 der Frucht mit schönem blutartigem Rot verwaschen, das etwas Geflammtes und schattseitig undeutlich Streifenweißes verrät

Lentizellen: in GF rötlich

Fruchtfleisch: –

Saftgehalt: –

Geschmack: –

geeignet für: Tafel, Haushalt

Genussreife & Haltbarkeit: A XII, den ganzen Winter

Wuchs & Bodenanspruch: sehr lebhaft, stark, schön belaubt

Ertrag: sehr fruchtbar

Bemerkungen: sollte mehr angepflanzt werden

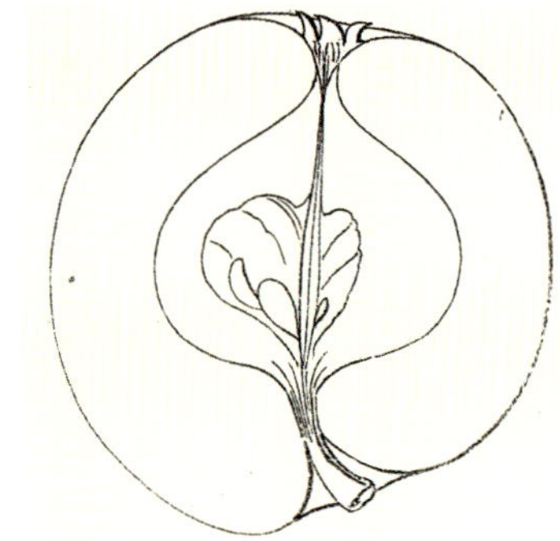

LU

Rot(h)e gestreifte Gewürzreinette

Fruchtgröße: groß

Gestalt (Fruchtform): hoch aussehend abgestumpft

Fruchtfarbe: GF: hellgrün, abgerieben glänzend, bei besonnten Früchten wenig sichtbar
DF: viele lange und kurze Karmesinstreifen, sonnseitig stark getuscht und verwaschen deckend

Lentizellen: nur auf der DF, gelblich

Fruchtfleisch: gelblich-weiß, fein, locker

Saftgehalt: saftig

Geschmack: erhabener, gewürzhafter, zuckerartiger Weingeschmack

geeignet für: Tafel

Genussreife & Haltbarkeit: XI, 2 Monate

Wuchs & Bodenanspruch: wächst langsam, nicht groß, keine starken Äste

Ertrag: sehr fruchtbar

Bemerkungen: fordert guten Boden, gibt niedliche Zwergbäume

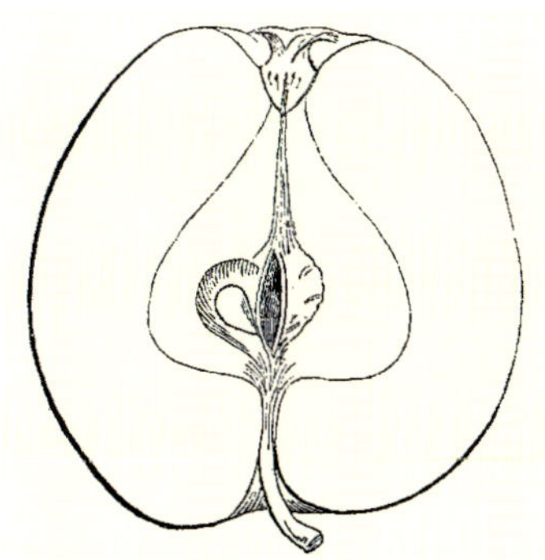

LU

AE

Rot(h)e gestreifte Sommerreinette

Fruchtgröße: klein
Gestalt (Fruchtform): kugelförmig
Fruchtfarbe: GF: kaum zu sehen
DF: stark dunkel gestreift, stark getuscht und punktiert
Lentizellen: wenig bemerkbar
Fruchtfleisch: weiß, ins Gelbliche spielend, sehr fein, weich, locker, markig
Saftgehalt: saftig
Geschmack: angenehmer erhabener Zuckergeschmack, der durch eine feine Weinsäure gehoben wird
geeignet für: Tafel, Küche
Genussreife & Haltbarkeit: M IX, kaum 3 Wochen
Wuchs & Bodenanspruch: mitelgroßer Baum, lange dunkelrote, sehr glänzende einjährige Triebe mit sehr starken weißen Lentizellen
Ertrag: sehr fruchtbar
Bemerkungen: viele aufgesprungene Rostflecken, um die Kelchbucht feine Rostanflüge

Rot(h)e Herbstreinette

Fruchtgröße: mittelgroß
Gestalt (Fruchtform): ähnlich dem Borsdorfer, oft höher gewölbt, dadurch fast kugelförmig, in der Kelchbucht viele feine warzenähnliche Falten, die sich zu feinen Rippen erheben, hie und da Warzen
Fruchtfarbe: GF: strohgelb
DF: schön, darin dunklere, abgesetzte karmesinrote Streifen, schattseitig blass und punktiert, Schattenfrüchte deutliche Streifen
Lentizellen: nicht häufig gelbliche oder weißgraue
Fruchtfleisch: sehr weiß, im Bruch glänzend
Saftgehalt: –
Geschmack: –
geeignet für: Tafel, Wirtschaft
Genussreife & Haltbarkeit: E IX, bis in den Winter, spät zu ernten
Wuchs & Bodenanspruch: nicht groß, bekommt bald viel Fruchtholz
Ertrag: frühzeitig sehr tragbar
Bemerkungen: gut für die pyramidale Erziehung

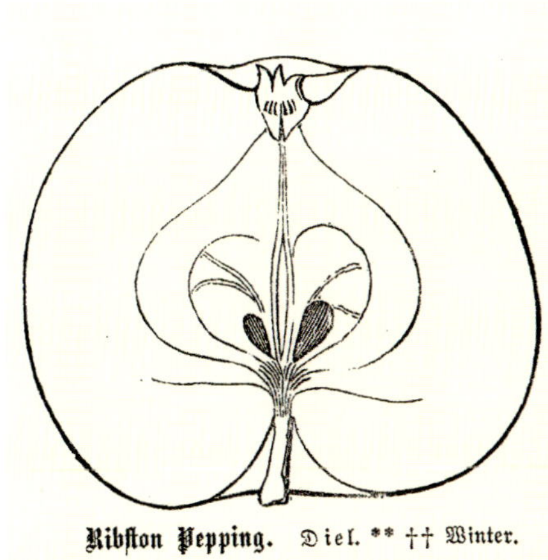

LU

Ribston's Pepping

LA

Ribston's Pepping

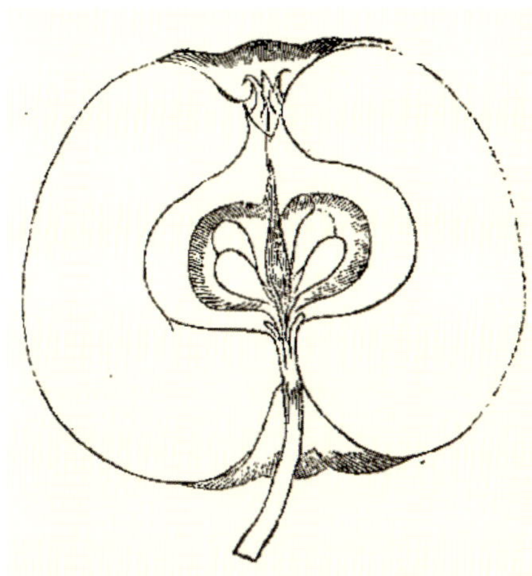

LU

Rosenpepping

STO

Ribston's Pepping

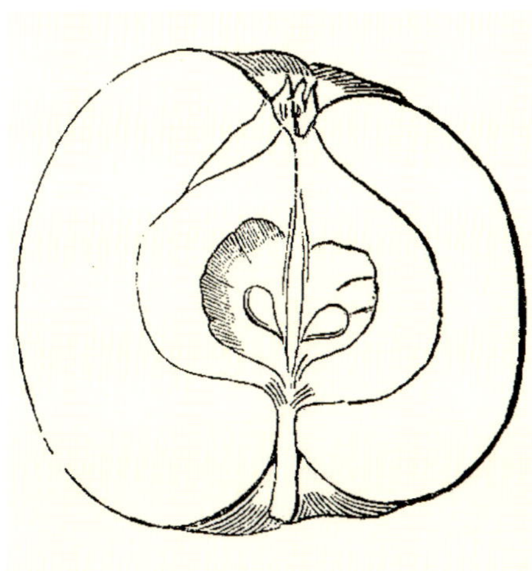

LU

Rot(h)e Herbstreinette

LU

Rot(h)e Herbstreinette

LA

Rot(h)er Borsdorfer

Fruchtgröße: klein

Gestalt (Fruchtform): mehrenteils platt und selten zugespitzt kugelförmig, Kelchbucht mit feinen schönen Rippen, die oft kantartig über die ganze Frucht hinlaufen

Fruchtfarbe: GFbE: grünlich-gelb
GF: gelb wie beim Borsdorfer, nur schmutziger
DF: glänzendes, manchmal etwas schmutziges Dunkelkarmesinrot mit kaum bemerkbaren abgesetzten Streifen, aufliegendes Laub schneidet die Röte ab

Lentizellen: sehr fein weiß-gräulich, wenig und im Gelben oft kaum bemerkbar

Fruchtfleisch: –

Saftgehalt: –

Geschmack: –

geeignet für: Tafel

Genussreife & Haltbarkeit: XI, im XII am besten, 1 Jahr

Wuchs & Bodenanspruch: ungemein lebhaft und stark, sehr groß

Ertrag: jährlich

Bemerkungen: –

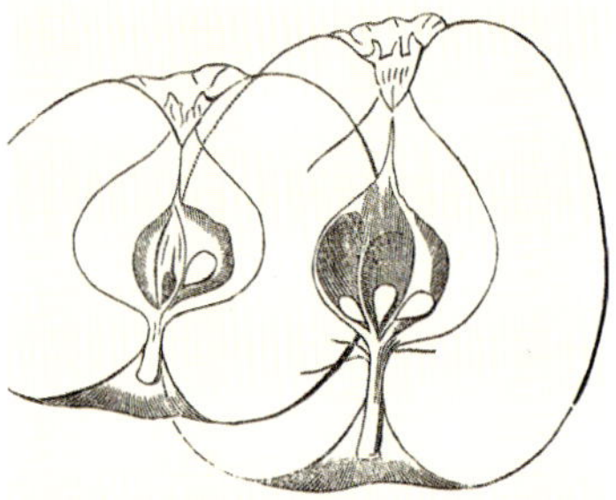
LU

Rot(h)er holländischer Bellefleur

Fruchtgröße: mittelgroß

Gestalt (Fruchtform): plattrund und breitstumpf zugespitzt, verschobene Rundung, in der Kelchbucht feine Falten, wenig flache Erhabenheiten

Fruchtfarbe: GFbE: gelblich-hellgrün
GF: schön zitronengelb
DF: viele dunkle Karmesinstreifen, dazwischen stark verwaschen, bei besonnten Früchten schattseitig, vereinzelt streifig

Lentizellen: keine

Fruchtfleisch: –

Saftgehalt: –

Geschmack: angenehm gewürzhaft süß-weinsäuerlich, fein himbeerartig

geeignet für: Tafel, für jeden ökonomischen Gebrauch

Genussreife & Haltbarkeit: XI, bis ins Frühjahr

Wuchs & Bodenanspruch: stark, schöne Krone, nicht stark belaubt

Ertrag: sehr tragbar

Bemerkungen: fleischiger Stiel

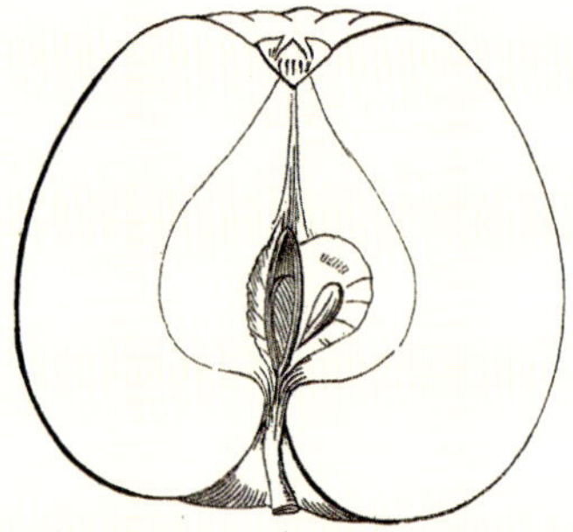
Rother Kentischer Pepping. **††. W.
LU

Rot(h)er kentischer Pepping

Fruchtgröße: mittelgroß

Gestalt (Fruchtform): plattrund

Fruchtfarbe: GFbE: hellgrün
GF: gelb
DF: schön glänzend blutrot, verwaschen bis marmoriert

Lentizellen: kleine Sternchen, im Rot gelblich, im Gelb grün

Fruchtfleisch: ins Gelbliche spielend, fein, ziemlich fest

Saftgehalt: saftig

Geschmack: angenehm gewürzhaft, süß

geeignet für: Tafel, Küche

Genussreife & Haltbarkeit: XII, den ganzen Winter

Wuchs & Bodenanspruch: mittelgroß

Ertrag: sehr fruchtbar

Bemerkungen: fordert guten Boden, vortrefflich für die kleine Baumform

AE

Röt(h)liche Reinette

Fruchtgröße: mittelgroß

Gestalt (Fruchtform): bald plattrund, gegen den Kelch etwas stumpf zugespitzt, bald auch hoch, walzenförmig, Kelchbucht mit feinen flachen Falten oder feinkantigen Rippen, die auch deutlich, aber seicht über die Frucht hinweglaufen

Fruchtfarbe: GFbE: gelblich-hellgrün
GF: schön zitronengelb
DF: ziemlich viele Karmesinstreifen, die sanft ins Auge fallen, dazwischen oft getuscht

Lentizellen: sehr fein, hellbraun, anfänglich mit grünen Kreischen umgeben

Fruchtfleisch: –

Saftgehalt: –

Geschmack: –

geeignet für: Tafel

Genussreife & Haltbarkeit: XII und I, bis in den Sommer

Wuchs & Bodenanspruch: sehr lebhaft, schön belaubt, kugelförmige Krone

Ertrag: bald und reichliche Ernten

Bemerkungen: verdient häufige Anpflanzung, übertrifft wegen seiner langen Haltbarkeit die Edelreinette

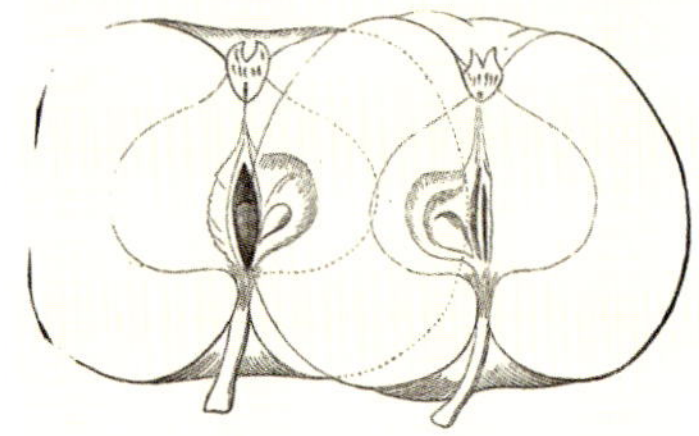
LU

Scheibenreinette

Fruchtgröße: mittelgroß

Gestalt (Fruchtform): regelmäßig gebaut, das Mittel zwischen plattrund bis kugelförmig, in der Kelchbucht einige feine flache Falten

Fruchtfarbe: GFbE: blassgelb bis hellgrün
GF: hoch zitronengelb
DF: viele abgesetzte schöne Karmesinstreifen, oft undeutlich, dazwischen oft stark getuscht und punktiert

Lentizellen: in der DF keine, in der GF hellbräunlich

Fruchtfleisch: –

Saftgehalt: –

Geschmack: ausgesuchter Geschmack

geeignet für: Tafel

Genussreife & Haltbarkeit: XI, bis in den Winter

Wuchs & Bodenanspruch: in der Jugend lebhaft, wird nur mittelgroß, breite Krone

Ertrag: reichliche Ernten

Bemerkungen: hellbräunliche Anflüge von Rost, verdient angepflanzt zu werden

zu dieser Sorte ist leider keine Abbildung vorhanden

Schwarze's Blutreinrette

Fruchtgröße: mittelgroß
Gestalt (Fruchtform): ziemlich kugelförmig, breite Erhabenheiten
Fruchtfarbe: DF: dunkelrot, nur schattseitig gestreift
Lentizellen: markante braune
Fruchtfleisch: schön weiß, sehr fein, fest
Saftgehalt: saftig
Geschmack: ohne Geruch, erhabener, vortrefflicher, gewürzhafter Zuckergeschmack
geeignet für: Tafel
Genussreife & Haltbarkeit: XI, bis in den Winter
Wuchs & Bodenanspruch: lebhaft, breite Krone, viel kurzes Fruchtholz
Ertrag: bald fruchtbar
Bemerkungen: viel kurzes Fruchtholz

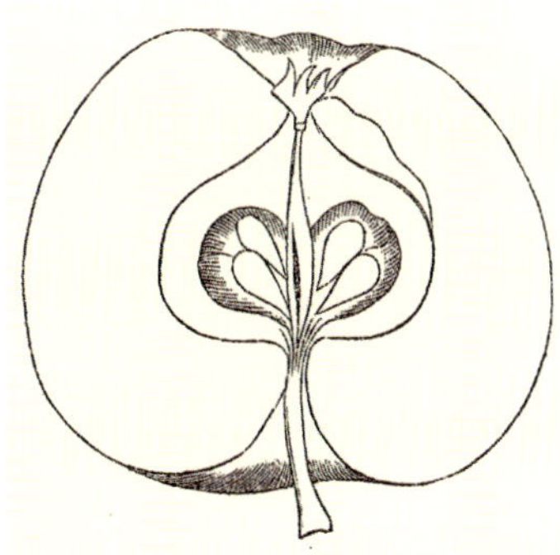

LU

Stein's rot(h)er Winterpepping

Fruchtgröße: klein
Gestalt (Fruchtform): plattrund, Kelch in ganz seichter, ebener Kelchbucht
Fruchtfarbe: ähnlich Winterborsdorfer
Lentizellen: zahlreich, hellbraun
Fruchtfleisch: sehr fein, fast gelblich, fest, abknackend
Saftgehalt: saftig
Geschmack: angenehm gewürzhaft, süß, weinartig
geeignet für: Tafel
Genussreife & Haltbarkeit: XI, welkt im Winter
Wuchs & Bodenanspruch: ähnlich dem Winterborsdorfer, stark, schön belaubt, flach gewölbte Krone
Ertrag: reichlich
Bemerkungen: schwärzliche Rostpunkte

AE

Superintendentenapfel

Fruchtgröße: groß
Gestalt (Fruchtform): hoch
Fruchtfarbe: GF: schönes Zitronengelb
DF: vom Stiel abwärts bis nicht ganz zur Hälfte leicht dünn feuerrot verwaschen
Lentizellen: undeutlich fein braun
Fruchtfleisch: –
Saftgehalt: sehr saftig
Geschmack: gewürzhaft, ungemein starker Geruch, angenehm, fast quittenartig
geeignet für: Tafel, Erwerb
Genussreife & Haltbarkeit: E X, bis in den Winter
Wuchs & Bodenanspruch: schönwachsend, sehr große Blätter, viel Fruchtholz
Ertrag: baldige und reichliche Ernten
Bemerkungen: viele bräunliche Rostflecken und Rostfiguren, fordert guten Boden, als Zwergbaumform das Schneiden nicht liebend

LA

Rot(h)er Borsdorfer

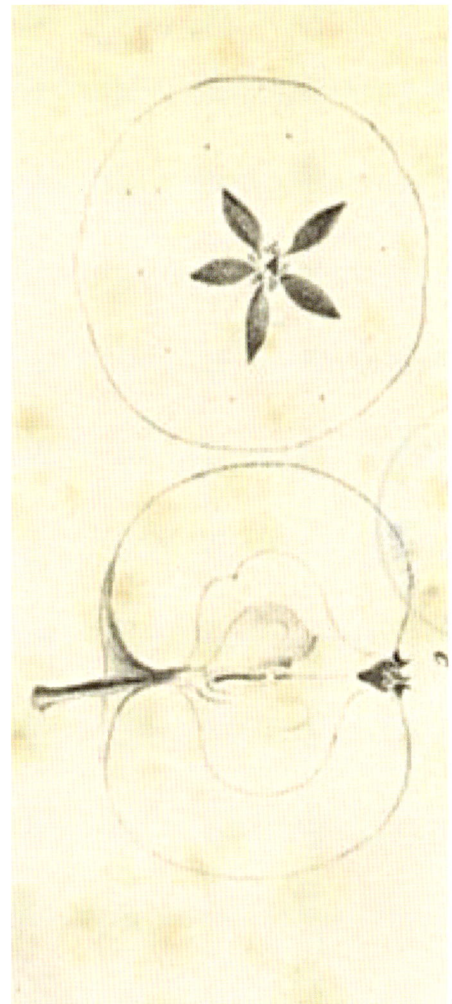

LA

Rot(h)er Borsdorfer

zu dieser Sorte ist leider keine Abbildung vorhanden

Süße Peppingsreinette

Fruchtgröße: klein

Gestalt (Fruchtform): platt, mit einigen rippenartigen Erhabenheiten

Fruchtfarbe: GFbE: strohweiß, am Baum bereift
GF zitronengelb
DF: sanfte Röte, karmesinrote Streifen

Lentizellen: klein, undeutlich

Fruchtfleisch: sehr fein, fest

Saftgehalt: saftig

Geschmack: fenchelartiger Geschmack

geeignet für: für Liebhaber der Süßäpfel

Genussreife & Haltbarkeit: XII, den Winter hindurch

Wuchs & Bodenanspruch: langsam, licht belaubt, stark abstehende Äste, sperrige Krone

Ertrag: spät tragend

Bemerkungen: zarte Schale, späte Entwicklung der Fruchtspieße

LA

Tyroler Pepping

Fruchtgröße: klein

Gestalt (Fruchtform): gegen den Kelch hin abnehmend

Fruchtfarbe: GF: wachsartig hellgelb
DF: sanft rot getuscht, einige kleine kurz abgesetzte Streifen

Lentizellen: bräunlich, oft undeutlich, in der DF mit karmesinroten Kreischen umgeben

Fruchtfleisch: weiß, ins Gelbliche schielend, sehr fein, fest, großes Kernhaus

Saftgehalt: sehr saftig

Geschmack: weinartig, gewürzhaft, süß

geeignet für: Tafel, Küche

Genussreife & Haltbarkeit: XII, bis Sommer

Wuchs & Bodenanspruch: lebhaft, gut belaubt, setzt bald Fruchtholz an

Ertrag: reichlich

Bemerkungen: großes Kernhaus mit dicken eiförmigen, breiten Kernen

zu dieser Sorte ist leider keine Abbildung vorhanden

Van der Loo's Reinette von Niers

Fruchtgröße: klein bis mittelgroß

Gestalt (Fruchtform): hoch, mit sanften Erhabenheiten

Fruchtfarbe: GF: düster aussehend
DF: trübes Rot, ziemlich stark verwaschen, um den Stielbuchtrand etwas gestreift

Lentizellen: nur in der GF sichtbar, sehr fein, braun

Fruchtfleisch: weiß, hellgrüne Adern, ungemein fein

Saftgehalt: sehr saftig

Geschmack: erfrischend, kein Geruch, erquickend süß-weinsäuerlich

geeignet für: –

Genussreife & Haltbarkeit: XI, bis in den Winter

Wuchs & Bodenanspruch: viel feines Holz, gut belaubt

Ertrag: scheint recht fruchtbar

Bemerkungen: zarte Schale, schwarzbraune Rostflecken

AE

Violette Winterreinette

Fruchtgröße: mittelgroß

Gestalt (Fruchtform): hoch aussehend, stumpf zugespitzt

Fruchtfarbe: GF: gelb, nur dort wo ein Blatt aufliegt
DF: blutrot, abgerieben stark glänzend

Lentizellen: nur in der DF fein, braun, oft braune Sternchen

Fruchtfleisch: mattweiß, markig

Saftgehalt: wenig saftig

Geschmack: angenehm gewürzhaft, süß, fast keine Säure

geeignet für: Tafel

Genussreife & Haltbarkeit: XII, bis in den Sommer

Wuchs & Bodenanspruch: lebhaft, halbkugelförmige Krone, gut belaubt

Ertrag: fruchtbar

Bemerkungen: stark bereift, häufig Rostanflüge und wahre Rostflecken

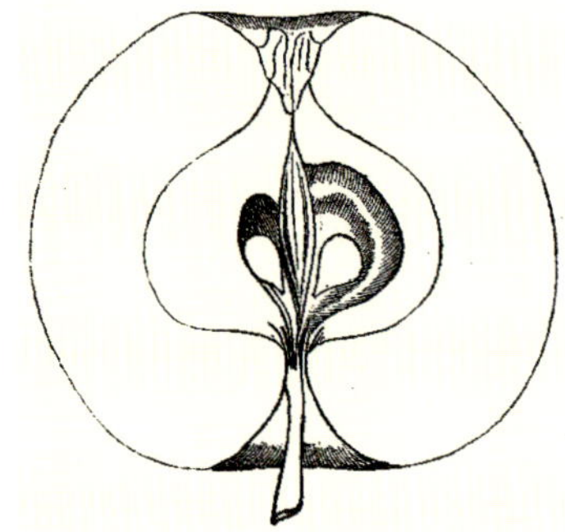

LU

Weilburger

Fruchtgröße: klein bis mittelgroß

Gestalt (Fruchtform): dem Winterborsdorfer ähnlich, kugelförmig, gegen den Kelch hin spitz, Kelchbucht mit feinen Falten, manche laufen mit rippenartigen Erhabenheiten über die Frucht hinweg

Fruchtfarbe: GFbE: hell glänzend strohgelb
GF: gelblicher, am Lager intensiver werdend
DF: schön karmesinrot

Lentizellen: schattseitig feine graue Punkte, in der Deckfarbe rot, mittig aber graue Punkte

Fruchtfleisch: –

Saftgehalt: –

Geschmack: vortrefflicher immer gleichbleibender Geschmack, streitet mit dem Winterborsdorfer um den Vorzug

geeignet für: –

Genussreife & Haltbarkeit: XII, bis in den Sommer

Wuchs & Bodenanspruch: schönes aufrechtes Holz mit schönen Fruchttrieben

Ertrag: jährlich reichlich

Bemerkungen: schattseitig auch rostfarbene Warzen oder Flecken, welkt nicht

zu dieser Sorte ist leider keine Abbildung vorhanden

Weißer Pepping

Fruchtgröße: sehr groß

Gestalt (Fruchtform): unregelmäßig, etwas walzenförmig und zugespitzt

Fruchtfarbe: GF: glänzend blassgelb DF: schwach ockerfärbig rot oder schön rot

Lentizellen: viele feine, graue, fühlbare

Fruchtfleisch: weiß, weich

Saftgehalt: wenig saftig

Geschmack: wohlriechend, angenehm gewürzhaft ohne Säure

geeignet für: –

Genussreife & Haltbarkeit: XII, bis ins Frühjahr ohne zu welken

Wuchs & Bodenanspruch: mittelgroß, schöngeformte Krone mit feinem Holz

Ertrag: sehr fruchtbar

Bemerkungen: sehr zarte, glänzende Schale

LA

Zwiebelborsdorfer

Fruchtgröße: mittelgroß

Gestalt (Fruchtform): platt, um den Kelch sternförmig, feine Falten, meist flacher, oft anscheinender aufliegender Kelch

Fruchtfarbe: GF: schön gelb, auch an der Sonnenseite
DF: wie beim Borsdorfer rot verwaschen, bei beschatteten Früchten fehlend

Lentizellen: häufig, stark, hellbraun, auch warzig

Fruchtfleisch: –

Saftgehalt: –

Geschmack: –

geeignet für: Haushalt, Most, Rohgenuss

Genussreife & Haltbarkeit: XI, bis ins Frühjahr

Wuchs & Bodenanspruch: in der Jugend lebhaft, wird aber nicht sehr groß, abstehende, nicht starke Äste, nicht schön belaubt

Ertrag: –

Bemerkungen: Stiel- und Kelchbucht mit Rost bekleidet, verdient häufigere Pflanzung, am Rhein stark angebaut

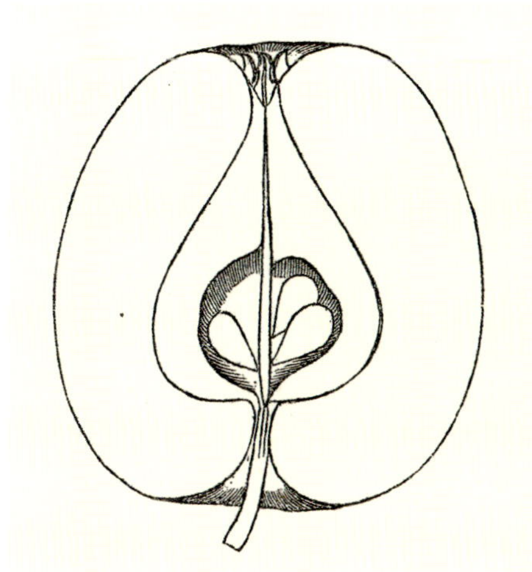

LU

Tyroler Pepping

LA

Zwiebelborsdorfer

LA

Tyroler Pepping

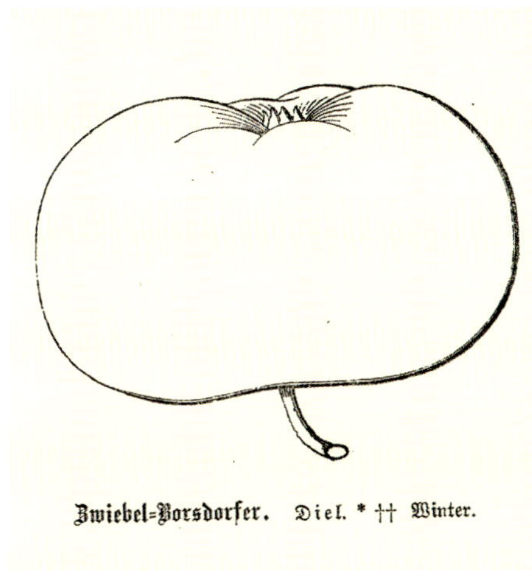

LU

Zwiebelborsdorfer

AE

Carpentin

Fruchtgröße: klein

Gestalt (Fruchtform): dem Borsdorfer ähnlich klein, Kelchbucht mit feinen Rippen eingefasst, die auch über die Frucht hinweglaufen

Fruchtfarbe: GF: gelblich-grün
DF: streifenartiges oder verwaschenes lackiertes Hellrot, schattseitig schimmert die GF durch, freihängende Früchte oft ziemlich große marmorierte rote Fläche

Lentizellen: fein, wie grau, fehlen auch

Fruchtfleisch: –

Saftgehalt: –

Geschmack: pikant, erquickend säuerlich

geeignet für: Tafel, Most

Genussreife & Haltbarkeit: XI, bis ins Frühjahr

Wuchs & Bodenanspruch: starkwüchsig, sehr gesund, auch auf mageren Böden und in rauer Gegend, viele dünne durcheinanderstehende lange Fruchtruten, Laub wie vom Sturm gepeitscht

Ertrag: recht tragbar

Bemerkungen: rötlich-grauer oder zimtfarbener rauer Rost

STO

Die graue Herbstreinette

Fruchtgröße: groß

Gestalt (Fruchtform): ähnlich der Grauen Winterreinette

Fruchtfarbe: GF: schön hellgrün
DF: nicht viel rot und nicht viel grob berostet

Lentizellen: –

Fruchtfleisch: fein

Saftgehalt: saftig

Geschmack: muskatellerartig, ohne Geruch

geeignet für: –

Genussreife & Haltbarkeit: M bis E X, bis die graue Winterreinette genießbar ist

Wuchs & Bodenanspruch: –

Ertrag: sehr früh tragbar

Bemerkungen: als Zwerg oder Spalierbaum, bei scharfem Schnitt delikate Früchte

zu dieser Sorte ist leider keine Abbildung vorhanden

Die Mennonisten Reinette

Fruchtgröße: auf Zwergbäumen groß

Gestalt (Fruchtform): ziemlich plattrund

Fruchtfarbe: DF: manchmal erdartig rot

Lentizellen: –

Fruchtfleisch: schön weiß, sehr fein

Saftgehalt: saftig

Geschmack: geruchlos, kraftvoll gewürzhaft, weinartig

geeignet für: Tafel

Genussreife & Haltbarkeit: XII, bis ins Frühjahr

Wuchs & Bodenanspruch: spitzer Astansatz, viel Fruchtholz

Ertrag: bald sehr reichlich

Bemerkungen: feinraue Schale, zersprengt aussehende zimtfarbene Berostung

AE

Echte graue französische Reinette

Fruchtgröße: groß

Gestalt (Fruchtform): unregelmäßig platt, um die unebene Kelchbucht einige seichte Rippen, wenn eine Rippe sichtbar, dann erhebt sich diese als breite Erhabenheit, die die Rundung sehr entstellt

Fruchtfarbe: GF: olivgrün
DF: gelbgrün, mit schmutzigem, oft grünlichem Rot fein angelaufen, fehlt schattseitig

Lentizellen: viele weißgraue, im Rost verschwunden

Fruchtfleisch: fein, mehlartig, locker

Saftgehalt: ziemlich saftig

Geschmack: feine, nach etwas Moschus schmeckende Zuckersäure

geeignet für: Tafel

Genussreife & Haltbarkeit: XII bis I, gut gelagert über 1 Jahr, nicht vor den Nachtfrösten ernten!

Wuchs & Bodenanspruch: groß, sehr lebhaft

Ertrag: kaum alternierend

Bemerkungen: glanzloser, oft aufgesprungener rauer, schmutziger Rostüberzug, meist wie GF gefärbt, marmoriertes Grau bis Olivgrün, in der Blüte ziemlich unempfindlich, taugt nicht im nassen oder trockenen Boden, gut für kultivierten Lehmboden

STO

Englische Spitalsreinette

Fruchtgröße: mittelgroß

Gestalt (Fruchtform): wohlgeformt kugelförmig, gewölbt und rund, in der Kelchbucht mehrere feine Rippchen

Fruchtfarbe: GFbE: gelblich-hellgrün
GF: hell zitronengelb
DF: leichter Anflug sanfter Röte, oft nur goldartig gelb, fehlt bei beschatteten Früchten

Lentizellen: weitläufig verteilt, oft nicht bemerkbar, fein weißgrau, in der DF karmesinrot

Fruchtfleisch: –

Saftgehalt: –

Geschmack: delikat

geeignet für: Tafel, Haushalt

Genussreife & Haltbarkeit: XII, hält sich ins Frühjahr

Wuchs & Bodenanspruch: stark, viel Holz, schön belaubt

Ertrag: ungemein fruchtbar

Bemerkungen: stark zimtartig, zusammenhängend und zersprengt berostet

AE

Englischer gewürzhafter Rußet

Fruchtgröße: klein

Gestalt (Fruchtform): oft verschoben kugelförmig

Fruchtfarbe: GF: gelb
DF: trübe dunkle Röte

Lentizellen: keine bemerkbar

Fruchtfleisch: schön weiß, sehr fein, fest

Saftgehalt: saftig

Geschmack: kraftvoll, angenehm gewürzhaft, weinartig, süß

geeignet für: Tafel, Küche

Genussreife & Haltbarkeit: XII, bis zum Frühjahr, welkt dann

Wuchs & Bodenanspruch: groß, viel schlankes Holz, sieht wild aus, breite Krone

Ertrag: bald viele Früchte

Bemerkungen: zersprengte oder netzförmige Berostung

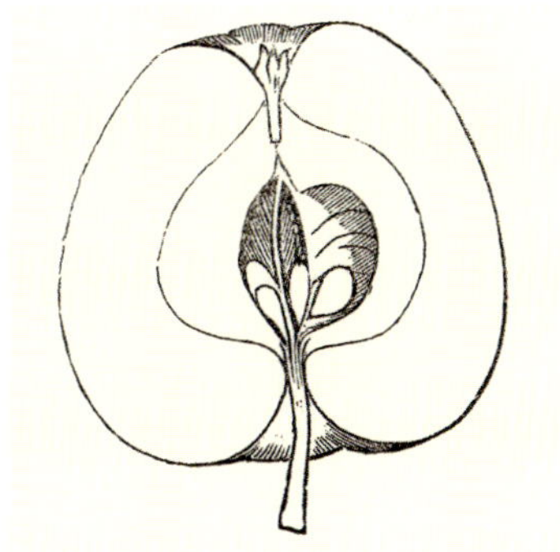

LU

Früher englischer Gewürzpepping

Fruchtgröße: klein bis mittelgroß

Gestalt (Fruchtform): plattrund mit abgestumpfter Spitze, sehr langer dünner Stiel

Fruchtfarbe: DF: sonnseitig angenehme Röte, durch Berostung meist überdeckt

Lentizellen: –

Fruchtfleisch: –

Saftgehalt: –

Geschmack: delikat, gewürzhaft

geeignet für: –

Genussreife & Haltbarkeit: A X, als Zwerg IX, sechs Wochen

Wuchs & Bodenanspruch: viel Holz, gut belaubt

Ertrag: sehr fruchtbar

Bemerkungen: stellenweise bis deckend berostet, langer, sehr dünner Stiel

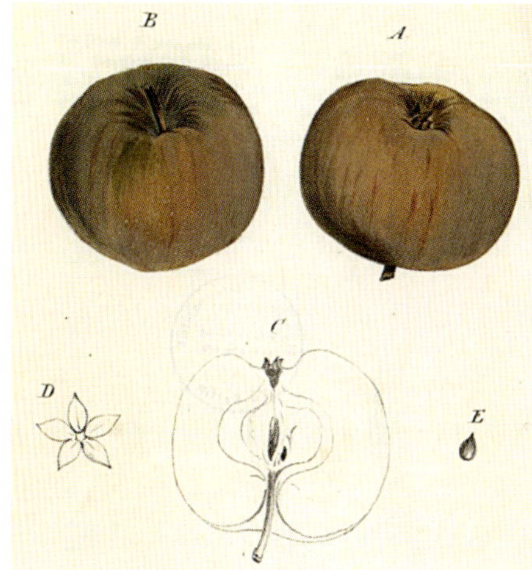

LA

Carpentin

GOE

Carpentin

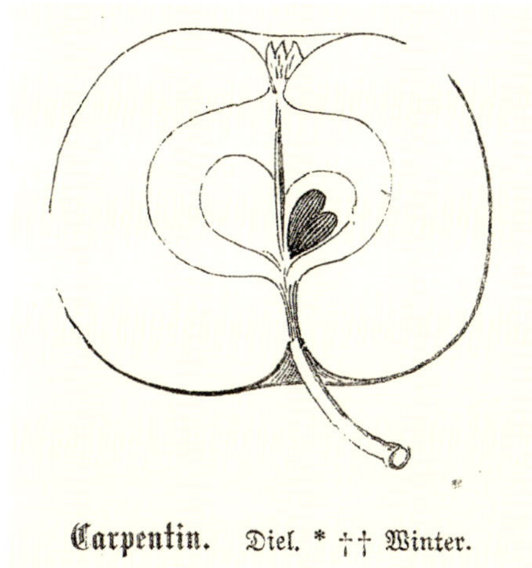

LU

Carpentin

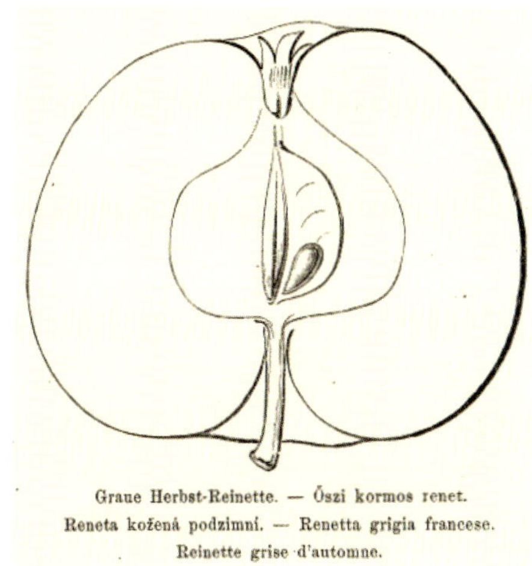

STO

Die graue Herbstreinette

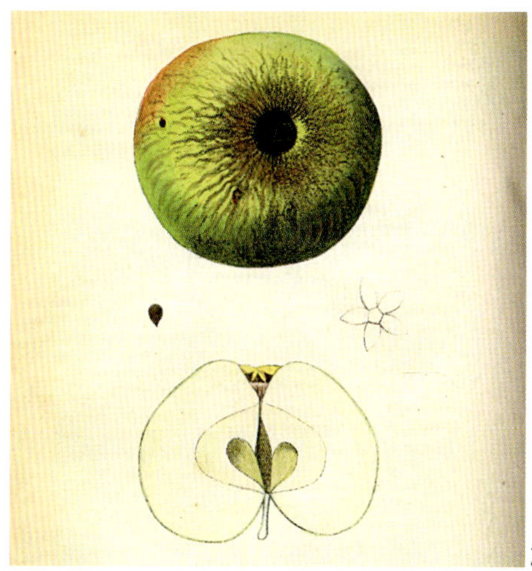

LA

Englische Spitalsreinette

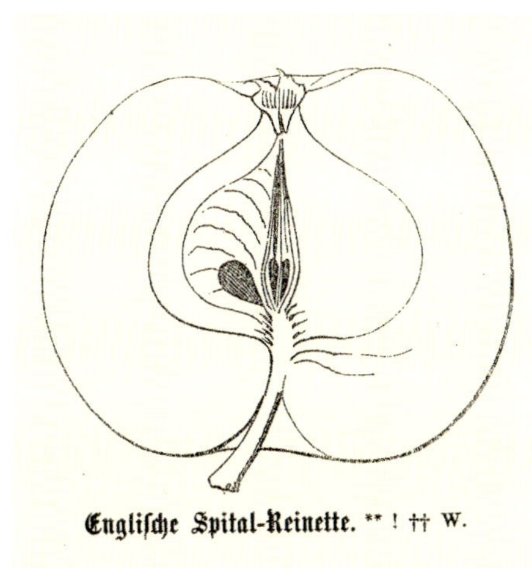

LU

Englische Spitalsreinette

4. KLASSE: REINETTEN

3. ORDNUNG: GRAUE REINETTEN

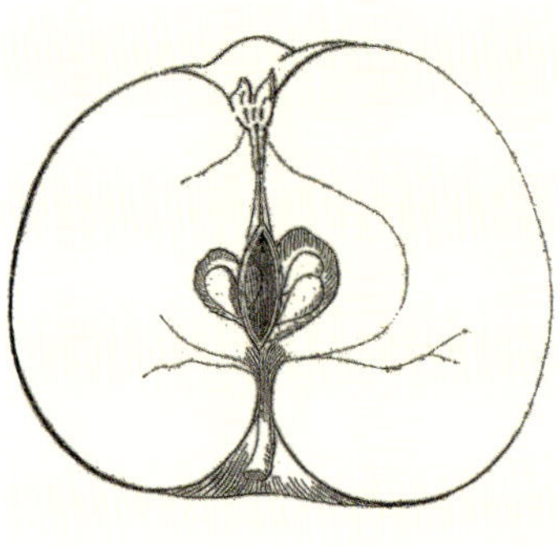

LU

Gelber Fenchelapfel

Fruchtgröße: klein

Gestalt (Fruchtform): plattgedrückt, Kelchbucht mit feinen Falten, die nicht über die Frucht gehen

Fruchtfarbe: GF: hellgelb, nur bei beschatteten Früchten
DF: schöne, nicht sehr ausgebreitete Röte, scheint hinter dem Rost versteckt

Lentizellen: wenige oder keine

Fruchtfleisch: –

Saftgehalt: saftig

Geschmack: delikat, starker, angenehmer zimtartiger Anisgeschmack

geeignet für: –

Genussreife & Haltbarkeit: XI, bis nach Weihnachten

Wuchs & Bodenanspruch: klein, viel feines Holz

Ertrag: sehr fruchtbar

Bemerkungen: verdient unter den Fencheläpfeln den Vorzug, welkt gerne, heller, zimtfarbener, feiner rauer Rost, bräunliche oder zimtfarbene Rostflecken und Warzen, gut für Zwergbäume, verlangt guten Boden und warme Lage

AE

Goldartiger Fenchelapfel

Fruchtgröße: klein

Gestalt (Fruchtform): kugelförmig

Fruchtfarbe: GF: goldgelb
DF: wie marmoriert an manchen Stellen

Lentizellen: bei glatten Früchten kleine Roststernchen

Fruchtfleisch: schön gelb, ziemlich fest

Saftgehalt: nicht saftig

Geschmack: angenehm riechend und schmeckend, erhaben zuckerartig

geeignet für: Tafel in Frankreich

Genussreife & Haltbarkeit: A XI, im XII gern mehlig

Wuchs & Bodenanspruch: mittelgroß, viele Fruchtspieße

Ertrag: sehr reichlich

Bemerkungen: fast deckender rauer, zimtfarbener Rost, 2–4 Früchte je Fruchtkuchen

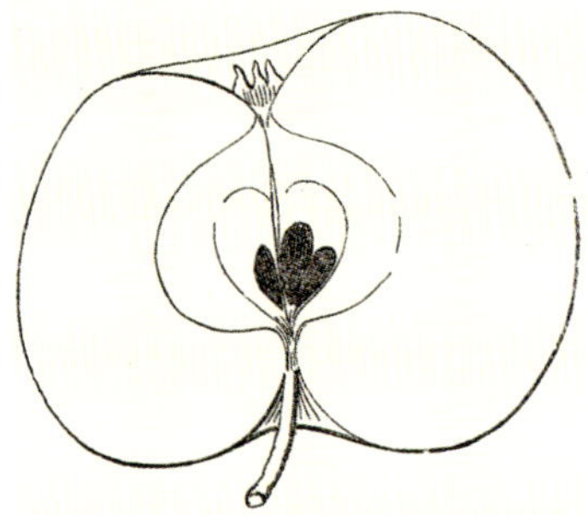

LU

Graue portugiesische Reinette

Fruchtgröße: mittelgroß

Gestalt (Fruchtform): plattrund

Fruchtfarbe: GFbE: olivgrün, durch die Berostung durchschimmernd
GF: gelblich zimtfarben
DF: keine

Lentizellen: weitläufig, fein, oft undeutlich, weißgrau

Fruchtfleisch: locker

Saftgehalt: sehr saftig

Geschmack: gewürzhaft, weinsäuerlich süß, vortrefflicher Geschmack

geeignet für: Tafel, Wirtschaft

Genussreife & Haltbarkeit: XII, den ganzen Winter

Wuchs & Bodenanspruch: sehr lebhaft, großkronig

Ertrag: –

Bemerkungen: spitzzahniger Blattrand

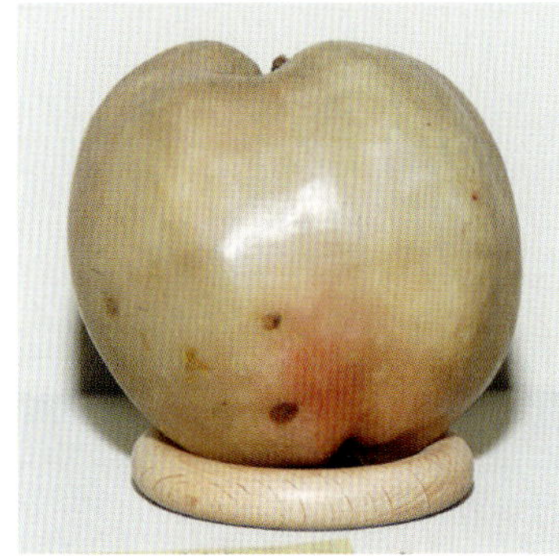

AD

Grauer flandrischer Pepping

Fruchtgröße: klein

Gestalt (Fruchtform): kugelförmig

Fruchtfarbe: DF fehlt meist

Lentizellen: deutlich, hell

Fruchtfleisch: schön weiß, fein, fest

Saftgehalt: saftig

Geschmack: angenehm gewürzhaft weinsäuerlich-süß, geruchlos

geeignet für: Tafel

Genussreife & Haltbarkeit: XII, welkt im Frühjahr

Wuchs & Bodenanspruch: lebhaft, kugelförmige Krone

Ertrag: frühzeitig recht fruchtbar

Bemerkungen: deckend zimtfarben berostet

LA

Grauer Kurzstiel

Fruchtgröße: groß

Gestalt (Fruchtform): platt, von der Mitte aus gegen den Kelch hin stark abnehmend, Kelchbucht von fast rippenartigen Beulen umgeben, die aber doch nicht als Rippen weiterlaufen

Fruchtfarbe: GFbE: hellgrün
GF: gelblich-grün, oft trübgelb
DF: dünn rötlich, fehlt bei wenig besonnten Früchten, hier nur wenig berostet

Lentizellen: selten, nicht berostete Früchte selten graue Sternchen

Fruchtfleisch: –

Saftgehalt: –

Geschmack: –

geeignet für: Tafel, Küche

Genussreife & Haltbarkeit: bis ins Frühjahr

Wuchs & Bodenanspruch: großkronig, starkwüchsig, schön und dicht belaubt

Ertrag: sehr fruchtbar

Bemerkungen: rau, bräunlich, netzartig, sternförmig oder zusammenhängend berostet, erfordert guten und tiefgründigen Boden, sonst krebsige Früchte, als Zwergbaum auf Sämling kaum Früchte

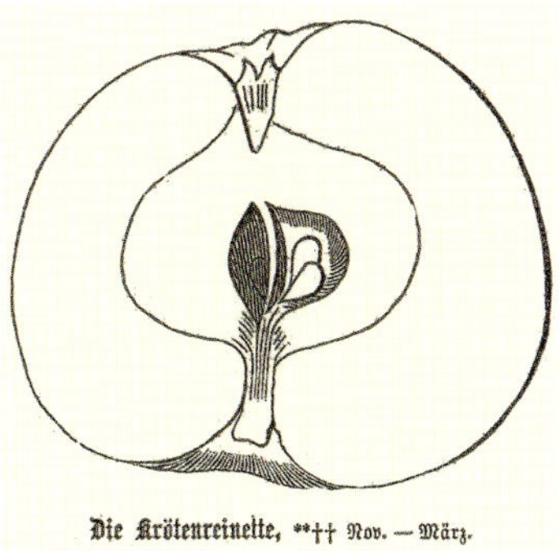

LU

Krötenrabau

Fruchtgröße: mittelgroß bis groß

Gestalt (Fruchtform): plattrund, häufig in die Breite verschoben

Fruchtfarbe: DF: erdartige Röte, nur fleckenweise

Lentizellen: –

Fruchtfleisch: sehr fein

Saftgehalt: saftig

Geschmack: angenehm erfrischend, gewürzhaft, fehlender Geruch

geeignet für: Tafel

Genussreife & Haltbarkeit: XI, bis tief in den Winter, welkt dann aber stark

Wuchs & Bodenanspruch: stark, groß, lange einjährige Triebe mit vielen deutlichen länglichen Lentizellen

Ertrag: sehr fruchtbar

Bemerkungen: zusammenhängend braun fein berostet, auch braune Netzfiguren

zu dieser Sorte ist leider keine Abbildung vorhanden

Leadington's grauer Pepping

Fruchtgröße: klein bis mittelgroß

Gestalt (Fruchtform): hoch-kugelförmig

Fruchtfarbe: GF: blass hellgelb, schimmert nur hie und da marmoriert durch die Berostung
DF: keine

Lentizellen: weißgrau, fein, häufig

Fruchtfleisch: ungemein schön weiß, sehr fein

Saftgehalt: saftig

Geschmack: kraftvoll, gewürzhaft weinsäuerlich süß, geruchlos

geeignet für: Tafel, Küche

Genussreife & Haltbarkeit: XII, bis tief in den Winter

Wuchs & Bodenanspruch: lebhaft, setzt viel Holz an

Ertrag: bald sehr fruchtbar

Bemerkungen: –

zu dieser Sorte ist leider keine Abbildung vorhanden

Meyer's Reinette von Orleans

Fruchtgröße: groß

Gestalt (Fruchtform): nahe kugelförmig, manche Früchte hochlänglich rund

Fruchtfarbe: GF: blass hellgrün
DF: glänzend dunkel, nicht schön blutrot verwaschen, getuscht, punktiert, viele dunkle abgesetzte Streifen

Lentizellen: in der DF manchmal einige feine schöne gelbe

Fruchtfleisch: gelb-grünlich, fest

Saftgehalt: saftig

Geschmack: fast wie die Graue französische Reinette, zuckerartig muskatellerartig

geeignet für: Tafel, Haushalt

Genussreife & Haltbarkeit: XII, über ein Jahr, wenn gegen E X gepflückt

Wuchs & Bodenanspruch: mittelgroß

Ertrag: sehr fruchtbar

Bemerkungen: Stielbucht rötlich braun zersprengt und zusammenhängender Rost bis über den Rand, schattseitig hoch nach dem Kelch, erfordert guten Boden und warme Lagen, vortrefflich für Zwergbäume

AE

Grauer flandrischer Pepping

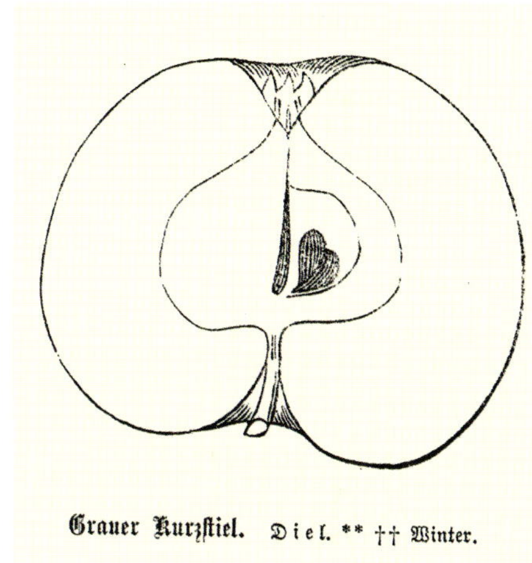

LU

Grauer Kurzstiel

LA

Grauer Kurzstiel

LA

Parker's grauer Pepping

Fruchtgröße: mittelgroß

Gestalt (Fruchtform): gut geformt, kugelförmig, in der Kelchbucht oft einige feine Falten, manche Früchte mit flachen Erhabenheiten über dem Bauch

Fruchtfarbe: GFbE: hellgrün GF: zitronengelb

Lentizellen: sehr fein und selten, weißgrau

Fruchtfleisch: –

Saftgehalt: –

Geschmack: herrlicher Geschmack

geeignet für: Tafel, für jeden ökonomischen Gebrauch

Genussreife & Haltbarkeit: XII bis I, bis ins Frühjahr

Wuchs & Bodenanspruch: lebhaft, groß, stark belaubt, aufrecht wachsend

Ertrag: sehr voll

Bemerkungen: dünner gelblich-grauer Rost über Kelch- und Stielbuchtrand, vereinzelte Rostanflüge bis über den Fruchtbauch, Warzen

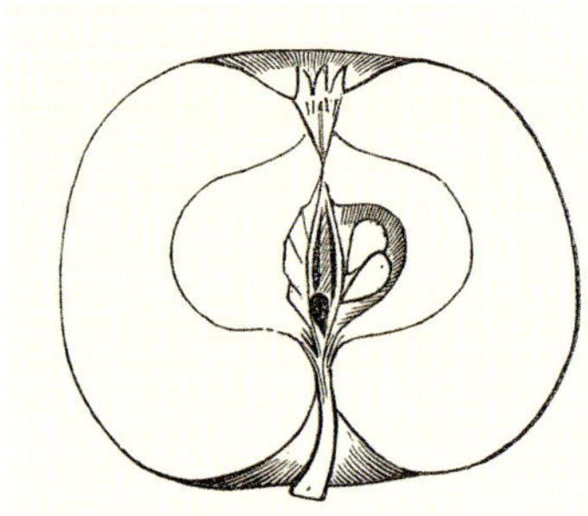

Reinette von Auvergne. **†† Dezember—April.

LU

Reinette von Auvergne

Fruchtgröße: mittelgroß

Gestalt (Fruchtform): kugelförmig, durch einige flache breitlaufende Erhabenheiten verschoben

Fruchtfarbe: DF: selten rot, mit rauem oder marmoriertem oder flächigem Rost überzogen

Lentizellen: undeutlich

Fruchtfleisch: fein, weiß

Saftgehalt: saftig

Geschmack: erhaben gewürzhaft

geeignet für: Tafel

Genussreife & Haltbarkeit: XII, bei guter Lagerung bis in den Frühling

Wuchs & Bodenanspruch: mittelgroß, viel Quirlholz

Ertrag: sehr fruchtbar

Bemerkungen: rau, marmoriert oder flächig berostet, oft schwarzfleckig, tiefe Kelch- und Stielbucht

AD

Rot(h)graue Kelchreinette

Fruchtgröße: groß

Gestalt (Fruchtform): plattrund, auch hoch und stark zugespitzt, fünf lange lanzettförmige grüne Kelchblätter, die charakteristisch in die Höhe stehen

Fruchtfarbe: GF: glänzend gelb DF: karmesinrote Flecken

Lentizellen: –

Fruchtfleisch: weiß, sehr fein

Saftgehalt: saftig

Geschmack: einschneidend, fehlender Geruch, sehr gewürzhaft

geeignet für: –

Genussreife & Haltbarkeit: XI bis XII, den Winter hindurch

Wuchs & Bodenanspruch: viel herabhängendes Quirlholz

Ertrag: sehr reichlich

Bemerkungen: rauer, dunkler, zimtfarbener Rost, prachtvolle karmesinrote Blütenknospen, Früchte an der Triebspitze

STO

Späte gelbe Reinette

Fruchtgröße: groß

Gestalt (Fruchtform): platt, Erhabenheiten entstellen die Frucht

Fruchtfarbe: GF: rötlich angeflogen DF: nur goldgelb

Lentizellen: viele kleine Erhöhungen, als ob Mohnsamen unter der Haut stecken, fühlt sich dadurch noch rauer an

Fruchtfleisch: weißgelb, fest, fein, markig

Saftgehalt: –

Geschmack: angenehm riechend und schmeckend, wie Zuckersäure

geeignet für: Tafel

Genussreife & Haltbarkeit: XII, bis ins Frühjahr

Wuchs & Bodenanspruch: dünnes abstehendes Holz

Ertrag: jährlich reichlich

Bemerkungen: großteils zimtartiger, sehr rauer Rost, gelb überdeckend, daher zimtartig gefärbt

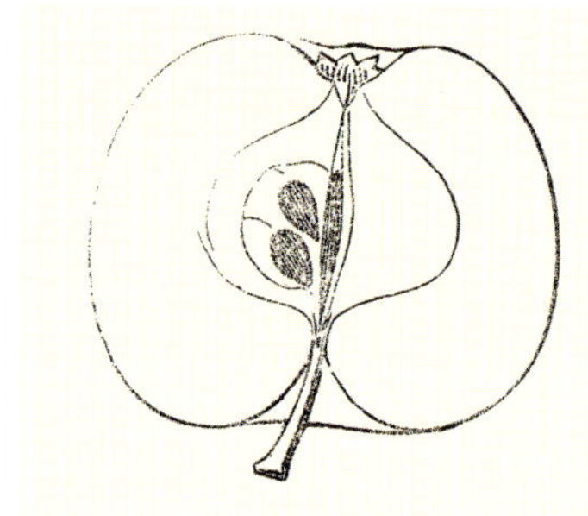

Süße graue Reinette. Diel. ** † Winter.

LU

Süße graue Reinette

Fruchtgröße: mittelgroß bis klein

Gestalt (Fruchtform): borsdorferähnlich – nur mehr kugelförmig, oft hoch aussehend, selten etwas plattgedrückt, breite hervorstehende Erhabenheiten, dadurch ungleichhälftig, Kelchbucht mit feinen Falten, oft wirkliche Rippchen

Fruchtfarbe: GF: hellgelblich-grün DF: trüb, leicht verwaschen bräunlich-rot, fehlt im Schatten

Lentizellen: feine, nicht häufige, hell weißgraue

Fruchtfleisch: –

Saftgehalt: saftig

Geschmack: mit Schale genossen anisartig

geeignet für: Tafel

Genussreife & Haltbarkeit: XII bis I, bis ins Frühjahr

Wuchs & Bodenanspruch: lebhaft, ähnlich der Edelreinette

Ertrag: jährlich sehr fruchtbar

Bemerkungen: teilt die Tugenden und Untugenden der Fencheläpfel, leichter dünner, gelbgrauer Rost, oft ganzfruchtig, ziemlich rau, oft zersprengte Linien und sternförmige Rostfiguren, fordert sehr guten Boden und warmen Standort, gibt sehr schöne Zwergbäume

AE

STO

Zimtreinette

Fruchtgröße: klein bis mittelgroß

Gestalt (Fruchtform): regelmäßig fast kugelförmig, wenig flache Erhabenheiten

Fruchtfarbe: GFbE: grünlich-grau
GF: gelb, Stielbucht bleibt im Winter oft grün
DF: bräunlich angelaufen, durch Berostung in der Reife goldartig

Lentizellen: –

Fruchtfleisch: –

Saftgehalt: –

Geschmack: kraftvoll erhaben, etwas fein zimtartig, sehr angenehm weinartig süß

geeignet für: Tafel

Genussreife & Haltbarkeit: XII,
den ganzen Winter, wenn spät im X gepflückt

Wuchs & Bodenanspruch: sehr lebhaft, starke Äste, ei- oder kugelförmige Krone mit aufrechten Ästen

Ertrag: jährlich, auch in ungünstigen Jahren oft reichliche Ernten

Bemerkungen: fein rauer Rost, der zu zimtartigem Aussehen führt

Zitzenreinette

Fruchtgröße: mittelgroß

Gestalt (Fruchtform): plattrund, über die Frucht hinausragende Fleischperlen, darauf aufsitzender Kelch, Stiellänge reicht bis zum Stielbuchtrand, oft fehlende Stielbuchttiefe

Fruchtfarbe: GF: zitronengelb
DF: leichter Anflug von Röte, die bei zunehmender Reife hellrot wird, einige Streifen

Lentizellen: weiß, stark ins Gelbliche spielend, sehr fein

Fruchtfleisch: –

Saftgehalt: sehr saftig

Geschmack: angenehm kräftig, gewürzhaft, etwas weinartig süß

geeignet für: Tafel

Genussreife & Haltbarkeit: XII,
bis ins Frühjahr

Wuchs & Bodenanspruch: breitgewölbte Krone

Ertrag: sehr fruchtbar

Bemerkungen: zimtartiger Rostanflug, oft fehlende Stielbuchttiefe

LA

Parker's grauer Pepping

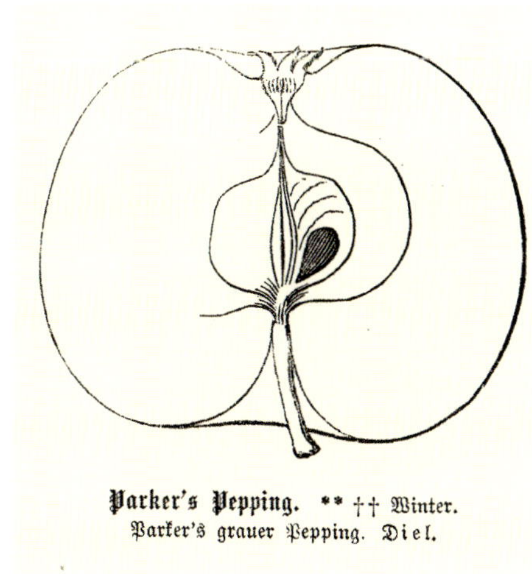

LU

Parker's grauer Pepping

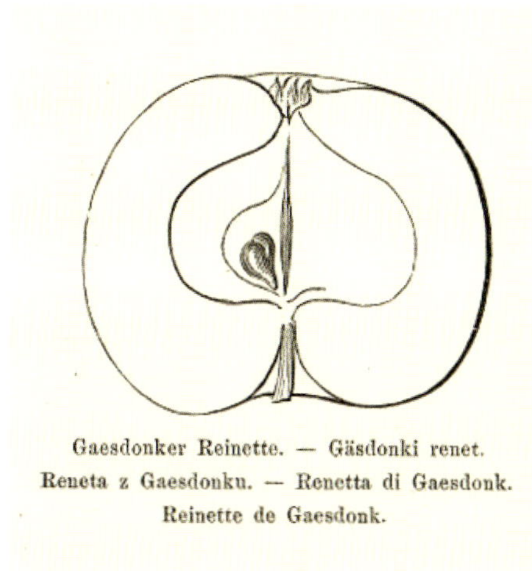

STO

Parker's grauer Pepping

LA

Späte gelbe Reinette

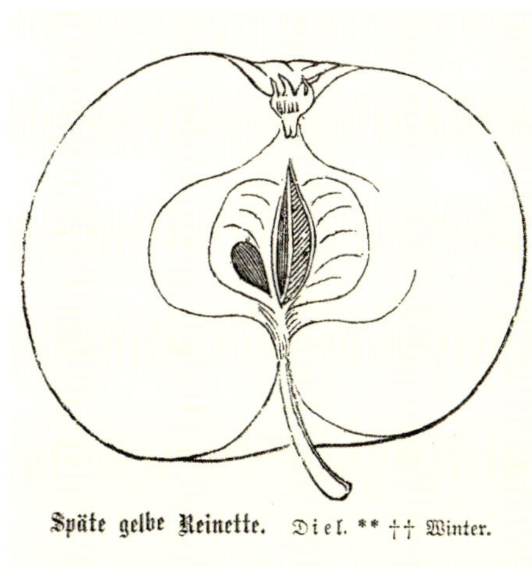

LU

Späte gelbe Reinette

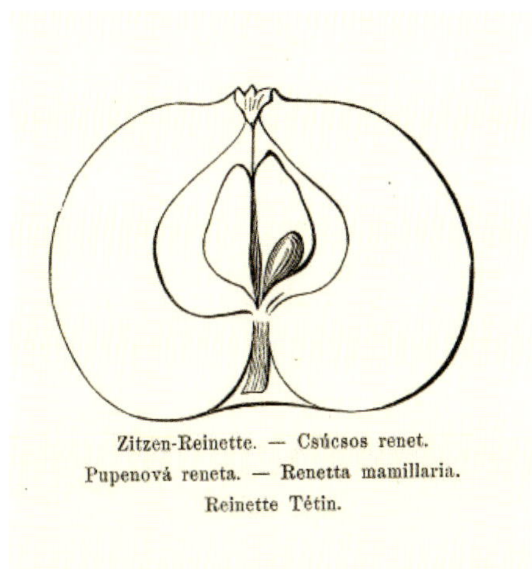

STO

Zitzenreinette

LA

Englische Granatreinette

Fruchtgröße: mittelgroß

Gestalt (Fruchtform): hoch aussehend und kugelförmig, Kelchbuchtrand mit breiten und flachen Erhabenheiten und flachen Beulen, die über die Frucht laufen

Fruchtfarbe: GFbE: grünlich-strohweiß
GF: hoch zitronengelb, nur schattseitig rein sichtbar
DF: 2/3 der Frucht karmesinrot verwaschen mit undeutlichen Streifen

Lentizellen: zahlreich, in der DF gelblich-grau, kleine Rostflecken oder Sternchen

Fruchtfleisch: –

Saftgehalt: –

Geschmack: ähnlich dem Englischen Goldpepping

geeignet für: Tafel, für jeden anderen Gebrauch

Genussreife & Haltbarkeit: XII, bis ins Frühjahr

Wuchs & Bodenanspruch: nicht stark, mittelgroß

Ertrag: bald recht fruchtbar

Bemerkungen: –

STO

Englische Winter Goldparmäne

Fruchtgröße: groß

Gestalt (Fruchtform): mehr kugelförmig als platt, in der Kelchbucht oft viele ganz feine Falten

Fruchtfarbe: GFbE: gelblich-strohweiß
GF: hoch goldartig zitronengelb
DF: viele abgesetzte karmesinrote Streifen, dazwischen sanft getuscht, schattseitig oft einzeln gestreift

Lentizellen: weitläufig verteilt, oft wenig bemerkbar, bräunlich oder schwärzlich

Fruchtfleisch: –

Saftgehalt: sehr saftig

Geschmack: erhaben gewürzhaft, angenehm süß, ohne Beimischung freier Weinsäure

geeignet für: Tafel, Most

Genussreife & Haltbarkeit: XII, bis März

Wuchs & Bodenanspruch: sehr lebhaft, groß, kugelförmige holzreiche Krone, schön belaubt

Ertrag: bald und sehr fruchtbar

Bemerkungen: welkt nicht, einer der besten bekannten Äpfel, Stielbucht großteils rostfarbig, Stielbuchtrand strahlenförmig oder zersprengt berostet, Blüte wenig frostempfindlich, vortrefflich in ungebautem Boden, für raue Gegenden

AE

Französische Goldreinette

Fruchtgröße: Gestalt (Fruchtform) borsdorferähnlich – nicht so groß wie dieser, über die Frucht verlaufen einige sehr flach sanfte Erhabenheiten, in der Kelchbucht einige Falten

Fruchtfarbe: GFbE: grünlich-gelb
GF: goldgelb
DF: dunkles glänzendes verwaschenes Karmesinrot, feine dunkelrote Streifen, die durch den Rost durchschimmern

Lentizellen: bei fehlenden Roststellen starke, sternförmige hellbraune

Fruchtfleisch: schneeweiß

Saftgehalt: saftig

Geschmack: angenehm erhaben süß, mit fein beigemischter Weinsäure

geeignet für: Tafel, zu jedem anderen Gebrauch in der Wirtschaft

Genussreife & Haltbarkeit: XII, bis ins Frühjahr bei sehr später Ernte

Wuchs & Bodenanspruch: mittelgroß, lebhaft, dünne abstehende Äste

Ertrag: jährlich und frühzeitig

Bemerkungen: welkt sehr gerne, ganzfruchtig, zimtartiger feiner Rost, fordert guten Boden und warmen Stand

AE

Goldmohr

Fruchtgröße: mittelgroß

Gestalt (Fruchtform): der Französichen Goldreinette verwandt, mehr kugelförmig, manchmal etwas höher als breit, sanfte, flache über die Frucht verlaufende Erhebungen, Kelchbucht mit einigen feinen Fältchen

Fruchtfarbe: GFbE: gelblich-grün
GF: matt goldgelb, meist nur durchscheinend
DF: etwas trüb karmesinrot, leicht und fast immer ohne Streifen, verwaschen, bei beschatteten Früchten fehlend, dann trüb goldartig

Lentizellen: gar keine

Fruchtfleisch: sehr weiß

Saftgehalt: saftig

Geschmack: gewürzhaft, süß weinsäuerlich, eigenes Parfum

geeignet für: Tafel

Genussreife & Haltbarkeit: XII, bis ins Frühjahr, darf vor den ersten Nachtfrösten nicht geerntet werden

Wuchs & Bodenanspruch: nicht stark, sehr schön belaubt, schöne, etwas flache Krone, abstehende Äste

Ertrag: frühzeitig sehr fruchtbar, setzt selten ein Jahr aus

Bemerkungen: welkt sehr gerne, ziemlich rau, braun-rötlich oder zimtfarben berostet, Rostflecken

STO

Große oder doppelte Casseler Reinette

Fruchtgröße: groß

Gestalt (Fruchtform): platt, auch kugelförmig, zum Kelch hin abnehmend, Kelchbucht fast immer mit mehreren feinen Falten oder Rippen, einige sanft und flach, sehr tiefe Stielbucht mit beulenartigen Erhabenheiten und Rost

Fruchtfarbe: GFbE: grünlich-hellgelb
GF: matt goldgelb
DF: trübrot kurzstreifig in geringer Anzahl, getuscht und punktiert, schattseitig kaum gestreift

Lentizellen: nicht häufig, in der DF weißgrau, in der GF stark, bald bräunlich, bald schwärzlich

Fruchtfleisch: –

Saftgehalt: –

Geschmack: –

geeignet für: Tafel, für jeden ökonomischen Gebrauch, Most

Genussreife & Haltbarkeit: E XI bis A XII, bis tief in den Winter

Wuchs & Bodenanspruch: lebhaft, düster belaubt

Ertrag: bald und sehr fruchtbar selbst in ungünstigen Jahren

Bemerkungen: Rost sternförmig verbreitet, langer Stiel, Rostanflüge um den Kelch

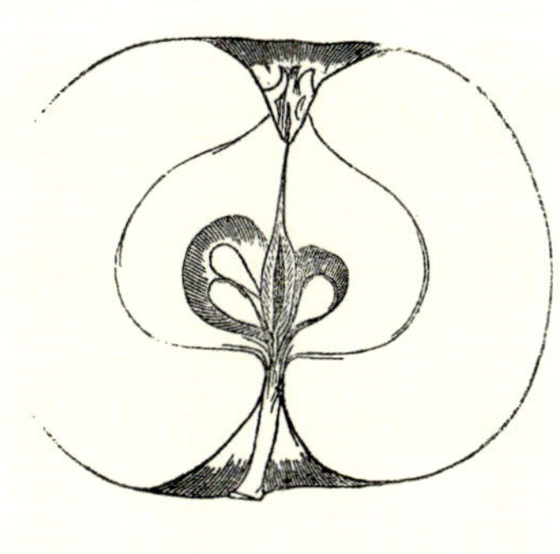

LU

Holländischer grauer Rabau

Fruchtgröße: mittelgroß
Gestalt (Fruchtform): veränderlich plattrund bis kugelförmig
Fruchtfarbe: GFbE: grünlich-hellgelb, düster aussehend
GF: goldgelb
DF: erdartiges Rot, leicht verwaschen oder gefleckt, wird goldartig rot
Lentizellen: ganze DF-Seite
Fruchtfleisch: weiß, ins Gelbliche spielend, recht fein, markig
Saftgehalt: saftig
Geschmack: kraftvoll würzig
geeignet für: Tafel
Genussreife & Haltbarkeit: XI, welkt gegen das Frühjahr sehr stark
Wuchs & Bodenanspruch: mittelgroß, flache Krone, stark belaubt
Ertrag: sehr fruchtbar
Bemerkungen: zimtfarbig zusammenhängend oder zersprengt über die halbe Frucht berostet, die GF und DF aber sichtbar lassend

LA

Englische Granatreinette

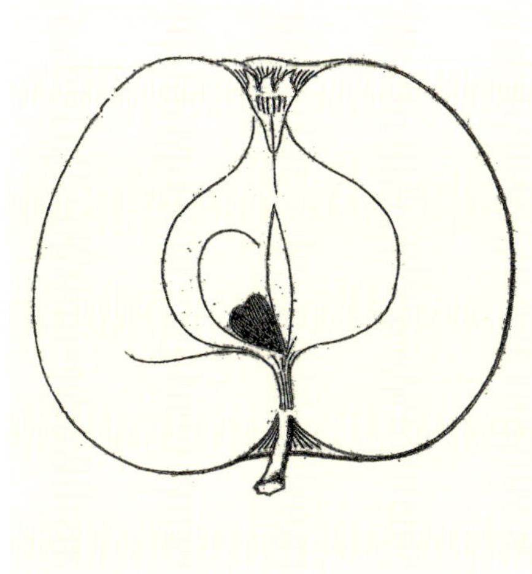

LU

Englische Winter Goldparmäne

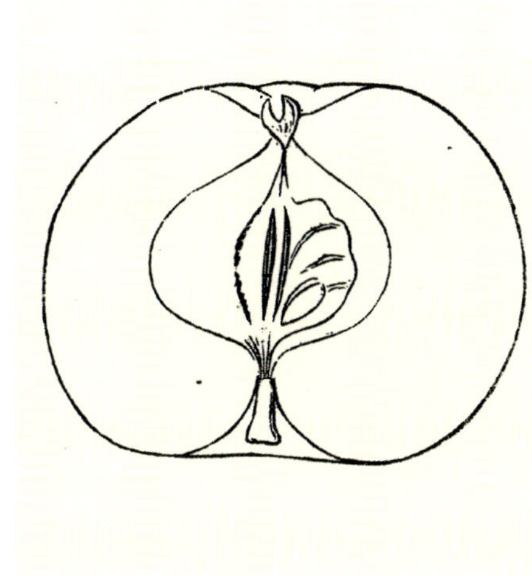

LU

Französische Goldreinette

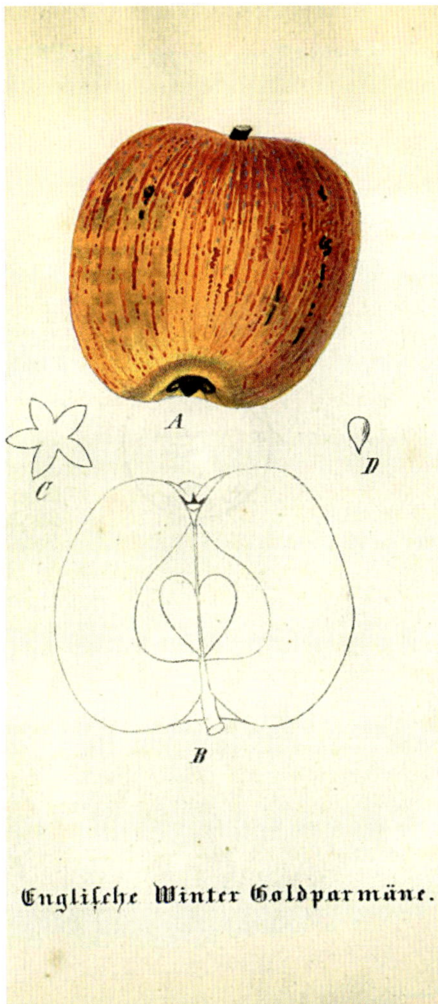

LA

Englische Winter Goldparmäne

LA

Große Casseler Reinette

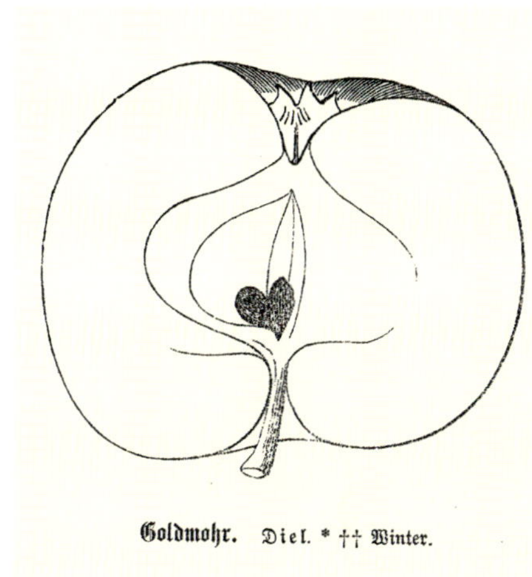

LU

Goldmohr

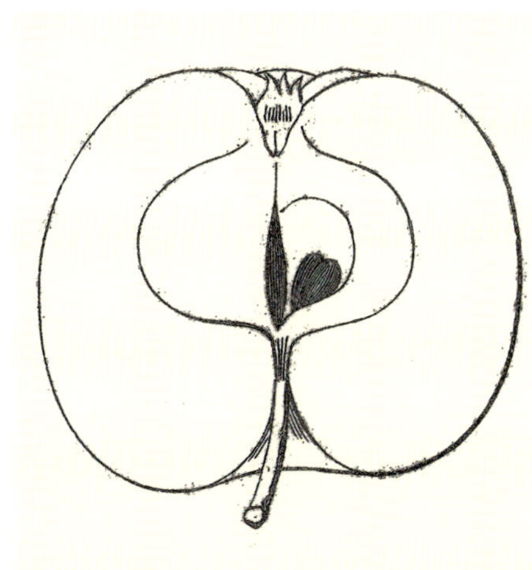

LU

Große Casseler Reinette

STO

Kleine Kasseler Reinette

Fruchtgröße: mittelgroß
Gestalt (Fruchtform): borsdorferähnlich, ohne Rippen, Warzen
Fruchtfarbe: GF: goldgelb
DF: karmesinrot fein und häufig punktiert, auch verwaschen, auch dunkelrote Streifen, die sich sonnseitig auch in einer glänzenden Stelle vereinen
Lentizellen: sehr viele, grau, rau
Fruchtfleisch: –
Saftgehalt: saftig
Geschmack: erquickend, angenehm süß, ohne Säure
geeignet für: Tafel, Wirtschaft, Most
Genussreife & Haltbarkeit: XI, bis ins Frühjahr, muss lange am Baum hängen, da sonst welkend
Wuchs & Bodenanspruch: langsam, mittelgroß, wird alt und gesund
Ertrag: jährlich und häufig
Bemerkungen: einige Rostflecken und -figuren, häufig weißgraue, schwarz eingefasste Flecken, Blüte unempfindlich, auch für raue Lagen geeignet, wegen des großen Ertrages oft keine einjährigen Triebe

STO

Königlicher rot(h)er Kurzstiel

Fruchtgröße: mittelgroß
Gestalt (Fruchtform): sehr platt, nur in der Kelchbucht viele kleine Falten, meistens unrunde Frucht
Fruchtfarbe: GFbE: blass hellgrün
GF: schön goldgelb, oft von feinem gelbgrauen Rost bedeckt
DF: schön dunkel karmesinrot, rein verwaschen, streifenartig
Lentizellen: nur in der starken DF
Fruchtfleisch: –
Saftgehalt: saftig
Geschmack: süßer Weingeschmack
geeignet für: Tafel, Küche, Most
Genussreife & Haltbarkeit: XI oder XII, den Winter hindurch
Wuchs & Bodenanspruch: mittelgroß, stark düster, belaubt, kugelförmige Krone
Ertrag: frühzeitig und ungemein fruchtbar
Bemerkungen: unempfindliche Blüte, hochstämmig und als Zwergbaum

BSP

Königsreinette

Fruchtgröße: –
Gestalt (Fruchtform): plattrund und calvilleartig
Fruchtfarbe: GF: glattschalig, hochgelb
DF: blutartig rot verwaschen, wie der Edle Winterborsdorfer
Lentizellen: hellbraune, nur in der GF bemerkbar
Fruchtfleisch: weiß, sehr fein
Saftgehalt: sehr saftig
Geschmack: köstlich, sehr erhaben, schwacher Geruch
geeignet für: –
Genussreife & Haltbarkeit: XII, bis zum Sommer
Wuchs & Bodenanspruch: groß, schön belaubt, lange einjährige Triebe, glänzend braunrot mit auffallenden weißen Lentizellen
Ertrag: sehr fruchtbar
Bemerkungen: hellbrauner Rost, glattschalig

LA

Kronenreinette

Fruchtgröße: groß
Gestalt (Fruchtform): schön regelmäßig kugelförmig, Kelcheinsenkung mit feinen Falten, welche oft als sanfte Rippen über den Bauch verlaufen
Fruchtfarbe: GF: hoch goldgelb, oft fast safrangelb
DF: trüb, noch schön karmesinrot, kurz abgesetzt gestreift, dazwischen rot punktiert oder getuscht, schattseitig halbfruchtig rein goldgelb
Lentizellen: nicht häufig, in der DF grau undeutlich, in der GF grüngrau sternförmig
Fruchtfleisch: –
Saftgehalt: saftig
Geschmack: edelster Apfelgeschmack
geeignet für: Tafel
Genussreife & Haltbarkeit: M XI, bis tief in den Winter
Wuchs & Bodenanspruch: ungemein lebhaft, stark
Ertrag: frühzeitig und allährlich
Bemerkungen: kleine feine Anflüge von Rostflecken, kann nicht genug angepflanzt werden

LA

Neujorker Reinette

Fruchtgröße: mittelgroß
Gestalt (Fruchtform): platt, ähnelt einem großen Borsdorfer, manchmal über den Bauch sanfte Erhabenheiten, bräunliche Schalenrisse
Fruchtfarbe: GFbE: gelbgrün
GF: schön goldgelb
DF: trüb, wie verloschen, leicht verwaschen rot, spurenhaft gestreift
Lentizellen: viele starke, sternähnliche, bräunlich
Fruchtfleisch: –
Saftgehalt: sehr saftig
Geschmack: erhaben gewürzhaft, süß, köstlich
geeignet für: Tafel, Wirtschaft
Genussreife & Haltbarkeit: XI, den ganzen Winter hindurch
Wuchs & Bodenanspruch: schön, lebhaft, gut belaubte Krone
Ertrag: jährlich reiche Ernte
Bemerkungen: bräunliche Schalenrisse, raue Rostanflüge, fordert gut bebauten Boden, sonst werden die Früchte voller Rostflecken und Risse

STO

Reinette von Orleans

Fruchtgröße: groß

Gestalt (Fruchtform): wandelbare Form, bald hoch, bald niedergedrückt platt, oft hockerartige, flache Erhabenheiten, oft ungleichhälftig, in der Kelchbucht mehrere feine Falten und Rippen

Fruchtfarbe: GFbE: blassgelb
GF: goldgelb
DF: schwach karmesinrot abgesetzt gestreift

Lentizellen: viele feine starke, sternförmig, rau

Fruchtfleisch: –

Saftgehalt: –

Geschmack: köstlich

geeignet für: Tafel, zu jedem anderen Gebrauch

Genussreife & Haltbarkeit: XII, den ganzen Winter über bei später Ernte

Wuchs & Bodenanspruch: lebhaft, gesund

Ertrag: frühzeitig, jährlich fruchtbar

Bemerkungen: auf der Frucht netzartig, auf der Stielbuchtwölbung fein berostet, fordert guten Boden und warmen Standort

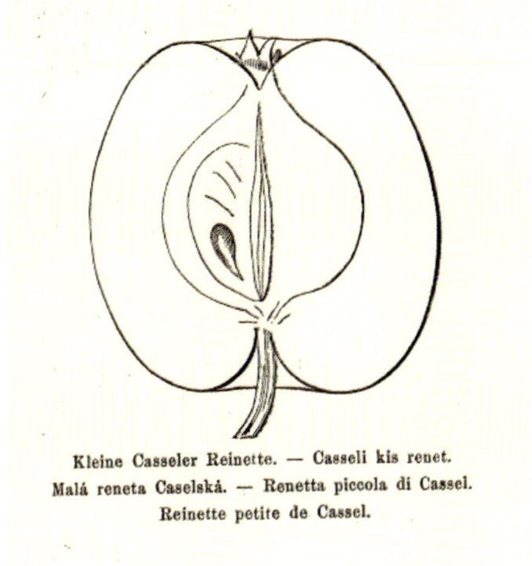

STO

Kleine Kasseler Reinette

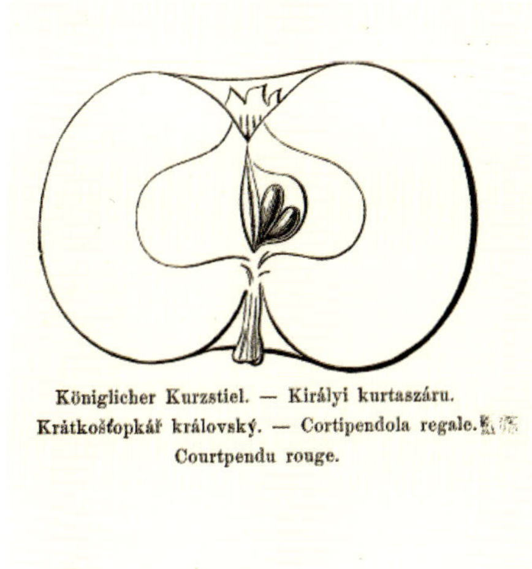

STO

Königlicher (rot(h)er) Kurzstiel

AD

Reinette von Orleans

LA

Kronenreinette

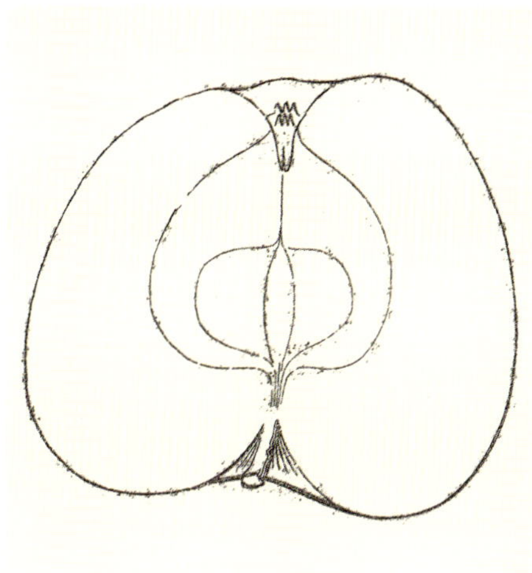

LU

Kronenreinette

LA

Reinette von Orleans

LA

Neujorker Reinette

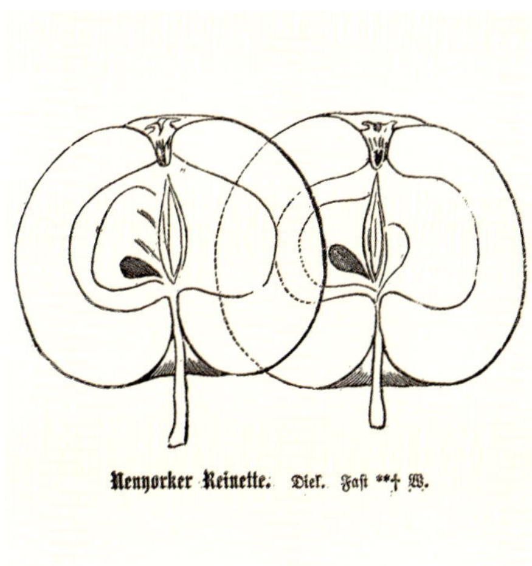

LU

Neujorker Reinette

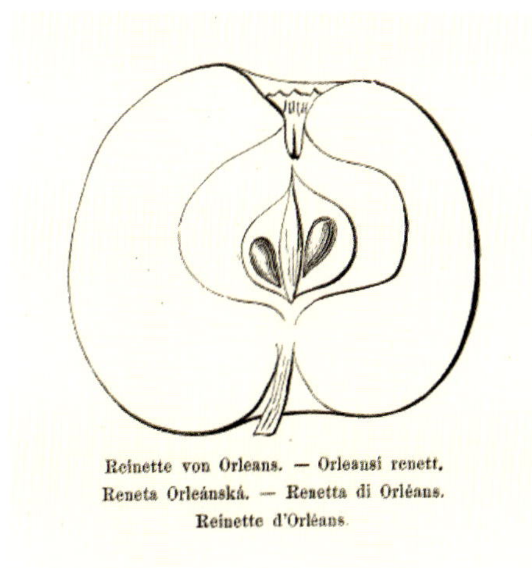

STO

Reinette von Orleans

zu dieser Sorte ist leider keine Abbildung vorhanden

Rosenfarbiger Kurzstiel

Fruchtgröße: groß

Gestalt (Fruchtform): plattrund, einzelne vordrängende Erhabenheiten, wodurch die Breite verschoben wird

Fruchtfarbe: GFbE: hellgrün
GF: schön hoch zitronengelb
DF: fast ganzfruchtig abgerieben, wie lackiert glänzend, blutartig karmesinrot stark verwaschen, auch streifig

Lentizellen: in der DF deutlich weißgraue Sternchen, in der GF braun

Fruchtfleisch: –

Saftgehalt: sehr saftig

Geschmack: gewürzhaft, weinartig süß

geeignet für: Tafel, für jeden anderen Gebrauch

Genussreife & Haltbarkeit: XII, den ganzen Winter über

Wuchs & Bodenanspruch: ungemein stark, sehr groß, stark belaubt

Ertrag: tobt sich erst aus (im Wuchs) ehe er Früchte trägt

Bemerkungen: schwärzliche Rostflecken, aus der Stielbucht ausgehend, feiner zimtartiger Rost bis zur Fruchthälfte

LA

Triumpfreinette

Fruchtgröße: groß

Gestalt (Fruchtform): reinettenförmig, Kelchbucht von feinen Falten umgeben

Fruchtfarbe: GF: trüb goldgelb
DF: blassrot geflammt angelaufen, oft rot punktiert, mittig weiß, sonnseitig größere braune Sternflecken

Lentizellen: –

Fruchtfleisch: weich

Saftgehalt: saftig

Geschmack: ohne Geruch, gewürzhaft

geeignet für: Tafel

Genussreife & Haltbarkeit: XI, bis in den März bei später Ernte

Wuchs & Bodenanspruch: mittelgroß, feines hängendes Holz

Ertrag: gerne tragbar

Bemerkungen: sternförmig grau, auch netzförmig berostet, in deren Zentrum kleine weiße Punkte, fordert guten Boden

AE

Uellner's Goldreinette

Fruchtgröße: mittelgroß

Gestalt (Fruchtform): etwas hochaussehend, breit abgestumpft

Fruchtfarbe: GF: hochgelb
DF: blutartige Röte – gleich dem Winterborsdorfer, rein verwaschen

Lentizellen: undeutlich

Fruchtfleisch: ins Gelbliche spielend, sehr fein

Saftgehalt: sehr saftig

Geschmack: ausgesucht gut, fehlender Geruch, erhaben gewürzhaft, weinartig süß

geeignet für: Tafel

Genussreife & Haltbarkeit: XII, bis ins Frühjahr, welkt

Wuchs & Bodenanspruch: geht schön in die Luft, stark belaubt

Ertrag: ungemein fruchtbar

Bemerkungen: zimtfarbener Rost bedeckt die Sonnenseite

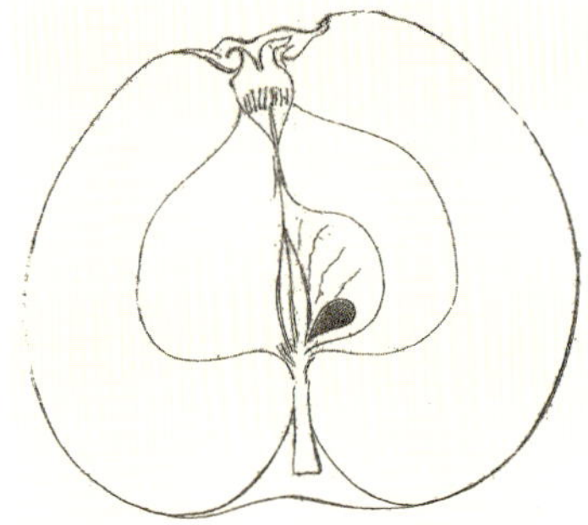
LU

Van der Laan's Goldreinette

Fruchtgröße: mittelgroß

Gestalt (Fruchtform): veränderliche Gestalt, sehr kurzer Stiel in enger Stielbucht

Fruchtfarbe: GF: schön zitronengelb
DF: viele abgesetzte breite Streifen, getuscht

Lentizellen: –

Fruchtfleisch: feinkörnig

Saftgehalt: saftig

Geschmack: fein muskatellerartig

geeignet für: Tafel, Küche

Genussreife & Haltbarkeit: E X, verliert nach 8 Wochen den Saft, welkt anschließend sehr stark

Wuchs & Bodenanspruch: groß, dicht belaubt, setzt viele Fruchtspieße an, wird erst nach 6 Jahren fruchtbar

Ertrag: –

Bemerkungen: figuren- und strahlenähnliche Rostanflüge, berostet, Rost auch über die Frucht hinweg

AD

Van Mons Goldreinette

Fruchtgröße: klein

Gestalt (Fruchtform): fast walzenförmig, oft kugelförmig, Kelchbucht mit feinen Falten, über die Frucht mehrere kantenartige Erhabenheiten

Fruchtfarbe: GFbE: grünlich-hellgelb
GF: hoch zitronengelb
DF: außerhalb des Rostes stellenweise erdartig rot, nur leicht verwaschen oder gefleckt

Lentizellen: häufig kleine Sternchen, auf der DF mit Karmesinrot umgeben

Fruchtfleisch: –

Saftgehalt: –

Geschmack: vortrefflicher Geschmack

geeignet für: Tafel

Genussreife & Haltbarkeit: XII, bis ins Frühjahr

Wuchs & Bodenanspruch: sehr lebhaft, holzreiche, kugelförmige, stark belaubte Krone

Ertrag: bald und sehr fruchtbar

Bemerkungen: viele starke braune raue Rostfiguren oder leicht zersprengt bedeckt

5. KLASSE: STREIFLINGE

1. ORDNUNG: PLATTE STREIFLINGE

AE

Brauner Matapfel

Fruchtgröße: groß

Gestalt (Fruchtform): platt, manchmal zugespitzt, dann um den Kelch unregelmäßig, Kelchbucht mit feinen Falten, die sich am Rand zu Beulen erheben und als starke breite Rippen über den Apfel hinweglaufen

Fruchtfarbe: GF: gelbgrün, nur 1/3 der Fruchtoberfläche
DF: dunkles Leberrot, ins Schwarzbraune spielend, nach dem Reiben glänzend und hellrot oder dunkelrot streifig

Lentizellen: in der DF häufig fein gräulich

Fruchtfleisch: feiner als das des Weißen Matapfels

Saftgehalt: –

Geschmack: riecht stärker und durchdringender als der Weiße Matapfel, gewürzhafter als dieser

geeignet für: –

Genussreife & Haltbarkeit: XII, bis in den Sommer

Wuchs & Bodenanspruch: auf gutem Boden sehr groß, prachtvolle Krone

Ertrag: fast jährlich reichlich, aber leicht alternierend

Bemerkungen: rostige, warzenartige Flecken, Rostanflüge

AE

Echter Winterstreifling

Fruchtgröße: groß

Gestalt (Fruchtform): kugelähnlich, Kelchbucht oft mit schwachen, feinen Rippen über die ganze Frucht

Fruchtfarbe: GFbE: hellgrün
GF: hellgelb
DF: ganzfruchtig sehr stark mit kurz abgesetzten dunkelkarmesinroten Streifen, auch in den Zwischenräumen stark punktiert, getuscht, verwaschen

Lentizellen: meist gar keine oder nur wenige in der DF

Fruchtfleisch: –

Saftgehalt: –

Geschmack: –

geeignet für: Küche, Wirtschaft, Rohgenuss für den Landmann

Genussreife & Haltbarkeit: XI, bis III und IV

Wuchs & Bodenanspruch: lebhaft, stark, groß, sehr alt

Ertrag: jährlich, ertragreich

Bemerkungen: stahlblaue Masse an Blättern, verdient häufige Anpflanzung

LA

Triumphreinette

LA

Brauner Matapfel

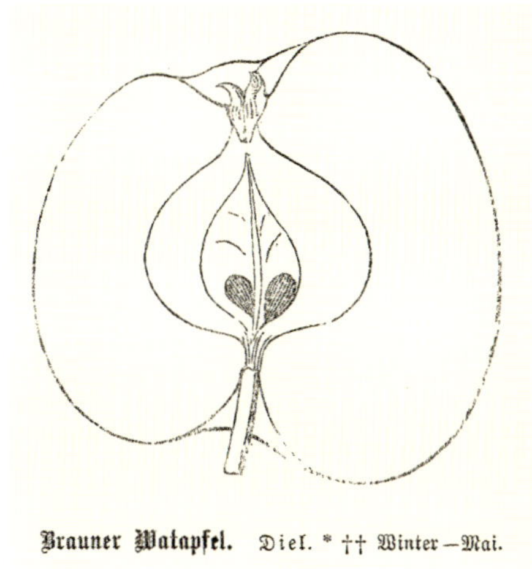

LU

Brauner Matapfel

GOE

Brauner Matapfel

STO

Brauner Matapfel

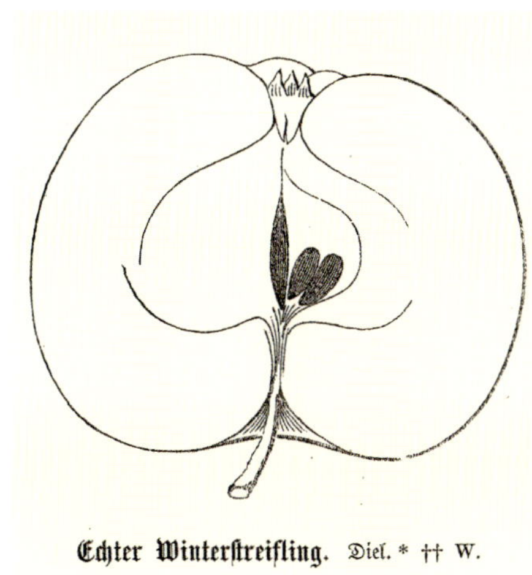

LU

Echter Winterstreifling

5. KLASSE: STREIFLINGE

1. ORDNUNG: PLATTE STREIFLINGE

AE

Französischer edler Prinzessinapfel

Fruchtgröße: mittelgroß

Gestalt (Fruchtform): eben, platt, Warzen

Fruchtfarbe: GF: hellgelb
DF: dunkel karmesinrot, oft verwaschen, dunklere Streifen, abgerieben schön glänzend

Lentizellen: gelbe Fleckchen

Fruchtfleisch: weißlich-gelb, fein, fest

Saftgehalt: saftig

Geschmack: –

geeignet für: Tafel, einer der allerbesten für die Küche

Genussreife & Haltbarkeit: XII, bis zum nächsten Sommer bei später Ernte

Wuchs & Bodenanspruch: hängendes weiches Holz

Ertrag: bald jährlich

Bemerkungen: wenn abgerieben glänzende Schale, schwarzbraune Rostflecken und Warzen, fordert guten Boden

AE

Großer gestreifter Kastanienapfel

Fruchtgröße: groß

Gestalt (Fruchtform): regelmäßig plattrund, in der Kelchbucht feine Falten, auf der Frucht nur selten undeutliche Erhabenheiten

Fruchtfarbe: GFbE: hellstrohgelb
GF: hoch goldartig zitronengelb
DF: viele dunkle karmesinrote Streifen, dazwischen stark getuscht

Lentizellen: zahlreich, fein und weißlich-grau

Fruchtfleisch: –

Saftgehalt: –

Geschmack: gewürzhaft, süß-weinsäuerlich

geeignet für: Wirtschaft, Rohgenuss

Genussreife & Haltbarkeit: XI, den ganzen Winter

Wuchs & Bodenanspruch: ungemein lebhaft, groß, schön belaubt, breitgewölbte Krone

Ertrag: bald sehr reichlich

Bemerkungen: verdient allgemeine Anpflanzung

AE

Königlicher Streifling

Fruchtgröße: mittelgroß

Gestalt (Fruchtform): plattrund, durch flache Erhabenheiten öfters verschoben, tiefe, fast schüsselförmige Kelchbucht, sehr tiefe, fein berostete, trichterförmige Stielbucht, holziger Stiel

Fruchtfarbe: GF: grüngelb
DF: stark trüb karmesinrot getuscht und streifig

Lentizellen: nur bei wenig besonnten Früchten sichtbar

Fruchtfleisch: weiß, fein, markig

Saftgehalt: saftig

Geschmack: angenehmer Weingeschmack

geeignet für: Tafel, Küche

Genussreife & Haltbarkeit: XII bis I, bis in den Sommer bei voller Kraft

Wuchs & Bodenanspruch: großkronig, hoch in die Luft ragend, viel frühes, kurzes Fruchtholz

Ertrag: bald reichlich

Bemerkungen: –

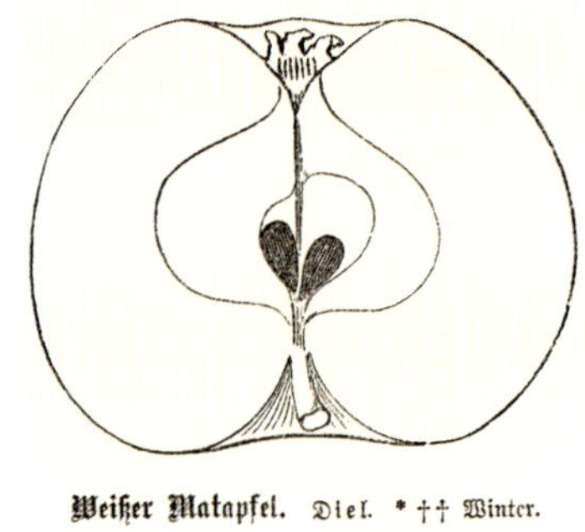

LU

Weißer Matapfel

Fruchtgröße: groß

Gestalt (Fruchtform): plattrund, Kelchbucht mit Rippen umgeben, die über den Apfel hinweg laufen und sich oft breit erheben und die Rundung ungleich machen

Fruchtfarbe: GFbE: hellgrün, blau bereift
GF: gelb
DF: ganzfruchtig abgesetzte rote, ins Bräunliche spielende Streifen, dazwischen rötlich getuscht

Lentizellen: undeutlich, fein, weißlich

Fruchtfleisch: –

Saftgehalt: Saft färbt das Wasser tintenartig

Geschmack: pikant, erquickend säuerlich, fein gewürzt, riecht sehr stark violenartig

geeignet für: Wirtschaft, Rohgenuss

Genussreife & Haltbarkeit: XII, ab XI essbar, bis tief in den Sommer, welkt nicht

Wuchs & Bodenanspruch: auf gutem Boden sehr groß, prachtvolle Krone, erste Astetage hängt oft bis zum Boden

Ertrag: fast jährlich reichlich, aber leicht alternierend

Bemerkungen: unempfindliche Blüte, blüht zeitgleich wie der Borsdorfer, gesund, wird sehr alt, an Feldrainen und an Straßen zu empfehlen

zu dieser Sorte ist leider keine Abbildung vorhanden

Weißer Sommerrabau

Fruchtgröße: mittelgroß

Gestalt (Fruchtform): platt, durch rippenartige Erhabenheiten schief

Fruchtfarbe: GF: strohweiß mit durchschimmernden Grün
DF: blassrote, kurz abgesetzte Streifen

Lentizellen: –

Fruchtfleisch: weiß, sehr weich

Saftgehalt: saftig

Geschmack: sehr schwacher Geruch, gewürzhafte versüßte Weinsäure

geeignet für: –

Genussreife & Haltbarkeit: VIII bis X, vom Baum weg genießbar, 8–10 Wochen, danach stippig

Wuchs & Bodenanspruch: langsam wachsend

Ertrag: trägt büschelweise, ungeheuer fruchtbar

Bemerkungen: feine Schale, feine nicht fühlbare Flecken

5. KLASSE: STREIFLINGE

2. ORDNUNG: ZUGESPITZTE STREIFLINGE

zu dieser Sorte ist leider keine Abbildung vorhanden

Prinzessinapfel

Fruchtgröße: groß

Gestalt (Fruchtform): unregelmäßig, meistens hoch aussehend und spitz zulaufend

Fruchtfarbe: GF: gelb
DF: stark und breit gestreift, punktiert

Lentizellen: wenig graue

Fruchtfleisch: gelblich, fein

Saftgehalt: saftig

Geschmack: angenehm weinsäuerlich

geeignet für: Küche, bedingt Tafel

Genussreife & Haltbarkeit: XI, bis ins Frühjahr, welkt aber gerne, wenn zu früh geerntet

Wuchs & Bodenanspruch: mittelgroß, hängende Äste

Ertrag: unglaublich voll

Bemerkungen: verschieden geformte Rostanflüge

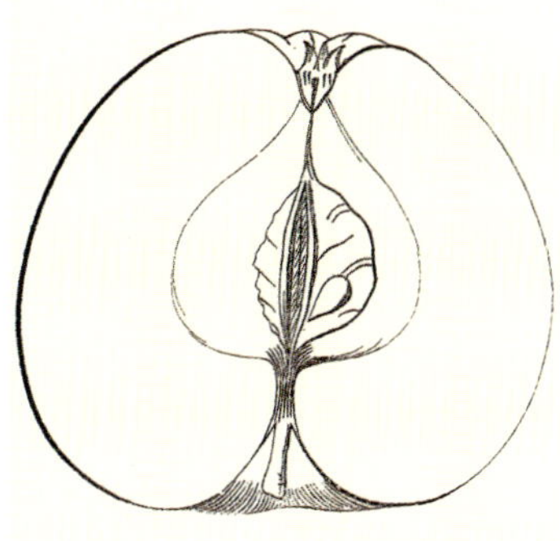

LU

Rot(h)er drei Jahre dauernder Streifling

Fruchtgröße: –

Gestalt (Fruchtform): hoch aussehend, stumpf zugespitzt, calvilleartig gerippt

Fruchtfarbe: DF: blassrot, sanft getuscht, 1/2 verwaschen, undeutlich gestreift

Lentizellen: auffallend gelb

Fruchtfleisch: gelblich-weiß, fein, markig

Saftgehalt: ohne

Geschmack: gewürzlos, fad süß

geeignet für: Wirtschaft

Genussreife & Haltbarkeit: I, 2 Jahre

Wuchs & Bodenanspruch: nicht lebhaft, flache Krone, abstehende Äste

Ertrag: sehr fruchtbar

Bemerkungen: durch Dämpfen rot

AD

Französischer edler Prinzessinapfel

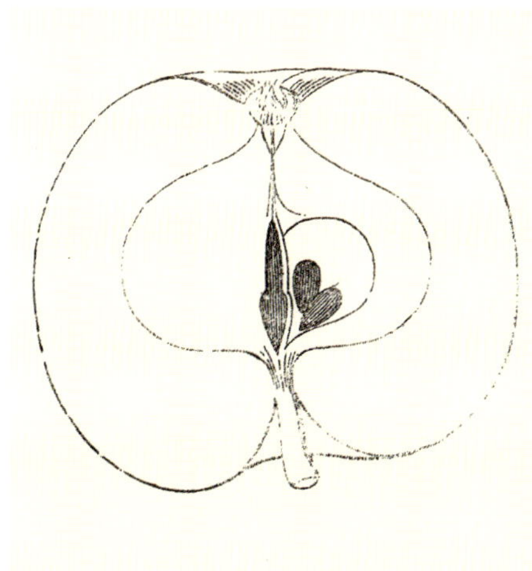

LU

Französischer edler Prinzessinapfel

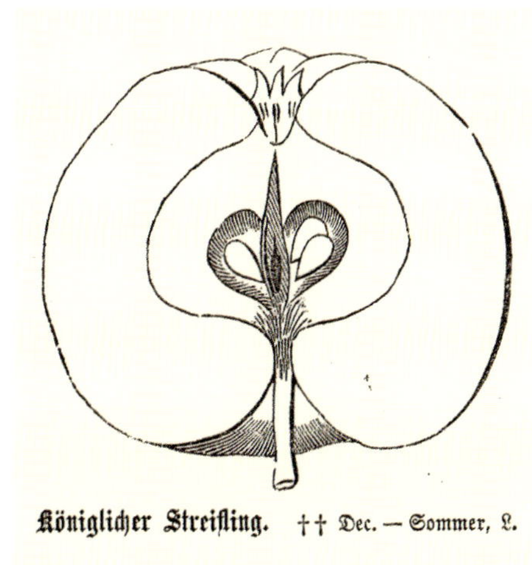

LU

Königlicher Streifling

5. KLASSE: STREIFLINGE

3. ORDNUNG: LÄNGLICHE ODER WALZENFÖRMIGE STREIFLINGE

zu dieser Sorte ist leider keine Abbildung vorhanden

Gestreifter Josephsapfel

Fruchtgröße: groß

Gestalt (Fruchtform): kugelförmig, Kelch sitzt in einer charakteristischen tiefen, weiten, schüsselförmigen Kelchbucht

Fruchtfarbe: GF: strohgelb, nur schattseitig sichtbar
DF: fast ganzfruchtig nicht grell, aber breit flammenartig hellblutfärbig gestreift, dazwischen stark getuscht

Lentizellen: –

Fruchtfleisch: weiß, locker

Saftgehalt: sehr saftig

Geschmack: feiner Geruch, erfrischender Weingeschmack

geeignet für: Tafel, ausgesucht für die Küche

Genussreife & Haltbarkeit: XI, 2 Monate

Wuchs & Bodenanspruch: stark, abstehende Äste

Ertrag: reichlich

Bemerkungen: –

STO

Großer Rheinischer Bohnapfel

Fruchtgröße: groß

Gestalt (Fruchtform): meist länglich, manchmal kugelförmig platt, Kelchbucht selten faltenartig, flache Erhabenheiten, die die Frucht ungleich machen

Fruchtfarbe: GFbE: grün-gelblich
GF: hell, blass, oft ganz weißlich-gelb
DF: ziemlich breite, stets kurz abgesetzte blassrote Streifen, mit dunkleren untermischt, dazwischen oft getuscht, schattseitig schmutzig grün

Lentizellen: in der GF viele feine, nicht fühlbar, schmutzig grün, in der DF viele, meistens gegen den Stiel mit einem Mond der GF oder blassrot umgeben

Fruchtfleisch: –

Geschmack: –

geeignet für: Wirtschaft (wird von keinem übertroffen), Tafel (im Frühjahr), Dörren (weiß-gelbliche vortreffliche Schnitzel)

Genussreife & Haltbarkeit: I, gut aufbewahrt bis Juli, kaum Saft verlierend

Wuchs & Bodenanspruch: in der Jugend pyramidenförmig, freudig, stark

Ertrag: recht fruchtbar, viele Früchte, wenn alle anderen Sorten keine tragen, Blüte unempfindlich

Bemerkungen: kleine und große fast glatte Rostflecken, verdient allgemeine Verbreitung, gesund

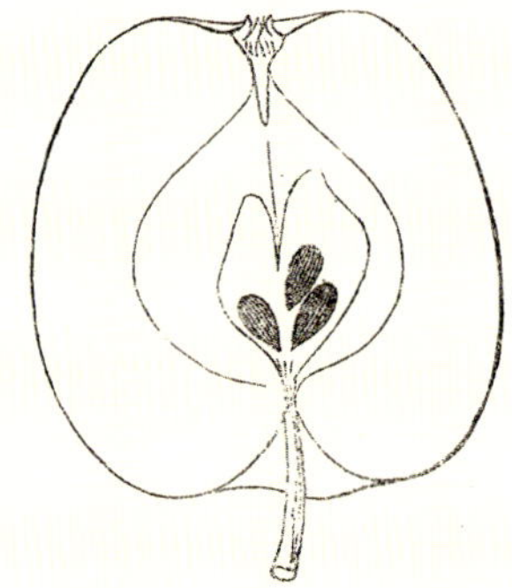

LU

Kleiner Rheinischer Bohnapfel

Fruchtgröße: –

Gestalt (Fruchtform): formregelmäßiger als der Große Rheinische Bohnapfel, selten länglich, oft fast walzenförmig abweichend, manchmal einige rippenartige Erhabenheiten

Fruchtfarbe: GFbE: hellgrün
GF: blassgelb
DF: schmutzig rot abgesetzt streifig, dazwischen getuscht oder punktiert, charakteristische Mondflecken des Großen Rheinischen Bohnapfels fehlen

Lentizellen: wenig feine

Fruchtfleisch: grünlich-gelb, welkt nicht

Saftgehalt: sehr saftig

Geschmack: ohne Geruch, angenehm ins Süßliche gehend, ohne Säure

geeignet für: –

Genussreife & Haltbarkeit: II, bis in den VIII saftvoll

Wuchs & Bodenanspruch: wie der Große Rheinische Bohnapfel, nicht so pyramidenförmig

Ertrag: weit tragbarer als der Große Rheinische Bohnapfel

Bemerkungen: mehrere flache Rostflecken, nicht so schön, aber länger haltbar als der Große Rheinische Bohnapfel

5. KLASSE: STREIFLINGE

4. ORDNUNG: KUGELFÖRMIGE STREIFLINGE

zu dieser Sorte ist leider keine Abbildung vorhanden

Erzherzogsapfel

Fruchtgröße: groß

Gestalt (Fruchtform): kugelförmig mit breiten, flachen Erhabenheiten, Stiel sitzt in sehr tiefer trichterförmigen, fein rostigen Stielbucht

Fruchtfarbe: GF: zitronengelb schattseitig
DF: breit bandartig karmesinrot gestreift, dazwischen getuscht und punktiert

Lentizellen: –

Fruchtfleisch: weiß

Saftgehalt: saftig

Geschmack: angenehmster, starker Geruch, gewürzhaft, süß, weinartig

geeignet für: –

Genussreife & Haltbarkeit: XI, den ganzen Winter

Wuchs & Bodenanspruch: sehr munter, schön belaubt, ähnlich dem Borsdorfer

Ertrag: –

Bemerkungen: stark fettige Schale, die nach dem Reiben duftet, verdient angepflanzt zu werden

AE

Fachinger's Glasapfel

Fruchtgröße: groß

Gestalt (Fruchtform): kugelförmig

Fruchtfarbe: GF: gelb
DF: fast ganzfruchtig, besonders um den Stiel breit blassrot gestreift, dazwischen hell getuscht

Lentizellen: in der DF deutlich, gelb, kreisförmig umgeben

Fruchtfleisch: weiß, etwas ins Grünliche, fein, fest

Saftgehalt: sehr saftig

Geschmack: reiner Weingeschmack

geeignet für: –

Genussreife & Haltbarkeit: im Winter, 1 Jahr ohne welken

Wuchs & Bodenanspruch: groß- und breitkronig

Ertrag: sehr reichlich

Bemerkungen: glatte, nicht fettende Schale

LE

Moselaner

Fruchtgröße: mittelgroß

Gestalt (Fruchtform): hoch kugelförmig, oft mit ziemlich starken Erhabenheiten

Fruchtfarbe: GF: hellgrün, nur schattseitig rein zu sehen
DF: stark blutrot gestreift, dazwischen getuscht

Lentizellen: ziemlich undeutlich

Fruchtfleisch: weiß, markig

Saftgehalt: saftig

Geschmack: heftiger angenehmer Violengeruch, erquickender Geschmack

geeignet für: am Obstmarkt beliebt

Genussreife & Haltbarkeit: M IX, 4 Wochen wohlschmeckend

Wuchs & Bodenanspruch: sehr freudig, stark belaubt, aufrecht

Ertrag: reichlich

Bemerkungen: auf dem Obstmarkt großer Zuspruch

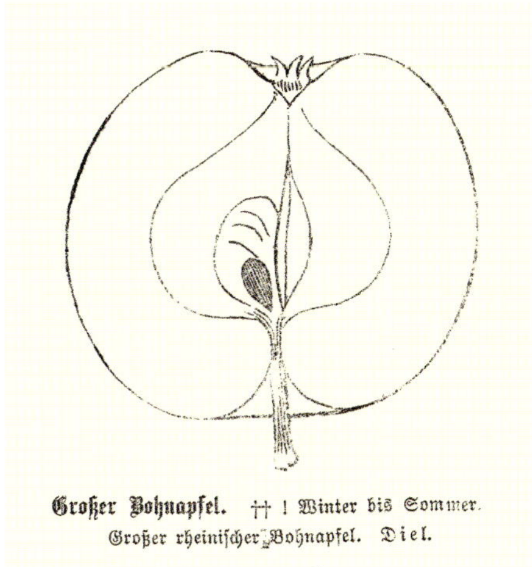

LU

Großer Rheinischer Bohnapfel

GR

Großer Rheinischer Bohnapfel

LA

Großer Rheinischer Bohnapfel

GR

Großer Rheinischer Bohnapfel

AE

Großer Rheinischer Bohnapfel

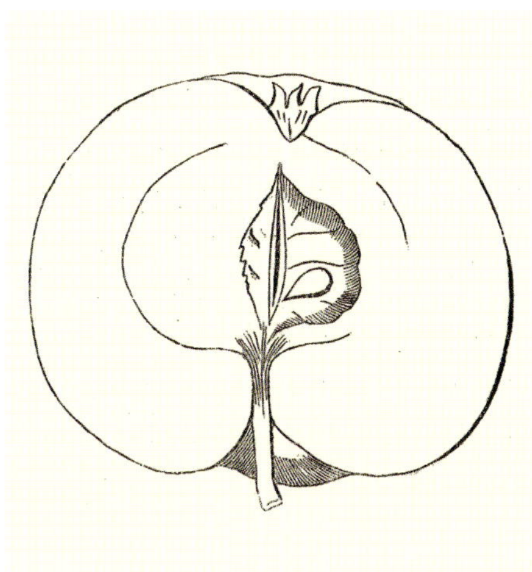

LU

Fachinger's Glasapfel

zu dieser Sorte ist leider keine Abbildung vorhanden

Blutapfel

Fruchtgröße: groß

Gestalt (Fruchtform): hoch, fast walzenförmig

Fruchtfarbe: DF: fast ganzfruchtig lebhafte, abgerieben glänzende, hell blutfarbene Streifen, oft verwaschen

Lentizellen: in der DF sehr feine weiße und graue

Fruchtfleisch: schwach rosenrot, grobkörnig

Saftgehalt: sehr saftig

Geschmack: ohne Geruch, angenehm weinsäuerlich, erdbeerartig

geeignet für: Küche

Genussreife & Haltbarkeit: M XI, den ganzen Winter

Wuchs & Bodenanspruch: mittelgroß, flache Krone

Ertrag: sehr tragbar

Bemerkungen: feine Schale, kleine Rostflecken

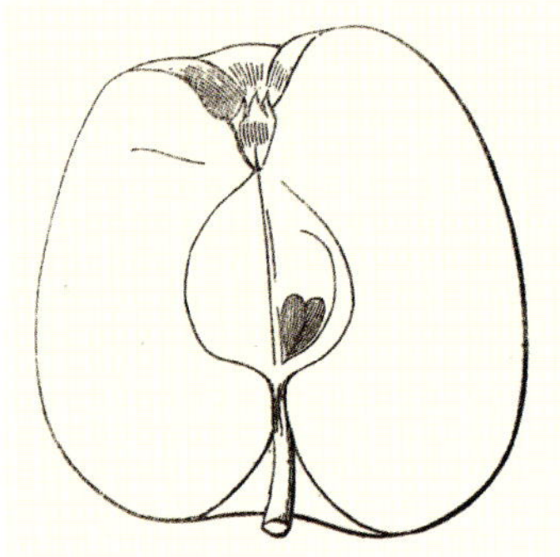

LU

Großer Winterfleiner

Fruchtgröße: groß

Gestalt (Fruchtform): hoch kegelförmig, in der tiefen Kelchbucht viele (10–12) feine Falten, am Bauch sanfte Erhabenheiten

Fruchtfarbe: GFbE: grünlich-hellgelb
GF: schön hell zitronengelb
DF: starker Anflug mit angenehmer Röte verwaschen, fehlt bei beschatteten Früchten

Lentizellen: weißlich, sehr fein

Fruchtfleisch: –

Saftgehalt: sehr saftig

Geschmack: angenehm gewürzhaft, süß, wenig Säure, stark riechend

geeignet für: Wirtschaft, Rohgenuss

Genussreife & Haltbarkeit: XI, lange in den Winter

Wuchs & Bodenanspruch: sehr groß, schön belaubt

Ertrag: sehr fruchtbar

Bemerkungen: manchmal warzenähnliche hellbräunliche Rostflecken, verdient vor vielen anderen häufig angepflanzt zu werden

zu dieser Sorte ist leider keine Abbildung vorhanden

Früher Lavendelapfel

Fruchtgröße: klein

Gestalt (Fruchtform): hoch abgestumpft kegelförmig, einige feine sanfte Erhabenheiten

Fruchtfarbe: GF: gelbgrün
DF: nur selten leicht rot

Lentizellen: einzeln, verstreut grün

Fruchtfleisch: weiß

Saftgehalt: saftig

Geschmack: starker Lavendelgeruch, angenehm süß, weinsäuerlich, ohne Gewürz

geeignet für: Tafel, vortrefflich für die Küche

Genussreife & Haltbarkeit: E VIII, 6 bis 8 Wochen

Wuchs & Bodenanspruch: mittelgroß, schlanke hängende Äste

Ertrag: sehr fruchtbar

Bemerkungen: –

LU

Königin Louisens Apfel

Fruchtgröße: mittelgroß

Gestalt (Fruchtform): länglich, oft walzenförmig, Kelchbucht mit vielen feinen undeutlichen Falten oder Rippchen, Stielbucht fein rostfarben, schielt ins Rötliche

Fruchtfarbe: GFbE: gelblich strohweiß
GF: blass hell, zärtlich zitronengelb
DF: geringer Anflug von Röte, dass die GF davon goldartig wird

Lentizellen: weitläufig gleichmäßig verteilt, sehr fein, hellgrün

Fruchtfleisch: schneeweiß

Saftgehalt: –

Geschmack: –

geeignet für: Rohgenuss

Genussreife & Haltbarkeit: E X bis A XI, 6 Wochen

Wuchs & Bodenanspruch: lebhaft, schön belaubt

Ertrag: recht fruchtbar

Bemerkungen: druckempfindliche Früchte, Stielbucht fein berostet, oft ins Rötliche schielend

LA

Ordensapfel

Fruchtgröße: groß

Gestalt (Fruchtform): stumpf zugespitzt, flache Erhabenheiten

Fruchtfarbe: GF: sonnseitig grüngelb
DF: ganzfruchtig trüb, erdartig rot leicht und rein verwaschen

Lentizellen: sehr feine, in der GF sichtbar

Fruchtfleisch: weiß, grünlich-weiß, recht weich, ähnlich dem Roten Stettiner

Saftgehalt: saftig

Geschmack: angenehmer Geruch, ähnlich dem Roten Stettiner

geeignet für: Tafel, Küche

Genussreife & Haltbarkeit: XII, den ganzen Winter

Wuchs & Bodenanspruch: groß

Ertrag: reichlich und gern

Bemerkungen: etwas fettige Schale, kleine aufgesprungene Rostflecken, welkt nicht

7. KLASSE: PLATTÄPFEL

1. ORDNUNG: REINE PLATTÄPFEL

LA

zu dieser Sorte ist leider keine Abbildung vorhanden

Api (in der Steiermark Moizedl)

Fruchtgröße: klein

Gestalt (Fruchtform): sehr platt, Kelchbucht mit feinen Rippen umgeben, die sanft über die Frucht gehen

Fruchtfarbe: GFbE: schön hellgrün GF: blassgelb DF: halbseitig glänzend blutartig rot, verwaschen, durch eine Bedeckung (Blatt) scharf abgeschnittene DF

Lentizellen: häufig feine, bald grüne, bald schwärzliche, am Lager braune Flecken daraus

Fruchtfleisch: sehr fein, in der Überreife blassrot

Saftgehalt: saftig

Geschmack: süß rosenartig

geeignet für: –

Genussreife & Haltbarkeit: XII, bis in den Herbst

Wuchs & Bodenanspruch: klein, aufrechte Äste

Ertrag: ungeheuer voll

Bemerkungen: –

Gelber Herbststettiner

Fruchtgröße: groß

Gestalt (Fruchtform): platt bis kugelig mit sanften Erhabenheiten

Fruchtfarbe: GF: zitronengelb DF: ganzfruchtig ockerfärbiges Rot, verwaschen

Lentizellen: wenige, aber gut verteilt, in der GF grünlich, in der DF hellgrau

Fruchtfleisch: weiß, körnig, fein

Saftgehalt: sehr saftig

Geschmack: angenehm

geeignet für: Wirtschaft, Rohgenuss für den Landmann

Genussreife & Haltbarkeit: X, mehrere Monate

Wuchs & Bodenanspruch: ungemein lebhaft, starke abstehende Äste, schön belaubt, flache Krone

Ertrag: ungemein fruchtbar

Bemerkungen: feine, zähfette Schale

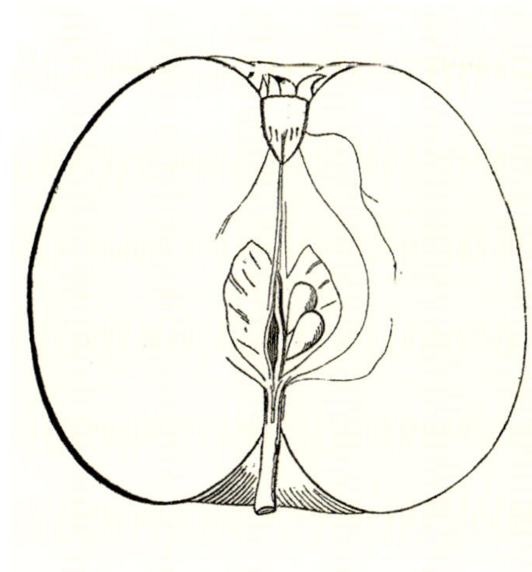

LU

Königin Louisens Apfel

LA

Ordensapfel

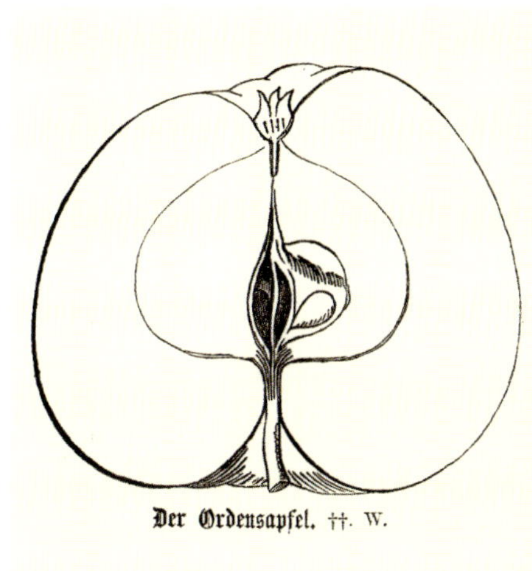

LU

Ordensapfel

LA

Api

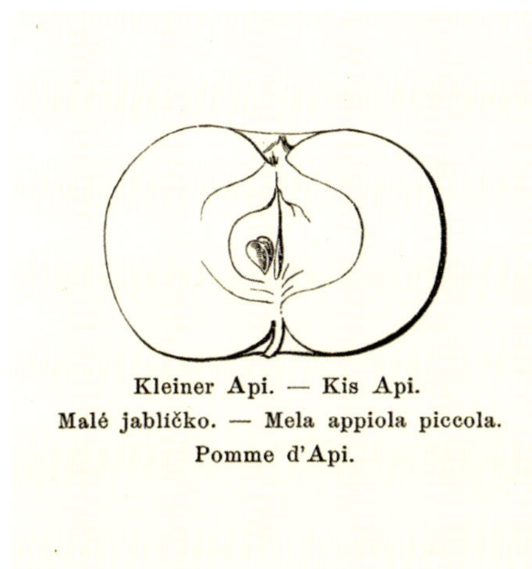

STO

Kleiner Api vergleichsweise

7. KLASSE: PLATTÄPFEL

1. ORDNUNG: REINE PLATTÄPFEL

STO

Grüner Fürstenapfel

Fruchtgröße: groß

Gestalt (Fruchtform): platt, meist schön gerundet, zum Kelch hin spitzer als zum Stiel hin, gewölbt, ungleichhälftig, Kelchbucht mit 5 feinen Falten, die vom Kelchblattanfang ausgehen, mehrere breite Erhabenheiten auf der Frucht

Fruchtfarbe: GF: blassgrün und gelbgrün, wird im Sommer blasser
DF: Anflug von bräunlicher Röte, manchmal blutrot, oft nur rote Flecken, in der Mitte der roten Flecken graue Punkte

Lentizellen: sehr fein, mit dunkelgrünem oder blassgelbem, kleinem Mond umgeben

Fruchtfleisch: –

Saftgehalt: sehr saftig

Geschmack: schwach säuerlich, ohne Gewürz

geeignet für: Küche, Most (wie der Gelbe Winterstettiner)

Genussreife & Haltbarkeit: ab I brauchbar, gut im IV, weit über ein Jahr

Wuchs & Bodenanspruch: sehr stark, hängende Äste, schön belaubt, am Ende der einjährigen Triebe 6–12 gedrängt stehende Blätter, dadurch eigenartiges Aussehen

Ertrag: früh, jährlich sehr tragbar

Bemerkungen: Stielbucht stark berostet

AD

Mostapfel

Fruchtgröße: mittelgroß

Gestalt (Fruchtform): platt

Fruchtfarbe: GF: gelb
DF: trübrot leicht verwaschen, Streifen spurenhaft

Lentizellen: verstreut, gelbbraun

Fruchtfleisch: zart

Saftgehalt: sehr saftig

Geschmack: –

geeignet für: Tafel, Most, Küche

Genussreife & Haltbarkeit: XI bis XII, bis ins Frühjahr saftig

Wuchs & Bodenanspruch: sehr lebhaft, groß, abstehende Äste, dicht belaubt

Ertrag: –

Bemerkungen: einige bräunliche Rostflecken

AE

Rot(h)er Stettiner (in der Steiermark Zwiebelapfel)

Fruchtgröße: groß

Gestalt (Fruchtform): plattrund, merkbare Rippen, ungleichhälftig, Kelchbucht mit mehreren Rippchen

Fruchtfarbe: GFbE: blassgrün
GF: wird am Lager heller, fast gelblich
DF: helle Blutfarbe, verwaschen, blasse Bandstreifen über die Frucht

Lentizellen: in der DF viele feine weißgraue, auf der Schattenseite grünlich eingefasst

Fruchtfleisch: –

Saftgehalt: –

Geschmack: –

geeignet für: Wirtschaft (in Deutschland sehr bekannt)

Genussreife & Haltbarkeit: XII, bis in den Sommer, dann gerne unter der Schale stippig

Wuchs & Bodenanspruch: groß, die untersten Äste reichen hängend oft bis zur Erde

Ertrag: sehr reichlich

Bemerkungen: bräunliche Rostflecken, erfordert guten und tiefgehenden (tiefgründigen) Boden

AD

Schöner Marienapfel

Fruchtgröße: mittelgroß

Gestalt (Fruchtform): plattrund, sanfte Erhabenheiten

Fruchtfarbe: GF: goldgelb
DF: mehr als die Hälfte gefällig feuerartig karmesinrot schön verwaschen

Lentizellen: fein weißgrau, in der DF mit dunkelroten, in der GF mit grünlichen Kreischen eingefasst

Fruchtfleisch: gelblich-weiß, fein, fest

Saftgehalt: saftig

Geschmack: angenehm süß, weinsäuerlich

geeignet für: Wirtschaft, Rohgenuss für den Landmann

Genussreife & Haltbarkeit: E IX, den ganzen Winter

Wuchs & Bodenanspruch: breite Krone, sehr schön belaubt

Ertrag: bald tragbar

Bemerkungen: wahre Zierde für jede ökonomische Obstanlage, sehr dünner Stiel

AE

Wachsapfel

Fruchtgröße: mittelgroß

Gestalt (Fruchtform): stets platt, Kelchbucht mit feinen Falten, oft schauen fünf davon wie Fleischwärzchen aus, Frucht mit Erhabenheiten, die die Frucht ungleichhälftig machen, oft warzig

Fruchtfarbe: GFbE: glänzend hell strohgelb
GF: wachsartig weißgelb
DF: über die Frucht dünner Anflug von blasser Röte, machmal nur stellenweise und rosenrot, fehlt bei Schattenfrüchten

Lentizellen: in der GF grün, in der DF dunkel karmesinrot mit bräunlichem Zentrum

Fruchtfleisch: weich

Saftgehalt: nicht saftig

Geschmack: riecht nach Quitte, angenehm weinsäuerlich, etwas kalmusartig

geeignet für: –

Genussreife & Haltbarkeit: XII, später dann mehlig

Wuchs & Bodenanspruch: nicht stark

Ertrag: –

Bemerkungen: außerordentlich feine Schale, fordert guten Boden, Warzen, Aussehen wie aus Wachs gestaltet

AE

Wahrer gelber Winterstettiner

Fruchtgröße: groß

Gestalt (Fruchtform): platt, flache, fast ebene Kelchbucht mit mehreren feinen Falten, über den Bauch kleine sanfte Erhabenheiten

Fruchtfarbe: GFbE: hellgrün
GF: hell zitronengelb
DF: besonders um die Stielbucht rein verwaschen, erdfarbene anflugartige Röte

Lentizellen: in der DF gelblich, in der GF grau

Fruchtfleisch: –

Saftgehalt: –

Geschmack: übertrifft den Roten Stettiner

geeignet für: Wirtschaft, Rohgenuss, starker, heller haltbarer Most

Genussreife & Haltbarkeit: E XII, kühl gelagert bis in den Sommer

Wuchs & Bodenanspruch: nicht sehr stark, mittelgroß, flachgewölbte Krone

Ertrag: sehr fruchtbar

Bemerkungen: öfters Rostflecken, verdient an Feldern und Straßen angepflanzt zu werden, da die Früchte fest hängen und zum rohen Genuss nicht reizen

AD

Grüner Fürstenapfel

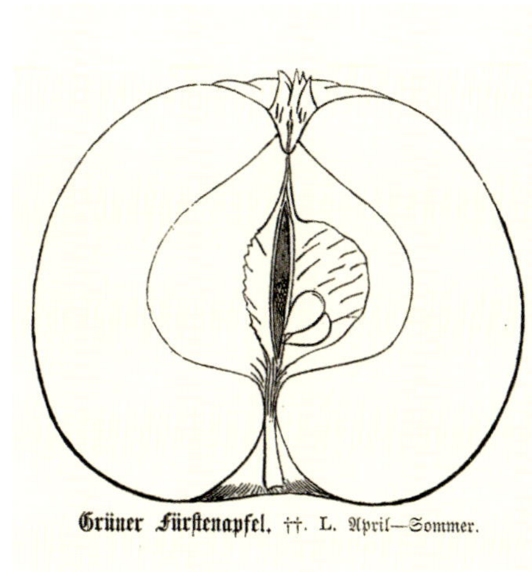

LU

Grüner Fürstenapfel

GOE

Grüner Fürstenapfel

LA

Rot(h)er Stettiner

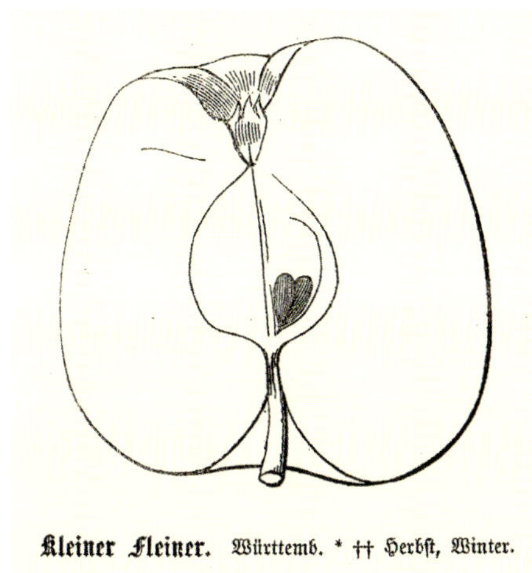

LU

Rot(h)er Stettiner

GR

Wachsapfel

GR

Wachsapfel

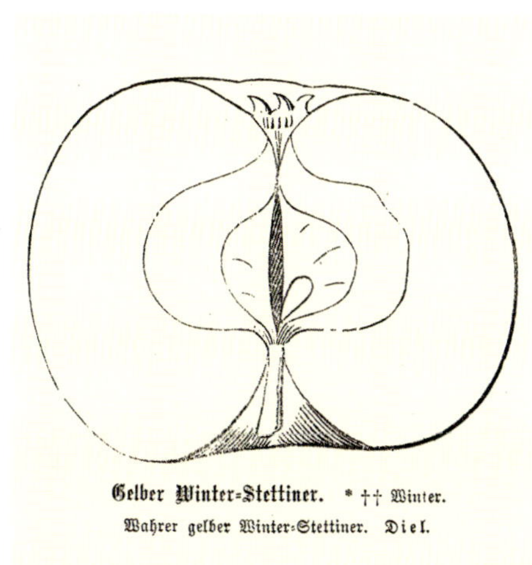

LU

Wahrer gelber Winterstettiner

7. KLASSE: PLATTÄPFEL
1. ORDNUNG: REINE PLATTÄPFEL

STO

Weißer Winter Taffetapfel

Fruchtgröße: mittelgroß

Gestalt (Fruchtform): beinahe ganz platt

Fruchtfarbe: GF: hell strohweiß
DF: ins Gelbliche schielend, selten rosenfärbig, sanft rot auf kleinen Stellen

Lentizellen: kaum vorkommend

Fruchtfleisch: schneeweiß, fein, fest

Saftgehalt: saftig

Geschmack: säuerlich

geeignet für: Tafel, Küche

Genussreife & Haltbarkeit: XII, den ganzen Winter

Wuchs & Bodenanspruch: nicht groß, flatterhaft aufrecht und hängende Äste, schön belaubt

Ertrag: –

Bemerkungen: feine und glasartig glänzende Schale, gelbe Hautflecken

7. KLASSE: PLATTÄPFEL
2. ORDNUNG: KUGELFÖRMIGE PLATTÄPFEL

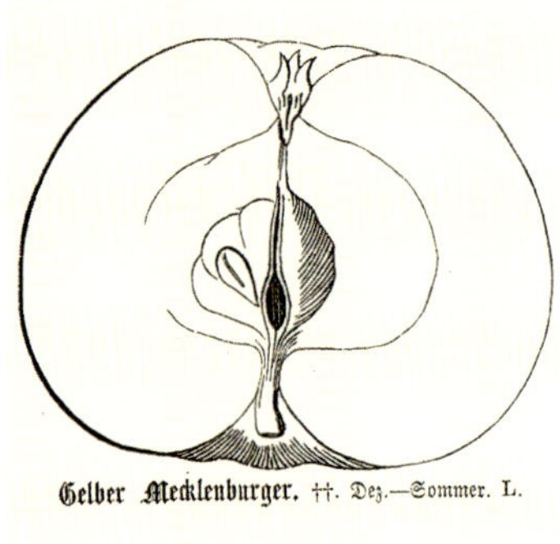

LU

Gelber Mecklenburger

Fruchtgröße: groß

Gestalt (Fruchtform): zur Kugelform neigend

Fruchtfarbe: GFbE: strohweiß
GF: zitronengelb
DF: keine

Lentizellen: sonnseitig, als starke Flecken

Fruchtfleisch: fein

Saftgehalt: sehr saftig

Geschmack: kein Geruch, angenehm erfrischend, wahrer Weingeschmack

geeignet für: Rohgenuss, Küche

Genussreife & Haltbarkeit: XII, bis ins Frühjahr, welkt nicht

Wuchs & Bodenanspruch: sehr lebhaft, stark belaubt, starke einjährige Triebe

Ertrag: sehr fruchtbar, im Jahr der Veredelung bereits Fruchtspieße

Bemerkungen: wachsartig aussehend, zartschalig, abgerieben sehr glänzend

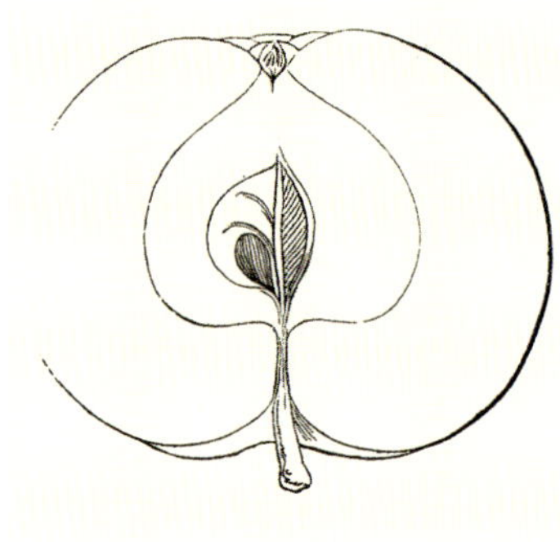

LU

Großer rot(h)er Winter-Paradiesapfel

Fruchtgröße: groß

Gestalt (Fruchtform): wohlgeformt, veränderliche Gestalt, kugelförmig bis stumpf zugespitzt, Kelchbucht mit vielen feinen Falten und Rippen, die aber nur selten deutlich über den Bauch verlaufen, breite flache Erhabenheiten

Fruchtfarbe: GFbE: hellgrün
GF: hellgelb, nur auf Schattenfrüchten sichtbar
DF: sonnseitig schön karmesinartig blutrot

Lentizellen: charakteristisch stark weißgrau, meistens unregelmäßige Sternchen

Fruchtfleisch: –

Saftgehalt: –

Geschmack: ähnlich dem Rot(h)en Stettiner

geeignet für: Rohgenuss noch angenehm, für die Küche schätzbar, gut haltbarer Most

Genussreife & Haltbarkeit: XII oder I, bis ins Frühjahr

Wuchs & Bodenanspruch: sehr lebhaft, großkronig, nicht stark belaubt, breit abstehende Äste

Ertrag: reichliche Ernten

Bemerkungen: Stielbucht und Stielbuchtrand rau, zimtfarben sternförmig berostet, verdient angepflanzt zu werden

zu dieser Sorte ist leider keine Abbildung vorhanden

Rößler's böhmischer Rotstiel

Fruchtgröße: mittelgroß

Gestalt (Fruchtform): kugelig, manchmal hoch aussehend

Fruchtfarbe: DF: rundum mit schönem, dunklem Blutrot stark und rein verwaschen

Lentizellen: undeutlich

Fruchtfleisch: weiß, fein, beim Kauen etwas rau

Saftgehalt: saftig

Geschmack: gewürzhaft, angenehmer Geruch

geeignet für: Rohgenuss, Küche

Genussreife & Haltbarkeit: XII, bis ins Frühjahr

Wuchs & Bodenanspruch: groß, viel Holz

Ertrag: sehr fruchtbar

Bemerkungen: abgerieben sehr glänzende DF, anstelle der Lentizellen oft schwärzliche Rostflecken, dünner dunkelroter Stiel

zu dieser Sorte ist leider keine Abbildung vorhanden

Röstel's gelber Weinling

Fruchtgröße: Gestalt (Fruchtform) kugelförmig-plattrund

Fruchtfarbe: ohne DF

Lentizellen: undeutlich, nur auf der Sonnenseite, oft mit Rost untermengt

Fruchtfleisch: weiß, ungemein fein, markig

Saftgehalt: sehr saftig

Geschmack: kräftiger Geschmack, angenehm fein alantartig, kraftvoll weinartig

geeignet für: –

Genussreife & Haltbarkeit: XII, bis in den Winter, welkt dann stark

Wuchs & Bodenanspruch: lebhaft, schön belaubt, große herzförmige Blätter, viele größere eiförmige Fruchtblätter

Ertrag: scheint recht fruchtbar zu sein

Bemerkungen: netzartig berostet

zu dieser Sorte ist leider keine Abbildung vorhanden

LA

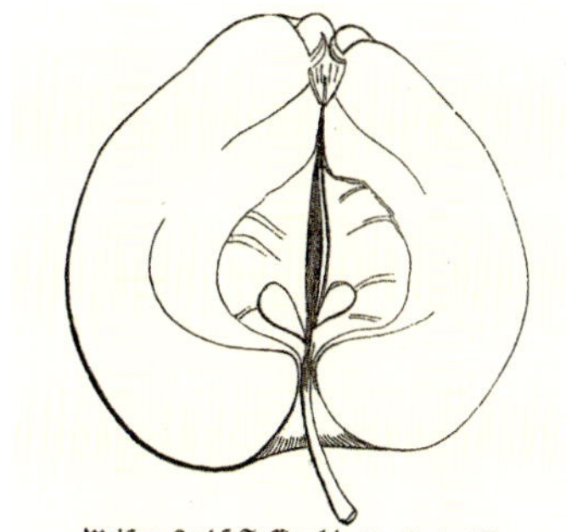

LU

Rot(h)er Herbst-Zimtapfel

Fruchtgröße: klein bis mittelgroß

Gestalt (Fruchtform): zugespitzt

Fruchtfarbe: GFbE: weißgrün, bereift
GF: gelb
DF: blutrot, gleichsam veraltet, erdartig düster rot verwaschen, manchmal undeutlich gestreift

Lentizellen: –

Fruchtfleisch: weiß, fast grünlich, sehr fein, weich, markig

Saftgehalt: saftig

Geschmack: angenehmer Geruch, fein zimtartig violenartig, gewürzhaft, süß-weinsäuerlich

geeignet für: Tafel, Küche

Genussreife & Haltbarkeit: IX, 2 Monate

Wuchs & Bodenanspruch: mittelgroß, flache Krone, abstehende Äste

Ertrag: ausnehmend und früh fruchtbar

Bemerkungen: –

Russischer Glasapfel

Fruchtgröße: groß

Gestalt (Fruchtform): schön abgerundet, eben

Fruchtfarbe: GF: gelbgrün
DF: trüb erdartig rot verwaschen oder nur flammenartig oder etwas verloschene Streifen

Lentizellen: wenige, fein

Fruchtfleisch: weiß, fein, beim Kauen hülsenbildend

Saftgehalt: –

Geschmack: weinsauer

geeignet für: Haushalt

Genussreife & Haltbarkeit: II, 1 Jahr

Wuchs & Bodenanspruch: frech (stark), aufwärts schiffchenähnlich zusammengebogene, fast zusammengerollte Blätter

Ertrag: auch bei ungünstiger Frühlingswitterung reichlich

Bemerkungen: braune Rostflecken, welkt nicht, stellenweise glasig oder durchsichtig, wie viele aus der russischen Gegend Astrachan

Weißer Herbst-Taffetapfel

Fruchtgröße: groß

Gestalt (Fruchtform): kugelförmig stumpf zugespitzt, Kelch und Stiel hellgrün, glatte Stielbucht, dünner dunkelroter Stiel

Fruchtfarbe: GF: strohweiß
DF: goldartig

Lentizellen: erhaben und fühlbar, grüne Tupfen

Fruchtfleisch: schneeweiß, locker, weich

Saftgehalt: saftig

Geschmack: weinsäuerlich, ohne Gewürz

geeignet für: Rohgenuss, Dämpfen

Genussreife & Haltbarkeit: E VIII, 4 Wochen, fault dann

Wuchs & Bodenanspruch: großkronig, den Calvillen ähnlich

Ertrag: sehr fruchtbar

Bemerkungen: sehr zarte glänzende, nicht fettige Schale

LA

Weißer Winter Taffetapfel

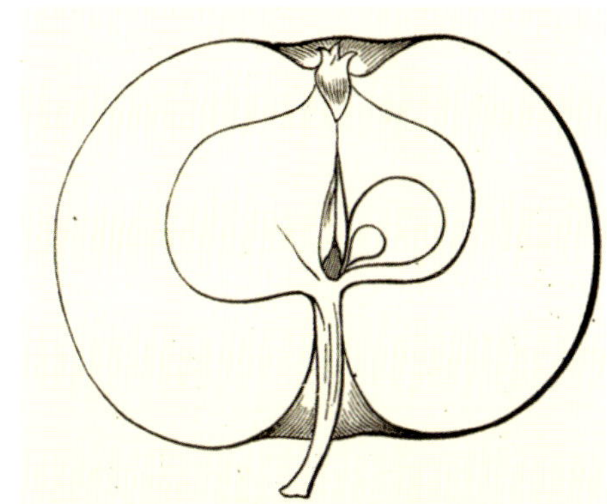

Weisser Winter Taffet-A. — Téli fehér tafota. Bílé zimní hedvábné. — Mela taffetà di inverno. Taffetas blanc d'hiver.

STO

Weißer Winter Taffetapfel

LA

Russischer Glasapfel

Alte Birnensorten

Beschreibung der Obstsorten in der Central-Obstbaumschule am ständischen Musterhofe zu Graz

Zweite Lieferung: Das Kernobst, II. Birnen, 2. Aufl.

Graz, 1844
Gedruckt bei Andreas Leykam'schen Erben

Vorrede zur ersten Auflage
„Das Obst ist die schönste, wohltätigste Frucht der Erde und sollte als ein höchst ergiebiger Beschäftigungs-, Erwerbs-, Nahrungs- und Verschönerungszweig ein vorzüglicher Gegenstand der Land- und Staatswirthschaft sein."
(Gespräche über Obstcultur. G. Berlinische Blätter 1803)

Nach dem Apfelbaum behauptet, in ökonomischer Hinsicht, unter den Fruchtbäumen zunächst der Birnbaum seinen Werth. Wir sehen ihn zwar in den meisten Gegenden unserer Provinz, besonders in jenen, in deren Nähe keine Obstmärkte gehalten werden, wenig verbreitet; allein die Ursache ist auch sehr natürlich. Der Birnbaum ist schon für sich schwerer zu ziehen, und der kluge Landwirth berechnet seine Pflanzungen nach dem Ertrage, den sie ihm geben; für ihn ist der Apfelbaum in solchen Gegenden ein weit schätzbarerer Obstbaum. Was sollte in seiner Lage auch die köstlichen Birnen nützen? Er findet keinen lohnenden Absatz für sie im rohen Zustande, und selbst für den eigenen Genuß zieht er zu seinem Brote einen kräftigen geschmackvollen Apfel der delikatesten Birne vor.
Für ihn gehören daher nur eigentlich jene Birnen, die auf großen starken Bäumen wachsen, nicht eigensinnig für Standort und Boden sind, und reichliche Ernten liefern, Birnen, welche sich zwar zum Genusse im rohen Zustand nicht vorzüglich auszeichnen, aber zum Kochen, zum Trocknen im Ganzen und in Schnitzen, zur Latwerge, zu Obstwein und Essig gut geeignet sind. Wir empfehlen daher dem Landmanne und solchen Orten auch nur diese Sorten zur allgemeinen Anpflanzung, und haben für sein Bedürfnis zur Genüge sorgt. In unserer Centralbaumschule stehen, mit besonderer Auswahl, Bäume von jenen Sorten angezogen, welche seinen Wünschen vollkommen entsprechen, und wovon der Landmann Pfropfreiser zur weiteren Veredlung, nach Verlangen beziehen kann.
Ganz anders verhält es sich hingegen mit den Grundbesitzern in der Nähe von Städten und Märkten; diese befinden sich gerade im entgegengesetzten Falle. Auf dem Obstmarkte hat nur ausgezeichnet gutes Obst seinen Werth, und man zahlt das Seltenste, Schönste und Beste um den doppelten und dreifachen Preis. Für solche Grundbesitzer ist es wahre Unwirtschaft, die geeigneten Plätze mit solchen Bäumen zu bepflanzen, deren Früchte, obschon gut geformt und einladend schön, doch nur ein fades und bitteres, oder gar ganz hartes, rübenartiges und würgendes Fleisch haben, die man beim Verkosten unwillig über die unerwartete Täuschung wieder wegwirft.
Bisher sind bei uns die vielen, butterhaft schmelzenden, von Saft überfliessenden und gewürzhaften Birnen, die vorzüglich in Frankreich und in den Niederlanden gezogen werden, noch viel zu wenig bekannt gewesen, um unseren gewöhnlichen Sorten, welche bisher fortgepflanzt wurden, den gebührenden Laufpaß zu geben. Selbst in den hierländigen ansehnlichsten Privatgärten, die man doch vorzugsweise gerne mit Zwergbirnbäumen besetzt, findet man, außer der weißen und grauen Herbstbutterbirne, nur selten und sparsam eine andere bessere Sorte, deren es nun so viele gibt, welche die beiden genannten Birnen an Güte und Vortrefflichkeit weit übertreffen. Wir wollen hier nur die Sorten: Kronprinz Ferdinand, Diel's Butterbirne, Normännische rothe Herbstbutterbirne, Mannabirne, Paradiesbirne, Grüne Osterzuckerbirne nennen, ohne viele andere zu erwähnen, welche den beiden obigen Sorten ihren bisherigen behaupteten Vorrang mit Recht streitig machen, oder sie ganz wohl gar noch zurücksetzen. Und doch sollen in solchen Gärten, die eigentlich nur bestimmt sind, das beste Tafelobst zum eigenen Genusse des Besitzers zu liefern, und die zu diesem Ende mit besonderem Fleiße gepflegt und gewartet werden, nur die allervorzüglichsten Sorten von Sommer-, Herbst- und Winterobst gezogen werden.
Am Willen zur zweckmäßigsten Besetzung fehlte es den Eigenthümern wohl nicht, aber sie hatten keine Wahl; sie mussten sich mit Dem begnügen, was ihnen unsere gewöhnlichen Baumzüchter anrühmten. Oft lockte sie auch nur die jugendliche Schönheit der Bäume zum Ankaufe derselben, und sie vergaßen hierbei die Hauptsache: die Güte der Frucht. Diesem allgemeinen Bedürfnisse ist nun abgeholfen. Auch künftig sollen noch die schönsten Zwergzierbäume, in mannigfaltigen Formen gezogen, unsere Privatgärten schmücken, die jedoch mit dieser Eigenschaft auch noch jene verbinden, die herrlichsten Früchte in reichlicher Menge zu liefern. Mit großer Mühe, vielen Kosten und bedeutendsten Opfern sind nun in unserer Centralbaumschule, sowohl aus Frankreich und den

Großkroniger, hochstämmiger landschaftsgestaltender Birnbaum in Vollblüte (Foto: KEPPEL)

Niederlanden, als auch aus anderen Ländern, alle bisher berühmtesten und köstlichsten Birnsorten gesammelt worden, die selbst für den feinsten Gaumen wahre Leckerbissen sind, und, nach dem Urtheile der meisten Obstkenner, auf unserem Nachtische stets den Vorzug vor den trefflichsten Äpfeln behaupten, die übrigens auch größtenteils zu allen übrigen ökonomischen Zwecken mit größerem Zwecke mit größerem Vorteile und Gewinne verwendet werden können, und bessere, geschmackvollere Produkte des Fleisches liefern, als unsere bisher gezogenen gemeinen Birnen. Die nachstehende Beschreibung enthält den großen Reichtum dieser Obstgattung. Diese Beschreibung soll alle Freunde der Obstbaumzucht mit den vielen, bisher bei uns noch meistens unbekannten, vortrefflichen Birnensorten bekannt machen, welche die Centralbaumschule gegenwärtig schon besitzt, und welche in derselben mit der strengsten Sorgfalt in ihrer vollen Echtheit fortgepflanzt werden; sie soll beitragen, das Bestreben aller Obstfreunde, künftig nur diese köstlichen Birnensorten anzuziehen und allgemein verbreiten zu helfen, rege zu machen, sie soll endlich mitwirken, nach und nach das schönste Ziel zu erringen, die Obstkultur in unserer lieben, hierzu so günstigen gelegenen Steiermark auf die höchste Stufe jener Vollkommenheit zu bringen, welche für dieselbe durch den bekannten Eifer ihrer edlen Bewohner, alles Gute zu befördern, so leicht erreicht werden kann. Lassen Sie uns, teure Obstfreunde! mit vereinten Kräften eilen, diesem schönen Ziele näher zu rücken; lassen Sie uns mutig pflanzen; die goldene Zeit zieht mit raschen Flügeln vorüber, und wenn auch die Früchte unserer Bemühungen erst auf unsere Särge fallen: so finden wir doch schon den herrlichsten Lohn in der freudigen Gewißheit, daß einst unsere Kinder und Nachkommen mit dankbaren Herzen ihre Väter segnen werden, welche so treffliche Bäume für sie gezogen haben. Übrigens halten wir dieser Beschreibung folgende allgemeine Bemerkungen beizufügen für nothwendig:

a) Wurde hier das System des in unserer Zeit berühmtesten und verehrtesten Pomologen, Herrn Geheimrath von Diel, wie bei den Äpfeln beibehalten. Nach diesem Systeme zerfällt die Eintheilung der Birnen in sechs Classen, drei Ordnungen und drei Geschlechter. Die Erklärung der beiden ersteren erscheint in der Beschreibung an seinem Orte.
   Nach dem Geschlechte sind alle Birnen entweder Sommer-, Herbst- oder Winterbirnen. Sommerbirnen reifen auf dem Baume und werden sogleich verbraucht. Herbstbirnen zeitigen (reifen) in gewöhnlichen Jahren auf dem Lager und dauern (lagern) von Oktober bis November, sind aber dann meistens nicht mehr brauchbar. Ausnahmen einer längeren Dauer (Lagerung) machen nur kalte Sommer, nördlicher Stand(ort), sehr kalte Obstgewölbe (damalige Lagerung) und dergleichen mehr als Nebenursachen, nicht die Natur der Frucht. Winterbirnen fangen erst Ende November an, genußbar (essbar) zu werden, und manche gelangen erst im Frühjahre, oder erst im Sommer zur Reife, halten sich aber, wenn sie zeitig (genussreif) sind, länger als die Herbstbirnen.
b) Alle Sommerbirnen werden saftreicher und geschmackvoller, wenn man sie einige Tage vor der Reife vom Baume bricht (erntet) und lagerreif werden lässt, wodurch sie länger haltbar werden; Winterbirnen müssen hingegen, so lange es nur immer die Witterung erlaubt, am Baume hängen bleiben, wo ihnen selbst die ersten leichte Nachtfröste (Frühfrost, damals um Mitte bis Ende September) nicht schaden. Manche Sorten, besonders aber alle Winterbergamotten ohne Ausnahme, erfordern, wenn sie ihre wahre Güte erreichen sollen, eine warme Spalierwand.
c) Birnen auf Zwerg- sowie auf Spalierbäumen werden gewöhnlich viel größer und geschmackvoller, als auf Hochstämmen, sind aber auch an der Sonnenseite weniger rot gefärbt.
d) In guten Obstsorten, die überhaupt alle Birnen mehr als die Äpfel erfordern, behaupten für die Küche die aus der zweiten und dritten Classe, mit festem markigen Fleische gewöhnlich der Vorrang vor den aus der ersten Classe.
e) Was die Einteilung der Birnen nach ihrem Range in jeder einzelnen Classe und die Vegetation der Bäume betrifft, gelten für diese Eigenheiten dieselben Bemerkungen, welche bereits in der ersten Lieferung in Bezug auf die Äpfel gemacht worden sind.
f) Endlich sind in dieser Beschreibung jene Birnensorten, welche einer mittlere Weißen Herbstbutterbirne (Kaiserbirne) oder einer mittleren Grauen Herbstbutterbirne (Isambert) von einem Hochstamme gleichen, als mittelgroß angezeigt, wonach sich vergleichsweise die Ausdrücke: groß, sehr groß und klein von selbst erklären.

Gratz am 1. März 1829.

Vorwort zur zweiten Auflage

Da die erste Auflage der Beschreibung der Birnensorten bereits ganz vergriffen ist, so hat der Centralausschuß eine 2. Auflage dieses Werkes beschlossen, welche mit nachfolgenden, inzwischen auf dem Gesellschaftshofe eingeführten Birnsorten vermehrt worden ist:

1. Argusbirne
2. Aremberg
3. Argenson
4. Aehrenthal's grüne Herbstbutterbirne
5. Burchardt
6. Bosc's Flaschenbirne
7. Bosc's frühzeitige Flaschenbirne
8. Braunrote Frühlingsbirne
9. Comperette
10. Coloma's Winterbutterbirne
11. Carl der Sechste
12. Colmar von Mons
13. Darimont
14. Erzherzog's Carl Winterbirne
15. Georg's frühe Herbstbutterbirne
16. Große Grüne Mailänderbirne
17. Hofbergamotte
18. Hardenpont's frühzeitige Sommerdechantsbirne
19. Holländische Sommerdechantsbirne
20. Holzfarbige Butterbirne
21. Herzogin Caroline Amalie
22. Johann Dewitte
23. Jutjes Birne
24. Kaiser von Österreich
25. Lauer's englische Osterbutterbirne
26. Liegel's Dechantsbirne
27. Leroy's Flaschenbirne
28. Liebharts Butterbirne
29. Muscateller Bergamotte
30. Muscatellerartige Butterbirne
31. Mayer's frühzeitige Butterbirne
32. Mandelbirne
33. Neue späte Winterdechantsbirne
34. Noarschain, Noarschän
35. Onkel Peter's Birne
36. Prinzessin von Oranien
37. Rostfärbige Butterbirne
38. Russelet St. Vincent
39. Rouppe's Butterbirne
40. Salisbury
41. Theuß Russelet
42. Volltragende Sommerbergamotte
43. Wilhelmine
44. Winterdechantsbirne
45. Wahre broncirte Herbstbirne

Gratz, den 22. October 1843, Dr. Hlubek, m.p. Referent

Einleitung

Der Birnbaum liebt tiefen, mehr leichten als schweren Boden, in welchem seine Pfahlwurzeln tief eindringen können und eine warme Lage; im kalten und nassen Lande gedeiht er nicht, seine Früchte werden dann meistens rissig, fad und unschmackhaft. Er kommt in einem gemäßigten Klima am besten fort, und auf sanften Abhängen, in sonnigen Lagen findet man die kräftigsten Hochstämme, die sich durch Fruchtbarkeit auszeichnen. Er wachst majestätisch, meistens in Pyramidenform in die Luft, ist sehr dauerhaft und kann auch ein hohes Alter erreichen; seine Blüte leidet im Frühlinge weniger, als jene des Apfelbaumes, und sein Holz ist fest, sehr zart und fein, zu vielen Kunstarbeiten verwendbar.

Bosc's Flaschenbirne (Foto: PIEBER)

Zur Veredlung und zur Erziehung zu Hochstämmen dienen ebenfalls am besten, wie bei den Äpfeln, jene Wildlinge, welche entweder in Waldungen, Gebüschen und Auen wachsen, wenn sie viele Wurzeln und gesunde Säfte haben, oder jene, welche aus den Kernen der gemeinen Holzbirne gezogen werden. Zu Halbhochstämmen und Zwergbäumen liefert gewöhnlich die Birnquitte (birnenförmige Quitte) die beste Unterlage. Man hüthe sich aber ja, die Apfelquitte zu nehmen; denn entweder schlägt auf derselben die Veredlung gar nicht an, oder solche Bäume, wenn sie auch anfangs freudig fortwachsen, kümmern doch in wenigen Jahren und gehen ganz ein. Zwergbäume auf Quitten erfordern jedoch einen etwas feuchten, gut cultivierten Boden. Für einen fetten Lehmgrund (Lehmboden) eignet sich auch der Gemeine Hagedorn oder Weißdorn (Crathaegus oxyacantha), welcher bei uns einheimisch ist und beinahe in allen Laubwaldungen, Gebüschen, Auen und an Hecken häufig vorkommt, als eine gute Unterlage; er gibt für viele Sorten recht schöne Zwergbäume, und wird in Holland (niederländische Provinz) und selbst in den Niederlanden vorzüglich zu diesem Zweck verwendet. Vielen, und zwar gerade den meisten edelsten Birnsorten behagen jedoch diese beiden Unterlagen nicht; sie kommen auf denselben nicht fort, oder sterben nach kurzer Dauer wieder ganz ab, und doch wünscht man mit Sehnsucht, von eben diesen köstlichen Sorten schöne Zwerg- und Spalierbäume zu besitzen.

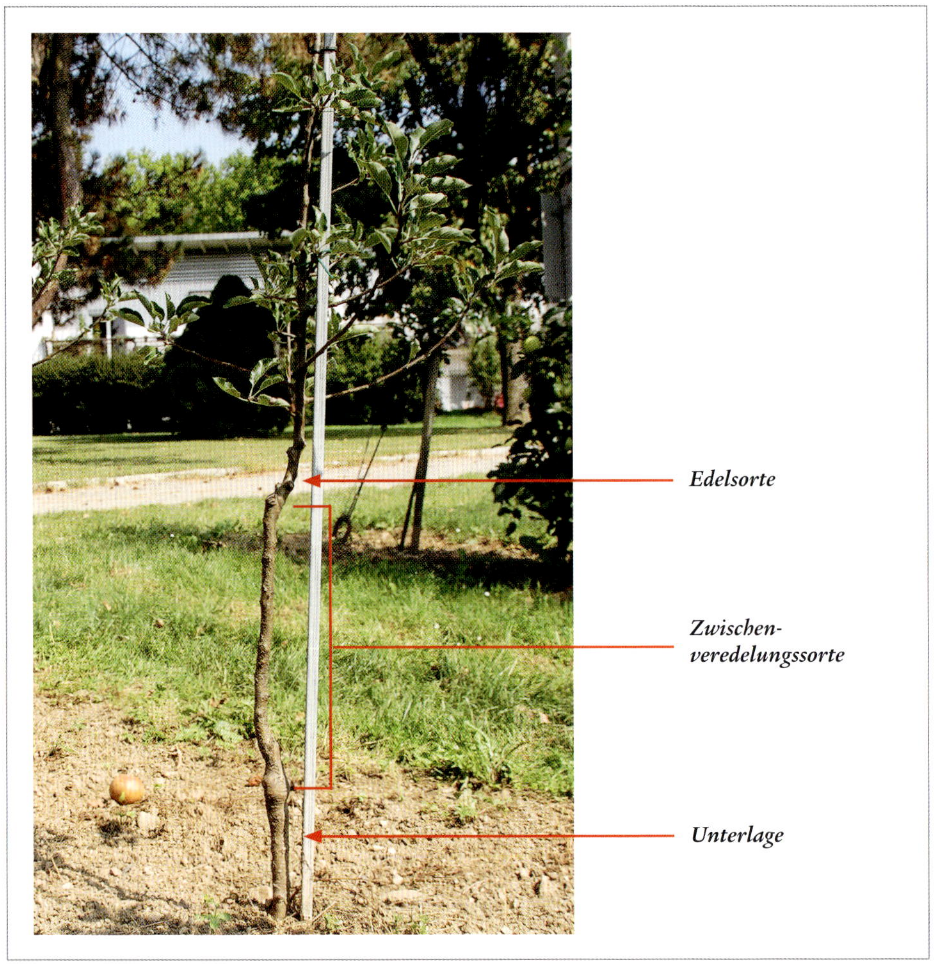

Beispiel einer derzeitigen Zwischenveredelung mit kurzem Stamm

Um dieses mit Vorteil zu erreichen, stehen uns folgende zwei Mittel zu Gebothe:

1. Die Doppelveredlung. Es werden nämlich taugliche Birnquittenstämme zuerst mit anderen Birnsorten (= Zwischenveredlung), welche auf denselben gewöhnlich gut anzuschlagenden (anzuwachsen) pflegen, vorzüglich die bekannte Weiße Herbstbutterbirne (Kaiserbirne) und ganz besonders Diel's Butterbirne, veredelt (= Stammbildner), und auf die ein- oder zweijährigen Triebe (Stämme) der also veredelten Bäumchen die (Edel-)Reiser von jenen eigensinnigen Birnsorten aufgesetzt, die, unmittelbar auf dem Quittenstamme veredelt, alle unsere Bemühungen fruchtlos machen. Wir erhalten auf diese Weise sehr schöne, fruchtbare Zwergbäume, und können mit voller Sicherheit auf die wahre eigentümliche Güte ihrer Früchte rechnen.
2. Die Auswahl schwach treibender Birnwildlinge zur Unterlage. Diese müssen hierzu eigens herangezogen werden, indem man sie in einem Alter von zwei und drei Jahren aushebt (ausgräbt, rodet), ihre Pfahl- und Nebenwurzeln scharf, höchstens auf eine Länge von 3 bis 4 Zoll (ungefähr 7,5 bis 10 cm) zurückschneidet, sie dann wieder neu versetzt (auspflanzt, aufschult), und nach einem Jahre dieses Verfahren noch einmal wiederholt. Durch diese Behandlung geben sie die tauglichen Unterlagen zu Zwergbäumen in unseren Gärten, und bei einem noch etwas schärferen Schnitte ihrer Wurzeln auch zu Topfbäumchen in Obstorangerien. Solche zubereiteten Wildlinge taugen auch zur Veredlung mit jenen Birnsorten, welche zwar auf der Quitte gut anschlagen (anwachsen), allein ihrer eigenthümlichen großen Fruchtbarkeit wegen auf derselben selten schöne Zwergbäume geben.

Die Veredlungsarten für den Birnbaum sind dieselben wie für den Apfelbaum. Nur die Quitte verträgt nicht gern das Pfropfen in den Spalt (Spaltveredlung); die Veredlungsstelle verheilt selten ganz, und nie so leicht und geschwind, als beim Copulieren (Kopulieren) und Oculieren (Okulieren). Selbst diese zusagenderen Veredlungsweisen müssen bei der Quitte immer so tief als möglich an der Erde (knapp über dem Boden) vorgenommen werden, damit beim Versetzen (Verpflanzen) der jungen Bäumchen die ganze Veredlungsstelle unter die Erde kommt (entgegen der heutigen Veredlungs- und Pflanzweise, die die Veredlungsstelle fausthoch bzw. ca. 15–20 cm über dem Boden setzt und die Bäume genauso tief pflanzt, wie diese in der Baumschule aufgeschult waren) und dem Auge keinen hässlichen oder doch widrigen Anblick verursacht.
Übrigens sind beim Pflanzen und Versetzen junger Birnbäume dieselben Vorsichten genau zu beobachten, welche bereits in der ersten Lieferung (des Buchs) für Apfelbäume empfohlen wurden, und wovon das Gedeihen und freudige Fortwachsen derselben so wesentlich abhängt.

Klassifizierungen

Erste Klasse: Butterbirnen

Kennzeichen der Klasse: Butterhaftes, schmelzendes, sehr geschmackvolles (Frucht-)Fleisch, das sich im Kauen geräuschlos in Saft auflöst.
Anmerkung: Die Butterbirnen enthalten das eigentliche köstlichste Tafelobst

1. Ordnung: breiter als hoch

Kennzeichen der Ordnung: Der Durchmesser der Breite ist größer als der der Höhe

2. Ordnung: von gleicher Höhe und Breite
Kennzeichen der Ordnung: Die Durchmesser der Breite und der Höhe sind gleich oder die Höhe beträgt nie über 1/4 Zoll (= 0,64 cm) mehr als die Breite bei den Hauptformen der Frucht.

3. Ordnung: höher als breit:
Kennzeichen der Ordnung: Der Durchmesser der Höhe ist stets schon in die Augen fallend größer als der der Breite und muss wenigstens 3/4 Zoll (= 1,9 cm) länger sein.

Zweite Klasse: Halbschmelzende Birnen
Kennzeichen der Klasse: Saftreiches, geschmackvolles Fleisch, das im Kauen etwas oder ziemlich rauschend ist, sich aber doch ganz auflöst.

Anmerkung: Diese Klasse enthält ebenfalls köstliche oder doch vortreffliche Tafelbirnen

1. Ordnung: breiter als hoch
Kennzeichen der Ordnung: Der Durchmesser der Breite ist größer als der der Höhe

2. Ordnung: von gleicher Höhe und Breite
Kennzeichen der Ordnung: Die Durchmesser der Breite und der Höhe sind gleich oder die Höhe beträgt nie über 1/4 Zoll (= 0,64 cm) mehr als die Breite bei den Hauptformen der Frucht

3. Ordnung: höher als breit
Kennzeichen der Ordnung: Der Durchmesser der Höhe ist stets schon in die Augen fallend größer als der der Breite und muss wenigstens 3/4 Zoll (= 1,9 cm) länger sein.

Dritte Klasse: Abknackende Birnen
Kennzeichen der Klasse: Saftreiche oder doch saftig geschmackvolle Früchte, deren Fleisch im Kauen abknackt und sich nicht oder nicht ganz auflöst.

Anmerkung: Enthält teils noch Tafelobst, meistens aber nur vortreffliche Früchte für die Ökonomie.

1. Ordnung: breiter als hoch
Kennzeichen der Ordnung: Der Durchmesser der Breite ist größer als der der Höhe

2. Ordnung: von gleicher Höhe und Breite
Kennzeichen der Ordnung: Die Durchmesser der Breite und der Höhe sind gleich oder die Höhe beträgt nie über 1/4 Zoll (= 0,64 cm) mehr als die Breite bei den Hauptformen der Frucht

Dritte Ordnung: höher als breit
Kennzeichen der Ordnung: Der Durchmesser der Höhe ist stets schon in die Augen fallend größer als der der Breite und muss wenigstens 3/4 Zoll (= 1,9 cm) länger sein.

Vierte, fünfte und sechste Klasse:
Schmeer- und Kochbirnen
Kennzeichen der Klasse: Die vierte Klasse enthält Birnen mit schmierig-schleimigem, die fünfte Birnen mit saftigem oder trockenem, aber zum Genuss fadem, und die sechste Birnen mit hartem, rübenartigem Fleisch.

Anmerkung: Die Birnen dieser drei Klassen sind, einige der vierten Klasse ausgenommen, zum rohen Genuss nicht mehr brauchbar, sondern sie gehören für die Küche und Ökonomie. Aus der großen Menge dieser Birnen wurden zur weiteren allgemeinen Fortpflanzung nur jene Sorten ausgewählt, welche dem Landmanne die meisten Vorteile gewähren.

Bildautorenverzeichnis:
AE = Aehrenthal
GOE = Goethe
GR = Grill
LA = Langethal
LU = Lucas
MAY = Mayer
PF = Pfau-Schellenberg
STO = Stoll

zu dieser Sorte ist leider keine Abbildung vorhanden

Argusbirne

Fruchtgröße: mittelgroß

Gestalt: ähnlich der Herbstbergamotte, kelchbauchig, nimmt mehr nach dem Stiel ab, sodass beide Fruchtwölbungen oft stark verschieden sind, 6,35 cm breit und 5,4 cm hoch

Kelchpartie: kurzer hartschaliger, offener Kelch in breiter, sehr tiefer Kelchbucht, auf der sich gerne flache Erhabenheiten bilden, die auch breit über die Frucht hinlaufen und die Rundung verschieben

Stiel: dickholzig, 1,3 cm lang, sitzt in sehr tiefer, schmaler Bucht

Berostung: zersprengte Anflüge

Fruchtfarbe: GFbE: glattschalig, nicht fettig, hellgrün
GF: helles zitronengelb
DF: nur ganz frei hängende Früchte können einen Anflug von Rot haben

Lentizellen: sehr viele feine braune

Fruchtfleisch: weiß, etwas körnig, ganz in Saft auflösend

Geschmack: angenehm fein zimtartiger Zuckergeschmack, hinterlässt auf der Zunge etwas Barsches, geruchslos

geeignet für: Liebhaber

Saftgehalt: sehr saftig

Genussreife & Haltbarkeit: M XI, 4–5 Wochen

Wuchs & Bodenansprüche: –

Ertrag: –

Bemerkungen: welkt nicht

MAY

Bergamotte von Bugi

Fruchtgröße: mittelgroß

Gestalt: plattkreiselförmig, über die Frucht kleine Erhabenheiten, schiefe Stielbucht

Kelchpartie: ebene Kelchbucht

Stiel: –

Berostung: kleine Anflüge von Rost

Fruchtfarbe: GFbE: hellgrün
GF: blass hellgelb
DF: meist fehlend

Lentizellen: viele feine, bräunlich

Fruchtfleisch: schmelzend, butterhaft

Geschmack: ungemein süß, zuckerartig

geeignet für: –

Saftgehalt: –

Genussreife & Haltbarkeit: E IV, bis in den Sommer

Wuchs & Bodenansprüche: –

Ertrag: –

Bemerkungen: nicht im Keller lagern, da dann leicht moderartig schmeckend, auf Sämling geschmackvoller

AE

Comperelle (Comperette)

Fruchtgröße: mittelgroß

Gestalt: mehr bergamotten bis herbstbergamottenartig als kreiselförmig, kelchbauchig,
auf Hochstamm 6,4 cm breit und meist ebenso hoch, als Zwergbaum 7,6 cm breite Früchte, glattschalig

Kelchpartie: schmaler feinblättriger ziemlich offener Kelch, eingesenkt, ebene oder bebeulte Kelchbucht, die entweder kaum bemerkbar oder über die ganze Frucht hinweg läuft

Stiel: fleischiger 1,3 cm bis 1,5 cm langer, eingesteckter, häufig schiefer Stiel

Berostung: –

Fruchtfarbe: GFbE: leicht fettig hellgrün
GF: hell zitronengelb
DF: keine

Lentizellen: viele sehr feine, nur in der gelben Farbe, deutlich unterscheidbar

Fruchtfleisch: weiß, butterhaft schmelzend, angenehm feiner, alantartiger, herrlicher Zimtgeschmack

Geschmack: geruchlos

geeignet für: Tafel

Saftgehalt: sehr saftig

Genussreife & Haltbarkeit: E X, danach teigig

Wuchs & Bodenansprüche: –

Ertrag: –

Bemerkungen: –

zu dieser Sorte ist leider keine Abbildung vorhanden

Deutsche National-Bergamotte

Fruchtgröße: groß

Gestalt: selten rein kastanienförmig, wölbt sich meist kreiselförmig zum Stiel hin

Kelchpartie: breiter offener Kelch sitzt in großer, sehr tiefer Kelchbucht

Stiel: –

Berostung: –

Fruchtfarbe: GFbE: grünlich-gelb, darf am Baum nicht gelb werden, sonst werden die Früchte mittig schon teigig
GF: hoch zitronengelb
DF: sehr besonnte Früchte mit geringem Anflug von sanfter Röte

Lentizellen: viele braune Punkte

Fruchtfleisch: schmelzend, butterhaft

Geschmack: angenehmer, gewürzter, zuckerartiger Bergamottengeschmack

geeignet für: Landmann

Saftgehalt: saftig

Genussreife & Haltbarkeit: A X, nicht lange

Wuchs & Bodenansprüche: sehr stark

Ertrag: nach Wuchsberuhigung sehr fruchtbar

Bemerkungen: für Hochstamm vortrefflich

zu dieser Sorte ist leider keine Abbildung vorhanden

Graue Muscatellerbirne

Fruchtgröße: groß

Gestalt: ganz bergamottenartig platt, rund

Kelchpartie: harter, kleinblättriger, weit offener Kelch

Stiel: dünner holziger Stiel

Berostung: –

Fruchtfarbe: –

Lentizellen: –

Fruchtfleisch: fein, körnig, zergehend

Geschmack: sehr angenehm gewürzhaft, süßer Muskatellergeschmack

geeignet für: Tafel

Saftgehalt: saftig

Genussreife & Haltbarkeit: –

Wuchs & Bodenansprüche: –

Ertrag: –

Bemerkungen: –

zu dieser Sorte ist leider keine Abbildung vorhanden

Grüne langstielige Winterhirtenbirne

Fruchtgröße: mittelgroß
Gestalt: platt bis rundbauchig, in der Rundung stark uneben, bergamottenähnlich
Kelchpartie: Kelch halb geschlossen bis offen mit kleiner Kelchbucht, die oft mit Fleischwärzchen versehen ist
Stiel: sehr langer, stark krummer, anfänglich dickbauchiger Stiel
Berostung: –
Fruchtfarbe: GFbE: dunkelgrün
GF: hellgrün, manchmal ins Gelbliche schimmernd
DF: um die Stielbucht sehr leicht bräunlich rot
Lentizellen: –
Fruchtfleisch: grünlich-weiß, fein butterhaft schmelzend
Geschmack: eigen zuckerartig, fein muskatellersäuerlich
geeignet für: –
Saftgehalt: saftig
Genussreife & Haltbarkeit: XIII, bis Feber
Wuchs & Bodenansprüche: sehr stark, glänzendes Laub
Ertrag: –
Bemerkungen: benötigt als Zwergbaum schwachen Sämling

MAY

Herbstbergamotte

Fruchtgröße: groß
Gestalt: veränderlich, platt, bis zum Stiel hin zugespitzt, selten ganz rund, um die Stielbucht einige Falten
Kelchpartie: Kelchbucht mit kleinen Erhabenheiten
Stiel: –
Berostung: –
Fruchtfarbe: GFbE: matt hellgrün
GF: hellgelb
DF: auf Sämlingsunterlage etwas rot
Lentizellen: viele feine, teils grau, teils grün mit Rostanflügen und Rostfiguren
Fruchtfleisch: –
Geschmack: erhaben zuckerartig, angenehm erfrischend
geeignet für: –
Saftgehalt: saftig
Genussreife & Haltbarkeit: M X bis A XI, kühl bis 2 Monate
Wuchs & Bodenansprüche: jugendlich stark
Ertrag: fruchtbar
Bemerkungen: soll in keiner Anlage fehlen

LA

Hildesheimer Bergamotte

Fruchtgröße: mittelgroß
Gestalt: bergamottenartig, oft käselaibartig platt, mittelbauchig
Kelchpartie: Bauch wölbt sich flachrund um den offenen oder geschlossenen zugespitzten Kelch
Stiel: –
Berostung: bisweilen gänzlich braun berostet
Fruchtfarbe: GFbE: hell- bis gelblichgrün
GF: hell zitronengelb
Lentizellen: viele, nur in der GF sichtbar
Fruchtfleisch: weiß, fein, schmelzend
Geschmack: bergamottenartig schmeckend, vortrefflich gewürzhafter Zuckergeschmack
geeignet für: –
Saftgehalt: sehr saftig
Genussreife & Haltbarkeit: E IX, 2 Wochen
Wuchs & Bodenansprüche: stark, aufrecht, setzt viel Fruchtholz an
Ertrag: früh, fruchtbar
Bemerkungen: rauschalig, ungleichmäßig reifend, bei gelblich-grüner Farbe zu pflücken

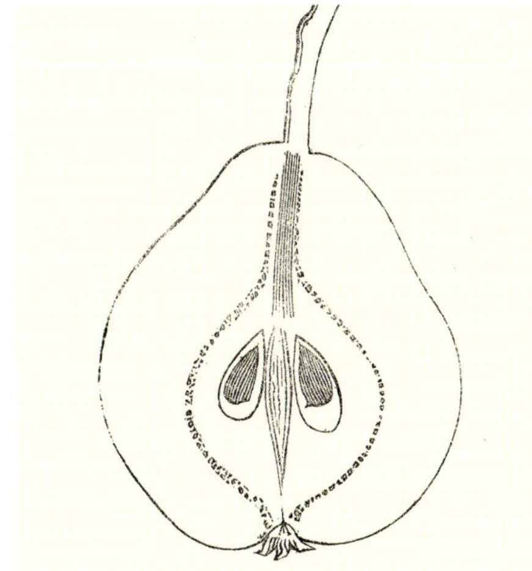
LU

Bergamotte von Bugi

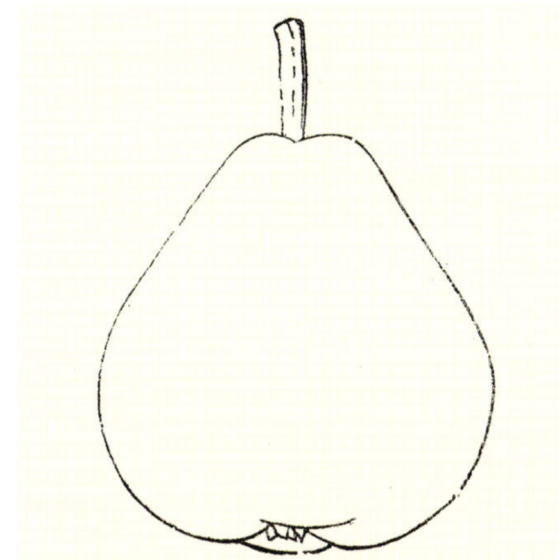

LU

Comperelle

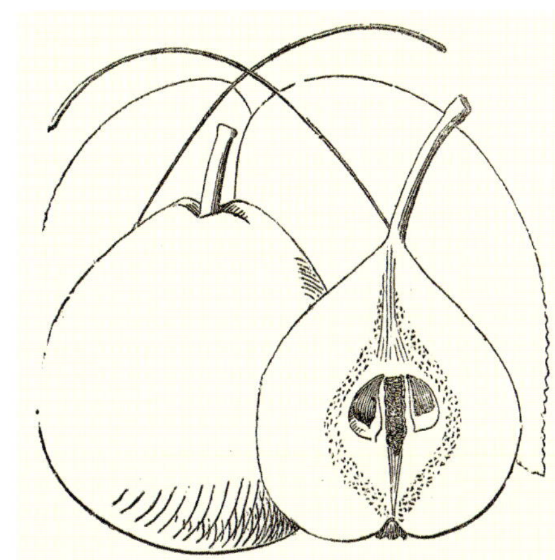

LU

Herbstbergamotte

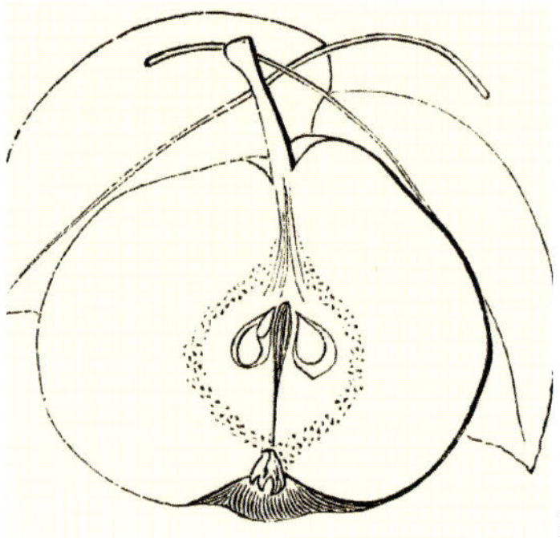

LU

Hofbergamotte

Fruchtgröße: groß

Gestalt: plattrund, eher stielbauchig, unterhalb des Stiels schnell abnehmend, kleinere Früchte oft kreiselförmig, 7,6 cm breit und oft 2,5 cm niedriger, auch auf der höchsten Seite gleich hoch als breit

Kelchpartie: um den Kelch flach zugewölbt, eine Fläche bildend, feinblättriger offener o. geschlossener Kelch in tiefer Bucht, Kelchbuchtrand mit oft 3 starken Beulen, über die Frucht hinlaufend und diese entstellend

Stiel: dickholzig, 3,2 cm lang, aufsitzend oder eingesteckt mit flachen oder starken Wülsten

Berostung: Anflüge von braunem Rost, öfters schwarzbraune Rostflecken

Fruchtfarbe: GFbE: glattschalig, leicht fettig hellgrün; GF: hell zitronengelb; DF: in manchen Jahren gar keine Rötung, in heißen, sehr trockenen Sommern fast jede Frucht sonnseitig bald hell, bald dunkelrot überwaschen, ähnlich der schätzbaren Roten Bergamotte

Lentizellen: zahlreich, in der DF am wenigsten bemerkbar

Fruchtfleisch: mattweiß, schmelzend

Geschmack: angenehm gewürzhafter Muskatellergeschmack, geruchlos

geeignet für: Tafel; sehr saftig

Genussreife & Haltbarkeit: A XII, 3 Wochen, dann teigig; welkt nicht

zu dieser Sorte ist leider keine Abbildung vorhanden

Muscateller Bergamotte

Fruchtgröße: mittelgroß, bei reichlichem Ertrag klein

Gestalt: ähnlich der Rot(h)en Bergamotte, kelchbauchig, 5,2 cm breit und 3,8 cm hoch

Kelchpartie: scharf gespitze Kelchblätter sternförmig aufliegend, weit offen, geräumig tiefe oder seichte Kelchbucht

Stiel: endet mit einer kleinen Stielfläche, oft abgestumpft spitzig, dicker, holziger, uneinheitlich langer oder kurzer Stiel, (schwach 2 cm) in enger tiefer Stielbucht, auf der sich zuweilen ein Fleischhügel befindet

Berostung: bedeutende Anflüge und wahre Überzüge von braunem Rost, besonders um die Kelch- und Stielbucht

Fruchtfarbe: GFbE: +/- glattschalig, nicht geschmeidige Schale, hellgrasgrün; GF: gelblich-grün DF: keine Spur von Rot

Lentizellen: viele, grell ins Auge fallend, stark und braun

Fruchtfleisch: mattweiß, schmelzend

Geschmack: geruchlos, angenehmer kräftiger Muskatellergeschmack, ähnlich der Crassane

Genussreife & Haltbarkeit: M X, 14 Tage

Wuchs & Bodenansprüche: –

Ertrag: sehr fruchtbar

Bemerkungen: welkt nicht

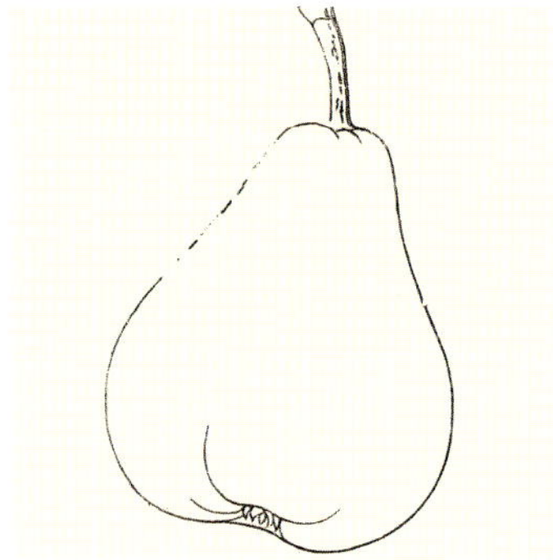

LU

Rostfarbige Butterbirne

Fruchtgröße: klein

Gestalt: kreiselförmig, kleinere Früchte mehr kugel- als bergamottenförmig, mittelbauchig sich plattrund um den Kelch wölbend, gut aufsitzend, auf Hochstamm 6,4 cm breit und meist 0,7 cm niedriger, oft aber auch gleich hoch

Kelchpartie: kurze, harte, weit offene Kelchblätter in tiefer Kelchbucht, Kelchbuchtrand mit flachen Erhabenheiten, über die Frucht laufend, Beulen durch Rundung verschoben

Stiel: dicker, sehr kurzer Stiel, selten 1,3 cm lang in enger kleiner Stielbucht

Berostung: auf der Schattenseite gesprenkelt berostet mit durchscheinender Grundfarbe

Fruchtfarbe: GFbE: hellgrün, hellgelb, bei Berostung kaum sichtbar DF: nur bei stark besonnten Früchten manchmal karmesinrote Flecken und goldartiger Rost

Lentizellen: undeutlich in der GF

Fruchtfleisch: weiß, fein butterhaft schmelzend

Geschmack: geruchlos, angenehmer, süßer, gewürzhafter, vortrefflicher Weingeschmack, bergamottenähnlich oder normandien-butterbirnartig

geeignet für: Tafel; sehr saftig

Genussreife & Haltbarkeit: A XI, auch später; 3 Wochen

Bemerkungen: raue Schale, welkt nicht

MAY

Rot(h)e Bergamotte

Fruchtgröße: mittelgroß

Gestalt: plattgedrückt, an der Stielbucht selten einige flache Beulen

Kelchpartie: ebene Kelchbucht

Stiel: –

Berostung: zuweilen um die Kelchbucht zusammenhängende Berostung

Fruchtfarbe: GFbE: trübgrün GF: grünlich-gelb DF: unansehnlich bräunlich-rot verwaschen, gelbe GF fleckenweise durchscheinend, beschattete Früchte weisen keine DF auf, sind mehr grün und bleiben es länger

Lentizellen: zwischen der Berostung auf der GF viele starke graue Punkte, die häufig und deutlich in der DF erscheinen

Fruchtfleisch: –

Geschmack: wie die Graue Butterbirne

geeignet für: vorzügliche Tafelbirne, Dörren, Konserve, auch für den Landmann

Saftgehalt: –

Genussreife & Haltbarkeit: M IX bis A X, oft früher, 3 Wochen

Wuchs & Bodenansprüche: sehr stark, pyramidenförmig, sehr stark belaubt, großkronig, benötigt guten Boden

Ertrag: sehr fruchtbar

Bemerkungen: als Zwergbaum nur auf veredelter Quitte oder schwachwüchsigem Wildling

zu dieser Sorte ist leider keine Abbildung vorhanden

Wahre Winterambrette

Fruchtgröße: klein

Gestalt: rund, mit breiten Erhabenheiten entstellt, Stielbucht mit feinen Beulen

Kelchpartie: –

Stiel: –

Berostung: oft grauer bis bräunlichgrauer Rost, meist über die ganze Frucht, sonnseitig wenig rötlichbrauner Rost

Fruchtfarbe: GFbE: hellgrün GF: grünlich-gelb

Lentizellen: bei fast glatter Schale viele

Fruchtfleisch: –

Geschmack: eine der köstlichsten Tafelbirnen, erhabener Geschmack, angenehm parfumiert

geeignet für: –

Saftgehalt: –

Genussreife & Haltbarkeit: E XI, I–II

Wuchs & Bodenansprüche: sehr stark, dornig wildes Aussehen, braucht warmen, tiefgründigen Boden

Ertrag: –

Bemerkungen: auf Sämling geschmackvoll, vielfach mit Winterdorn verwechselt

zu dieser Sorte ist leider keine Abbildung vorhanden

Birne von Fusalu

Fruchtgröße: mittelgroß

Gestalt: kreiselförmig, stielwärts und kelchseitig, kann kaum stehen, stark abgestumpft

Kelchpartie: –

Stiel: dick, fleischig, 2,5 cm lang, mit Fleischhügeln umgeben und beulenartige Erhabenheiten

Berostung: netz- und fleckenartige Anflüge

Fruchtfarbe: GFbE: hellgrün
GF: hellgelb

Lentizellen: viele, fein und hellbraun

Fruchtfleisch: schneeweiß

Geschmack: überaus geschmackvoll

geeignet für: Tafel

Saftgehalt: sehr saftig

Genussreife & Haltbarkeit: M X, mehrere Wochen

Wuchs & Bodenansprüche: stark, vielastig, schön belaubt, breitkronig

Ertrag: –

Bemerkungen: glatte, nicht fette Schale

AE

Brüsseler Herbstmuscateller

Fruchtgröße: mittelgroß

Gestalt: kreiselförmig

Kelchpartie: kleine kurze Kelchblätter, geschlossener Kelch, tiefe Kelchbucht mit feinen Falten

Stiel: –

Berostung: gesprenkelt, zimtfarbig

Fruchtfarbe: GFbE: gelblich-grün oder strohgelb
GF: zitronengelb

Lentizellen: nur in der GF sichtbar, rostfärbig

Fruchtfleisch: weiß, körnig, schmelzend

Geschmack: angenehm, gewürzhaft, erfrischend, weinartiger Muskatellergeschmack

geeignet für: Tafel

Saftgehalt: sehr saftig

Genussreife & Haltbarkeit: M XI, nicht lange

Wuchs & Bodenansprüche: stark, licht belaubt

Ertrag: frühzeitig reiche Ernten

Bemerkungen: –

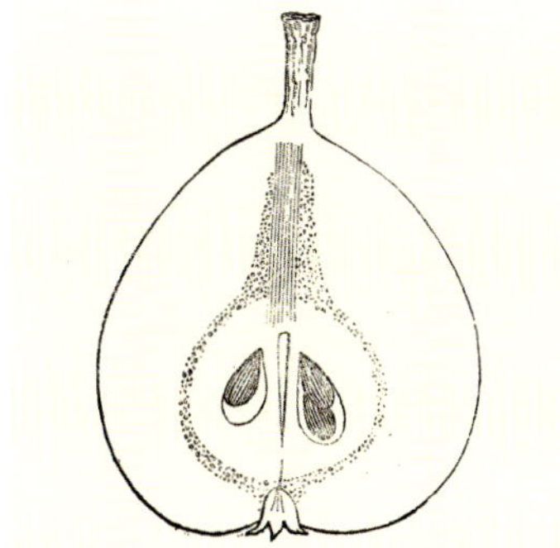

LU

Burchart

Fruchtgröße: groß

Gestalt: eiförmig, 6,4 cm breit bis 7 cm hoch, auch größer

Kelchpartie: –

Stiel: –

Berostung: gesprenkelt, fein

Fruchtfarbe: GF: hellgelb

Lentizellen: –

Fruchtfleisch: –

Geschmack: angenehm gewürzhaft alantartig süß

geeignet für: Tafel

Saftgehalt: sehr saftig

Genussreife & Haltbarkeit: E X

Wuchs & Bodenansprüche: –

Ertrag: –

Bemerkungen: –

Rothe Bergamotte., Diel * †† ! H.

LU

Rot(h)e Bergamotte

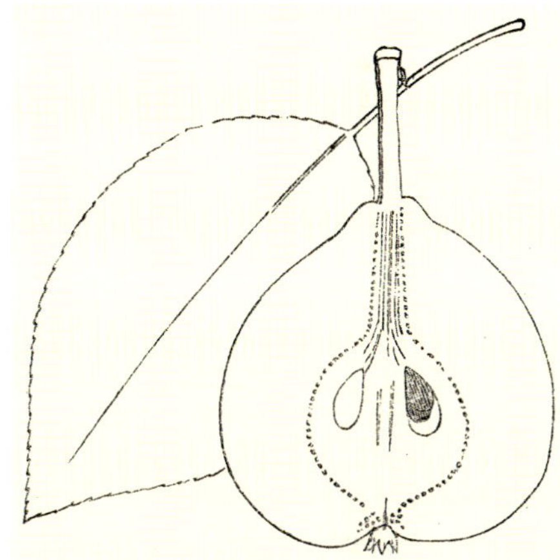

Die Brüsseler Herbstmuskateller. Diel (van Mons). * † H.

LU

Brüsseler Herbstmuscateller

AE

Chevallier

Fruchtgröße: klein bis mittelgroß
Gestalt: abgestumpft kreiselförmig, rundet sich nach dem Kelch gewölbt ab, abgestumpft stielspitzig
Kelchpartie: weit offen
Stiel: dick
Berostung: zimtfärbige Rostüberzüge
Fruchtfarbe: GFbE: strohgelb
GF: hell zitronengelb
DF: freihängende Früchte sonnseitig erdartig rot leicht verwaschen
Lentizellen: in der GF viele, rostfärbig
Fruchtfleisch: weiß, schmelzend
Geschmack: schneidend, angenehm weinartig
geeignet für: Tafel
Saftgehalt: sehr saftig
Genussreife & Haltbarkeit: E X, 14 Tage
Wuchs & Bodenansprüche: sehr stark, stark belaubt
Ertrag: früh sehr fruchtbar
Bemerkungen: –

AE

Coloma's Winterbutterbirne

Fruchtgröße: mittelgroß
Gestalt: 5 cm breit und meistens hoch
Kelchpartie: –
Stiel: –
Berostung: –
Fruchtfarbe: GF: gelblich, meist durch Rost überdeckt
Lentizellen: klein
Fruchtfleisch: butterhaft schmelzend
Geschmack: vortrefflich, fein zimtartig, süß
geeignet für: Tafel
Saftgehalt: sehr saftig
Genussreife & Haltbarkeit: XII
Wuchs & Bodenansprüche: –
Ertrag: –
Bemerkungen: feinraue Schale

AE

Crassane

Fruchtgröße: mittelgroß
Gestalt: abgestumpft kreiselförmig, um den Kelch einige flache beulenartige Erhabenheiten, die auch die Fruchtrundung verderben
Kelchpartie: –
Stiel: fleischig, lang, von einigen Beulen umgeben
Berostung: feine hellgraue oder rötlich-graue Rostanflüge, schillert oft sonnseitig rötlich
Fruchtfarbe: GFbE: bleiches Hellgrün
GF: unansehnlich gelb
DF: fehlt
Lentizellen: viele kleine
Fruchtfleisch: –
Geschmack: angenehm, feinst muskatellersäuerlich
geeignet für: Tafel
Saftgehalt: sehr saftig
Genussreife & Haltbarkeit: E X bis XI, bis Dezember
Wuchs & Bodenansprüche: hellgrünes, schönes, fast flachsitzendes Laub, erfordert fetten, etwas feuchten geschützten Standort und Boden
Ertrag: früh fruchtbar, jährlich reichtragend
Bemerkungen: –

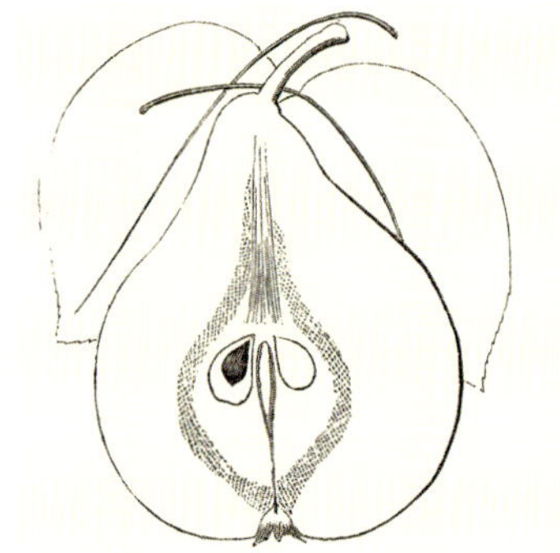

LU

Deutsche Muscatellerbirne

Fruchtgröße: groß
Gestalt: abgestumpft kegelförmig, hoch aussehend
Kelchpartie: ebene Kelchbucht
Stiel: mit Fleischwulst
Berostung: Figuren und Anflüge fast immer vorhanden
Fruchtfarbe: GFbE: sehr schönes Hellgrün
GF: blassgelblich-grün
DF: sonnseitig nur etwas rötlich schillernd
Lentizellen: viele schöne, feine ins Auge fallende starke Punkte scheinen dunkelgrün, sind aber grau und nur dunkelgrün eingefasst
Fruchtfleisch: –
Geschmack: starker angenehmer Geruch, zuckerartiger, feiner Muskatellergeschmack
geeignet für: Tafel, besser für Küche, Kompott
Saftgehalt: –
Genussreife & Haltbarkeit: III, bis Mai
Wuchs & Bodenansprüche: sehr starkwüchsig, fordert sonnige, wenig feuchte Standorte
Ertrag: sehr fruchtbar
Bemerkungen: nur auf Spalier, sonst grobkörniges Fleisch

LA

Die Aremberg

Fruchtgröße: mittelgroß
Gestalt: dickbauchig, pyramiden- bis kegelförmig, ähnlich der Grauen Herbstbutterbirne, kelchnahe, halbkugelförmig abgerundet, noch stehend, zum Stiel hin schnell abnehmend, kurze Kegelspitze zum Stiel hin, 7 cm breit und 8,9 cm lang
Kelchpartie: kurze Kelchblätter, fast geschlossen, breite, tiefe Kelchbucht, feinrippig bis zum Bauch
Stiel: dick, fleischig, 1,2 bis 1,9 cm lang, wie eingedrückt, Fleischwülste
Berostung: bräunlich gesprengelt, GF durchscheinend
Fruchtfarbe: GFbE: hellgrün
GF: gelblich-grün
DF: nur besonnte Früchte deutlich erdartig rot angedeutet, kurzstreifig
Lentizellen: in GF viele, schwer vom Rost unterscheidbar
Fruchtfleisch: mattweiß, feinkörnig, butterhaft ganz schmelzend
Geschmack: kraftvoll gewürzhaft, sehr gut, muskatellerartig, ähnlich der Butterbirne aus der Normandie
geeignet für: Tafel
Saftgehalt: –
Genussreife & Haltbarkeit: X, ähnlich der Grauen Herbstbutterbirne
Wuchs & Bodenansprüche/Ertrag: –
Bemerkungen: feinraue Schale, welkt nicht

AE

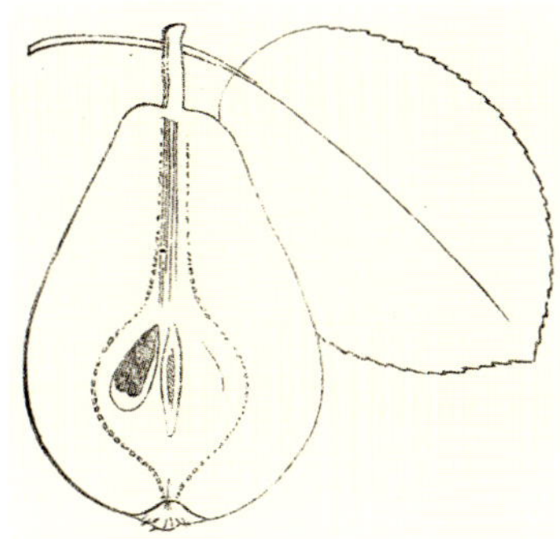

LU

Die Argenson

Fruchtgröße: mittelgroß

Gestalt: dickbauchig, kegelförmig bis länglich kreiselförmig, kelchbauchig aufstehend, zum Stiel hin stark abnehmend, endet mit verlängerter Kegelspitze, 5,7 bis 6,4 cm breit, 7 cm lang

Kelchpartie: kurze Kelchblätter offen, tiefe Kelchbucht mit flachen Beulen, verlaufen über die ganze Frucht und verschieben die Gestalt

Stiel: dick, fleischig, 1,25 bis 2,5 cm lang, wie eingesenkt

Berostung: gesprenkelt bis deckend zimtfarben, besonders schattenseitig

Fruchtfarbe: GFbE: gelblich-grün GF: hellgelb

Lentizellen: sehr viele, kaum von der Berostung zu unterscheiden

Fruchtfleisch: weiß, zerfließend

Geschmack: geruchlos, ähnlich der Grauen Herbstbutterbirne, aber sämlingsähnlich vermischt

geeignet für: Tafel

Saftgehalt: –

Genussreife & Haltbarkeit:M bis E X, 3 Wochen

Wuchs & Bodenansprüche: –

Ertrag: –

Bemerkungen: feinrau, welkt nicht, gleiche Reifezeit mit Beurre gris

Die Darimont

Fruchtgröße: klein

Gestalt: bauchig pyramidenförmig, kelchbauchig bis halbkugelförmig abgerundet, noch aufstehend, zum Stiel hin pyramidenförmig spitz, 3,8 bis 4,4 cm breit, mindestens 5,1 cm lang

Kelchpartie: harte Kelchblätter sternförmig angeordnet, offen, seichte Kelchbucht, selten flache Erhebungen dort

Stiel: wie eingesteckt, fleischig, ca. 2,5 cm lang

Berostung: fein hellzimtfarbig, oft deckend

Fruchtfarbe: GFbE: helles zitronengelb

Lentizellen: viele, nicht markant, feiner, brauner als der Rost

Fruchtfleisch: weiß, körnig, im Mund zergehend

Geschmack: geruchlos, angenehm, stark zimtartig süß

geeignet für: Tafel

Saftgehalt: wenig saftig

Genussreife & Haltbarkeit: A XI, in heißen Sommern schon am Baum, nur kurz

Wuchs & Bodenansprüche: –

Ertrag: –

Bemerkungen: raue Schale, zu viele Konkurrenten

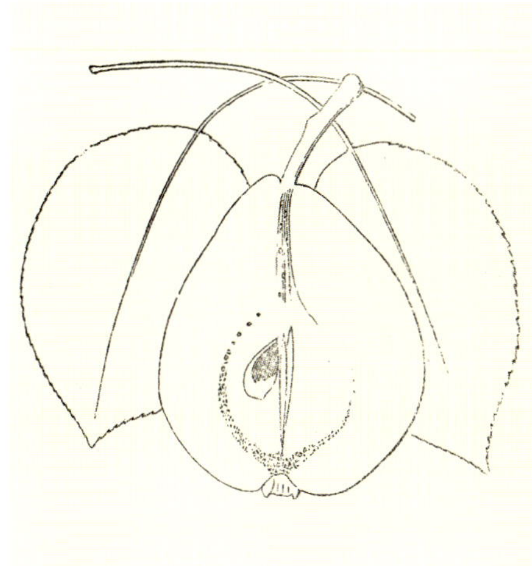

LU

Chevallier

LA

Die Aremberg

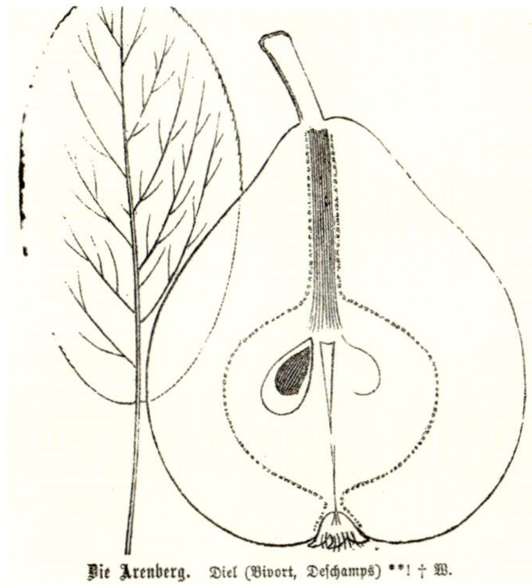

LU

Die Aremberg

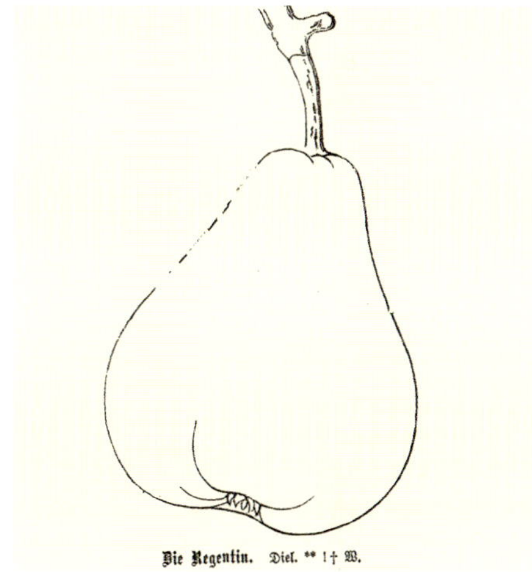

LU

Die Argenson

AE

Dillen

Fruchtgröße: groß

Gestalt: rundbauchig, stielwärts breit abgestumpft

Kelchpartie: kurze harte Kelchblätter, weit offen, breite Kelchbucht mit einigen Beulen, die über die Frucht hinweglaufen

Stiel: dick, fleischig, gebogen, mit Fleischwulst

Berostung: braune Rostanflüge, manchmal flächig

Fruchtfarbe: GFbE: hell zitronengelb

Lentizellen: viele feine braune

Fruchtfleisch: weiß, zergehend

Geschmack: besonders erhaben, stark zimartig

geeignet für: Saftgehalt:

Genussreife & Haltbarkeit: E IX bis M X, nur einige Tage

Wuchs & Bodenansprüche: lebhaft, schön belaubt

Ertrag: –

Bemerkungen: –

AE

Egmond

Fruchtgröße: mittelgroß

Gestalt: dickbauchig kreiselartig, ab dem Stiel beulenhafte Erhabenheiten

Kelchpartie: –

Stiel: aufgedrückter Stiel

Berostung: starke Rostanflüge, oft an mehreren großen Stellen

Fruchtfarbe: GF: gelb

Lentizellen: viele, sonnseitig rot eingefasst

Fruchtfleisch: –

Geschmack: sehr gewürzhaft, vortrefflich

geeignet für: Tafel

Saftgehalt: saftig

Genussreife & Haltbarkeit: M X, folgeartig reifend, 4 Wochen

Wuchs & Bodenansprüche: sämlingsähnlich, schwach

Ertrag: früh und sehr fruchtbar

Bemerkungen: raue Schale, nicht auf Quitte

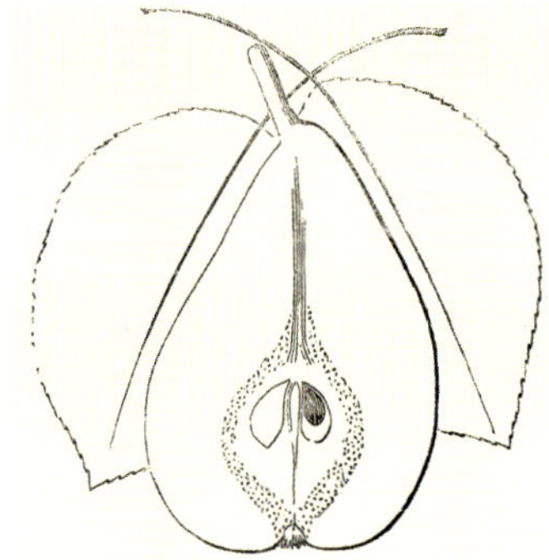

LU

Eifersüchtige

Fruchtgröße: groß

Gestalt: dickbauchig, kreiselförmig, charakteristisch deutlich in die Breite verschoben

Kelchpartie: –

Stiel: sehr stark, fleischig markante Einbiegung unterhalb, am Stiel breit abgestumpft spitzig endend

Berostung: zimtfarbig

Fruchtfarbe: GFbE: hellgrün
GF: gelblich-grün
DF: verwaschen erdartig rot

Lentizellen: viele, sonnseitig fein hellbraun

Fruchtfleisch: fein, um den Kern körnig

Geschmack: köstlich, kraftvoll, gewürzhaft, ähnlich der St. Germain und Grauen Herbstbutterbirne

geeignet für: Tafel

Saftgehalt: sehr saftig

Genussreife & Haltbarkeit: E X, 4 Wochen (vor Genussreife geerntet)

Wuchs & Bodenansprüche: nur auf Sämling stark, mittelgroß

Ertrag: frühzeitig

Bemerkungen: –

AE

Enghien

Fruchtgröße: mittelgroß

Gestalt: dickbauchig, stumpf, kreiselförmig, ähnlich der Grünen Pomeranzenbirne

Kelchpartie: hartschaliger kurzblättriger Kelch weit offen, sitzt in tiefer Bucht

Stiel: wie eingesteckt, dick, sehr fleischig

Berostung: –

Fruchtfarbe: GFbE: gelbliches hellgrün
GF: blass hellgelb

Lentizellen: viele, sehr feine, Hellbraun, grün umringelt

Fruchtfleisch: sehr weiß, körnig, ganz schmelzend

Geschmack: angenehm, gewürzhaft, zimtartig, bergamottenähnlich süß

geeignet für: Tafel

Saftgehalt: sehr saftig

Genussreife & Haltbarkeit: E VIII, bald teigig

Wuchs & Bodenansprüche: stark, leicht belaubt

Ertrag: sehr frühes Fruchtholz, reichliche Ernten

Bemerkungen: –

AE

Feine September-Goldbirne

Fruchtgröße: groß

Gestalt: schön birnenförmig

Kelchpartie: durch Fleischwülste zusammengedrückt

Stiel: 5 cm lang, wie eingesteckt, anfangs fleischig

Berostung: auf der GF mit bräunlichem Rost getuscht und gefleckt

Fruchtfarbe: GFbE: hellgrün
GF: gelb, wenn teigig
DF: verwaschen erdartig rot

Lentizellen: viele, nur in der DF deutlich

Fruchtfleisch: schmelzend

Geschmack: angenehm

geeignet für: Tafel, Markt

Saftgehalt: sehr saftig

Genussreife & Haltbarkeit: A IX, 8 Tage

Wuchs & Bodenansprüche: sehr stark, viele Fruchtspieße

Ertrag: –

Bemerkungen: glatte, nicht fette Schale

MAY

Franchipane

Fruchtgröße: klein bis mittelgroß

Gestalt: fast eiförmig

Kelchpartie: ebene oder mit wenig Erhabenheiten umgebene Kelchbucht

Stiel: durch Fleischwulst oft seitlich gedrückter Stiel

Berostung: braune Rostanflüge, manchmal flächig

Fruchtfarbe: GFbE: blass hellgrün bis blass hellgelblich
GF: schön zitronengelb
DF: sonnseitig halb erdartig oder blutartig rot verwaschen

Lentizellen: viele, in der GF grün, in der DF braun

Fruchtfleisch: –

Geschmack: äußerst gewürzhaft, eigener sehr angenehmer zuckerartiger Zimtgeschmack

geeignet für: Tafel

Saftgehalt: saftig

Genussreife & Haltbarkeit: E X bis A XI, 3 Wochen

Wuchs & Bodenansprüche: sehr lebhaft und stark, kugelförmige Krone, licht belaubt

Ertrag: –

Bemerkungen: kümmert auf Quitte

zu dieser Sorte ist leider keine Abbildung vorhanden

Frühe dünnstielige Sommer-Bergamotte

Fruchtgröße: mittelgroß

Gestalt: etwas rund, kreiselförmig

Kelchpartie: fast ebene Kelchbucht, unregelmäßiger Bauch

Stiel: Stielgrube öfters beulenartig

Berostung: starke Anflüge von bräunlichem Rost, mehrheitlich auf der ganzen Kelchbuchtwölbung

Fruchtfarbe: GFbE: blasses Hellgrün
GF: grünlich-gelb, überreif hellgelb

Lentizellen: vorwiegend auf der Sonnenseite viele, stark bräunlich, rot umrandet, Zwischenräume rötlich verwaschen

Fruchtfleisch: –

Geschmack: zuckerartiger, erhabener, wahrer Bergamottengeschmack

geeignet für: Tafel

Saftgehalt: –

Genussreife & Haltbarkeit: E VII, 14 Tage, vor der Genussreife ernten

Wuchs & Bodenansprüche: stark, großkronig, düsteres Laub, pyramidenförmige Krone

Ertrag: reichlich jährlich

Bemerkungen: als Zwerg nur auf Quitte oder schwachem Sämling, alle Anpflanzungen

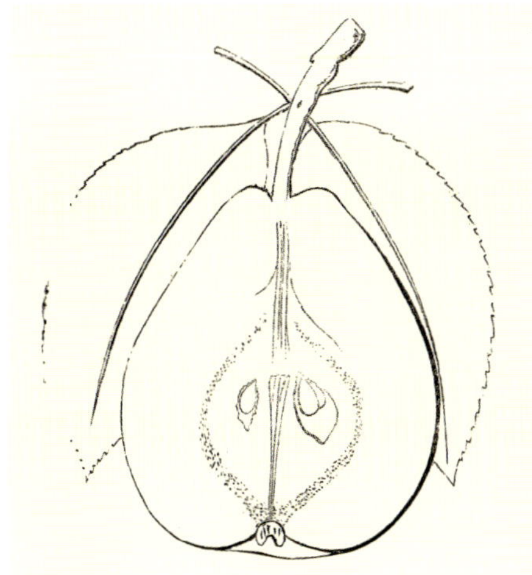

LU

Dillen

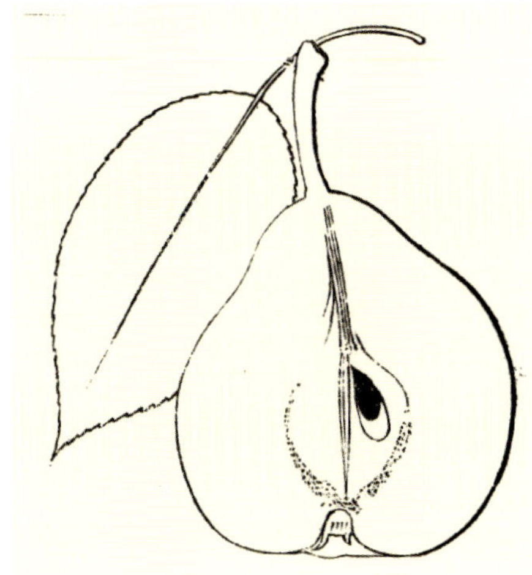

LU

Egmond

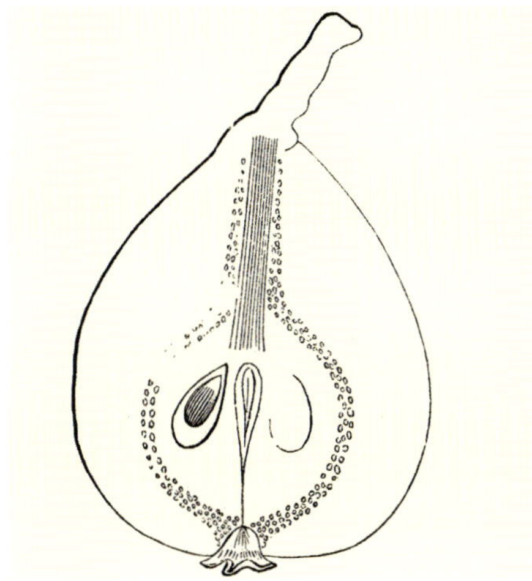

LU

Enghien

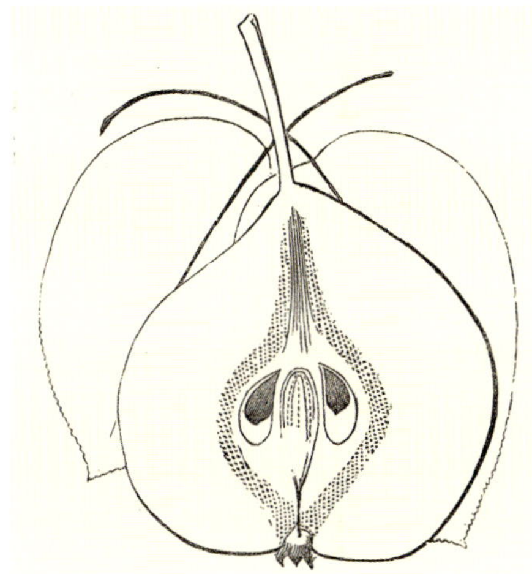

LU

Franchipane

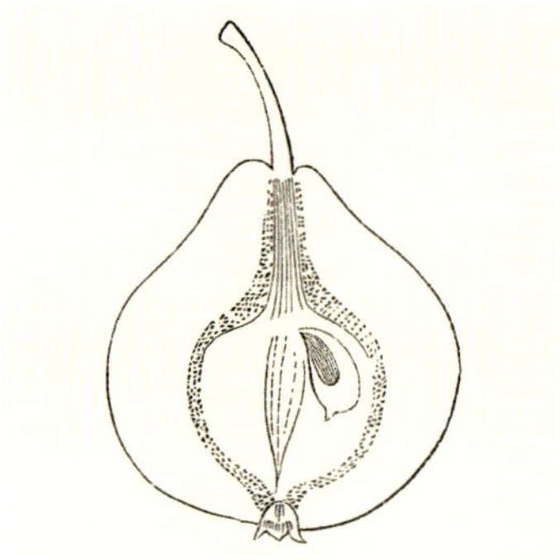

LU

Frühe Schweizer Bergamotte

Fruchtgröße: sehr groß

Gestalt: fast birnförmig, länglich, meistens dickbauchig kreiselförmig

Kelchpartie: einige Falten, die sich über den Bauch ziehen, über dem Bauch Erhabenheiten

Stiel: lang, Fleischbeulen, faltig

Berostung: zarte hellbräunliche Rostfiguren

Fruchtfarbe: GFbE: gelblich-hellgrün
GF: mehrere schöne, bald gelbe, bald hellgrüne Bandstreifen
DF: bei Genussreife deckend zitronengelb, einige Früchte leicht rot

Lentizellen: viele starke, gelbgrau bis grünlich

Fruchtfleisch: –

Geschmack: gewürzhafter, süß-säuerlicher Bergamottengeschmack

geeignet für: –

Saftgehalt: sehr saftig

Genussreife & Haltbarkeit: E VIII, 3 Wochen

Wuchs & Bodenansprüche: sehr lebhaft, pyramidenförmig, bunt gestreifte einjährige Triebe, leicht auch auf älterem Holz

Ertrag: früh einsetzender Ertrag, nicht alternierend

Bemerkungen: öfters halbgefüllte Blüten, als Zwerg besser auf Quitte oder schwachem Sämling, für raue Gegenden

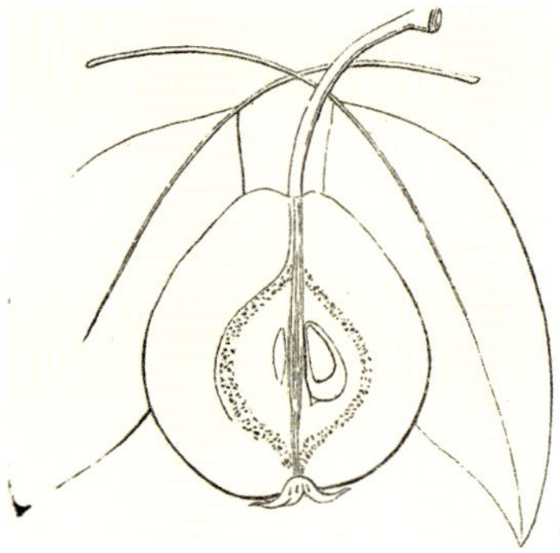

LU

Gelbe Sommerbutterbirne

Fruchtgröße: klein

Gestalt: fast bergamottenförmig, selten Erhabenheiten an der Frucht

Kelchpartie: –

Stiel: in die Stielbucht eingesteckt, dick, holzig, mit Fleischfalten

Berostung: in nassen Jahren besonders um die Kelchbucht stark rauer Rost

Fruchtfarbe: GFbE: hellgrün
GF: zitronengelb, beim Gelbwerden goldartig

Lentizellen: sehr viele, feine, grün eingeringelt

Fruchtfleisch: schmelzend, nie steinig um das Kernhaus

Geschmack: recht angenehm gewürzhaft

geeignet für: vortreffliche für Tafel

Saftgehalt: sehr saftig

Genussreife & Haltbarkeit: E VIII bis A IX, 3 Wochen; muss aber beim Farbumschlag nach gelb (= 8–10 Tage vor der Genussreife) geerntet werden

Wuchs & Bodenansprüche: ähnlich der Weißen Herbstbutterbirne

Ertrag: früh und sehr fruchtbar

Bemerkungen: in der Reifezeit eine der besten Sommerbirnen, muss am Spalier gezogen werden

AE

Georg's frühe Herbstbutterbirne

Fruchtgröße: mittelgroß

Gestalt: kreiselförmig, kelchbauchig, aufsitzend, zum Stiel hin abnehmend; 5 cm breit und 7 cm hoch

Kelchpartie: offener Kelch, kurze Kelchblätter, Kelchbucht seicht bis tief

Stiel: lang, dick, 3,8 cm lang, öfters 4,5 cm lang, wie eingesenkt

Berostung: fein, zimtfärbig, schattseitig gesprenkelt

Fruchtfarbe: GFbE: gelblich
GF: hellgelb

Lentizellen: undeutlich in Berostung

Fruchtfleisch: weiß, körnig, butterhaft schmelzend

Geschmack: geruchlos, angenehm gewürzhaft, bergamottenartig süß

geeignet für: Rohgenuss

Saftgehalt: saftig

Genussreife & Haltbarkeit: M X, 14 Tage bis 3 Wochen

Wuchs & Bodenansprüche: sehr stark

Ertrag: –

Bemerkungen: welkt nicht

zu dieser Sorte ist leider keine Abbildung vorhanden

Goemann's gelbe Sommerbirne

Fruchtgröße: mittelgroß

Gestalt: rundbauchig, stark abgestumpft kreiselförmig, ähnlich der Weißen Herbstbutterbirne

Kelchpartie: lange spitzblättrige Kelchblätter, Kelch weit offen, sternförmig aufliegend, tiefe Kelchbucht mit einigen beulenartigen Rippen, die als breite Erhabenheiten über die Frucht hinweglaufen

Stiel: dicker, wie Fleisch aussehender Stiel

Berostung: um den Kelchbuchtrand feine zimtartige Rostanflüge

Fruchtfarbe: GF: zitronengelb

Lentizellen: sehr viele feine braune

Fruchtfleisch: butterhaft schmelzend

Geschmack: zimtartig bergamottenident

geeignet für: Tafel

Saftgehalt: –

Genussreife & Haltbarkeit: E IX, kaum 8 Tage, ohne den Saft zu verlieren

Wuchs & Bodenansprüche: stark in der Jugend, stark belaubt

Ertrag: früh fruchtbar, jährlich reich tragend

Bemerkungen: glatte Schale

AE

Graue Dechantsbirne

Fruchtgröße: mittelgroß

Gestalt: stumpf, konisch, oft nicht ganz rund

Kelchpartie: eben

Stiel: einige beulenartige Erhabenheiten

Berostung: dünn, glatt, fuchsrötlich oder zimtfarbig verwaschen aussehend, glatt, trübt die gelbe GF

Fruchtfarbe: GFbE: nie rein oder nur selten rein, matt, hellgelb
GF: -
DF: öfters etwas trüb schillernd goldfärbig

Lentizellen: viele sehr feine

Fruchtfleisch: –

Geschmack: rosenartig

geeignet für: Tafel

Saftgehalt: sehr saftig

Genussreife & Haltbarkeit: M X bis E X, 14 Tage

Wuchs & Bodenansprüche: nicht groß, feinwüchsig, wie die Weiße Herbstbutterbirne, verlangt wärmsten Standort

Ertrag: früh und reichlich

Bemerkungen: als Zwerg nur auf schwachem Sämling

zu dieser Sorte ist leider keine Abbildung vorhanden

Graue Sommerbutterbirne

Fruchtgröße: –

Gestalt: wohlgeformt, zum Kelch hin flachrund, breit, stielwärts ohne Einbuchtung, endet in abgestumpfter Kegelspitze

Kelchpartie: –

Stiel: dick, grün bleibend, 2,5 bis 3,8 cm langer Stiel, wie eingesenkt, kleine Fleischbeulen oder Wülste, verlaufen auf die Frucht, ohne Gestaltsveränderung

Berostung: kleine Anflüge mit braunem Rost

Fruchtfarbe: GF: gelblich-grün

Lentizellen: viele, gleichmäßig

Fruchtfleisch: –

Geschmack: vortrefflicher Geschmack

geeignet für: Tafel

Saftgehalt: sehr saftig

Genussreife & Haltbarkeit: M IX, folgeartig, 4 Wochen

Wuchs & Bodenansprüche: sehr stark, viele Fruchtspieße, sehr schön belaubt

Ertrag: früh und sehr fruchtbar

Bemerkungen: nicht fettende Schale

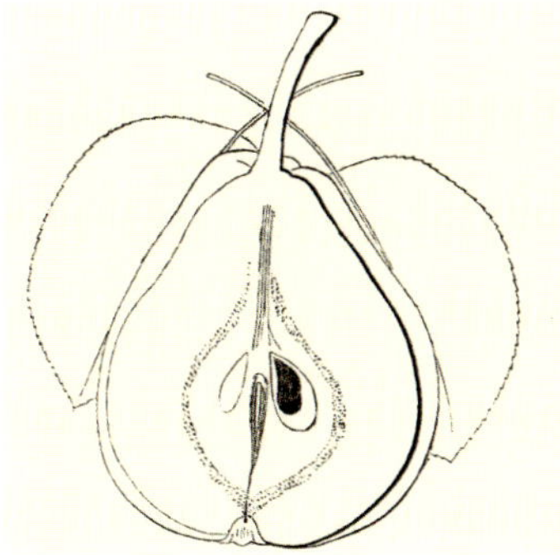

LU

Große britannische Sommerbirne

Fruchtgröße: mittelgroß

Gestalt: ähnlich der Weißen Herbstbutterbirne, aber mehr kreiselförmig

Kelchpartie: am Kelchbuchtrand oft einige flache Beulen, die deutlich über die Frucht hinweglaufen

Stiel: Stielbucht mit einigen flachen Fleischbeulen

Berostung: –

Fruchtfarbe: GFbE: helles Grasgrün
GF: schön hell zitronengelb
DF: freihhängende Früchte sonnseitig erdartig rot, bei genauer Ansicht aber nur aus gedrängt stehenden roten Kreischen um die Lentizellen bestehend, mit GF vermischt

Lentizellen: –

Fruchtfleisch: –

Geschmack: gewürzhaft, angenehm, hochweinartiger Zuckergeschmack

geeignet für: Tafel, vortrefflich für den Obstmarkt

Saftgehalt: sehr saftig

Genussreife & Haltbarkeit: M IX, 14 Tage

Wuchs & Bodenansprüche: lebhaft, große eiförmige Krone mit schöner Belaubung

Ertrag: bald viele Früchte

Bemerkungen: geschmackvoller auf Sämling

zu dieser Sorte ist leider keine Abbildung vorhanden

Große Sommer-Bergamotte

Fruchtgröße: mittelgroß

Gestalt: kreiselförmig, ähnlich der Herbstbergamotte, aber größer, einseitig eine Rinne oder Naht (ähnlich einer Pflaume oder Colmar)

Kelchpartie: klein, offen bis verdrängt, kleine, etwas enge Kelchbucht

Stiel: sehr dick, am Anfang fleischig

Berostung: –

Fruchtfarbe: GFbE: blasses Hellgrün
GF: blasses Grüngelb, im teigigen Zustand hellgelb
DF: sonnseitig verwaschen, unansehnlich erdartig

Lentizellen: viele starke hellgraue

Fruchtfleisch: gelblich-weiß, fein butterhaft schmelzend

Geschmack: riecht sehr angenehm, erhabener, zuckerartiger wahrer Bergamottengeschmack

geeignet für: roh, Ökonomie

Saftgehalt: saftig

Genussreife & Haltbarkeit: E VIII bis A IX, zeitig geerntet 14 Tage

Wuchs & Bodenansprüche: starkes Jugendwachstum, mittelgroß, feuchter Standort bevorzugt

Ertrag: jährlich

Bemerkungen: dünnschalig, wird sie gelblich geerntet, wird sie welk, blütenfrostfest, nicht auf Quitte geeignet

LU

Graue Dechantsbirne

zu dieser Sorte ist leider keine Abbildung vorhanden

Große Winter-Muscatbirne

Fruchtgröße: mittelgroß bis groß, auf Zwerg sehr groß
Gestalt: fast rund, kelchseitig zu einer platten Fläche gewölbt, stielwärts abnehmend ohne Einbiegung, bildet eine kurze stumpfe Spitze, die etwas kreiselförmig ist
Kelchpartie: groß, offen, sternartig in seichter Kelchbucht
Stiel: dick, mit Falten oder Fleischbeulen besetzt, schief und in die Stielbucht eingesenkt
Berostung: feine Rostfiguren, besonders um den Kelch deckend
Fruchtfarbe: GFbE: stark grün
GF: grünlich-gelb
DF: besonnte Früchte sonnseitig wenig bräunlich rot
Lentizellen: sehr feine bräunliche
Fruchtfleisch: –
Geschmack: –
geeignet für: Rohgenuss, Küche
Saftgehalt: –
Genussreife & Haltbarkeit: XI–XII, 4 Wochen
Wuchs & Bodenansprüche: starkwüchig, gehört ans Spalier, zum Hochstamm nicht geeignet
Ertrag: früh einsetzender Ertrag, nicht alternierend
Bemerkungen: ziemlich dicke, zähe Schale, einige Tage vor der Genussreife essen, ansonsten trocknen die Früchte aus und werden schmierig

LA

Grüne Herbstzuckerbirne

Fruchtgröße: mittelgroß
Gestalt: breitkegelförmig
Kelchpartie: rostfarbige Kelchbucht wird manchmal durch Erhabenheiten schief
Stiel: mit Fleischfalten umgeben, oft dadurch schief
Berostung: figurenähnliche Anflüge von Rost
Fruchtfarbe: GFbE: mattes oder trübes Hellgrün
GF: etwas gelblich, oft hellgelb
DF: -
Lentizellen: sehr viele, sehr feine grüne und gräuliche Punkte
Fruchtfleisch: –
Geschmack: erhaben zuckersüß, etwas fein violenartig
geeignet für: Tafel
Saftgehalt: sehr saftig
Genussreife & Haltbarkeit: XI bis XII
Wuchs & Bodenansprüche: in der Jugend sehr stark, mittelgroße Krone, benötigt warmen lockeren Boden
Ertrag: früh fruchtbar, jährlich reichtragend
Bemerkungen: erfordert guten, nicht der prallen Sonne ausgesetzten Standort

GR

Grüne Sommer-Magdalene

Fruchtgröße: mittelgroß
Gestalt: eiförmig, zum Stiel hin etwas verlängert
Kelchpartie: um den Kelch meist feine Falten
Stiel: mit Falten oder Wärzchen umgeben
Berostung: in manchen Jahren Rostflecken oder Rostanflüge
Fruchtfarbe: GFbE: hellgrün
GF: gelblich bis hellgrün
DF: meist nur einfärbig, sonnseitig selten rötlicher Anflug
Lentizellen: oft nur von kleinen und rötlichen Kreischen umgeben, häufig fein und grau
Fruchtfleisch: –
Geschmack: fein säuerlich, zucker- und muskatellerartig
geeignet für: –
Saftgehalt: sehr saftig
Genussreife & Haltbarkeit: E VII, 2 Wochen, wenn vor der Genussreife geerntet
Wuchs & Bodenansprüche: sehr stark, aufrechthängende Fruchtäste
Ertrag: früh und reich tragend
Bemerkungen: eine der besten Juli(us) birnen, auf Sämling geschmackvoller

AE

Grüne Winterherrenbirne

Fruchtgröße: groß
Gestalt: unregelmäßig, mehr rund als stumpf, kreiselförmig mit breiten beulenartigen Erhabenheiten
Kelchpartie: –
Stiel: dicker 2,5 cm langer Stiel, fleischig, mit Beulen und Höckern umgeben
Berostung: viele braune Rostflecken vermengt mit Lentizellen
Fruchtfarbe: GFbE: hellgrasgrün
GF: gelblich-grün
Lentizellen: markant, stark
Fruchtfleisch: löst sich beim Kauen gänzlich auf
Geschmack: geschmackvolle Winterbirne
geeignet für: –
Saftgehalt: sehr saftig
Genussreife & Haltbarkeit: XI bis XII (u. U. erst im I), 14 Tage
Wuchs & Bodenansprüche: langsamwüchsig, feines Holz, welches Ansehen von Wildheit trägt
Ertrag: sehr fruchtbar
Bemerkungen: raue Schale, kümmert auf Quitte

AE

Hardenpont's Frühzeitige Colmar

Fruchtgröße: mittelgroß
Gestalt: ertragsabhängig ungleichmäßig rund, kreiselförmig bis länglich, untermittelbauchig, meistens auf 5,7 bis 6,35 cm breit und 5,7 bis 6,35 cm lang aufstehend
Kelchpartie: kurze, harte, abstehende Kelchblätter, offen, sehr tiefe Kelchbucht
Stiel: dick, fleischig, eingesteckt, 0,6 bis 1,3 cm lang
Berostung: fein hellbraun gesprengelt bis deckend
Fruchtfarbe: GF: gelb
Lentizellen: sehr viele, intensiv weißgrau bis hellbrauner als Rost
Fruchtfleisch: weiß, feinkörnig, butterhaft schmelzend
Geschmack: kein Geruch, sehr angenehm, fein erfrischend muskatellerartig
geeignet für: Tafel
Saftgehalt: –
Genussreife & Haltbarkeit: E IX, nicht lange
Wuchs & Bodenansprüche: –
Ertrag: –
Bemerkungen: feinraue Schale

AE

Hardenpont's Winterbutterbirne

Fruchtgröße: mittelgroß bis groß

Gestalt: etwas stumpf zugespitzt kreiselförmig, auch der Grauen Herbstbutterbirne ähnlich, stark erhabener Bauch, mit beulenartigen Erhabenheiten

Kelchpartie: Kelchbucht mit beulenartigen Erhabenheiten

Stiel: –

Berostung: braune Rostfiguren und -anflüge

Fruchtfarbe: GFbE: bleichgrün
GF: helles zitronengelb

Lentizellen: viele, fein, braun

Fruchtfleisch: –

Geschmack: köstlicher weinartiger Zuckergeschmack

geeignet für: –

Saftgehalt: sehr saftig

Genussreife & Haltbarkeit: M bis E X, 4 Wochen

Wuchs & Bodenansprüche: keine große Krone, schwach belaubt

Ertrag: bald viele Früchte

Bemerkungen: dickschalig

MAY

Herbstbirne ohne Schale

Fruchtgröße: mittelgroß

Gestalt: bauchig, eiförmig, über die Frucht gehen deutlich breite Erhabenheiten

Kelchpartie: fast flach bis eben

Stiel: gerade aufsitzend oder nur flach eingesteckt, manchmal Fleischwulst

Berostung: feine Anflüge, die sich mit Lentizellen verbinden, auch flächig

Fruchtfarbe: GFbE: schönes Hellgrün
GF: gelblich-grün

Lentizellen: viele feine hellgraue, punkt- oder fleckchenförmig

Fruchtfleisch: –

Geschmack: köstlicher, delikater Bergamottengeschmack

geeignet für: Tafel

Saftgehalt: sehr saftig

Genussreife & Haltbarkeit: A X bis XI, folgeartig, 3 Wochen

Wuchs & Bodenansprüche: sehr starkes Jugendwachstum, ähnlich der Weißen Herbstbutterbirne, vortreffliche Früchte auf warmem und trockenem Standort

Ertrag: –

Bemerkungen: sehr zarte Schale, nicht auf Quitte veredeln

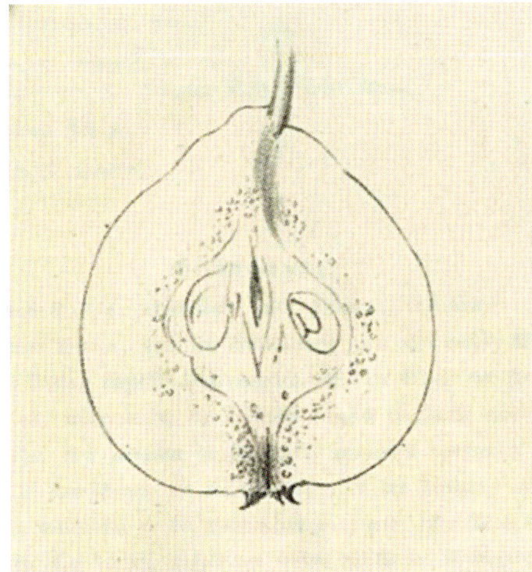

LA

Grüne Herbstzuckerbirne

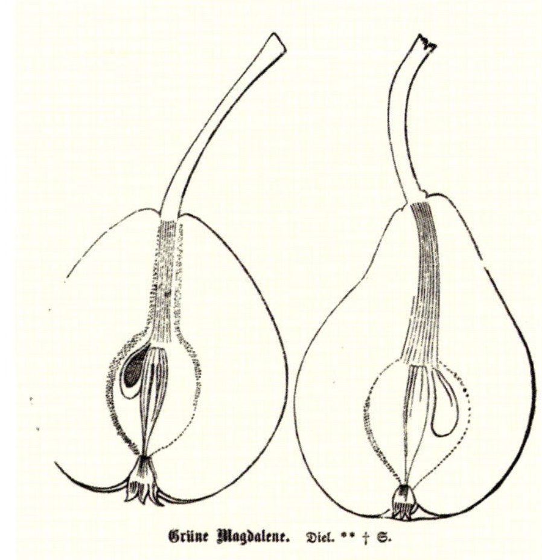

LU

Grüne Sommer-Magdalene

GOE

Grüne Sommer-Magdalene

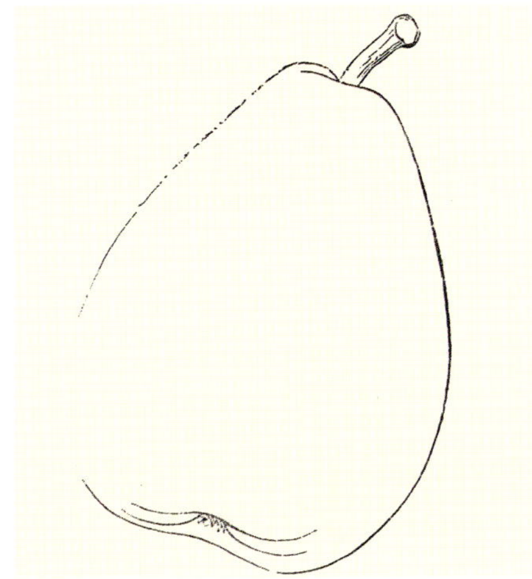

LU

Grüne Winterherrenbirne

LU

Hardenpont's Winterbutterbirne

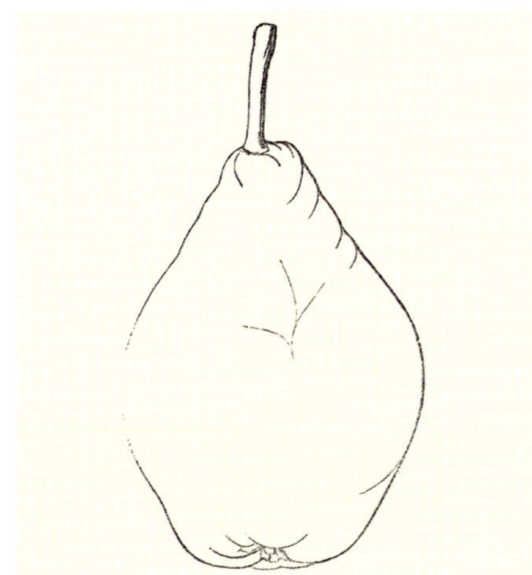

LU

Hardenpont's Winterbutterbirne

LU

Holländische Sommer-Dechantsbirne

Fruchtgröße: klein

Gestalt: ähnlich der Grauen Dechantsbirne, dickbauchig kreiselförmig, kelchbauchig, gut aufstehend, 6,35 cm breit und hoch

Kelchpartie: harte Kelchblätter, offen in seichter Kelchbucht mit beulenartigen Erhabenheiten

Stiel: sehr dick, 2,5 cm lang, fleischig, wie eingesteckt

Berostung: fein hellbraun, nur stellenweise GF durchscheinend

Fruchtfarbe: GFbE: trüb hellgrün
GF: ähnlich der Grauen Dechantsbirne, gelblich

Lentizellen: sehr viele, markant weißgrau, sonnseitig oft gefleckt

Fruchtfleisch: weiß, um das Kernhaus steinig, butterhaft schmelzend

Geschmack: erhaben, geruchlos, fein gewürzhaft, süß muskatellerartig

geeignet für: Tafel

Saftgehalt: sehr saftig

Genussreife & Haltbarkeit: M IX, 14 Tage

Wuchs & Bodenansprüche: –

Ertrag: –

Bemerkungen: rauschalig

AE

Italienische Winterbergamotte

Fruchtgröße: sehr groß

Gestalt: kreiselförmig, um den Kelch plattrund, gegen den Stiel sehr abnehmend, abgestumpfte Kegelspitze, wegen beulenartiger Erhabenheiten ungleichmäßig

Kelchpartie: –

Stiel: dicker, holziger 3,8 cm langer Stiel mit Fleischbeulen, wie eingesteckt aufsitzend

Berostung: schwarzbraune Rostflecken

Fruchtfarbe: GFbE: helles Grasgrün
GF: im Frühjahr gelblich
DF: besonnte Früchte zur Hälfte trüb verwaschen, erdartig rot

Lentizellen: fein, viele, braun, nur in der GF deutlich

Fruchtfleisch: –

Geschmack: geschmackvolle Winterbirne

geeignet für: vor der Reife zum Dämpfen

Saftgehalt: sehr saftig

Genussreife & Haltbarkeit: IV bis V

Wuchs & Bodenansprüche: stark

Ertrag: sehr fruchtbar

Bemerkungen: dicke, nicht fette Schale, benötigt sorgfältige Lagerung

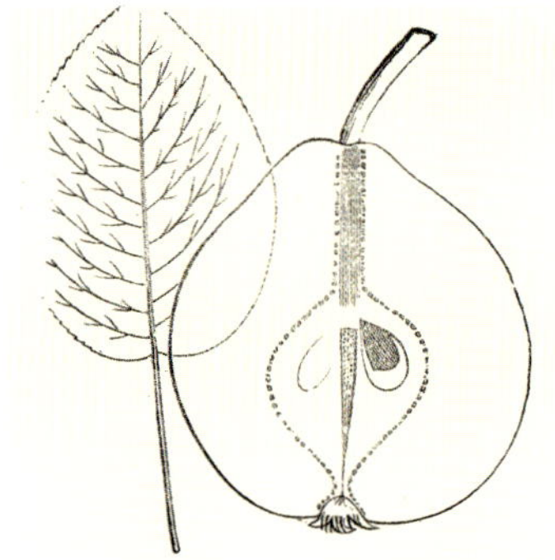

LU

Jaminette

Fruchtgröße: groß

Gestalt: kreiselförmig

Kelchpartie: Kelchbucht und Bauch mit Erhabenheiten

Stiel: mit Fleischwulst

Berostung: Anflug von zimtfarbenem Rost über einen hohen Fruchtanteil

Fruchtfarbe: GFbE: mattes Hellgrün
GF: gelblich
DF: in manchen Jahren ohne

Lentizellen: sehr viele braune

Fruchtfleisch: –

Geschmack: köstlich, erhabener gewürzhafter Zuckergeschmack ohne Weinsäure

geeignet für: Tafel

Saftgehalt: sehr saftig

Genussreife & Haltbarkeit: E XI, 3 Wochen

Wuchs & Bodenansprüche: sehr lebhaft, großkronig, kugelförmig, mit schönem Laub

Ertrag: bald viele Früchte

Bemerkungen: geschmackvoller auf Sämling, auch auf Quitte veredelbar

LA

Je länger, je lieber

Fruchtgröße: mittelgroß

Gestalt: regelmäßig birnenförmig, mehrheitlich schöner und runder Bauch

Kelchpartie: ziemliche ebene Kelchbucht

Stiel: mit feinen oder starken Fleischwülsten

Berostung: in manchen Jahren mit bräunlichem Rost überzogen, der die GF nur stellenweise erblicken läßt, oft rostfrei

Fruchtfarbe: GFbE: düster aussehend, hellgrün
GF: etwas gelblicher, oft hellgelb

Lentizellen: sehr zahlreich, stark bräunlich, heller als der Rost über die gesamte Frucht

Fruchtfleisch: –

Geschmack: sehr angenehm süß, zuckerartig, säurelos

geeignet für: Tafel

Saftgehalt: sehr saftig

Genussreife & Haltbarkeit: A X, 14 Tage

Wuchs & Bodenansprüche: sehr lebhaft, großkronig, stark belaubt

Ertrag: früh und reich fruchtbar

Bemerkungen: –

zu dieser Sorte ist leider keine Abbildung vorhanden

Johann Dewitte

Fruchtgröße: klein

Gestalt: unterlagsbedingt veränderlich, abgestumpft kreiselförmig, auch länglich, zum Stiel hin kurzspitzig, 5 bis 6,2 cm breit und hoch, selten länger, abgerundet und gut aufstehend

Kelchpartie: schmale gespitze Kelchblätter, geschlossen, enge, sehr tiefe Kelchbucht mit randwärts flachen Erhabenheiten, verlaufen auch über die Frucht

Stiel: sehr dick, holzig, 2,5 cm lang, oft länger, auf stumpfer Spitze eingesteckt oder in kleiner Stielbucht

Berostung: samtig, fein zimtartig, stellenweise bis deckend

Fruchtfarbe: GFbE: hellgrün
GF: hellgelb

Lentizellen: undeutlich weißgrau

Fruchtfleisch: sehr fein, gelblich, in warmen Jahren schmelzend

Geschmack: sehr angenehm, kräftig gewürzhaft, zimtartig süß, geruchlos

geeignet für: Tafel

Saftgehalt: vortrefflich, sehr gewürzt

Genussreife & Haltbarkeit: I, 3 Wochen

Wuchs & Bodenansprüche: –

Ertrag: –

Bemerkungen: ohne kühle Lagerung welkend, glattschalig

AE

Kaiser von Österreich

Fruchtgröße: mittelgroß

Gestalt: mittelbauchig, abgerundet bis flach am Kelch, gut aufsitzend 5 cm breit und 6,2 cm hoch

Kelchpartie: kurze, harte Kelchblätter, mitteltiefe Kelchbucht mit flachen Beulen, die über die Frucht hinwegverlaufen

Stiel: 1,2 bis 1,9 cm langer Stiel

Berostung: oft deckend fein rostfarbig, GF dabei oft nur durchschimmernd

Fruchtfarbe: GFbE: hellgrün
GF: hellgelb

Lentizellen: keine sichtbar

Fruchtfleisch: weiß, feinkörnig, schmelzend

Geschmack: angenehm süß, gewürzhaft, bergamottenartig

geeignet für: Rohgenuss

Saftgehalt: wenig saftig

Genussreife & Haltbarkeit: E IX, nicht lange

Wuchs & Bodenansprüche: –

Ertrag: –

Bemerkungen: feinraue Schale, welkt nicht

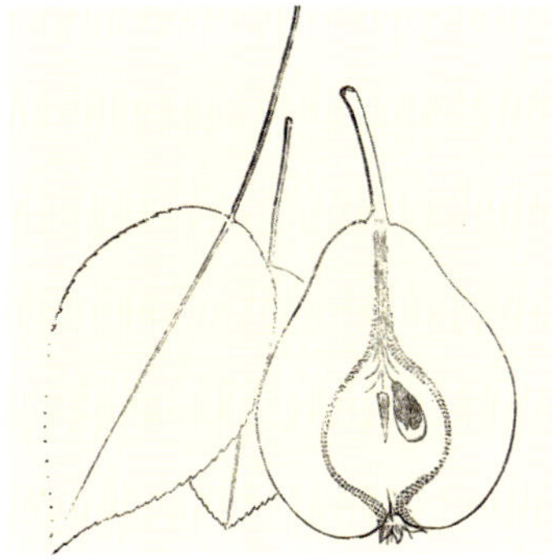

LU

Lange schmelzende Britannie

Fruchtgröße: klein

Gestalt: kreiselförmig, selten wenig zugespitzt

Kelchpartie: –

Stiel: 2,5 bis 3,7 cm lang auf stumpfer Kegelspitze aufsitzend, Fleischwülste, die über die Frucht weiterlaufen

Berostung: –

Fruchtfarbe: GF: gelbgrün
DF: erdartig rot gestreift, manchmal lichtrot verwaschen

Lentizellen: viele hellbraune, auf der Sonnenseite recht deutlich

Fruchtfleisch: –

Geschmack: geschmackvoll

geeignet für: Tafel

Saftgehalt: sehr saftig

Genussreife & Haltbarkeit: M IX, 14 Tage, dann teigig

Wuchs & Bodenansprüche: großkronig, viele Fruchtspieße

Ertrag: früh fruchtbar, jährlich reichtragend

Bemerkungen: bei gelber DF teigig

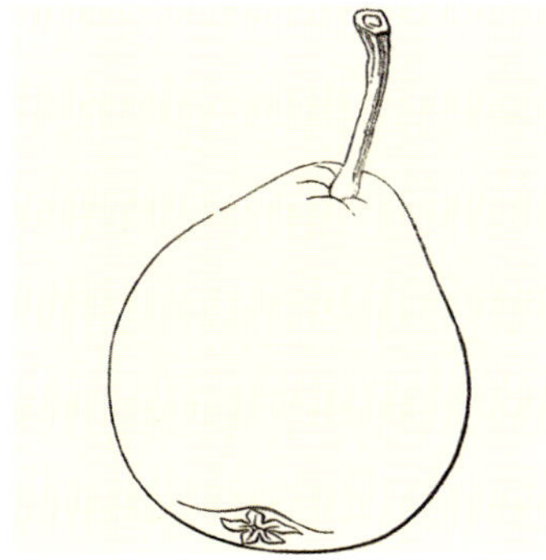

LU

Lansac des Quintinye

Fruchtgröße: mittelgroß

Gestalt: rundbauchig, kreiselförmig, am Bauch Ungleichheiten

Kelchpartie: Kelchbuchtrand mit Ungleichheiten

Stiel: mit Fleischbeulen, die oft den Stiel zur Seite drücken

Berostung: Anflüge von Rost, vereinzelt schwärzliche Rostflecken

Fruchtfarbe: GFbE: hellgrün
GF: blassgelb, oft etwas grünlich untermischt

Lentizellen: zahlreich, stark und rostbraun über die ganze Frucht, besonders auf der Sonnenseite

Fruchtfleisch: –

Geschmack: erhaben, gewürzhaft, zuckersüß, fein müskiert

geeignet für: Tafel

Saftgehalt: saftig

Genussreife & Haltbarkeit: A bis M XI, bis Weihnachten, wenn bei Gelbverfärbung des Laubs geerntet

Wuchs & Bodenansprüche: ähnelt der St. Germain, erfordert warmen, fruchtbaren, tiefgründigen, nicht nassen Boden

Ertrag: sehr fruchtbar

Bemerkungen: –

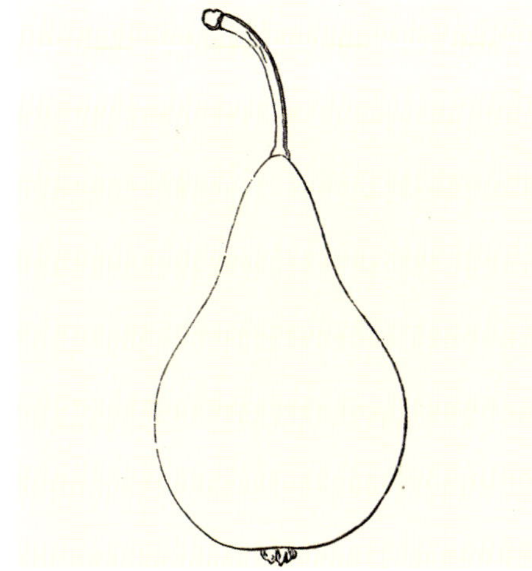

LU

Je länger, je lieber

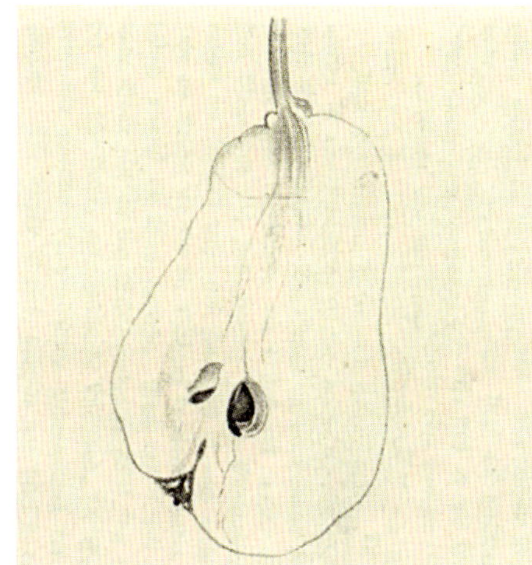

LA

Je länger, je lieber

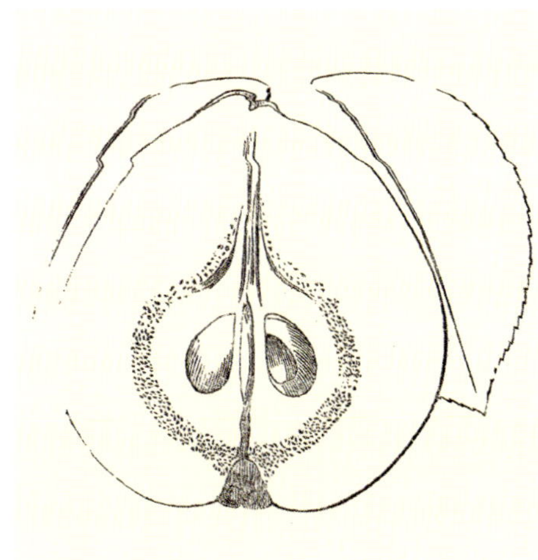

LU

Kaiser von Österreich

AE

Lauers englische Oster-Butterbirne

Fruchtgröße: groß

Gestalt: eiförmig, mittelbauchig, zum Kelch hin abnehmend, gut aufstehend, endet stark abnehmend mit stark abgestumpfter Stielbucht, 8,3 cm breit und hoch

Kelchpartie: kurze harte Kelchblätter, aufsitzend, offen, breite tiefe Kelchbucht, Beulen verlaufen auch über die Frucht, dadurch die Rundung oft verschoben

Stiel: sehr dick, 2,5 bis 3,7 cm lang, tiefe berostete Stielbucht

Berostung: vereinzelt hellbraune Rostflecken oder netzartig

Fruchtfarbe: GFbE: grasgrün
GF: hellgelb, aber oft noch grünlich fleckig

Lentizellen: sehr viele, fein, nicht auffallend

Fruchtfleisch: weiß, körnig, ganz schmelzend

Geschmack: sehr angenehm, vortrefflich, fein bergamottenartig süß, ähnlich der Grauen Dechantsbirne

geeignet für: –

Saftgehalt: sehr saftig

Genussreife & Haltbarkeit: I bis III

Wuchs & Bodenansprüche: –

Ertrag: –

Bemerkungen: glattschalig, nicht fett, welkt nicht

AE

Leschasserie

Fruchtgröße: klein

Gestalt: eiförmig, zum Stiel hin etwas verlängert

Kelchpartie: mit kleinen beulenartigen Erhabenheiten

Stiel: gerader, fleischiger, sehr dicker Stiel mit kleinem, flachen Knötchen

Berostung: Anflüge von Rostfiguren von lentizellenähnlicher Farbe

Fruchtfarbe: GFbE: hellgrün
GF: stellenweise grünliches Hellgelb

Lentizellen: viele feine, rötlich-braun über die ganze Schale

Fruchtfleisch: –

Geschmack: erhabener zuckerartiger Muskatellergeschmack

geeignet für: –

Saftgehalt: sehr saftig

Genussreife & Haltbarkeit: XI bis XII, bis in den Jänner

Wuchs & Bodenansprüche: in der Jugend stark, licht belaubt, sieht einem Sämling ähnlich, benötigt tiefgründigen, warmen Boden

Ertrag: früh fruchtbar, jährlich reich tragend

Bemerkungen: spät zu ernten

AE

Loire's Gewürzbirne

Fruchtgröße: –

Gestalt: wie die Weiße Herbstbutterbirne, ohne Erhabenheiten

Kelchpartie: großteils fein zimtartig

Stiel: –

Berostung: –

Fruchtfarbe: GF: rein zitronengelb

Lentizellen: viele, nur in der DF deutlich

Fruchtfleisch: butterhaft schmelzend

Geschmack: gewürzhaft, kraftvoll

geeignet für: –

Saftgehalt: sehr saftig

Genussreife & Haltbarkeit: M X bis XI

Wuchs & Bodenansprüche: nicht stark, licht belaubt

Ertrag: sehr fruchtbar

Bemerkungen: –

LA

Lothringer Dechantsbirne

Fruchtgröße: mittelgroß

Gestalt: stark abgestumpft kreiselförmig

Kelchpartie: Kelch mit flachen Erhabenheiten umgeben

Stiel: in flacher Stielbucht eingesteckt

Berostung: schwärzliche Rostflecken

Fruchtfarbe: GFbE: gelbliches Grün
GF: schön hohes zitronengelb
DF: selten kleine Anflüge von Rot

Lentizellen: zahlreiche, sehr feine, braun bis blassgrün

Fruchtfleisch: schneeweiß

Geschmack: wie die Weiße Herbstbutterbirne vortrefflich

geeignet für: –

Saftgehalt: –

Genussreife & Haltbarkeit: A X, 14 Tage

Wuchs & Bodenansprüche: lebhaft, sehr schön belaubt

Ertrag: ungemein fruchtbar

Bemerkungen: –

zu dieser Sorte ist leider keine Abbildung vorhanden

Muscatellerartige Butterbirne

Fruchtgröße: mittelgroß

Gestalt: eiförmig, ähnlich der Weißen Herbstbutterbirne, mittelbauchig, zum Kelch hin halbkugelförmig, stielwärts stark abnehmend mit starker schiefer, stumpfer Spitze 6,4 cm breit, auf der höheren Seite 0,6 cm höher, stumpfe Spitze, geringe Erhebungen über die Frucht

Kelchpartie: kurze Kelchblätter, seichte Kelchbucht mit einigen flachen Erhebungen

Stiel: dicker, fleischiger Stiel, 1,9 cm lang, eingesenkt, schief gebogen

Berostung: sonnseitig oft zersprengter Rost

Fruchtfarbe: GFbE: hellgrün
GF: zitronengelb, nicht deckend

Lentizellen: sehr viele, fein, braun, nur in der DF zu sehen

Fruchtfleisch: weiß, feinkörnig, schmelzend

Geschmack: erfrischend, kein Geruch, angenehm, sanft einschneidend muskatellerartig

geeignet für: –

Saftgehalt: sehr saftig

Genussreife & Haltbarkeit: A-M X, 14 Tage

Wuchs & Bodenansprüche: –

Ertrag: –

Bemerkungen: glatte, nicht fette Schale, welkt nicht

zu dieser Sorte ist leider keine Abbildung vorhanden

Muscierte Schmeerbirne

Fruchtgröße: mittelgroß

Gestalt: rundbauchig-kegelförmig

Kelchpartie: auf dem Kelchbuchtrand erheben sich einige flache Beulen, die man über den Bauch wahrnimmt

Stiel: schiefe Stielbucht

Berostung: um den Kelch lentizellenfärbig berostet

Fruchtfarbe: GFbE: schönes Hellgrün GF: hellgelb, in heißen Jahren zitronengelb, dann kein Rot sichtbar, die DF wird goldartig auf feuchtem Boden und in nassen Jahren und auf Hochstamm bleibt die Schale grünlich-gelb; DF: leichter Anflug von erdartigem Rot, fehlt aber meistens

Lentizellen: sehr viele feine, zimtfarbig, über die ganze Frucht verteilt

Fruchtfleisch: im Mund zerfließend

Geschmack: erhaben gewürzhaft, süß, bergamottenartig

geeignet für: Tafel

Saftgehalt: sehr saftig

Genussreife & Haltbarkeit: XI, 4 Wochen

Wuchs & Bodenansprüche: in der Jugend stark, mittelgroß, stark und trüb belaubt

Ertrag: früh fruchtbar, jährlich reichtragend

Bemerkungen: sehr alte allgemein berühmte Sorte, fette Schale, auf Sämling geschmackvoller

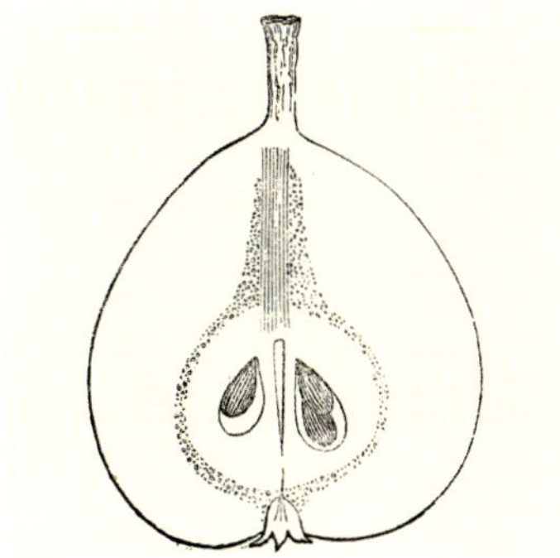

LU

Neil

Fruchtgröße: groß

Gestalt: rundbauchig, stumpfspitzig

Kelchpartie: kurzblättrig, fehlt manchmal, breite tiefe Kelchbucht, offener Kelch

Stiel: dickfleischig, ohne Einbuchtung stark abnehmend

Berostung: oft großflächig zimtfarbig

Fruchtfarbe: GFbE: strohgelb GF: zitronengelb

Lentizellen: sehr viele feine, rostfärbig

Fruchtfleisch: halbschmelzend

Geschmack: erfrischend weinsäuerlich, alantartig, süß

geeignet für: Tafel

Saftgehalt: sehr saftig

Genussreife & Haltbarkeit: M X, 14 Tage

Wuchs & Bodenansprüche: sehr stark, stark belaubt

Ertrag: früh fruchtbar

Bemerkungen: glatte Schale

AE

Neue späte Winterdechantsbirne

Fruchtgröße: mittelgroß

Gestalt: mittelbauchig, zum Kelch hin abnehmend, standfähig, zum Stiel hin stark abgestumpft, flach kreiselspitzig, 5,7 bis 6,4 cm breit und hoch

Kelchpartie: kurze Kelchblätter, offen, breite seichte Kelchbucht, oft flache Beulen darauf, die über die Frucht hinweglaufen

Stiel: dick, holzig, 1,3 cm lang, in flacher Stielbucht wie eingesteckt

Berostung: –

Fruchtfarbe: GFbE: hellgrün GF: zitronengelb DF: nur besonnte Früchte leicht verwaschen erdartig rot

Lentizellen: sehr viele, fein, braun, nur in der DF zu sehen

Fruchtfleisch: mattweiß, fein, butterhaft schmelzend

Geschmack: angenehm gewürzhaft, fein zimtartig süß

geeignet für: Tafel

Saftgehalt: saftig

Genussreife & Haltbarkeit: reift E III bis A IV, hält 3 Wochen

Wuchs & Bodenansprüche: –

Ertrag: –

Bemerkungen: welkt zum Frühjahr hin

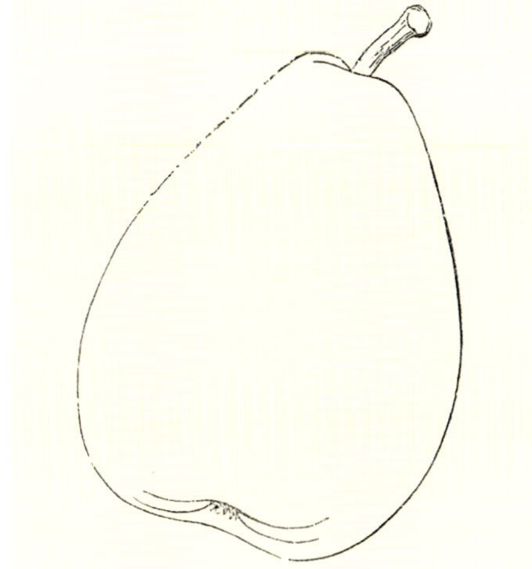

LU

Lauers englische Oster-Butterbirne

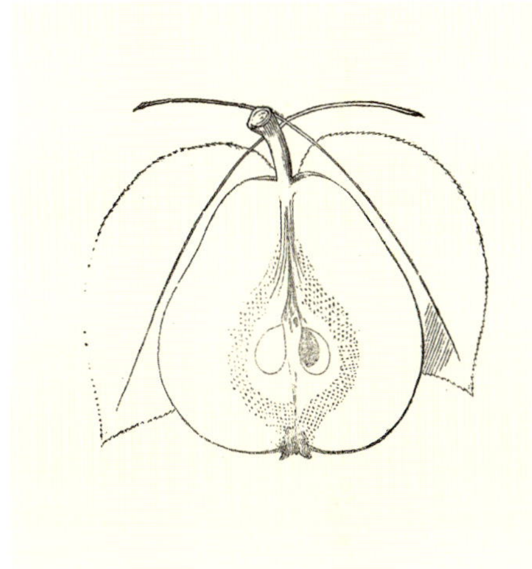

LU

Loire's Gewürzbirne

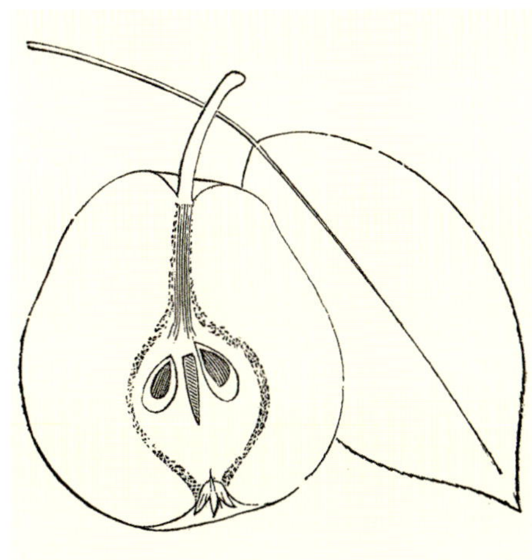

LU

Lothringer Dechantsbirne

1. KLASSE: BUTTERBIRNEN

2. ORDNUNG: VON GLEICHER HÖHE UND BREITE

LU

Noarschein

Fruchtgröße: auf Hochstamm mittelgroß, auf Zwerg groß

Gestalt: hochgebaut, stark stumpf, ähnlich der Markgräfin, kelchbauchig, halbkugelförmig abgerundet, aufstehend, kegelförmig, vom Zwerg 6,4 cm breit und 8,3 cm hoch, auf Hochstamm 5,1 cm breit und 6,4 cm hoch

Kelchpartie: kurze, spitze, harte Kelchblätter, offen, tiefe Kelchbucht mit flachen Erhabenheiten, auch über die Frucht hinweg verlaufend

Stiel: zum Stiel hin oft keine Einbiegung, endet breit, stark abgestumpft kegelförmig, 2,5 cm lang, tief eingesenkt, schiefer Stielbuchtrand

Berostung: reichliche Anflüge um den Stiel, den Kelch und Bauch

Fruchtfarbe: GFbE: hellgrün bis ins Gelbliche; GF: hellgrün, manchmal ins Gelbliche schimmern

Lentizellen: viele markante, oft wie kleine Rostflecken, oft von Rost verstärkt

Fruchtfleisch: mattweiß, fein, körnig, zerschmelzend

Geschmack: geruchslos, angenehm erfrischend, fein gewürzhaft süßweinsäuerlich, ähnlich der Grauen Herbstbutterbirne

geeignet für: Tafel

Saftgehalt: sehr saftig

Genussreife & Haltbarkeit: M bis E X, 14 Tage

Bemerkungen: welkt nicht, glattschalig

AE

November-Dechantsbirne

Fruchtgröße: mittelgroß

Gestalt: kreiselförmig, zum Stiel hin abgestumpft

Kelchpartie: harter Kelch

Stiel: kurz, fleischig, mit flachen Erhabenheiten, die über die Frucht weiterlaufen

Berostung: viele starke zimtfarbige Rostflecken

Fruchtfarbe: GFbE: hellgrün
GF: reingelb

Lentizellen: –

Fruchtfleisch: ganz schmelzend

Geschmack: vortrefflicher Geschmack

geeignet für: –

Saftgehalt: sehr saftig

Genussreife & Haltbarkeit: E X bis XI, 2–3 Wochen

Wuchs & Bodenansprüche: starkwüchsig, schön belaubt

Ertrag: sehr fruchtbar

Bemerkungen: zarte, geschmeidige Schale

LA

Ocken

Fruchtgröße: klein

Gestalt: kreiselförmig, plattrund, kurze Kreiselspitze, Bauch am Kelch flach abgerundet

Kelchpartie: harte kurzblättrige Kelchblätter, ziemlich offen, geräumige Kelchbucht

Stiel: dick, zum Stiel hin schnell gewölbt abnehmend

Berostung: leichter Anflug von rauem Rost

Fruchtfarbe: GFbE: gelblich-grün oder strohgelb;
GF: hellgelb;
DF: Sonnenfrüchte weisen einen leichten Anflug von erdartiger Röte auf

Lentizellen: –

Fruchtfleisch: weiß, sehr fein, überfließend

Geschmack: vortrefflicher Geschmack, angenehm, süß-weinsäuerlich

geeignet für: Tafel

Saftgehalt: sehr saftig

Genussreife & Haltbarkeit: A XI, 3 Wochen

Wuchs & Bodenansprüche: nicht stark, jährlich tragend

Ertrag: –

Bemerkungen: –

zu dieser Sorte ist leider keine Abbildung vorhanden

Parfümierte Herbstbirne

Fruchtgröße: klein

Gestalt: dickbauchig bis kegelförmig

Kelchpartie: am Rand beulenartig

Stiel: feinfaltiger Stiel

Berostung: feiner Anflug

Fruchtfarbe: GFbE: blass hellgrün bis blass hellgelblich

Lentizellen: viele, sehr fein, hellgrün

Fruchtfleisch: sehr weiß, schmelzend

Geschmack: erhaben köstlich, etwas rosenartiger Zuckergeschmack

geeignet für: Tafel

Saftgehalt: sehr saftig

Genussreife & Haltbarkeit: X, in 14 Tagen welk

Wuchs & Bodenansprüche: sehr stark, aufrecht, stark belaubt

Ertrag: –

Bemerkungen: –

zu dieser Sorte ist leider keine Abbildung vorhanden

Po(h)lnische grüne Krautbirne

Fruchtgröße: mittelgroß

Gestalt: bergamottenförmig, ähnlich der Crassane und der Pomeranzenbirne, tiefe, über die Frucht hinweg breite, die Rundung stark entstellende Erhabenheiten

Kelchpartie: tiefe schüsselförmige Kelchbucht mit flachen Beulen

Stiel: grün, dünn, 2,5 bis 3,2 cm lang

Berostung: braune Rostflecken

Fruchtfarbe: GFbE: grasgrün
GF: gelblich
DF: besonnte Früchte düster erdrot verwaschen, bei beschatteten Früchten streifig

Lentizellen: sehr viele

Fruchtfleisch: schmelzend, butterhaft

Geschmack: angenehm süß, etwas feinweinsäuerlich

geeignet für: –

Saftgehalt: sehr saftig

Genussreife & Haltbarkeit: M IX, nicht lange ohne zu faulen

Wuchs & Bodenansprüche: sehr stark

Ertrag: sehr fruchtbar

Bemerkungen: –

LU

PF

Preuls Colmar

Fruchtgröße: mittelgroß bis groß

Gestalt: länglich kreiselförmig, gegen den Kelch plattrund, zum Stiel hin rasch abnehmend, flache Erhabenheiten, unrund

Kelchpartie: –

Stiel: –

Berostung: –

Fruchtfarbe: GF: zitronengelb DF: selten düster rot leicht verwaschen

Lentizellen: viele grüne, eingeringelt

Fruchtfleisch: im Mund auflösend

Geschmack: köstlich, erhaben gewürzhaft süß, am geschmackvollsten beim Farbumschlag nach gelblich

geeignet für: –

Saftgehalt: sehr saftig

Genussreife & Haltbarkeit: XI–XII, bis in den Jänner

Wuchs & Bodenansprüche: hängender Wuchs

Ertrag: früh, reichlich

Bemerkungen: raue Schale, kümmert auf Quitte, gehört zu den vorzüglichsten Birnen

Regentin

Fruchtgröße: mittelgroß

Gestalt: länglich kreiselförmig, abgestumpfte Stielspitze, zum Stiel hin sanft eingezogen

Kelchpartie: kurzer harter offener Kelch in weiter seichter Kelchbucht, mit flachen, ziemlich starken Erhabenheiten, diese verlaufen über die Frucht und verschieben die Rundung

Stiel: dick, holzig, feine Fleischbeulen

Berostung: um den Kelch und Stiel fein berostet

Fruchtfarbe: GFbE: hellgrün GF: hoch zitronengelb; DF: leichter Anflug von erdartigem Rot, welches in der Reife verschwindet oder die DF nur rötlich-gelb macht

Lentizellen: viele, braun

Fruchtfleisch: weiß

Geschmack: erhaben gewürzhaft, sehr angenehm fein, weinartig süß, vorzügliche Frucht

geeignet für: Tafel

Saftgehalt: sehr saftig

Genussreife & Haltbarkeit: XI (E XII)

Wuchs & Bodenansprüche: nicht lebhaft, als Zwerg freudiger auf schwachem Sämling oder veredelter Quitte

Ertrag: früh fruchtbar, jährlich reichtragend

Bemerkungen: sehr glatte Schale, sehr gesund, wächst auf schwachem Sämling oder veredelter Quitte

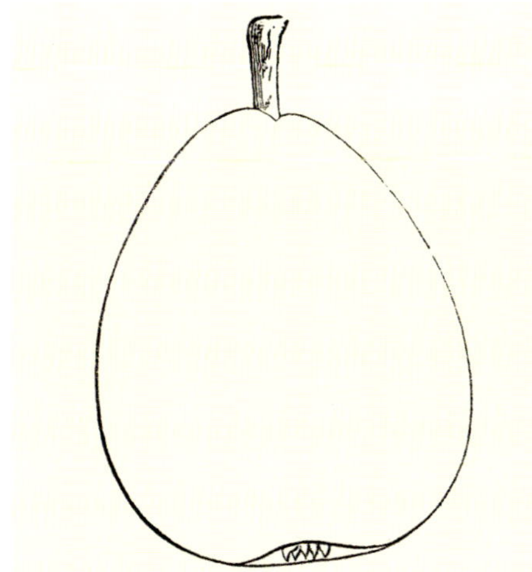

LU

November-Dechantsbirne

LA

Ocken

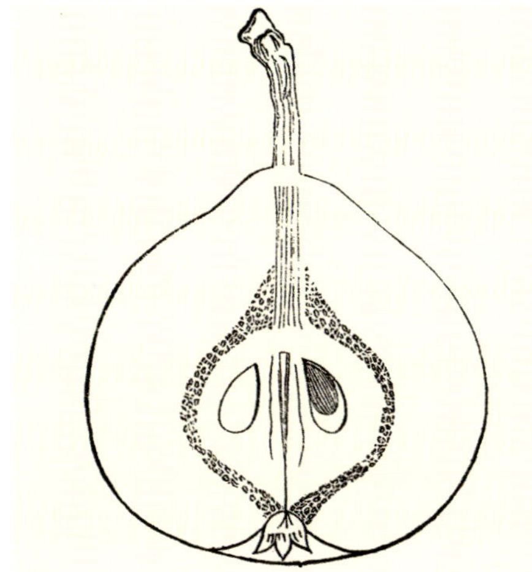

LU

Ocken

PF

Regentin

1. KLASSE: BUTTERBIRNEN
2. ORDNUNG: VON GLEICHER HÖHE UND BREITE

LA

Rot(h)e Herbst-Butterbirne

Fruchtgröße: groß

Gestalt: ähnlich der weißen Herbstbutterbirne

Kelchpartie: –

Stiel: nur in der Stielregion mit einigen flachen Fleischbeulen

Berostung: charakteristisch über die gesamte Frucht dünn, fein, hellbräunlich, fast zimtartig, die GF und DF nur in kleinen Bereichen durchlassend

Fruchtfarbe: GFbE: schön hellgrün
GF: gelblich-grün
DF: sonnseitig minimal trüb, erdartig, leicht verwaschenes Rot

Lentizellen: keine sichtbar

Fruchtfleisch: –

Geschmack: im Mittel zwischen Weißer und Grauer Herbstbutterbirne

geeignet für: Tafel

Saftgehalt: sehr saftig

Genussreife & Haltbarkeit: M bis E X, 14 Tage

Wuchs & Bodenansprüche: in der Jugend sehr starkwüchsig, mittelgroßer Baum

Ertrag: –

Bemerkungen: stark belaubt, düsteres Aussehen, kümmert als Zwerg auf Quitte

zu dieser Sorte ist leider keine Abbildung vorhanden

Rouppe's Butterbirne

Fruchtgröße: klein

Gestalt: ähnlich der Winterambrette, kreiselförmig, kelchbauchig, kelchseitig plattrund, breit aufsitzend, zum Stiel hin abnehmend, mit Kreiselspitze endend, auf Hochstamm 5 - 6,4 cm breit und hoch

Kelchpartie: kurze Kelchblätter, offen, meist seichte Kelchbucht oder ohne Tiefe

Stiel: 1,9 - 2,5 cm lang

Berostung: rau, meist deckend, auch gesprenkelt

Fruchtfarbe: GFbE: hellgrün
GF: gelblich-grün, meist von Rost überdeckt
DF: leichter Anflug von Rot

Lentizellen: schwer vom Rost zu unterscheiden

Fruchtfleisch: mattweiß, butterhaft schmelzend

Geschmack: angenehm gewürzhaft süß, geruchslos

geeignet für: Tafel

Saftgehalt: –

Genussreife & Haltbarkeit: E X, 14 Tage

Wuchs & Bodenansprüche: –

Ertrag: –

Bemerkungen: rauschalig, welkt nicht

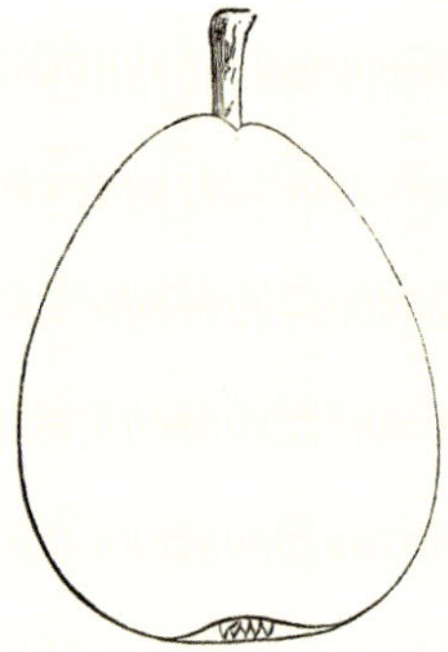

LU

Russelet St. Vincent

Fruchtgröße: mittelgroß

Gestalt: eiförmig, stark abgestumpft, komisch aussehend, ähnlich Grüne Herbstbutterbirne, Bauch 2/3 untermittig, zum Kelch hin abgerundet, dadurch stehend,
6,4 cm breit und hoch oder bis 0,6 cm höher

Kelchpartie: harte Kelchblätter, offener Kelch, flache breite Kelchbucht

Stiel: dick, fleischig, 1,2 cm lang, sitzt wie eingedrückt in kleiner Stielbucht

Berostung: flächig, GF durchscheinend

Fruchtfarbe: GFbE: gelbliches Hellgrün; GF: gelb

Lentizellen: viele, nur in der GF sichtbar

Fruchtfleisch: fein, weiß, butterhaft schmelzend

Geschmack: erhaben, vortrefflich, fein gewürzhaft, weinartig süß, ähnlich der Crassane

geeignet für: –

Saftgehalt: sehr saftig

Genussreife & Haltbarkeit: E X, 3 Wochen

Wuchs & Bodenansprüche: –

Ertrag: –

Bemerkungen: nicht welkend

AE

Schweizer Bergamotte

Fruchtgröße: mittelgroß

Gestalt: auffallendes Äußeres, plattrund, mehr breiter als hoch, mehr rundlich

Kelchpartie: um den Kelch einige flache, beulenartige Erhabenheiten, oft ungleiche Rundung

Stiel: häufig mit einem fleischigen Wärzchen versehene Stielbucht

Berostung: in manchen Jahren alle Früchte schwärzliche, oft häufige Rostflecken

Fruchtfarbe: GFbE: schönes Hellgrün
GF: gelblich-grün, viele halbschmale, bald breite, bandartige blassgelbe Streifen; DF: Streifen schillern sonnseitig bei stark besonnten Früchten etwas ins Rötliche oder nur ins Goldige

Lentizellen: viele feine graue

Fruchtfleisch: –

Geschmack: erhaben zuckerartig

geeignet für: Tafel

Saftgehalt: –

Genussreife & Haltbarkeit: bis XII

Wuchs & Bodenansprüche: stark, pyramidenförmig, an einjährigen Trieben gelbliche und grüne Streifen, benötigt warmen, nicht zu schweren Boden

Ertrag: recht tragbar

Bemerkungen: vollkommene Güte nur an warmer Spalierwand, als Zwerg nur auf Quitte oder schwachem Sämling

LA

Sommer-Ambrette

Fruchtgröße: mittelgroß

Gestalt: stumpf kegelförmig, zum Stiel hin mehr oder weniger abgestumpft

Kelchpartie: in der Kelchbucht einige Fleischbeulen

Stiel: fleischwülstig oder faltig

Berostung: Rostanflüge

Fruchtfarbe: GFbE: grün
GF: fleckenweise gelblich
DF: besonnte Früchte leicht hellbräunlich, unansehlich rot gestreift

Lentizellen: viele starke, sonnseitig gräulich, schattseitig dunkelgrün

Fruchtfleisch: –

Geschmack: sehr angenehm süß, bergamottenartig

geeignet für: Tafel

Saftgehalt: sehr saftig

Genussreife & Haltbarkeit: E IX, 3 Wochen

Wuchs & Bodenansprüche: stark, mittelgroß, auch auf schlechtem Boden

Ertrag: durchschnittlich

Bemerkungen: ungemein schön belaubt

AE

Sommer-Dechantsbirne

Fruchtgröße: mittelgroß

Gestalt: dickbauchig, kreiselförmig, über die ganze Frucht beulenartige Erhabenheiten, die die Rundung ungleich machen

Kelchpartie: Kelchbucht mit feinen Beulen oder Falten

Stiel: –

Berostung: Rostfiguren und Rostflecke bis Rostüberzüge

Fruchtfarbe: GFbE: blasses Hellgrün
GF: gelblich-grün, schattseitig hellgrün
DF: –

Lentizellen: viele starke, charakteristische bräunliche über die ganze Frucht

Fruchtfleisch: weiß

Geschmack: erhaben, süß-säuerlich, muskatellerartig

geeignet für: Tafel

Saftgehalt: saftig

Genussreife & Haltbarkeit: E VIII, 2 Wochen, wenn vorzeitig geerntet

Wuchs & Bodenansprüche: stark, mittelgroß, auch auf schlechtem Boden

Ertrag: früh und sehr reich

Bemerkungen: setzt bei Frostschäden Nachblüten auf langen Stielen an, die nur kleine unvollkommene Früchte liefern, verdient allgemeine Anpflanzung, gedeiht nicht auf Quitte

AE

Sommer-Verlaine

Fruchtgröße: groß bis sehr groß

Gestalt: länglich kreiselförmig bis länglich rund, eiförmig

Kelchpartie: oft flach, oft mit Beulen besetzt, offen, fein gespitzte Kelchblätter

Stiel: sehr dick, fleischig

Berostung: hell zimtartig flächig, nicht an Schattenfrüchten

Fruchtfarbe: GFbE: gelblich-grün
GF: hellzitronengelb

Lentizellen: sonnseitig viele rostfärbige

Fruchtfleisch: weiß, feinkörnig, butterhaft schmelzend

Geschmack: angenehm süß, fein gewürzhaft, müskiert

geeignet für: Tafel

Saftgehalt: saftig

Genussreife & Haltbarkeit: A X, folgeartig

Wuchs & Bodenansprüche: sehr stark

Ertrag: frühzeitig reiche Ernten

Bemerkungen: –

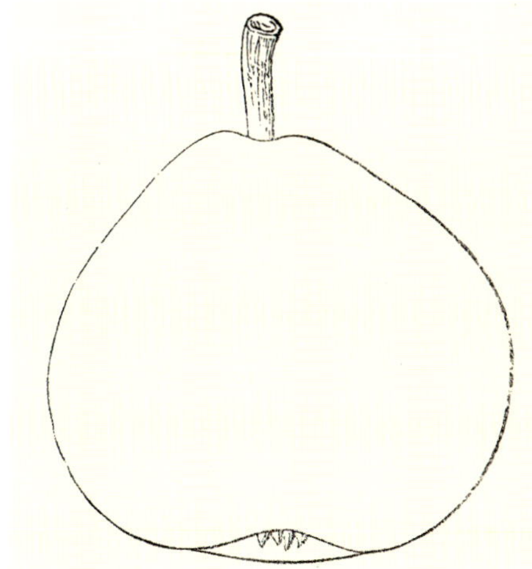

LU

Rot(h)e Herbst-Butterbirne

LA

Rot(h)e Herbst-Butterbirne

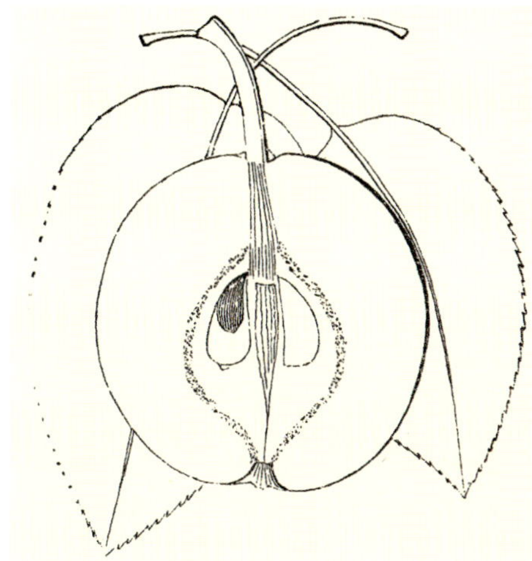

LU

Schweizer Bergamotte

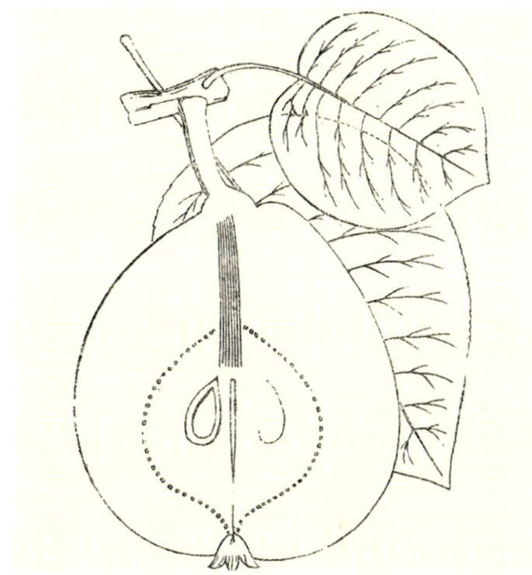

LU

Sommer-Ambrette

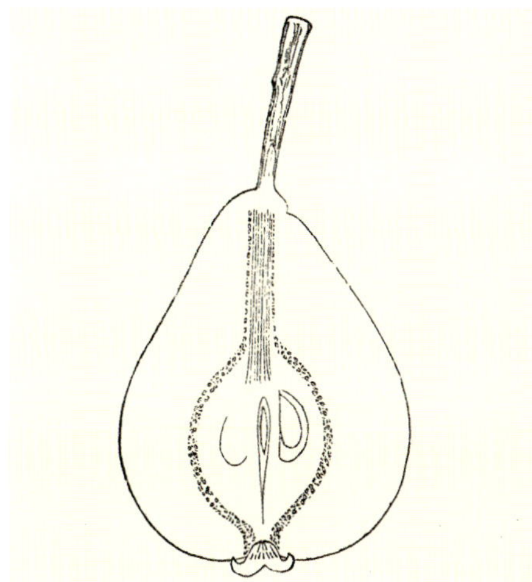

LU

Sommer-Dechantsbirne

LU

Sommer-Verlaine

1. KLASSE: BUTTERBIRNEN

2. ORDNUNG: VON GLEICHER HÖHE UND BREITE

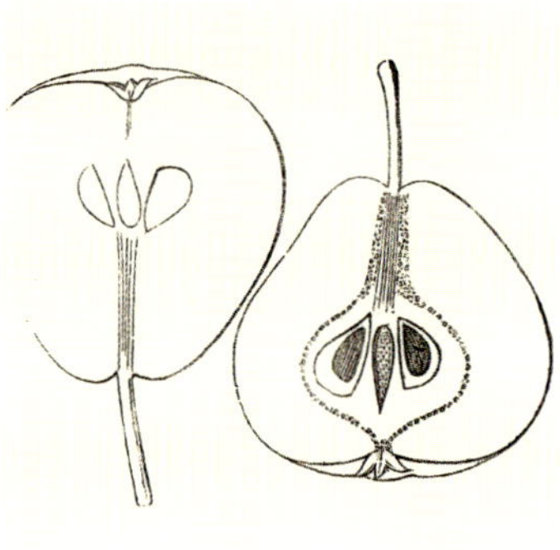

LU

Thouin

Fruchtgröße: klein

Gestalt: uneinheitlich von bergamottenartig bis kreiselförmig

Kelchpartie: aufsitzender Kelch

Stiel: –

Berostung: um den Kelch kreisförmig hellbraun

Fruchtfarbe: GF: rein gelb

Lentizellen: viele feine hellbraune

Fruchtfleisch: –

Geschmack: gewürzhaft, angenehm süßweinartig, ähnlich den Pomeranzen und Bergamotten

geeignet für: Tafel

Saftgehalt: sehr saftig

Genussreife & Haltbarkeit: M X, 3 Wochen

Wuchs & Bodenansprüche: stark

Ertrag: früh fruchtbar, jährlich reich tragend

Bemerkungen: büschelweiser Fruchtstand

zu dieser Sorte ist leider keine Abbildung vorhanden

Tolsduyn's grüne Herbst-Zuckerbirne

Fruchtgröße: mittelgroß

Gestalt: schön geformt, kreiselförmig bis abgestumpft kegelförmig, ohne Erhabenheiten

Kelchpartie: –

Stiel: Stiel am Anfang fleischumringelt

Berostung: angesprenkelt lentizellenfärbig

Fruchtfarbe: GFbE: hellgrasgrün
GF: schön gelb, wie marmoriert
DF:-

Lentizellen: viele starke, rötlich-braun oft dunkelgrün eingefasst

Fruchtfleisch: –

Geschmack: kühlender zuckerartiger Muskatellergeschmack

geeignet für: Tafel

Saftgehalt: butterhaft

Genussreife & Haltbarkeit: IX, 6 Wochen

Wuchs & Bodenansprüche: sehr stark

Ertrag: sehr reichlich

Bemerkungen: verdient bekannt zu werden

AE

Truchseß

Fruchtgröße: mittelgroß

Gestalt: schön geformt, ähnlich der Herbstbergamotte, mehr der Grauen Herbstbutterbirne

Kelchpartie: starker Kelch, Frucht wölbt sich dahin, offen, breite ziemlich tiefe Kelchbucht

Stiel: –

Berostung: stark berostet

Fruchtfarbe: GFbE: hellgrün
GF: etwas gelblich
DF: Sonnenfrüchte weisen einen leichten Anflug von hell verwaschener erdartiger Röte auf

Lentizellen: viele

Fruchtfleisch: butterhaft schmelzend

Geschmack: erfrischend gewürzhaft, sehr angenehm fein, muskatellerartig

geeignet für: Tafel

Saftgehalt: sehr saftig

Genussreife & Haltbarkeit: M bis E XI, 3 Wochen

Wuchs & Bodenansprüche: sehr stark, großkronig, benötigt trockenen Boden

Ertrag: sehr fruchtbar

Bemerkungen: –

AE

Van Marum's Schmalzbirne

Fruchtgröße: mittelgroß

Gestalt: kreiselförmig, meist am Stiel abgestumpft, keine Einbiegung, kelchbauchig

Kelchpartie: offen, hart, langblättrige, breite und tiefe Kelchbucht mit einigen flachen Beulen

Stiel: –

Berostung: zersprengte Rostfiguren

Fruchtfarbe: GFbE: gelblich-grün oder strohgelb
GF: zitronengelb

Lentizellen: viele feine, zimtartig

Fruchtfleisch: weiß, körnig, schmelzend

Geschmack: angenehm süß, muskatellerartig

geeignet für: –

Saftgehalt: sehr saftig

Genussreife & Haltbarkeit: E X bis A XI, 8 Tage, dann teigig

Wuchs & Bodenansprüche: sehr stark, schön belaubt

Ertrag: früh sehr fruchtbar

Bemerkungen: glatte, abgerieben schön glänzende Schale, essreif, wenn mit dem Finger eindrückbar bei nicht zu gelbem Gelb

AE

Van Tertolen's Herbst-Zuckerbirne

Fruchtgröße: klein

Gestalt: wohl gebaut ähnlich der Crassane

Kelchpartie: mit kleinen Falten

Stiel: oft fleischig, mit Fleischbeulen umgeben

Berostung: Flecken oder Figuren über die halbe Frucht

Fruchtfarbe: GFbE: helles Grün
GF: zitronengelb, beim Gelbwerden goldartig
DF: auf wenigen Früchten leichter Anflug von Rot, welches selten erkannt wird

Lentizellen: ganzfruchtig, stark, braun

Fruchtfleisch: –

Geschmack: erhabener süßer Zuckergeschmack

geeignet für: Tafel

Saftgehalt: saftig

Genussreife & Haltbarkeit: M XI, nicht lange

Wuchs & Bodenansprüche: sehr stark

Ertrag: sehr reichlich

Bemerkungen: gleicht im Laub St. Germain, verdient Anpflanzungen

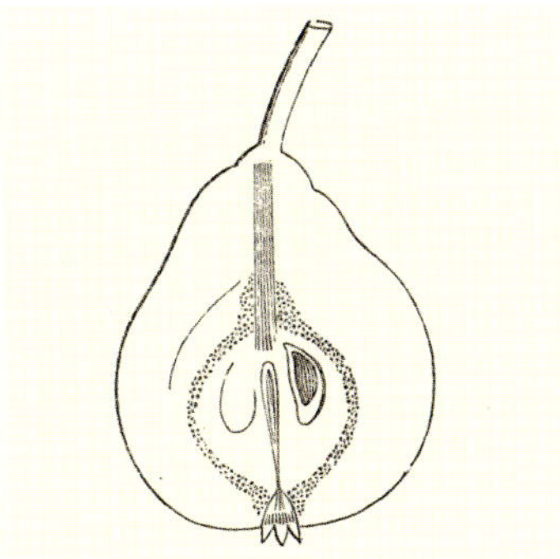

LU

Volltragende Sommerbergamotte

Fruchtgröße: mittelgroß

Gestalt: mehr zugespitzt kreiselförmig als bergamottenförmig, kelchbauchig, dort flach und aufsitzend 7,6 cm breit und 8,3 cm hoch

Kelchpartie: kleine Kelchblätter, spitz, hart, offen, breite und ziemlich tiefe Kelchbucht

Stiel: zum Stiel hin schnell abnehmend mit starker kreiselförmiger Spitze, dick, fleischig, 1,2 bis 1,9 cm lang, stumpfspitzig wie eingesteckt, knopfig

Berostung: fein, zimtartig flächig

Fruchtfarbe: GFbE: hell zitronengelb

Lentizellen: in der GF sehr viele, fein rostfärbig

Fruchtfleisch: weiß, körnig, schmelzend

Geschmack: geruchslos, angenehm gewürzhaft, süß, bergamottenartig, ähnlich der Roten Bergamotte

geeignet für: Rohgenuss

Saftgehalt: saftig

Genussreife & Haltbarkeit: E IX, nicht lange

Wuchs & Bodenansprüche: –

Ertrag: –

Bemerkungen: glatte, nicht fette Schale

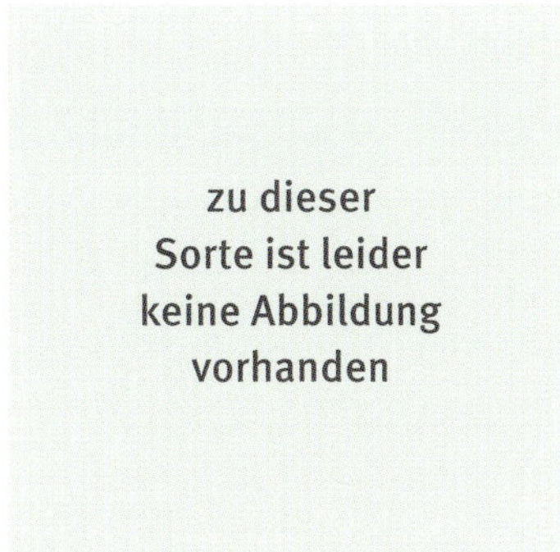

GOE

Wahre Leipziger Rettigbirne

Fruchtgröße: klein

Gestalt: zwiebelbirnenartig, mehr rund als plattrund, einseitig höher

Kelchpartie: –

Stiel: –

Berostung: in der Stiel- und Kelchregion, manchmal großflächig, am Bauch Figuren

Fruchtfarbe: GFbE: ganzfruchtig grünlich-gelb
GF: bei Überreife hellgelb

Lentizellen: viele, bräunlich, bei Erntereife grünlich eingeringelt

Fruchtfleisch: butterhaft schmelzend

Geschmack: gewürzhaft, ausgesucht gut

geeignet für: Tafel

Saftgehalt: saftig

Genussreife & Haltbarkeit: E VIII

Wuchs & Bodenansprüche: –

Ertrag: sehr früh und sehr fruchtbar

Bemerkungen: wird nicht teigig

LA

Weiße Herbstbutterbirne

Fruchtgröße: mittelgroß

Gestalt: rund bis länglich

Kelchpartie: Kelchbucht mit feinen Falten oder beulenartigen Erhabenheiten, in der Rundung uneben

Stiel: Stielbuchtrand mit Fleischhöckern

Berostung: Rostfiguren und Flecken

Fruchtfarbe: GFbE: mattes Hellgrün
GF: blasses zitronengelb
DF: nur besonnte freihängende Früchte lebhaft rosenrot

Lentizellen: sehr viele gelbgraue

Fruchtfleisch: –

Geschmack: sehr angenehm, zuckerartig rosenhaft

geeignet für: –

Saftgehalt: sehr saftig

Genussreife & Haltbarkeit: X, 2–3 Wochen

Wuchs & Bodenansprüche: markant belaubter Baum, aufrechte Hauptäste, beim Tragen Triebende herabhängend

Ertrag: früh und reichlich

Bemerkungen: kommt in rauen Gegenden vor

LU

Van Tertolen's Herbst-Zuckerbirne

MAY

Weiße Herbstbutterbirne

LU

Weiße Herbstbutterbirne

1. KLASSE: BUTTERBIRNEN
2. ORDNUNG: VON GLEICHER HÖHE UND BREITE

MAY

Wildling von Montigny
Fruchtgröße: groß
Gestalt: länglich bis kreiselförmig
Kelchpartie: –
Stiel: seitlich Fleischhügel
Berostung: um den Stiel kleiner lentizellenfarbiger Rost
Fruchtfarbe: GFbE: hellgrün
GF: blasses hellgelbes zitronengelb
Lentizellen: viele, charakteristisch fein, hellzimtartig
Fruchtfleisch: –
Geschmack: angenehm süß, erfrischend, fein muskiert
geeignet für: Tafel
Saftgehalt: sehr saftig
Genussreife & Haltbarkeit: M X, 3 Wochen
Wuchs & Bodenansprüche: sehr stark
Ertrag: sehr fruchtbar
Bemerkungen: –

AE

Wildling von Motte
Fruchtgröße: mittelgroß bis groß, auf Zwerg sehr groß
Gestalt: rund, selten länglich, Rundung durch Erhabenheiten ungleich
Kelchpartie: nur zuweilen beulenartig
Stiel: Stielbucht mit ein bis drei Fleischbeulen
Berostung: fein, stark, erdgraue Punkte, oft flächig, beim Kelch feine Überzüge
Fruchtfarbe: GFbE: grün
GF: grünlich-hellgelb
Lentizellen: –
Fruchtfleisch: –
Geschmack: sehr zuckerartig
geeignet für: Tafel
Saftgehalt: saftig
Genussreife & Haltbarkeit: E X bis XI, oder XII
Wuchs & Bodenansprüche: –
Ertrag: –
Bemerkungen: –

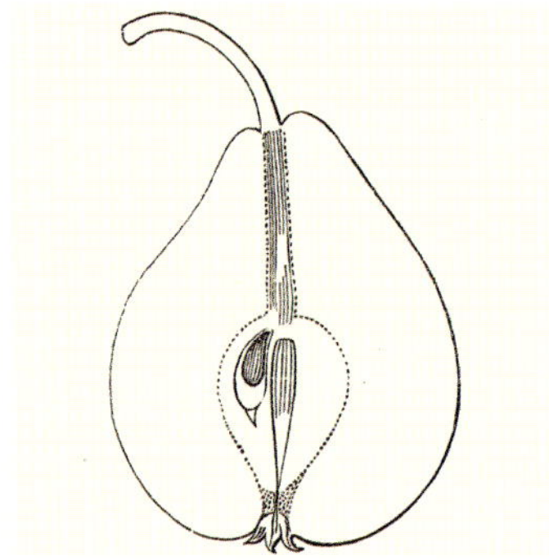
LU

Wilhelmine
Fruchtgröße: klein
Gestalt: häufig mehr hoch gebaut, abgestumpft kegelförmig-bauchig als kreiselförmig, dickbauchig unterhalb der Fruchtmitte, zum Kelch hin halbkugelförmig zugewölbt, 5,7 cm bis 6 cm hoch
Kelchpartie: flache Kelchregion, harte Kelchblätter, weit offener Kelch, seichte, unebene Kelchbucht, mit breiten Erhabenheiten bis über die Frucht
Stiel: zum Stiel hin stark stumpf kegelig, manchmal kreiselförmig, holzig, fast 2,5 cm lang, kleine Stielbucht, Fleischbeulen, wie eingesteckt
Berostung: wenig bis stark berostet
Fruchtfarbe: GFbE: hellgrün
GF: hellgelb (auch am Bauch)
DF: sonnseitig leicht rötlich
Lentizellen: viele, in der GF deutlich sichtbar
Fruchtfleisch: weiß, schmelzend
Geschmack: geruchlos, angenehm muskatellerartig, ähnlich der Grauen Herbstbutterbirne
geeignet für: Tafel
Saftgehalt: sehr saftig
Genussreife & Haltbarkeit: XI bis XII
Wuchs & Bodenansprüche: –
Ertrag: –
Bemerkungen: feinraue Schale, welkt nicht bei rechtzeitiger Ernte

AE

Winter Sylvester
Fruchtgröße: groß
Gestalt: kreiselförmig
Kelchpartie: –
Stiel: –
Berostung: häufig Rostfiguren um den Kelch und den Stiel
Fruchtfarbe: GFbE: hellgelb mit Grün vermischt
GF: zitronengelb
DF: auch sonnseitig kein Rot, aber viele rötliche Karmesinfleckchen, umgeben die Lentizellen
Lentizellen: –
Fruchtfleisch: –
Geschmack: köstliche Herbstfrucht
geeignet für: Tafel
Saftgehalt: sehr saftig
Genussreife & Haltbarkeit: M X, 3 Wochen
Wuchs & Bodenansprüche: ähnlich der Weißen Herbstbutterbirne, sehr stark, großkronig
Ertrag: fruchtbar
Bemerkungen: auf Quitte ungeeignet

LA

Zartschalige Sommerbirne
Fruchtgröße: klein
Gestalt: russelettenartig – abgestumpft kegelstumpfförmig, runder schöner ebener Bauch
Kelchpartie: –
Stiel: mit einigen Fleischbeulen umgeben
Berostung: –
Fruchtfarbe: hellgrünlich-gelb
GF: zitronengelb, beim Gelbwerden goldartig
DF: bei den meisten Früchten rote Kreischen um die Lentizellen, fehlt bei Schattenfrüchten
Lentizellen: nur in den DF-Bereichen viele hellgraue, die im Gelben kaum oder gar nicht zu bemerken sind
Fruchtfleisch: –
Geschmack: –
geeignet für: –
Saftgehalt: –
Genussreife & Haltbarkeit: M VIII, kaum 8 Tage, aber zu dieser Reifezeit eine der besten
Wuchs & Bodenansprüche: lebhaft, gesund, stark belaubt, aufrecht
Ertrag: sehr bald sehr fruchtbar
Bemerkungen: –

1. KLASSE: BUTTERBIRNEN

3. ORDNUNG: HÖHER ALS BREIT

AE

Aehrenthal's grüne Herbstbutterbirne

Fruchtgröße: mittelgroß

Gestalt: –

Kelchpartie: –

Stiel: –

Berostung: gesprenkelt

Fruchtfarbe: GF: hellgrün, manchmal ins Gelbliche schimmernd

Lentizellen: im Rost, viele, markant grau

Fruchtfleisch: butterhaft schmelzend

Geschmack: eigener Bergamottengeschmack

geeignet für: Tafel

Saftgehalt: saftig

Genussreife & Haltbarkeit: M IX

Wuchs & Bodenansprüche:

Ertrag: –

Bemerkungen: fein raue Schale

AE

Amalie

Fruchtgröße: groß

Gestalt: birnenförmig, aber eher pyramidenhaft

Kelchpartie: dickblättrig, offen

Stiel: dick, anfangs dickfleischig, öfters mit Fleisch umwickelt

Berostung: –

Fruchtfarbe: GFbE: hellgrün
GF: zitronengelb
DF: sonnseitig fein hellbräunlich

Lentizellen: viele

Fruchtfleisch: fein, butterhaft schmelzend

Geschmack: intensiv, angenehm süß, zimtartig

geeignet für: Tafel

Saftgehalt: saftig

Genussreife & Haltbarkeit: A XI, wie die Weiße Herbstbutterbirne

Wuchs & Bodenansprüche: auch auf Quitte stark, prachtvoll belaubt

Ertrag: frühes Fruchtholz, viel Ertrag

Bemerkungen: zarte, nicht fette Schale, muss genossen werden, bevor sie zu gelb wird

LU

Wildling von Montigny

PF

Wildling von Motte

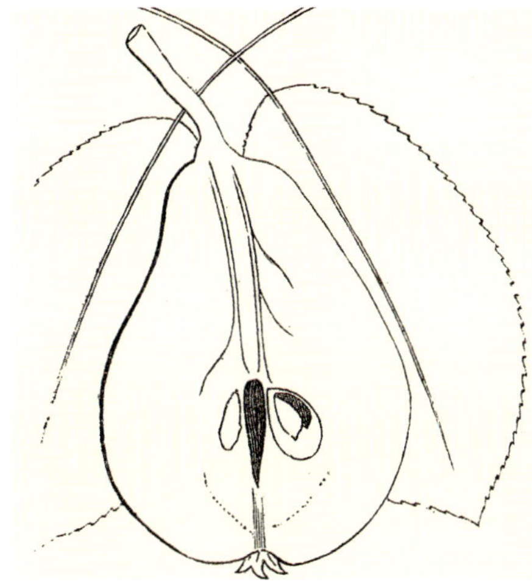

LU

Zartschalige Sommerbirne

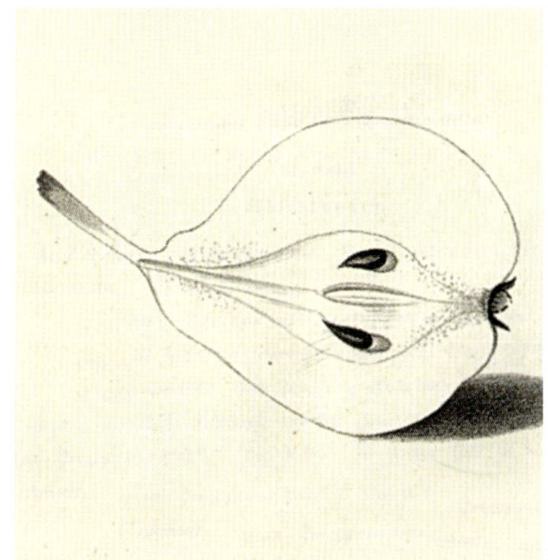

LA

Aehrenthal's grüne Herbstbutterbirne

LA

Aehrenthal's grüne Herbstbutterbirne

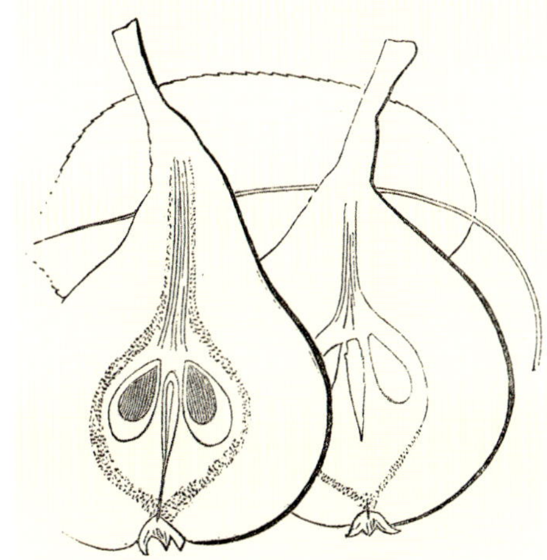

LU

Amalie

LU

Amboise

Fruchtgröße: mittelgroß

Gestalt: schön gebaut, mehr ei- als birnenförmig, auch kegelförmig

Kelchpartie: Kelchbuchtrand mit beulenartigen Erhabenheiten

Stiel: mit Fleischhügeln

Berostung: kleine Rostfiguren

Fruchtfarbe: GFbE: hellgrün
GF: hell zitronengelb
DF: frei hängende Früchte erdartig, schwach verwaschen hellrot

Lentizellen: viele

Fruchtfleisch: –

Geschmack: süß

geeignet für: –

Saftgehalt: sehr saftig

Genussreife & Haltbarkeit: E XI, 4 Wochen

Wuchs & Bodenansprüche: stark, rundkronig, stark belaubt

Ertrag: reichlich

Bemerkungen: –

LA

Augustbirne

Fruchtgröße: klein

Gestalt: länglich eiförmig

Kelchpartie: –

Stiel: dünn, lang, anfänglich stark fleischig

Berostung: vereinzelt figurenhaft

Fruchtfarbe: GF: matt blassgelb
DF: selten etwas rötlich

Lentizellen: sehr viele kleine grüne

Fruchtfleisch: –

Geschmack: noch angenehm süß, fein rosenartig

geeignet für: Tafel

Saftgehalt: saftig

Genussreife & Haltbarkeit: M VIII, 14 Tage

Wuchs & Bodenansprüche: aufrecht, pyramidenförmig

Ertrag: fruchtbar

Bemerkungen: für den Obstmarkt in Städten

AE

Bergamotte von Soulers

Fruchtgröße: groß

Gestalt: länglich, fast eiförmig

Kelchpartie: Kelchbuchtrand mit flachen Erhabenheiten

Stiel: dick, holzig, mit Fleischwulst

Berostung: feiner Anflug

Fruchtfarbe: GfbE: glänzendes Weißgelb
GF: hoch zitronengelb
DF: nur in sehr heißen Jahren sonnseitig erdartig rot

Lentizellen: anfangs grünlich, später bräunlich, sehr viele

Fruchtfleisch: –

Geschmack: köstlich, süß, gewürzt, etwas muskatellerartig

geeignet für: Tafel

Saftgehalt: sehr saftig

Genussreife & Haltbarkeit: folgeartig II bis IV

Wuchs & Bodenansprüche: auf gutem Boden anfangs stark, schwach belaubt

Ertrag: bald sehr fruchtbar

Bemerkungen: –

zu dieser Sorte ist leider keine Abbildung vorhanden

Berlaimont

Fruchtgröße: groß

Gestalt: kegelförmig, dickbauchig

Kelchpartie: lange Kelchblätter

Stiel: dickfleischig, eingesteckt

Berostung: wenig, kleine Rostansätze

Fruchtfarbe: GFbE: gelblich-grün
GF: gelb
DF: sonnseitig erdartig rot verwaschen

Lentizellen: sehr viele, braun und grün schattiert

Fruchtfleisch: butterhaft schmelzend

Geschmack: erquickend süß, bergamottenartig und muskatellerartig

geeignet für: –

Saftgehalt: sehr saftig

Genussreife & Haltbarkeit: M IX, bald teigig

Wuchs & Bodenansprüche: stark, trüb belaubt

Ertrag: spät tragend

Bemerkungen: verdient allgemeine Anpflanzung, muss aber noch grün geerntet und grünlich-gelb gebraucht werden

LA

Bosc's Flaschenbirne

Fruchtgröße: groß

Gestalt: birnen- oder flaschenförmig, kelchbauchig, rundet sich halbkugelförmig ab, aufstehend, unterhalb des Stielansatzes eingebuchtet, geht in den Stiel über, auf Hochstamm 6,4 cm breit, 8,3 bis 8,9 cm lang, aber auch am Bauch 9,5 cm breit und 11,4 cm lang, über den Bauch hin Erhabenheiten

Kelchpartie: dick, kurze spitze Kelchblätter, offen, kleine seichte Kelchbucht mit einigen kleinen Beulen

Stiel: oft schief, dick, fleischig, 2,5 cm lang, wie eingedrückt, oft durch einen Fleischwulst seitlich verschoben

Berostung: feiner, glatter hellzimtfarbig deckender Rost, wird durch die GF in der Vollreife goldartig

Fruchtfarbe: GFbE: hellgrün
GF: hellgelb, aber kaum sichtbar

Lentizellen: sehr viele, fein, dunkler als der Rost, dadurch markant

Fruchtfleisch: mattweiß, stark riechend, körnig, zerfließend, schmelzend

Geschmack: geruchlos, stark gewürzt, süßweinartiger Muskatellergeschmack, ähnlich der Grauen Herbstbutterbirne

geeignet für: Tafel

Saftgehalt: sehr saftig

Genussreife & Haltbarkeit: M XI, bis 3 Wochen, dann faulend oder teigig

Bemerkungen: sehr dicke Schale, welkt nicht

AE

Bosc's frühzeitige Flaschenbirne

Fruchtgröße: groß bis mittelgroß

Gestalt: ähnlich der Bosc's Flaschenbirne, hoch pyramidalisch, dickbauchig, kelchbauchig, zum Kelch hin stark abnehmend, nicht aufsitzend, zum Stiel hin rasch schlank, 5,1 cm breit, 8,9 cm lang

Kelchpartie: spitze dicke Kelchblätter, halb offen, meist seichte Kelchbucht mit feinen Beulen, die als Erhabenheiten über die Frucht hinweglaufen

Stiel: dick, holzig, 1,9 bis 3,2 cm lang, eingesteckt, mit Fleischwulst

Berostung: stark zimtfärbig berostet

Fruchtfarbe: GFbE: gelblich-grün
GF: hellgelb

Lentizellen: viele, deutlich, rostfärbig

Fruchtfleisch: weiß, fein, butterhaft schmelzend, ganz zergehend

Geschmack: geruchlos, weinsäuerlich süß

geeignet für: Tafel

Saftgehalt: sehr saftig

Genussreife & Haltbarkeit: A X, 14 Tage

Wuchs & Bodenansprüche: –

Ertrag: –

Bemerkungen: feinraue Schale, welkt nicht

AE

Brugmans

Fruchtgröße: mittelgroß

Gestalt: ähnlich der Grauen Herbstbutterbirne

Kelchpartie: –

Stiel: –

Berostung: gänzlich zimtfärbig, meist deckend

Fruchtfarbe: GF: hellgelb
DF: bei sehr besonnten Früchten etwas rot

Lentizellen: wegen Berostung wenig bemerkbar

Fruchtfleisch: schmelzend

Geschmack: gewürzt

geeignet für: Tafel

Saftgehalt: saftig

Genussreife & Haltbarkeit: M bis E XI, 2–3 Wochen

Wuchs & Bodenansprüche: sehr stark, stark und schön belaubt, viel junges Fruchtholz

Ertrag: sehr fruchtbar

Bemerkungen: raue Schale

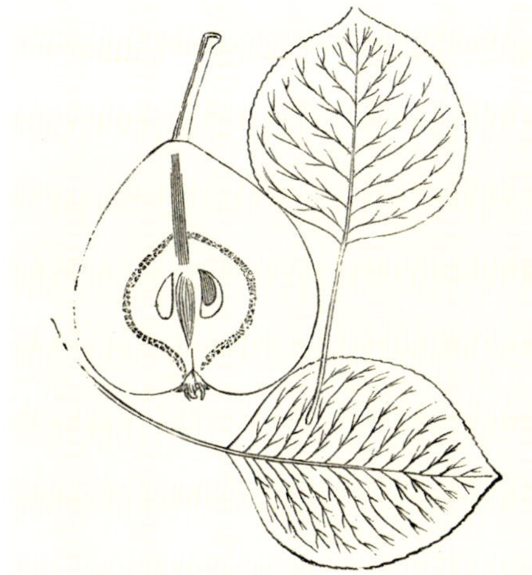

LU

Augustbirne

LA

Augustbirne

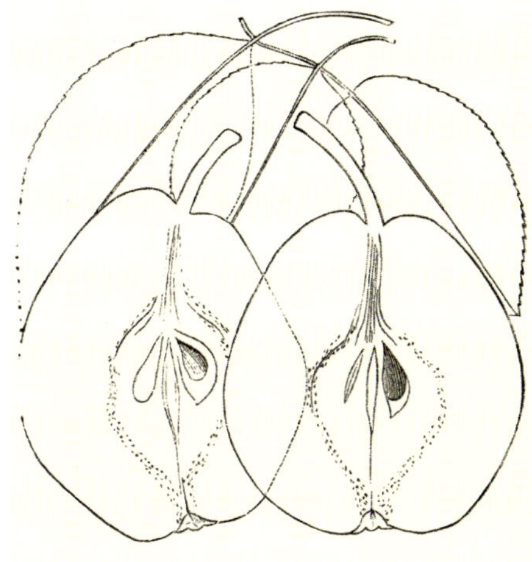

LU

Bergamotte von Soulers

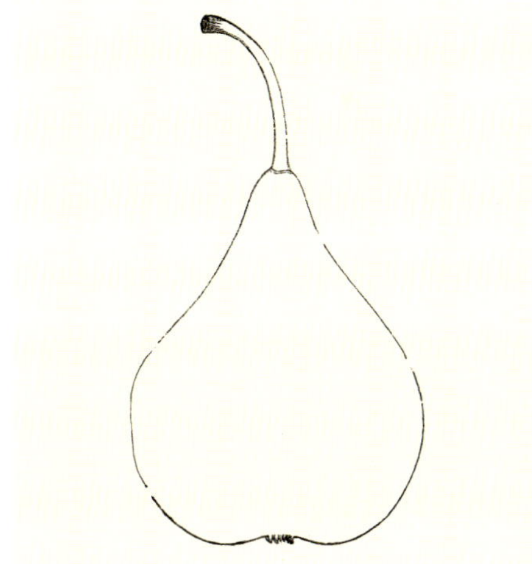

LU

Bosc's Flaschenbirne

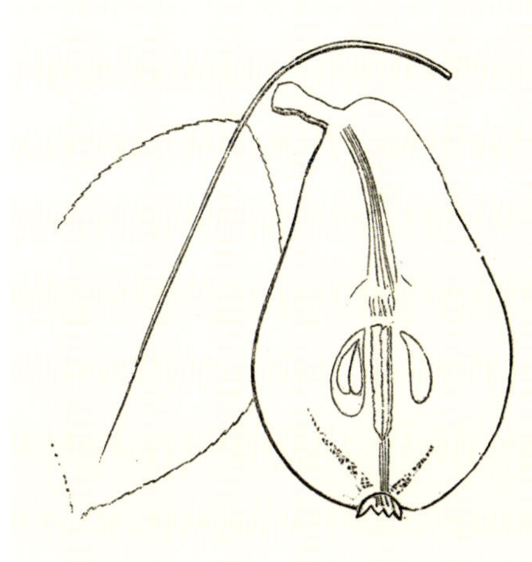

LU

Brugmans

1. KLASSE: BUTTERBIRNEN

3. ORDNUNG: HÖHER ALS BREIT

LA

Brüsseler Zuckerbirne

Fruchtgröße: mittelgroß
Gestalt: kegel- bis eiförmig
Kelchpartie: –
Stiel: –
Berostung: zimtfarben, deckend bis gesprenkelt
Fruchtfarbe: GF: zitronengelb
Lentizellen: sehr viele, rostfärbig, nur in der GF sichtbar
Fruchtfleisch: ganz schmelzend
Geschmack: erhaben köstlich, etwas rosenartiger Zuckergeschmack
geeignet für: –
Saftgehalt: sehr saftig
Genussreife & Haltbarkeit: M X, nicht lange
Wuchs & Bodenansprüche: ähnlich der Weißen Herbstbutterbirne, eher schwachwüchsig
Ertrag: sehr fruchtbar
Bemerkungen: feinraue Schale

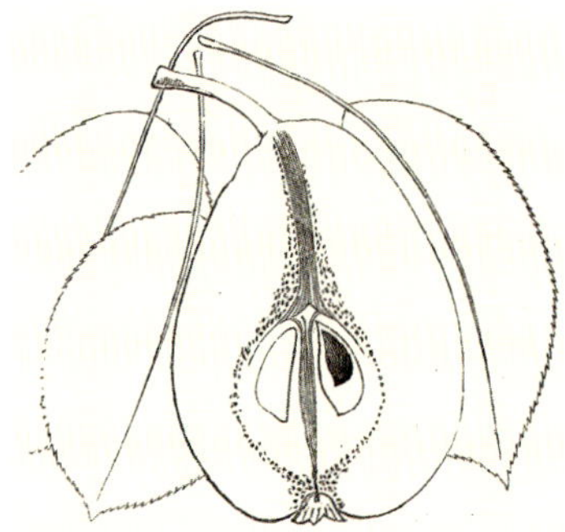

LU

Calvilbirne

Fruchtgröße: mittelgroß
Gestalt: dickbauchig, hochgebaut, unterhalb des Stiels nur einseitig eingebuchtet
Kelchpartie: dick- und kurzblättrig, unregelmäßig tiefe Kelchbucht
Stiel: dick, holzig
Berostung: –
Fruchtfarbe: GFbE: hellgrün
GF: zitronengelb
DF: frei hängende Früchte sonnseitig erdartig rot
Lentizellen: sehr viele, rostfarbig
Fruchtfleisch: weiß, feinkörnig
Geschmack: fein weinsäuerlich muskatellerartig süß
geeignet für: Tafel
Saftgehalt: sehr saftig
Genussreife & Haltbarkeit: II bis III, 4 Wochen
Wuchs & Bodenansprüche: stark, wie die Graue Herbstbutterbirne belaubt
Ertrag: sezt früh Fruchtholz an, bald und viel
Bemerkungen: –

AE

Capiaumont's Herbstbutterbirne

Fruchtgröße: mittelgroß
Gestalt: zugespitzt eiförmig, ebene Kelchbucht, kaum Erhabenheiten am Bauch
Kelchpartie: –
Stiel: Stiel wächst aus der Spitze heraus
Berostung: schattseitig nur wie gesprenkelt, DF flächig sichtbar
Fruchtfarbe: GFbE: blasses Weißgelb
GF: hell zitronengelb
DF: besonnte Früchte rötlich, bei Genussreife durch Rost goldartig
Lentizellen: auf der oberen Fruchtpartie heller als der Rost, sehr viele
Fruchtfleisch: schneeweiß
Geschmack: angenehm, erfrischend weinsäuerlich süß, der Grauen Herbstbutterbirne vorzuziehen
geeignet für: Tafel
Saftgehalt: –
Genussreife & Haltbarkeit: A X, 3 Wochen
Wuchs & Bodenansprüche: in der Jugend stark, mittelgroß, flachkronig, licht belaubt
Ertrag: bald und reichlich
Bemerkungen: verdient allgemeine Anpflanzung

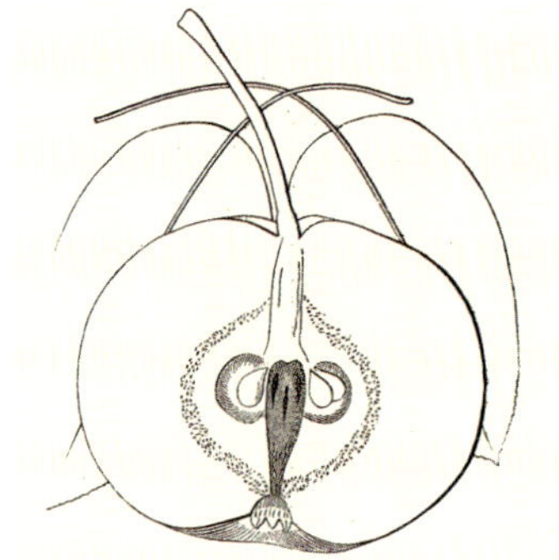

LU

Carl der Sechste

Fruchtgröße: mittelgroß
Gestalt: kreiselförmig, 6,4 cm breit und hoch
Kelchpartie: –
Stiel: –
Berostung: –
Fruchtfarbe: GF: hellgelb
DF: sonnseitig rot angelaufen
Lentizellen: viele, in der DF
Fruchtfleisch: butterhaft schmelzend
Geschmack: stark zimtartig, süß
geeignet für: Tafel
Saftgehalt: sehr saftig
Genussreife & Haltbarkeit: A X
Wuchs & Bodenansprüche: –
Ertrag: –
Bemerkungen: –

zu dieser Sorte ist leider keine Abbildung vorhanden

Carthäuserin

Fruchtgröße: mittelgroß
Gestalt: länglich birnenförmig, kelchwärts abgerundeter Bauch, kaum bis nicht aufsitzend
Kelchpartie: weit offen, über die Frucht hinausragend, flache Kelchbucht mit rippenartigen Erhabenheiten
Stiel: dick, fleischig, kurz, wie eingesteckt, oft mit Fleischwulst
Berostung: gesprenkelte Rostfiguren über die ganze Frucht
Fruchtfarbe: GFbE: grünlich-hellgelb
GF: blassgelb
DF: blutartig glänzend verwaschend rot
Lentizellen: viele, fein zimtfarbig
Fruchtfleisch: weiß, sehr fein, butterhaft schmelzend
Geschmack: süß
geeignet für: Tafel
Saftgehalt: saftig
Genussreife & Haltbarkeit: XI, wird bald teigig
Wuchs & Bodenansprüche: schwach, früh viele Fruchtspieße
Ertrag: –
Bemerkungen: feinraue Schale

AE

Coloma's Carmeliterbirne

Fruchtgröße: –

Gestalt: kegelförmig

Kelchpartie: kurzblättrig, dick, offen, enge, ziemlich tiefe Kelchbucht

Stiel: sonnseitig erdbraun rot

Berostung: ganzfruchtig dunkelbraun

Fruchtfarbe: GFbE: hellgrün
GF: hellgelb

Lentizellen: sehr viele, nur in der DF sichtbar, markant groß wie Rostflecken

Fruchtfleisch: schmelzend

Geschmack: gewürzt, fein zimartig süß

geeignet für: Tafel

Saftgehalt: saftig

Genussreife & Haltbarkeit: E XII, 3 Wochen

Wuchs & Bodenansprüche: sehr stark, markante Wuchsform und Holzausbidlung

Ertrag: sehr fruchtbar

Bemerkungen: verdient Anpflanzung

AE

Coloma's Herbstbutterbirne

Fruchtgröße: auf Hochstamm mittelgroß, auf schwachwüchsiger Unterlage ansehnlich groß

Gestalt: länglich eiförmig, abgestumpft spitz, flache Erhabenheiten

Kelchpartie: –

Stiel: sitzt in der Stielbucht oder wie aufgesetzt

Berostung: fein gesprenkelt, braune Anflüge

Fruchtfarbe: GFbE: helles Grün
GF: hell zitronengelb

Lentizellen: sehr viele braunrote, unauffällig

Fruchtfleisch: –

Geschmack: köstlich, vortrefflich, ähnlich Normannische rote Herbstbutterbirne

geeignet für: –

Saftgehalt: –

Genussreife & Haltbarkeit: M X, 3 Wochen

Wuchs & Bodenansprüche: in der Jugend stark, später nur mittelgroß, ähnlich der Spärbirne

Ertrag: früh und viel

Bemerkungen: –

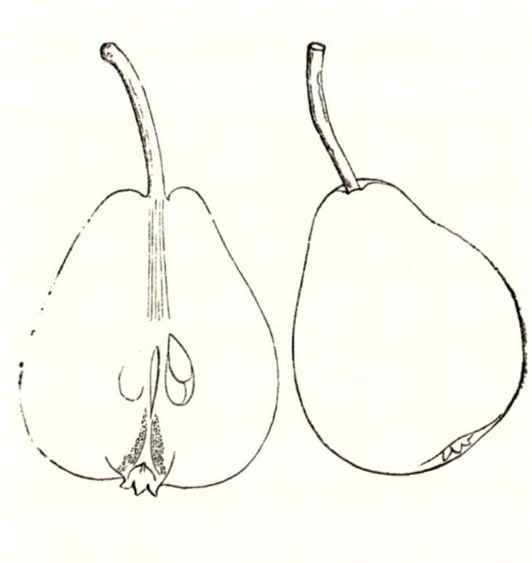

LU

Brüsseler Zuckerbirne

LA

Brüsseler Zuckerbirne

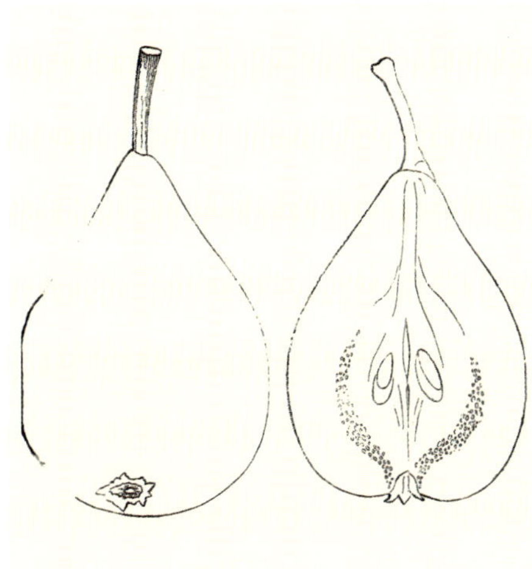

LU

Capiaumont's Herbstbutterbirne

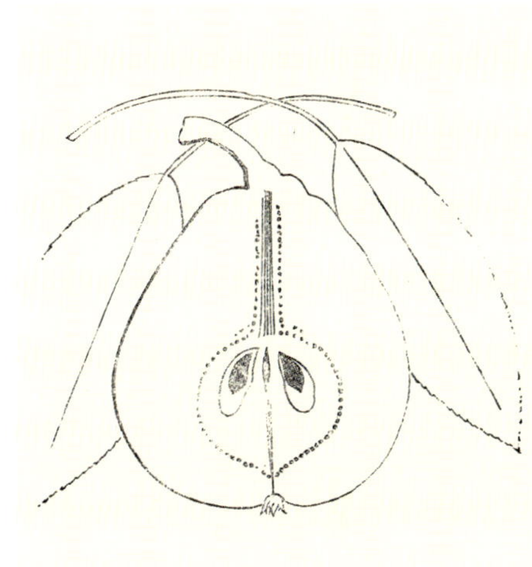

LU

Coloma's Herbstbutterbirne

1. KLASSE: BUTTERBIRNEN

3. ORDNUNG: HÖHER ALS BREIT

LA

Coloma's köstliche Winterbirne (Coloma's Winterbutterbirne)

Fruchtgröße: mittelgroß bis groß

Gestalt: eiförmig, gleicht der Guten L(o)uise

Kelchpartie: kleinblättrig, gespitzt, sternförmig aufliegend, flache Kelchbucht

Stiel: dick, fleischig, wie eingesteckt auf stumpfer Spitze

Berostung: –

Fruchtfarbe: GFbE: grasgrün
GF: gelblich-grün

Lentizellen: sehr viele, braun

Fruchtfleisch: mattweiß, butterhaft schmelzend

Geschmack: gewürzt zimtartig süß

geeignet für: Tafel

Saftgehalt: –

Genussreife & Haltbarkeit: XII, 4 Wochen

Wuchs & Bodenansprüche: sehr stark, schön belaubt

Ertrag: früh, sehr fruchtbar

Bemerkungen: glattschalig, verdient allgemeine Anpflanzung, wächst auch auf Quitte gut, liefert auch auf Sämling früh tragende Pyramiden

zu dieser Sorte ist leider keine Abbildung vorhanden

Dagobertusbirne

Fruchtgröße: mittelgroß

Gestalt: unansehnlich, sehr unregelmäßig kreiselförmig bis konisch

Kelchpartie: fehlt oft

Stiel: 3,8 bis 5,1 cm lang, beulig über die Frucht hinweg verlaufend

Berostung: wie die Graue Herbstbutterbirne zimtfarbiger oder rötlich, lässt GF nur durchschillern

Fruchtfarbe: GFbE: durchschillernd
GF: grüngelb

Lentizellen: –

Fruchtfleisch: –

Geschmack: müskiert, schmeckt erst dann, wenn sie sich leicht eindrücken lässt

geeignet für: dämpfen

Saftgehalt: sehr saftig

Genussreife & Haltbarkeit: XII bis II

Wuchs & Bodenansprüche: sehr stark, setzt viel Fruchtholz an, trägt auf langen steifen Fruchtspießen

Ertrag: –

Bemerkungen: feinraue Schale, zum Dämpfen gut, muss sehr spät geerntet werden, damit sie nicht welkt

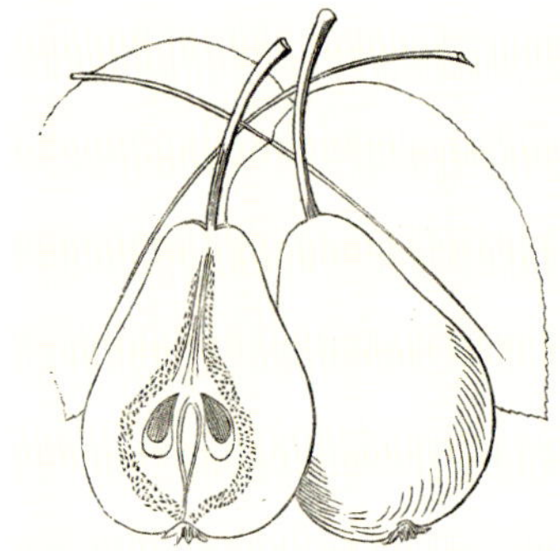

LU

Deutsche langstielige Blanquette

Fruchtgröße: klein

Gestalt: eiförmig

Kelchpartie: auffallend, sehr viele Falten, erscheint mittig wie abgeschnürt

Stiel: 7,6 cm lang

Berostung: selten kleine feine Rostflecken

Fruchtfarbe: GF: gelblich-grün

Lentizellen: grüne Fleckchen mit grauem, kaum bemerkbarem Zentrum

Fruchtfleisch: butterhaft schmelzend

Geschmack: angenehm, nicht erhaben

geeignet für: Markt, Rohgenuss

Saftgehalt: saftig

Genussreife & Haltbarkeit: E VII, 14 Tage

Wuchs & Bodenansprüche: in der Jugend sehr stark, wird aber nur mittelgroß

Ertrag: wird fruchtbar

Bemerkungen: sehr glatte, nicht fette Schale

MAY

Die Brüsseler Birne

Fruchtgröße: groß

Gestalt: länglich birnenförmig abgerundet, kelchbauchig, zum Kelch hin abnehmend, auch kugelförmig abgerundet eine Fläche bildend, noch aufsitzend, zum Stiel hin einseitig eingezogen, endet mit einer langen kegelförmigen Spitze

Kelchpartie: weit offen, groß, seichte Kelchbucht mit oft flachen Erhabenheiten

Stiel: dick, holzig, mit Fleischwülsten

Berostung: –

Fruchtfarbe: GFbE: hellgrün
GF: gelblich-grün
DF: nur bei stark besonnten Früchten in heißen Jahren rot

Lentizellen: –

Fruchtfleisch: mattweiß, körnig, butterhaft schmelzend

Geschmack: fein weinsäuerlich, gewürzt

geeignet für: Tafel, schnell verkauft für den Markt

Saftgehalt: saftig

Genussreife & Haltbarkeit: E VII, 14 Tage

Wuchs & Bodenansprüche: stark, nicht viel, aber dickes Holz, zerstreute Krone

Ertrag: recht fruchtbar

Bemerkungen: zarte glatte Schale

LA

Diel's Butterbirne

Fruchtgröße: groß

Gestalt: eiförmig

Kelchpartie: starke, oft nur flache Beulen auf dem Kelchbuchtrand

Stiel: –

Berostung: öfters kleine Anflüge von Rost und Rostfiguren

Fruchtfarbe: GFbE: helles Grün
GF: zitronengelb

Lentizellen: sehr viele, anfänglich rötlich umgeben

Fruchtfleisch: –

Geschmack: vortrefflich, süß gewürzt

geeignet für: Tafel

Saftgehalt: sehr saftig

Genussreife & Haltbarkeit: E XI bis E XII

Wuchs & Bodenansprüche: sehr stark, großkronig, kugelige Krone

Ertrag: viele Früchte

Bemerkungen: verdient allgemeine Verbreitung

Autor unbekannt

Duquesne's Sommermundnetzbirne

Fruchtgröße: –

Gestalt: variabel hoch, kegelförmig, seltener kreiselförmig

Kelchpartie: –

Stiel: –

Berostung: braune Rostfiguren, auch deckend

Fruchtfarbe: GF: hellgelb
DF: goldgelb

Lentizellen: sehr viele, braun

Fruchtfleisch: butterhaft schmelzend

Geschmack: süß

geeignet für: –

Saftgehalt: –

Genussreife & Haltbarkeit: E XI, vor der Genussreife geerntet 14 Tage

Wuchs & Bodenansprüche: stark, lange, schlanke einjährige Triebe, Knospen stehen fast im rechten Winkel ab

Ertrag: fruchtbar

Bemerkungen: –

LU

Englische lange grüne Winterbirne

Fruchtgröße: mittelgroß

Gestalt: lang, mehr kegelförmig als birnenförmig

Kelchpartie: Kelchbucht und Bauch selten uneben

Stiel: faltig

Berostung: manchmal kleine Rostflecken

Fruchtfarbe: GFbE: hellgrün
GF: grünlich-hellgelb

Lentizellen: viele, hellbräunlich

Fruchtfleisch: –

Geschmack: fein muskatellerartig süß

geeignet für: –

Saftgehalt: sehr saftig

Genussreife & Haltbarkeit: E XI, manchmal bis I

Wuchs & Bodenansprüche: stark, gut belaubt, pyramidenartig

Ertrag: früh und jährlich reichlich

Bemerkungen: –

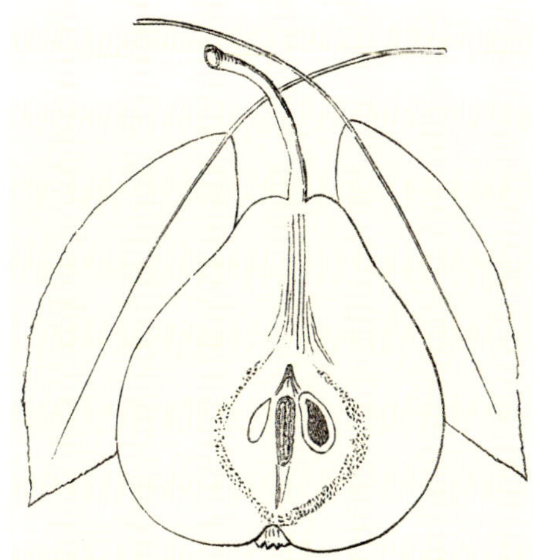

LU

Coloma's köstliche Winterbirne

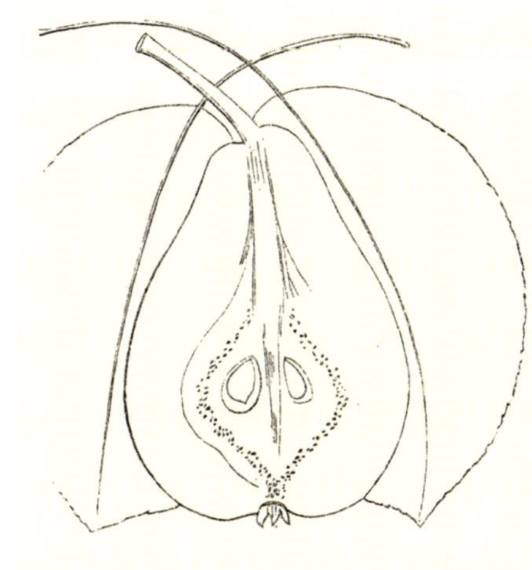

LU

Die Brüsseler Birne

AE

Die Brüsseler Birne

LU

Diel's Butterbirne

LA

Diel's Butterbirne

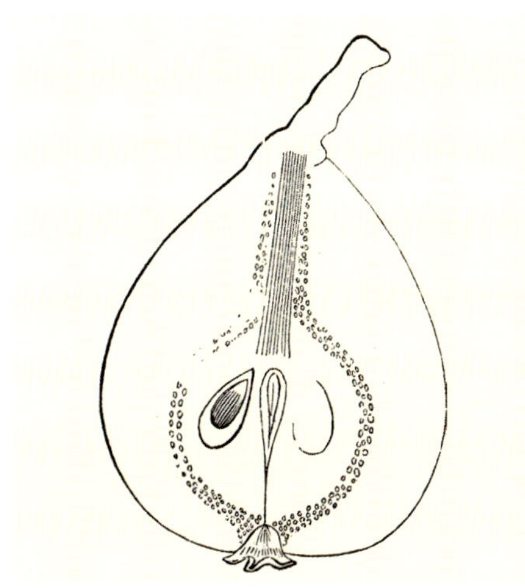

LU

Duquesne's Sommermundnetzbirne

1. KLASSE: BUTTERBIRNEN
3. ORDNUNG: HÖHER ALS BREIT

MAY

Englische Sommerbutterbirne

Fruchtgröße: mittelgroß

Gestalt: bald birnförmig, länglich und eiförmig, selten am Bauch verschoben

Kelchpartie: –

Stiel: –

Berostung: viele gesprenkelte Anflüge

Fruchtfarbe: GF: auf gutem Boden hellgelb, sonst nur hellgrün
DF: freihängende Früchte sehr leicht erdartig rot

Lentizellen: sehr viele, fein bis markant, feinrau, zimtfarbig

Fruchtfleisch: fein, ganz auflösend

Geschmack: –

geeignet für: Tafel

Saftgehalt: sehr saftig

Genussreife & Haltbarkeit: M IX, vorzeitig geerntet 14 Tage

Wuchs & Bodenansprüche: fordert guten Boden

Ertrag: sehr früh und sehr reichlich

Bemerkungen: fein, raue dicke Schale, verdient allgemeine Anpflanzung, auf Quitte schwach und langsam

AE

Erzherzog Carl

Fruchtgröße: mittelgroß

Gestalt: dickbauchig kegelförmig, gleicht der Grauen Herbstbutterbirne, aber kleiner, zum Stiel hin eingebogen, endet dick abgestumpft kegelspitzig

Kelchpartie: harte Kelchblätter, weit offen, leicht aufsitzend oder seichte Kelchbucht

Stiel: –

Berostung: großflächig oder gesprenkelt bräunlich

Fruchtfarbe: GFbE: gelbliches Hellgrün; GF: bei beginnender Überreife hellgelb

Lentizellen: keine sichtbar

Fruchtfleisch: weiß, butterhaft schmelzend, angenehmer feiner, alantartiger, herrlicher Zimtgeschmack

Geschmack: fein zimtartig süß

geeignet für: Tafel

Saftgehalt: –

Genussreife & Haltbarkeit: A IX, 14 Tage

Wuchs & Bodenansprüche: sehr stark, große schöne Blätter

Ertrag: bald reichliche Ernten

Bemerkungen: feinraue Schale

AE

Erzherzog Carl's Winterbirne

Fruchtgröße: groß

Gestalt: stark abgestumpft kegelförmig, ähnlich der St. Germain ohne Beulen oder mehr der Guten L(o)uise, stielwärts dick abgestumpft kegelspitzig, 6,4 cm breit, 7,6 bis 8,9 cm lang, am Bauch mit einigen flachen Erhabenheiten, kelchbauchig, nicht aufsitzend, zum Stiel hin gekrümmt

Kelchpartie: dick- und spitzblättrige Kelchblätter, offen, kleine Kelchbucht (eben oder mit einigen Fleischfalten umgeben)

Stiel: dick, oft fleischig, 1,2 cm, selten 1,9 cm lang, wie eingesteckt, häufig mit Fleischwulst

Berostung: Anflüge von Rost

Fruchtfarbe: GFbE: hellgrün; GF: hellgelb oder gelblich-grün; DF: sonnseitig manchmal erdartig rot

Lentizellen: sehr viele

Fruchtfleisch: fein, weiß, butterhaft schmelzend

Geschmack: geruchlos, leicht rosenartig, ähnlich der Guten L(o)uise

geeignet für: –

Saftgehalt: saftig

Genussreife & Haltbarkeit: XII bis I, 4 Wochen

Wuchs & Bodenansprüche: –

Bemerkungen: glatte, nicht fette Schale, welkt nicht, braucht warme Lagen, ansonsten fade schmeckend

AE

Forellenbirne

Fruchtgröße: mittelgroß

Gestalt: variabel, lang abgestumpft, kegelförmig

Kelchpartie: am Kelchbuchtrand oft deutlich drei flache Erhabenheiten

Stiel: eingesteckt

Berostung: schwarzbraune Flecken mit roten Kreischen umgeben, zimtfarbene Rostanflüge

Fruchtfarbe: GFbE: hell saatgrün
GF: zitronengelb
DF: glänzendes Braunrot, in der Genussreife verwaschen getupft zinnoberrot

Lentizellen: viele, markante hellgraue

Fruchtfleisch: schneeweiß, schmelzend

Geschmack: gewürzt, süß-weinsäuerlich, etwas alant- oder melonenartig

geeignet für: Tafel

Saftgehalt: sehr saftig

Genussreife & Haltbarkeit: XI bis I

Wuchs & Bodenansprüche: sehr stark, aufrecht

Ertrag: früh und ausnehmend fruchtbar

Bemerkungen: verdient häufige Anpflanzung, als Zwerg besser auf schwachem Sämling

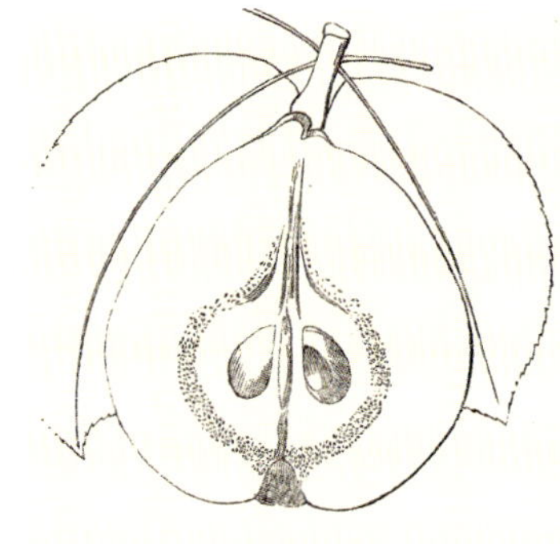
LU

Franz I.

Fruchtgröße: mittelgroß

Gestalt: ähnlich der Grauen Herbstbutterbirne, nach dem Stielansatz schnelle Einbiegung

Kelchpartie: kurzblättrig, offen, Kelchblätter überragen die Frucht, kleine seichte Kelchbucht

Stiel: dick, holzig

Berostung: zimtartige Anflüge

Fruchtfarbe: GF: hellgelb mit Grün vermischt

Lentizellen: klein, rostfärbig, oft undeutlich

Fruchtfleisch: fein, weiß, butterhaft schmelzend

Geschmack: gewürzt, bergamottenartig süß

geeignet für: Tafel

Saftgehalt: –

Genussreife & Haltbarkeit: ab M X, nicht lange

Wuchs & Bodenansprüche: schwach

Ertrag: früh

Bemerkungen: nur auf Sämling, auf Quitte zu schwach

LA

Gelbe Sommerherrenbirne

Fruchtgröße: groß

Gestalt: schön birnenförmig, lang, regelmäßig bauchig

Kelchpartie: –

Stiel: anfangs fleischig, feinfaltig und feine Beulen

Berostung: hellgraue Rostfiguren

Fruchtfarbe: GFbE: blasses Hellgrün
GF: schön zitronengelb
DF: bei wenigen Früchten leichter Anflug von sanfter Rosenröte, macht das Gelbe goldfarbig

Lentizellen: viele hellgrüne

Fruchtfleisch: –

Geschmack: süß, fein rosenartig

geeignet für: –

Saftgehalt: saftig

Genussreife & Haltbarkeit: A IX, am besten, wenn noch grünlich-gelb

Wuchs & Bodenansprüche: sehr stark, groß, pyramidenkronig

Ertrag: nach der Wuchsberuhigung jährlich sehr fruchtbar

Bemerkungen: sehr glatte, aber nicht fette Schale, verdient häufige Anpflanzung

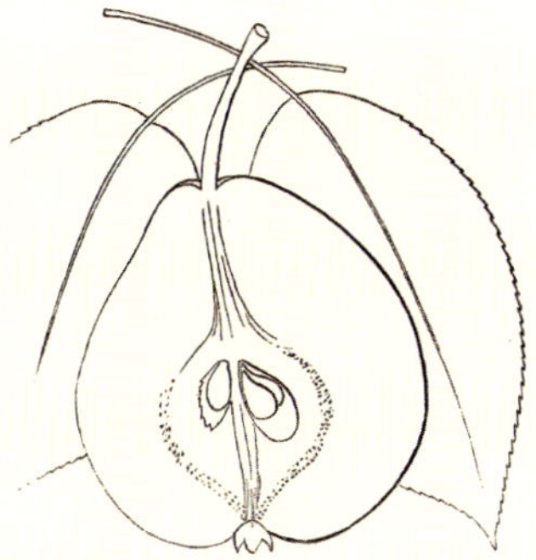

LU

Gerdessen's Weigsdorfer Butterbirne

Fruchtgröße: mittelgroß

Gestalt: mittelbauchig, stielwärts stumpfspitzig

Kelchpartie: tiefe Kelchbucht, flache Erhabenheiten am Kelchbuchtrand

Stiel: eingesenkt

Berostung: braun-rötlich mit hellen Lentizellen

Fruchtfarbe: GF: rot

Lentizellen: viele, ockerfärbig, oft überzogen – wie die Passa Tutti

Fruchtfleisch: schmelzend, ähnlich der Weißen Herbstbutterbirne

Geschmack: delikat, gewürzt

geeignet für: –

Saftgehalt: –

Genussreife & Haltbarkeit: A X, 2–3 Wochen

Wuchs & Bodenansprüche: anfangs sehr stark, pyramidal, mittelgroß

Ertrag: fruchtbar

Bemerkungen: Baum ähnlich der Weißen Herbstbutterbirne, vermutlich Sämling davon

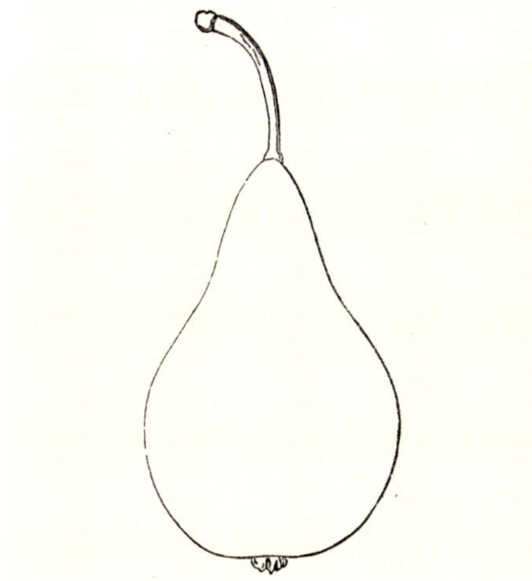

LU

Englische Sommerbutterbirne

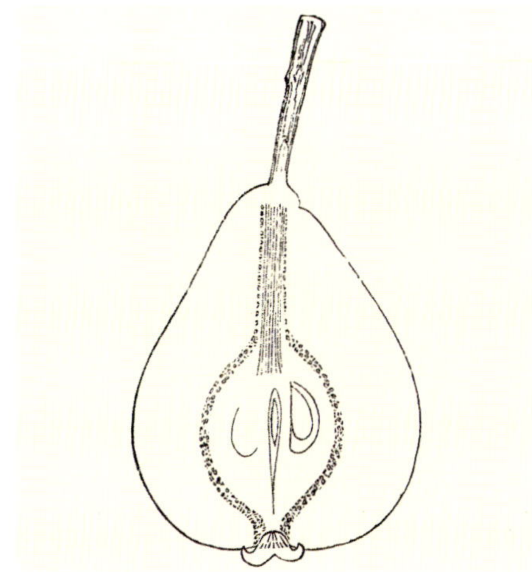

LU

Erzherzog Carl's Winterbirne

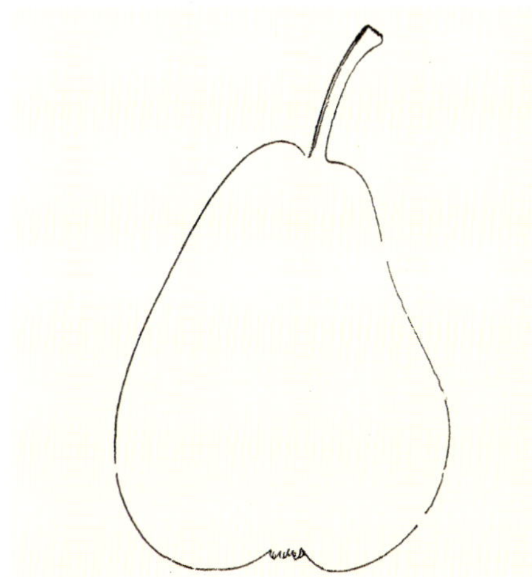

LU

Forellenbirne

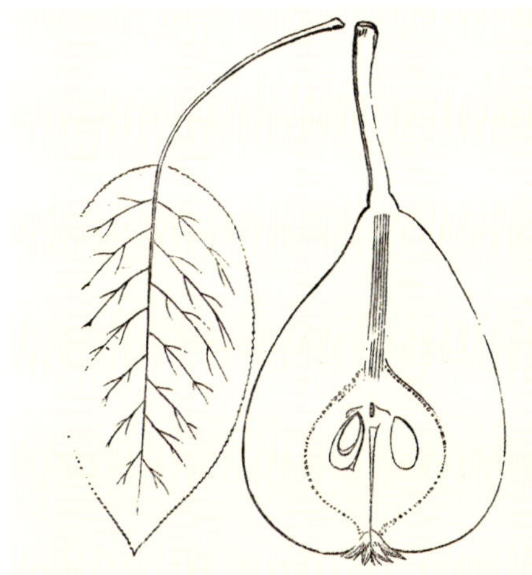

LU

Gelbe Sommerherrenbirne

LA

Gelbe Sommerherrenbirne

LA

Graue Herbstbutterbirne

Fruchtgröße: groß bis sehr groß

Gestalt: Form veränderlich, oft starkbauchig, oft lang und birnenförmig, oft eiförmig

Kelchpartie: Kelchbuchtrand meist schief, ungleicher und unebener Bauch

Stiel: schief, mit Höckern

Berostung: großteils unansehnlich zimtfarbig oder rötlich-grau, in manchen Jahren auf feuchtem Standort besonders auf Hochstamm Rostflecken und Risse

Fruchtfarbe: GFbE: schön hellgrün
GF: gelblich-grün
DF: selten rot

Lentizellen: im Rost viele, markant grau

Fruchtfleisch: –

Geschmack: erhaben süß mit feinster Muskatellersäure

geeignet für: Tafel

Saftgehalt: sehr saftig

Genussreife & Haltbarkeit: E IX bis A X, 14 Tage

Wuchs & Bodenansprüche: in der Jugend stark, sperrig hängendes Holz, braucht trockenen Boden, sonst reißen die Früchte auf

Ertrag: jährlich sehr fruchtbar

Bemerkungen: frühblühend

LU

Große grüne Mailänderin

Fruchtgröße: –

Gestalt: ähnlich der Kleinen Winterapotherkerbirne, aber eher der Napoleonbirne, hoch gebaut, breit abgestumpft kegelförmig, kelchbauchig, aufsitzend, stielwärts eingebogen, endet dick abgestumpf kegelspitzförmig, 6,4 cm breit, 7,6 bis 8,3 cm lang

Kelchpartie: dünne lange Kelchblätter, offen oder geschlossen, enge, ziemlich tiefe Kelchbucht mit mehreren flachen Erhabenheiten, die über den Bauch hinweglaufen, oft ungleichhälftig

Stiel: sehr dick, holzig, 1,2 bis 2,5 cm lang, wie eingesteckt, auf abgestumpfter, oft kleiner Stielbucht, mit Fleischwulst

Berostung: klein- bis großflächig braun berostet

Fruchtfarbe: GFbE: hellgrün
GF: grünlich-hellgelb

Lentizellen: sehr viele, klein, kaum sichtbar

Fruchtfleisch: weiß, körnig, im Mund zergehend

Geschmack: geruchslos, gewürzt, weinsäuerlich-süß, ähnlich einer Crassane oder Butterbirne von der Normandie

geeignet für: –

Saftgehalt: –

Genussreife & Haltbarkeit: E X–A XI, 3 Wochen

Bemerkungen: dicke, nicht fette Schale, welkt nicht

AE

Grumkower Winterbirne

Fruchtgröße: groß

Gestalt: fast birnförmig, markant dickbauchig, ungleichmäßiger Bauch

Kelchpartie: Kelchbuchtrand mit Beulen

Stiel: mit Fleischring umgeben

Berostung: kleine Rostfiguren

Fruchtfarbe: GFbE: helles Blassgrün
GF: grünliches Hellgelb
DF: sonnseitig etwas düster, leicht verwaschen erdartig rot, in der Genussreife ziegelrot, fehlt bei Schattenfrüchten

Lentizellen: viele, markant grell

Fruchtfleisch: –

Geschmack: gewürzt zimtartig süß

geeignet für: Tafel

Saftgehalt: saftig

Genussreife & Haltbarkeit: E XI, 14 Tage

Wuchs & Bodenansprüche: in der Jugend stark, mittelgroße Krone

Ertrag: früh und reichlich

Bemerkungen: Achtung auf die Reifezeit, verdient allgemeine Anpflanzung

AE

Grüne Flaschenbirne

Fruchtgröße: groß

Gestalt: mehr birn- als kegelförmig

Kelchpartie: –

Stiel: –

Berostung: –

Fruchtfarbe: GF: hellgelb
DF: sonnseitig halbfruchtig leicht verwaschen erdartig, zum Stiel hin gestreift rot

Lentizellen: sehr viele, markant, fein braun, in der DF grün umringelt

Fruchtfleisch: butterhaft schmelzend

Geschmack: –

geeignet für: Tafel

Saftgehalt: saftig

Genussreife & Haltbarkeit: A IX, nur 8 Tage

Wuchs & Bodenansprüche: stark, vieltriebig, dicht, düster belaubt

Ertrag: bald recht fruchtbar

Bemerkungen: glatte, nicht fette Schale

AE

Grüne Hoyerswerder

Fruchtgröße: mittelgroß

Gestalt: kegelförmig mit abgestumpfter Spitze

Kelchpartie: schiefe Kelchbucht

Stiel: an den Stiel legt sich ein Fleischwulst

Berostung: kleine Rostanflüge

Fruchtfarbe: GFbE: hellgrün bis grasgrün

Lentizellen: viele, markant hellbräunlich mit dunkelgrünen Kreischen

Fruchtfleisch: –

Geschmack: fein süßweinartig mit etwas muskiertem Bergamottengeschmack

geeignet für: Tafel

Saftgehalt: sehr saftig

Genussreife & Haltbarkeit: M VIII, 14 Tage

Wuchs & Bodenansprüche: sehr stark, dicht belaubt

Ertrag: recht fruchtbar

Bemerkungen: verdient häufige Verbreitung

LA

Grüner Sommerdorn

Fruchtgröße: mittelgroß

Gestalt: lang kegelförmig

Kelchpartie: Kelchbuchtrand mit einigen flachen Erhabenheiten, dadurch oft unrund

Stiel: wegen Fleischwulst schief

Berostung: –

Fruchtfarbe: GF: gelbliches Hellgrün, zum Stiel hin hellgelb
DF: sonnseitig nur wenig schwach rötlich schillernd

Lentizellen: viele hellgraue Fleckchen

Fruchtfleisch: –

Geschmack: intensiv flüchtig parfumiert muskatellerartig, verliert sich im Kauen

geeignet für: Tafel

Saftgehalt: sehr saftig

Genussreife & Haltbarkeit: A IX, 6 Tage

Wuchs & Bodenansprüche: sehr stark, stark belaubt

Ertrag: fruchtbar

Bemerkungen: schöne Zwergbäume

LA

Graue Herbstbutterbirne

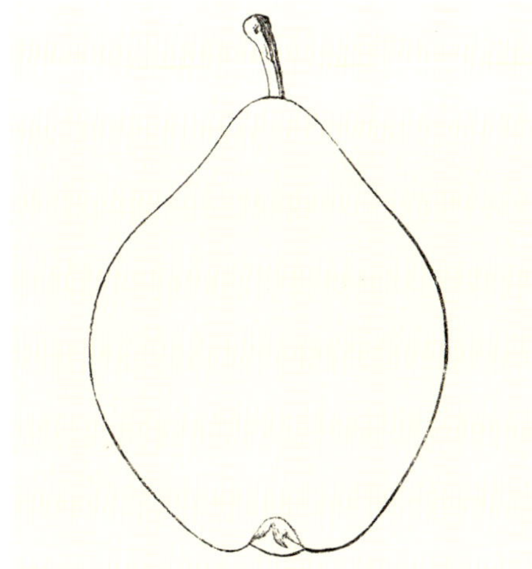

LU

Graue Herbstbutterbirne

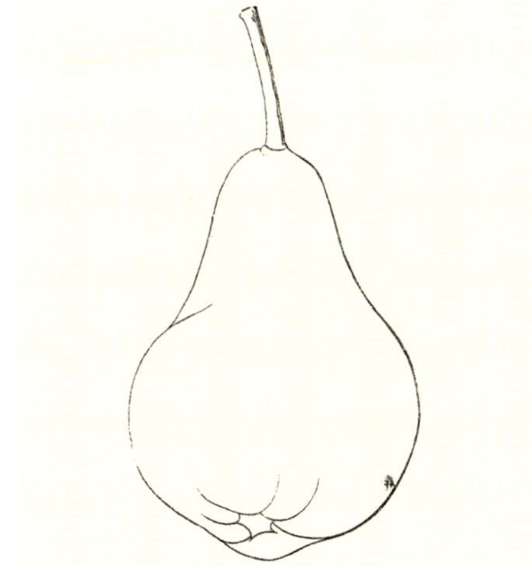

LU

Grumkower Winterbirne

LA

Grumkower Winterbirne

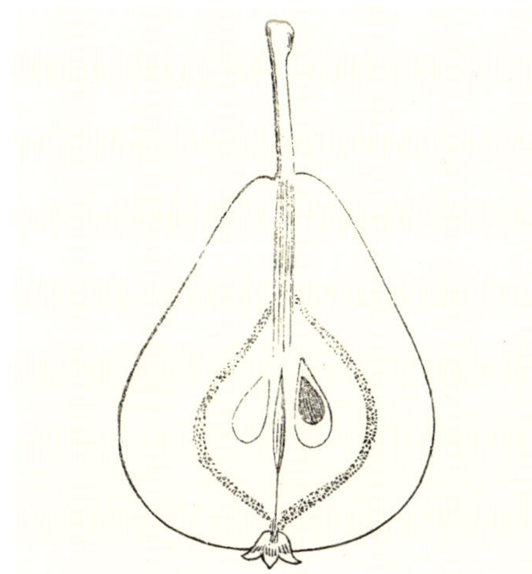

LU

Grüne Hoyerswerder

LA

Grüne Hoyerswerder

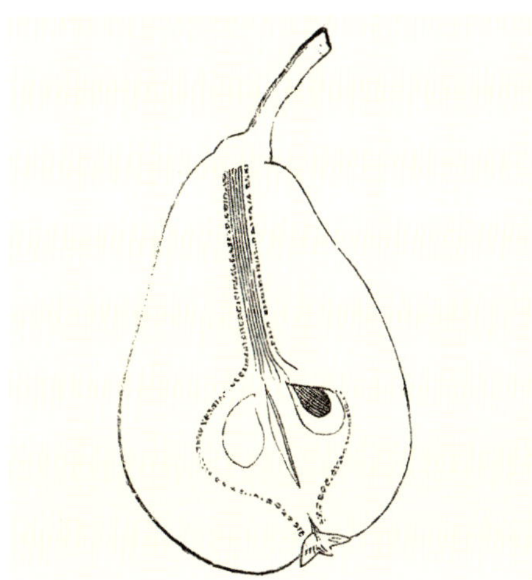

LU

Grüner Sommerdorn

LA

Grüner Sommerdorn

1. KLASSE: BUTTERBIRNEN
3. ORDNUNG: HÖHER ALS BREIT

MAY

Gute Graue
Fruchtgröße: sehr groß
Gestalt: birnförmig, kelchbauchig
Kelchpartie: Kelchbuchtrand mit einigen Beulen
Stiel: dicke Fleischfalten
Berostung: ganzfruchtig graubrauner Rost
Fruchtfarbe: GFbE: grasgrün
GF: gelblich-grün
DF: sonnseitig manchmal kaum bemerkbar, trüb erdartig rot
Lentizellen: sehr viele starke, heller grau als der Rost
Fruchtfleisch: –
Geschmack: köstlich, sehr angenehm, etwas bergamottenähnlich süß, kaum bemerkbare Muskatellersäure
geeignet für: –
Saftgehalt: sehr saftig
Genussreife & Haltbarkeit: A IX, grün geerntet 14 Tage
Wuchs & Bodenansprüche: sehr stark, groß- und breitkronig, stark belaubt
Ertrag: sehr fruchtbar
Bemerkungen: raue Schale, kann auf Hochstamm nicht genug angepflanzt werden

AE

Hardenpont's Leckerbissen
Fruchtgröße: mittelgroß
Gestalt: unregelmäßig, oft dickbauchig zugespitzt, auch flaschenförmig, bauchseitig tiefe Rinnen
Kelchpartie: kurzblättrig, offen, tiefe Kelchbucht, Kelchbuchtrand schief mit flachen Erhabenheiten
Stiel: holzig bis fleischig, nach dem Stielansatz schnell eingebuchtet
Berostung: um die Kelchbucht oder schwärzliche Flecken
Fruchtfarbe: GFbE: hellgrün
GF: hell zitronengelb
Lentizellen: auf DF klein, hellbraun
Fruchtfleisch: weiß, butterhaft schmelzend
Geschmack: sehr süß, fein zimtartig
geeignet für: Tafel
Saftgehalt: sehr saftig
Genussreife & Haltbarkeit: E X bis A XI, 14 Tage
Wuchs & Bodenansprüche: sehr stark, dicht belaubt
Ertrag: reichlich
Bemerkungen: –

LU

Hardenpont's Winterbutterbirne
Fruchtgröße: groß
Gestalt: stumpf zugespitzt bis kreiselförmig, ähnlich der Grauen Herbstbutterbirne
Kelchpartie: –
Stiel: –
Berostung: kleine Anflüge, figurenähnlich
Fruchtfarbe: GF: gelb
Lentizellen: sehr viele, fein, braun, nur in der DF zu sehen
Fruchtfleisch: fein, weiß, nie steinig
Geschmack: ausgesucht
geeignet für: –
Saftgehalt: sehr saftig
Genussreife & Haltbarkeit: M–E XI, 4 Wochen
Wuchs & Bodenansprüche: schwach, viel Fruchtholz
Ertrag: sehr früh reichlich
Bemerkungen: als Zwerg auf schwachem Sämling

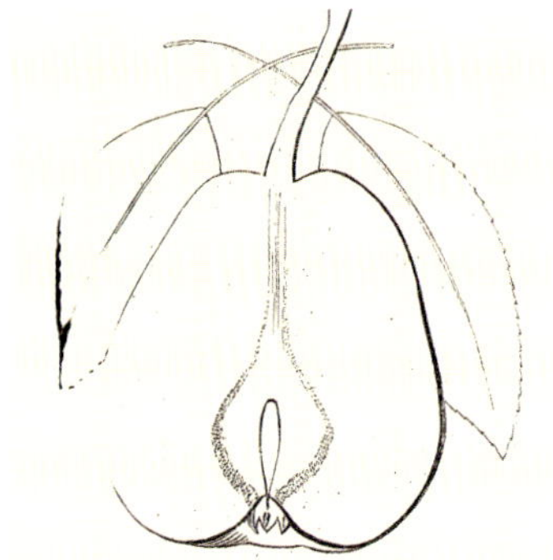
LU

Heilige Angelikabirne
Fruchtgröße: groß
Gestalt: stark abgestumpft kegelförmig, dickbauchig, ähnlich mittelmäßiger Colmar
Kelchpartie: klein, etwas eingesenkt, offen, weite und seichte Kelchbucht mit breiten, seichten, unebenen Einsenkungen
Stiel: stark fleischig, schief, viele Fleischfalten
Berostung: kleine Rostflecken, um die Kelchbucht bräunliche Rostanflüge
Fruchtfarbe: GFbE: blassgrün, seladon (meergrün)
GF: gelblich-hellgrün
Lentizellen: viele, undeutlich
Fruchtfleisch: mattweiß, hellgrüne Adern, feinkörnig
Geschmack: süß, gewürzhaft
geeignet für: Tafel
Saftgehalt: saftig
Genussreife & Haltbarkeit: XI bis XII, 4 Wochen
Wuchs & Bodenansprüche: stark
Ertrag: sehr fruchtbar
Bemerkungen: glatte Schale

AE

Hermannsbirne
Fruchtgröße: groß
Gestalt: lang, breitbauchig, kelchwärts abgerundet, zum Stiel hin spitz, unregelmäßig geformt, unebene Rundung
Kelchpartie: kleiner Kelch
Stiel: schiefer, kurzer, dicker, beuliger Stiel
Berostung: Anflüge von bräunlichem Rost, besonders um die Kelchbucht
Fruchtfarbe: GFbE: grasgrün
DF: blassgelb bis sehr hell grünlichgelb
Lentizellen: viele kleine, feine, markant graubräunlich
Fruchtfleisch: –
Geschmack: –
geeignet für: Tafel (eine der besten)
Saftgehalt: –
Genussreife & Haltbarkeit: XII, bis ins Frühjahr
Wuchs & Bodenansprüche: stark, mittelgroße Krone, verlangt guten Boden
Ertrag: –
Bemerkungen: wird nicht teigig, Blatt rückwärts und seitlich aufgebogen, geschmacksvoller auf Sämling

zu dieser Sorte ist leider keine Abbildung vorhanden

Herzogin Caroline Amalie

Fruchtgröße: mittelgroß
Gestalt: 5,1 cm breit, 6,4 cm hoch
Kelchpartie: –
Stiel: –
Berostung: –
Fruchtfarbe: –
GF: hellgrün, manchmal ins Gelbliche schimmernd
Lentizellen: sehr viele, sehr fein
Fruchtfleisch: butterhaft schmelzend
Geschmack: gewürzt süß
geeignet für: Wintertafel
Saftgehalt: saftig
Genussreife & Haltbarkeit: I, kühl aufbewahrt bis in III
Wuchs & Bodenansprüche: –
Ertrag: –
Bemerkungen: –

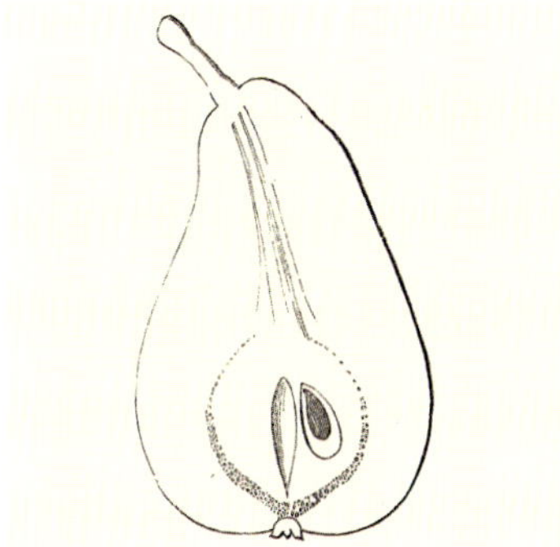

LU

Holländische Feigenbirne

Fruchtgröße: groß
Gestalt: lang kegelförmig, breiter erhabener Bauch, auch flaschenförmig
Kelchpartie: –
Stiel: –
Berostung: –
Fruchtfarbe: GFbE: gelblich
DF: sonnseitig trüb verwaschen, erdartig rot geflammt
Lentizellen: sehr viele, markant, braun, in der GF grün umringelt
Fruchtfleisch: –
Geschmack: gewürzt, eigenartig vortrefflich
geeignet für: Tafel
Saftgehalt: sehr saftig
Genussreife & Haltbarkeit: A IX, kaum 2 Wochen
Wuchs & Bodenansprüche: frech, stark düster belaubt, aufrecht
Ertrag: aber erst nach Wuchsstillstand fruchtbar
Bemerkungen: glattschalig

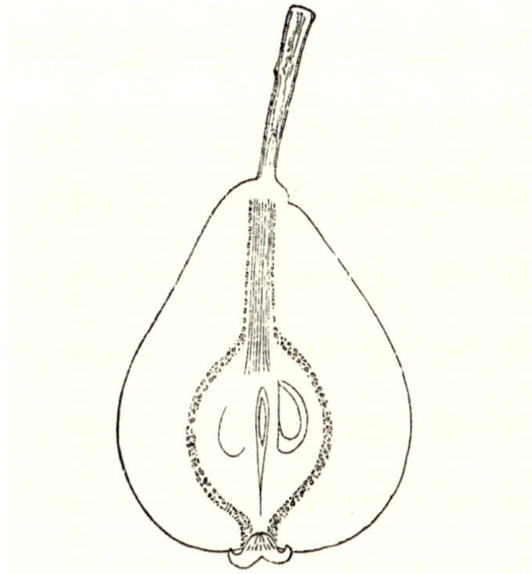

LU

Gute Graue

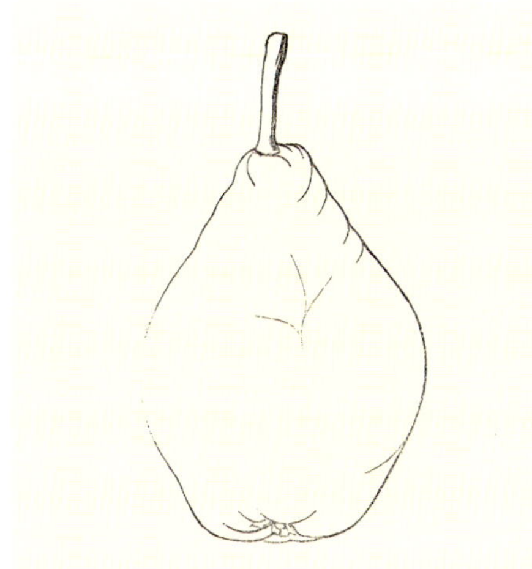

STO

Hardenpont's Winterbirne

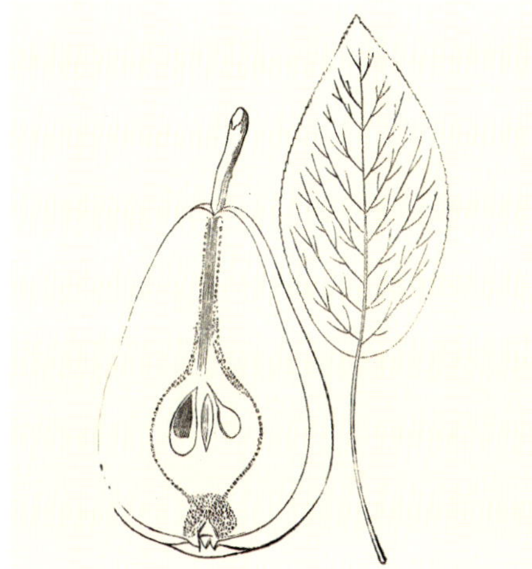

LU

Hermannsbirne

1. KLASSE: BUTTERBIRNEN

3. ORDNUNG: HÖHER ALS BREIT

LA

Holzfarbige Butterbirne

Fruchtgröße: groß

Gestalt: hochaussehend, am Stiel stark abgestumpft, ähnlich Markgräfin oder Colmar, kelchbauchig, kaum aufsitzend,
auf Hochstamm 6,4 cm breit, bis 7,6 cm hoch, endet stielwärts mit stark abgestumpfter Spitze

Kelchpartie: kurz, dickblättrig, offen, seichte Kelchbucht

Stiel: holzig, 2,5 cm lang, wie eingesteckt

Berostung: fast ganzfruchtig graubraun oder fleckenweise

Fruchtfarbe: GFbE: hellgrün
GF: grünlich-gelb
DF: sonnseitig dunkelrote Anflüge im Rost

Lentizellen: nur in der GF, viele, hellbraun

Fruchtfleisch: höchst schmelzend

Geschmack: geruchlos, fein weinartig süß, etwas bergamottenartig

geeignet für: Tafel

Saftgehalt: sehr saftig

Genussreife & Haltbarkeit: A X, wenn früh geerntet bis 14 Tage

Wuchs & Bodenansprüche: –

Ertrag: –

Bemerkungen: feinraue Schale, welkt nicht

zu dieser Sorte ist leider keine Abbildung vorhanden

Jutjes Birne

Fruchtgröße: mittelgroß

Gestalt: bauchig bis pyramidenförmig, 5,1 bis 5,7 cm breit, 7 cm lang

Kelchpartie: –

Stiel: –

Berostung: gesprenkelt

Fruchtfarbe: GF: hellgrün, manchmal ins Gelbliche schimmernd

Lentizellen: sehr viele

Fruchtfleisch: butterhaft schmelzend

Geschmack: fein bergamottenartig

geeignet für: Tafel

Saftgehalt: saftig

Genussreife & Haltbarkeit: M IX

Wuchs & Bodenansprüche: –

Ertrag: –

Bemerkungen: feinraue Schale

AE

Kaiser Alexander

Fruchtgröße: groß

Gestalt: zum Kelch und Stiel gleichmäßig abnehmend, ähnlich der Sommerapothekerbirne, durch Erhabenheiten in der Rundung verschoben oder breit gedrückt

Kelchpartie: –

Stiel: –

Berostung: fein, braun, zersprengt

Fruchtfarbe: GF: grüngelb
DF: nur selten bräunlich-rot

Lentizellen: besonders auf der Sonnenseite sehr viele, fein, braun

Fruchtfleisch: –

Geschmack: am besten, wenn die GF in die gelbliche DF umschlägt

geeignet für: –

Saftgehalt: –

Genussreife & Haltbarkeit: M XI, 14 Tage

Wuchs & Bodenansprüche: sehr stark, setzt selbst an dicken einjährigen Trieben Fruchtspieße an

Ertrag: frühzeitig sehr fruchtbar

Bemerkungen: glattschalig, auf Quitte schwachwüchsig

AE

Kleiner grüner Isambert

Fruchtgröße: mittelgroß

Gestalt: birnförmig, etwas rundbauchig oder kreiselförmig, oft fast eiförmig

Kelchpartie: Kelchbuchtrand mit einer oder mehreren starken Erhebungen

Stiel: faltig

Berostung: braun oder schwärzlich kleindeckend

Fruchtfarbe: GFbE: grasgrün
GF: gelblich-grün
DF: selten leicht rötlich

Lentizellen: klein, bräunlich, undeutlich

Fruchtfleisch: –

Geschmack: köstlich, erhaben süß gewürzhaft, kaum merkbare Weinsäure

geeignet für: Tafel

Saftgehalt: sehr saftig

Genussreife & Haltbarkeit: E X, folgeartig bis XI

Wuchs & Bodenansprüche: stark, großkronig, schön belaubt, erfordert leichten, warmen, tiefgründigen Boden

Ertrag: früh sehr fruchtbar

Bemerkungen: für raue Lagen geeignet, benötigt schwachen Sämling für die Zwergerziehung

AE

Köstliche von Charneu

Fruchtgröße: groß

Gestalt: dickbauchig kegelförmig, gleicht der Sommerapothekerbirne, aber ohne Beulen

Kelchpartie: kurzblättrig, dickblättrig, offen, tiefe Kelchbucht

Stiel: dünn, holzig, endet stark abgestumpft kegelförmig

Berostung: –

Fruchtfarbe: GFbE: hellgrün
GF: zitronengelb
DF: sonnseitig hellrötlich angelaufen

Lentizellen: sehr viele, bräunlich grau auffallend

Fruchtfleisch: fein, weiß

Geschmack: fein, weinartig süß

geeignet für: Tafel

Saftgehalt: sehr saftig

Genussreife & Haltbarkeit: A X, 6 Wochen

Wuchs & Bodenansprüche: sehr stark

Ertrag: früh einsetzend

Bemerkungen: zu ihrer Reifezeit eine der vortrefflichsten

zu dieser
Sorte ist leider
keine Abbildung
vorhanden

Krockhals

Fruchtgröße: mittelgroß

Gestalt: rein birnenförmig, zum Stiel hin gewölbt, nur einseitig eingezogene kegelförmige, oft verdrehte Spitze zum Stiel hin

Kelchpartie: –

Stiel: –

Berostung: zimtfarbig fast deckend, gesprenkelt, braune Rostanflüge

Fruchtfarbe: GF: zitronengelb
DF: sonnseitig düster verwaschen erdartig rot

Lentizellen: sehr viele markante, nur in der DF sichtbar

Fruchtfleisch: butterhaft schmelzend

Geschmack: –

geeignet für: Tafel, dämpfen, für jeden Gebrauch

Saftgehalt: sehr saftig

Genussreife & Haltbarkeit: folgeartig XI bis XII, vor der Genussreife zu ernten, sonst saftlos und teigig

Wuchs & Bodenansprüche: empfiehlt sich durch Größe und Dauerhaftigkeit

Ertrag: ungemein fruchtbar

Bemerkungen: feinraue Schale, zum Dämpfen gut, muss sehr spät geerntet werden, damit sie nicht welkt

LA

Kronprinz Ferdinand von Österreich

Fruchtgröße: sehr groß

Gestalt: länglich eiförmig, ähnlich der Sommerapothekerbirne

Kelchpartie: –

Stiel: –

Berostung: zimtfarbig, manchmal größere Anflüge, undeutlich

Fruchtfarbe: GFbE: hellgrün
GF: hellgelb

Lentizellen: viele, wenig auffallend

Fruchtfleisch: butterhaft schmelzend

Geschmack: sehr köstlich, süß muskatellerartig

geeignet für: –

Saftgehalt: –

Genussreife & Haltbarkeit: folgeartig von XII bis III

Wuchs & Bodenansprüche: in der Jugend sehr stark, mittelgroßkronig

Ertrag: früh und sehr fruchtbar

Bemerkungen: als Zwerg besser auf schwachem Sämling

LU

Holzfarbige Butterbirne

LA

Holzfarbige Butterbirne

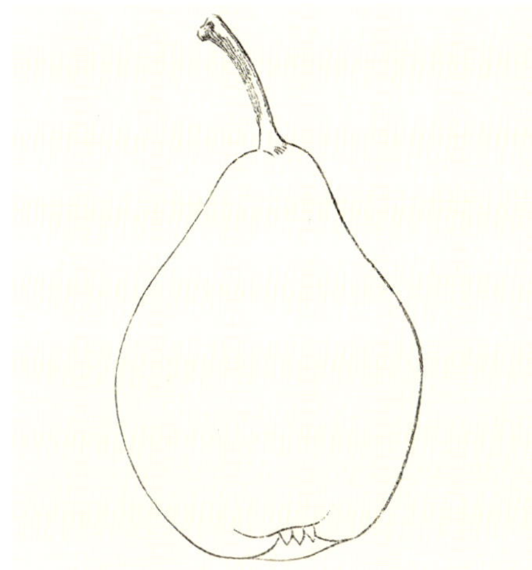

LU

Kaiser Alexander

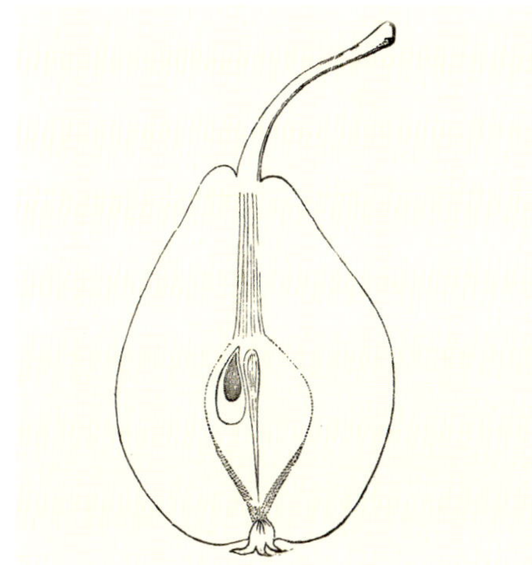

LU

Köstliche von Charneu

GR

Kaiser Alexander

LA

Kronprinz Ferdinand von Österreich

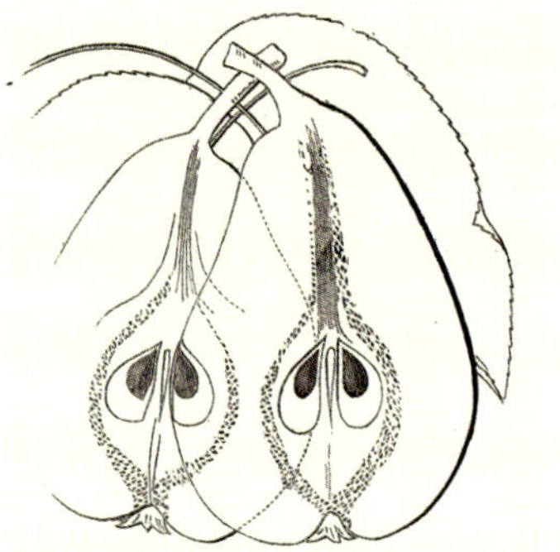
LU

Lange gelbe Winterbirne

Fruchtgröße: groß
Gestalt: lang, kegelförmig
Kelchpartie: in der Kelchbucht kaum merkbare Erhabenheiten, am Bauch eine Rinne
Stiel: durch Fleischwulst schief
Berostung: um den Stiel und Kelch fein berostet
Fruchtfarbe: GFbE: hellgrün
GF: blass zitronengelb
Lentizellen: viele, fein, gleichmäßig verteilt, hellbraun
Fruchtfleisch: –
Geschmack: rosenartig, angenehm süß
geeignet für: Tafel
Saftgehalt: sehr saftig
Genussreife & Haltbarkeit: XII, 3–4 Wochen
Wuchs & Bodenansprüche: ähnlich der Virguleuse, schön belaubt
Ertrag: bald und reichlich
Bemerkungen: –

LA

Lange Grüne Herbstbirne

Fruchtgröße: groß
Gestalt: flach, dickbauchig
Kelchpartie: schief, aufsitzend, fein beulenartig
Stiel: –
Berostung: fein, klein, in manchen Jahren schwarze Rostflecken
Fruchtfarbe: GFbE: schön grasgrün
GF: vereinzelt wenig gelblich
DF: sonnseitig selten trüb bräunlich-rot
Lentizellen: sehr viele, sehr feine, sonnseitig weißgrau, schattseitig grünlich
Fruchtfleisch: –
Geschmack: rosenartig, gewürzt
geeignet für: –
Saftgehalt: sehr saftig
Genussreife & Haltbarkeit: M X, 4 Wochen
Wuchs & Bodenansprüche: sehr stark, pyramidenförmig, benötigt warmen und leichten Boden
Ertrag: früh und jährlich reichlich
Bemerkungen: –

AE

Lange weiße Dechantsbirne

Fruchtgröße: mittelgroß
Gestalt: lang, birnenförmig
Kelchpartie: oft schiefer Kelch
Stiel: faltig
Berostung: gelbgrau figuriert und wenig
Fruchtfarbe: GFbE: grünlich-gelb
GF: schön blass zitronengelb
DF: selten blassrötlich
Lentizellen: sehr viele, gelbgrau
Fruchtfleisch: weiß
Geschmack: köstlich, erhaben gewürzhaft, fein muskatellerartig
geeignet für: –
Saftgehalt: sehr saftig
Genussreife & Haltbarkeit: X, 4 Wochen
Wuchs & Bodenansprüche: wie Weiße Herbstbutterbirne, mittelgroß
Ertrag: sehr fruchtbar
Bemerkungen: für Zwergbaum schwache Sämlinge

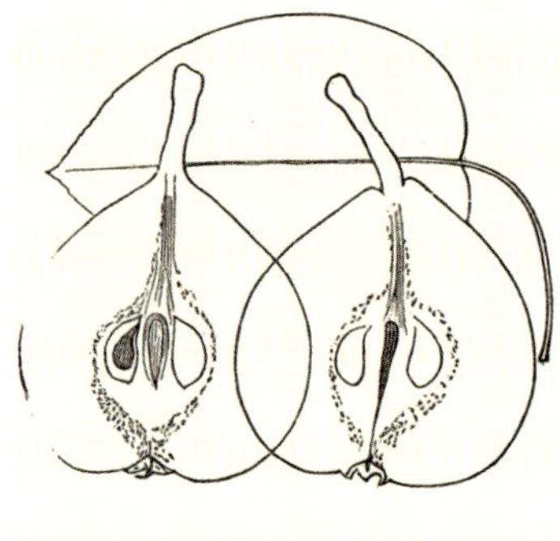
LU

Langstielige Pfaffenbirne

Fruchtgröße: –
Gestalt: kegelförmig
Kelchpartie: weit offen
Stiel: sehr lang, fleischig
Berostung: zimtfarbig, deckend, oft nur schattseitig GF etwas sichtbar
Fruchtfarbe: GFbE: grünlich-hellgelb
GF: gelb, DF: erdartig rot
Lentizellen: –
Fruchtfleisch: weiß, butterhaft schmelzend angenehmer, feiner alantartiger, herrlicher Zimtgeschmack
Geschmack: kräftig, fein gewürzt, muskatellerartig
geeignet für: Rohgenuss
Saftgehalt: sehr saftig
Genussreife & Haltbarkeit: E IX, kaum 14 Tage
Wuchs & Bodenansprüche: sehr stark, schön belaubt
Ertrag: recht bald reichlich
Bemerkungen: –

zu dieser Sorte ist leider keine Abbildung vorhanden

Leroy's Flaschenbirne

Fruchtgröße: mittelgroß
Gestalt: 5,1 cm breit, 7 bis 7,6 cm lang
Kelchpartie: –
Stiel: –
Berostung: leicht gefleckt
Fruchtfarbe: GFbE: hellgelb
Lentizellen: –
Fruchtfleisch: schmelzend
Geschmack: gewürzt süßweinartig
geeignet für: Tafel
Saftgehalt: sehr saftig
Genussreife & Haltbarkeit: A IX
Wuchs & Bodenansprüche: –
Ertrag: fruchtbar
Bemerkungen: trägt oft büschelweise

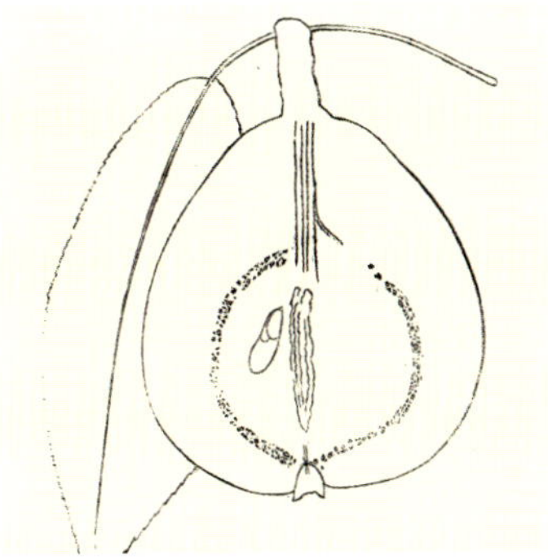

LU

Liebhart's Butterbirne

Fruchtgröße: mittelgroß

Gestalt: abgestumpft kegelförmig, ähnlich der Langen gelben Bischofsbirne, kelchbauchig, aufsitzend, zum Stiel hin kegelförmig abnehmend, 5,1 cm breit, 7 bis 7,6 cm lang

Kelchpartie: kurze dicke Kelchblätter, offen, fehlende oder seichte Kelchbucht, öfters mit flachen Beulen besetzt, über den Bauch hinweg Unebenheiten

Stiel: dick, fleischig, 1,2 bis 1,9 cm lang, eingesteckt, mit Fleischbeulen umgeben

Berostung: Anflüge von Rost

Fruchtfarbe: GFbE: grünlich-gelb
GF: hellgelb

Lentizellen: –

Fruchtfleisch: mattweiß, schmelzend

Geschmack: angenehm gewürzt, fein weinsäuerlich-süß

geeignet für: Rohgenuss

Saftgehalt: saftig

Genussreife & Haltbarkeit: E IX, ca. 3 Wochen

Wuchs & Bodenansprüche: –

Ertrag: –

Bemerkungen: glatte, dicke Schale, öfters mit schmutziggrünen Flecken bedeckt, welkt, wenn vor der Vorreife gepflückt

zu dieser Sorte ist leider keine Abbildung vorhanden

Liegel's Dechantsbirne

Fruchtgröße: groß

Gestalt: 6,4 cm breit, 7,6 cm hoch

Kelchpartie: –

Stiel: –

Berostung: fein, rau, sonnseitig wie eingespritzt rötlich

Fruchtfarbe: GF: goldartig, wenig sichtbar

Lentizellen: sehr viele

Fruchtfleisch: –

Geschmack: kräftig zimtartig, süß

geeignet für: Tafel

Saftgehalt: sehr saftig

Genussreife & Haltbarkeit: E X

Wuchs & Bodenansprüche: –

Ertrag: –

Bemerkungen: –

LU

Mandelbirne

Fruchtgröße: –

Gestalt: regelmäßig birnenförmig, dick kelchbauchig, halbkugelförmig abgerundet, steht auf, stielwärts sanft eingebogen, zum Stiel hin abgestumpft kegelförmig, 5,7 cm breit, 7,6 cm lang

Kelchpartie: meist fehlend, offen, seichte Kelchbucht mit kleinen Erhabenheiten bis über die Frucht

Stiel: lang, holzig, 4,5 cm lang, wie eingedrückt, teilweise fleischig

Berostung: gesprenkelt oder kleinflächig, hellbraun

Fruchtfarbe: GFbE: hellgrün
GF: hellgelb

Lentizellen: viele, stark hellbraun, fallen ins Auge

Fruchtfleisch: weiß, fein, butterhaft schmelzend

Geschmack: geruchlos, etwas rosenartig süß

geeignet für: –

Saftgehalt: sehr saftig

Genussreife & Haltbarkeit: E IX, nicht lange

Wuchs & Bodenansprüche: –

Ertrag: –

Bemerkungen: –

LA

Lange Grüne Herbstbirne

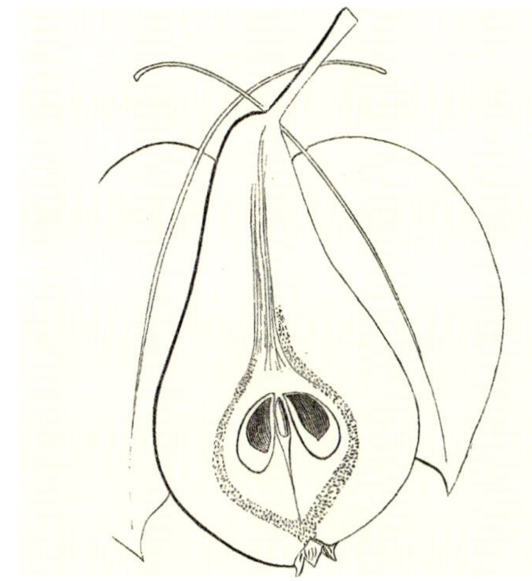

LU

Lange Grüne Herbstbirne

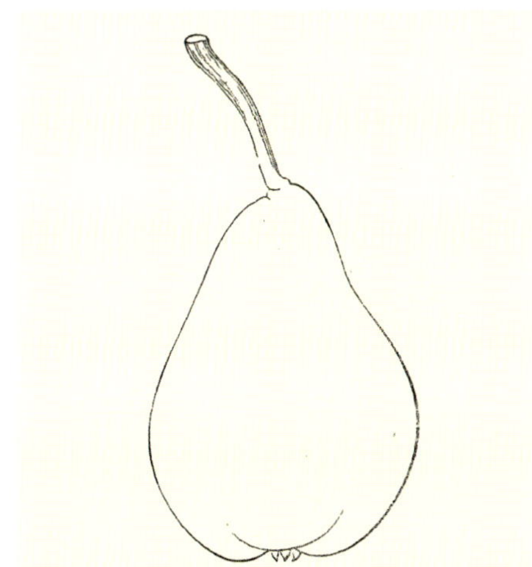

LU

Lange weiße Dechantsbirne

1. KLASSE: BUTTERBIRNEN
3. ORDNUNG: HÖHER ALS BREIT

LA

Mannabirne
Fruchtgröße: groß
Gestalt: länglich, stumpf abgespitzt, auch rundbauchig zum Stiel hin stumpf zugespitzt
Kelchpartie: Kelchbucht oft mit flachen Erhabenheiten, die beulenartig in die Frucht verlaufen
Stiel: gefaltet oder mit Fleischbeulen
Berostung: Rost sonnseitig oft deckend
Fruchtfarbe: GFbE: mattes Hellgrün
GF: gelblich-grün bis hellgelb
DF: sonnseitig rötliche Anflüge
Lentizellen: sehr viele feine, grau bis dunkelgrün
Fruchtfleisch: –
Geschmack: –
geeignet für: –
Saftgehalt: sehr saftig
Genussreife & Haltbarkeit: XII–III, folgeartig
Wuchs & Bodenansprüche:
Ertrag: spät einsetzend, reichlich, blütenfrostempfindlich
Bemerkungen: feinraue Schale, auf Hochstamm problematisch, besser auf windgeschützten Spalieren

AE

Markbirne
Fruchtgröße: sehr groß
Gestalt: kegelförmig oder kreiselförmig, nur um den Stiel etwas faltig
Kelchpartie: –
Stiel: –
Berostung: kleine angedeutete Rostfiguren
Fruchtfarbe: GFbE: schönes mattes Hellgrün; GF: wird blasser
DF: manchmal kaum sichtbar rötlich schimmernd
Lentizellen: viele, grüngraue
Fruchtfleisch: –
Geschmack: feinst bergamottenartig
geeignet für: Tafel
Saftgehalt: –
Genussreife & Haltbarkeit: XII, am besten im I
Wuchs & Bodenansprüche: in der Jugend sehr stark, mit dem Ertragseintritt nachlassend, pyramidenförmig
Ertrag: sehr früh, reichlich
Bemerkungen: –

LU

Markgräfin
Fruchtgröße: groß
Gestalt: veränderlich länglich, breite Erhabenheiten am Bauch
Kelchpartie: flache Kelchbucht
Stiel: mit Fleischfalten umgeben
Berostung: kleine Anflüge
Fruchtfarbe: GFbE: hellgrün
GF: etwas gelblich
DF: äußerst selten sonnseitig leicht rötlich
Lentizellen: sehr viele, feine, sonnseitig grau oder bräunlich
Fruchtfleisch: –
Geschmack: erhaben süß
geeignet für: –
Saftgehalt: saftig
Genussreife & Haltbarkeit: A XI bis XII
Wuchs & Bodenansprüche: sehr stark, breit- und sehr großkronig, erfodert leichten, sehr warmen Boden
Ertrag: fruchtbar
Bemerkungen: –

AE

Maskon's Colmar
Fruchtgröße: groß
Gestalt: dickbauchig kugelförmiger Bauch, gleicht der Winter-apothekerbirne, mehr der Chaumont
Kelchpartie: dickblättrig, kurz, offen, sehr tiefe Kelchbucht, mit markanten Erhabenheiten
Stiel: dick, holzig, sitzt auf abgestumpfter Spitze, meist von einer Fleischbeule seitlich abgedrückt
Berostung: gesprenkelt, braun
Fruchtfarbe: GFbE: hellgrün
GF: gelblich
Lentizellen: sehr viele
Fruchtfleisch: ganz schmelzend
Geschmack: süß, stark muskartellerartig säuerlich
geeignet für: Tafel
Saftgehalt: sehr saftig
Genussreife & Haltbarkeit: II, mehrere Wochen
Wuchs & Bodenansprüche: sehr stark, schön belaubt
Ertrag: früh sehr fruchtbar
Bemerkungen: glattschalig, verdient recht häufig angepflanzt zu werden, als Andenken an den Pomologen Anton Freiherr von Maskon

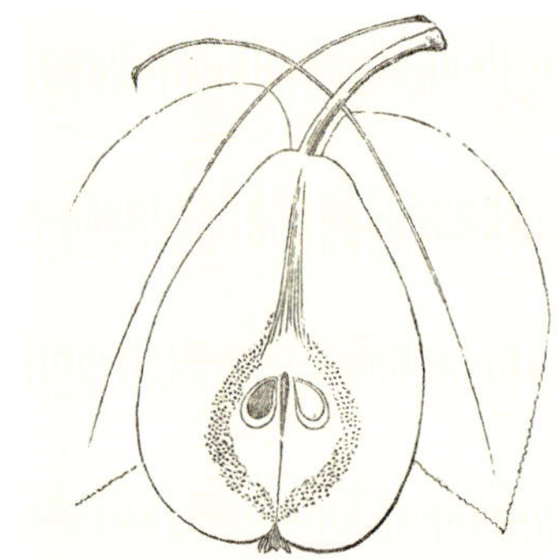

LU

Mayr's frühzeitige Butterbirne
Fruchtgröße: mittelgroß
Gestalt: kreiselförmig, 7 cm breit und 8,3 cm lang
Kelchpartie: –
Stiel: –
Berostung: oft ohne Rost
Fruchtfarbe: GF: hellgelb
Lentizellen: –
Fruchtfleisch: butterhaft schmelzend, in Saft auflösend, fein
Geschmack: ähnlich der Beurre blanc
geeignet für: Tafel
Saftgehalt: sehr saftig
Genussreife & Haltbarkeit: A X
Wuchs & Bodenansprüche: –
Ertrag: –
Bemerkungen: sehr schätzbare Sorte, wurde von Diel nach dem verstorbenen, um die Obst- und Weinkultur in der Steiermark hochverdienten Anton Mayr, st/st Buchhalter und Mitglied des Zentralausschusses der k. k. steiermärkischen Landwirtschafts-Gesellschaft benannt

AE

Meuris

Fruchtgröße: mittelgroß

Gestalt: gleicht der Langen grünen Herbstbirne, abgestumpft kegelförmig, mit großem Bauch

Kelchpartie: offen, hartblättrig

Stiel: dick, mit Fleischwulst umgeben

Berostung: Rostanflüge

Fruchtfarbe: GFbE: hellgrün
GF: gelblich-grün
DF: Sonnenfrüchte sonnseitig schwach streifig rot

Lentizellen: viele, braune

Fruchtfleisch: weiß, körnig

Geschmack: weinsäuerlich süß, crassaneähnlich

geeignet für: –

Saftgehalt: sehr saftig

Genussreife & Haltbarkeit: E IX bis A X, 14 Tage

Wuchs & Bodenansprüche: sehr stark, früh, hoch

Ertrag: –

Bemerkungen: –

LA

Napoleon's Butterbirne

Fruchtgröße: groß

Gestalt: starkbauchig, hoch

Kelchpartie: Kelchbuchtrand mit flachen, öfters starken Beulen, dadurch schief

Stiel: mit Fleischbeulen umgeben

Berostung: wenig Rost und Rostfiguren

Fruchtfarbe: GFbE: hellgrün
GF: schön zitronengelb

Lentizellen: viele, anfänglich rot umrahmt

Fruchtfleisch: –

Geschmack: süß

geeignet für: –

Saftgehalt: sehr saftig bis saftig

Genussreife & Haltbarkeit: E XI bis E XII

Wuchs & Bodenansprüche: sehr stark, großkronig, kugelige Krone

Ertrag: fruchtbar

Bemerkungen: verdient allgemeine Verbreitung

LA

Mannabirne

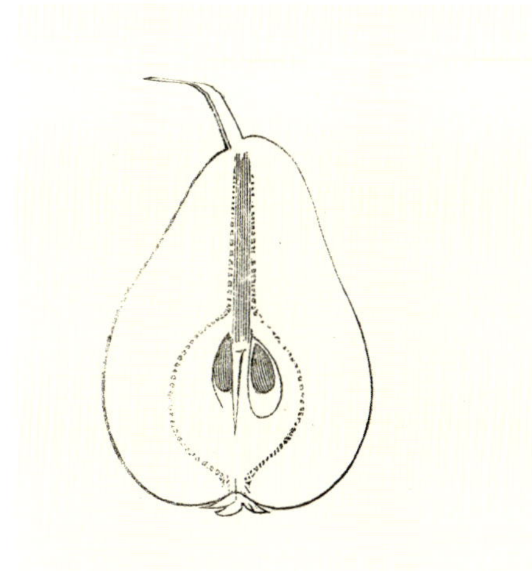

LU

Markbirne

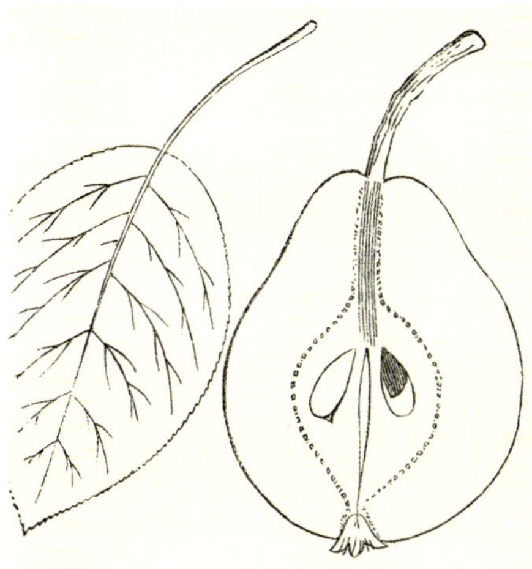

LU

Meuris

LA

Napoleon's Butterbirne

LU

Napoleon's Butterbirne

1. KLASSE: BUTTERBIRNEN
3. ORDNUNG: HÖHER ALS BREIT

AE

Normännische rot(h)e Herbstbutterbirne

Fruchtgröße: groß
Gestalt: veränderlich, oft ähnlich der St. Germain oder Graue Herbstbutterbirne, oft abgestumpft kegelförmig bis etwas walzenförmig
Kelchpartie: um den Kelch eben
Stiel: meist mit Fleischwulst oder beuliger Stielbuchtrand
Berostung: zersprengt zimtfarbig
Fruchtfarbe: GFbE: blasses gelbliches Hellgrün; GF: hellgelb
DF: sonnseitig dunkelblutrot verwaschen oder marmoriert (Drachenblutfarbe)
Lentizellen: in der DF sehr viele, markant graubraune
Fruchtfleisch: schneeweiß
Geschmack: köstlich, übertrifft die Graue Herbstbutternbirne
geeignet für: –
Saftgehalt: sehr saftig
Genussreife & Haltbarkeit: M X bis XI, fast 3 Wochen
Wuchs & Bodenansprüche: wie die Graue Herbstbutterbirne, licht belaubt, verlangt warmen trockenen Boden
Ertrag: bald und fruchtbar
Bemerkungen: auf Sämling geschmackvoller

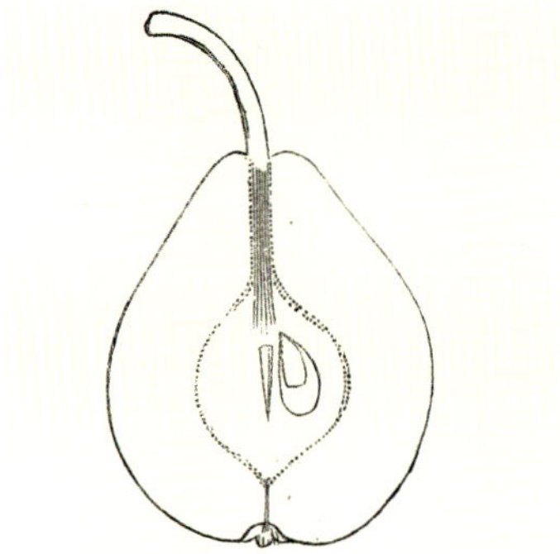

LU

Onkel Peter's Birne

Fruchtgröße: mittelgroß
Gestalt: ähnlich der Langen grünen Herbstbirne, kegelförmig, kelchbauchig, um den Kelch nur kleine Fläche, dadurch nicht aufstehend, nimmt zum Stiel hin stark ab, 5,1 cm breit, 7,6 cm lang, flache bis starke Erhabenheiten
Kelchpartie: dickblättrig, sternförmig aufliegend, flache Kelchbucht
Stiel: holzig, 2,5 cm lang, wie eingesteckt, oft von einem Fleischwulst umgeben
Berostung: –
Fruchtfarbe: GFbE: grasgrün
GF: grünlich-gelb
DF: selten leicht erdartig rötlich
Lentizellen: sehr viele, fein, erst in der Reifung sichtbar
Fruchtfleisch: mattweiß, fein, butterhaft schmelzend
Geschmack: geruchlos, gewürzt, fein zimtartig, süß, ähnlich der Langen grünen Herbstbirne
geeignet für: Rohgenuss
Saftgehalt: –
Genussreife & Haltbarkeit: E X, 14 Tage
Wuchs & Bodenansprüche: –
Ertrag: –
Bemerkungen: Schale fühlt sich fett an, nicht welkend, wenn Grüne Herbstbutterbirne angebaut, wird diese ersetzt

zu dieser Sorte ist leider keine Abbildung vorhanden

Ordensbirne

Fruchtgröße: mittelgroß
Gestalt: kegelförmig, um den Kelch eben
Kelchpartie: durch Fleischwulst schief
Stiel: –
Berostung: –
Fruchtfarbe: GFbE: hellgrün bis gelbliches Grün
GF: hellgelb auch blassgelb
DF: Sonnenfrüchte sonnseitig leicht erdartig rot
Lentizellen: sehr viele, fein, grasgrün
Fruchtfleisch: –
Geschmack: erhaben, gewürzt, angenehm bergamottenartig
geeignet für: Tafel
Saftgehalt: sehr saftig
Genussreife & Haltbarkeit: M VIII, 3 Wochen
Wuchs & Bodenansprüche: sehr stark, schön und dicht belaubt,
Ertrag: spät fruchtbar
Bemerkungen: zarte und geschmeidige Schale, verdient allgemeine Anpflanzung, auf Hochstamm gute Früchte

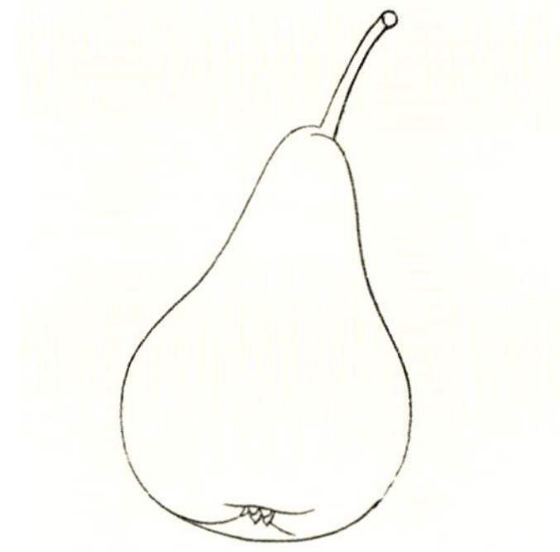

LU

Prinzessin Marianne

Fruchtgröße: mittelgroß
Gestalt: ähnlich der Grauen Herbstbutterbirne, unregelmäßig, runde Gestalt durch Beulen verschoben, täuschen Ecken vor
Kelchpartie: halboffen, sitzt oft in tiefer Kelchbucht
Stiel: –
Berostung: zimtfarbig, deckend bis gesprenkelt
Fruchtfarbe: GFbE: gelblich-grün
GF: hell zitronengelb
Lentizellen: –
Fruchtfleisch: weiß, fein, auflösend
Geschmack: gewürzt, weinartig süß
geeignet für: Tafel
Saftgehalt: saftig
Genussreife & Haltbarkeit: E X bis A XI, 14 Tage
Wuchs & Bodenansprüche: sehr stark, früh und jährlich
Ertrag: –
Bemerkungen: zartschalig, am besten mit Schale gegessen, auch hochstämmig, bestens auf schwachem Sämling als Zwerg

LU

Prinzessin von Oranien

Fruchtgröße: mittelgroß
Gestalt: bergamottenförmig, 5,7 cm breit und 5,1 cm hoch
Kelchpartie: –
Stiel: –
Berostung: fein angesprengt
Fruchtfarbe: GF: hellgelb
Lentizellen: sehr viele
Fruchtfleisch: fein, butterhaft schmelzend
Geschmack: eigen, fein weinsäuerlich, süß
geeignet für: Tafel
Saftgehalt: saftig
Genussreife & Haltbarkeit: E VIII
Wuchs & Bodenansprüche: –
Ertrag: –
Bemerkungen: –

LA

Punctierter Sommerdorn

Fruchtgröße: groß

Gestalt: ähnlich wie Lange Grüne Herbstbirne

Kelchpartie: Kelchbuchtrand oft mit flachen Unebenheiten

Stiel: mit Fleischbeulen, die oft den Stiel zur Seite drücken

Berostung: bräunlich-graue Anflüge, kleine Rostfiguren

Fruchtfarbe: GFbE: blasses Hellgrün
GF: hellgelb, vermengt mit etwas Grün
DF: selten leicht rötlich

Lentizellen: sehr viele, bräunlich-grau, auffallend

Fruchtfleisch: schneeweiß

Geschmack: angenehm süß fein muskatellerartig

geeignet für: Tafel

Saftgehalt: sehr saftig

Genussreife & Haltbarkeit: M IX, vor Reife geerntet 3 Wochen

Wuchs & Bodenansprüche: sehr stark, schöne Krone, pyramidenhaft, stark belaubt

Ertrag: spät fruchtbar

Bemerkungen: verdient häufige Anpflanzung

AE

Rot(h)er Sommerdorn

Fruchtgröße: mittelgroß

Gestalt: lang, flachmittelbauchig, annähernd eiförmig

Kelchpartie: Kelchbuchtrand mit flachen, etwas beulenartigen Erhabenheiten, laufen bis auf die Frucht

Stiel: durch Fleischwulst schief

Berostung: –

Fruchtfarbe: GFbE: helles Grasgrün
GF: gelblich
DF: sonnseitig leicht trüb erdartig rot

Lentizellen: in der DF sehr viele weißgraue, fein, mit rotem Kreis umgeben, fehlen schattseitig

Fruchtfleisch: schneeweiß

Geschmack: fein gewürzt, etwas parfumiert

geeignet für: –

Saftgehalt: wenig saftig

Genussreife & Haltbarkeit: A IX, 8 Tage, vor der Genussreife geerntet 3 Wochen

Wuchs & Bodenansprüche: im Jugendstadium munter, mittelgroß

Ertrag: reichliche Ernten, auch in ungünstigen Jahren

Bemerkungen: besonders zum Stiel hin weiß-gelbliche wachsartige Stelle, Blüte dauerhaft (frosthart?), verdient allgemeine Verbreitung

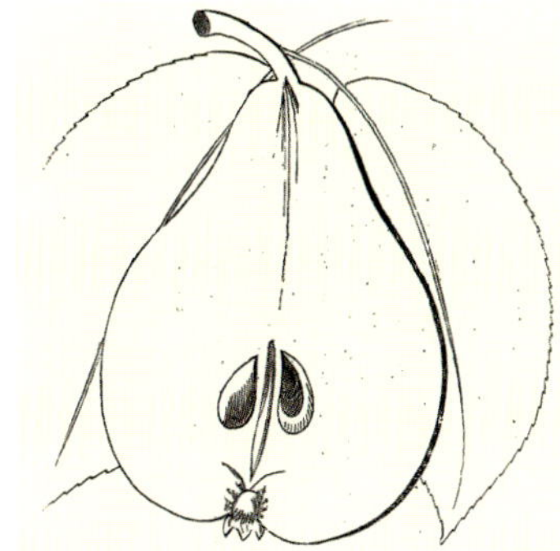

LU

Sabine

Fruchtgröße: mittelgroß bis groß

Gestalt: länglich kreiselförmig

Kelchpartie: aufragende Kelchblätter, ziemlich geschlossen

Stiel: dick, kurz, fleischig

Berostung: netzartige Anflüge, fein

Fruchtfarbe: GFbE: gelbliches Grün
GF: gelb

Lentizellen: in der GF viele, braun

Fruchtfleisch: körnig, um das Kernhaus und bis zur Fruchtmitte rötlich orleanfärbig

Geschmack: alantartig, muskatellerartig, sanfter Geruch

geeignet für: –

Saftgehalt: saftig

Genussreife & Haltbarkeit: A X, kaum 14 Tage

Wuchs & Bodenansprüche: sehr stark, kugelförmig

Ertrag: früh und reichlich

Bemerkungen: dünnschalig

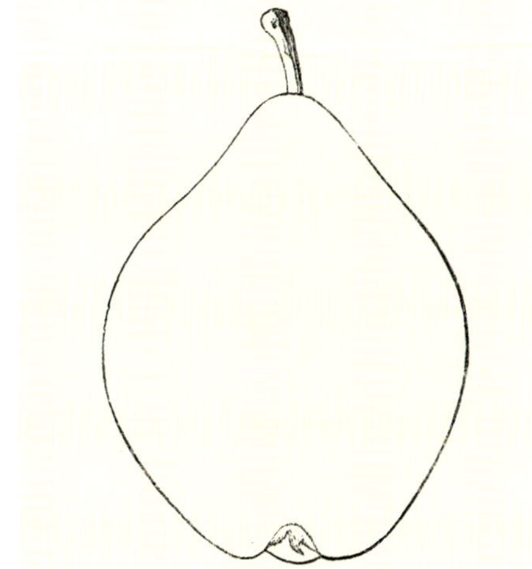

LU

Normännische rot(h)e Herbstbutterbirne

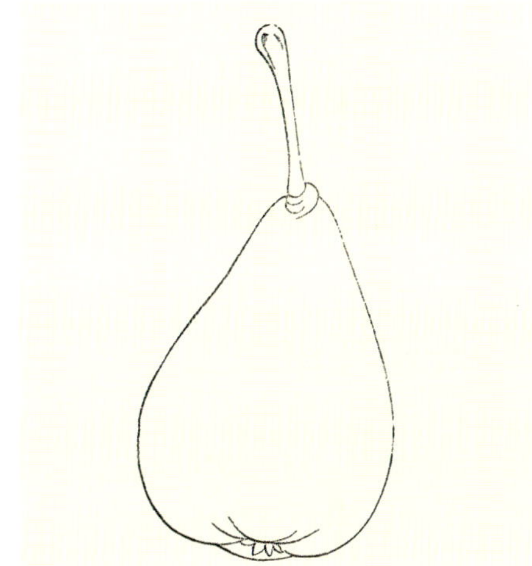

LU

Punctierter Sommerdorn

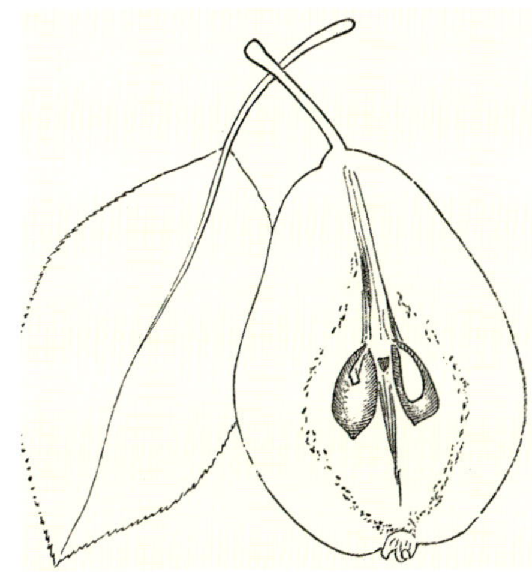

LU

Rot(h)er Sommerdorn

1. KLASSE: BUTTERBIRNEN

3. ORDNUNG: HÖHER ALS BREIT

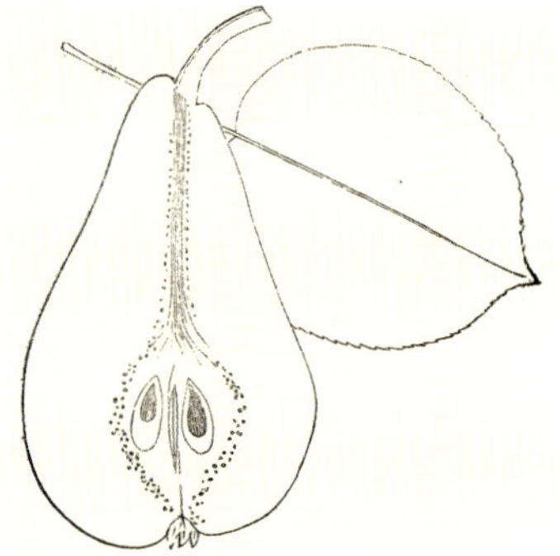

LU

Sächsische lange grüne Winterbirne

Fruchtgröße: groß

Gestalt: lang abgestumpft kegelförmig

Kelchpartie: Kelchbuchtrand mit flachen Erhabenheiten

Stiel: Stiel an beiden Enden fleischig

Berostung: Anflug von braunem Rost und schwarzbraunen Rostflecken

Fruchtfarbe: GFbE: grasgrün
GF: blass weißgrün
DF: besonnte Früchte rötlich, bei Genussreife durch Rost goldartig

Lentizellen: sehr viele, klein, dunkelbraun

Fruchtfleisch: –

Geschmack: gewürzt süß

geeignet für: Tafel

Saftgehalt: saftig

Genussreife & Haltbarkeit: XII bis III

Wuchs & Bodenansprüche: in der Jugend sehr stark, mittelgroß, schwach belaubt, pyramidenförmig

Ertrag: sehr fruchtbar

Bemerkungen: als Zwerg auf Quitte zu schwachwüchsig

AE

Salisbury

Fruchtgröße: groß

Gestalt: kelchbauchig, kelchwärts abnehmend, gerade noch aufstehend oder wegen schiefem Kelchbuchtrand nicht mehr aufstehend, stielwärts mit Einbiegung, stielwärts schnell verschmälert, eine Einbiegung, endet mit starker kegelförmiger Spitze, auf Zwerg 5,7 bis 7 cm breit, 8,9 bis 9,5 cm lang

Kelchpartie: kleine Kelchblätter, offen, breite Kelchbucht mit flachen, oft stärkeren Beulen, die auf den Bauch hinauslaufen, dadurch schief

Stiel: dick, holzig, uneinheitlich lang von 1,2 bis 3,8 cm, wie eingedrückt, durch Fleischwulst seitlich verschoben

Berostung: –

Fruchtfarbe: –

Lentizellen: markant, viele

Fruchtfleisch: weiß, feinkörnig, butterhaft schmelzend, in Saft auflösend

Geschmack: geruchlos, eigentümlich gewürzt, fein muskatellerartig, ähnlich der Weißen Herbstbutterbirne

geeignet für: Tafel

Saftgehalt: sehr saftig

Genussreife & Haltbarkeit: E IX, 14 Tage

Wuchs & Bodenansprüche/Ertrag: –

Bemerkungen: –

zu dieser Sorte ist leider keine Abbildung vorhanden

Schönert's Omsewitzer Schmalzbirne

Fruchtgröße: mittelgroß

Gestalt: mehr kegelförmig als birnenförmig, ähnlich einer St. Germain, Erhabenheiten um die ganze Frucht

Kelchpartie: Kelchbuchtrand mit Erhabenheiten

Stiel: mit Fleischfortsatz

Berostung: hellbraune Rostfiguren

Fruchtfarbe: GFbE: helles Strohweiß
GF: hell zitronengelb
DF: stärker gelb ohne Rot

Lentizellen: viele feine, grünliche

Fruchtfleisch: –

Geschmack: gewürzt, süß

geeignet für: Tafel

Saftgehalt: sehr saftig

Genussreife & Haltbarkeit: M bis E XI, 3 Wochen

Wuchs & Bodenansprüche: stark, vieltriebig, schön belaubt, hängende Äste

Ertrag: sehr fruchtbar

Bemerkungen: –

AE

Schönlin's Stuttgarter späte Winterbutterbirne

Fruchtgröße: groß

Gestalt: ähnlich St. Germain, unterhalb des Stielansatzes dicke abgestumpfte Kegelspitze

Kelchpartie: spitzblättrig, offen, aufliegend, enge Kelchbucht

Stiel: dick, fleischig

Berostung: feine Rostfiguren, besonders um den Kelch deckend

Fruchtfarbe: GFbE: hellgrün
GF: zitronengelb

Lentizellen: sehr viele, hellbraun, sonnseitig rötlich

Fruchtfleisch: –

Geschmack: wahre Butterbirne

geeignet für: Tafel

Saftgehalt: –

Genussreife & Haltbarkeit: II bis III, bis April

Wuchs & Bodenansprüche: stark

Ertrag: früh und reichlich

Bemerkungen: sehr dicke Schale, fault ungern, wenn dann nur langsam

AE

Schweizerhose

Fruchtgröße: –

Gestalt: –

Kelchpartie: –

Stiel: –

Berostung: –

Fruchtfarbe: GFbE: hellgrün
GF: blassgelb
DF: sonnseitig abwechselnd rosenrot und trüb dunkelrot bandartig gestreift, schattenseitig sehr schwach gefärbt, anstatt rosenrot grün

Lentizellen: fein, im Rot hellgrau, im Gelb grünlich

Fruchtfleisch: –

Geschmack: –

geeignet für: Tafel

Saftgehalt: –

Genussreife & Haltbarkeit: M X, 4 bis 6 Wochen

Wuchs & Bodenansprüche: stark, fordert leichten Boden und Besonnung

Ertrag: ungemein tragbar

Bemerkungen: in guten Jahren vom Baum fallend

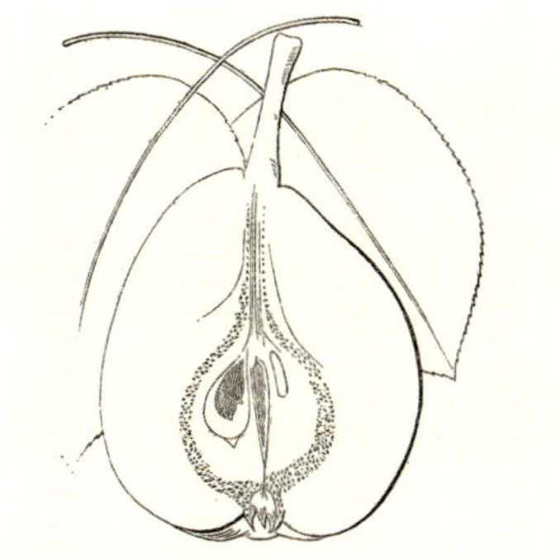

LU

zu dieser Sorte ist leider keine Abbildung vorhanden

Sommerkönigin

Fruchtgröße: groß

Gestalt: rippig

Kelchpartie: rippiger Kelchbuchtrand

Stiel: krumm, faltige Stielbucht

Berostung: selten, punktförmig

Fruchtfarbe: GFbE: gelbgrün
GF: hellgelb
DF: blass trüb, leicht verwaschenes Rot, meist aus kleinen Kreischen um die Lentizellen, Zwischenräume nur bleichrot

Lentizellen: schattseitig grünlich,

Fruchtfleisch: –

Geschmack: angenehm erquickend

geeignet für: Tafel, Küche

Saftgehalt: sehr saftig

Genussreife & Haltbarkeit: M–E IX, 14 Tage, wenn 1 Woche vor der Mundreife gepflückt

Wuchs & Bodenansprüche: stark, großkronig

Ertrag: –

Bemerkungen: benötigt warme Lagen

Soutmann

Fruchtgröße: mittelgroß

Gestalt: lang kegelförmig, oft bei breiten Früchten eine Rinne vom Stiel bis zum Kelch

Kelchpartie: –

Stiel: –

Berostung: –

Fruchtfarbe: –
GF: grünlich-gelb

Lentizellen: viele feine, braun

Fruchtfleisch: butterhaft zerfrließend

Geschmack: köstlich, angenehm gewürzt

geeignet für: Tafel

Saftgehalt: –

Genussreife & Haltbarkeit: E XI bis A XII, bis I möglich

Wuchs & Bodenansprüche: sehr stark, breit gewölbt kronig, setzt viel junges Fruchtholz an

Ertrag: aber erst nach Wuchsstillstand sehr fruchtbar

Bemerkungen: –

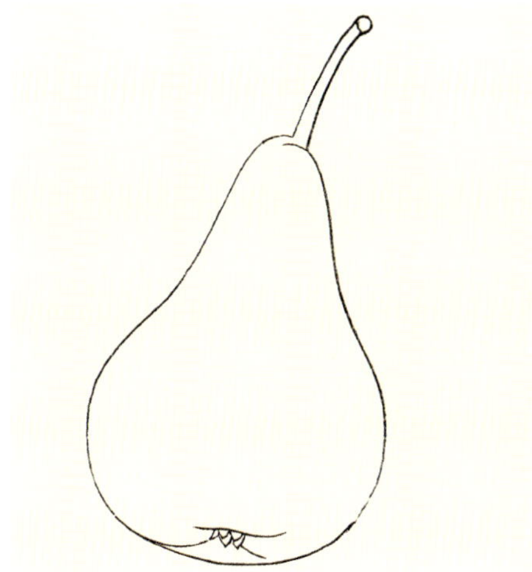

LU

Salisbury

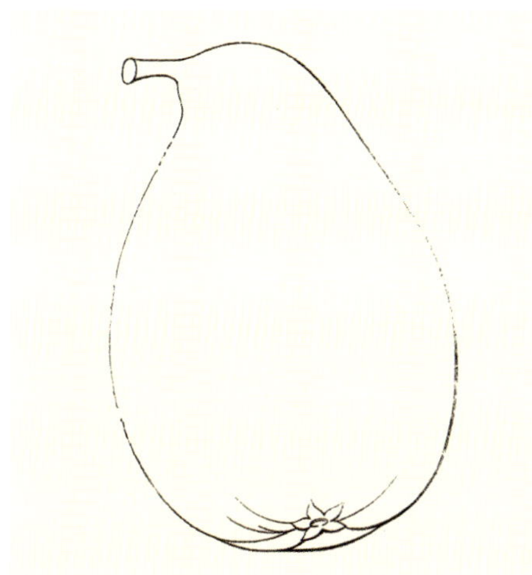

LU

Schönlein's Stuttgarter späte Winterbutterbirne

LA

Schönlein's Stuttgarter späte Winterbutterbirne

PF

Schweizerhose

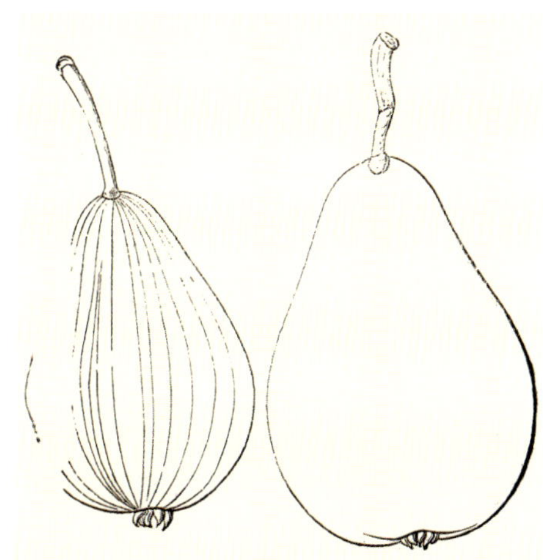

LU

Schweizerhose

AE

Sparbirne

Fruchtgröße: groß

Gestalt: lang, birnenförmig

Kelchpartie: Kelchbuchtrand mit unregelmäßigen Beulen

Stiel: fleischiger Stiel

Berostung: um den Kelch glatte Flecken

Fruchtfarbe: GFbE: hellgrün
GF: gelb, vereinzelt mit etwas Hellgrün vermengt
DF: etwas streifenförmig trüb, erdartig rot, oft nur gering, oft schwach goldartig

Lentizellen: wenig

Fruchtfleisch: –

Geschmack: angenehm erhaben, erquickend muskatellersäurehältig

geeignet für: Tafel

Saftgehalt: sehr saftig

Genussreife & Haltbarkeit: E VII bis A VII, grün geerntet bis 14 Tage

Wuchs & Bodenansprüche: sehr stark, abstehende Äste, wenig belaubt, hängend, erfordert trockenen Boden

Ertrag: früh und reichlich

Bemerkungen: eine der besten Sommerbirnen

Autor unbekannt

St. Ghislain

Fruchtgröße: groß

Gestalt: mehr kegel- als birnenförmig, stielseitig kurz dick zur Seite gebogen

Kelchpartie: schmale spitze Kelchblätter, offen

Stiel: sehr dick, fleischig

Berostung: fein gesprenkelt gelblich

Fruchtfarbe: GFbE: helles zitronengelb; DF: besonnte Früchte rot gestreift

Lentizellen: –

Fruchtfleisch: schmelzend

Geschmack: fein weinsäuerlich-süß

geeignet für: Tafel

Saftgehalt: sehr saftig

Genussreife & Haltbarkeit: A IX, kaum 14 Tage

Wuchs & Bodenansprüche: stark, licht belaubt, viele dornenähnliche Fruchtspieße

Ertrag: recht fruchtbar

Bemerkungen: –

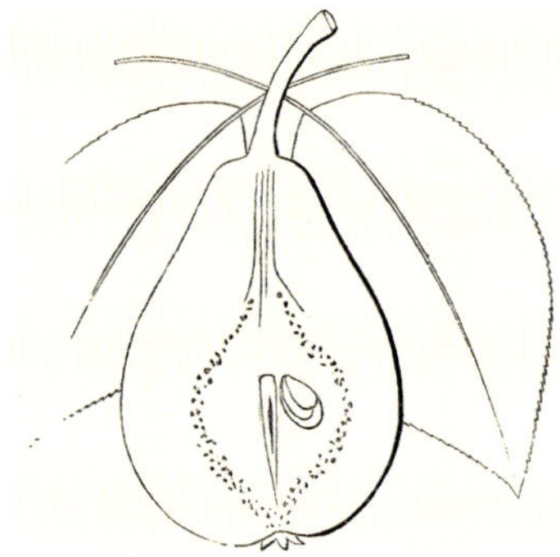

LU

Villain XIV

Fruchtgröße: mittelgroß

Gestalt: stark abgestumpft bis kreiselförmig, immer länglich

Kelchpartie: –

Stiel: –

Berostung: fein zimtartig, glatt, Rostanflüge

Fruchtfarbe: GF: gelblich
DF: selten sanft rot

Lentizellen: –

Fruchtfleisch: im Mund ganz zerfließend

Geschmack: gewürzt, erreicht sie eine gelbe DF, dann bereits trocken

geeignet für: Tafel

Saftgehalt: saftig

Genussreife & Haltbarkeit: M IX, nicht lange

Wuchs & Bodenansprüche: stark, schlankastig, kugelige Krone, wenig belaubt

Ertrag: sehr fruchtbar

Bemerkungen: –

AE

Virguleuse

Fruchtgröße: groß

Gestalt: lang, kegelförmig

Kelchpartie: Kelchbuchtrand mit flachen Beulen, die auf die Frucht hinziehen

Stiel: anfänglich fleischig, faltig, schief aufsitzend

Berostung: meist zimtfärbig figurenförmig bis deckend berostet, in nassen Jahren und auf nassen Standorten schwarzbraun fleckig

Fruchtfarbe: GFbE: hellgrün
GF: blass zitronengelb, grünlich vermischt
DF: vereinzelt bräunlich-roter Anflug

Lentizellen: viele graue, klein

Fruchtfleisch: –

Geschmack: erhaben süß, feinst muskatellersäureartig

geeignet für: Tafel, eine der besten

Saftgehalt: saftig

Genussreife & Haltbarkeit: XI bis I

Wuchs & Bodenansprüche: stark, prachtvoll dicht belaubt, pyramidenförmige Krone

Ertrag: –

Bemerkungen: auf nicht zu stark besonntem Spalier am besten

AE

Wahre broncierte Herbstbirne

Fruchtgröße: groß

Gestalt: breit kegelförmig abgestumpft bis walzenförmig, kelchbauchig, aufstehend, zum Stiel hin abnehmend, 6,4 cm breit, 7 bis 7,6 cm lang, etwas schief

Kelchpartie: kurzblättrige Kelchblätter, fehlen oft, tiefe ebene Kelchbucht

Stiel: sehr dick, holzig, 1,2 bis 2,5 cm lang, wie eingesteckt, mit Fleischwulst

Berostung: mehr oder weniger deckend, fein, bräunlich, gibt der DF bronzierten Ausdruck, in manchen Jahren schattseitig viele schwarze Rostflecken

Fruchtfarbe: GFbE: hell grasgrün
GF: gelblich-grün; DF: sonnseitig verwaschen trüb erdartig rot

Lentizellen: unbedeutend

Fruchtfleisch: weiß bis etwas ins Grünliche spielend, butterhaft schmelzend

Geschmack: geruchlos, gewürzt, fast bergamottenartig, weinartig süß

geeignet für: –

Saftgehalt: sehr saftig

Genussreife & Haltbarkeit: M XI, kühl aufbewahrt 4 Wochen, reift nach der Grauen Herbstbutterbirne, tritt an deren Stelle

Wuchs & Bodenansprüche: –

Bemerkungen: glattschalig, bei vorzeitiger Ernte welkend

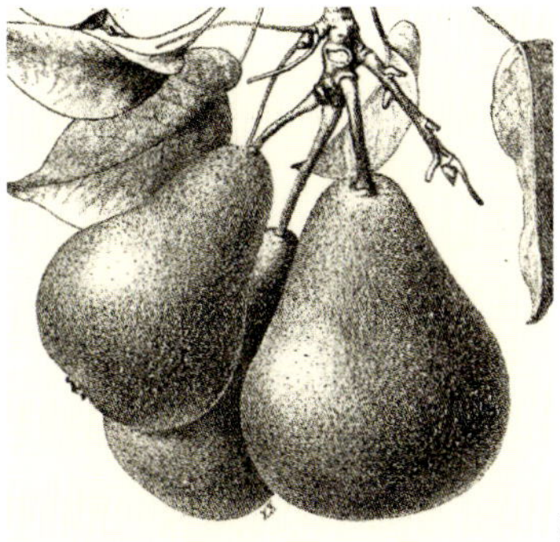

LU

zu dieser Sorte ist leider keine Abbildung vorhanden

Wahre Stuttgarter Geißhirtenbirne

Fruchtgröße: klein

Gestalt: perlförmig, abgestumpft kegelförmig, runder Bauch

Kelchpartie: Kelchbucht mit einigen Unebenheiten

Stiel: faltige kleine Stielbucht, oft nur mit einem Fleischwulst umgeben

Berostung: zimtartige Anflüge

Fruchtfarbe: GFbE: feine Wachsschicht, gelblich-grün
GF: etwas gelblicher, oft hellgelb
DF: sonnseitig ziemlich verwaschen, erdartig blutrot, oft als kleine Kreischen

Lentizellen: bräunliche Punkte, schattseitig dunkelgrün

Fruchtfleisch: –

Geschmack: eine der allerköstlichsten, zu ihrer Reifezeit die Beste, erhaben süß, fein zimtartig

geeignet für: –

Saftgehalt: sehr saftig

Genussreife & Haltbarkeit: E VIII, bei grüner Ernte 8 Tage

Wuchs & Bodenansprüche: in der Jugend stark, ziemlich pyramidenförmig, dichtastig, großkronig

Ertrag: früh und reichlich

Bemerkungen: schmeckt am besten auf Hochstamm, verdient allgemeine Verbreitung

Wildling Deborst

Fruchtgröße: mittelgroß

Gestalt: bauchig, kegelförmig, gleicht der Langen grünen Herbstbutterbirne

Kelchpartie: kurz- und dickblättrig, weit offen, seichte Kelchbucht dick

Stiel: holzig, einige feine Fleischwülste

Berostung: –

Fruchtfarbe: GFbE: glänzend hellgrasgrün
GF: gelblich

Lentizellen: sonnseitig sehr feine

Fruchtfleisch: mattweiß, sehr schmelzend

Geschmack: rosenartig

geeignet für: Tafel

Saftgehalt: sehr saftig

Genussreife & Haltbarkeit: XI bis XII, 4 Wochen

Wuchs & Bodenansprüche: stark, wenig belaubt, großdorniges Fruchtholz

Ertrag: viel

Bemerkungen: leicht fettige Schale

LA

Sparbirne

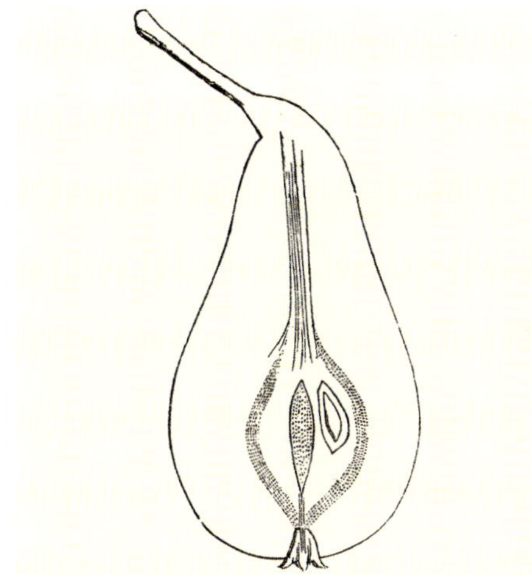

LU

Sparbirne

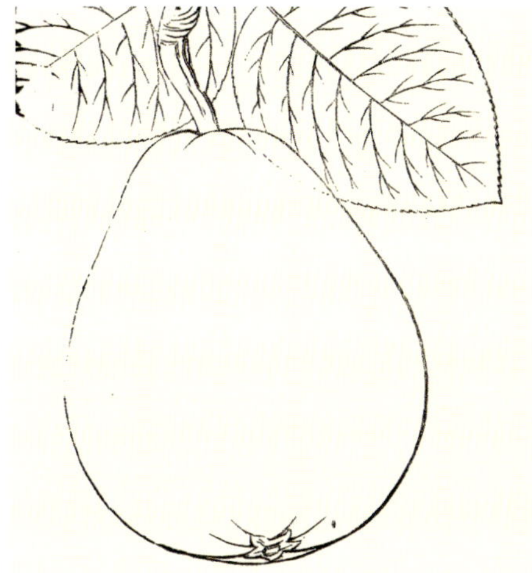

LU

Virguleuse

MAY

Virguleuse

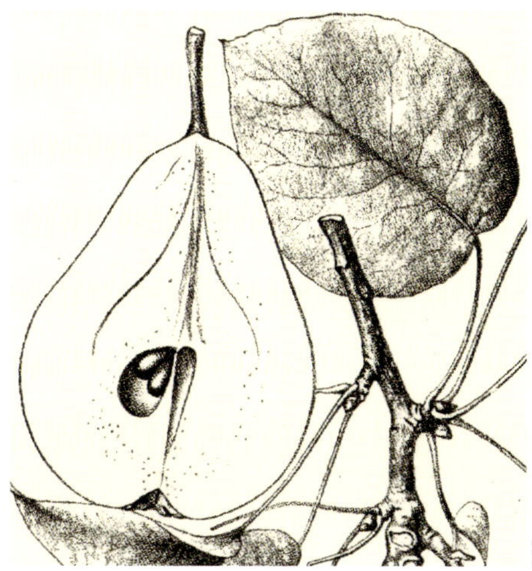

LU

Wahre Stuttgarter Geißhirtenbirne

GR

Wahre Stuttgarter Geißhirtenbirne

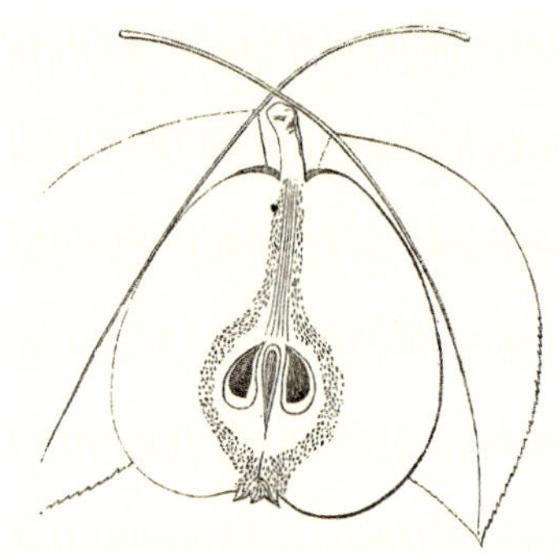
LU

Wildling von Vaat

Fruchtgröße: groß
Gestalt: ähnlich der Weißen Herbstbutterbirne
Kelchpartie: –
Stiel: fleischig, 5,1 bis 6,4 cm lang, wie eingesteckt, durch Fleischwulst zur Seite gedrückt
Berostung: –
Fruchtfarbe: GF: zitronengelb
DF: sonnseitig erdartig rot verwaschen
Lentizellen: sehr viele, markant, hellbraun, sonnseitig oft rötlich
Fruchtfleisch: butterhaft schmelzend
Geschmack: sehr geschmackvoll
geeignet für: Tafel
Saftgehalt: sehr saftig
Genussreife & Haltbarkeit: A X, folgeartig bis E XI
Wuchs & Bodenansprüche: sehr stark, breit gewölbt, viel Fruchtholz,
Ertrag: bald jährlich und reichlich
Bemerkungen: –

AE

Winterbutterbirne

Fruchtgröße: groß
Gestalt: lang, dickbauchig, ungleichmäßig rund
Kelchpartie: calvilleartig gerippter Kelchbuchtrand
Stiel: faltig oder durch Fleischhöcker schief
Berostung: großteils unansehnlich zimtfarbig oder rötlich-grau, in manchen Jahren auf feuchtem Standort, besonders auf Hochstamm Rostflecken und Risse, aber standortsvariabel
Fruchtfarbe: GFbE: gelbliches Grün
GF: goldgelb
DF: etwas dunkel, etwas erdartig rot, geflammt, oft nur verwaschen
Lentizellen: nur glatte Früchte zimtartig
Fruchtfleisch: –
Geschmack: köstlich, ähnlich Graue Herbstbutterbirne
geeignet für: Tafel, eine der besten
Saftgehalt: sehr saftig
Genussreife & Haltbarkeit: XII bis I, 14 Tage
Wuchs & Bodenansprüche: schwach, licht belaubt, benötigt warme windgeschützte trockene Standorte auf leichtem Boden
Ertrag: –
Bemerkungen: als Zwerg besser auf schwachem Sämling, bessere Früchte am Spalier

LA

Winterdechantsbirne

Fruchtgröße: –
Gestalt: dick breitbauchig, pyramidalisch, fast eiförmig, selten wie eine Dechantsbirne, kelchbauchig, am halbkugelförmigen Bauch aufstehend, endet stielwärts mit einer dicken ziemlich abgestumpften Kegelspitze, 7 cm breit, fast 8,9 cm lang
Kelchpartie: halboffener Kelch, tiefe Kelchbucht mit flachen Beulen, die über die Frucht hinweglaufen
Stiel: sehr dick, fleischig, 2,5 cm lang, sitzt in einer flachen bis tiefen Stielgrube, wie eingesteckt, aber durch Fleischwulst ungleich
Berostung: unbedeutende Anflüge von Rost bis Rostfiguren
Fruchtfarbe: GFbE: hellgrün
GF: grünlich-gelb
Lentizellen: sehr viele, sonnseitig eng aneinander, markant, braun
Fruchtfleisch: weiß, butterhaft schmelzend
Geschmack: geruchlos, köstlich gewürzt, ähnlich Langer grüner Herbstbirne
geeignet für: –
Saftgehalt: sehr saftig
Genussreife & Haltbarkeit: in warmen Jahren M XI, sonst XII bis E II
Wuchs & Bodenansprüche: –
Bemerkungen: eine wahre Bereicherung der Pomologie, glatte, nicht fette Schale, welkt nicht

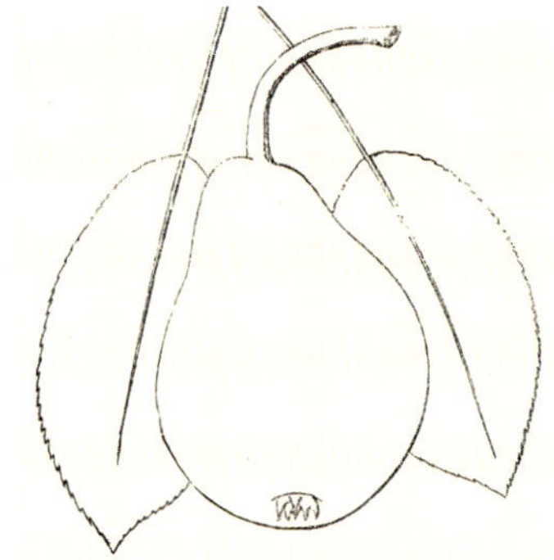
LU

Winterdorn

Fruchtgröße: mittelgroß
Gestalt: breit kegelförmig bis birnförmig
Kelchpartie: beuliger Kelchbuchtrand
Stiel: –
Berostung: viele graue Anflüge
Fruchtfarbe: GFbE: sehr schönes Grün
GF: etwas gelblich
Lentizellen: viele, feine, nicht auffallend
Fruchtfleisch: –
Geschmack: wohlriechend, erhaben süß
geeignet für: Tafel
Saftgehalt: saftig
Genussreife & Haltbarkeit: XI bis XII
Wuchs & Bodenansprüche: mittelstark, schön belaubt, benötigt warmen trockenen Boden bei guter Lage
Ertrag: sehr fruchtbar
Bemerkungen: –

AE

Wurzer

Fruchtgröße: groß
Gestalt: spindelförmig, zum Stiel hin rasch eingedrückt
Kelchpartie: –
Stiel: –
Berostung: fein, bräunlich, dadurch Frucht bräunlich düster
Fruchtfarbe: GFbE: hellgrün, nur schattseitig zu sehen, sonst vom Rost überdeckt
Lentizellen: sehr viele, in der Berostung markant, rötlich
Fruchtfleisch: butterhaft schmelzend
Geschmack: –
geeignet für: Tafel
Saftgehalt: saftig
Genussreife & Haltbarkeit: XI, 3 Wochen
Wuchs & Bodenansprüche: stark, sämlingsähnlich, dornähnliche Fruchtspieße
Ertrag: sehr fruchtbar
Bemerkungen: –

2. KLASSE: HALBSCHMELZENDE BIRNEN

1. ORDNUNG: BREITER ALS HOCH

AE

Blumenbirne

Fruchtgröße: klein

Gestalt: abgestumpft rundkreiselförmig, ohne Einbiegung bogenförmig zum stark abgestumpften Steilansatz hin

Kelchpartie: –

Stiel: –

Berostung: –

Fruchtfarbe: –
GF: glänzend zitronengelb
DF: sonnseitig poliert, glänzend rot, auch streifenförmig

Lentizellen: kleine, in der DF grünlich-braun, oft sternartig

Fruchtfleisch: –

Geschmack: –

geeignet für: –

Saftgehalt: sehr saftig

Genussreife & Haltbarkeit: E VIII, nicht lange

Wuchs & Bodenansprüche: stark, flache Krone

Ertrag: viel Fruchtholz, bald und reichlich

Bemerkungen: –

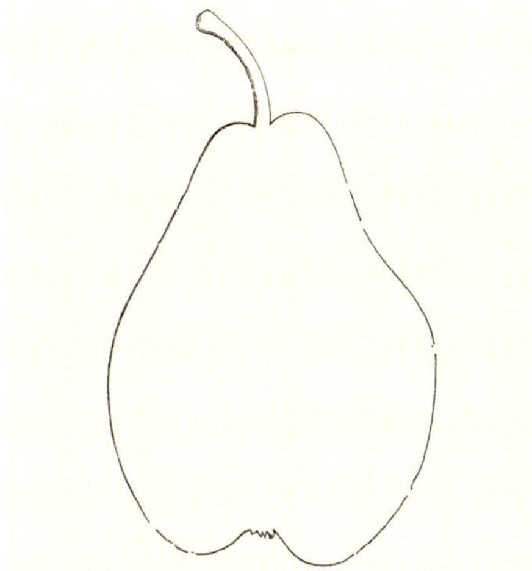

LU

Winterbutterbirne

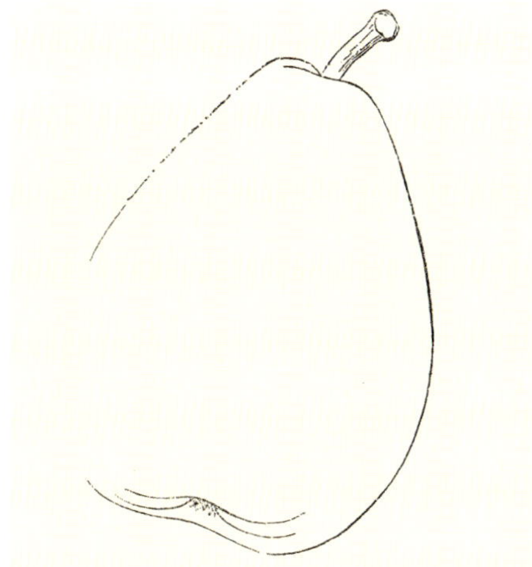

LU

Winterdechantsbirne

GR

Winterdechantsbirne

GR

Winterdechantsbirne

MAY

Winterdorn

AE

Winterdorn

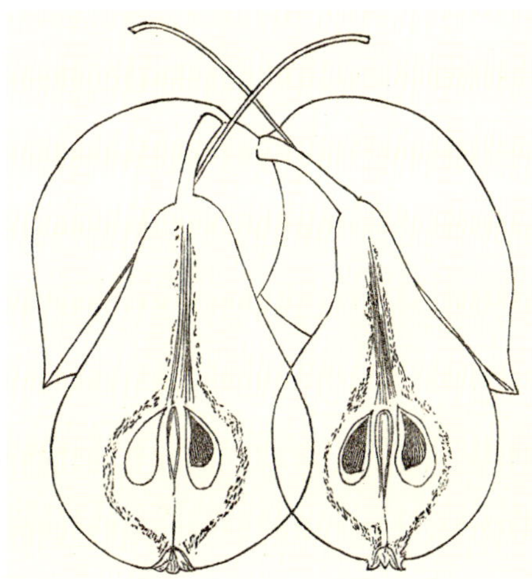

LU

Wurzer

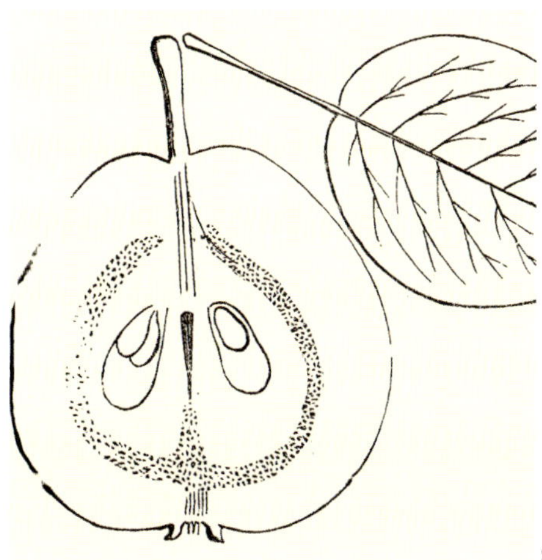

LU

Blumenbirne

2. KLASSE: HALBSCHMELZENDE BIRNEN

1. ORDNUNG: BREITER ALS HOCH

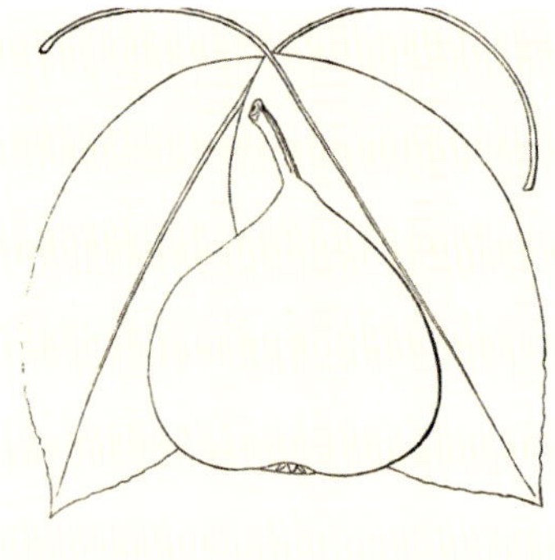

LU

Cyprische braunrot(h)e Sommerbirne

Fruchtgröße: mittelgroß

Gestalt: bald kreiselförmig, bald bergamottenförmig

Kelchpartie: tiefsitzend

Stiel: sehr dick, fleischig, charakteristische Fleischbeulen

Berostung: –

Fruchtfarbe: GF: gelblich-grün
DF: halbfruchtig stark verwaschen, dunkeldüsteres Rot, wird am Lager blutrot

Lentizellen: viele, sehr kleine, hellgrau und grün, bräunlich umringelt

Fruchtfleisch: –

Geschmack: kräftig gewürzt

geeignet für: Tafel

Saftgehalt: –

Genussreife & Haltbarkeit: M VIII, nicht lange

Wuchs & Bodenansprüche: gerne mehrere Früchte auf einem Fruchtspieß

Ertrag: früh und ungemein fruchtbar

Bemerkungen: abgerieben sehr glänzende Schale, bester Genuss, wenn noch etwas hellgrünlich

LU

Duhamel's Rosenbirne

Fruchtgröße: mittelgroß

Gestalt: bergamottenartig, zum Stiel und Kelch hin plattrund

Kelchpartie: Kelchbuchtrand mit feinen Beulen

Stiel: dünn, 5,1 cm lang, mit Beulen umgeben

Berostung: bräunlicher gesprenkelter Rost über die Schattenseite

Fruchtfarbe: GF: hellgelb
DF: sonnseitig erdartig rot verwaschen

Lentizellen: in DF sehr viele

Fruchtfleisch: –

Geschmack: gewürzt

geeignet für: Rohgenuss

Saftgehalt: sehr saftig

Genussreife & Haltbarkeit: E VIII, bald teigig

Wuchs & Bodenansprüche: sehr stark, auch auf Quitte

Ertrag: mittelspät fruchtbar, dann reichlich

Bemerkungen: feinraue Schale

zu dieser Sorte ist leider keine Abbildung vorhanden

Girandoux

Fruchtgröße: mittelgroß

Gestalt: bergamotten- und/oder pomeranzenähnlich, nimmt zum Stiel hin schnell ab

Kelchpartie: –

Stiel: –

Berostung: –

Fruchtfarbe: GFbE: viel berostet, bräunlich
GF: etwas gelblich, manchmal nur auf Schattenseite sichtbar

Lentizellen: viele, nur im Rost grell, groß, gleichen oft Flecken, zimtfarbig

Fruchtfleisch: –

Geschmack: erfrischend

geeignet für: Rohgenuss

Saftgehalt: sehr saftig

Genussreife & Haltbarkeit: E IX bis A X, nicht lange

Wuchs & Bodenansprüche: sehr stark, kegelförmig, schön belaubt, viel junges Fruchtholz

Ertrag: früh und sehr reichlich

Bemerkungen: feinraue Schale

LU

Große kreiselförmige Blankett

Fruchtgröße: klein (selten groß)

Gestalt: kreiselförmig

Kelchpartie: –

Stiel: –

Berostung: –

Fruchtfarbe: GF: blassgelb
DF: sonnseitig fast rosenartig geflecktes Rot, auch fehlend

Lentizellen: in der DF viele, markant, etwas rau, schattseitig sehr klein, undeutlich, grün

Fruchtfleisch: –

Geschmack: –

geeignet für: Rohgenuss

Saftgehalt: saftig

Genussreife & Haltbarkeit: E VII, nicht lange

Wuchs & Bodenansprüche: stark, auch auf Quitte verträglich

Ertrag: –

Bemerkungen: glatte, ziemlich dicke Schale

AE

Rot(h)backige Citronatbirne

Fruchtgröße: klein

Gestalt: kreiselförmig, kurzspitzig, zum Stiel hin eingebogen

Kelchpartie: –

Stiel: –

Berostung: kleine Rostfiguren

Fruchtfarbe: GF: zitronengelb
DF: sonnseitig halbhälftig feuerartig karmesinrot verwaschen

Lentizellen: sehr viele, sehr klein, in DF rötlich, in GF grünlich

Fruchtfleisch: –

Geschmack: geschmackvoll

geeignet für: Tafel, Ökonomie

Saftgehalt: sehr saftig

Genussreife & Haltbarkeit: A IX, 14 Tage länger als die Muskierte Pomeranzenbirne

Wuchs & Bodenansprüche: –

Ertrag: –

Bemerkungen: abgerieben wie lackiert glänzend

2. KLASSE: HALBSCHMELZENDE BIRNEN

2. ORDNUNG: VON GLEICHER HÖHE UND BREITE

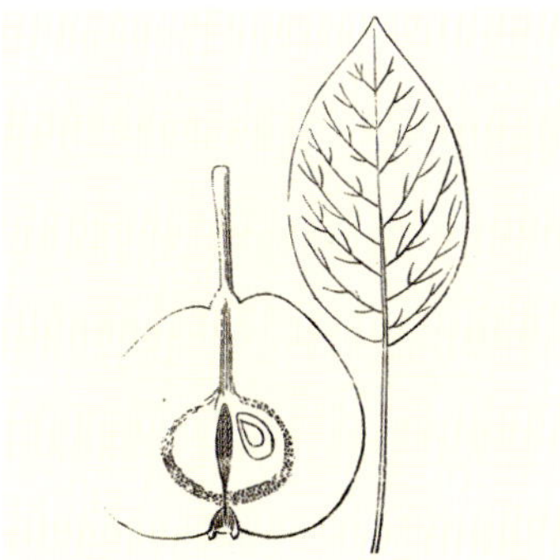

LU

Wiener Pomeranzenbirne

Fruchtgröße: –

Gestalt: breit abgestumpft kreiselförmig

Kelchpartie: –

Stiel: –

Berostung: –

Fruchtfarbe: –

GF: zitronengelb

Lentizellen: sonnseitig sehr klein, hellbraun, sehr viele

Fruchtfleisch: –

Geschmack: gewürzt, bergamottenartig süß

geeignet für: Rohgenuss

Saftgehalt: –

Genussreife & Haltbarkeit: folgeartig M bis E IX,
vor der Erntereife zu pflücken, sonst zu schnell trocken

Wuchs & Bodenansprüche: hängende Äste, gut belaubt, Fruchtspieße mit scharfen Dornen

Ertrag: bald sehr fruchtbar

Bemerkungen: –

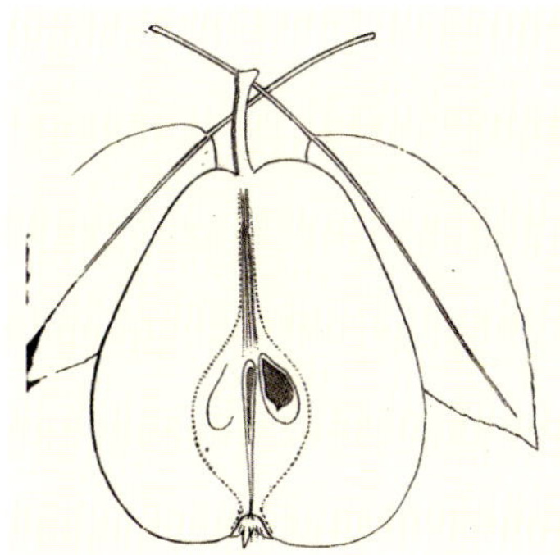

LU

Colomar von Mons

Fruchtgröße: mittelgroß

Gestalt: kreiselförmig,
5,7 cm breit, 6,4 cm hoch

Kelchpartie: –

Stiel: –

Berostung: berostet

Fruchtfarbe: GF: gelblich

Lentizellen: undeutlich

Fruchtfleisch: knackig

Geschmack: zimtartig süß

geeignet für: Tafel

Saftgehalt: saftig

Genussreife & Haltbarkeit: im Frühjahr

Wuchs & Bodenansprüche: –

Ertrag: –

Bemerkungen: –

zu dieser Sorte ist leider keine Abbildung vorhanden

Die Kolomann

Fruchtgröße: mittelgroß bis groß

Gestalt: ähnlich der Weißen Herbstbutterbirne, durch flache Erhabenheiten unrund

Kelchpartie: –

Stiel: –

Berostung: bedeutende Rostanflüge

Fruchtfarbe: GF: grünlich-gelb

Lentizellen: markant, ins Auge fallend, sehr viele, besonders um die Kelchbucht

Fruchtfleisch: halbschmelzend, steinig

Geschmack: gewürzt süß

geeignet für: –

Saftgehalt: saftig

Genussreife & Haltbarkeit: M X,
3 Wochen

Wuchs & Bodenansprüche: stark

Ertrag: viele kurze Fruchtspieße, reichlich

Bemerkungen: –

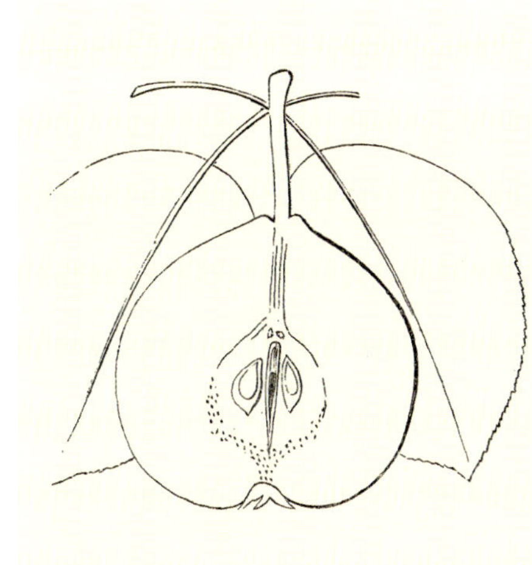

LU

Rot(h)backige Citronatbirne

AE

Rot(h)backige Citronatbirne

2. KLASSE: HALBSCHMELZENDE BIRNEN

2. ORDNUNG: VON GLEICHER HÖHE UND BREITE

zu dieser Sorte ist leider keine Abbildung vorhanden

Die Reymenans

Fruchtgröße: klein

Gestalt: kreiselförmig

Kelchpartie: –

Stiel: dünn, holzig, 3,2 cm lang, sitzt in kleiner Stielbucht oder aber auch aufgesetzt

Berostung: Rostanflüge

Fruchtfarbe: GFbE: grün
GF: gelb

Lentizellen: undeutlich

Fruchtfleisch: halbschmelzend, ums Kernhaus steinig

Geschmack: –

geeignet für: Tafel

Saftgehalt: saftig

Genussreife & Haltbarkeit: II bis III, bis April

Wuchs & Bodenansprüche: mittelstark, setzt viel Fruchtholz an

Ertrag: früh

Bemerkungen: –

zu dieser Sorte ist leider keine Abbildung vorhanden

Die Ursula

Fruchtgröße: klein

Gestalt: abgerundet stumpf kreiselförmig, Kelch- und Stielbucht mit Fleischbeulen, können auch auf die Frucht hinlaufen, dann unrund

Kelchpartie: –

Stiel: –

Berostung: selten leichter Rost

Fruchtfarbe: GFbE: strohweiß
GF: gelb
DF: sonnseitig hell verwaschen blutartig rot, schattseitig nur gefleckt

Lentizellen: zahlreich, gelb, in DF deutlich

Fruchtfleisch: nicht schmelzend, brüchiger Biss

Geschmack: –

geeignet für: Sammler, Ökonomie

Saftgehalt: saftig

Genussreife & Haltbarkeit: M IX, 14 Tage

Wuchs & Bodenansprüche: sehr stark, großkronig

Ertrag: bald

Bemerkungen: sehr gut auf Quitte wachsend

LA

Französische süße Muscatellerbirne

Fruchtgröße: mittelgroß

Gestalt: stark rundbauchig, kreiselförmig, zum Stiel stumpfspitz

Kelchpartie: um den Kelch mit Beulen umgeben und gerippt

Stiel: sehr dick, fleischig, mit Beulen umgeben

Berostung: –

Fruchtfarbe: GFbE: gelblich-hellgrün
GF: grünlich-gelb (am wohlschmeckendsten)

Lentizellen: viele, grau

Fruchtfleisch: –

Geschmack: erquicken süß mit feiner Säure

geeignet für: Tafel

Saftgehalt: sehr saftig

Genussreife & Haltbarkeit: A IX, bis X, wenn vorzeitig geerntet

Wuchs & Bodenansprüche: sehr stark, dicht belaubt

Ertrag: frühzeitig, sehr fruchtbar

Bemerkungen: verdient allgemeine Anpflanzung, kommt auf Quitte nicht fort

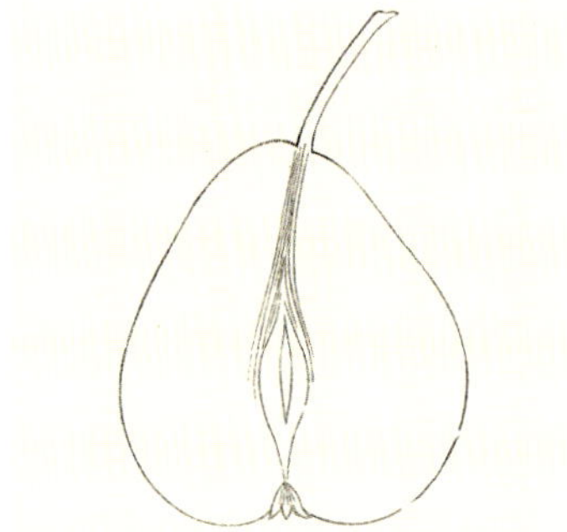

LU

Friedrich von Preußen

Fruchtgröße: mittelgroß bis groß

Gestalt: kreiselförmig, zum Stiel hin stark abnehmend

Kelchpartie: –

Stiel: –

Berostung: selten

Fruchtfarbe: GF: gelb, punktartig grün durchschimmernd
DF: sonnseitig goldfärbig

Lentizellen: sehr viele, markant

Fruchtfleisch: –

Geschmack: erfrischend

geeignet für: Rohgenuss

Saftgehalt: sehr saftig

Genussreife & Haltbarkeit: A X, folgeartig durch 3–4 Wochen

Wuchs & Bodenansprüche: sehr stark, groß pyramidalkronig

Ertrag: jährlich viel

Bemerkungen: glatt, nicht fette Schale

MAY

Große Engelsbirne

Fruchtgröße: mittelgroß

Gestalt: abgestumpft kreiselförmig, flachrunde Erhabenheiten

Kelchpartie: –

Stiel: seitwärts abstehend, dicke Fleischwülste

Berostung: feine Rostanflüge oder Rostfiguren geben der Sonnenseite rötliches Aussehen

Fruchtfarbe: GF: grünlich-hellgelb

Lentizellen: viele, teils grün, teils hellbraun

Fruchtfleisch: –

Geschmack: stark wohlriechend, gewürzt süß-säuerlich, muskatartig

geeignet für: Tafel

Saftgehalt: –

Genussreife & Haltbarkeit: M VIII, vorzeitig geerntet 14 Tage

Wuchs & Bodenansprüche: stark, mittelgroß, abwärtsstehende Äste, erfordert warmen, trockenen Boden

Ertrag: frühzeitig sehr fruchtbar

Bemerkungen: –

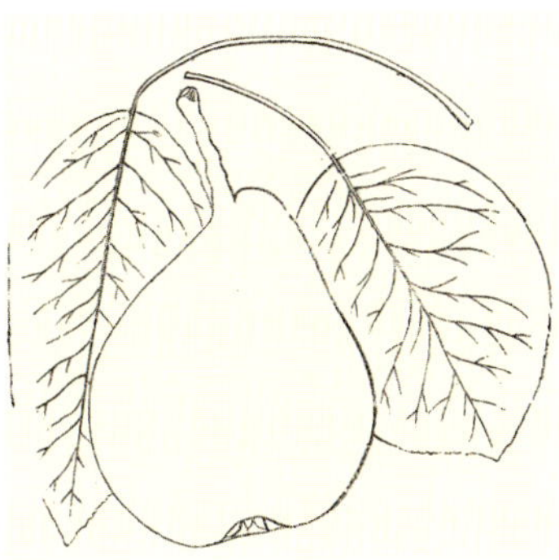

LU

Große gelbe Weinbirne

Fruchtgröße: groß

Gestalt: rundbauchig, zum Stiel hin kurzspitzig

Kelchpartie: –

Stiel: –

Berostung: um den Kelch feine Rostanflüge

Fruchtfarbe: GF: zitronengelb
DF: sonnseitig wenig rot angelaufen

Lentizellen: viele kleine graue

Fruchtfleisch: weiß, auflösend, beim Fallen zerspringen die Früchte am Boden

Geschmack: einschneidend süß-weinsäuerlich

geeignet für: vortrefflich für Wein, Essig, Mus

Saftgehalt: sehr saftig

Genussreife & Haltbarkeit: E VIII bis A IX,
bei vorzeitiger Ernte nur 8 Tage

Wuchs & Bodenansprüche: sehr stark, hochkronig

Ertrag: recht fruchtbar, jährlich

Bemerkungen: abgerieben glänzende Schale

zu dieser Sorte ist leider keine Abbildung vorhanden

Kreiselförmige Honigbirne

Fruchtgröße: mittelgroß

Gestalt: kreiselförmig, große Früchte wegen dicken beulenartigen Erhabenheiten unrund

Kelchpartie: –

Stiel: –

Berostung: feine bis stärkere Berostung

Fruchtfarbe: GF: zitronengelb

Lentizellen: viele, dunkelbraun und grün umrandet

Fruchtfleisch: halbschmelzend

Geschmack: muskatellerartig

geeignet für: Ökonomie

Saftgehalt: –

Genussreife & Haltbarkeit: M X, 14 Tage

Wuchs & Bodenansprüche: sehr stark, breit gewölbt

Ertrag: reichlich

Bemerkungen: –

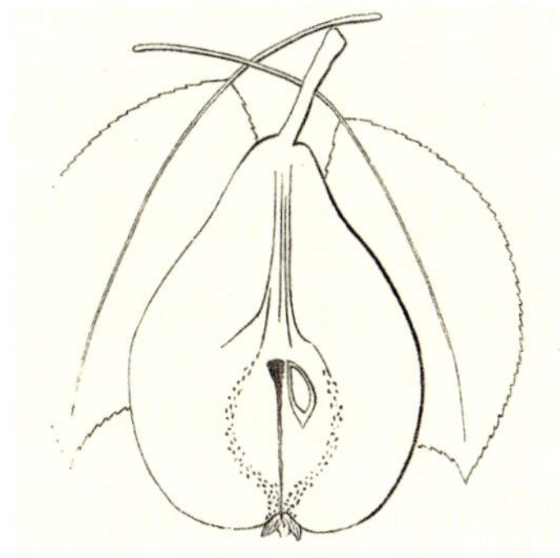

LU

Löwener Zuckerbirne

Fruchtgröße: klein

Gestalt: kelchwärts großflächig, gut aufsitzend, zum Stiel hin stark abgestumpft, unrund

Kelchpartie: –

Stiel: –

Berostung: feine gesprenkelte Rostpartien

Fruchtfarbe: GF: gelb
DF: in warmen Sommern leicht erdartig rot

Lentizellen: undeutlich

Fruchtfleisch: ums Kernhaus steinig, abknackend, weiß

Geschmack: gewürzlos, süß

geeignet für: –

Saftgehalt: saftig

Genussreife & Haltbarkeit: XII–I, vereinzelt bis III haltbar

Wuchs & Bodenansprüche: sehr stark, schön belaubt

Ertrag: sehr fruchtbar

Bemerkungen: –

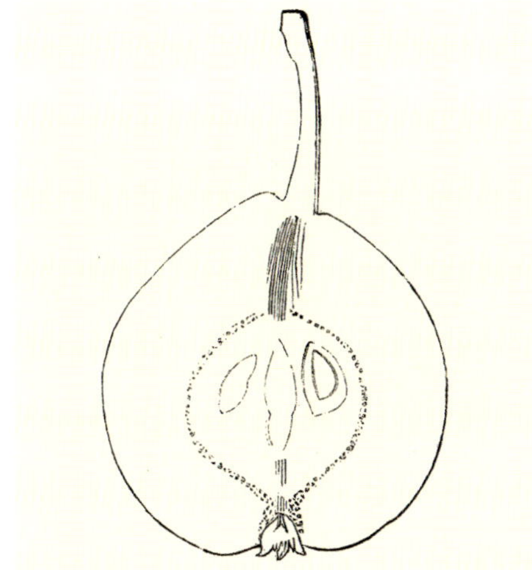

LU

Französische süße Muscatellerbirne

LA

Französische süße Muscatellerbirne

2. KLASSE: HALBSCHMELZENDE BIRNEN

2. ORDNUNG: VON GLEICHER HÖHE UND BREITE

AE

Passa Tutti

Fruchtgröße: mittelgroß

Gestalt: rundbauchig, kelchwärts sanft gewölbt, zum Stiel stark abgestumpft

Kelchpartie: Kelchbuchtrand mit flachen Erhabenheiten

Stiel: wegen Fleischwulst schief

Berostung: öfters Rostanflug

Fruchtfarbe: GF: goldfärbiger, nicht rostiger Überzug, GF schimmert durch
DF: karmesinrot bis rot

Lentizellen: sehr viele, dunkelzimtartig

Fruchtfleisch: –

Geschmack: mit Schale noch gut

geeignet für: –

Saftgehalt: saftig

Genussreife & Haltbarkeit: E X bis A XI, 14 Tage

Wuchs & Bodenansprüche: mittelstark

Ertrag: äußerst fruchtbar, trägt klumpenweise, kümmert auf Quitte

Bemerkungen: –

zu dieser Sorte ist leider keine Abbildung vorhanden

Runde Sommer-Pomeranzen-Birne

Fruchtgröße: groß

Gestalt: eiförmig, ganzfruchtig flache Erhabenheiten

Kelchpartie: verschobene Kelchbucht

Stiel: mit Fleischperlen

Berostung: häufig Rostfiguren um den Kelch und den Stiel

Fruchtfarbe: GFbE: gelbliches Hellgrün; GF: hell zitronengelb
DF: selten erdartig rot

Lentizellen: sonnseitig bräunliche, schattseitig grünlich, fein

Fruchtfleisch: brüchig

Geschmack: süß, sehr muskatartig

geeignet für: Rohgenuss, Ökonomie

Saftgehalt: sehr saftig

Genussreife & Haltbarkeit: A IX, vorzeitig geerntet 14 Tage

Wuchs & Bodenansprüche: stark, mittelgroß

Ertrag: jährlich sehr fruchtbar

Bemerkungen: –

zu dieser Sorte ist leider keine Abbildung vorhanden

Seidel's langstielige Goldbirne

Fruchtgröße: klein

Gestalt: kreiselförmig

Kelchpartie: –

Stiel: 3,8 cm lang, wie eingesteckt

Berostung: zimtfarbige Rostanflüge, besonders um den Kelch und Stiel

Fruchtfarbe: GF: hell zitronengelb
DF: Rost färbt auf DF goldfärbig

Lentizellen: klein, braun, sehr viele

Fruchtfleisch: –

Geschmack: –

geeignet für: Obstmarkt, Küche

Saftgehalt: sehr saftig

Genussreife & Haltbarkeit: –

Wuchs & Bodenansprüche: sehr stark, abstehende Äste

Ertrag: viele enge Fruchtspieße, sehr fruchtbar, jährlich reichlich

Bemerkungen: –

zu dieser Sorte ist leider keine Abbildung vorhanden

Theuß Russelet

Fruchtgröße: mittelgroß

Gestalt: 5,7 cm breit, 6,35 cm hoch

Kelchpartie: –

Stiel: fleischig

Berostung: feine Rostanflüge oder Rostfiguren geben der Sonnenseite rötliches Aussehen

Fruchtfarbe: GF: hellgelb
DF: sonnseitig gefleckt rot, selten verwaschen

Lentizellen: sehr viele

Fruchtfleisch: halbschmelzend

Geschmack: gewürzt

geeignet für: Frischgenuss

Saftgehalt: –

Genussreife & Haltbarkeit: IX

Wuchs & Bodenansprüche: –

Ertrag: –

Bemerkungen: glattschalig

AE

Winterbergamotte

Fruchtgröße: groß

Gestalt: bergamottenförmig, auch länger

Kelchpartie: Kelchbuchtrand mit flachen Ungleichheiten

Stiel: durch Fleischwulst meist schief

Berostung: Anflüge von Rost oder Rostflecken, zimtfarbig oder schwärzlich

Fruchtfarbe: GFbE: helles Blassgrün, auf schlechtem Boden oder in nasskalten Jahren ganzschalig grün
GF: hell zitronengelb, vereinzelt mit etwas Hellgrün vermengt
DF: gut besonnte Früchte weisen erdartige Röte auf, die aber mit der Reife fast gänzlich verschwindet

Lentizellen: sehr viele, bräunlich

Fruchtfleisch: –

Geschmack: erfrischend süß, weinartig

geeignet für: Tafel

Saftgehalt: sehr saftig

Genussreife & Haltbarkeit: I bis II oder III

Wuchs & Bodenansprüche: sehr stark, pyramidenartig, dicht belaubt

Ertrag: sehr fruchtbar

Bemerkungen: auf Spalierwand, auf Quitte nicht wüchsig

LA

zu dieser Sorte ist leider keine Abbildung vorhanden

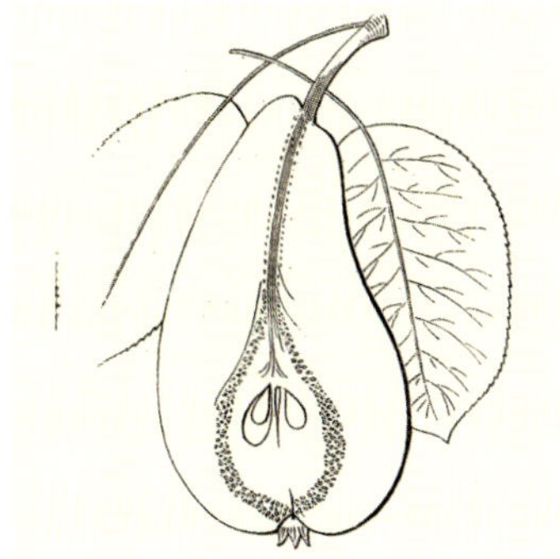

LU

Aarer Pfundbirne

Fruchtgröße: groß

Gestalt: regelmäßig, hochgebaut, birnen- oder spitzflaschenförmig, seichte bis kaum merkbare Erhabenheiten

Kelchpartie: –

Stiel: sehr dick, holzig, lang

Berostung: nur in der Kelchbucht und um den Stielansatz

Fruchtfarbe: GFbE: grünlich-gelb
GF: hellgelb
DF: leicht bis stark verwaschen hellrot

Lentizellen: viele, hellbraune

Fruchtfleisch: weiß, markig, halbschmelzend

Geschmack: süß, intensiv muskatellerartig

geeignet für: Rohgenuss, Mus

Saftgehalt: saftig

Genussreife & Haltbarkeit: E X, 14 Tage, danach trocken

Wuchs & Bodenansprüche: sehr stark, großkronig, aufragend

Ertrag: viel Fruchtholz, jährlich

Bemerkungen: glatte geschmeidige Schale

Beyer's Meisner Eierbirne

Fruchtgröße: groß

Gestalt: zugespitzt eiförmig bis dickbauchig kegelförmig

Kelchpartie: –

Stiel: –

Berostung: am Kelchbuchtrand breitstreifig berostet

Fruchtfarbe: GF: hellgelb

Lentizellen: viele, braun, sonnseitig rötlich

Fruchtfleisch: halbschmelzend

Geschmack: –

geeignet für: Obstmarkt, Mus

Saftgehalt: saftig

Genussreife & Haltbarkeit: A IX, vor der Genussreife geerntet 14 Tage

Wuchs & Bodenansprüche: stark, großkronig, viel Quirlholz

Ertrag: viele Fruchtspieße und Fruchtruten, früh und sehr viel

Bemerkungen: glattschalig

Calbas

Fruchtgröße: groß

Gestalt: unregelmäßig, fast gurkenartig

Kelchpartie: Kelchbuchtrand mit flachen beulenartigen Unebenheiten

Stiel: durch Fleischfortsatz schief

Berostung: sonnseitig bei freihängenden Früchten rostfrei

Fruchtfarbe: GF: grünlich-gelb, vom Rost meist überdeckt, nur durchschimmernd
DF: leicht goldartig rot angelaufen

Lentizellen: viele, markante graue

Fruchtfleisch: fast ganz schmelzend

Geschmack: süß, muskatellerartig

geeignet für: –

Saftgehalt: sehr saftig

Genussreife & Haltbarkeit: XI bis XII

Wuchs & Bodenansprüche: sehr stark, dünnastig, aufrecht, licht belaubt, verlangt sandigen, warmen Boden

Ertrag: –

Bemerkungen: kümmert auf der Quitte

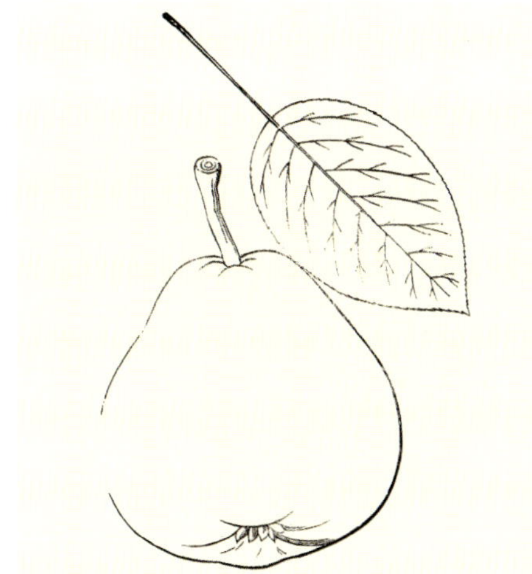

LU

Winterbergamotte

LA

Aarer Pfundbirne

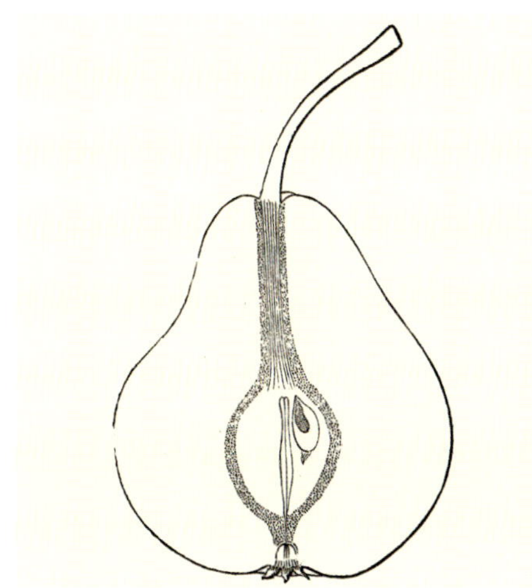

LU

Aarer Pfundbirne

2. KLASSE: HALBSCHMELZENDE BIRNEN

3. ORDNUNG: HÖHER ALS BREIT

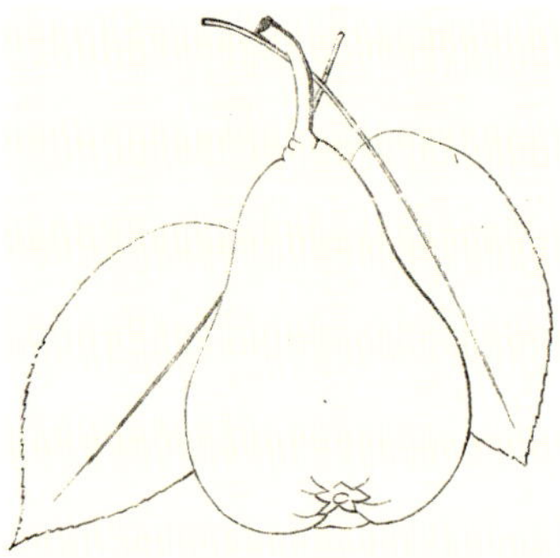

LU

Die schönste Herbstbirne

Fruchtgröße: groß

Gestalt: schmal birnenförmig, ähnlich der Rousselette

Kelchpartie: –

Stiel: –

Berostung: –

Fruchtfarbe: –
GF: blass strohgelb
DF: lebhaft carmoisin bis verwaschen, zum Stil hin nur streifig, schattseitig rosenfärbig zinnoberrot

Lentizellen: viele, nur auf der Sonnenseite auffallend

Fruchtfleisch: –

Geschmack: gewürzt

geeignet für: –

Saftgehalt: sehr saftig

Genussreife & Haltbarkeit: A XI, 4 Wochen

Wuchs & Bodenansprüche: stark, schönes Blatt

Ertrag: bald fruchtbar

Bemerkungen: abgerieben glänzende Schale, auch auf Quitte frohwüchsig, Spalierfrüchte fast schmelzend

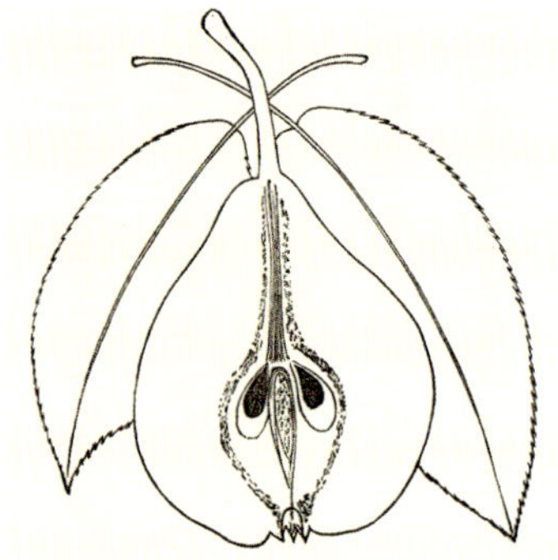

LU

Duhamel's Hirtenbirne

Fruchtgröße: groß

Gestalt: dickbauchig, zum Stiel hin stark abnehmend

Kelchpartie: –

Stiel: feine Rostanflüge, besonders am Kelchbuchtrand

Berostung: –

Fruchtfarbe: –
GF: zitronengelb

Lentizellen: sehr viele, sehr klein, rotbraun

Fruchtfleisch: –

Geschmack: intensiv zimtartig, süß

geeignet für: –

Saftgehalt: –

Genussreife & Haltbarkeit: XI bis I, aber dann saftlos

Wuchs & Bodenansprüche: stark, dicht belaubt

Ertrag: sehr fruchtbar

Bemerkungen: –

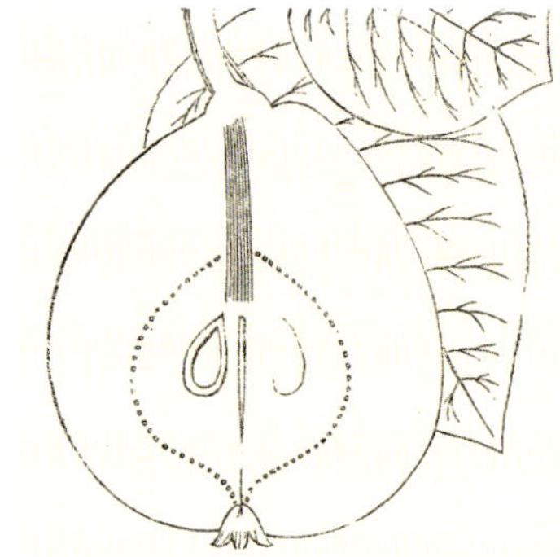

LU

Französische gute graue Sommerbirne

Fruchtgröße: mittelgroß

Gestalt: kegelförmig bauchig, Rundung durch Erhabenheiten verzogen

Kelchpartie: –

Stiel: durch dicken Fleischwulst seitlich gedrückt

Berostung: fein gesprenkelt, hellbraun

Fruchtfarbe: GFbE: grasgrün
GF: gering stellenweise gelblich, wegen Berostung wenig zu sehen

Lentizellen: viele, markant weißlich

Fruchtfleisch: –

Geschmack: sehr gewürzt

geeignet für: Tafel

Saftgehalt: –

Genussreife & Haltbarkeit: E VIII, folgeartig durch 3 Wochen

Wuchs & Bodenansprüche: terminal Blütenknospen, bald und sehr fruchtbar

Ertrag: –

Bemerkungen: wächst gut auf Quitte

LA

Frühe Hermannsbirne

Fruchtgröße: groß

Gestalt: länglich eiförmig

Kelchpartie: Kelchbuchtrand mit flachen Beulen, ähnlich der Großen schönen Jungfrauenbirne

Stiel: auf stumpfer Fruchtspitze

Berostung: Rostanflüge, auch schwärzliche Rostflecken

Fruchtfarbe: GFbE: hellgrün
GF: hellgelblich oder weißlich-grün
DF: sehr selten Anflug von bräunlicher Röte

Lentizellen: sehr viele, grau

Fruchtfleisch: –

Geschmack: süß, muskatellerartig

geeignet für: Tafel

Saftgehalt: –

Genussreife & Haltbarkeit: XI–XII, nicht lange

Wuchs & Bodenansprüche: sehr stark, schön belaubt

Ertrag: früh und sehr fruchtbar

Bemerkungen: nur auf Sämling

AE

Gelbe frühe Sommerapothekerbirne

Fruchtgröße: groß

Gestalt: ähnlich der Winterapothekerbirne, über die Frucht starke Erhabenheiten

Kelchpartie: –

Stiel: –

Berostung: –

Fruchtfarbe: GF: zitronengelb
DF: sonnseitig fein blassrot streifenförmig oder geflammt

Lentizellen: wenig sichtbar, in der GF weißlich, in der DF gelblich

Fruchtfleisch: –

Geschmack: riecht stark muskatellerartig

geeignet für: Markt, wegen übergroßer Saftmenge für Most

Saftgehalt: sehr saftig

Genussreife & Haltbarkeit: E VII, folgeartig durch 3 Wochen vom Baum weg genießbar

Wuchs & Bodenansprüche: hängende Äste

Ertrag: früh und sehr fruchtbar

Bemerkungen: –

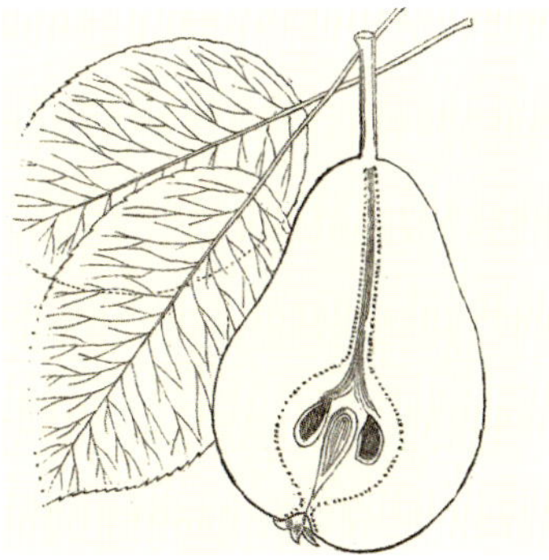

LU

Gelbe Laurentiusbirne

Fruchtgröße: groß

Gestalt: lang, flachbauchig, zum Stiel hin kegelförmig

Kelchpartie: –

Stiel: –

Berostung: um den Stielansatz dünner, sehr feiner, glatter gelblicher Rostansatz

Fruchtfarbe: GFbE: weißgelb
GF: hellgelb mit wenig Beimischung von Grün
DF: sonnseitig anfangs etwas bräunlich, später schön rot

Lentizellen: auf der GF fein, hellgrün

Fruchtfleisch: –

Geschmack: süß, muskatellerartig

geeignet für: Dörren, Ökonomie

Saftgehalt: sehr saftig

Genussreife & Haltbarkeit: M VIII, vor der Genussreife geerntet fast 14 Tage

Wuchs & Bodenansprüche: robust, großkronig

Ertrag: in der Ertragsphase vortrefflich

Bemerkungen: kommt auch auf Quitte sehr gut fort, soll aber nur auf Hochstamm erzogen werden

zu dieser Sorte ist leider keine Abbildung vorhanden

Gelbe Sommerprinzessin

Fruchtgröße: groß

Gestalt: eher kegelförmig als birnenförmig

Kelchpartie: breite Kelchblätter, sternförmig aufliegend

Stiel: dick, fleischig, mit Fleischwülsten, zur Seite gedrückt

Berostung: –

Fruchtfarbe: –
GF: zitronengelb
DF: goldgelb

Lentizellen: hellgrün, erst beim Reifwerden sichtbar

Fruchtfleisch: im Kauen auflösend

Geschmack: geschmackvoll

geeignet für: –

Saftgehalt: sehr saftig

Genussreife & Haltbarkeit: folgeartig reifend, E VIII, hellgrün geerntet 14 Tage

Wuchs & Bodenansprüche: sehr stark, setzt früh viele Fruchtspieße an

Ertrag: bald und viel

Bemerkungen: –

LA

Große schöne Jungfernbirne

Fruchtgröße: groß

Gestalt: birnenförmig, dickbauchig, auch eiförmig, spitzt sich beidseitig zu, doch zum Stiel hin spitzer

Kelchpartie: –

Stiel: –

Berostung: –

Fruchtfarbe: GFbE: gelblich-grün
GF: gelblicher; DF: sonnseitig leichter Anflug von Rot

Lentizellen: auch rot umringelt, viele, hellbraun, in der GF hellgrün umringelt

Fruchtfleisch: –

Geschmack: angenehm

geeignet für: Tafel

Saftgehalt: erquickend

Genussreife & Haltbarkeit: E VIII, frühe Ernte, damit 14 Tage

Wuchs & Bodenansprüche: –

Ertrag: auf einem Fruchtspieß mehrere Früchte, dadurch fruchtbar

Bemerkungen: abgerieben glänzende Schale, verdient allgemeine Anpflanzung, besonders auf Hochstamm

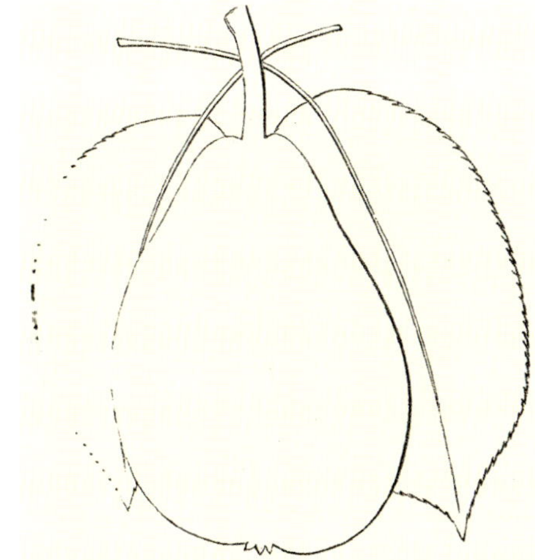

LU

Frühe Hermannsbirne

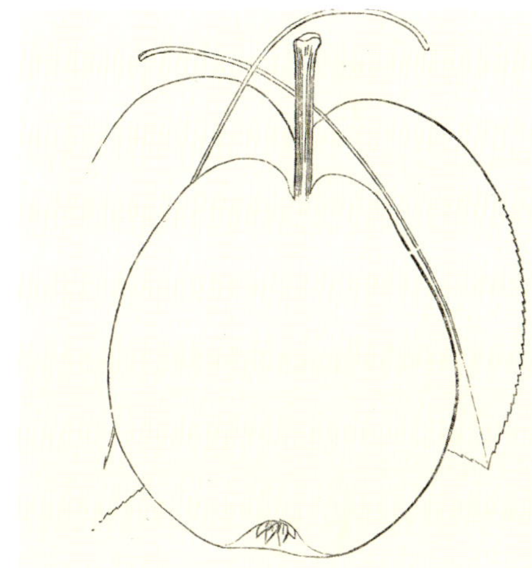

LU

Gelbe frühe Sommerapothekerbirne

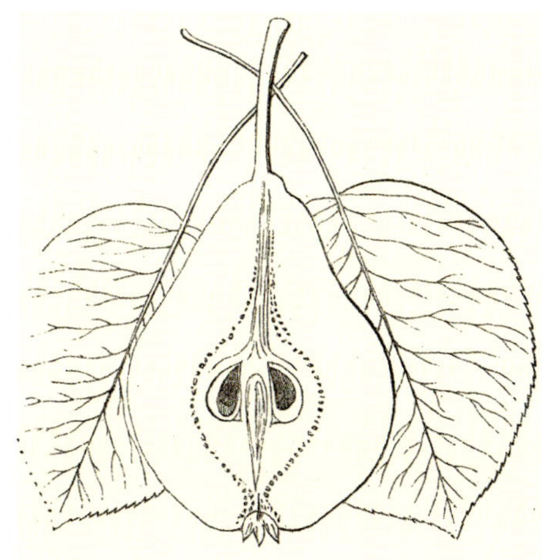

LU

Große schöne Jungfernbirne

2. KLASSE: HALBSCHMELZENDE BIRNEN

3. ORDNUNG: HÖHER ALS BREIT

AE

Große Sommerrousselet

Fruchtgröße: mittelgroß, auf Spalier groß
Gestalt: birnenförmig, hochbauchig, am Stiel abgestumpft
Kelchpartie: –
Stiel: –
Berostung: fast ganzfruchtig leicht rotbraun angeflogen
Fruchtfarbe: GFbE: wenig bemerkbar, weil von Rost überzogen
GF: hellgelb
DF: sonnseitig 50 % verwaschen hellrot
Lentizellen: –
Fruchtfleisch: auflösend, weiß
Geschmack: angenehm
geeignet für: –
Saftgehalt: sehr saftig
Genussreife & Haltbarkeit: A IX, nicht über 8 Tage, wird teigig
Wuchs & Bodenansprüche: stark, feinastig
Ertrag: bald fruchtbar
Bemerkungen: –

zu dieser Sorte ist leider keine Abbildung vorhanden

Heinrich der IV.

Fruchtgröße: groß
Gestalt: kelchwärts abnehmend rund, gerade noch aufstehend, beulig
Kelchpartie: –
Stiel: –
Berostung: fein zimtartig flächig
Fruchtfarbe: GF: zitronengelb, selten sichtbar
DF: sonnseitig auf freihängenden Früchten etwas erdartig rot
Lentizellen: nur in der GF
Fruchtfleisch: knackig, mattweiß, auflösend
Geschmack: gewürzt
geeignet für: –
Saftgehalt: sehr saftig
Genussreife & Haltbarkeit: A XI, nicht lange, wird teigig
Wuchs & Bodenansprüche: sehr stark, kugelförmig
Ertrag: sehr fruchtbar
Bemerkungen: –

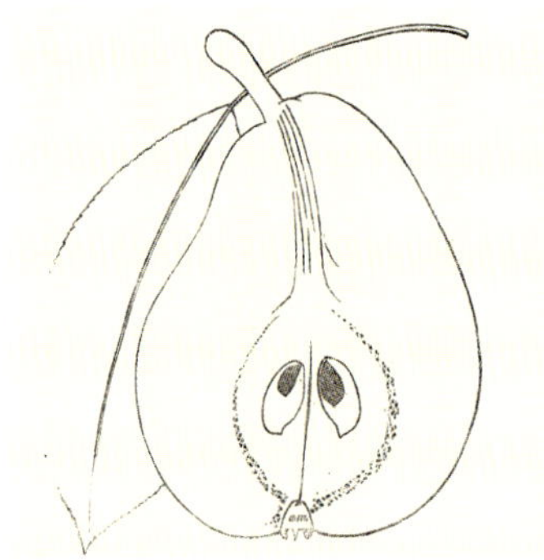

LU

Kanzler von Holland

Fruchtgröße: groß (als Zwerg)
Gestalt: dickbauchig kegelförmig, ähnlich Apothekerbirne
Kelchpartie: –
Stiel: –
Berostung: viele kleine raue Rostfiguren
Fruchtfarbe: GFbE: strohweiß
GF: gelb
DF: gesprenkelt rot
Lentizellen: viele, grau, groß, nur in der GF deutlich, dort auch grünlich umringelt
Fruchtfleisch: –
Geschmack: parfümiert
geeignet für: –
Saftgehalt: wenig saftig
Genussreife & Haltbarkeit: M IX, vorzeitig geerntet 3 Wochen
Wuchs & Bodenansprüche: aufrecht
Ertrag: früh, viel Fruchtholz, fruchtbar
Bemerkungen: –

AE

Kick's Flaschenbirne

Fruchtgröße: groß
Gestalt: variabel, beulen- bis calvilleartig gerippt, teils höckrig, teils verschobene Fruchtachse
Kelchpartie: –
Stiel: –
Berostung: gesprenkelt bis deckend in differenten Flächenanteilen
Fruchtfarbe: GF: gelblich-grün
Lentizellen: kaum bemerkbar
Fruchtfleisch: zergehend, um das Kernhaus steinig, weiß
Geschmack: gewürzt
geeignet für: –
Saftgehalt: saftig
Genussreife & Haltbarkeit: A X, 14 Tage
Wuchs & Bodenansprüche: sehr stark, viel Fruchtholz, früh und jährlich
Ertrag: –
Bemerkungen: –

LA

Knox

Fruchtgröße: groß
Gestalt: am Bauch schön abgerundet, zum Stiel hin einseitig eingebogen
Kelchpartie: –
Stiel: –
Berostung: –
Fruchtfarbe: –
GF: grünlich-gelb, vom Rost meist überdeckt, nur durchschimmernd
Lentizellen: markant, braun
Fruchtfleisch: weiß, halbschmelzend
Geschmack: –
geeignet für: Obstmarkt
Saftgehalt: saftig
Genussreife & Haltbarkeit: A X, nicht lange
Wuchs & Bodenansprüche: sehr stark, verworren kronig
Ertrag: viele Fruchtspieße und Fruchtruten, früh und sehr viel
Bemerkungen: abgeriebene Schale glänzend, um genussfähig zu sein, vor dem Gelblich werden zu ernten

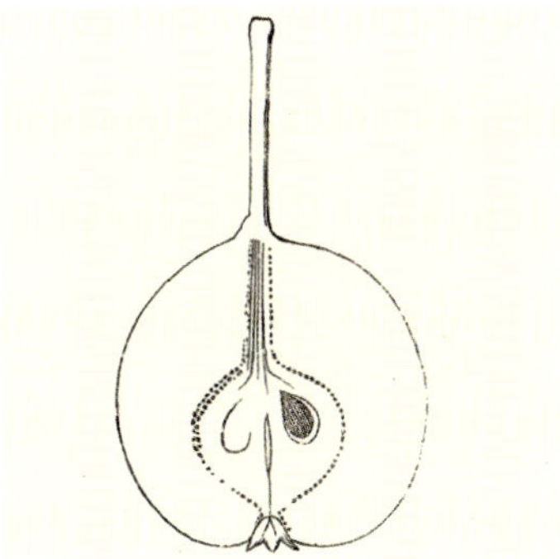

LU

Königliche Wespenbirne

Fruchtgröße: klein

Gestalt: stark abgestumpft kegelförmig

Kelchpartie: –

Stiel: –

Berostung: sonnseitig rötlich, angeflogen

Fruchtfarbe: GF: gelb mit grün vermischt
DF: sonnseitig auf freihängenden Früchten etwas erdartig rot

Lentizellen: viele, braun, sonnseitig rötlich

Fruchtfleisch: –

Geschmack: erfrischend muskatellerartig

geeignet für: –

Saftgehalt: sehr saftig

Genussreife & Haltbarkeit: M XI, bald teigig

Wuchs & Bodenansprüche: stark, aufrecht

Ertrag: früh, fruchtbar

Bemerkungen: –

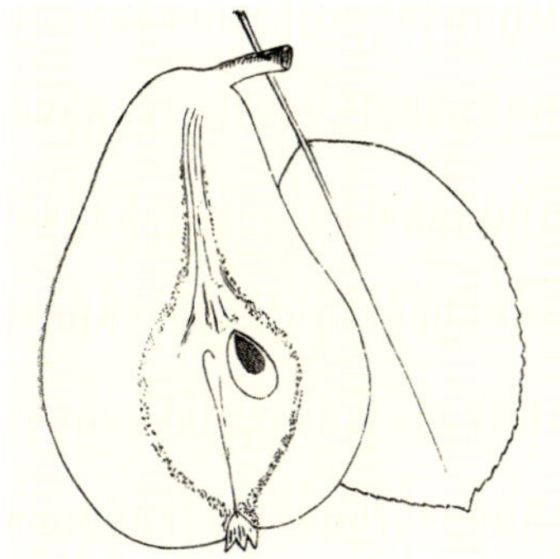

LU

Paternosterbirne

Fruchtgröße: mittelgroß

Gestalt: länglich zugespitzt, dickbauchig kegelförmig

Kelchpartie: –

Stiel: –

Berostung: netzartig, zimtfärbig

Fruchtfarbe: GF: hellgelb

Lentizellen: undeutlich

Fruchtfleisch: körnig, weiß

Geschmack: gewürzt

geeignet für: Rohgenuss

Saftgehalt: sehr saftig

Genussreife & Haltbarkeit: E IX bis A X, 14 Tage

Wuchs & Bodenansprüche: sehr stark, wenig belaubt, kugelfömig

Ertrag: fruchtbar

Bemerkungen: –

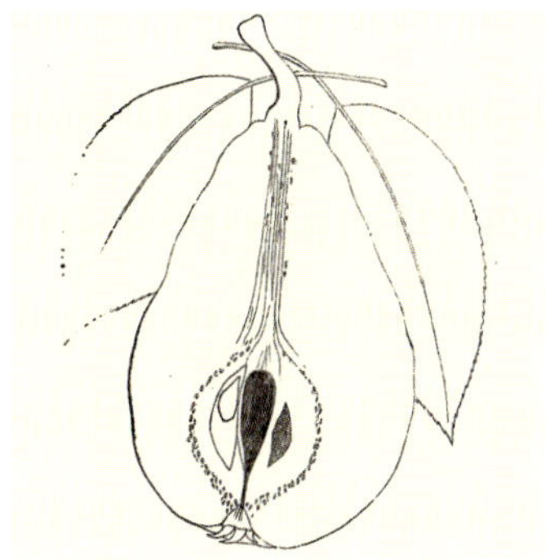

LU

Rheinische Herbstapothekerbirne

Fruchtgröße: groß

Gestalt: birnenförmig, auch schieffruchtig, entstellt, starke Beulen

Kelchpartie: –

Stiel: dick, fleischig, mit Fleischwülsten, zur Seite gedrückt, wie eingesteckt

Berostung: gesprenkelt in Figuren, braune Rostflecken, sehen oft schmutziggrün aus

Fruchtfarbe: GFbE: blass hellgelb
DF: sonnseitig verwaschen blutrot, marmoriert

Lentizellen: sehr viele, sehr fein, wenig auffallend

Fruchtfleisch: –

Geschmack: gewürzt

geeignet für: –

Saftgehalt: sehr saftig

Genussreife & Haltbarkeit: A XI, nicht über 4 Wochen, fault gerne

Wuchs & Bodenansprüche: großkronig

Ertrag: sehr reichlich

Bemerkungen: feinraue Schale

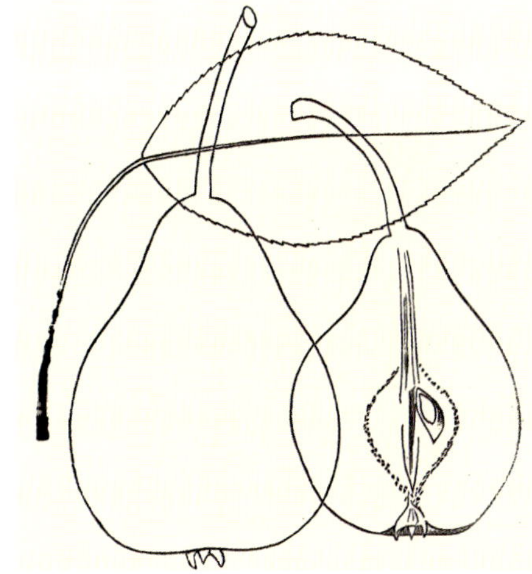

LU

Großer Sommerrousselet

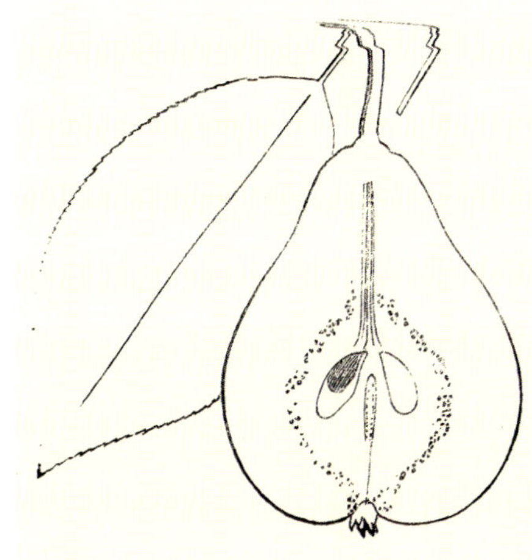

LU

Kick's Flaschenbirne

LA

Knox

2. KLASSE: HALBSCHMELZENDE BIRNEN

3. ORDNUNG: HÖHER ALS BREIT

PF

Römische Schmalzbirne

Fruchtgröße: groß
Gestalt: schön birnenförmig
Kelchpartie: keine Kelchbucht
Stiel: –
Berostung: fein gestreute Anflüge von gelblichem Rost
Fruchtfarbe: GFbE: hellgrün
GF: hell zitronengelb
DF: sonnseitig geflammt leicht bräunlich-rot, in Genussreife hell karmesinrot, fehlt oft nur im Anflug
Lentizellen: viele, in der DF gelb, in der GF grün
Fruchtfleisch: –
Geschmack: –
geeignet für: Tafel, für jeden ökonomischen Gebrauch
Saftgehalt: –
Genussreife & Haltbarkeit: E VIII–A IX, grün geerntet 14 Tage
Wuchs & Bodenansprüche: stark, schön belaubt
Ertrag: jährlich reichlich
Bemerkungen: blütenfest, verdient oft angepflanzt zu werden

AE

Rot(h)backige Sommerzuckerbirne

Fruchtgröße: mittelgroß
Gestalt: rein birnenförmig
Kelchpartie: Kelchbuchtrand mit feinen Falten oder kleinen Beulen
Stiel: runzeliger Stiel
Berostung: Rostanflüge, auch Rostflecken
Fruchtfarbe: GFbE: blass hellgrün
GF: zitronengelb
DF: sonnseitig am Bauch erdartig hellrot angelaufen
Lentizellen: sehr viele, sehr klein, in der DF grau, oft mit dunklen roten Höfchen umgeben, in der GF dunkelgrün
Fruchtfleisch: –
Geschmack: –
geeignet für: Rohgenuss, Ökonomie, Konserve
Saftgehalt: –
Genussreife & Haltbarkeit: A IX, 3 Wochen
Wuchs & Bodenansprüche: sehr stark, großkronig
Ertrag: sehr fruchtbar
Bemerkungen: –

MAY

Rousselet von Rheims

Fruchtgröße: klein (bis mittelgroß)
Gestalt: schön birnförmig
Kelchpartie: Kelchbuchtrand mit Fleischwärzchen
Stiel: gebogen
Berostung: kleine Anflüge oder Rostfiguren
Fruchtfarbe: GFbE: hellgrün
GF: hellgelb oder nur gelbfleckig marmoriert
DF: dunkelbräunlich-rot verwaschen, nicht bei beschatteten Früchten
Lentizellen: charakteristisch viele kleine, braun, in der DF am deutlichsten
Fruchtfleisch: –
Geschmack: fein gewürzt, bisamartig
geeignet für: Tafel
Saftgehalt: –
Genussreife & Haltbarkeit: M IX, 14 Tage, am besten beim Farbumschlag zu gelblich
Wuchs & Bodenansprüche: markante einjährige Triebe und das Laub, stark, großkronig
Ertrag: nicht früh, dann sehr reichlich
Bemerkungen: in Frankreich sehr beliebt

AE

Schmalzbirne von Brest

Fruchtgröße: mittelgroß
Gestalt: kreiselförmig
Kelchpartie: Kelchbuchtrand mit Erhabenheiten
Stiel: meist schief
Berostung: –
Fruchtfarbe: GFbE: hellgrün
GF: gelblich-grün
DF: sonnseitig verwaschen blutrot, marmoriert
Lentizellen: markante, große, fein fühlbare, in der DF grau, schattseitig grünlich
Fruchtfleisch: –
Geschmack: rosenartig
geeignet für: Tafel
Saftgehalt: saftig
Genussreife & Haltbarkeit: M VIII, bei grüner Farbe geerntet 3 Wochen
Wuchs & Bodenansprüche: in der Jugend sehr stark, mittelgroß, verlangt warmen Boden
Ertrag: jährlich reichlich
Bemerkungen: –

zu dieser Sorte ist leider keine Abbildung vorhanden

Spindelförmige Honigbirne

Fruchtgröße: mittelgroß
Gestalt: lang kegelförmig, selten aufstehend, zum Stiel hin abgestumpft kegelspitzig
Kelchpartie: –
Stiel: –
Berostung: bei freihängenden Früchten zimtfarbig ganzfruchtig
Fruchtfarbe: GF: hellgelb, grün schimmernd, nicht bei freihängenden Früchten
Lentizellen: sehr viele, nur in der GF
Fruchtfleisch: knackig, mattweiß, auflösend
Geschmack: süß, muskatellerartig
geeignet für: Mus
Saftgehalt: sehr saftig
Genussreife & Haltbarkeit: M IX, nicht über 8 Tage
Wuchs & Bodenansprüche: sehr stark, breitkronig
Ertrag: viele kurze Fruchtspieße, reichlich
Bemerkungen: rauschalig

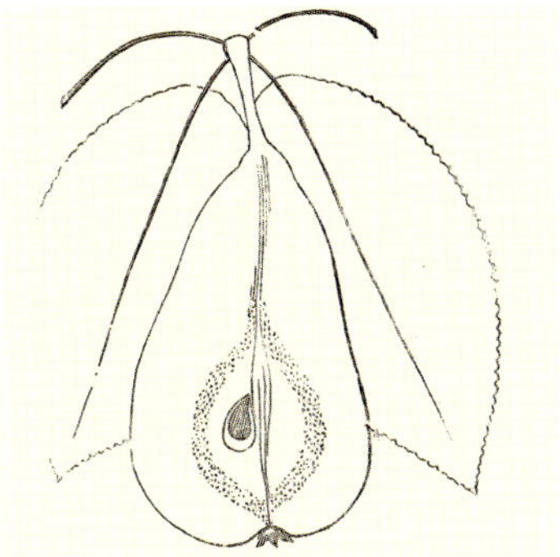

LU

AE

Trompetenbirne

Fruchtgröße: mittelgroß

Gestalt: birnenförmig, zum Stiel hin eingebogen, endet stielseitig kegelspitzig

Kelchpartie: –

Stiel: lang

Berostung: leicht berostet, bräunlich, in feuchten Jahren schwärzlich

Fruchtfarbe: GFbE: hellgrün
GF: hellgelb
DF: sonnseitig erdartig leicht verwaschen, zum Stiel hin streifig rot

Lentizellen: nicht auffallend

Fruchtfleisch: im Kauen auflösend, weiß

Geschmack: gewürzt

geeignet für: für jeden Gebrauch

Saftgehalt: sehr saftig

Genussreife & Haltbarkeit: E IX, 3 Wochen

Wuchs & Bodenansprüche: sehr stark, sehr groß

Ertrag: mehrere Früchte auf einem Fruchtspieß, ungemein fruchtbar

Bemerkungen: verdient allgemeine Anpflanzung

Wahre gute L(o)uise

Fruchtgröße: groß

Gestalt: lang, flachbauchig, kegelförmig, ähnlich St. Germain

Kelchpartie: flache Kelchbucht, entstellter Bauch

Stiel: sehr kurz, schief, mit Fleischwulst

Berostung: feine Anflüge und Rostfiguren

Fruchtfarbe: GFbE: hellgrün
GF: gelblich-grün bis weiß-gelblich, dunkelgrüne Flecken nicht selten

Lentizellen: sehr viele, klein, braun oder dunkelgrün

Fruchtfleisch: halbschmelzend

Geschmack: rosenartig süß

geeignet für: –

Saftgehalt: saftig

Genussreife & Haltbarkeit: XI bis XII

Wuchs & Bodenansprüche: sehr stark, hochgebaut, erfodert warmen, nicht nassen Boden

Ertrag: sehr fruchtbar

Bemerkungen: wird nicht teigig, welkt nicht, fault

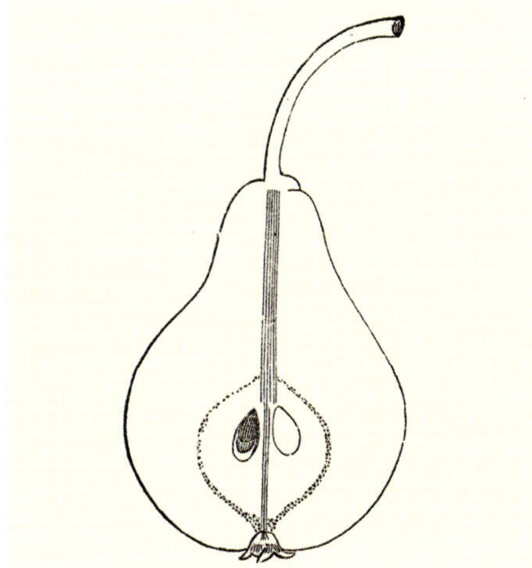

LU

Römische Schmalzbirne

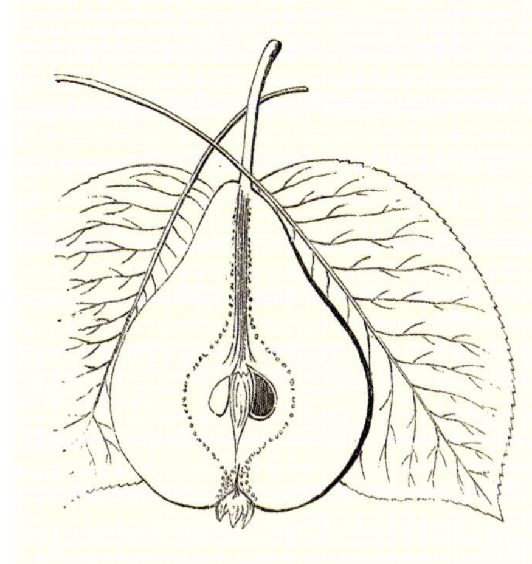

LU

Rot(h)backige Sommerzuckerbirne

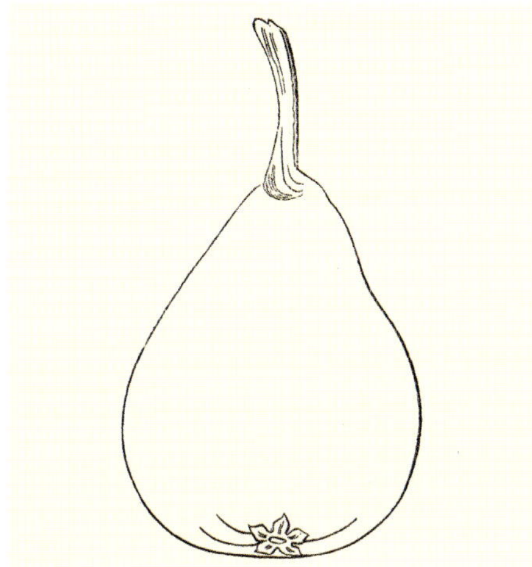

LU

Rousselet von Rheims

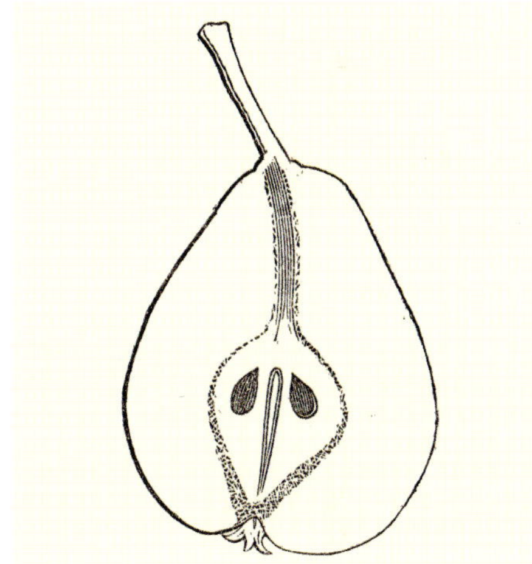

LU

Schmalzbirne von Brest

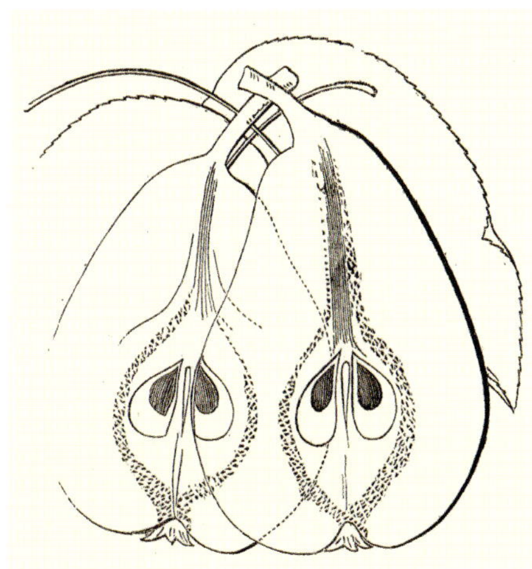

LU

Wahre Gute L(o)uise

2. KL: HALBSCHMELZENDE B.

3. ORDNG: HÖHER ALS BREIT

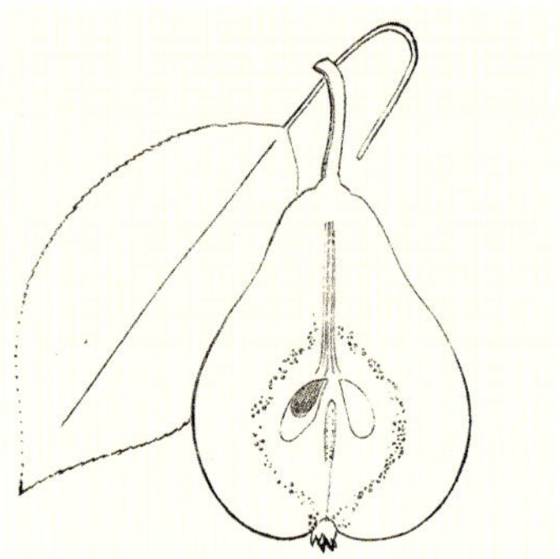

LU

Zim(me)tfarbige Schmalzbirne

Fruchtgröße: groß

Gestalt: pyramidenförmig, gegen den Stiel hin stark abgestumpfr

Kelchpartie: –

Stiel: dick, sehr fleischig, oft nur holzig

Berostung: –

Fruchtfarbe: GFbE: grünlich-gelb
GF: zitronengelb, oft durch Rost überdeckt
DF: gesprenkelt bis deckend, hell zimtfarbig

Lentizellen: ohne

Fruchtfleisch: weiß, körnig-markig, halbschmelzend

Geschmack: süß, etwas rosenartig

geeignet für: Ökonomie, Rohgenuss

Saftgehalt: –

Genussreife & Haltbarkeit: A X, 14 Tage bis 3 Wochen

Wuchs & Bodenansprüche: sehr stark, aufragend, dickastig, schön belaubt

Ertrag: früh, sehr reichlich

Bemerkungen: feinraue Schale

3. KLASSE: ABKNACKENDE BIRNEN

1. ORDNUNG: BREITER ALS HOCH

AE

Große muscierte Pomeranzenbirne

Fruchtgröße: sehr groß

Gestalt: plattrund, bergamottenförmig, zum Stiel hin nicht immer spitz

Kelchpartie: sehr tiefe Kelchbucht

Stiel: grüngelb, wie eingesteckt neben einer oder mehreren Fleischbeulen

Berostung: oft große feine Rostflecken

Fruchtfarbe: GF: gelb bereift
DF: nur an kleiner Stelle bei Vollreife leicht verwaschen rosenartig

Lentizellen: sehr viele, sonnseitig gelbgrau, in der GF grün

Fruchtfleisch: –

Geschmack: fein muskatellerartig

geeignet für: Tafel

Saftgehalt: sehr saftig

Genussreife & Haltbarkeit: E VIII, 8–14 Tage

Wuchs & Bodenansprüche: sehr stark

Ertrag: sehr fruchtbar

Bemerkungen: soll in keiner Baumschule fehlen

AE

Winterpomeranzenbirne

Fruchtgröße: mittelgroß

Gestalt: plattrund, ähnlich der Herbstbergamotte

Kelchpartie: –

Stiel: dick, fleischähnlich, bei flachrunden Früchten in tiefer Stielbucht, bei zugespitzten Früchten nicht

Berostung: gesprenkelt bis großflächig deckend

Fruchtfarbe: GF: hellgelb

Lentizellen: sehr viele, braun

Fruchtfleisch: –

Geschmack: sehr gewürzt

geeignet für: Dämpfen, Rohgenuss

Saftgehalt: –

Genussreife & Haltbarkeit: ab XII, am besten im Feber, bis April

Wuchs & Bodenansprüche: abstehende Äste

Ertrag: spät sehr fruchtbar

Bemerkungen: unebene feinraue Schale, wächst auch auf Quitte gut

3. KLASSE: ABKNACKENDE BIRNEN

2. ORDNUNG: VON GLEICHER HÖHE UND BREITE

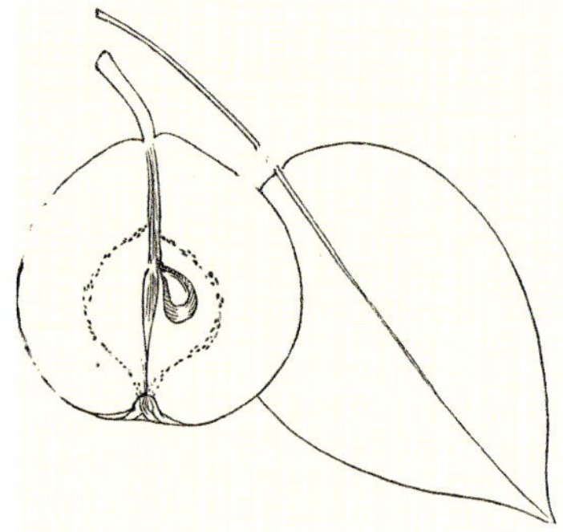

LU

Frühe wohlriechende Pomeranzenbirne

Fruchtgröße: –

Gestalt: rund kreiselförmig, auch plattrund

Kelchpartie: –

Stiel: –

Berostung: –

Fruchtfarbe: GFbE: grünlich-gelb
GF: zitronengelb, dann teigig
DF: rosen- oder auch carmoisinfarbig rot, geflammt (nicht bei Schattenfrüchten)

Lentizellen: –

Fruchtfleisch: –

Geschmack: muskatartig, intensiv muskatartig riechend

geeignet für: Tafel

Saftgehalt: –

Genussreife & Haltbarkeit: A VIII (als Zwerg A VII), 8 Tage

Wuchs & Bodenansprüche: stark

Ertrag: früh und sehr fruchtbar

Bemerkungen: zarte, glatte Schale, welkt kaum, wenn sie vorzeitig geerntet wird

MAY

Gestreifte gefüllt blühende Birne

Fruchtgröße: mittelgroß

Gestalt: ähnlich der Schweizer Bergamotte, dickbauchig, stielwärts endend mit kurzer kreiselförmiger Spitze

Kelchpartie: –

Stiel: –

Berostung: um die Kelchbucht vereinzelt feine Anflüge

Fruchtfarbe: GF: hellgrün, mehrere bandartige Streifen, die sich im Winter verlieren

Lentizellen: sehr klein, viele, grau

Fruchtfleisch: –

Geschmack: –

geeignet für: Kompott

Saftgehalt: sehr saftig

Genussreife & Haltbarkeit: im Winter, hält sich bis in den Sommer

Wuchs & Bodenansprüche: in der Jugend sehr stark

Ertrag: setzt viel Fruchtholz an, reichlich

Bemerkungen: blüht nur auf fettem, kräftigem Boden gefüllt

AE

Graziöse

Fruchtgröße: groß

Gestalt: etwas eiförmig, regelmäßig rund

Kelchpartie: Kelchbucht kaum vorhanden

Stiel: mit einigen sehr kleinen Beulen

Berostung: –

Fruchtfarbe: GFbE: hellgrün
GF: zitronengelb
DF: halbfruchtig oft trüb erdartig hellrot, zum Stiel hin gestreift

Lentizellen: wenig auffallend, viele, in DF gelb, in GF bräunlich

Fruchtfleisch: –

Geschmack: feiner Muskatellergeruch, gewürzt, süß

geeignet für: Kompott

Saftgehalt: –

Genussreife & Haltbarkeit: XI bis XII

Wuchs & Bodenansprüche: schwach, flach gewölbte Krone, wenig belaubt

Ertrag: früh und reichlich

Bemerkungen: –

MAY

Grüne Pomeranzenbirne

Fruchtgröße: groß

Gestalt: meist rund und nach dem Stiel kurz und stumpf zugespitzt, oder verlängerter Stielansatz, dadurch länglich

Kelchpartie: klein, offen, sehr breite, offene, sehr tiefe Kelchbucht

Stiel: mit drei ungleichmäßig großen Beulen umgeben, von denen eine immer am größten ist

Berostung: große Rostflecken, grubenbildend

Fruchtfarbe: GFbE: hellgrün
GF: mattes zitronengelb
DF: braunrot leicht verwaschen, zum Stiel hin streifenartig

Lentizellen: viele, klein, rund

Fruchtfleisch: weiß, um das Kernhaus etwas steinig, halbschmelzend, knackig, ähnlich der Weißen Herbstbutterbirne

Geschmack: mehr muskatartig als die Weiße Herbstbutterbirne

geeignet für: –

Saftgehalt: –

Genussreife & Haltbarkeit: M VIII bis A IX, nicht lange, am besten vom Baum weg essen

Wuchs & Bodenansprüche: sehr stark, dicht belaubt, viele Fruchtspieße

Ertrag: früh und sehr fruchtbar

Bemerkungen: unebene Schale

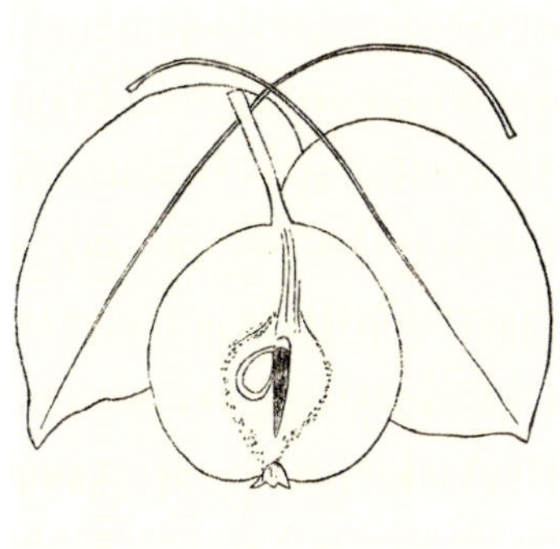

LU

Henkel's Schmalzbirne

Fruchtgröße: –

Gestalt: kreiselförmig

Kelchpartie: –

Stiel: –

Berostung: sonnseitig zimtfärbig, schattseitig nur gesprenkelt

Fruchtfarbe: GFbE: hellgrün;
GF: hellgelb (nur schattseitig sichtbar)

Lentizellen: rostfärbig, sehr klein, nur im Gelb sichtbar

Fruchtfleisch: weiß, fein, etwas knackig, auflösend

Geschmack: gewürzt

geeignet für: Rohgenuss

Saftgehalt: sehr saftig

Genussreife & Haltbarkeit: XI, 3 Wochen, vor dem Gelbwerden ernten, sonst teigig

Wuchs & Bodenansprüche: stark

Ertrag: viel Fruchtholz

Bemerkungen: –

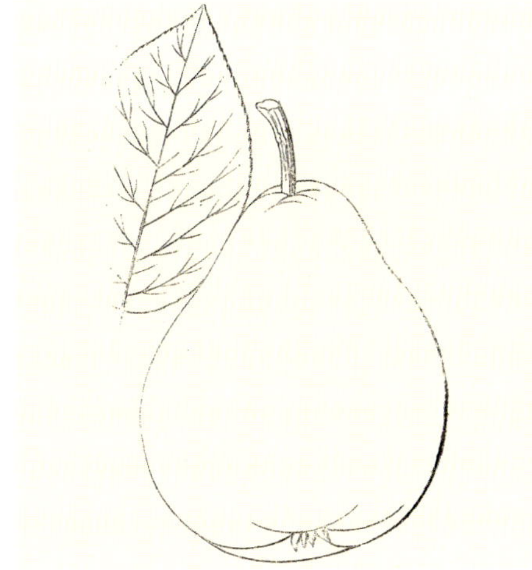

LU

Winterpomeranzenbirne

MAY

Gestreifte gefüllt blühende Birne, Blüte

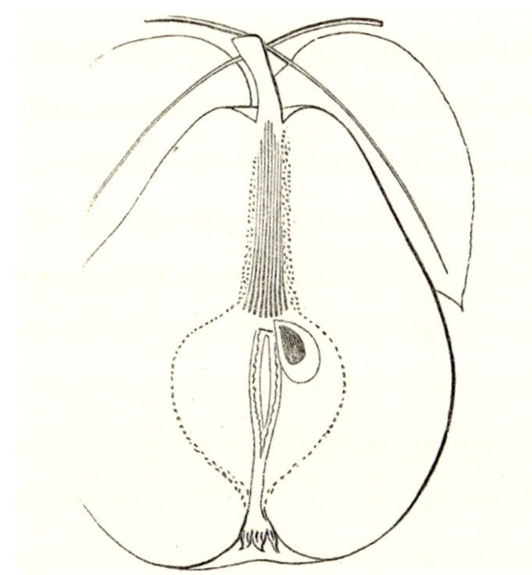

LU

Graziöse

3. KLASSE: ABKNACKENDE BIRNEN

2. ORDNUNG: VON GLEICHER HÖHE UND BREITE

zu dieser Sorte ist leider keine Abbildung vorhanden

Korallenrot(h)e Pomeranzenbirne

Fruchtgröße: klein

Gestalt: kreiselförmig, Bauch durch Erhabenheiten ungleich

Kelchpartie: Kelchbuchtrand beulenartig

Stiel: mit Fleischbeulen besetzter Stielgrubenrand, kleine Stielgrube

Berostung: hellbräunliche Rostanflüge und schwärzliche Rostflecken

Fruchtfarbe: GFbE: hellgrün
GF: gelblich-grün
DF: mehr als halbfruchtig mit hellem Blutrot oder Korallenrot verwaschen

Lentizellen: in der GF grün, in DF bräunlich

Fruchtfleisch: –

Geschmack: –

geeignet für: Rohgenuss, Ökonomie

Saftgehalt: –

Genussreife & Haltbarkeit: E VIII, fast 14 Tage

Wuchs & Bodenansprüche: stark, schön belaubt, großkronig

Ertrag: sehr fruchtbar

Bemerkungen: verdient häufige Verbreitung

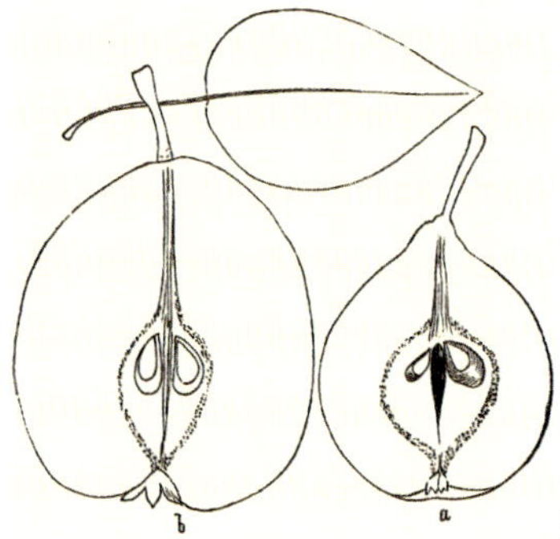

LU

Mary

Fruchtgröße: mittelgroß

Gestalt: kreiselförmig, auch mit beulenartigen Erhebungen

Kelchpartie: –

Stiel: –

Berostung: –

Fruchtfarbe: GF: hell zitronengelb
DF: sonnseitig feines Rot

Lentizellen: markant, braun, sehr viele

Fruchtfleisch: knackig, mattweiß, auflösend

Geschmack: gewürzt

geeignet für: –

Saftgehalt: –

Genussreife & Haltbarkeit: X, nicht lange

Wuchs & Bodenansprüche: schwach, feinholzig, kleinkronig

Ertrag: –

Bemerkungen: für den Liebhaber knackiger Birnen

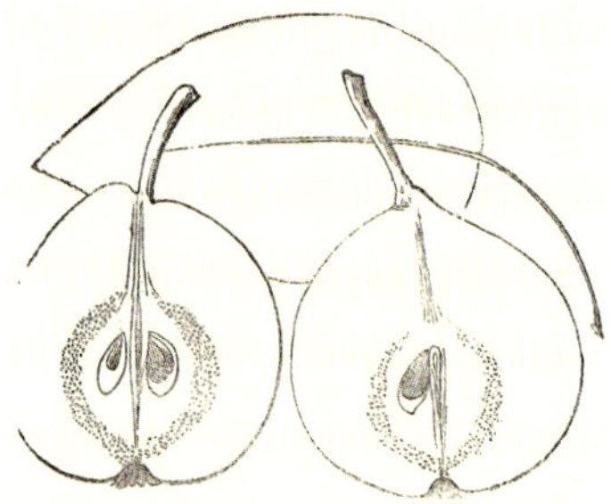

LU

Van Höck's Pomeranzenbirne

Fruchtgröße: mittelgroß

Gestalt: mehr rund als kreiselförmig, breite Erhabenheiten verschieben die Form

Kelchpartie: –

Stiel: –

Berostung: –

Fruchtfarbe: GF: bei Überreife gelb
DF: verwaschen hellrot

Lentizellen: viele, in der DF markant, hellbraun, in der GF grün und gelblich

Fruchtfleisch: –

Geschmack: süß, muskatellerartig

geeignet für: Rohgenuss, Ökonomie

Saftgehalt: sehr saftig

Genussreife & Haltbarkeit: –

Wuchs & Bodenansprüche: –

Ertrag: –

Bemerkungen: dick, leicht rauschalig

3. KLASSE: ABKNACKENDE BIRNEN

3. ORDNUNG: HÖHER ALS BREIT

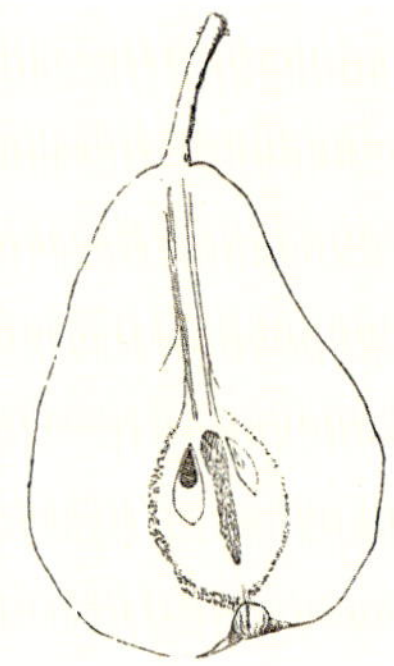

LU

Baronsbirne

Fruchtgröße: sehr groß

Gestalt: kegelförmig bauchig, Rundung durch Erhabenheiten verzogen

Kelchpartie: 6,4 cm lang, holzig, sehr dick, mit Fleischwülsten, schief

Stiel: –

Berostung: –

Fruchtfarbe: GFbE: hellgrün
GF: hellgelb; DF: rot verwaschen oder marmoriert, auch streifenartig, verschwindet in der Vollreife, dann goldfärbig

Lentizellen: nicht bemerkbar

Fruchtfleisch: –

Geschmack: –

geeignet für: Dämpfen, Rohgenuss

Saftgehalt: saftig

Genussreife & Haltbarkeit: I bis IV

Wuchs & Bodenansprüche: wenig Triebe, zerstreute Krone

Ertrag: sehr viel, oft drei Früchte auf einem Fruchtspieß

Bemerkungen: dickschalig

AE

Braunrot(h)e Frühlingsbirne

Fruchtgröße: sehr groß

Gestalt: eiförmig mit langer Kegelspitze, dickbauchig 1/3 kelchnahe, selten aufstehend, auf Hochstamm 6,4 cm breit, 8,9 cm lang

Kelchpartie: kurze dicke Kelchblätter, offen, kleine seichte Kelchbucht, auch eben, breite Erhabenheiten gehen dann über die Frucht

Stiel: sitzt auf stark kegelförmiger Fruchtspitze, dick, holzig, 3,2 cm lang

Berostung: ganzschalig braun, dünn, nicht rau, lässt schattseitig die GF goldfarbig duchscheinen

Fruchtfarbe: GFbE: hellgrün (nur schattseitig manchmal rein)
GF: gelb

Lentizellen: nur schattseitig bemerkbar, sehr klein, braun

Fruchtfleisch: weiß, fein, fast knackig

Geschmack: zimtartig süß

geeignet für: Kompott, (Rohgenuss)

Saftgehalt: saftig

Genussreife & Haltbarkeit: im Winter, bis März

Wuchs & Bodenansprüche: –

Ertrag: –

Bemerkungen: glattschalig, welkt etwas zum Frühjahr hin

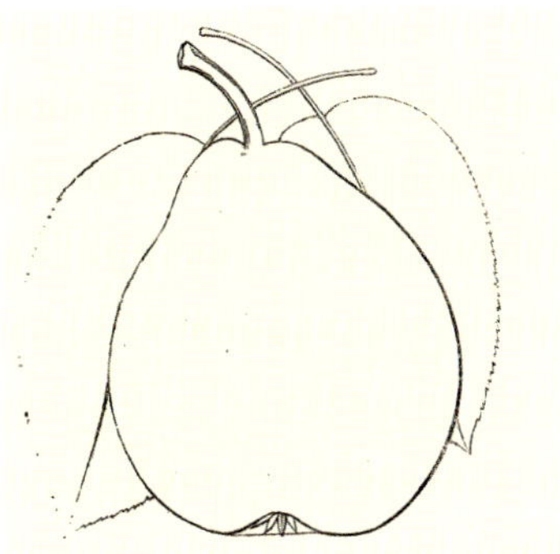

LU

Chaptal

Fruchtgröße: groß
Gestalt: gleicht einer Colmar und/oder Chaumontel
Kelchpartie: lange gespitzte Kelchblätter, halb offener Kelch, tiefe Kelchbucht mit breiten Erhabenheiten
Stiel: dick, fruchtseitig mit Fleisch umgeben
Berostung: fein, braun, großflächig deckend
Fruchtfarbe: GFbE: hellgrün
GF: hellgelb
DF: leichter Anflug erdartiger Röte
Lentizellen: –
Fruchtfleisch: festfleischig, fein, weiß
Geschmack: süß zimtartig
geeignet für: nur am Spalier Rohgenuss
Saftgehalt: –
Genussreife & Haltbarkeit: im Winter, bis April
Wuchs & Bodenansprüche: sehr stark, dicht belaubt
Ertrag: früh Fruchtholz, reichlich
Bemerkungen: –

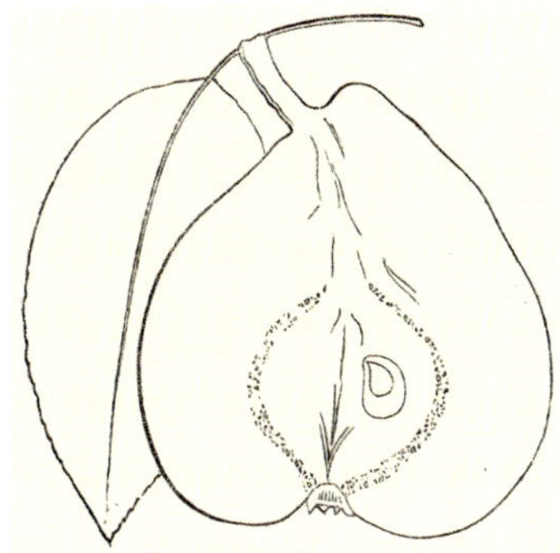

LU

Die Vicekönigin

Fruchtgröße: mittelgroß, oft klein
Gestalt: pyramidalisch
Kelchpartie: dicke Kelchblätter, weit offen, sehr tiefe Kelchbucht
Stiel: –
Berostung: –
Fruchtfarbe: GFbE: strohgelb oder hellgelb; DF: leicht verwaschen rot oder punktförmig
Lentizellen: gleichmäßig viele, hellbraun
Fruchtfleisch: weiß, knackig, körnig
Geschmack: sehr süß, zimtartig
geeignet für: –
Saftgehalt: saftig
Genussreife & Haltbarkeit: M XI, 14 Tage
Wuchs & Bodenansprüche: sehr stark, schlanke Krone, wenig belaubt
Ertrag: früh
Bemerkungen: –

zu dieser Sorte ist leider keine Abbildung vorhanden

Dietrich's Flaschenbirne

Fruchtgröße: mittelgroß
Gestalt: flaschenförmig bis kegelförmig, dickbauchig
Kelchpartie: kurze Kelchblätter, teils offen, teils geschlossen
Stiel: Stiel mit starken Fleischbeulen
Berostung: sonnseitig ganz, schattseitig zerteilt zimtbraun
Fruchtfarbe: GFbE: gelblich-grün
GF: zitronengelb
Lentizellen: schattseitig in der GF viele, rostfärbig
Fruchtfleisch: weiß
Geschmack: stark zimartig, süß
geeignet für: Tafel
Saftgehalt: –
Genussreife & Haltbarkeit: XI bis XII, überreife Früchte welken
Wuchs & Bodenansprüche: stark, großkronig, dicht belaubt, ähnlich der Weißen Herbstbutterbirne
Ertrag: sehr fruchtbar
Bemerkungen: –

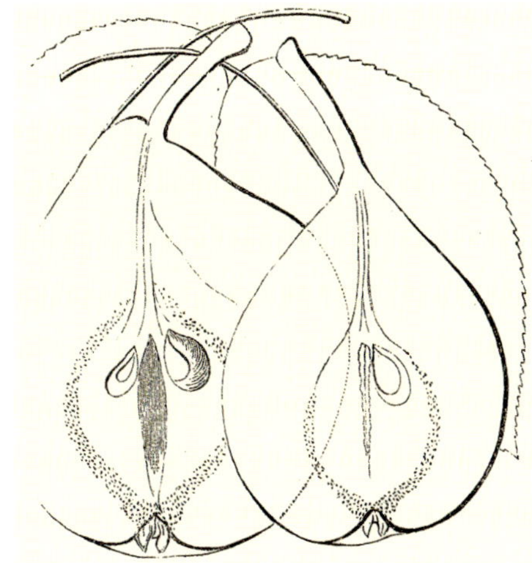

LU

Braunrot(h)e Frühlingsbirne

zu dieser Sorte ist leider keine Abbildung vorhanden

Große Sommerprinzenbirne

Fruchtgröße: groß

Gestalt: birnenförmig, stark kelchbauchig, stielwärts nur geringe Einbiegung, endet stumpfspitzig

Kelchpartie: –

Stiel: –

Berostung: kleine Anflüge von Rost und Rostflecken

Fruchtfarbe: GF: zitronengelb
DF: fruchtig verwaschen erdartig rot

Lentizellen: viele, klein, in DF grau, in GF bräunlich

Fruchtfleisch: –

Geschmack: nicht köstlich, aber schön

geeignet für: Ökonomie, Rohgenuss

Saftgehalt: –

Genussreife & Haltbarkeit: A bis M IX, 14 Tage

Wuchs & Bodenansprüche: –

Ertrag: sehr fruchtbar

Bemerkungen: abgerieben glänzende Schale, nur auf Hochstamm schönste Früchte, verdient allgemeine Anpflanzung

AE

Grüne Herbstapothekerbirne

Fruchtgröße: groß

Gestalt: gleicht der Sommerapothekerbirne, dick- und kelchbauchig, dort platt, zum Stiel hin eine Einbiegung, endet stielseitig mit stark abgestumpfter Kegelspitze

Kelchpartie: –

Stiel: sehr lang

Berostung: –

Fruchtfarbe: GFbE: grasgrün
GF: gelblich

Lentizellen: viele, markant, schwarzbraune Flecken

Fruchtfleisch: –

Geschmack: –

geeignet für: Ökonomie, Mus

Saftgehalt: –

Genussreife & Haltbarkeit: E X bis A XI, nicht lange, wird teigig

Wuchs & Bodenansprüche: sehr stark, sehr hoch

Ertrag: früh sehr reichlich

Bemerkungen: dickschalig

MAY

Jargonette

Fruchtgröße: klein

Gestalt: ähnlich Rousselet von Reims

Kelchpartie: dicke, lang gespitze Kelchblätter, weit offen

Stiel: holzig, grün, fast immer mit Fleischbeule

Berostung: manchmal auf der DF rau, braun

Fruchtfarbe: GFbE: gelblich-grün
GF: gelb
DF: erdartig hellrot

Lentizellen: sehr viele, nur in der GF sichtbar

Fruchtfleisch: knackig

Geschmack: süß rosenartig, ohne Gewürz

geeignet für: –

Saftgehalt: saftig

Genussreife & Haltbarkeit: folgeartig M IX bis M X,
nicht lange haltbar

Wuchs & Bodenansprüche: sehr stark, aufrecht, dicht belaubt, wie eine Rousselet, setzt bald Fruchtholz an

Ertrag: sehr fruchtbar

Bemerkungen: raue Schale

zu dieser Sorte ist leider keine Abbildung vorhanden

Königliche Weißbirne

Fruchtgröße: groß

Gestalt: länglich, stark abgestumpft kegelförmig

Kelchpartie: dünnblättrig, weit offene, breite Kelchbucht, auch mit feinen Beulen, die sich über die Frucht ziehen

Stiel: anfangs mit fleischigen Falten, wird ziemlich dick, gelblich-grün, mit orleanfarbigen Häutchen

Berostung: einzelne Rostfiguren

Fruchtfarbe: GFbE: blass hellgrün
GF: weiß bis hellgelb

Lentizellen: sehr viele, feine, teils weißgrau oder grün

Fruchtfleisch: weiß, grobkörnig

Geschmack: süß, fein rosenartig

geeignet für: Tafel, Ökonomie

Saftgehalt: saftig

Genussreife & Haltbarkeit: A IX,
14 Tage, soll gegessen werden, wenn sie gelblich wird, sonst teigig

Wuchs & Bodenansprüche: in der Jugend sehr stark, mittelgroß

Ertrag: auf warmem Boden frühzeitig

Bemerkungen: glänzende Schale

STO

Königsgeschenk von Neapel

Fruchtgröße: sehr groß

Gestalt: ungleichmäßig, rein kreiselförmig bis länglich

Kelchpartie: –

Stiel: –

Berostung: kleine Rostanflüge

Fruchtfarbe: GF: hellgelb
DF: nur in warmen Jahren sonnseitig fein, klein, erst hellbraun rötlich, später karmesinrot

Lentizellen: viele, klein, markant

Fruchtfleisch: hellgrau oder bräunlich

Geschmack: ohne Gewürz

geeignet für: –

Saftgehalt: saftig

Genussreife & Haltbarkeit: III,
nicht vor den ersten Nachtfrösten zu ernten!

Wuchs & Bodenansprüche: düsteres Aussehen, unregelmäßiges Holz, frühzeitig

Ertrag: –

Bemerkungen: glattschalig, nur auf windgeschützten Lagen

zu dieser Sorte ist leider keine Abbildung vorhanden

Paradebirne

Fruchtgröße: groß
Gestalt: lang, kegelstumpfförmig
Kelchpartie: –
Stiel: –
Berostung: etwas kleine Rostflecken oder Anflüge
Fruchtfarbe: GF: goldgelb
DF: 2/3 dunkel, wenig glänzend, blutrot verwaschen, gegen den Stiel streifenförmig
Lentizellen: klein, goldgrau, sehr viele
Fruchtfleisch: –
Geschmack: –
geeignet für: Tafel, Ökonomie
Saftgehalt: saftig
Genussreife & Haltbarkeit: A bis M IX, 4 Wochen
Wuchs & Bodenansprüche: sehr stark, hängend
Ertrag: –
Bemerkungen: –

STO

Salzburger von Adlitz

Fruchtgröße: klein
Gestalt: bauchig kegelförmig abgerundet
Kelchpartie: –
Stiel: –
Berostung: oft nicht bemerkbare leichte Rostanflüge
Fruchtfarbe: GF: hellgelb
DF: sonnseitig angenehm verwaschen rot, auch nur mit roten Kreischen, fehlt bei beschatteten Früchten
Lentizellen: sehr klein, braun
Fruchtfleisch: –
Geschmack: gewürzt
geeignet für: Mus
Saftgehalt: –
Genussreife & Haltbarkeit: A IX, 3 Wochen
Wuchs & Bodenansprüche: stark, vieltriebig
Ertrag: spät, viel
Bemerkungen: –

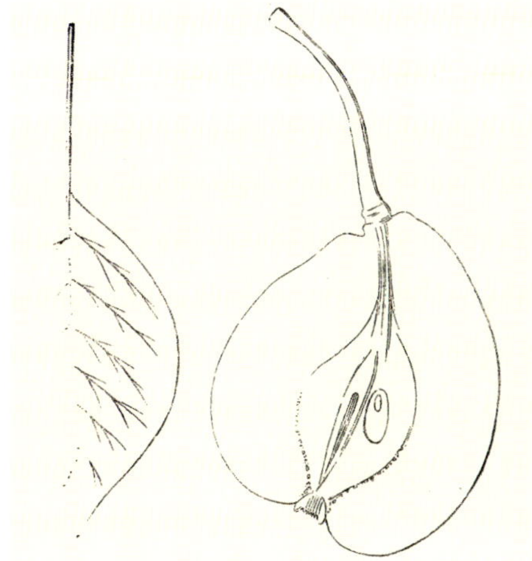

LU

Grüne Herbstapotherbirne

MAY

Jargonette Herbst

MAY

Jargonette Winter

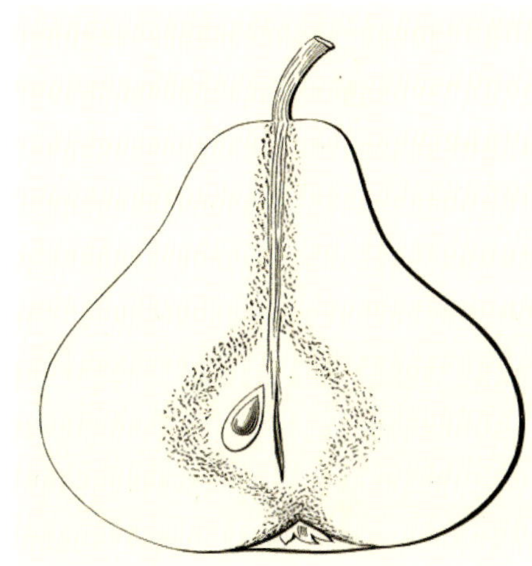

LU

Königsgeschenk von Neapel

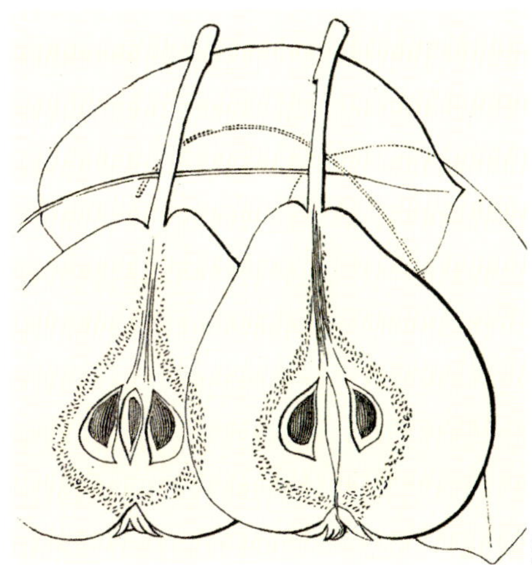

LU

Salzburger von Adlitz

GR

Salzburger von Adlitz

3. KLASSE: ABKNACKENDE BIRNEN

3. ORDNUNG: HÖHER ALS BREIT

AE

Sommerapothekerbirne

Fruchtgröße: groß

Gestalt: schwer beschreibbar, stark beulig, lang, Bauch beidseitig kegelförmig abnehmend, stielseits stumpfspitzig

Kelchpartie: –

Stiel: –

Berostung: kleine schwärzliche Rostflecken, auch große grüne Rostanflüge

Fruchtfarbe: GFbE: blass hellgrün GF: goldgelb; DF: hellrot verwaschen oder unansehnlich bräunlich-rot

Lentizellen: in der DF

Fruchtfleisch: –

Geschmack: süß muskatellerartig

geeignet für: –

Saftgehalt: saftig

Genussreife & Haltbarkeit: IX, 3 Wochen

Wuchs & Bodenansprüche: hängender Wuchs, dünn belaubt, sehr großkronig, erfordert feuchten tiefen Boden

Ertrag: gerne

Bemerkungen: wird sehr alt, gut in der Nähe von Gebäuden

LA

Winterapothekerbirne

Fruchtgröße: sehr groß

Gestalt: dickbauchig stumpf kegelförmig, oft wie ein Flaschenkürbis oder rein birnenförmig, wegen Erhabenheiten auf dem Kelchbuchtrand höckrig

Kelchpartie: –

Stiel: mit Beulen umgeben oder abgedrückt

Berostung: kleine Rostanflüge bis Rostüberzüge

Fruchtfarbe: GFbE: hellgrün GF: hellgelb DF: sehr selten leicht rötlich

Lentizellen: viele, bräunlich

Fruchtfleisch: –

Geschmack: –

geeignet für: Rohgenuss, Küche

Saftgehalt: –

Genussreife & Haltbarkeit: Frühjahr, für die Küche schon im Dezember

Wuchs & Bodenansprüche: sehr stark, mittelgroß

Ertrag: –

Bemerkungen: an sehr sonnigen Mauern als Spalier

4., 5. UND 6. KLASSE: SCHMEER- UND KOCHBIRNEN

4. Kl.: Birnen mit schmierig-schleimigem, 5. Kl.: Birnen mit saftigem oder trockenem, aber zum Genuss fadem, 6. Kl.: Birnen mit hartem, rübenartigem Fleisch

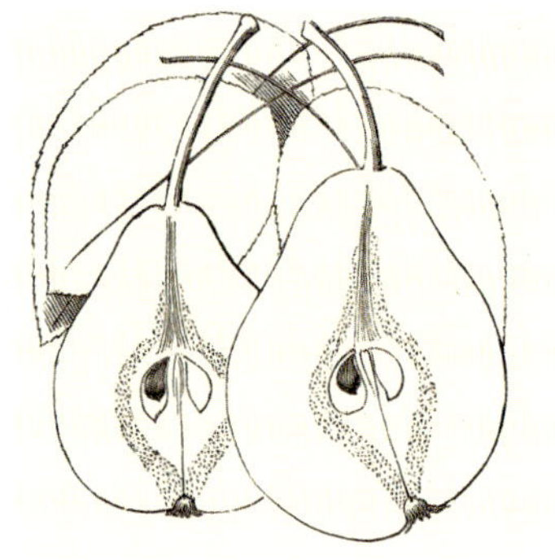

LU

Compotbirne

Fruchtgröße: mittelgroß

Gestalt: birnenförmig, rundbauchig

Kelchpartie: Kelchbuchtrand mit vielen feinen Rippen

Stiel: Stiel mit kleinen Falten

Berostung: fein zimt- oder haselnussfärbig, schillert sonnseitig ins Rötliche, verschwindet bei der Reifung

Fruchtfarbe: GF: blass hellgelb, meist mit Rost überdeckt

Lentizellen: viele, gelblich-grau

Fruchtfleisch: –

Geschmack: –

geeignet für: eine der besten Kochbirnen

Saftgehalt: –

Genussreife & Haltbarkeit: II oder III, bis in den Sommer

Wuchs & Bodenansprüche: mittelstark

Ertrag: früh und reichlich

Bemerkungen: Blüten unempfindlich, verdient Anpfanzung

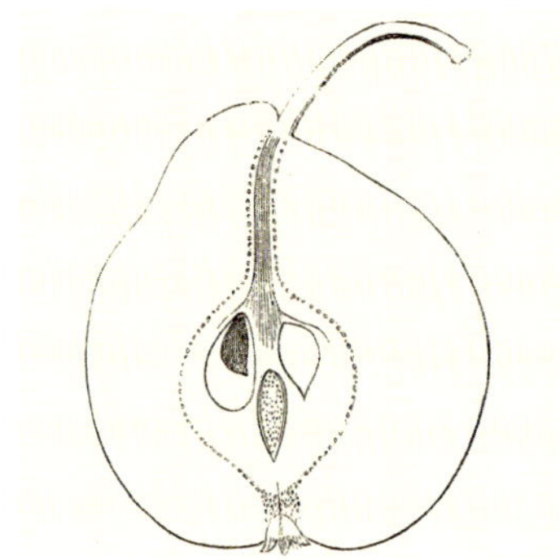

LU

Gelber Löwenkopf

Fruchtgröße: groß

Gestalt: veränderlich, platt bis bergamottenförmig, kegelförmig, nicht selten birnenförmig, breite Erhabenheiten und Beulen

Kelchpartie: Kelchbuchtrand mit feinen Beulen

Stiel: mit Falten umgeben

Berostung: kleine Anflüge, bräunlich

Fruchtfarbe: GFbE: mattes Grasgrün GF: zitronengelb DF: sonnseitig geringflächig erdartig rot

Lentizellen: hellbraun

Fruchtfleisch: –

Geschmack: herb weinsäuerlich

geeignet für: Dämpfen

Saftgehalt: –

Genussreife & Haltbarkeit: II, bis in den Sommer

Wuchs & Bodenansprüche: sehr stark, großkronig

Ertrag: sehr fruchtbar

Bemerkungen: –

AE

Graue Speckbirne

Fruchtgröße: groß

Gestalt: lang, dick, kegelförmig bis fast walzenförmig

Kelchpartie: Kelchbuchtrand mit kleinen Erhöhungen

Stiel: um den Stiel einige wie eingeschrumpft aussehende Falten

Berostung: auch kleinfleckig, zusammenlaufend, feine Rostanflüge

Fruchtfarbe: GF: mattes Hellgelb DF: selten leichte Röte

Lentizellen: sehr viele, grau, groß

Fruchtfleisch: –

Geschmack: fein alantartig

geeignet für: Tafel, Küche

Saftgehalt: –

Genussreife & Haltbarkeit: A bis M IX, 3–4 Wochen

Wuchs & Bodenansprüche: kurze, dicke einjährige Triebe, schwach belaubt

Ertrag: sehr fruchtbar

Bemerkungen: benötigt warmen Standort

zu dieser Sorte ist leider keine Abbildung vorhanden

Große Sommerzapfenbirne

Fruchtgröße: groß

Gestalt: wie ein Flaschenkürbis, lang

Kelchpartie: –

Stiel: durch Fleischbeulen seitlich gedrückt

Berostung: fein, zimtfarbig

Fruchtfarbe: GF: goldgelb, meist durch Rost überdeckt

Lentizellen: grau, unregelmäßig groß, auch im Rost sichtbar

Fruchtfleisch: –

Geschmack: –

geeignet für: –

Saftgehalt: wenig saftig

Genussreife & Haltbarkeit: M IX, 3 Wochen

Wuchs & Bodenansprüche: sehr stark

Ertrag: viele Fruchtspieße

Bemerkungen: auch gut auf Quitte wachsend

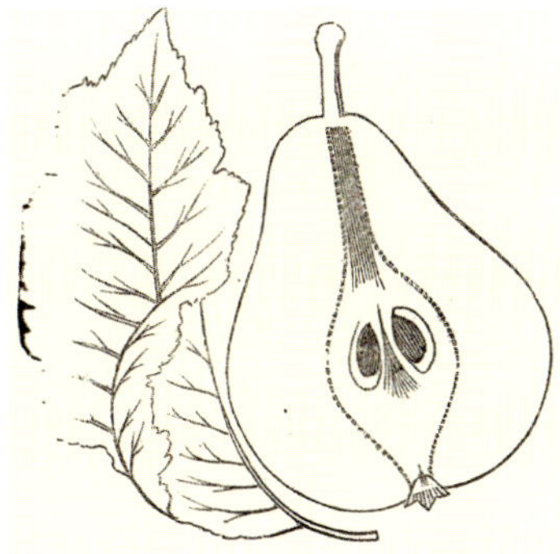

LU

Harte Neapolitanerin

Fruchtgröße: mittelgroß

Gestalt: kreiselförmig kelchwärts abgerundet

Kelchpartie: –

Stiel: unterhalb Einbiegung

Berostung: –

Fruchtfarbe: GFbE: hellgrün
GF: zitronengelb
DF: sonnseitig braunrot verwaschen, in der Reife hellrot

Lentizellen: viele, klein

Fruchtfleisch: nicht auflösend

Geschmack: süß

geeignet für: Küche

Saftgehalt: saftig

Genussreife & Haltbarkeit: I, gut gelagert bis in den Sommer

Wuchs & Bodenansprüche: sehr stark, pyramidale Krone

Ertrag: –

Bemerkungen: –

LA

Schönste Winterbirne

Fruchtgröße: sehr groß

Gestalt: dickbauchig, breit, rund kreiselförmig mit Beulen

Kelchpartie: –

Stiel: –

Berostung: selten, nur in der Kelchbucht

Fruchtfarbe: GF: zitronengelb
DF: sonnseitig feuerrot

Lentizellen: markant

Fruchtfleisch: –

Geschmack: angenehm riechend, gewürzt

geeignet für: Kochbirne!

Saftgehalt: saftig

Genussreife & Haltbarkeit: XII oder I, bis zum Frühjahr

Wuchs & Bodenansprüche: mitelstark bis stark

Ertrag: fruchtbar

Bemerkungen: mehr auf Spalier als auf Hochstamm geeignet, dickschalig, für jede Unterlage geeignet

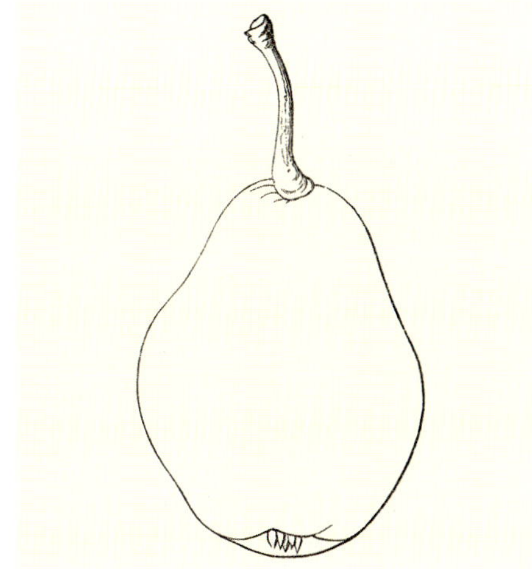

LU

Sommerapotherbirne

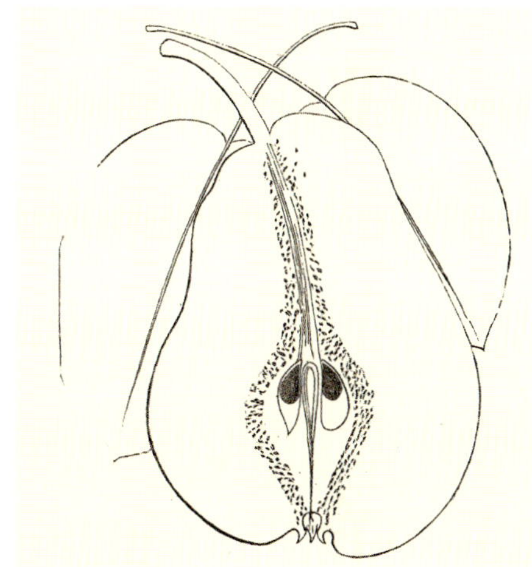

LU

Winterapothekerbirne

SYNONYME (AUSZUGSWEISE) FÜR DIE IM BUCH BEHANDELTEN APFELSORTEN

1. KLASSE: KANTÄPFEL

1. ORDNUNG: ECHTE CALVILLE

Blumencalville

Herkunft/Verbreitung; Anmerkungen: siehe Grafensteiner
Zentralobstbaumschule: De Bloem-Zoete Calville, Goede Kaudy, Zoete Calville

Carin's früher, gelber Sommercalville

Herkunft/Verbreitung; Anmerkungen: Sämling aus Löwen (Belgien)
Zentralobstbaumschule: Calville Carin, Calville jaune d'Été, Carin's früher gelber Sommercalville
Lucas/Oberdieck: Calville Carin, Calville jaune d'Été

Danziger Kantapfel

Herkunft/Verbreitung; Anmerkungen: lang bekannt, verschiedene Namen; in den Niederlanden und in Deutschland sehr verbreitet
Nationalregister: Abraham's Apfel, Angolosa Danzica, Apfelmuser, Apollo rot, Bendleber Rosen, Bentlebener Rosen Apfel, Bentlebener Rosenapfel, Bentleber, Bentleber Rose, Bentleber Rosen, Bentleber Rosenapfel, Calleville de Dantzick, Calvil de Danzig, Calvillartiger Winter Rosen Apfel, Calvillartiger Winterrosenapfel, Calvillartiger Winter-Rosenapfel, Calville de Dantzick, Calville de Dantzig, Calville de Danzig, Calville du Dantzig, Cousinotte d'Automne/d'Amour Rouge, Danczigi bordas, Dansky Hranaö, Dantigska rabesta, Dantigskoe rebristoe, Dantsigskoe rebristoe, Dantzig ä côtes, Dantziger Kant, Dantziger Kantaeble, Dantziger Kantapfel, Dantziger Kantappel, Dantziger Kantäpple, Danziger Kant, Danziger Kantaeble, Danziger Kant Apfel, Danziger Kantäpple, Danzigsäpple, Danzingi bordas, Ditrichs Winter-Rosenapfel, Erdbeerapfel, Erd Beere, Florentiner, Gdansky hranac, Geddeholm's Calville Rouge, Geddeholms Calville Rouge, Grosser Roter Herbst Faros, Grosser Roter Herbst-Faros, Grosser Rother Herbst Faros, Himbeerapfel, Hranäö Gdansky, Hranac Gdansky, Kantapfel, Kantapfel Danziger, Kant Appel, Kantowka Gdanska, Kantowka Gdanska, Laurentius Apfel, Lorenz Apfel, Lorenzenapfel, Mainapfel, Marien Apfel, Marienapfel, Mela Fiorentina, Paradies Apfel, Paradiesapfel, Pomme d'Amour rouge, Pomme de Dantzig ä Côtes, Pomme-Fraise, Pomme-Framboise, Pomme Rose, Principaler, Rella, Rhode Kant, Rode Kant Appel, Rode Kante Apfel, Roode Kant, Rose de Bentleber, Rose d'Hiver, Rose d'Hiver en forme de Calville, Rosen Apfel, Rosenapfel, Rosenfarbener Gestreifter Herbst Cousinot, Rosenhäger, Roter Apollo, Roter Calvill, Roter Cardinal, Roter Kantapfel, Roter Liebes Apfel, Roter Liebesapfel, Roter Mark Apfel, Roter Markapfel, Roter Wulstling, Roter Zwiebel Apfel, Rubiner, Safstaholm Rode Winter Rambour, Safstaholms röda, Säfstaholms Röda Winter Rambour, Safstaholm's Rode Winter Rambour, Säfstaholm's Rode Winter Rambour, Schmutzer, Schwäbischer, Schwäbischer Rosen Apfel, Schwäbischer Rosenapfel, Sommerer, Später Weinapfel, Tiefbutz, Tiefbutzer, Winter Rambour, Winter Rosen, Winter Rosen Apfel, Winter Rosenapfel, Zebernaö Gdansky
Lucas/Oberdieck: Kant Apfel, Rode Kalvillartiger roter Kantapfel, Calvillartiger Winter Rosenapfel, Bentleber Rosen Apfel, Lorenzapfel, Florentiner, Roter Liebesapfel, Schwäbischer Rosen Apfel, Roter Mark Apfel, Rosenfarbiger gestreifter Herbst-Cousinot, Großer roter Herbst-Faros, Faros; in Thüringen Winterrosenapfel bzw. Roter Cardinal, in Württemberg Rosenapfel, Roter Wulstling, Tiefbutz; in Frankreich und England nicht bekannt

Echter rot(h)er Wintercalville

Zentralobstbaumschule: Calville rouge longue d'hiver
Nationalregister: Achte Rote Winter Calville, Ächter Roter Winter Calvill, Ächter Roter Winter Calville, Aechter Roter Winter Calvill, Aechter Roter Winter Calville, Aechter Rother Winter-Calvill, Blutroter Calvill, Blutroter Calville, Caillot Rosat, Caleville Musque, Caleville Sanguinole, Calleville Musque, Calleville Rouge, Calleville Rouge Couronnée, Calleville Rouge de Päques, Calleville Rouge d'Hiver, Calleville Royal d'Hiver, Calleville Sanguinole, Callot Rosat, Calvilla Rossa d'Hiver, Calvilla Rossa d'Inverno, Calvilla Rossa di Pasqua, Calville Acheter Rothe Winter, Calville d'Anjou, Calville d'Automne, Calville dit Sanguinole, Calville Flamense, Calville Imperiale, Calville Longue d'Hiver, Calville Musque, Calville Musque d'Hiver, Calville Musquee, Calville Passe Pomme d'Hiver, Calville Red, Calville Rosat, Calville Rouge, Calville Rouge Couronnée, Calville Rouge d'Anjou, Calville Rouge d'Anjou d'Hiver, Calville Rouge d'Automne, Calville Rouge d'Automne et d'Hiver, Calville Rouge Dedans et Dehors, Calville Rouge de Normandie, Calville Rouge de Päques, Calville Rouge de Paques, Calville rouge en dedans et en dehors, Calville Rouge Longue d'Hyver, Calville Rouge Normand, Calville Rouge Normande, Calville Rouge Sangue d'Hiver, Calville Royal d'Hiver, Calville Royale d'Hiver, Calville Sanguinole, Calville Vrai des Allemands, Calville Vraie des Allemands, Calvil Rosu de Iarnä, Öerveny Zimni Hranac, Coeur de Boeuf, Couchine, Cushman's Black, de Bretagne rouge, d'Outre-Passe, Echter Roter Winter Calvill, Gallwill Rusch, General, Gestreifter Muskat Calvill, Grosse Calville rouge d'hiver, Kalvii krasnyi zimnii, Kalvil Krasnii Zimnii, La Generale, Le General, Outre-Passe, Passe Pomme, Côtelee, Passe-Pomme Côtelee, Passe Pomme, Cotelee, Passe Pomme Cotellee, Passe Pomme d'Automne, Passe-Pomme d'Automne, Passe Pomme d'Autumn, Passe Pomme d'Hiver, Passe-Pomme d'Hiver, Passe-Pomme Generale, Passe-Pomme Rouge Dedans, Passe-Pomme rouge en dedans et en dehors, Passe-Pomme Soyette, Passe-Pomme Tardive, Pomme de Bretagne Rouge, Pomme d'Outre Passe, Pomme d'Outre-Passe, Pomme Outre Passe, Rambour Turc, Red Calville, Red Winter Calville, Red Winter-Calville, Rode Winter Calvill, Rode Winter Calville, Roode Paasch, Roode Winter Calville, Roter Eck Apfel, Roter Eckapfel, Roter Himbeer Apfel, Roter Oster Calvill, Roter Oster-Calvill, Roter Oster Kalvii, Roter Winter Calvill, Roter Winter Calville, Roter Winter Erdbeer Apfel, Roter Winter Erdbeerapfel, Roter Winter Himbeer Apfel, Roter Winter Himbeerapfel, Roter Winterkalwil, Roter Winter Quitten Apfel, Roter Winter Quittenapfel, Roter Winterquittenapfel, Rote Winter Calville, Rother Winter-Calvill, Rothe Winter Calville, Rouveau, Sanguinole, Teli piros kalvii, Vraie Calville Rouge d'Hiver, Winter Red Calville
Lucas/Oberdieck: gehört eigentlich zur Familie der Himbeeräpfel, daher auch in Deutschland oft Winterhimbeer- oder Erdbeerapfel; alter französischer Apfel (1675, Calville dit Sanguinole), Calville rouge d'hiver, Rode Wintercalvill, Calvill rouge dedans et dehors, Calvill rouge, in England Red Calville, Winter red Calville, Calvill rouge couronne, Calville rouge d'hiver, Calville royale d'hiver, Roter Eckapfel

Edelkönig

Herkunft/Verbreitung; Anmerkungen: siehe Rot(h)er Herbstcalville
Zentralobstbaumschule: Roi tres-noble
Nationalregister: Calleville de Lindau, de Paradis rouge, Edel König, Edel Köning, Grenat, King Noble, Noble King, Roi Tres Noble, Roi tres noble, Roi Tres-Noble, Roi-Tres-Noble, Rouge Framboisée

Englischer Costardapfel

Herkunft/Verbreitung; Anmerkungen: nicht weit verbreitet, in Sachsen nur wenig
Zentralobstbaumschule: Englischer Backapfel, Costard Apple
Nationalregister: Coulthard, Coustard, Englischer Back Apfel, Englischer Costard, Glen Favourite, Prussian Pippin
Lucas/Oberdieck: Gestreifter roter Ostercalvill, Roode Paasch Apple; wahrscheinlich ident mit dem Meißner leberroten Himbeer-Apfel und Müschen Königin-Apfel; Aerenthal-Abbildung verfehlt

Englischer Kantapfel

Lucas/Oberdieck: Frankreich, England, Russland; Weißer Sommergewürzapfel, Weißer Augustcalvill, Calville précoce, Palästiner, Schönbecks früher Gewürzapfel, Weiße Sommerschafnase, Weißer Gewürzapfel, Pomme avant toutes, Sommerpostoph in Frankreich, Foxley Russian Apple; fälschlich Jakobsapfel

Früher Rosencalville

Lucas/Oberdieck: als Calvill rose eher der Lothringer bunte Gulderling

Gestreifter gelber Herbstcalville

Zentralobstbaumschule: Calville jaune rayée d'Automne
Nationalregister: Gewürz Cavill
Lucas/Oberdieck: verbreitet; Gestreifter gelber Herbstcalvill, auch als Gewürzcalvill, Zinks Calville flameuse

Gestreifter Herbstcalville

Zentralobstbaumschule: Calville rayée d'Automne
Lucas/Oberdieck: Gestreifter roter Herbstkalvill, Calville d'Automne rayée, Rother Aniscalvill, Gestreepte Herfst Calville, Calville Rayée, u. U. Roter Herbst-Aniscalvill
Rosenthal: Rother gestreifter Anisapfel

Gestreifter Muscatencalville

Lucas/Oberdieck: wenig verbreitet, Calvillmusquée, Muskatapfel; fraglich ob Zink's Calville royale d'hiver

Gestreifter rot(h)er Ostercalville

Zentralobstbaumschule: De roode Paasch-Appel

Gewürzcalville

Herkunft/Verbreitung; Anmerkungen: siehe Gestreifter Herbstcalville
Zentralobstbaumschule: Calville aromatique

Grafensteiner

Herkunft/Verbreitung; Anmerkungen: sehr verbreitet an der deutschen Nordküste und im gesamten Norddeutschland, auch in Skandinavien, bei Heilbronn als Grafenapfel, am Bodensee und in der Schweiz als Strömling, auch Prinzessinapfel, verbreitet auch in Böhmen und Tirol
Lucas/Oberdieck: Gräfensteiner, Gravensteiner in Österreich, Blumencalvill, Sommerkönig, Bödickers Liebling

Großer rot(h)er Sommer-Himbeerapfel

Herkunft/Verbreitung; Anmerkungen: siehe Rot(h)er Herbstcalville
Zentralobstbaumschule: Framboise rouge d'Été

Langer rot(h)er Himbeerapfel

Zentralobstbaumschule: Framboise rouge longuette
Lucas/Oberdieck: in Württemberg, Hessen, am Main als Himbeer- und Müllerapfel, fälschlich auch als Roter Wintercalvill, Framboise rouge longuette, Winter Quinin, Calville d'Angleterree, Langer roter englischer Apfel, Christ's Roter Himbeerapfel, Framboisier rouge

Rot(h)er Harlemer Himbeerapfel

Zentralobstbaumschule: De Harlemer Rode Framboose Appel, Framboise rouge rayée
Lucas/Oberdieck: Framboise rayée, Gestreifter Winterhimbeerapfel

Rot(h)er Herbst-Aniscalville

Herkunft/Verbreitung; Anmerkungen: siehe Gestreifter Herbstcalville
Zentralobstbaumschule: Calville d'Anis rouge d'Automne
Rosenthal: Gewürzcalville

Rot(h)er Herbstcalville

Zentralobstbaumschule: Calville rouge d'Automne; in der Steiermark Herbsthimbeerapfel
Nationalregister: Autumn Calville, Autumn Red Calville, Autum Rod Calville, Blutapfel, Braunroter Himbeerapfel, Brautapfel, Calleville d'Automne, Calleville Rouge d'Automne, Calvilla Rossa d'Autunno, Calville d'Automne, Calville Roter Herbst, Calville Rouge, Calville von Lindau, Calvil Rosu de Toamnä, Cerven esenen kalvii, Öerveny podzimni hranac, Cerveny podzimni Hranac, Colville Rouge d'Automne, Edelkönig, Erd Beere, Framboise d'Automne, Französischer Herbst Calvill, Französischer Herbst-Calvill, Geldersch Present, Gelder's Present, Gelders Present, Granat Apfel, Grelot, Grosser Roter Himbeer Apfel, Grosser Roter Sommer oder Herbst Himbeer Apfel, Grosser Sommer Himbeerapfel, Herfst Present, Himbeer Apfel, Himbeerapfel, Immer Rötling, Innenrötling, Jablko Malinove, Jannon Rötling, Kalvila Czerwona Jesenna, Kalvila Malinova, Kalvii Cerveny Podzimni, Kalvii krasnyi osennii, Kant, Kirsch Apfel, Klapper Apfel, Kroot Appel, Krootappel, Malinove Cervene podzimni, Malinwka, New Blandon, Osennii Krasnii Kalvii, Oszi Piros Kalvii, Paradies Apfel, Passelapfel, Pomme Grelot, Pomme Sonnette, Pomme Violette, Present d'Automne, Present de Gelder, Red Autumn Calville, Red Blandon, Red Calville, Rode Herfst-Calville, Roi Tres Noble, Roode Rammelaar, Roode Wijnappel, Roode Wyn Appel, Roode Wynappel, Rosenapfel, Rot Apfel, Rotapfel, Rote Herbstcalville, Roter Apfel, Roter Beerapfel, Roter Herbst Calvill, Roter Herbst-Calvill, Roter Herbstkalwil, Roter Himbeer Apfel, Roter Himbeerapfel, Roter Paradies Apfel, Roter Paradiesapfel, Roter Rasselapfel, Rothe Herbst Calville, Sonnette, Sonnetto, Strawberry of Switzerland, Violette, Zehn Gebot Apfel
Lucas/Oberdieck: alte Sorte, die oft verwechselt wird; Edelkönig, Braunroter Himbeerapfel, Roter Paradiesapfel, Herbsthimbeerapfel, in Hessen Roter Apfel, in Rheinbayern Himbeerapfel, Klapperapfel, Calvill d'autumne, Red autumn Calvill
Rosenthal: Edelkönig, Rother Paradiesapfel

Rot(h)er Paradiesapfel

Herkunft/Verbreitung; Anmerkungen: siehe Rot(h)er Herbstcalville
Zentralobstbaumschule: Braunroter Himbeerapfel

Rot(h)er Sommercalville

Herkunft/Verbreitung; Anmerkungen: alte Sorte, die neuerdings vernachlässigt wird
Zentralobstbaumschule: Calville rouge d'Été; in der Steiermark Erdbeerapfel oder Himbeerapfel
Lucas/Oberdieck: Passe pomme rouge, Erdbeerapfel, Roter Herbststrichapfel, Veilchenapfel, Sommerveilchenapfel, Roter Sommerstrichapfel

Wahrer weißer Sommercalville

Herkunft/Verbreitung; Anmerkungen: wahrscheinlich aus Holland; unbekannt
Zentralobstbaumschule: Calville blanche d'Été
Nationalregister: Augustapfel, Calville Blanc, Calville Blanche, Calville Blanche d'Été, Calville d'Été, de Moisson, Early Calville, KalviI belyi letnii, Madame Huart, Madeleine, Madeleine Blanche, Passe-Pomme blanc, Passe Pomme Blanche, Passe-Pomme Blanche, Summer Calville, Summer White Calville, Vraie Calville Blanche d'Été, Wahrer Weiser Sommer Calville, Wahrer Weisser Sommer Calvill, Wahrer Weisser Sommer Calville, Wahrer Weisser Sommercalville, Wahrer Weiszer Sommer Calville, Weisser Sommer Calvill, Weisser Sommer Erweling, Weisser Sommerkalwil, White Calville, White Sommer Calville, White Summer Calville
Lucas/Oberdieck: Augustapfel (aber Mitte Juli reifend), anderer gleichnamiger Anfang September reifend, beide aber nicht ident zum Sortenträger

Weißer Augustcalville

Zentralobstbaumschule: Palästiner

Weißer Wintercalville

Zentralobstbaumschule: Calville blanche d'hiver
Lucas/Oberdieck: Calvill blanc, Calvill blanche, Calvill bl. à Cotes, Rambour à Cotes gros; in Böhmen fälschlich Weißer Erdbeer- oder Himbeerapfel, Paradiesapfel, in Niedersachsen Eckapfel, in Thüringen irrtümlich Weißer Cardinal, in Süddeutschland unrichtig Sternapfel, Sternrenette, in der Schweiz Melonenapfel, in England und Amerika Calvill oder White Winter Calvill, in Italien nicht bekannt, P. Cotogna

2. ORDNUNG: SCHLOTTERÄPFEL

Alantapfel

Herkunft/Verbreitung; Anmerkungen: alte Sorte, Herkunft unbekannt; weit verbreitet
Nationalregister: Alant – Gestreifter Imperial; Alant Apfel, Alantapfel, Aunee, Carre, Carree d'Automne, Carree Douce, d'Alent, d'Aune, d'Aunee, Devesilovoe, Edel Prinzessinapfel, Edler Prinzessin, Edler Prinzessinapfel, Elenio, Franche Kroon, Franche Noble, Franche-Noble de Knoop, Fransche Kron, Gestreifter Imperial, Gestreifter Kaiserapfel, Grosser Edlen Prinzessinapfel, Grosser Edler, Grosser Edler Princessein Apfel, Grosser Edler Prinzessin, Prinzessin Apfel, Grosser Edler Prinzessinapfel, Grosser Gestreifter Kaiser, Grosser Gestreifter Kaiserapfel, Herzogin von Oldenburg, Kaneel-Apfel, Mela Inulina, Mönchsnase, Noblesse, Omanove, Pomme Carree, Pomme Carree Douce, Pomme d'Alent, Pomme d'Aunee, Prince d'Orange, Princesse Noble, Princesse Noble de Knoop, Prinsessäpple, Prinzessin, Prinzessinapfel, Prinzess Noble, Später Prinzessinapfel, Zimmet Apfel, Zimmt Apfel, Zimmtapfel, Prinsessäpple, Prinzessin, Prinzessinapfel, Prinzess Noble, Später Prinzessinapfel, Zimmet Apfel, Zimmt Apfel, Zimmtapfel
Lucas/Oberdieck: Großer edler Prinzessinapfel, Princess noble, Gestreifter Imperial, Großer gestreifter Kaiserapfel, Pomme carré (weil manchmal vier Rippen), pomme d'alent; in Deutschland auch Zimmtapfel, Edler Prinzessinapfel

Berliner Schafsnase

Herkunft/Verbreitung; Anmerkungen: siehe Weiße Sommerschafsnase
Zentralobstbaumschule: Pomme de Berlin, Pomee Prussienne

Bunter Langhanns

Herkunft/Verbreitung; Anmerkungen: sehr häufig in Norddeutschland, auch in England und Norwegen
Lucas/Oberdieck: Prinzenapfel, Nonnenapfel, Melonenapfel (in Hamburg und Holstein); in Böhmen Trompeterapfel, in Norwegen und Ostpreußen Englischer Flaschenapfel, in Thüringen Ananasapfel, Haberapfel, Rotgestreifter Schlotter-Apfel, Schlotter-Apfel, Hasenkopf, Fränkischer Nonnenapfel, Bunter Langhans

Crede's großer Wilhelmsapfel

Zentralobstbaumschule: Herrnapfel, Weißer großer Herrenapfel
Lucas/Oberdieck: Crede's großer Wilhelmsapfel, Credes Wilhelmsapfel; Wilhelmsapfel ist in der Literatur kaum verzeichnet, im Hessischen mehrere Sorten mit diesem Namen

Englischer Königsapfel

Zentralobstbaumschule: Pomme royale d'Angleterre
Lucas/Oberdieck: Mecklenburger; es gibt viele Königsapfelsorten, die aber alle nicht gleich sind

Gelber Pallasapfel

Herkunft/Verbreitung; Anmerkungen: kaum bekannt
Zentralobstbaumschule: De Pallas Appel
Lucas/Oberdieck: The Pallas Apple

Gestreifter Imperial

Zentralobstbaumschule: Großer gestreifter Kaiserapfel

Herbstglockenapfel

Herkunft/Verbreitung; Anmerkungen: alte, wenig bekannte Sorte
Zentralobstbaumschule: Pomme de Cloche d'Automne

Horset's Schlotterapfel

Herkunft/Verbreitung; Anmerkungen: unbekannt
Zentralobstbaumschule: Calville of Horset
Lucas/Oberdieck: Horset's Schlotterapfeln, Calville of Horset, Schilgens birnförmiger Apfel, Gestreifter Schweizerapfel, Pomme suisse panachée, Grün und gelb gestreifter Schweizerbergamottapfel, Gestreifter Rosmarin (?), Kranich (?), Zürcherapfel

Münchhausen's gestreifter Glockenapfel

Lucas/Oberdieck: Münchhausen's gestreifter Glockenapfel, Glockenapfel (Otto von Münchhausen: lang wie eine Walze)

Papagei(y)apfel

Herkunft/Verbreitung; Anmerkungen: altbekannt, vermutlich böhmischer (deutscher) Ursprung
Zentralobstbaumschule: La pomme de Perroquet
Lucas/Oberdieck: Perroquet

Rot(h)feder

Zentralobstbaumschule: Le Rouget

Rußet von Norfolk

Herkunft/Verbreitung; Anmerkungen: England; kaum bekannt
Zentralobstbaumschule: Rufset
Lucas/Oberdieck: Norfolk Pippin, Adams Parmäne

Schlotterapfel van der Flees

Lucas/Oberdieck: siehe Bunter Langhanns

Stanislaus

Herkunft/Verbreitung; Anmerkungen: Galizien; nur mehr wenig bekannt
Lucas/Oberdieck: ähnlich dem Gestreiften Holländischen Weinapfel

Süßer Königsapfel

Herkunft/Verbreitung; Anmerkungen: wahrscheinlich aus Holland; unbekannt

Türken Calville

Herkunft/Verbreitung; Anmerkungen: stammt aus der Rheingegend, vereinzelt in Württemberg, in Norddeutschland selten
Zentralobstbaumschule: Türken Calville
Lucas/Oberdieck: Türkenapfel; gehört zu den Schlotteräpfeln, daher kein Calville

Weiße Sommerschafsnase

Herkunft/Verbreitung; Anmerkungen: Norddeutschland, Preußen
Nationalregister: Postophe d'Été
Lucas/Oberdieck: Berliner Schafnase, Berliner Apfel, Pomme de Berlin; in Saarbrücken Pomme prussienne

Winter-Postoph

Herkunft/Verbreitung; Anmerkungen: alte französische Sorte, auch in Deutschland verbreitet
Zentralobstbaumschule: Le Postophe d'hiver
Nationalregister: Kruis Rouge de Gueldre, Pistoche d'Hiver, Postoche d'Hiver, Postof Zimnii, Roode Gelders Kruis, Roode Kruis, Roter Apollo, Winter Postof
Lucas/Oberdieck: Postophe d'hiver

3. ORDNUNG: GULDERLINGE

Citronenapfel

Herkunft/Verbreitung; Anmerkungen: so in Württemberg genannt; aus Frankreich
Nationalregister: Citronat, Citronen Apfel, Reinette Blance d'Été, Reinette d'Été Blanche, Summer Reinette, Weisse Sommer Reinette, Weisse Wachs Reinette, Weisse Wacks Reinette

Lucas/Oberdieck: Weiße Wachsrenette, Weiße Sommerrenette, Reinette d'Été blanche; mit der Goldgelben Sommerrenette sehr nahe verwandt

Englischer Winterquittenapfel

Herkunft/Verbreitung; Anmerkungen: ursprünglich aus England; weit verbreitet
Zentralobstbaumschule: Quince Apple
Lucas/Oberdieck: Queen Apple, Englischer Winterquittenapfel, Französische Winterquitten-Renette, Reinette coin française, Cornell's frühe gelbe Herbst Renette, Amerikanischer Kaiserapfel, Wahre weiße Herbst-Renette, Norfolk Storing, Lemon Pippin

Französischer Klapperapfel

Herkunft/Verbreitung; Anmerkungen: alte französische Sorte
Zentralobstbaumschule: La Cliquette
Lucas/Oberdieck: Cliquette

Gelber, englischer Gulderling

Zentralobstbaumschule: Gold-Gulderling

Gelber Gulderling

Herkunft/Verbreitung; Anmerkungen: in Hessen, Württemberg; häufig verbreitet
Zentralobstbaumschule: Der gelbe Gulderling, geele Gulderling, Der lange Karthäuser
Lucas/Oberdieck: Gold Gulderling, Gelber englischer Gulderling (aber in England unbekannt); Aehrenthal vermutlich zu rot gezeichnet

Gelber Wintercarthäuser

Herkunft/Verbreitung; Anmerkungen: weit verbreitet in Deutschland, in Thüringen als Carthäuser Renette sehr verbreitet

Gestreifter Kressenapfel

Zentralobstbaumschule: Kors-Appel

Großer edler Prinzessinapfel

Herkunft/Verbreitung; Anmerkungen: siehe Alantapfel
Zentralobstbaumschule: Princesse noble

Königsapfel von Jersey

Herkunft/Verbreitung; Anmerkungen: wahrscheinlich englische Sorte; in deutscher Literatur häufig vorkommend
Zentralobstbaumschule: Royal Jersey
Lucas/Oberdieck: Royal Jersey

Langer grüner Gulderling

Zentralobstbaumschule: De groenagtige Gulderling

Martinsapfel

Zentralobstbaumschule: Docke Cahartens

Rot(h)er Augustiner

Herkunft/Verbreitung; Anmerkungen: vermutlich aus einem Augustinerkloster; weit verbreitet
Lucas/Oberdieck: vermutlich ident mit dem Roten Herbst-Taffetapfel; in Franken Tafftapfel, in Heidelberg und Umgebung Sammetapfel und Seidenrock, an der Bergstraße Wollenschläger; ähnlich dem Lothringer bunten Gulderling; Calville rose

Rot(h)er gestreifter Anisapfel

Herkunft/Verbreitung; Anmerkungen: siehe Gestreifter Herbstcalville
Zentralobstbaumschule: Pomme d'Anis rouge

Spanischer, gestreifter Gulderling

Herkunft/Verbreitung; Anmerkungen: wenig verbreitet, reichlich tragend, für raue Gegenden

Süßer Gulderling

Zentralobstbaumschule: Zoete Gulderling
Lucas/Oberdieck: Hoveniers-Zoete Gulderling, Zoete Ribbling

Süßer Holaart

Herkunft/Verbreitung; Anmerkungen: aus Holland
Zentralobstbaumschule: Der Zimmetapfel, Zoete Holaart
Lucas/Oberdieck: Zoete Holaart, Kaneel Zoete, Zimtartiger Bastard-Calvill

Weißer italienischer Wintercalville

Zentralobstbaumschule: Weißer italienischer Gülderling

2. KLASSE: ROSENÄPFEL

1. ORDNUNG: ZUGESPITZE ODER LÄNGLICHE ROSENÄPFEL

Edler Prinzessinnenapfel

Herkunft/Verbreitung; Anmerkungen: Holland
Zentralobstbaumschule: Princesse noble
Lucas/Oberdieck: Großer edler Prinzessinapfel, Edler Prinzessinapfel, Princess noble, Franche noble, Pomme noblesse

Florentiner

Zentralobstbaumschule: Pomme de St. Florent

Französischer Rosenapfel

Zentralobstbaumschule: Pomme Rose françoise

Gelder'scher Kronapfel

Herkunft/Verbreitung; Anmerkungen: Holland; vielleicht Sämling des Weißen Sommercalvilles
Zentralobstbaumschule: Gelders Kruis
Lucas/Oberdieck: Virginischer Glasapfel

Gestreifter Winteragatapfel

Zentralobstbaumschule: De gestreepte Aagt

Großer, gestreifter Wintertäubling

Herkunft/Verbreitung; Anmerkungen: unbekannt
Lucas/Oberdieck: Großer Täubling

Königlicher Täubling

Herkunft/Verbreitung; Anmerkungen: Norddeutschland, besonders in Mecklenburg, Hannover und Holstein sehr verbreitet
Zentralobstbaumschule: Le Pigeonnet royal
Lucas/Oberdieck: Pigeon, Roter Wintertaubenapfel, Pigeon rouge, Coeur de Pigeon, Pomme de Jerusalem, Mandel-Apfel, Mandel-Täubling; in Sachsen Rodenroter Tauben-Apfel, Pepping, Schönnettchen, Buschnettchen, Marienhemdchen

Mayer's weißer Wintertaubenapfel

Herkunft/Verbreitung; Anmerkungen: weit verbreitet in Deutschland und Frankreich

Zentralobstbaumschule: Le Pigeon blanc
Lucas/Oberdieck: in Thüringen Schafsschnäuzchen, Weißer gerippter Herbsttäubling

Po(h)lnischer gestreifter Herrenapfel

Herkunft/Verbreitung; Anmerkungen: Polen
Zentralobstbaumschule: Panski Jabtko
Lucas/Oberdieck: Panski Jabtko

Po(h)lnischer Moronki

Herkunft/Verbreitung; Anmerkungen: Polen
Zentralobstbaumschule: Polnischer Zimtapfel, Moronki Ziemmowi
Lucas/Oberdieck: Polnischer Moronky

Reynold's König Georgs-Apfel

Herkunft/Verbreitung; Anmerkungen: vermutlich England; unbekannt

Rosenfärbiger, gestreifter Herbstcousinot

Herkunft/Verbreitung; Anmerkungen: siehe Danziger Kantapfel
Zentralobstbaumschule: Danziger Kantapfel

Rot(h)er Polsterapfel

Herkunft/Verbreitung; Anmerkungen: in Süddeutschland weit-, in Norddeutschland kaum verbreitet
Lucas/Oberdieck: Erdbeerapfel

Rot(h)er Wiener Sommerapfel

Zentralobstbaumschule: Pomme de Vienne
Lucas/Oberdieck: Wiener Sommerapfel

Rot(h)er Winterkronapfel

Herkunft/Verbreitung; Anmerkungen: vermutlich Holland
Zentralobstbaumschule: Roter Cronapfel
Lucas/Oberdieck: Kaneel Zoete Aagt

Schleswiger Erdbeerapfel

Herkunft/Verbreitung; Anmerkungen: eine der ältesten englischen Apfelsorten, bereits 1629 von PARKINSON genannt; in Deutschland nur vereinzelt bekannt
Nationalregister: Schleswiger Erdbeerapfel, Autumn Pearman, Pear main (I) (confused with Royal Pear-main), Alexander Russet, American Pearmain, Arthur Sheen, Drue-Parmain, Drue Pearmain, Drue-Pearmain, Drue-Permein, Drue-Sommer Pear-main, Drue Summer Pearmain, Englische Birn Reinette, Englische Birn-Reinette, Englische Birnreinette, Englische Birnrenette, Englische Königsparmäne, Englische König's Pearmain, Englische Königs Pearmain, English Summer Pearmain, Geflammter Butterapfel, Gestreifte Sommer Parmäne, Gestreifte Sommer-Parmäne, Gestreifte Sommer Pearmaine, Herbstparmäne, Höstparmän, Judenhaut Apfel, Juden Reinette, Parmain d'Été, Parmän, Parrnena Letni, Parmen Letnii, Pearmain d'Automne, Pearmain d'Été, Pearmain rayee d'Été, Peppin Parmain d'Été, Peppin Parmaine d'Été, Platomelum, Pomme-Poire d'Été, Royal Pearmain (erroneous), Royal Pearmain d'Été, Schlesvig Jordbaeraeble, Schleswiger Erdbeer Apfel, Schleswiger Erdbeerapfel, Sigler's Red, Slesvigsk Jordbaeraeble, Smultronparmän, Sommarparmän, Sommer-Parmaine, Sommer Parmäne, Sommer-Parmäne, Striee d'Ete, Summer Pearmain, Summer Pippin
Lucas/Oberdieck: Summer Pearmain, Autumn Pearmain, American Pearmain, gestreifte Sommer-Parmäne

Weißer, gerippter Herbsttäubling

Zentralobstbaumschule: Pigeonet blanc à côtes

Weißer, italienischer Rosmarinapfel

Herkunft/Verbreitung; Anmerkungen: um Bozen und Meran, schon bei Trient nicht mehr die besondere Güte aufweisend, bleibt in Deutschland fad
Zentralobstbaumschule: Mela de Rosmarino
Nationalregister: Weißer Italienischer, rosmarina bianca, Bilé rozmarinove, Edelweisser, Feher Rozmarin alma, Mela de Rosmarino, Weisser Schlotter Apfel
Lucas/Oberdieck: Weißer Rosmarinapfel, Mela di Rosmarino; unterscheidet sich vom Weißen Rosmarinapfel, der in Tirol angebaut wird (= vermutlich der Halbweiße Rosmarin)

Weißer Sommerstrichapfel

Zentralobstbaumschule: Passe Pomme blanche d'Été
Lucas/Oberdieck: Passe pomme blanche d'automne, Passe pomme blanche, Pomona Franconica, Weißer Strichapfel

Weißer Wintertäubling

Herkunft/Verbreitung; Anmerkungen: altbekannt; unterscheidet sich vom Roten Taubenapfel durch weißere Färbung
Zentralobstbaumschule: Pigeonet blanc

2. ORDNUNG: KUGELFÖRMIGE ODER PLATTE ROSENÄPFEL

Calvilleartiger Winter-Rosenapfel

Herkunft/Verbreitung; Anmerkungen: siehe Danziger Kantapfel
Zentralobstbaumschule: Danziger Kantapfel

Charlamowski

Herkunft/Verbreitung; Anmerkungen: vermutlich aus Persien, wahrscheinlicher aber aus Moskau oder dem südlichen Russland, von wo die nächsten Verwandten – Kläräpfel – stammen; in Baumschulen und Gärten vorhanden
Zentralobstbaumschule: Charlamowakischer Nalivi, Navilic, Nälivü
Nationalregister: Augustapfel, Baravinka, Baroveski, Barovesky, Barovisky, Barovitsky, Barowiski, Barowisky, Barowistky, Barowitsky, Borawinskji, Borawinskoje, Borovinka, Borovinka krapchataya, Borovinka krasnaya, Borovinka raspisnaya, Borovinskoye yabloko, Borovitki, Borovitski, Borovitsky, Borowicki, Borowicky, Borowinka, Borowisky, Borowitski, Borowitsky, Borowizki, Bravinskoye, Chardamowka, Charlamoskischer Nallivia, Charlamousky, Charlamovka, Charlamovska, Charlamovski, Charlamovsky, Charlamowiski, Charlamowska, Charlamowski, Charlamowski d'Automne, Charlamowskircher Nalleoid, Charlamowskischer Nalivi, Charlamowskischer Nalleoid, Charlamowsky, Charlamowsky d'Automne, Charlamowsky'scher Nalivi, Charlamowskyscher Nalivia, Charlowsky, de Lait, der Charlamowski, d'Oldenbourg, Dombrowski, Duchess, Duchesse, Duchesse d'Oldenbourg, Duchesse d'Oldenbourgh, Duchesse d'Oldenburg, Duchesse d'Oldenburgh, Duchesse of Oldenburg, Duchesse of Oldenburgh, Duchess of Oldenberg, Duchess of Oldenburgh, Dutchess, Dutchess of Oldenberg, Dutchess of Oldenburgh, Early Joe, Eraste Apfel, Harlamovoskoe, Krapchatoe, Nalivic, Nälivü New Brunswick, Oldenburg, Oldenburg Charlamovsky, Olendburgh, Queen Mary, Roter Barowinka, Sarlemovske, Smith's Beauty of Newark
Lucas/Oberdieck: Charlamovskyscher Nalivi, Duchess of Oldenburg

Englischer, scharlachrot(h)er Sommerpepping

Zentralobstbaumschule: Scarlet Pippin

Früher Muscatnußapfel

Zentralobstbaumschule: Nutmey Apple

Geflammter, früher Sommercousinot(te)

Zentralobstbaumschule: La Cousinotte rayée hàtive
Lucas/Oberdieck: Geflammter Cousinot

Gestreifter Sommercousinotte

Herkunft/Verbreitung; Anmerkungen: vermutlich aus Holland
Zentralobstbaumschule: La Cousinotte rayée d'Été

Gestreifter Sommerzim(me)tapfel

Herkunft/Verbreitung; Anmerkungen: unbekannte Herkunft, wahrscheinlich Frankreich
Zentralobstbaumschule: La Canelle
Lucas/Oberdieck: Gestreifter Sommerzimmetapfel; Diels Roter Herbsttaubenapfel und Pigeon rouge d'automne sowie Couleur de Chair ident; nicht ident mit dem Zimtapfel und Pomme de Canel

Großer Böhmischer Sommer-Rosenapfel

Herkunft/Verbreitung; Anmerkungen: in Böhmen häufig verbreitet, neuerdings auch in Deutschland
Zentralobstbaumschule: Danziger Kantapfel
Lucas/Oberdieck: Böhmischer Rosenapfel, Großer böhmischer Sommer-Rosenapfel, Großer Sommer-Rosenapfel

Lorenzapfel

Herkunft/Verbreitung; Anmerkungen: siehe Danziger Kantapfel
Zentralobstbaumschule: Danziger Kantapfel

Rot(h)er Apollo

Herkunft/Verbreitung; Anmerkungen: siehe Danziger Kantapfel
Zentralobstbaumschule: L'Apollo, Danziger Kantapfel

Rot(h)er Herbststrichapfel

Herkunft/Verbreitung; Anmerkungen: siehe Rot(h)er Sommercalville
Zentralobstbaumschule: Passe pomme rouge d'Automne, Der rote kurzdauernde Herbstapfel, Rot(h)er Sommercalville

Rot(h)er Liebesapfel

Herkunft/Verbreitung; Anmerkungen: siehe Danziger Kantapfel
Zentralobstbaumschule: Pomme d'Amour, Danziger Kantapfel

Rot(h)er Markapfel

Zentralobstbaumschule: Danziger Kantapfel

Sommerkönig

Herkunft/Verbreitung; Anmerkungen: siehe Grafensteiner
Zentralobstbaumschule: Le Roi d'Été
Nationalregister: Gravenstein, Sommer König

Sommerkronapfel

Herkunft/Verbreitung; Anmerkungen: Holland
Zentralobstbaumschule: Sommeragatapfel, Sommercousinotte
Lucas/Oberdieck: Sommer-Agatapfel, Zommer-Aagt, Cousinot d'Été, Couzsinot tulé, Quisinot, Couleur de chair, Tarn-Appel

Tulpenapfel

Zentralobstbaumschule: La Pomme tulipée
Nationalregister: Caville tulipée

Weißer Borstorfer

Herkunft/Verbreitung; Anmerkungen: aus Sachsen von einem Dorf bei Meißen oder Leipzig; wohl die meiste Verbreitung in Deutschland
Zentralobstbaumschule: Weißer Borsdorfer, Weißer Winterborsdorfer
Lucas/Oberdieck: heute fragliche Zuordnung als Weißer Borsdorfer: in Bayern und Österreich Maschanzker oder Marschanzker (auch Maschansger)

Weißer, englischer Carolin

Herkunft/Verbreitung; Anmerkungen: siehe Weißer englischer Gewürzapfel
Zentralobstbaumschule: White Caroline

Weißer, englischer Gewürzapfel

Herkunft/Verbreitung; Anmerkungen: alte englische Sorte
Zentralobstbaumschule: Spice Apple
Lucas/Oberdieck: Englischer Gewürzapfel, Spice Apple

Zimtartiger Winterkronapfel

Herkunft/Verbreitung; Anmerkungen: vermutlich Holland
Zentralobstbaumschule: Kaneel Sorte Aagt-Apple
Lucas/Oberdieck: Kaneel soete Aagt apple

3. KLASSE: RAMBOURÄPFEL

1. ORDNUNG: MIT WEITEM CALVILLEARTIGEN KERNHAUS

Englischer Prahlrambour

Herkunft/Verbreitung; Anmerkungen: vermutlich aus Westengland
Zentralobstbaumschule: Glory of the West
Lucas/Oberdieck: Glory of the West

Großer, rot(h)er Herbstfaros

Herkunft/Verbreitung; Anmerkungen: siehe Danziger Kantapfel

Kaiser Alexander von Rußland

Herkunft/Verbreitung; Anmerkungen: südrussische wertvolle Apfelsorte; in Deutschland, England, Frankreich, Nordamerika
Zentralobstbaumschule: The Alexander Apple, Aporta Nalivia
Nationalregister: Alexander – Kaiser Alexander; Prior name in Russia was Aport; called the Alexander apple when imported into England in 1805. Now called Aport Aleksandr in Russia; often called Emperor Alexander in Britain Albertin, Alexander the First, Alexander von Russland, Alexandre, Alexandre Empereur de Russie, Allbertin, Allerweltsapfel, Aport, Apart, Aporta, Aport Aleksandr, Aport Alexander, Apart Alexander, Aporta Nalifia, Aporta Nalivia, Apörta Nalivia, Aporte, Aport Krasnye, Aport Osenni, Aport Osennii, Aport Ukrainskii, Apporta, Aubertin, Beauty of Queen, Belle de Bruxelles, Belle d'Orleans, Car Alexander, Cäf Alexander, Car-Alexandr, Comte Woronzoff, Corail, Count Woronzoff's Apple, Empereur Alexander, Empereur Alexandre, Empereur Alexandre I, Empereur Alexandrer, Empereur Alexandre de Russie, Empereur de Russie, Emperor, Emperor Alexander, English King, Fin d'Automne, Gotmanka (?), Gotmanovka (?), Graffenberg Rhoold, Grand Alexander, Grand-Alexander, Grand Alexandre, Grand-Alexandre, Gros Alexandre, Gros-Alexandre, Gross Alexandre, Gusevskoe, Imperatore Alessandro, Jolly Gentleman, Kaiser Alexander, Kaiser Alexander von Russland, Keijser Alexander, Keizer Alexander, Kejser Alexander, Kief's Koy, Kiefs Koy, Kirkes Sondergleichen, Korallen, Korallen Apfel, Korallenapfel, Liebensteiner Knollenapfel, Marele Alexandru, Oport, Phoenix, Phoenix Apple, Phönix, Phönix Apple, Pomme Corail, Pomona Britannica, President Napoleon, Russian Emperor, Sander Czar, Stoke Tulip, Sugar and Cream, Tar Alexandär, The Alexander Apple, Wunder Apfel, Wunderapfel
Lucas/Oberdieck: Aporta Nalivia, Emperor Alexander, Alexander; ähnlich sind Knollenapfel und Kirkes Sondergleichen

Rot(h)er Cardinalsapfel

Herkunft/Verbreitung; Anmerkungen: siehe Danziger Kantapfel
Zentralobstbaumschule: Le Rambour d'hyver

Rot(h)er Winterrambour

Zentralobstbaumschule: Rambour rouge d'hiver

Saurer Winterrambour

Zentralobstbaumschule: Rambour aigre
Lucas/Oberdieck: nicht mit dem Großen Rambour verwechseln

Winterrambour

Herkunft/Verbreitung; Anmerkungen: alte Sorte
Zentralobstbaumschule: Le gros Faros rouge d'Automne
Lucas/Oberdieck: Le Rambour d'hiver, Winterramburger

2. ORDNUNG: RAMBOURÄPFEL MIT ENGEM KERNHAUS

Blutrot(h)er Wintercardinal

Herkunft/Verbreitung; Anmerkungen: alte Sorte, nur mehr sporadisch in der Rheingegend verbreitet
Lucas/Oberdieck: Blutroter Cardinal

Brauner Sommer-Käsapfel

Herkunft/Verbreitung; Anmerkungen: siehe Weißer gestreifter Sommer-Käsapfel

Geflammter weißer Cardinalsapfel

Herkunft/Verbreitung; Anmerkungen: weit verbreitet
Lucas/Oberdieck: Geflammter Weisser Cardinal, Geflammter Weisser Cardinalsapfel, Le Cardinal blanc flambant

Gestreifter, holländischer Weinapfel

Zentralobstbaumschule: Wyn Appel, Großer rot(h)er Weinapfel

Großer Mogul

Herkunft/Verbreitung; Anmerkungen: vermutlich Holland
Zentralobstbaumschule: Groote Mogol
Lucas/Oberdieck: Groote Mogul, Römische Grethe

Großer Rambour

Zentralobstbaumschule: Le Rambour gros
Lucas/Oberdieck: Pfundapfel, Gelber Tellerapfel

Großer rot(h)er Weinapfel

Herkunft/Verbreitung; Anmerkungen: aus Holland
Lucas/Oberdieck: Sommerweinapfel, Holländischer Weinapfel, Gestreifter Holländischer Weinapfel, Roter Weinapfel

Großer Schmantapfel

Herkunft/Verbreitung; Anmerkungen: vermutlich aus Franken

Lothringer Rambour

Lucas/Oberdieck: Rambour blanc, Rambour, Quitinye, Cambour dictum, Rambour franc, Pomme de Notre Dame, Charmant blanc, Früh- oder Weißer Sommerramburger, Pfund-, Sommer-, Backapfel, Breitling, Großer Kornapfel, Rotgestreifter Pfundapfel, Rotgestreifter Tellerapfel, Lothringer Apfel, Übersetzer der Carthäuser, Augustbreitling, Gestreifter Backapfel, Großer Breitling, Herbstbreitling, Frauenapfel, Fürstenapfel, Mühlapfel, Pariser Rambour de France, Rambour blanc d'été, Rosenthaler, Paradiesapfel, Rambour rayé, Kindskopfapfel; die Bezeichnung Rambourg für Rambour dürfte gleich sein

Rot(h)er Sommerrambour

Zentralobstbaumschule: Rambour rougé d'Été
Lucas/Oberdieck: Rambour rouge d'Été, Rambour doux

Türkischer Bund

Zentralobstbaumschule: Le Turban

Ulmer-Apfel

Herkunft/Verbreitung; Anmerkungen: siehe Geflammter Weißer Cardinalsapfel
Zentralobstbaumschule: Weißer geflammter Cardinal
Nationalregister: Geflammter Weisser Cardinal

Violetter Cardinalsapfel

Zentralobstbaumschule: Cardinal violet

4. KLASSE: REINETTEN

1. ORDNUNG: EINFÄRBIGE REINETTEN

Calvilleartige Reinette

Herkunft/Verbreitung; Anmerkungen: unbekannte Abstammung
Zentralobstbaumschule: Reinette calvillée
Lucas/Oberdieck: Renete d'Espagne, ähnlich der Gelben spanischen Renette

Champagnerreinette

Herkunft/Verbreitung; Anmerkungen: in Süddeutschland
Zentralobstbaumschule: Reinette platte de Champagne
Lucas/Oberdieck: in Baden Herrn-Apfel, in Württemberg Loskrieger genannt; Herrnapfel, Fürstlicher Tafelapfel, Taffetapfel, Weißer Zwiebelapfel, Glasrenette

Charakterreinette

Herkunft/Verbreitung; Anmerkungen: Holland
Zentralobstbaumschule: Character of Drap d'or
Lucas/Oberdieck: Charakterapfel, Character of Drap, d'or, Renet Drap d'or; wird oft mit der Hieroglyphen- und der Gestrickten Renette verwechselt

Citronenreinette

Zentralobstbaumschule: La Reinette de Citron

Diel's Reinette

Herkunft/Verbreitung; Anmerkungen: aus Samen gezogen; wenig verbreitet
Zentralobstbaumschule: La Reinette Diel

Englische, grüne Nordreinette

Zentralobstbaumschule: Green North Renet

Feyerabend's Tafelapfel

Herkunft/Verbreitung; Anmerkungen: wenig verbreitet, obwohl Geschmack, Ertrag und Gesundheit es verdienen
Lucas/Oberdieck: ähnlich wie Cludius weißer Spitzapfel

Franklin's Goldpepping

Zentralobstbaumschule: Franklin's golden Pippin

Französische Edelreinette

Zentralobstbaumschule: Reinette franche, Der Normännische Apfel, Pomme de Norman, Reinette de Normandie
Lucas/Oberdieck: Edelrenette, Reinette Franche, Renette blanche, dite Prime, Renette blanche

Französische Quittenreinette

Herkunft/Verbreitung; Anmerkungen: aus England; weit verbreitet
Zentralobstbaumschule: Pomme de Coing
Lucas/Oberdieck: Winterquittenapfel, Englischer Winterquittenapfel, Renette coin française, Cornelis frühe gelbe Herbst-Renette, Amerikanischer Kaiser Apfel, Wahre weiße Herbst-Renette, Norfolk Storing, Lemon Pippin

Frühe gelbe Gewürzreinette

Zentralobstbaumschule: Da geele kruid Renet

Frühe, rot(h)gestreifte Markreinette

Zentralobstbaumschule: La Reinette Molette, La Mollette

Gefleckter Goldapfel

Zentralobstbaumschule: Kew's Admirable

Gelbe Zuckerreinette

Zentralobstbaumschule: La Reinette jaune sucrée

Gelber Apfel von Sinape

Zentralobstbaumschule: Saru Sinap

Gelber, englischer Winterpepping

Zentralobstbaumschule: Winter Pippin

Glanzreinette

Lucas/Oberdieck: zuerst als Borsdorfer von Diehl beschrieben, später als Glanzrenette; Tiroler Glanzrenette, Borsdorfer Renette, Mascon's harte gelbe Glasrenette, Guckenberger Krachapfel; in der englischen Literatur, nicht in der französischen

Goldgelbe Sommerreinette

Zentralobstbaumschule: Rambouillet, Reinette dorée d'Été
Lucas/Oberdieck: Renette d'orée d'Été, Ramoullet

Goldpepping

Zentralobstbaumschule: Peppin d'or, Englischer Pepping

Goldzeugapfel

Herkunft/Verbreitung; Anmerkungen: sehr gute bewährte Sorte; in Deutschland weit verbreitet
Zentralobstbaumschule: Vrai Drap d'or, Du Hamel
Lucas/Oberdieck: Vrai Drap, Golstick, Goldgestickter Apfel, Drap d'Or, Vrai drap d'Or (Nebenbezeichnung für den Gelben Fenchelapfel), Bay Apple, Bonne de Mai

Große, englische Reinette

Herkunft/Verbreitung; Anmerkungen: sehr verbreiteter alter Apfel, wahrscheinlich französischen Ursprungs
Zentralobstbaumschule: Reinette grosse d'Angleterre
Lucas/Oberdieck: Franzbaum, Renette von Canada; in Zürich Murner Renette, Rümlins Renette, Pracht-Renette, Stern-Renette, Goldrenette in Württemberg, Pariser Rambour-Renette, Harlemer Renette, Weiber Renette, Weiße Antillische Renette, Renette d'Andilly, Österreichische Nationalrenette, Windsor Renette, Renette Grandville, Renette à Cotes, Renette gris du Canada, Renette Incomporable, Renette de Canada

Grüne Atlasreinette

Zentralobstbaumschule: La Reinette satinée

Grüne Reinette

Herkunft/Verbreitung; Anmerkungen: altbekannt; aus Frankreich nach England
Zentralobstbaumschule: La Reinette verte
Lucas/Oberdieck: Alter Nonpareille, Nonpareille

Harlemerreinette

Herkunft/Verbreitung; Anmerkungen: siehe Große, englische Reinette
Zentralobstbaumschule: Graue englische Reinette

Honigreinette

Zentralobstbaumschule: De honing zoete Appel

Hughe's neuer Goldpepping

Zentralobstbaumschule: Hughes's new golden Pippin

Königliche Reinette

Zentralobstbaumschule: Reinette royale

Köstlicher von Kew

Nationalregister: Kew Admirable, Goldapfel von Kew, Chudnoe iz Kew, Gold Pepping von Kew, Kalvil Jeltii iz Zimnii, Kalvil zheltyi zimnii (may be synonymous with Goldapfel von Kew)

Küchenreinette

Zentralobstbaumschule: Pomme de cuisine

Marzipanreinette

Herkunft/Verbreitung; Anmerkungen: in Nassau und Rheinland verbreitet (wegen des Duftes)

Maskon's harte, gelbe Glasreinette

Herkunft/Verbreitung; Anmerkungen: siehe Glanzreinette

Neuer, großer, englischer Nonpareil

Herkunft/Verbreitung; Anmerkungen: England
Zentralobstbaumschule: Large Nonpareil Apple, The new Nonpareil
Lucas/Oberdieck: Large Nonpareil, New Nonpareil

Pariser Rambourreinette

Herkunft/Verbreitung; Anmerkungen: siehe Große, englische Reinette
Zentralobstbaumschule: Reinette de Paris

Punctierte Reinette

Zentralobstbaumschule: La Reinette punctée

Reinette von Breda

Herkunft/Verbreitung; Anmerkungen: wahrscheinlich aus Holland, nur in Baumschulen und Obstgärten verbreitet
Zentralobstbaumschule: Reinette de Breda, Der Nelguin, Reinette Nelguin, Reinette Breda
Lucas/Oberdieck: Nelguin, Cleve'scher Doppelter Goldpepping, König Jakob; wahrscheinlich ident mit Renette von Aizerna und Aizena

Reinette von Clareval

Zentralobstbaumschule: Reinette de Claraval

Reinette von der Normandie

Zentralobstbaumschule: Normännische Reinette, La Reinette de Normandie

Reinette von Lüneville

Herkunft/Verbreitung; Anmerkungen: verbreitet; stammt aus Lothringen
Zentralobstbaumschule: La Reinette de Luneville
Lucas/Oberdieck: Dodonne, Zwei Jahre dauernde Renette

Reinette von Middelburg

Zentralobstbaumschule: Reinet van Middleburg

Reinette von Sorgvliet

Herkunft/Verbreitung; Anmerkungen: stammt aus Holland; alte Sorte
Zentralobstbaumschule: Reinette de Sorgvliet
Lucas/Oberdieck: oft als Grüne Renette, Nonpareil, Carmeliter-Renette, Renette von Orleans, Goldzeugapfel, Pariser Rambourrenette abgegeben

Spencer's Pepping

Herkunft/Verbreitung; Anmerkungen: England
Zentralobstbaumschule: Spencer's Pippin
Lucas/Oberdieck: Scharlachrote Parmäne eventuell ident

Wahre, weiße Herbstreinette

Herkunft/Verbreitung; Anmerkungen: aus England; weit verbreitet
Lucas/Oberdieck: Quince Apple, Englischer Winterquittenapfel, Französische Quittenrenette, Renette coin française, Corneli's frühe gelbe Herbst-Renette, Amerikanischer Kaiser Apfel, Wahre weiße Herbst-Renette, Norfolk Storing, Lemon Pippin

Walliser Limonenpepping

Herkunft/Verbreitung; Anmerkungen: aus England; in Deutschland weit verbreitet
Zentralobstbaumschule: Welsh Lemon Pippin
Lucas/Oberdieck: Welsh Limon Pipin, Rußapfel (wegen der Ähnlichkeit bei Unreife mit grünen Walnüssen)

Weiberreinette

Herkunft/Verbreitung; Anmerkungen: siehe Große, englische Reinette
Zentralobstbaumschule: Reinette Pomme Madame

Weiße, antillische Winterreinette

Herkunft/Verbreitung; Anmerkungen: siehe Große, englische Renette
Zentralobstbaumschule: Incomparable des Antilles

Weiße, englische Winterreinette

Herkunft/Verbreitung; Anmerkungen: Frankreich
Zentralobstbaumschule: Reinette blanche d'Angleterre
Lucas/Oberdieck: Weiße englische Renette; mit der englischen Benamung sind mehrere Sorten genannt

Weiße, normännische Weinreinette

Zentralobstbaumschule: La Pomme de Normandie

Weiße, portugiesische Reinette

Zentralobstbaumschule: Reinette blanche de Portugal

Weiße Wachsreinette

Zentralobstbaumschule: Weiße Sommerreinette, Reinette d'Été blanche

Weißer Kentischer Pepping

Zentralobstbaumschule: White Kentish Pippin

Weller's Eckenhagener

Herkunft/Verbreitung; Anmerkungen: aus einem Ballen amerikanischer Baumwolle gezogen von Herrn Weller zu Eckenhagen, nur vereinzelt verbreitet

Zwergreinette

Zentralobstbaumschule: Pommier nain de Reinette

2. ORDNUNG: ROTE REINETTEN

Barceloner Parmäne

Zentralobstbaumschule: Barcelona Pearmain

Baumann's rot(h)e Winterreinette

Herkunft/Verbreitung; Anmerkungen: Deutschland, nach dem Baumzüchtern Gebrüder Baumann von Professor v. Mons benannt
Lucas/Oberdieck: Baumanns Renette, Renette Baumann, Couronne des Dames in Belgien

Borsdorferreinette

Herkunft/Verbreitung; Anmerkungen: siehe Glanzreinette

Carmeliterreinette

Herkunft/Verbreitung; Anmerkungen: 2 x verzeichnet! sehr verbreitet und geschätzt in Deutschland und Frankreich
Zentralobstbaumschule: La Reinette rousse (?), Feuerrötliche Reinette, Roter Kronapfel, Roode Kroonsappel; Reinette de Carmes
Lucas/Oberdieck: Lange rotgestreifte grüne Renette, Forellenapfel, Gestreifte Renette, Limonen-Renette, Ludwigsburger-, Holländer-, in Prag Französiche Gold-, in Tirol Französische -, Perlen-, Grüne Band-, in Berlin Parmain d'hiver, in Deassau Hacken-, Barcelona-, Speckled Golden Renette, Speackled Parmäne, Polinia Parmäne

Dietzer Mandelreinette

Lucas/Oberdieck: Mandelrenette, Rote Mandelrenette

Edler Winterborsdorfer

Herkunft/Verbreitung; Anmerkungen: stammt aus Sachsen, nach einem Ortsnamen aus einem Dorf bei Meißen oder Leipzig; vermutlich als Sämling gefunden oder gezogen; in Deutschland wohl die allermeiste Verbreitung, schon 1561 in Meißen angebaut
Zentralobstbaumschule: in der Steiermark Wintermaschansger (Wintermaschanzker)
Nationalregister: Birstof, Blagorodnoe Borsdorfskoe, Blanche de Leipsic/Leipsig/Leipsigk/Leipzig, Böhmischer Borsdorfer, Borsdoff, Borsdoffer, Borsdörf, Borsdorf, Borsdorf à longue queue, Borsdörfer, Borsdorfer, Borsdorfer Apfel, Borsdorfer Appel, Borsdorfer Apple, Borsdorfer Gold, Borsdorfer Nobile, Borsdorfer Queen's Apple, Borsdärff, Borsdorff, Borsdorff Apple, Borsdörffer, Borsdorffer, Borsdörf Hätive, Borsdorfiana nobile, Borsdorfskoe, Borsdorfskoe blagorodnoe, Borsdorfskoe zimnee, Borsdorfskoye blagorodnoye, Borstof, Borstoff à longue queue, Borstoffer, Borstoff Hätive, Borstorf, Borstorfer, Borstorff à Longue Queue, Borstörffer, Borstorffer, Borstörff Hätive, Borstorff hätive, Borstorff Hative, Bursdoff, Bursdorff, Bursdorffer, Bursztowka szlachetna, de Borsdorf, de Prochain, Deutscher Maschanzker, Deutscher Maschanzkerl, Edel Borsdorfer, Edel-Borsdorfer, Edelborsdörfer, Edelborstorfer, Edel Winterborsdorfer, Edler Winter Borsdorfer, Edler Winter-Borsdorfer, Edler Winterborsdorfer, Edler Winter Borsdörffer, Edler Winter-Borstorfer, Edler Win-

terborstorfer, Edler Winterborstorffer, Edler Winterborstorfer, Ganet Pippin, Garret Pippin, Grand Bohemian Borsdorfer, Grand Bohemian Borsdorfer, Grand Bohemian Borsdörffer, Grand Bohemian Borsdorffer, Grand-Bohemian-Borsdärffer, Grand Bohemian Pippin, Herbstborsdorfer, King, King Apple, King George, King George of the Third, King George the Third, King George Third, King George IH, Lavantthaler Maschansker, Le grand Bohemian Borsdorfer, Le Grand Bohemian Borsdorfer, Le Grand-Bohemian Borsdorfer, Le Grand Bohemian Borsdörffer, Le Grand Bohemian Borsdorffer, Le Grand-Bohemien Borsdörffer, Leipziger Reinette, l'Orgueil des Germains, Marschansker, Marschanzker, Masance, Masanczi alma, Masanschi, Masanszki alma, Maschansker, Maschanskerl, Maschanzker, Maschanzkerl, Maschanzkez, Meissner Kreis, Mieschenskerapfel, Mischenske Joblkö, Mischensky Kray, Misen Ceska, Misen Öeska, Miseiiske, Misenske, Orgueil des Germains, Pomme de Borsdorf, Pomme de Prochain, Pomme Prochain, Porstorfer, Porstorffer, Postdoff, Postophe, Postophe d'Hiver, Queen Apple, Queen Charlotte's Apple, Queen's, Queens, Queen's Apple, Red Borsdörfer, Red Borsdorfer, Red Borsdärffer, Red Borsdorffer, Reinette Batard, Reinette Bätarde, Reinette Batarde, Reinette Bätarde de Leipsick, Reinette Batarde de Leipsick, Reinette Bätarde de Leipsigk, Reinette Borsdöffer, Reinette Borsdörfer, Reinette Borsdorfer, Reinette Borsdörffer, Reinette d'Allemagne, Reinette d'Allemayne, Reinette de Leipsig, Reinette de Misnie, Reinette Misnia, Renet de Borsdorf, Renetta di Borsdorf, Renetta Nobile di Borsdorf, Tiroler Borsdorfer, Tiroler Maschanzker, Vzacna mfseri, Weiner Maschanzkerl, Weiner Maschanzkerz, Weiner Maschauzker, Wiener Maschansker, Wiener Maschanzker, Wiener Maschanzkerl, Winter Bordstorfer of Niketas, Winter Borsdorfer, Winter Borsdörffer, Winter Borsdorffer, Witte Leipsiger, Witte Leipziger, Wittle Leipziger
Lucas/Oberdieck: Edelborsdorfer, in Bayern und Österreich als Maschanzker oider Marschansker, Borsdorfer Apfel, Leipziger Renette, Renette batarde in Frankreich, Borsdorfer, Borsdorff in England und Amerika, King Georg III, Renette batarde, Renette de Misnie, Ganet Pippin, King, Le Grand Bohemian Borsdorfer, Maschanzkerl

Englische Birnreinette
Zentralobstbaumschule: Pear Renet, Schleswiger Erdbeerapfel

Englische Büschelreinette
Herkunft/Verbreitung; Anmerkungen: Deutschland
Zentralobstbaumschule: Cluster Apple
Lucas/Oberdieck: Purpurroter Winter Cousinot (fraglich, ob wirklich ident)

Englische Königsparmäne
Herkunft/Verbreitung; Anmerkungen: England
Zentralobstbaumschule: Royal Pearmain
Lucas/Oberdieck: Herfordshire Pearmain, Old Pearmain

Englische scharlachrote Parmäne
Herkunft/Verbreitung; Anmerkungen: England; bei uns wenig bekannt
Zentralobstbaumschule: Scarlet Pearmain
Lucas/Oberdieck: Scharlachrote Parmäne, Scarlett Pearmain, Bells Scarlett, Oxford peach apple

Englischer gestreifter Kurzstiel
Herkunft/Verbreitung; Anmerkungen: siehe Langton's Sondergleichen
Zentralobstbaumschule: Autumn Courtpendu

Englischer kleiner Steinpepping
Herkunft/Verbreitung; Anmerkungen: England; wenig verbreitet
Zentralobstbaumschule: Stone Pippin
Lucas/Oberdieck: Stone Pippin, Birmingham Pippin, Gogar Pippin, Norfolk Stone Pippin, Stone Pippin, White Stone Pippin, White Pippin

Forellenreinette
Zentralobstbaumschule: La Reinette tachetée

Gestreifte Sommerparmäne
Zentralobstbaumschule: Drue Summer Pearmain

Gestreifter, böhmischer Borsdorfer
Lucas/Oberdieck: gebietsweise auch Renette von Orleans

Gestreifter Carpendü (Carpentin)
Herkunft/Verbreitung; Anmerkungen: am Rhein und in Württemberg stark verbreitet, auch in anderen Gegenden
Zentralobstbaumschule: Capendu rayé
Lucas/Oberdieck: Kleine graue Renette, Kleine Weinrenette, Kleiner Lederapfel in Württemberg

Guckenberger Krachapfel
Herkunft/Verbreitung; Anmerkungen: siehe Glanzreinette
Zentralobstbaumschule: Glanzreinett

Herbstborsdorfer
Zentralobstbaumschule: in der Steiermark Sommermaschansger, Herbstborsdorfer, früher Borsdorfer, Sommerborsdorfer; Edler Winterborsdorfer

Kleiner Brabanter Bellefleur
Herkunft/Verbreitung; Anmerkungen: Holland
Zentralobstbaumschule: De Brabandse Bellefleur Appel
Lucas/Oberdieck: De Brabandse Bellefleur, Bon Pommier (Wallonien), Winter Bellefleur (Anvers), Strieping (in Flandern), Keulemanns Appel (in Limburg)

Knight's Pepping
Herkunft/Verbreitung; Anmerkungen: England
Zentralobstbaumschule: Knight's Pepping
Lucas/Oberdieck: Elton Pippin, Elton Gold Pippin, Knight's Pippin, Knight's Golden Pippin, St. Mary's Pippin

Kräuterreinette
Herkunft/Verbreitung; Anmerkungen: wahrscheinlich Deutschland, Abtei Arnstein an der Lahn; wenig verbreitet
Lucas/Oberdieck: nicht mit der Rotgestreiften Gewürzrenette (Kruid Renet) zu verwechseln

Lange rot(h)gestreifte grüne Reinette
Herkunft/Verbreitung; Anmerkungen: siehe Carmeliterreinette
Zentralobstbaumschule: Reinette verte longue panachée, Carmeliterreinette

Langer Bellefleur
Herkunft/Verbreitung; Anmerkungen: aus Holland; wenig verbreitet, gut für Süddeutschland
Zentralobstbaumschule: La Reinette Bellefleur
Nationalregister: Bellefleur, Eisenacher, Franc Bon Pommier, Glace, Glaciere, Grosse Belle-Fleur, Holländische Belle-Fleur, Koulmännekes, Kronenbaum, Langer Belleefleur, Langer Belle-Fleur, Malmedy, Malmedyer, Malmedyer Siebenschläfer, Malmedy Reinette, Monsieur, Moyeuvre, Pfingstapfel, Pomme de Cröte, Red Belle-Fleur, Red Bellfleur, Reinette Belle-Fleur, Richarde, Roter Holländischer Belle-Fleur, Saint-Louis, Siebenschläfer, Strieped Belle-Fleur, Striped Belle-Fleur, Striped Bellefleur, St. Wendeter, Wigwam
Lucas/Oberdieck: La Renette Bellefleur, Bellefleur, Doubblede Bellefleur

Langton's Sondergleichen

Herkunft/Verbreitung; Anmerkungen: England; in Deutschland weit verbreitet
Zentralobstbaumschule: Langton's Non Such
Nationalregister: Bespodobnoe Langtona, Clifton Nonsuch, Early Nonsuch, Englischer Gestreifter Kurzstiel, Langtona, Langton Nonsuch, Langtons Sonder-Gleichen, Langtons Souder gleichen, Maiden, Marden, Nonesuch Early, Non Pareille de Langton, Non Such, Old Nonesuch, Sans Pareille, Sans Pareille Summer Nonesuch
Lucas/Oberdieck: None, None such; ähnlich dem Englischen gestreiften Kurzstiel

Leckerbissen

Herkunft/Verbreitung; Anmerkungen: siehe Loans Parmäne
Zentralobstbaumschule: Lekkerbeetje

Loan's Parmäne

Zentralobstbaumschule: Loan's Pearmain

Multhaupt's Carminreinette

Herkunft/Verbreitung; Anmerkungen: in Deutschland verbreitet
Zentralobstbaumschule: Multhaupt's Carmesinreinette
Lucas/Oberdieck: Multhaupt's Renette, Radauer Parmäne, Renette ecarlate

Muskatellerreinette

Herkunft/Verbreitung; Anmerkungen: wahrscheinlich aus England oder Holland; weit verbreitet und geschätzt
Zentralobstbaumschule: Reinette musquée
Nationalregister: Reinette Carmelite, Downton Pippin
Lucas/Oberdieck: Muskaten-Renette, Margil Hook, Never Fail, Munches Pippin, Small Ribston, Kleine Granatrenette, Small Ribston, Margil, Neue Muskat Renette

Niemann's rot(h)e Reinette

Zentralobstbaumschule: Niemann's rote Reinette

Pomphelia's rot(h)e Reinette

Herkunft/Verbreitung; Anmerkungen: England
Zentralobstbaumschule: Pomphelia, Pomphelia's rote Reinette
Lucas/Oberdieck: Rote Pomphelias-Renette

Ribston's Pepping

Herkunft/Verbreitung; Anmerkungen: wahrscheinlich England, dort sehr beliebt, auch in Europa und in Amerika
Zentralobstbaumschule: Ribston's Peppin
Lucas/Oberdieck: Englische Granatrenette, Travers Renette, Travers Apple, Glory of York, Formosa Pippin

Rosenpepping

Zentralobstbaumschule: Le Peppin Rose

Rosmarinreinette

Zentralobstbaumschule: La Reinette Rosmarin

Rot(h)e Bastardreinette

Lucas/Oberdieck: in Frankreich wird Edelborsdorfer als Renette batarde bezeichnet

Rot(h)e gestreifte Gewürzreinette

Zentralobstbaumschule: Roode Kruid Renet

Rot(h)e gestreifte Sommerreinette

Herkunft/Verbreitung; Anmerkungen: holländischer Ursprung?
Zentralobstbaumschule: La Reinette rouge d'Été, De rode Zommer Renett
Lucas/Oberdieck: Gestreifte Sommerrenette
Rosenthal: Kruid Renet, Rode Kruit Renet

Rot(h)e Herbstreinette

Herkunft/Verbreitung; Anmerkungen: Frankreich
Zentralobstbaumschule: Reinette rouge d'Automne
Lucas/Oberdieck: Rote Herbstrenette

Rot(h)er holländischer Bellefleur

Herkunft/Verbreitung; Anmerkungen: Holland
Zentralobstbaumschule: Roode Hollandse Bellefleur
Lucas/Oberdieck: Hollandsche Bellefleur

Rot(h)er kentischer Pepping

Zentralobstbaumschule: Red Kentish Pippin
Lucas/Oberdieck: Pepping Kind, Kentish Pippin, Vann's Pippin

Scheibenreinette

Zentralobstbaumschule: La Reinette rouellée

Schwarze's Blutreinrette

Zentralobstbaumschule: Schwarze's Blutreinette, Gros Schwarz

Stein's roter Winterpepping

Zentralobstbaumschule: Stein's roter Winterpepping, Peppin Stein

Superintendentenapfel

Zentralobstbaumschule: De Opperkerkvoog Appel
Nationalregister: Superintendent, De Opperkerkvoogd-Appel, Surintendant

Süße Peppingsreinette

Zentralobstbaumschule: Zoete Pepling

Weißer Pepping

Zentralobstbaumschule: Witte Pepping, Blanke Pepping

Zwiebelborsdorfer

Herkunft/Verbreitung; Anmerkungen: aus Holland oder Deutschland; in Deutschland weit verbreitet
Zentralobstbaumschule: Der Zwiebelapfel, Reinette platte
Lucas/Oberdieck: Kentjes Apfel, Krasjes-, Zippel-Apfel, Zipoleelapfel, Doppelter Zwiebelapfel, Platte Renette, Bauern-Renette, Scheibenapfel, Zwiebel-Maschanzker in Österreich; nicht mit dem Zwiebelapfel zu verwechseln, Renette plate, - rurale oder - orgoniforme

3. ORDNUNG: GRAUE REINETTEN

Carpentin

Herkunft/Verbreitung; Anmerkungen: siehe auch Gestreifter Carpendü (Carpentin)
Zentralobstbaumschule: Reinette Carpentin, Carpentinerreinette
Nationalregister: Carnation, Carnation Apple, Carpentinchen, Carpentine Reinette, Carpentin Reinette, Carpentin-Renette, der Carpentin, Karpentin, Kleine Graue Reinette, Kleine Grom Reinette, Kleiner Leder Apfel, Kleiner Lederapfel, Kleine Wein Reinette, Kleine Weinreinette, Klein Graue Reinette, Petite Reinette Grise, Petite-Reinette Grise, Reinette Carpentin, Reinette Carpentine, Rote Wein-Reinette

Die graue Herbstreinette

Herkunft/Verbreitung; Anmerkungen: Frankreich
Zentralobstbaumschule: La Reinette grise d'Automne
Lucas/Oberdieck: Die graue Herbstreinette, Grüne-, Große gelbe -, Große Graue Renette, Sommer Rabau, Renette grise d'automne

Die Mennonisten Reinette

Herkunft/Verbreitung; Anmerkungen: siehe Englische Spitalsreinette
Zentralobstbaumschule: Menisten Reinet, Englische Spitalreinette

Echte graue französische Reinette

Zentralobstbaumschule: Reinette grise française

Englische Spitalsreinette

Herkunft/Verbreitung; Anmerkungen: England
Zentralobstbaumschule: Sik House Apple
Lucas/Oberdieck: Syke house Russet, Gelbe Renette (bei Koblenz), Kleine graue Renette (am Main), Aclams Russet, Mennonisten Renette

Englischer gewürzhafter Rußet

Zentralobstbaumschule: Aromatic Russet

Früher englischer Gewürzpepping

Zentralobstbaumschule: The aromatic Pippin

Gelber Fenchelapfel

Herkunft/Verbreitung; Anmerkungen: in der Rheingegend
Zentralobstbaumschule: Le Fenouillet jaune
Lucas/Oberdieck: Weißer Kurzstiel, Courtpendu blanc ou jaune, Goldartiger Fenchelapfel, Fenuillet Drap d'or, Weißer Fenchelapfel, Gelber oder weißer Kurzstiel, Pauliner

Graue portugiesische Reinette

Zentralobstbaumschule: Reinette grise de Portugal

Grauer flandrischer Pepping

Zentralobstbaumschule: Flanders Pippin

Grauer Kurzstiel

Herkunft/Verbreitung; Anmerkungen: vermutlich Frankreich; sehr viel in Württemberg
Zentralobstbaumschule: La Reinette Courtpendu gris
Lucas/Oberdieck: Le gros Courtpendu gris, Gros Fenouillet gris; in Württemberg Carbanter, Rauhgast, Herrengast, Lederapfel; nicht mit dem kleineren Roten Fenchelapfel verwechseln!

Krötenrabau

Zentralobstbaumschule: Krötenreinette

Leadington's grauer Pepping

Zentralobstbaumschule: Gray Leadington Pippin, Englische Spitalreinette

Meyer's Reinette von Orleans

Zentralobstbaumschule: Reinette von Damason

Parker's grauer Pepping

Herkunft/Verbreitung; Anmerkungen: England
Zentralobstbaumschule: Parker's Pippin
Lucas/Oberdieck: Parker's Pepping, Abercrombie's Grays Pippin, Brokers Pippin

Reinette von Auvergne

Zentralobstbaumschule: Reinette d'Auvergne

Rot(h)graue Kelchreinette

Herkunft/Verbreitung; Anmerkungen: besonders in Norddeutschland
Zentralobstbaumschule: Da graawe Fos Reinet
Lucas/Oberdieck: Graue Osnabrücker Renette, Französische Goldrenette, Franz Graf v. Eggers Renette, Osnabrücker grau überzogene Renette

Rot(h)grauer Fenchelapfel

Herkunft/Verbreitung; Anmerkungen: Frankreich
Zentralobstbaumschule: Fenouillet Drap d'or
Lucas/Oberdieck: Gestreifter Fenchelapfel, Fenouillet rayé, Bardin, Fenchelapfel

Späte gelbe Reinette

Herkunft/Verbreitung; Anmerkungen: wahrscheinlich aus Brüssel
Zentralobstbaumschule: Reinette jaune tardive
Lucas/Oberdieck: Geele Renet, Geele fransche Renet

Süße graue Reinette

Herkunft/Verbreitung; Anmerkungen: vermutlich Frankreich
Zentralobstbaumschule: De Zoete grauwe Renet
Lucas/Oberdieck: Zoete grauwe, Zoete Fransche Renet, Renette d'hyver musquée

Zimtreinette

Zentralobstbaumschule: Zimtfarbene Reinette, Kaneel Renet

Zitzenreinette

Zentralobstbaumschule: La Reinette de la Chine

4. ORDNUNG: GOLDREINETTEN

Englische Granatreinette

Herkunft/Verbreitung; Anmerkungen: siehe Ribstons Pepping
Zentralobstbaumschule: Pome granate

Englische Winter-Goldparmäne

Herkunft/Verbreitung; Anmerkungen: England; in Deutschland weit verbreitet
Zentralobstbaumschule: König der Peppings, Golden Winter Pearmain, King of the Pippins
Lucas/Oberdieck: King of the Pippins, Wintergoldparmäne, Hampshoire yellow, Hamshire yellow golden Pippin, Jones's Southampton Pippin, Goldparmäne

Französische Goldreinette

Herkunft/Verbreitung; Anmerkungen: Frankreich; in Süddeutschland verbreitet
Zentralobstbaumschule: La Reinette dorée
Lucas/Oberdieck: Renette jaune tardive, Duhamels Goldrenette, Renette dorèe de Mr Duhamel

Goldmohr

Herkunft/Verbreitung; Anmerkungen: vermutlich Holland
Zentralobstbaumschule: Holländische Goldreinette
Lucas/Oberdieck: Große Kasseler Renette

Große oder doppelte Casseler Reinette

Herkunft/Verbreitung; Anmerkungen: Deutschland

Zentralobstbaumschule: Wahre holländische Goldreinette
Lucas/Oberdieck: Dutch Mignonne

Holländischer grauer Rabau

Zentralobstbaumschule: Dubbel de grauwe Rabauw

Königlicher rot(h)er Kurzstiel

Zentralobstbaumschule: Le Courtpendu rouge royal

Königsreinette

Zentralobstbaumschule: Reinette du Roi

Kronenreinette

Zentralobstbaumschule: De Kroon Renet
Lucas/Oberdieck: Rentte rousse, Rötliche Renette, Feuerrötliche Renette

Neujorker Reinette

Herkunft/Verbreitung; Anmerkungen: vermutlich aus England
Zentralobstbaumschule: Reinette de New York, Pomme de Newyork
Lucas/Oberdieck: Amerikanischer Gewürzapfel; nicht mit dem Newtown Pippin verwechseln; Newyork Pippin

Reinette von Orleans

Zentralobstbaumschule: La Reinette d'Orleans

Rosenfarbiger Kurzstiel

Zentralobstbaumschule: Courtpendu rosat

Triumpfreinette

Zentralobstbaumschule: Reinette triomphante

Uellner's Goldreinete

Herkunft/Verbreitung; Anmerkungen: siehe Goldmohr

Van der Laan's Goldreinette

Herkunft/Verbreitung; Anmerkungen: vermutlich aus Holland
Zentralobstbaumschule: De Renet van der Laan
Lucas/Oberdieck: Renet van der Laan

Van Mons Goldreinette

Zentralobstbaumschule: Reinette van Mons

5. KLASSE: STREIFLINGE

1. ORDNUNG: PLATTE STREIFLINGE

Brauner Matapfel

Herkunft/Verbreitung; Anmerkungen: Mitteldeutschland
Zentralobstbaumschule: Schwarzbrauner Matapfel
Lucas/Oberdieck: bei Frankfurt Kohlapfel, Schwarzbrauner Matapfel, Schwarzer Matapfel, Schwarzer Borsdorfer (eigentlich einer kleineren anderen Frucht zugehörig), Mohrenapfel

Echter Winterstreifling

Herkunft/Verbreitung; Anmerkungen: Deutschland; weit verbreitet Zentralobstbaumschule
Lucas/Oberdieck: Winter Stripeling, Marienthaler Streifling, Sträumerling, Carmesapfel, Dorschenapfel (Volksname an der Lahn), in Oberschwaben Strömling

Französischer edler Prinzessinapfel

Herkunft/Verbreitung; Anmerkungen: Frankreich
Zentralobstbaumschule: La Princesse noble de Chartreux
Lucas/Oberdieck: Französischer Prinzessinapfel, Französischer edler Prinzessinnapfel

Großer gestreifter Kastanienapfel

Zentralobstbaumschule: Le Chataignier rayé

Königlicher Streifling

Herkunft/Verbreitung; Anmerkungen: unbekannt
Lucas/Oberdieck: St. Bauzon

Weißer Matapfel

Herkunft/Verbreitung; Anmerkungen: vermutlich am Rhein heimisch; in Mitteldeutschland verbreitet
Zentralobstbaumschule: Gewürzapfel, Spätblühender Matapfel
Lucas/Oberdieck: Gestreifter Matapfel, Roter Marapfel, Würzapfel, Weißer Würzapfel

Weißer Sommerrabau

Zentralobstbaumschule: Blanke Rabauw

2. ORDNUNG: ZUGESPITZTE STREIFLINGE

Prinzessinapfel

Zentralobstbaumschule: Pomme de Princesse, (Großer) edler Prinzessinapfel

Rot(h)er drei Jahre dauernder Streifling

Herkunft/Verbreitung; Anmerkungen: ganz Deutschland
Zentralobstbaumschule: Pomme rouge rayée, durable trois ans, Roter Wintercalvill-Süßapfel
Lucas/Oberdieck: Roter Wintercalvillsüßapfel, Roter calvillartiger Wintersüßapfel, Pomme rouge rayée, durable trois ans, Roter calvillartiger Süßapfel, Paradiesapfel, Braunsilienapfel

3. ORDNUNG: LÄNGLICHE ODER WALZENFÖRMIGE STREIFLINGE

Gestreifter Josephsapfel

Zentralobstbaumschule: Josefsapfel

Großer Rheinischer Bohnapfel

Herkunft/Verbreitung; Anmerkungen: vermutlich am Rhein heimisch; weit verbreietet
Zentralobstbaumschule: Bohnapfel
Nationalregister: Anhalter, Bobovoe, Bobovoe bolsoe, Bohn-alma, Bohn Apfel, Bohn-Apfel, Bohnapfel Grosser, Bohnapfelgrosser Rheinischer, Bohnapfel Rheinischer, Bohnovo velke jablko, der grosse Bohnapfel, Ferro rosso, Grochowka, Grochowka wielka, Gros Bohn, Gros-Bohn, Gros Bohnapfel, Grossa di Bohn, Gross-Bohn, Grosser Bohn Apfel, Grosser Bohnapfel, Grosse Rheinischer, Grosser Rheinischer Bohn, Grosser Rheinischer Bohn Apfel, Grosser Rheinischer Bohnapfel (prior name), Grosser Rhenisch Bohnapfel, Jackerle, Nagy Bohn alma, Pomme Bohn, Pomrne-Bohn, Pomme Haricot, Reinskoe bobovoe, Rheinischer Bohnapfel, Salzhäuser Rheinischer, Strymka, Wax Apple, Weisser Bohn Apfel, Weisser Bohnapfel
Lucas/Oberdieck: Großer Bohnapfel, Bohnapfel, Weißer Bohnapfel (am Rhein)

Kleiner Rheinischer Bohnapfel

Herkunft/Verbreitung; Anmerkungen: am Rhein verbreitet
Lucas/Oberdieck: Kleiner Bohnapfel

4. ORDNUNG: KUGELFÖRMIGE STREIFLINGE

Erzherzogsapfel

Nationalregister: Archduc Jean, Archiduc Jean

Fachinger's Glasapfel

Herkunft/Verbreitung; Anmerkungen: unbekannt

6. KLASSE: SPITZÄPFEL

1. ORDNUNG: LÄNGLICHE WALZENFÖRMIGE ODER CONISCHE SPITZÄPFEL

Blutapfel

Zentralobstbaumschule: Rot(h)er Herbstcalville

Großer Winterfleiner

Herkunft/Verbreitung; Anmerkungen: Württemberg, soll aus dem Dorf Flein bei Heilbronn stammen
Zentralobstbaumschule: Winterfleiner
Lucas/Oberdieck: Kleiner Fleiner, Fleiner, Winterfleiner; groß- und kleinfruchtige Typen vorhanden

Königin Louisens Apfel

Zentralobstbaumschule: Königinn Louisens Apfel, Pomme de Reine
Nationalregister: de Reine, Konigen Louisen, Königin Louisen, Pomme de Reine, Pomme Reine, Pomme Reine Louise, Reine, Reine Louise
Lucas/Oberdieck: Pomme de Reine (= Königin Apfel); Diehl benannte ihn nach Königin Louise von Preußen

2. ORDNUNG: ZUGESPITZTE SPITZÄPFEL

Ordensapfel

Herkunft/Verbreitung; Anmerkungen: vermutlich Deutschland

7. KLASSE: PLATTÄPFEL

1. ORDNUNG: REINE PLATTÄPFEL

Api

Zentralobstbaumschule: in der Steiermark Moizedl, Kleiner Apiapfel
Nationalregister: Api, Lady Apple, Almindelig, American Lady, Apfel Klenie, Apia, Api Eller, Api fin, Api gros, Apio, Api ordinaire, Api petite, Api piccolo, Api rose, Api rouge, Api rouge d'hiver, Api rozovoe, Apis, Appease, Appia, Appie, Appio, Apy, Apy rouge, Bollen Apfel, Bomdabinchen, Bomdabincheu, Cardinal, Cardinale, Christmas Apple, Claudiana, d'Api, de Cardinal, de Lady, de Long Bois, de Leng-Bois, Dieu, Doppelter Api, Etoilee, Gro Api, Gros Api rouge, Gros-Api rouge, Kis Api, Kleine Api, Kleiner Api, Krippele, Lady, Lady Apple, Lady Apple of the Americans, Lille Api, Long Bois, Long-Bois, Male Iabliöko, Malus Apiosa, Mela Appiola Pie cola, Passe Rose, Petit Api, Petit Api rose, Petit-Api rose, Petit Api rouge, Petit-Api-rouge, Petit Apis, Petit-Apis, Petite Api rouge, Pippin Dien, Pippin Rose, Pomme Apease, Pomme Appease, Pomme d'Api, Pomme d'Apiet, Pomme d'Api rouge, Pomme d'Apis, Pomme d'Appease, Pomme de Long-Bois, Pomme Dien, Pomme Dieu, Pomme Rose, Pomme-Rose, Pomone d'Apis, Pompone Apple, Pontaferl, Rose, Rosenapi

Gelber Herbststettiner

Herkunft/Verbreitung; Anmerkungen: in Norddeutschland häufig
Zentralobstbaumschule: Gelber Stettiner

Grüner Fürstenapfel

Herkunft/Verbreitung; Anmerkungen: vermutlich Frankreich
Lucas/Oberdieck: Pomme de Prince, von KEMPE beschriebener Pauliner

Marienapfel

Herkunft/Verbreitung; Anmerkungen: siehe Champagnerreinette
Zentralobstbaumschule: De mooi Marie; Schöner Marienapfel
Nationalregister: Danziger Kantapfel, Reinette de Champagne

Rot(h)er Stettiner

Herkunft/Verbreitung; Anmerkungen: war weit verbreitet; wegen wulstiger Auswüchse, die Äste zum Absterben bringen, zurückgegangen
Zentralobstbaumschule: in der Steiermark Zwiebelapfel
Lucas/Oberdieck: Rostocker, Stetting rouge, Rote Stettiner, Roter Herrenapfel, Annaberger, Berliner Glasapfel, Bödigheimer Zwiebelapfel, Roter Bietigheimer, Tragamoner (bei Ulm), Rotapfel (am Bodensee), Roter Zwiebelapfel (in Baden, Tirol und Bayern), Malerapfel (in Österreich) Rotvogel (Pfalz)

Wachsapfel

Herkunft/Verbreitung; Anmerkungen: siehe Weißer Winter-Taffetapfel
Zentralobstbaumschule: Weißer Taffetapfel, Taffetas blanc

Wahrer gelber Winterstettiner

Herkunft/Verbreitung; Anmerkungen: alte Sorte mit unbekannter Herkunft
Zentralobstbaumschule: Gelber Stettiner
Lucas/Oberdieck: Gelber Winterstettiner, Gelber Stettiner, Stetting jaune

Weißer Winter-Taffetapfel

Herkunft/Verbreitung; Anmerkungen: alte Sorte; weit verbreitet
Zentralobstbaumschule: Taffetas blanc d'hiver
Nationalregister: Blanche pome ciree, Falscher Borsdorfer, Oberländer Taffet Apfel, Reinette d'Argent, Röstels Gelber Weinling, Silberreinette, Spiegelapfel, Wachs Apfel, Wals, Weidling, Weidling Apfel, Weisser Borsdorfer, Weisse Reinetteq
Lucas/Oberdieck: Wachsapfel, Taffetas bianc d'hiover, Oberländer Taffetapfel, Rostels gelber Weinling

2. ORDNUNG: KUGELFÖRMIGE PLATTÄPFEL

Gelber Mecklenburger

Herkunft/Verbreitung; Anmerkungen: alte Sorte
Lucas/Oberdieck: dem Wintercitronenapfel nahe verwandt

Großer rot(h)er Winter-Paradiesapfel

Zentralobstbaumschule: Doppelter roter Winterparadiesapfel

Rot(h)er Herbst-Zimtapfel

Zentralobstbaumschule: De roode goud Kaneel

Russischer Glasapfel

Zentralobstbaumschule: Russischer Pauliner, Astracanischer Winterapfel

Weißer Herbst-Taffetapfel

Lucas/Oberdieck: Taffetas d'Été (reift aber früher)

SYNONYME (AUSZUGSWEISE) FÜR DIE IM BUCH BEHANDELTEN BIRNENSORTEN

1. KLASSE: BUTTERBIRNEN

1. ORDNUNG: BREITER ALS HOCH

Bergamotte von Bugi

Anmerkungen: soll von der Provinz Bugi an der Savoyer Grenze abstammen
Zentralobstbaumschule: La Bergamotte Bugi
Lucas/Oberdieck: Bugi, Ministre, Nicole, Violette, Grosse ronde d'hiver, Pera Spina

Comperelle (Comperette)

Lucas/Oberdieck: Die Comperette, Rousselet Prince de Ligne, Prinz von Ligne, Colmar Musqué, Löwener Butterbirne, Ananasbirne, Poire d'Ananas, d'Ananas d'Été

Grüne langstielige Winterhirtenbirne

Zentralobstbaumschule: La Musette d'hiver à longue queue

Herbstbergamotte

Zentralobstbaumschule: La Bergamotte d'Automne
Lucas/Oberdieck: irrig als Rote Bergamotte benannt; La Bergamotte, Bergamotte commune, ou de la Hillière, ou de Recons

Hildesheimer Bergamotte

Anmerkungen: aus dem Großherzogtum Berg
Lucas/Oberdieck: Deutsche National Bergamotte, Schöne und Gute, Belle et Bonne, Birne ohne Kerne, Siebenburger Butterbirn

Hofbergamotte

Lucas/Oberdieck: Bergamotte de la Cour

Rot(h)e Bergamotte

Zentralobstbaumschule: Bergamotte rouge
Lucas/Oberdieck: Bergamotte rouge, Rote Bergamotte, Bergamotte rouge d'Été, Rote Dechantsbirne, Zwiebelbirne, Käsbergamotte, Bergamottte Nonpareille, Winterbergamotte, Bergamotte ronde d'automne

Wahre Winterambrette

Zentralobstbaumschule: Ambrette d'hiver
Lucas/Oberdieck: häufig mit der Jagdbirne und dem Winterdorn verwechselt; Ambrette, Poire d'Ambre ou la Reine, Ambre gris, Trompe coquin, Ambrette épineuse, Ambrette mit Dornen, Amberbirn, Thüringen auch Wintermuscateller

2. ORDNUNG: VON GLEICHER HÖHE UND BREITE

Birne von Fusalu

Zentralobstbaumschule: Poire de Fousalon

Brüsseler Herbstmuscateller

Zentralobstbaumschule: Prosse de Pepins
Lucas/Oberdieck: Grosse de Peppins, Brüsseler Herbstbergamotte

Burchart

Lucas/Oberdieck: ähnlich der Colmar Neil und Dillens Herbstbirn; Burchardts Arembererin, Crassanne Steven

Chevalier

Anmerkungen: altbekannte französische Sorte; als Sämling gefunden; in Deutschland schon lange bekannt
Zentralobstbaumschule: Chevalier d'hiver

Coloma's Winterbutterbirne

Anmerkungen: aus Nancy (F)
Lucas/Oberdieck: siehe Winternelis

Crassane

Anmerkungen: wahrscheinlich aus Frankreich; in Belgien viel gepflanzt
Zentralobstbaumschule: La Bergamotte Crassane
Lucas/Oberdieck: Die Crasane, Crasanne, Crésanne, Beurré plat, Crasanne d'automne, Bergamotte Krasanne, Platte Butterbirne, Kaiserbirne, Langstielige Bergamotte, Graue Crasanne, Klotzbirn, Französischer Rattenschwanz, Rattenschwanz, Haasenbirne, Winter Bergamotte, Pfingstbirne, Narrenbirne, Platte Crasanne

Deutsche Muscatellerbirne

Anmerkungen: alte französische Sorte; in Deutschland verbreitet
Zentralobstbaumschule: Le Muscat allemand
Lucas/Oberdieck: Muscat d'Alleman, Muscat d'Allemagne; entspricht auch dem Großen Katzenkopf; Große Mogul

Die Aremberg

Anmerkungen: aus Frankreich
Lucas/Oberdieck: Colmar Deschamps, Aremberg, Beurré d'Aremberg, Orpheline d'Enghien, Delices des Orphelins, Aremberger Butterbirn

Die Argenson

Lucas/Oberdieck: siehe Regentin

Die Darimont

Lucas/Oberdieck: Darimont d'hiver

Dillen

Zentralobstbaumschule: Dillen d'automne
Lucas/Oberdieck: Dillens Herbstbirne; nicht mit der Diels Butterbirne verwechseln; Maréchal Dillen

Eifersüchtige

Zentralobstbaumschule: La Jalousie
Lucas/Oberdieck: Poire de Fontenay, Jalousie de Fontenay-Vendée, Belle d'Ésquermes

Enghien

Zentralobstbaumschule: Beurré d'Enghien
Lucas/Oberdieck: Duquesnes Sommermundnetzbirn, Reine Caroline, Birne de Wittemberg, Birne von Colmar, Dicktiel (Grosse Queue)

Feine September-Goldbirne

Zentralobstbaumschule: Fin Or de Septembre

Franchipane

Zentralobstbaumschule: Le Franchipane
Lucas/Oberdieck: Franchipanne; es gibt auch eine Sommer- und eine Winterfranchipane

Frühe dünnstielige Sommerbergamotte

Zentralobstbaumschule: Bergamotte hâtive à longue queue

Frühe Schweizer-Bergamotte

Anmerkungen: aus Holland
Zentralobstbaumschule: La Bergamotte suisse hâvite
Lucas/Oberdieck: nicht mit der Schweizerhose verwechseln! Frühe Bergamotte, Poire de Kiensheim, Kiensheimer Wegbirn, Bergamotte de Hollande panachée, Bergamotte panachée, Gestreifte Sommerbergamotte

Gelbe Sommerbutterbirne

Anmerkungen: aus einem Wald in Frankreich, wahrscheinlich bei einer Jagd gefunden
Zentralobstbaumschule: Beurré jaune
Lucas/Oberdieck: Goud Peer, Goldbirn, Beurré jaune d'Été

Goemann's gelbe Sommerbirne

Zentralobstbaumschule: Passe Goemann

Graue Dechantsbirne

Anmerkungen: aus Savoyen oder aus dem Waldenser Land
Zentralobstbaumschule: Le Doyenné gris, Die graue Doyenne
Lucas/Oberdieck: Doyenné roux, Doyenné Crotté, galeux, jaune, St. Michel gris, Neige gris, Beurré d'oré, Vergoldete weiße Butterbirne, Doyenné rose; im Hannoverischen Beurré brun

Große britannische Sommerbirne

Anmerkungen: aus Metz (F); wahrscheinlich Sämling der Weißen Herbstbutterbirne
Zentralobstbaumschule: Grand Bretagne
Lucas/Oberdieck: Grand de Brittagne, Scotch Bergamot

Große Sommer-Bergamotte

Anmerkungen: fraglich, ob englischer Abstammung, da auch in Belgien und Frankreich angebaut
Zentralobstbaumschule: La Bergamotte d'Été
Lucas/Oberdieck: Bergamotte d'Été ou ordinaire, La Beuvrière, Milan de la Beurvrie, Bergamotte d'Été, Mimotte d'Été, Hamdens Bergamott, Summerbergamott pear, Sommerbergamotte, Runde Sommerbergamotte, Deutsche Nationalbergamotte

Große Winter-Muscatbirne

Zentralobstbaumschule: Le gros Muscat d'hiver
Lucas/Oberdieck: Bonne rouge, Diamant, Bergamotte d'Angleterre; wegen der roten Fruchtfarbe irrtümlich oft Rote Bergamotte

Grüne Herbstzuckerbirne

Anmerkungen: holländischer Sämling
Zentralobstbaumschule: Le Sucré verd, Die Zuckerbirne
Lucas/Oberdieck: Grüne Herbstzuckerbirn, Le Sucré verd, Le Sucré, Herbst- oder Octobers Siuker Peer, St. Nicolas Peer, Brederoo, Groene Suiker Peer; in Württemberg Grüne Zuckerbirn; Grüne Bergamotte, Green Sugar

Grüne Sommerbutterbirne

Zentralobstbaumschule: Beurré vert d'Été
Lucas/Oberdieck: Beurré vert d'Été

Grüne Sommer-Magdalene

Zentralobstbaumschule: Magdalenenbirne, La Poir Madalaine; in der Steiermark auch Die Glasbirne
Lucas/Oberdieck: Grüne Magdalene, Poire Madeleine; in Württemberrg Glasbirne; Grüne Margarethenbirne, Große Frühe Jakobibirne, Citron des Carmes, Carmeliter Citronenbirne, Magdalene, Impératrice, Franche Kaiserin, Kaiserin, Citron sque, Petite Magdeleine, St. Jean, Citron de Carmes, Rose Angle Early, Deutsche langstielige Weißbirne

Grüne Winterherrenbirne

Anmerkungen: Belgien; in Deutschland als Kronprinz Ferdinand von Österreich
Zentralobstbaumschule: Seigneur d'hiver
Lucas/Oberdieck: Winterdechantsbirne, Seigneur d'hiver, Doyenne de Printemps, Lauers englische Osterbutterbirne, Beurre de Paques de Lauer, Hildesheimer Winterbergamotte, Frühlingsbutterbirne, Pfingstbergamotte, Sylvange d'hiver, Poire ou Berg, Philippe d'hiver Anglaise, Beurré Easter (in England), van Mon's Frühlingsbutterbirne, Canning, Pastorale

Hardenpont's Winterbutterbirne

Zentralobstbaumschule: Hardenpont d'hiver
Lucas/Oberdieck: Kronprinz Ferdinand von Österreich, Hardenpont d'hiver, Beurre d'Hardenpont, Glou Merceau, Beurre de Campron, Fondante jaune superbe et d'hiver, Beurre Kent, Beurre Lombard, Colmar d'hiver, Roi de Württemberg; bei Darmstadt Schinkenbirn

Herbstbirne ohne Schale

Zentralobstbaumschule: Poire sans peau d'Automne
Lucas/Oberdieck: Zartschalige Sommerbirne, Poire sans peau, Muscat longue

Holländische Sommer-Dechantsbirne

Lucas/Oberdieck: Runde Mundnetzbirn, Poire du Bouchet, Beurré blanc d'Été, Sommerdechantsbirn, Doyenné d'Été, Doyenné de Juliette, Runde Mundnetzbirn, Moullebouche ronde, Sommerbergamotte, Weiße Sommerbutterbirn, Colmar Bonnet, Beurré de Bordeaux

Italienische Winterbergamotte

Anmerkungen: Sämling; nach dem Sekretär Sylvester vom Pomologen Mons benannt; Deutschland
Zentralobstbaumschule: Pera Spina

Jaminette

Anmerkungen: wahrscheinlich 1825 in einem Klostergarten in Löwen (B) aufgefunden
Zentralobstbaumschule: La Jaminette
Lucas/Oberdieck: fälschlich Jamisötte; Belle d'Austrasie, Crasanne d'Austras, Maoit, Pyrole, Sabine, Banneux, Josephine (de France), Hardenpont de Printemps, Josephine Imperiatrice, Späte Hardenpont

Je länger, je lieber

Zentralobstbaumschule: Hoc langer hoc liever, Schone Vrouw, Hoere Peer, Tysjes Peer
Lucas/Oberdieck: Englische Sommerbutterbirne, Beurre d'Angleterre, Poire d'Amande, Mandelbirne, Tysjes Peer, Bec d'Oie, Bee d'Oiseau, Beurré d'Angleterre, Beurré d'Amande, St. François, English Beurré Down

Johann Dewitte

Anmerkungen: Sämling von Hardenpont; seit 1758 bekannt
Lucas/Oberdieck: Jean Dewitte, Beurré de Malines, Beurré de Hemptienne

Kaiser von Österreich

Lucas/Oberdieck: Franz II, François II, Empereur d'Autriche; wahrscheinlich zwei verschiedene Sorten, da die eine butterhaft gewürzt süß, die andere einer Pomeranzenbirn ähnlich schmelzend und wenig saftig sei

Lange schmelzende Britannie

Anmerkungen: Brüssel
Zentralobstbaumschule: Bretagne fondante longue

Lucas/Oberdieck: wenig Anklang; Lange schmelzende Britanien (oft ohne Lange)

Lansac des Quintinye

Zentralobstbaumschule: Le Lansac de Quintinye
Lucas/Oberdieck: Herbstbirne ohne Schale, Waldenser Pee, Lansac de Quntinye, Poire sans peau d'automne; in Flandern Marquise d'Item, in Holland Poire Vandoiser; Dauphine, Lichefrion d'automne, Franchipane d'automne, Satin

Lauers englische Oster-Butterbirne

Lucas/Oberdieck: siehe Winterdechantsbirn

Leschasserie

Zentralobstbaumschule: La Poire de Lechasserie, Die Jagedbirne, Besi de Chasserie
Lucas/Oberdieck: Verte longue d'hiver Besidery-Landry, Besi l'echasserie, Muscat de Villandry, Chassery, Besi de dry, Jagt Peer, Winter Verte longue Pear, Winter long green Pear; landläufig Wintereierbirne, Winter-Bestebirne

Loire's Gewürzbirne

Zentralobstbaumschule: Loire de Mons

Lothringer Dechantsbirne

Anmerkungen: nach dem Direktor des Jardin des Plates Jean Thouin in Paris benannt
Zentralobstbaumschule: Le Doyenne d'Austrasie

Muscierte Schmeerbirne

Anmerkungen: aus Düben bei Leipzig; vielfach verbreitet
Zentralobstbaumschule: Le petit Oin

Neil

Zentralobstbaumschule: Colmar Neil
Lucas/Oberdieck: Colmar Neil, Dillens Herbstbirn, Crassanne Steven

Neue späte Winterdechantsbirne

Anmerkungen: mehrfach in deutschen Gärten
Lucas/Oberdieck: Novelle Pentecôte, Neue Pfingstbirn, Neue späte Winterdechantsbirn

Noarschein

Anmerkungen: von van Mons auf Wunsch des Königs von Württemberg nach dem Württemberg'schen General Graf Dillen benannt
Zentralobstbaumschule: Noirschän
Lucas/Oberdieck: Norschain, Noirchain, Sommer- oder Herbstnoarschän

November-Dechantsbirne

Zentralobstbaumschule: Dojenne d'hiver
Lucas/Oberdieck: Rousselet St. Vencent, Doyenne d'hiver

Ocken

Lucas/Oberdieck: Oken d'hiver

Parfumierte Herbstbirne

Zentralobstbaumschule: Le Parfum d'Automne

Po(h)lnische grüne Krautbirne

Anmerkungen: wahrscheinlich Sämling
Zentralobstbaumschule: Kapusniec

Preul's Colmar

Anmerkungen: nach dem berühmten Naturforscher Prof. Oken benannt
Zentralobstbaumschule: Colmar Preul
Lucas/Oberdieck: in Deutschland unter sehr verschiedenen Namen vorkommend; in Belgien, England und Frankreich Passe Colmar, statt Preul's richtigerweise Precels Colmar; Dornige Colmar, Hochfeine Colmar, König von Bayern, Argenson, Fondante de Pariselle (richtigerweise Paniselle de Jonghé), La Souveraine, Souverain d'hiver, Colmar Souverain, Ananas d'hiver, Impératrice, Pucelle Condésienne, Passe Colmar ordinaire, Passe Colmar gris, Passe Colmar, d'oré, Passe Colmar nouveau, Colmar d'Hardenpont, Fontantede Mons, Present de Malines, Marotte sucrée jaune, Gambier, Cellite Chapmans, Dittrichs Butterbirne, Rostfarbige Butterbirn, Beurré broncé

Regentin

Zentralobstbaumschule: La Souveraine, Colmar souverian

Rote Herbstbutterbirne

Anmerkungen: vor 1800 auf dem kleinen Gut Bouchereau bei Fontenay vom Pfarrer Gusteaud aufgefunden
Zentralobstbaumschule: Rote Dechantsbirne, Le Beurre rouge, Le Doyenné rouge
Lucas/Oberdieck: Rote Herbstbutterbirn, Gansells Bergamotte in England, Brocas Bergamot, Joes Bergamot, Staunton, Gurlés Beurré

Russelet St. Vincent

Lucas/Oberdieck: Vincent, Doyenné d'hiver, November Dechantsbirn

Schweizer Bergamotte

Zentralobstbaumschule: La Bergamotte Suisse, Die gestreifte Bergamotte
Lucas/Oberdieck: nicht mit der Frühen Schweizer Bergamotte und Schweizerhose verwechseln

Sommer-Ambrette

Zentralobstbaumschule: Ambrette d'Été
Lucas/Oberdieck: Grise bonne (eigentlich Französische gute graue Sommerbirne, mit der Guten Grauen vergleichbar), Crapaudine

Sommer-Dechantsbirne

Zentralobstbaumschule: Le Doyenné d'Été, Beurré blanc d'Été
Lucas/Oberdieck: siehe Große Sommerbergamotte

Sommer-Verlaine

Anmerkungen: Sämling
Zentralobstbaumschule: Verlaine d'Été
Lucas/Oberdieck: Fondante des bois, Sommer-Verlaine, Liegl's Dechantsbirn, Holzfarbige Butterbirn; in Belgien Davy, Belle de Flandre, Fondante Dubois, Fondante de Paris, Beurré Spence, Léon Spence, Léon Juliere, Spreuw, Belle Alliance

Thouin

Zentralobstbaumschule: Bergamotte Thouin
Lucas/Oberdieck: Bergamotte Thouin; in französischer Literatur oft Beurré Thouin als Synonym für Winter Nelis

Tolsduyn's grüne Herbstzuckerbirne

Zentralobstbaumschule: Suyker Peer van Tolsduyn

Van Marum's Schmalzbirne

Zentralobstbaumschule: Beurré van Marum
Lucas/Oberdieck: Poire van Marum, Calebasse montrueuse de Nord, Calebasse Neckmans, Calebasse royale, Beurré Marum

Van Tertolen's Herbstzuckerbirne

Zentralobstbaumschule: Suyker Peer van Tertolen
Lucas/Oberdieck: Suyker Peer van Tertolen, Tolysbuyns grüne Herbstzuckerbirne, Suyker Peer van Tolisd, Petit Romain

Volltragende Sommerbergamotte

Anmerkungen: aus Frankreich
Lucas/Oberdieck: Flemish Beauty, Beurré de Bourgogne, Beurré St. Amour, Novelle gagée à Heuze, Bosc Peer

Wahre Leipziger Rettigbirne

Zentralobstbaumschule: Colditzer Rettigbirne
Lucas/Oberdieck: Coldizer Rettigbirn, Ritterbirne; wahrscheinlich auch Christ'sche

Weiße Herbstbutterbirne

Anmerkungen: benannt nach dem berühmten, aber unglücklichen Großpensionär von Holland
Zentralobstbaumschule: La Beurré blanc, Le Doyenne, Die weiße Butterbirne; in einigen unserer Gegenden Mouille bouche Birne
Lucas/Oberdieck: Beurré blanc, Kaiserbirne (in Österreich vielfach genannt), Doyenné, Doyenné blanc St. Michel, De Neige, Du Seigneur, Citron de Septembre, Poire de Limon, Bonne-Ente, Valencia, Grote of blanke Doyenné, Witie oder Blanke Beurre, White Beurre, White Witte, Blanke Beurrré Dean's, Snow Pear, Pine Pear, Warwick Bermot, Virgalieu, St. Michael, Butter Pear, Virgaloo, Bergaloo

Wildling von Montigny

Anmerkungen: benannt nach Justizrat Burchradt in Landsberg an der Warthe
Zentralobstbaumschule: Bezi de Montigny
Lucas/Oberdieck: Bergamotte Crasanne?; Merlets Doyenné de Pontoise, Trouve de Montigny, Runde Mundnetzbirne, Doyenne musque, Doyenne gris

Wildling von Motte

Zentralobstbaumschule: Bezi de la Motte
Lucas/Oberdieck: nach ihrem Finder oder Verbreiter benannt; Grüne Bergamotte, Graue Bergamotte, Grüne Herbstbergamotte, Grüne Mullebusch (in Süddeutschland), Getüfelte und Große Crassane in Thüringen, im Hannoverischen Bergamotte Crasanne, Bein Armudi, Beurré blanc de Jersey

Wilhelmine

Lucas/Oberdieck: Wilhelmine, Wilhelmine par nous; in Belgien Beurré d'Amanlis, Große Englische Noisee's Butterbirn

Winter Sylvester

Zentralobstbaumschule: Sylvestre d'hiver, Sylvestre d'automne
Lucas/Oberdieck: König von Württemberg, Frédéric de Württemberg in Belgien, Beurre de Montgeron, Vermillon d'Espagne, Herbstsylvester

Zartschalige Sommerbirne

Zentralobstbaumschule: Sommerbirne ohne Schale, Poire sans peau, Die frühe Russelet, Die Kirschblüt(h)e

3. ORDNUNG: HÖHER ALS BREIT

Aerenthal's grüne Herbstbutterbirne

Anmerkungen: von Diel, dem Freiherrn von Aehrenthal, Vizepräsident des Appellations- und Kriminalgerichts für Böhmen in Prag gewidmet, der ein pomologischer Schriftsteller war
Lucas/Oberdieck: Die Aerenthal

Amboise

Zentralobstbaumschule: Herbstbutterbirne von Amboise
Lucas/Oberdieck: unrichtig Angoise

Augustbirne

Anmerkungen: in Meiningen (Deutschland) oft verbreitet
Lucas/Oberdieck: Poire d'août, Austbirne; oft mit der Langen Sommerzuckerbirn und Jungfernbirn verwechselt

Bergamotte von Soulers

Anmerkungen: vielleicht aus Solothurn
Zentralobstbaumschule: Bergamotte de Soulers, Bonne de Soulers, Grüne Osterzuckerbirne, Sueré verte de Paques, Die Bergamotte von Solothurn, Beurré de Soleurs
Lucas/Oberdieck: oft mit Bugi verwechselt

Berlaimont

Zentralobstbaumschule: Berlaimont

Bosc's Flaschenbirne

Lucas/Oberdieck: Beurré d'Apremont (Ursprungsname), Calebasse Bose; von Diel unrichtig als Kaiser Alexander weitergegeben; Beurré Bosc

Bosc's frühzeitige Flaschenbirne

Lucas/Oberdieck: siehe Prinzessin Marianne

Brugmans

Anmerkungen: nach dem 1819 verstorbenen Naturforscher Brugmanns benannt
Lucas/Oberdieck: Die Brugmanns

Brüsseler Zuckerbirne

Zentralobstbaumschule: Verte dans Pomme
Lucas/Oberdieck: Verte dans Pomme, Beurré verte, Rousselet Satin, Frühe Dechantsbirne

Calvillbirne

Anmerkungen: besonders großes Kernhaus
Lucas/Oberdieck: Parfum Calville

Capiaumont's Herbstbutterbirne

Anmerkungen: von Apotheker Capiaumont in Mons als Sämling; in Frankreich oft stark rot gefärbt
Zentralobstbaumschule: Beurré de Capiaumont
Lucas/Oberdieck: rot gefärbt Beurré Aurore; in Deutschland auch Carthäuserin, Poire de Chartreux, Carthäuserin

Carthäuserin

Zentralobstbaumschule: Poire de Chartreaux
Lucas/Oberdieck: siehe Capiaumont

Coloma's Carmeliterbirne

Anmerkungen: Sämling
Zentralobstbaumschule: Carmelite

Coloma's Herbstbutterbirne
Anmerkungen: 1783 aufgefunden
Zentralobstbaumschule: Coloma d'Automne
Lucas/Oberdieck: in Belgien Beurré Coloma, Coloma d'automne, Poire des Urbaniste, van Monsche, Urbaniste Seedling, Beurré Gens, Loise d'Orleans , Luis Dupont

Coloma's köstliche Winterbirne (Coloma's Winterbutterbirne)
Anmerkungen: von Nelis in Mecheln (Malines) gezogen
Zentralobstbaumschule: Surpreme Coloma
Lucas/Oberdieck: Colomas Winterbutterbirne, Winternelis, Nelis d'hiver, Colomas d'hiver, Vrai Coloma de printemps

Dagobertusbirne
Zentralobstbaumschule: Le Dagobert

Deutsche langstielige Blanquette
Anmerkungen: aus Frankreich
Zentralobstbaumschule: Blanquet hâtif à longue queue
Lucas/Oberdieck: Französiche langstielige Weißbirne, Langstielige Blankette, Nagewitzbirne, Muscat à la grande queue, Sommerblankette mit langem Stiel, Long Stalk (Staloked) Blanquet

Die Brüsseler Birne
Lucas/Oberdieck: „unentwirrbares Namenschaos"; Belle de Bruxelles, Poire Madame, Windsor Pear

Diel's Butterbirne
Anmerkungen: von Mons gezogen und nach Diel benannt – nach anderer Literatur fand Meuir in Trois-Tours den Mutterbaum
Zentralobstbaumschule: Beurré Diel
Lucas/Oberdieck: Beurré incomperable, Beurré magnifique, Beurré royal, Poire Melon, Dorothée, Graciole d'hiver

Duquesne's Sommermundnetzbirne
Zentralobstbaumschule: Beurré Duquesne
Lucas/Oberdieck: siehe Enghien

Englische lange grüne Winterbirne
Lucas/Oberdieck: Green beurré

Englische Sommerbutterbirne
Anmerkungen: fraglich, ob englischer Abstammung
Zentralobstbaumschule: Le Beurré d'Angleterre
Lucas/Oberdieck: in Belgien, Frankreich und in Deutschland Poire d'Amande, Mandelbirne, Je länger, je lieber, Hoc langer hoc liever, Schene Vrouw, Hoere Peer, Tysjes Peer

Erzherzog Carl
Zentralobstbaumschule: Archidue Charles
Lucas/Oberdieck: siehe Gute Graue

Erzherzog Carl's Winterbirne
Lucas/Oberdieck: siehe Gute Graue

Forellenbirne
Anmerkungen: aus Sachsen
Lucas/Oberdieck: Poire Truité, Forelle, Forel

Franz I
Zentralobstbaumschule: François I

Gelbe Sommerherrenbirne
Anmerkungen: aus Frankreich
Lucas/Oberdieck: Erzherzogsbirn, l'Archiduc d'Été, Gelbe Sommerherrnbirn; in Hannover und Württemberg Tafelbirn; ident mit Dürkheimer Tafelbirne, Kandelbirne

Gerdessen's Weigsdorfer Butterbirne
Anmerkungen: von Pastor Gerdessen zu Weigsdorf in der Oberlausitz gezogen
Lucas/Oberdieck: Die Gerdessen, Benadine

Graue Herbstbutterbirne
Anmerkungen: aus Frankreich
Zentralobstbaumschule: Le Beurré, Le Beurré gris
Lucas/Oberdieck: Große Isembart, Eisenbart, Beurré d'oré, Beurré Brown, Beurré rouge, Beurré vert, Red Beurré, Badhams, Golden Beurré, Beurré d'Anjou

Große grüne Mailänderin
Anmerkungen: vom Weinschenk Liard in Mons gezogen
Lucas/Oberdieck: Napoleons Butterbirne, Beurré Napoleon, Bonchretien Napoleon, Bonaparte, Charles d'Autriche, Charles X, Belle Canaise

Grumkower Winterbirne
Anmerkungen: Bauerngut Grumkow bei Rügenwalde, Hinterpommern
Lucas/Oberdieck: Grumkower Butterbirn

Grüne Flaschenbirne
Zentralobstbaumschule: Calehasse verte
Lucas/Oberdieck: siehe Holländische Feigenbirne

Grüne Hoyerswerder
Anmerkungen: Sämling aus Hoyerwerda, Niederlausitz
Zentralobstbaumschule: Die grüne Sommerzuckerbirne von Hoyerswerder
Lucas/Oberdieck: Incommunicable, Benadine

Grüner Sommerdorn
Anmerkungen: Ludwig XIV. fand sie gut = la bonne poire
Zentralobstbaumschule: Epine d'Été verte
Lucas/Oberdieck: Epine d'Été, Fondante musquée, Sommer Epine, Zerfließende Muscateller, Epoine d'été verte; in Italien Bugiarda; Satin vert, Duhamels Rosenbirne, Punktierter Sommerdorn

Gute Graue
Zentralobstbaumschule: Graue Sommerbutterbirn, Le grise Bonne
Lucas/Oberdieck: Beurré gris, Jutjes Birn, Schöne Gabriele, Holländische Sommerdechantsbirn, Yat oder Yutte, Fondante Batavi, Erzherzog Carl, Sommer Ambrabirn, Graubirn, Grise bonne, Ambrette d'été

Hardenpont's Leckerbissen
Zentralobstbaumschule: Delices Hardenpont

Hardenpont's Winterbutterbirne
Anmerkungen: seit 1759 in Belgien, von van Mons gezogen
Zentralobstbaumschule: Hardenpont d'hiver
Lucas/Oberdieck: Kronprinz Ferdinand von Österreich, Hardenpont d'hiver, Beurre d'Hardenpont, Glou Merceau, Beurre de Campron, Fondante jaune superbe et d'hiver, Beurre Kent, Beurre Lombard, Colmar d'hiver, Roi de Württemberg; bei Darmstadt Schinkenbirn

Heilige Angelikabirne

Zentralobstbaumschule: St. Auguste Angelique
Lucas/Oberdieck: Angelikabirne von Bordeaux, Angelique de Bordeaux, Große Engelsbirne, Sainte Auguste Angelique

Hermannsbirne

Anmerkungen: alte Sorte von der Abtei St. Germain bei Paris; als Sämling am Ufer des Flüsschen Lafare gefunden
Zentralobstbaumschule: Le Saint Germain, Die St. Germain, Inconnu de la Pare
Lucas/Oberdieck: St. Germain d'hiver, Inconnuel, Unknown of the Fare, Grüne Winterbergamotte

Holländische Feigenbirne

Anmerkungen: nur in Norddeutschland; verdient recht häufigen Anbau
Zentralobstbaumschule: Poire Fique
Lucas/Oberdieck: Gurkenbirn, Fregattbirn, Hopfenbirn; bei Grafenstein Kaiserinbirn, da sie die Kaiserin von Russland sehr liebte und sich jährlich eine Kiste zusenden ließ; Glockenbirn, St. Ghislain, Rougemont, Grüne Flaschenbirn

Holzfarbene Butterbirne

Anmerkungen: Sämling
Lucas/Oberdieck: Holzfarbige Butterbirn, Fondante des bois, Verlainé d'été, Liegels Dechantsbirne, Davy, Belle de Flandre, Fondante Dubois, Fondante de Paris, Beurré Spence

Kaiser Alexander

Anmerkungen: von Bouvier in Jodoigne gezogen; nach dem Kaiser von Russland Alexander benannt; Diel wundert sich, dass die nach deutschen Verhältnissen eher minderwertige Birne nach einem Kaiser benannt wurde oder sie ist in ihrer Heimat wesentlich besser
Lucas/Oberdieck: von Diel oft unrichtig als Bosc's Flaschenbirne angegeben

Kleiner grüner Isambert

Zentralobstbaumschule: L'Isambert petit

Köstliche von Charneu

Anmerkungen: Sämling aus dem Dorf Charneux
Zentralobstbaumschule: La Merville de Carneu
Lucas/Oberdieck: Charneu, La Merville de Charneu, Doyenné Robin, Fondant de Charneux, Duc de Brabant, Miel de Waterloo

Kronprinz Ferdinand von Österreich

Lucas/Oberdieck: siehe Hardenpont's Winterbutterbirne

Lange gelbe Winterbirne

Zentralobstbaumschule: Verte longue d'hiver
Lucas/Oberdieck: Gute Luise, Wahre gute Louise, Römische Winterbirne, Weißschalige Bergamotte?, Weiße Schalbirne?, Glatte St. Germain, Grüne lange Winterbirne, Glasbirne, Grünbirne

Lange Grüne Herbstbirne

Anmerkungen: Frankreich
Zentralobstbaumschule: La Verte longue, Mouillebouche d'Automne
Lucas/Oberdieck: Grüne lange Herbstbirne, Verte longue d'Angers

Lange weiße Dechantsbirne

Zentralobstbaumschule: Le Doyenné blanc long

Liebhart's Butterbirne

Lucas/Oberdieck: Beurré Liebhart

Liegel's Dechantsbirne

Lucas/Oberdieck: siehe Holzfarbne Butterbirne

Mandelbirne

Lucas/Oberdieck: Beurré d'Angleterre, Poire d'Amande, Englische Sommerbutterbirne, Je länger, je lieber, Schene Vrouw

Mannabirne

Anmerkungen: aus Guyenne (Frankreich); altbekannt, aber verdrängt
Zentralobstbaumschule: Le Colmar, Die Kolmar
Lucas/Oberdieck: Poire de Manne, Bergamotte tardive, Colmart, Kolmer Peer, Roskammer Peer, Incomparable, Paradies-, Koch-Winterzucker-, Große Röhrlings-, Winterpomeranzenbirne, Firchineß

Markbirne

Anmerkungen: wahrscheinlich Deutschland
Zentralobstbaumschule: La Savoureuse, Die Schmackhafte
Lucas/Oberdieck: Saftbirne

Markgräfin

Anmerkungen: eine der ältesten französischen Sorten aus der Carthause zu Paris
Zentralobstbaumschule: La Marquise
Lucas/Oberdieck: Markise, Marquisin, Markgräfliche Birn

Maskon's Colmar

Zentralobstbaumschule: Colmar Mascon

Mayr's frühzeitige Butterbrine

Anmerkungen: nach dem Mitaufseher Mayr, der großen Baumschule in Gräz (Graz) benannt
Lucas/Oberdieck: Mayer's frühe Butterbirn

Meuris

Anmerkungen: Sämling, von van Mons
Zentralobstbaumschule: Surpasse Meuris
Lucas/Oberdieck: Die Meuris, Surpasse Meuris

Napoleon's Butterbirne

Anmerkungen: vom Weinschenk Liard in Mons gezogen; mit Medaille versehen
Zentralobstbaumschule: Beurré Napoleon
Lucas/Oberdieck: in Belgien Bonchretien Napoleon; Poire Liard, Poire Medaille, Captif de St. Helene, Bonaparte, Charles d'Autriche, Charles X., Belle Canaise, Poire Melon, Dumont-Dumortier, Die große grüne Mailänderin, Milan Grand, Grote Milan

Normännische rot(h)e Herbstbutterbirne

Zentralobstbaumschule: Rotgraue Herbstbutterbirne, Roter normännischer Isambert, Rote Herbstbutterbirne von Anjou, Beurré rouge d'Anjou, Die rote Butterbirne, l'Amboise
Lucas/Oberdieck: rote Abart der Grauen Herbstbutterbirn; Beurré rouge de la Normandi, Beurré gris rouge, Rote Butterbirn von Anjou

Prinzessin Marianne

Anmerkungen: nach der zweiten Prinzessin des Königs der Niederlande benannt
Zentralobstbaumschule: Princesse Marianne
Lucas/Oberdieck: Calebasse Passe Bose, Bosc, Bosc's frühzeitige Flaschenbirne, Salisbury, Spindelförmige Rehbirn, Clara, Spence, Carl VI.

Prinzessin von Oranien

Lucas/Oberdieck: Princesse d'Orange

Punctierter Sommerdorn

Anmerkungen: Frankreich
Zentralobstbaumschule: L'Epine d'Été pointée

Rot(h)er Sommerdorn

Zentralobstbaumschule: L'Epine d'Été rouge

Sabine

Anmerkungen: van Mons hat diese Sorte nach dem Sekretär der Gartenbaugesellschaft in London Joseph Sabine benannt
Zentralobstbaumschule: Sabine
Lucas/Oberdieck: Colmar Sabine

Sächsische lange grüne Winterbirne

Zentralobstbaumschule: Verte longue d'hiver

Salisbury

Lucas/Oberdieck: siehe Prinzessin Marianne

Schönlin's Stuttgarter späte Winterbutterbirne

Anmerkungen: von Obrist Schönlin in Gaisburg bei Stuttgart als Sämling gefunden
Lucas/Oberdieck: Stuttgarter Bergamotte

Schweizerhose

Anmerkungen: aus Frankreich
Zentralobstbaumschule: La Verte longue Suisse
Lucas/Oberdieck: La Verte longue, Mouillebouche d'automne, Mouillebouche, Muscat Fleuré, New Autumne Pear, Schmalzbirn, Herbstwasserbirn, Lange Grünbirn, Waaserbirne Mayer, Späte Glasbirn, Grüne Melonenbirn, Schmeckerin, Herbstsaftbirn, Lange grüne Winterbirne

Sommerkönigin

Zentralobstbaumschule: Le Reine d'été
Lucas/Oberdieck: Kingsbirne; nicht mit der Königinbirne und dem Sommerkönig verwechseln

Soutmann

Zentralobstbaumschule: De Zoutman
Lucas/Oberdieck: Gute Luise?

Sparbirne

Anmerkungen: aus Frankreich
Zentralobstbaumschule: L'Epargne, St. Samson, Beau Prèsent
Lucas/Oberdieck: Cuisse Madame, Frauenschenkel, Epoargne, Beau Present, St. Samson, Kaiserbirn, Epargne ou Present d'été, Cuisse Madame, Cuisse Madame la grosse, Jargonelle des Anglaisagdeleine, Chopine, Beurré de Paris, Cueillet de la table des princes, Große Frühbirne; in Württemberg Franzmadame, Brüsseler Birn

St. Ghislain

Zentralobstbaumschule: Poire de St. Ghislain
Lucas/Oberdieck: siehe Holländische Feigenbirne

Villain XIV.

Anmerkungen: gezogen von Witzhumb in Brüssel; benannt nach einer angesehenen belgischen Familie
Zentralobstbaumschule: Villain XIV

Virguleuse

Anmerkungen: aus dem Dorf Virgoule (Frankreich); bei Bozen noch angebaut
Zentralobstbaumschule: La Virguleuse, Paradiesbirne
Lucas/Oberdieck: Virgule Champrette, Bujaleuf, Poire de Glace, St. Leonhard, Glanz-, Franzosenbirn, Grüne Winterbergamotte, Lange grüne Winterbergamotte, Kurzstielige Bergamotte; bei Bozen Winterzitroni

Wahre broncirte Herbstbirne

Lucas/Oberdieck: Vrai beurré broncé, Broncierte Herbstbirn

Wahre Stuttgarter Geißhirtenbirne

Anmerkungen: aus dem Raum Stuttgart; gefunden als Sämling von einem Ziegenhirten
Zentralobstbaumschule: Stuttgarter Russelet, Geißhirtle
Lucas/Oberdieck: Stuttgarter Geishirtel, Diels langstielige Gaishirtenbirne, Langstielige Stuttgarter Russelet; in Württemberg Gaishirtle

Wildling Deborst

Zentralobstbaumschule: Bezi Deborst

Wildling von Vaat

Anmerkungen: aus dem Dorf Nance, Hennegau
Zentralobstbaumschule: Bezzi Vaat
Lucas/Oberdieck: Hardenponts späte Winterbutterbirne, Hardenpont de Printemps, Beurré de Noirechain, Beurré d'Hiver, Bonchétien de Rance ou de Rans; irrtümlich auch Beurré de Flandres

Winterbutterbirne

Anmerkungen: Wildling vom Dorf Chaumontel
Zentralobstbaumschule: Wildling von Chaumontel, Bezi di Chaumontel, Beurré d'hiver
Lucas/Oberdieck: Wildling von Chaumontel, Besi de Chaumontel, Königin der Niederlande, Rote Confesselsbirn

Winterdechantsbirne

Anmerkungen: aus einem Klostergarten in Löwen (Belgien)
Lucas/Oberdieck: Pastorale, Grüne Winterherrenbirne, Seigneur d'hiver, Doyenne de Printemps, Englische Osterbutterbirne, Beurré de Paques de Lauer, Hildesheimer Winterbergamotte, Liegls Pfingstbergamotte, Sylvange d'hiver, Philippe d'hiver, Beurré Easter, van Mon's Frühlingsbutterbirn

Winterdorn

Anmerkungen: alte französische Sorte; eigensinnig auf dem Boden, spättragend
Zentralobstbaumschule: l'Epine d'hiver
Lucas/Oberdieck: Espine Rose d'hiver, Winter Thorn Pear, Epine ovale, Dornige Winterbirne, Ambrette

Wurzer

Anmerkungen: von van Mons gezogen und nach dem berühmten Chemiker Wurzer in Marburg benannt
Zentralobstbaumschule: Wurzer d'automne
Lucas/Oberdieck: Wurzers Zapfenbirne

2. KLASSE: HOCHSCHMELZENDE BIRNEN

1. ORDNUNG: BREITER ALS HOCH

Blumenbirne

Anmerkungen: sehr fruchtbar
Zentralobstbaumschule: Fleur-Pommier

Cyprische braunrote Sommerbirne

Zentralobstbaumschule: Merlet's cyprische Birne, Poire de Cypre
Lucas/Oberdieck: Poire de Cypre, Cyprische Birne, Poire de Cypre, Rousselet hatif, Poire de Chypre

Duhamel's Rosenbirne

Zentralobstbaumschule: Poire de Rose, Epine de Rose
Lucas/Oberdieck: Gelbgraue Rosenbirne; Synonyme strittig!

Girandoux

Zentralobstbaumschule: Girandoux

Große kreiselförmige Blankett

Zentralobstbaumschule: Gros Blanquet
Lucas/Oberdieck: Kreiselförmige Blankette, Gros blanquet

Rot(h)backige Citronatbirne

Lucas/Oberdieck: ähnlich der müskierten Pomeranzenbirne; Citronatbirne, Orange sanguine, Zebner Zitronenbirne in Ungarn

Wiener Pomeranzenbirne

Zentralobstbaumschule: Orange de Vienne

2. ORDNUNG: VON GLEICHER HÖHE UND BREITE

Colomar von Mons

Lucas/Oberdieck: Gros Colmar von Mons, Colmar des Invalides

Die Reymenans

Zentralobstbaumschule: Reymenans

Die Ursula

Zentralobstbaumschule: Ursule

Französische süße Muscatellerbirne

Zentralobstbaumschule: Le France soete Belle
Lucas/Oberdieck: De France soete Belle

Friedrich von Preußen

Anmerkungen: Sämling von van Mons
Zentralobstbaumschule: Frederic de Prusse
Lucas/Oberdieck: Frederic of Prussia

Große Engelsbirne

Zentralobstbaumschule: La grosse Poire d'Ange
Lucas/Oberdieck: Angelique de Bordeaux

Große gelbe Weinbirne

Anmerkungen: aus Nassau; oft vorkommend
Lucas/Oberdieck: Gelbe Sommerherrnbirne, Große Wasserbirne

Löwener Zuckerbirne

Zentralobstbaumschule: Sucré Louvain

Passa Tutti

Zentralobstbaumschule: Passa Tutti
Lucas/Oberdieck: siehe Graue Dechantsbirne

Runde Sommer-Pomeranzenbirne

Zentralobstbaumschule: L'Orange ronde d'été

Winterbergamotte

Zentralobstbaumschule: Osterbergamotte, Bergamotte d'hiver, Bergamotte de Paques
Lucas/Oberdieck: falsch übersetzt Große Engelsbirne

3. ORDNUNG: HÖHER ALS BREIT

Aarer Pfundbirne

Anmerkungen: Aartal des Herzogtums Nassau
Lucas/Oberdieck: wegen der hohen Fruchtbarkeit Goldne Grafschaft; Nassauer Pfundbirn

Beyer's Meisner Eierbirne

Anmerkungen: Haushalts- und Marktfrucht
Lucas/Oberdieck: Meißener Eierbirne

Calbas

Zentralobstbaumschule: Le Calbas musque
Lucas/Oberdieck: Hölländische Butterbirne, Beurré de Hollande; in Bremen Fürstliche Tafelbirne, Flaschenkürbisbirne, Calebasse

Die schönste Herbstbirne

Anmerkungen: alte französische Sorte
Zentralobstbaumschule: La Belissime d'automne
Lucas/Oberdieck: Bellisime d'automne Vermilllon, Vermillon, Bellisime, Muscat rouge, Grosse Muscadille, Rode of grote Muscadel

Duhamel's Hirtenbirne

Zentralobstbaumschule: Pastorale, Musette d'automne

Französische gute graue Sommerbirne

Zentralobstbaumschule: La grise Bonne
Lucas/Oberdieck: siehe Gute Graue

Frühe Hermannsbirne

Zentralobstbaumschule: Le St. Germain Hatif
Lucas/Oberdieck: Frühe St. Germain Merlets, Frühe Hermannsbirne

Gelbe frühe Sommerapothekerbirne

Zentralobstbaumschule: Bon Chretien d'été dore hatif
Lucas/Oberdieck: Bonchretien d'été d'oré hatif, Sommer-Apothekerbirne

Gelbe Laurentiusbirne

Anmerkungen: Sachsen
Zentralobstbaumschule: Poire de St. Laurent
Lucas/Oberdieck: Poire de St. Laurent

Große schöne Jungfernbirne

Zentralobstbaumschule: Le belle Demoiselle
Lucas/Oberdieck: La Belle Demoiselle, Gros Certeau d'été, Große Sommerhonigbirne, Glasbirne, Gewürzbirne

Große Sommerrousselet

Zentralobstbaumschule: Der Sommerkönig, Le gros Rousselet, Le Roi d'Été

Heinrich der IV.
Zentralobstbaumschule: Henri IV

Kanzler von Holland
Anmerkungen: Haushaltsfrucht
Zentralobstbaumschule: Chancelier d'Hollande
Lucas/Oberdieck: Chancelier d'Hollande

Kick's Flaschenbirne
Anmerkungen: Sämling
Zentralobstbaumschule: Calebassi Kicks
Lucas/Oberdieck: Die Zimtfarbige Schmalzbirne, Fondante d'hiver, Gelbe Winterschmalzbirne; in Mittelfranken Lange Pfalzgräfler, Gänskragen, Storchschnäbler

Knox
Zentralobstbaumschule: Beurré Knox

Königliche Wespenbirne
Anmerkungen: Frankreich
Zentralobstbaumschule: Bourdon du Roi
Lucas/Oberdieck: Le Bourdon musqué, Gros muscar rond, Musked Drone-Pear, Müskirte Burdiner Birn, Pilgerbirn, Gros Muscat hatif

Paternosterbirne
Anmerkungen: von einem französischen Pfarrer in einem Wald gefunden
Lucas/Oberdieck: Pastorenbirne; oft mit der weniger guten St. Lezain verwechselt; Schöne Andréine, Poire de Curé, Poire de Clion/de Monsieur, Bon Papa, Pater notte, Belle de Berry Andréane, Große verlängerte Birne, Vicar of Wackfield

Römische Schmalzbirne
Zentralobstbaumschule: Le Sucré Romain
Lucas/Oberdieck: Franzmadame, Fürstliche Tafelbirn, Poire Madame, Windsor Pear

Rot(h)backige Sommerzuckerbirne
Anmerkungen: Deutschland 1801 (im Garten von Diels Eltern)
Lucas/Oberdieck: Zuckerbirne

Rousselett von Rheims
Anmerkungen: alte und berühmte französische Tafel- und Wirtschaftsfrucht
Zentralobstbaumschule: Le Rousselet de Rheims
Lucas/Oberdieck: Le Rousselet de Rheims, Poire petit Rousselet, Rousselet musqué, Le Rousselet, Franzosenbirn

Schmalzbirne von Brest
Zentralobstbaumschule: La Fondante de Brest

Wahre gute L(o)uise
Zentralobstbaumschule: La bonne Louise de Duhamel
Lucas/Oberdieck: darf nicht mit der Guten Luise von Avranches verwechselt werden

Zim(me)tfarbige Schmalzbirne
Lucas/Oberdieck: siehe Die Zimtfarbige Schmalzbirne

3. KLASSE: ABKNACKENDE BIRNEN

1. ORDNUNG: BREITER ALS HOCH

Große muscierte Pomeranzenbirne
Zentralobstbaumschule: L'Orange musquée
Lucas/Oberdieck: Muskirte Pomeranzenbirn, Orange musqué, Muskateller Orangenbirne

Winterpomeranzenbirne
Zentralobstbaumschule: L'Orange d'hiver
Lucas/Oberdieck: siehe Colmar

2. ORDNUNG: GLEICHE HÖHE UND BREITE

Frühe wohlriechende Pomeranzenbirne
Zentralobstbaumschule: Rote Pomeranzenbirne, L'Orange jaune hative
Lucas/Oberdieck: sehr selten; Orange jaune hative

Gestreifte gefüllt blühende Birne
Zentralobstbaumschule: Double Fleur panachée

Graziöse
Zentralobstbaumschule: Holde, La Gratieuse

Grüne Pomeranzenbirne
Zentralobstbaumschule: L'Orange verte

Henkel's Schmalzbirne
Zentralobstbaumschule: Henkel d'hiver

Korallenrote Pomeranzenbirne
Zentralobstbaumschule: Rote Pomeranzenbirne, L'Orange rouge

Mary
Zentralobstbaumschule: Beurré Mary

Van Höck's Pomeranzenbirne
Zentralobstbaumschule: L'Orange van Hoek

3. ORDNUNG: HÖHER ALS BREIT

Baronsbirne
Anmerkungen: aus Holland
Zentralobstbaumschule: Winter Baron Peer
Lucas/Oberdieck: Sommer-, Winterbaronsbirn (= Kochfrucht)

Chaptal
Anmerkungen: soll im Jardin des Plantes in Paris als Sämling entstanden sein; dem berühmten Grafen Chaptal gewidmet
Zentralobstbaumschule: Le Chaptal
Lucas/Oberdieck: Chaptals Apothekerbirne

Die Vicekönigin
Zentralobstbaumschule: Proche le Roi

Dietrich's Flaschenbirne
Zentralobstbaumschule: Calebasse Dietrich

Große Sommerprinzenbirne

Lucas/Oberdieck: siehe Römische Schmalzbirn

Grüne Herbstapothekerbirne

Zentralobstbaumschule: Bon Chretie vert
Lucas/Oberdieck: Bonchretien vert

Jargonette

Anmerkungen: aus Frankreich
Zentralobstbaumschule: La Jargonette
Lucas/Oberdieck: Liebesbirn, Rotpunktierte Liebesbirn, Poire d'Amour, Ah mon Dieu (Ludwig XIV. soll dies beim Anblick eines vollen Baumes ausgerufen haben; an anderer Stelle wird dies aber von der Abtei Du Mont Dieu abgeleitet), Gezegende Peer, Jargonelle d'automne

Königliche Weißbirne

Zentralobstbaumschule: Königsblanquette

Königsgeschenk von Neapel

Anmerkungen: vom König von Neapel an Herzog Carl von Württemberg als Gegengeschenk für weiße Hirsche gesandt
Zentralobstbaumschule: Present royal de Naples
Lucas/Oberdieck: Königbirn von Neapel, De Livre, Gros Rateau gris, Kronbirn, Beau Present d'Artois, Pfund-, Kaiser-, Kappes-, Frauen-, Fäßli-, Winter-Kronenbirn, Norman Zimbeck; oft mit der Großen Mogul verwechselt; in Norddeutschland von Baumschulen als Deutsche Muskateller abgegeben

Paradebirne

Anmerkungen: aus Deutschland
Zentralobstbaumschule: Bellegarde
Lucas/Oberdieck: Paradiesbirn, Bellegarde, Rheinische Paradiesbirn

Salzburger von Adlitz

Anmerkungen: in Ober- und Niederbayern sowie in Oberösterreich verbreitet
Lucas/Oberdieck: um Braunau Zuckerbirne; stimmt oft mit der Salzburgerbirne überein

Sommerapothekerbirne

Anmerkungen: wahrscheinlich alte deutsche Frucht
Zentralobstbaumschule: Le bon Chrétien d'Été
Lucas/Oberdieck: Sommer Gute Christbirn, Straßburgerbirn, Malvasier, Zuckeratenbirn, Bon chrétien d'été, Gracioli, Gratioli de Roma, Safran d'été, Suiker Kandy Peer, Kanjuweel, Marepein Peer; in Südtirol Türkenbirn

Winterapothekerbirne

Anmerkungen: den Römern als Volemum bekannt; nach einigen Literaturstellen vom hl. Martin aus Ungarn nach Tours, an anderer Stelle von Franz von Paula als Le bon Chretien aus Kalabrien in Frankreich eingeführt
Zentralobstbaumschule: Winterchristenbirne, Gute Winterchristenbirne, Le bon Chretien d'hiver
Lucas/Oberdieck: Bonchretien, Bonum Crustium, Rübenbirne, Winterzuckerbirne, Regelsbirne, Winter Zuckeradenbirne, Winter- oder Oster-Augsburger, Winter Bunfredie, Graue Bergamotte, Rohbirne, Französische Birne

4., 5. UND 6. KLASSE: SCHMEER- UND KOCHBIRNEN

Compotbirne

Zentralobstbaumschule: Sans Pair

Gelber Löwenkopf

Zentralobstbaumschule: La Rateau blanc
Lucas/Oberdieck: Löwenkopf, Le Rateau blanc

Graue Speckbirne

Zentralobstbaumschule: Alte Weiberbirne, Wildeherrenbirne

Große Sommerzapfenbirne

Zentralobstbaumschule: Le Certau musqué

Harte Neopolitanerin

Zentralobstbaumschule: La Naples

Schönste Winterbirne

Zentralobstbaumschule: La Bellisime

Winterkronbirne

Lucas/Oberdieck: siehe Königsgeschenk von Neapel

LITERATURVERZEICHNIS

Admont, Stift Admont, Wachsapfelsammlung von Pater Konstantin Keller

Anonym: Grätzer Obstbaumschule, I. Aepfel, II. Birnen, Beschreibung der Obstsorten in der Central-Obstbaumschule am ständischen Musterhofe zu Gräz, Erste Lieferung: Das Kernobst, I. Äpfel, 2. Auflage, Gräz, 1833

Anonym: Pomologische Bibliothek, Obstbau-CD der TU Berlin, 2010

von AEHRENTHAL, J. B. L.: Deutschlands Kernobstsorten, Band 1-3, gedruckt bei Carl Wilhelm Medau in Leitmeritz 1833

von ATTEMS, H. G.: Obst-, Gemüse- und Gartenbau, I. Österreichs Obstbau aus Geschichte der österreichischen Land- und Forstwirtschaft und ihrer Industrien 1848-1898, 2. Band, Commissionsverlag Moritz Perles, Wien, 1899

Baumschule Pflanzenvielfalt, 26340 Zetel

BERNKOPF, S., KEPPEL, H., NOVAK, R.: Neue alte Obstsorten, Äpfel, Birnen und Steinobst, Club Niederösterreich, 6. Auflage, 2013

DUHAN, K.: Ehemalige Obstsortensammlung, Universität für Bodenkultur, Wien

GRILL, D., KEPPEL, H.: Alte Apfel- und Birnensorten für den Streuobstbau, 3. Auflage, Leopold Stocker Verlag, Graz-Stuttgart, 2016

GOETHE, R., DEGENKOLB, H., MERTENS, R.: Die Kernobstsorten des deutschen Obstbaus - Jahrbuch der Deutschen Landwirtschaftsgesellschaft, Berlin, 1894

HALLAMA, G.: Obstbau, Lern- und Arbeitsbuch, Leopold Stocker Verlag, Graz-Stuttgart, 1983

HLAVAC, C., GÖTTCHE, A.: Die Gartenmanie der Habsburger, Die kaiserliche Familie und ihre Gärten, Amalthea Signum Verlag, Wien, 2016

HLUBEK, F.: Beschreibung der Obstsorten in der Central-Obstbaumschule am ständischen Musterhofe zu Gräz, Zweite Lieferung: Das Kernobst, II. Birnen, 2. Auflage, Graz 1844

KEPPEL, H., PIEBER, K., WEISS, J.: Obstbau - Biologisch und integriert, 3. Auflage, Leopold Stocker Verlag, Graz-Stuttgart, 2018

LANGETHAL, L. E.: Deutsches Obstcabinett in naturgetreuen fein colorierten Abbildungen und Fruchtdurchschnitten, Neue Auflage, Section 1, Lieferung 1-24, Druck und Verlag Friedrich Mauke, Jena, 1859

LANGETHAL, L. E.: Deutsches Obstcabinett in naturgetreuen fein colorierten Abbildungen und Fruchtdurchschnitten, Neue Auflage, Section 2, Lieferung 1-12, Druck und Verlag Friedrich Mauke, Jena, 1859

Lemgo: Obstsortendatenbank, Förderverein der Ortsgruppe Lemgo im BUND NW e. V.

LUCAS, E., OBERDIECK, J. G. C.: Illustriertes Handbuch der Obstkunde, Band 1-8, Verlag Eugen Ulmer, Stuttgart, 1875

LUCAS E., OBERDIECK J. G. C.: Monatsschrift für Pomologie und praktischen Obstbau, 1855-1864

Illustrierte Monatshefte für Obst- und Weinbau, 1865-1875

Pomologische Monatshefte, 1876-1905

Deutsche Obstbauzeitung, 1906-1922

MAYER, J.: Pomona franconica oder natürliche Abbildung und Beschreibung der besten und vorzüglichsten Europäischen Gattungen der Obstbäume und Früchte, welche in dem hochfürstlichen Hofgarten zu Würzburg gezogen werden. Adam Wolfgang Winterschmidt, Kunsthändler, Kupferstecher und Musikalienverleger, Nürnberg, 1776

PFAU-SCHELLENBERG, G.: Schweizerische Obstsorten, Herausgeber: Schweizerischer landwirtschaftlicher Verein, 1863

SMITH, M. W. G.: National Apple Register of the United Kingdom, Ministry of Agriculture, Fisheries and Food, Middlesex HA 5 2 DT, England, 1971
STOLL, R.: Oesterreichisch-Ungarische Pomologie, Abbildungen und Beschreibung von in Oesterreich-Ungarn verbreiteten oder einer Verbreitung werthen Früchten, 2. vermehrte Auflage, Selbstverlag, Klosterneuburg bei Wien, 1888

STORTI, A., BANNIER, H. J., HOLLER, Ch., KAIJTNA, B., RÜHMER, Th., WILFLING, A., SOLDAVINI, A. C., DALLA VIA, J., BARIC, S.: Molekulargenetische Analyse des „Maschanzker"/Borsdorfer"-Sortenkomplex, Erwerbs-Obstbau (2013) 55, S. 99-107

TESCHKE, S.: Lizenz Creative Commons, CC-by-sa-3.0 de

ZEDERBAUER, E.: Handbuch des Obstbaues, Verlag von Carl Gerold's Sohn, Wien-Leipzig, 1936

Aus unserem Programm

ISBN 978-3-7020-1087-4

ISBN 978-3-7020-1308-0

ISBN 978-3-7020-1567-1

ISBN 978-3-7020-1682-1

ISBN 978-3-7020-1515-2

ISBN 978-3-7020-1212-0

Leopold Stocker Verlag
Graz – Stuttgart
www.stocker-verlag.com